普通高等教育"十一五"国家级规划教材

新世纪土木工程高级应用型人才培养系列教材

主编 袁锦根

主审 高莲娣

工程结构

GONGCHENGJIEGOU

（第三版）

同济大学出版社
TONGJI UNIVERSITY PRESS

内容提要

本书是新世纪土木工程应用型人才培养系列教材之一,为普通高等教育"十一五"国家级规划教材。本书共 13 章,包括绪论、钢筋混凝土材料的物理力学性能、钢筋混凝土结构的基本计算原理、钢筋混凝土受弯构件、钢筋混凝土受压构件、钢筋混凝土受拉构件、楼盖结构、钢筋混凝土单层厂房、多层与高层、砌体结构、结构施工图识读、钢结构以及工程结构抗震设计基本知识。

本书根据应用型才培养的要求,基础理论知识以"必需、够用"为主,以实际应用为重,力求做到少而精、理论联系实际,编写上采用循序渐进、深入浅出的方式,文字表达上力求通俗易懂。

本书为应用型本科土木工程及相关专业的教材,也可作为高职高专土建类专业教材,以及相关职业岗位培训和有关的工程技术人员的参考或自学用书。

图书在版编目(CIP)数据

工程结构/袁锦根主编. —3 版. 上海:同济大学出版社,
2012.10(2022.2 重印)
ISBN 978 - 7 - 5608 - 4976 - 8

Ⅰ. ①工⋯　Ⅱ. ①袁⋯　Ⅲ. ①工程结构—高等职业
教育—教材　Ⅳ. ①TU3

中国版本图书馆 CIP 数据核字(2012)第 219567 号

普通高等教育"十一五"国家级规划教材
新世纪土木工程高级应用型人才培养系列教材

工程结构(第三版)

主编　袁锦根　　主审　高莲娣
责任编辑　高晓辉　　责任校对　徐春莲　　封面设计　陈益平

出版发行　同济大学出版社　　www.tongjipress.com.cn
　　　　　(地址:上海市四平路1239号　邮编:200092　电话:021—65985622)
经　销　全国各地新华书店
印　刷　江苏句容排印厂
开　本　787mm×1092mm　1/16
印　张　26.5
印　数　45 901—49 000
字　数　848 000
版　次　2012 年 10 月第 3 版　2022 年 2 月第 10 次印刷
书　号　ISBN 978 - 7 - 5608 - 4976 - 8

定　价　49.00 元

序

　　本系列教材是针对土木工程高级应用型人才培养的需要而编写的。作者由同济大学土木工程专业知名教授及其有关兄弟院校的资深教师担任。

　　为了使本系列教材符合土木类应用型人才培养的要求,既有较高的质量,又有鲜明的特色,我们组织编写人员认真学习了国家教育部的有关文件,在对部分院校和用人单位进行长达一年调研的基础上,拟定了丛书的编写指导思想,讨论确定了各分册的主要编写内容及相互之间的知识点衔接问题。之后,又多次组织召开了研讨会,最后按照土木类应用型人才培养计划与课程设置要求,针对培养对象适应未来职业发展应具备的知识和能力结构等要求,确定了每本书的编写思路及编写提纲。

　　本系列教材具有以下特点:

　　1. 编写指导思想以培养技术应用能力为主

　　本系列教材改变了传统教材过于注重知识的传授,及学科体系严密性而忽视社会对应用型人才培养要求和学生的实际状况的做法,理论的阐述以"必需、够用"为原则,侧重结论的定性分析及其在实践中的应用。例如,专业基础课与工程实践密切结合,突出针对性;专业课教材内容满足工程实际的需要,主要介绍工程中必要的、重要的工艺、技术及相关的管理知识和现行规范。

　　2. 精选培养对象终身发展所需的知识结构

　　除了介绍高级应用型人才应掌握的基础知识及现有成熟的、在实践中广泛应用的技术外,还适当介绍了土木工程领域的新知识、新材料、新技术、新设备及发展新趋势,给予学生一定的可持续学习和能力发展的基础,使学生能够适应未来技术进步的需要。另外,兼顾到学生今后职业生涯发展的需要,教材在内容上还增加了有关建造师、项目经理、技术员、监理工程师、预算员等注册考试及职业资格考试所需的基础知识。

　　3. 编写严谨规范,语言通俗易懂

　　本系列教材根据我国土木工程最新设计与施工规范、规程、标准等编写,体现了当前我国和国际上土木工程施工技术与管理水平,内容精炼、叙述严谨。另外,针对学生的群体水平,采取循序渐进的编写思路,深入浅出,图文并茂,文字表达通俗易懂。

　　本系列教材在编写中得到许多兄弟院校的大力支持与方方面面专家的悉心指导和帮助,在此表示衷心感谢。教材编写的不足之处,恳请广大读者提出宝贵意见。

2005 年 5 月

第三版前言

本教材在第二版的基础上,根据新颁布的《混凝土结构设计规范》(GB 50010—2010)、《砌体结构设计规范》(GB 50003—2011)、《建筑抗震设计规范》(GB 50011—2010),并结合多年教学实践修订的。本书突出针对性和应用性,加强实践能力的培养。

本书由紫琅职业技术学院、同济大学、浙江建筑职业技术学院、湖南城建职业技术学院、浙江台州职业技术学院、浙江义乌工商职业技术学院、硅湖职业技术学院共同编写,其中,同济大学高莲娣编写绪论、第 1 章、第 2 章、第 5 章、第 6 章,紫琅职业技术学院袁锦根、杨军编写第 3 章,硅湖职业技术学院胡孝平、秦伟、张绪坤编写第 6 章,余德军编写第 10 章,湖南城建职业技术学院邓学工、紫琅职业技术学院袁锦根编写第 8 章,浙江台州职业技术学院汪洋编写第 7 章、第 11 章并制作本书多媒体光盘,浙江义乌工商职业技术学院李继明编写第 9 章,浙江建设职业技术学院虞焕新、紫琅职业技术学院袁锦根编写第 12 章,全书由紫琅职业技术学院袁锦根教授主编,浙江建设职业技术学院虞焕新副教授副主编,同济大学高莲娣教授主审。

限于作者水平,书中难免有不妥甚至错误之处,恳请读者批评指正。

编　者
2012 年 10 月

第二版前言

本书自 2006 年 2 月第一版以来,得到了广大教师和学生的厚爱,现已被列入我国普通高等教育"十一五"国家级规划教材。本次修订结合作者三年来在工程结构方面的教学实践和兄弟院校众多同行提出的宝贵建议,突出应用性和针对性,加强实践能力的培养,与第一版相比,主要做了以下的改动:

(1) 对本书某些章节及内容进行了删除和改写,删去了第一版第十一章"道路及桥梁工程",对第六章"楼盖结构"、第八章"多层与高层"、第十一章"钢结构"等章节进行了改写,更正了一版中存在的不足,也使文字叙述更清楚,内容更通俗易懂。

(2) 注重能力培养,注重结构知识在施工中的应用,增加了"结构施工图识读"一章,通过讲解结构施工图平面设计法的特点、一般规定及其识读要点并结合一定数量的读图举例,加强学生的读图、识图能力。

(3) 与本书配套出版的多媒体课件,与书稿内容呼应、互为补充,增强学生的学习兴趣和提高学习效果。

本书由硅湖职业技术学院、上海建桥学院、浙江建设职业技术学院、湖南城建职业技术学院、义乌工商职业技术学院、台州职业技术学院、浙江工业职业技术学院共同编写,其中同济大学高莲娣编写绪论、第 1 章、第 2 章、第 4 章和第 5 章,硅湖职业技术学院袁锦根、张海洲、张绪坤编写第 3 章,胡孝平、秦伟、袁锦根编写第 6 章,余德军编写第 10 章,湖南城建职业技术学院邓学工、浙江工业职业技术学院周明荣、硅湖职业技术学院袁锦根编写第 8 章,义乌工商职业技术学院李继明、张旭编写第 9 章,台州职业技术学院汪洋编写第 7 章、第 11 章,浙江建设职业技术学院虞焕新、硅湖职业技术学院袁锦根编写第 12 章,全书由硅湖职业技术学院袁锦根教授主编,浙江建设职业技术学院虞焕新副教授副主编,上海建桥学院高莲娣教授主审。

限于作者水平,书中难免有不妥甚至错误之处,恳请读者批评指正。

编　者
2009 年元月

前　言

本书根据《混凝土结构设计规范》(GB 50010—2002)、《钢结构设计规范》(GB 50017—2003)、《砌体结构设计规范》(GB 50003—2001)、《建筑结构荷载规范》(GB 5009—2001)、《建筑结构抗震设计规范》(GB 50011—2001)编写而成。

本书根据高职院校人才培养要求以及基础理论知识"必需、够用、重在实践"的原则,加强基本概念的了解运用,力求做到少而精、理论联系实际、文字叙述清楚。为了便于教学,每章前面有重点内容和学习要求,每章后有思考题和习题。

本书由浙江广厦建设职业技术学院、上海建桥职业技术学院、义乌工商职业技术学院、浙江工业职业技术学院、台州职业技术学院、硅湖职业技术学院合编。上海建桥职业技术学院高莲娣编写绪论、第一、二、四、五章,浙江广厦建设职业技术学院袁锦根、硅湖职业技术学院张海州共同编写第三章,浙江广厦建设职业技术学院王全胜、袁锦根编写第六章、虞焕新、袁锦根编写第十二章,义乌工商职业技术学院李继明、张旭编写第九章、黄素萍编写第十章、台州职业技术学院汪洋编写第七章、第十一章,浙江工业职业技术学院周民荣、浙江广厦建设职业技术学院王亚军共同编写第八章。中南大学阎奇武审查第九章、第十章,全书由浙江广厦建设职业技术学院袁锦根教授主编,虞焕新副教授副主编,上海建桥职业技术学院高莲娣教授主审。

限于作者水平,书中难免有不妥甚至错误之处,恳请读者批评指正。

编　者
2005 年 6 月

目　　录

第三版前言

第二版前言

前言

绪　论 …………………………………………………………………………… (1)

　0.1　建筑结构的一般概念 ………………………………………………… (1)

　0.2　混凝土结构、砌体结构、钢结构的概念及其优缺点 …………………… (1)

　　0.2.1　混凝土结构的概念及优缺点 …………………………………… (1)

　　0.2.2　砌体结构的概念及优缺点 ……………………………………… (3)

　　0.2.3　钢结构的概念及优缺点 ………………………………………… (3)

　思考题 ……………………………………………………………………… (4)

　习　题 ……………………………………………………………………… (4)

第1章　钢筋混凝土材料的物理力学性能 …………………………………… (5)

　1.1　混凝土的物理力学性能 ……………………………………………… (5)

　　1.1.1　混凝土的强度 …………………………………………………… (5)

　　1.1.2　混凝土的变形 …………………………………………………… (7)

　1.2　钢筋的物理力学性能 ………………………………………………… (11)

　　1.2.1　钢筋的品种 ……………………………………………………… (11)

　　1.2.2　钢筋的强度和变形 ……………………………………………… (12)

　　1.2.3　混凝土结构对钢筋性能的要求 ………………………………… (14)

　1.3　钢筋与混凝土之间的粘结与锚固 …………………………………… (14)

　　1.3.1　粘结力的组成 …………………………………………………… (14)

　　1.3.2　钢筋的锚固和搭接 ……………………………………………… (15)

　思考题 ……………………………………………………………………… (18)

　习　题 ……………………………………………………………………… (18)

第2章　钢筋混凝土结构的基本计算原理 …………………………………… (20)

　2.1　建筑结构的功能 ……………………………………………………… (20)

　　2.1.1　建筑结构的功能要求 …………………………………………… (20)

　　2.1.2　结构的安全等级 ………………………………………………… (21)

　2.2　作用效应和结构抗力 ………………………………………………… (21)

　　2.2.1　结构上作用 ……………………………………………………… (21)

　　2.2.2　荷载及材料强度的标准值、设计值 ……………………………… (21)

　　2.2.3　作用效应和结构抗力 …………………………………………… (26)

　　2.2.4　结构的功能函数 ………………………………………………… (26)

　2.3　结构的极限状态 ……………………………………………………… (26)

　　2.3.1　结构的极限状态的概念 ………………………………………… (26)

2.3.2 极限状态设计表达式 ……………………………………… (27)

思考题 ……………………………………………………………… (27)

习　题 ……………………………………………………………… (28)

第3章 钢筋混凝土受弯构件 ……………………………………… (29)

3.1 受弯构件正截面受弯承载力计算 ……………………………… (29)

3.1.1 概述 …………………………………………………… (29)

3.1.2 单筋矩形截面受弯构件承载力计算 ……………………… (32)

3.1.3 双筋矩形截面受弯构件承载力计算 ……………………… (45)

3.1.4 T形截面受弯构件承载力计算 …………………………… (50)

3.1.5 构件要求 ………………………………………………… (56)

3.2 受弯构件斜截面受剪承载力计算 ……………………………… (58)

3.2.1 概述 …………………………………………………… (58)

3.2.2 梁的破坏形态 …………………………………………… (59)

3.2.3 影响斜截面受剪承载力的主要因素 ……………………… (60)

3.2.4 斜截面受剪承载力计算 ………………………………… (62)

3.3 受弯构件裂缝宽度和变形验算及耐久性要求 ………………… (71)

3.3.1 概述 …………………………………………………… (71)

3.3.2 裂缝宽度验算 …………………………………………… (72)

3.3.3 受弯构件挠度计算 ……………………………………… (77)

思考题 ……………………………………………………………… (80)

习　题 ……………………………………………………………… (81)

第4章 钢筋混凝土受压构件 ……………………………………… (84)

4.1 轴心受压构件正截面受压承载力计算 ………………………… (84)

4.1.1 受压构件的构造要求 …………………………………… (85)

4.1.2 配有纵筋和普通箍筋柱的受压承载力计算 ……………… (87)

4.2 偏心受压构件正截面受压承载力计算 ………………………… (91)

4.2.1 偏心受压构件的受力过程和破坏形态 …………………… (92)

4.2.2 大、小偏心受压的界限 ………………………………… (93)

4.2.3 偏心受压构件的纵向弯曲影响 …………………………… (94)

4.2.4 附加偏心矩 ……………………………………………… (94)

4.2.5 矩形截面偏心受压构件的受压承载力计算 ……………… (97)

4.2.6 对称配筋矩截面偏心受压构件正截面受压承载力计算 … (99)

思考题 ……………………………………………………………… (110)

习　题 ……………………………………………………………… (111)

第5章 钢筋混凝土受拉构件 ……………………………………… (113)

5.1 轴心受拉构件正截面受拉承载力计算 ………………………… (113)

5.2 偏心受拉构件正截面受拉承载力计算 ………………………… (114)

5.2.1 矩形截面偏心受拉构件正截面的承载力计算 …………… (114)

5.2.2 构造要求 ………………………………………………… (116)

思考题 ··· (117)

习　题 ··· (117)

第6章　楼盖结构 ··· (119)

6.1　概述 ··· (119)

6.1.1　楼盖的分类 ··· (119)

6.1.2　楼盖设计的基本内容 ··· (122)

6.2　现浇单向板肋梁楼盖 ··· (122)

6.2.1　结构布置 ··· (122)

6.2.2　按弹性理论计算单向板助梁楼盖 ··· (123)

6.2.3　单向板肋梁楼盖考虑塑性内力重分布的计算 ··· (127)

6.2.4　单向板肋梁楼盖的截面设计与构造要求 ··· (130)

6.2.5　单向板肋梁楼盖设计实例 ··· (137)

6.3　现浇双向板肋梁楼盖 ··· (146)

6.3.1　双向板按弹性理论计算 ··· (146)

6.3.2　双向板的截面设计与配筋构造 ··· (149)

6.3.3　双向板楼盖设计例题 ··· (150)

6.4　楼梯 ··· (153)

6.4.1　板式楼梯 ··· (154)

6.4.2　梁式楼梯 ··· (157)

6.4.3　整体现浇式楼梯的构造 ··· (159)

思考题 ··· (159)

习　题 ··· (160)

混凝土单向板肋梁楼盖课程设计 ··· (161)

第7章　钢筋混凝土单层厂房 ··· (162)

7.1　概述 ··· (162)

7.2　单层厂房的结构组成 ··· (163)

7.2.1　结构组成 ··· (163)

7.2.2　传力路线 ··· (165)

7.3　单层厂房结构布置和主要构件选型 ··· (166)

7.3.1　柱网布置 ··· (166)

7.3.2　变形缝 ··· (166)

7.3.3　单层厂房的支撑 ··· (167)

7.3.4　抗风柱、圈梁、连系梁、过梁和基础梁的功能和布置原则 ······························· (172)

7.4　单层厂房柱 ··· (175)

7.4.1　柱的形式 ··· (175)

7.4.2　牛腿 ··· (176)

思考题 ··· (180)

第8章　多层与高层 ··· (181)

8.1　多层与高层房屋的结构体系 ··· (181)

　　8.1.1　结构的概念设计 ·· (182)

　　8.1.2　多层与高层房屋的结构体系 ·································· (182)

8.2　多层框架结构的布置及形式 ·· (185)

　　8.2.1　多层框架结构布置 ··· (185)

　　8.2.2　框架的形式 ·· (187)

8.3　框架结构的内力与侧移计算 ·· (188)

　　8.3.1　荷载组合 ·· (188)

　　8.3.2　框架截面尺寸估算 ··· (189)

　　8.3.3　框架内力近似计算 ··· (190)

　　8.3.4　框架侧移近似计算 ··· (201)

8.4　框架的内力组合 ··· (202)

　　8.4.1　控制截面的选择 ·· (202)

　　8.4.2　框架梁、柱内力组合 ··· (203)

　　8.4.3　竖向活载的最不利布置 ·· (203)

　　8.4.4　框架梁端的弯矩调幅 ··· (204)

8.5　现浇框架的构造要求 ·· (204)

　　8.5.1　一般要求 ·· (204)

　　8.5.2　节点构造 ·· (204)

8.6　多层框架的设计实例 ·· (206)

　　8.6.1　设计资料 ·· (206)

　　8.6.2　梁、柱截面形状和尺寸的选用 ································ (207)

　　8.6.3　荷载计算 ·· (208)

　　8.6.4　内力与配筋计算 ·· (209)

思考题 ··· (215)

习　题 ··· (215)

第9章　砌体结构 ·· (216)

9.1　砌体材料与砌体力学性能 ·· (216)

　　9.1.1　砌体的材料 ·· (216)

　　9.1.2　砌体的种类 ·· (219)

　　9.1.3　砌体的受压性能 ·· (221)

9.2　砌体结构的承重体系与静力计算 ······································ (226)

　　9.2.1　房屋的结构布置 ·· (226)

　　9.2.2　房屋的静力计算方案 ··· (229)

9.3　墙、柱的高厚比验算和构造要求 ······································ (232)

　　9.3.1　墙、柱计算高度的确定 ·· (232)

　　9.3.2　墙、柱的高厚比验算 ··· (233)

　　9.3.3　墙、柱的构造要求 ··· (238)

9.4　无筋砌体受压构件的承载力计算 ······································ (240)

　　9.4.1　受压构件 ·· (240)

　　9.4.2　局部受压 ·· (246)

9.5　过梁与圈梁 ··· (252)

　　　　9.5.1　过梁 ···（252）

　　　　9.5.2　圈梁 ···（253）

　　9.6　防止或减轻墙体开裂的主要措施 ··（255）

　　思考题 ··（256）

　　习　题 ··（257）

第10章　结构施工图识读 ··（259）

　　10.1　概述 ···（259）

　　　　10.1.1　结构施工图概念及其用途 ··（259）

　　　　10.1.2　结构施工图的组成 ···（259）

　　10.2　结构施工图识读的方法与步骤 ··（260）

　　　　10.2.1　结构施工图识读方法 ··（260）

　　　　10.2.2　结构施工图的识读步骤 ···（261）

　　10.3　建筑结构施工图平面整体设计法 ···（261）

　　　　10.3.1　平法施工图的表达方式与特点 ··（261）

　　　　10.3.2　柱平法施工图的识读 ··（262）

　　　　10.3.3　梁平法施工图的识读 ··（266）

　　思考题 ··（270）

　　习　题 ··（271）

第11章　钢结构 ··（273）

　　11.1　钢结构材料 ··（273）

　　　　11.1.1　钢结构对材料要求和破坏形式 ··（273）

　　　　11.1.2　各种因素对钢材主要性能的影响 ·····································（273）

　　　　11.1.3　钢材的种类和规格 ···（275）

　　11.2　钢结构连接 ··（277）

　　　　11.2.1　连接种类及特点 ··（277）

　　　　11.2.2　焊缝形式 ···（279）

　　　　11.2.3　对接焊缝及其连接的计算 ··（280）

　　　　11.2.4　角焊缝连接构造及其计算 ··（283）

　　　　11.2.5　焊接应力和焊接变形 ··（287）

　　　　11.2.6　螺栓连接的构造和工作性能 ···（288）

　　　　11.2.7　螺栓连接的计算 ··（290）

　　　　11.2.8　普通螺栓的受拉连接 ··（292）

　　　　11.2.9　高强度螺栓连接的工作性能和计算 ··································（293）

　　11.3　受弯构件 ···（295）

　　　　11.3.1　受弯构件的形式和应用 ···（295）

　　　　11.3.2　梁的强度和刚度 ··（297）

　　　　11.3.3　梁的整体稳定性 ··（301）

　　　　11.3.4　梁的局部稳定 ···（304）

　　11.4　轴心受压构件 ··（307）

　　　　11.4.1　轴心受力构件的类型 ··（307）

　　11.4.2　轴心受力的强度和刚度 ··· (308)

　　11.4.3　实腹式轴压的稳定 ··· (310)

11.5　拉弯和压弯构件 ·· (316)

　　11.5.1　拉弯、压弯构件的应用和截面形式 ······················· (316)

　　11.5.2　拉弯和压弯构件强度和刚度 ·································· (317)

　　11.5.3　压弯构件的稳定性 ··· (319)

　　11.5.4　局部稳定 ··· (320)

11.6　轻型钢结构房屋设计 ·· (322)

　　11.6.1　单层厂房纲结构的组成 ·· (322)

　　11.6.2　柱网和温度伸缩缝的布置 ··· (323)

　　11.6.3　轻型门式刚架结构的组成 ··· (325)

　　11.6.4　轻型门式刚架结构的特点及适用范围 ···················· (326)

　　11.6.5　门式刚架设计例题 ··· (326)

思考题 ·· (332)

习　题 ·· (333)

第12章　工程结构抗震设计基本知识 ··· (339)

12.1　抗震设计的基本概念和基本要求 ··· (339)

　　12.1.1　地震的初步知识 ·· (339)

　　12.1.2　地震的破坏现象 ·· (343)

　　12.1.3　抗震设计的基本原则 ··· (344)

　　12.1.4　抗震设计的基本要求 ··· (346)

　　12.1.5　场地土和场地 ··· (347)

12.2　多层砌体房屋抗震设计构造要求 ·· (348)

　　12.2.1　震害及其分析 ··· (348)

　　12.2.2　多层砌体房屋抗震设计的一般要求 ························· (350)

　　12.2.3　砌体结构构造措施 ··· (352)

12.3　钢筋混凝土框架结构抗震设计构造要求 ····························· (356)

　　12.3.1　框架结构抗震设计一般要求 ····································· (356)

　　12.3.2　混凝土框架结构构造措施 ··· (359)

思考题 ·· (364)

习　题 ·· (365)

附录 ··· (366)

附录 A　《混凝土结构设计规范》(GB 50010—2010)的有关规定 ······ (366)

附录 B　等截面等跨连续梁在常用荷载作用下的内力系数 ·········· (371)

附录 C　双向板计算系数表 ··· (381)

附录 D　《钢结构设计规范》(GB 50017—2003)的有关规定 ·········· (386)

习题答案 ·· (394)

参考文献 ·· (410)

绪　　论

本章重点：

钢筋混凝土结构、砌体结构、钢结构的基本概念及其优缺点。

学习要求：

(1) 掌握混凝土中配置钢筋的目的。

(2) 掌握钢筋和混凝土两种不同材料能够有效地结合在一起共同工作的主要原因。

(3) 了解混凝土结构、砌体结构、钢结构的主要优缺点。

(4) 对建筑结构的适用范围有所了解，为今后设计时，结构选型打下基础。

0.1　建筑结构的一般概念

供人们生活、学习、工作以及从事生产和各种文化活动的房屋称为建筑物，间接为人们提供服务的设施（如水池、水塔、管道支架、烟囱等）称为构筑物。构成整幢建筑物或构筑物必须要有骨架，骨架是用来承受各种作用的受力体系。骨架破坏，房屋就要倒塌，支撑房屋的骨架称为"建筑结构"。组成建筑结构的各个部件称为"基本构件"。结构的基本构件有板、梁、柱、墙、基础等。

一般建筑结构可按结构所用材料和结构受力特点进行分类。

按所用材料不同分类：可分为混凝土结构、砌体结构、钢结构、木结构等。由于木材存在着强度低、耐久性差等缺点，目前使用木结构的建筑较少，本书仅介绍前三类结构的有关内容。

按结构受力特点分类：可分为砌体结构、框架结构、剪力墙结构、框架-剪力墙结构、筒体结构等。

0.2　混凝土结构、砌体结构、钢结构的概念及其优缺点

0.2.1　混凝土结构的概念及优缺点

0.2.1.1　混凝土结构的概念

以混凝土为主的结构称为混凝土结构，包括素混凝土结构、钢筋混凝土结构、预应力混凝土结构等。

钢筋混凝土结构是目前使用最广泛的建筑结构形式之一。混凝土承受压力的能力很强、抵抗拉力的能力很弱，而钢材抵抗拉力的能力和抵抗压力的能力都很强。于是，利用此两种材料各自的特点，将其结合在一起共同工作，形成钢筋混凝土结构。

现以一简支梁为例，图 0-1(a)表示素混凝土梁在外加荷载及自重作用下的受力情况。梁受弯后，截面中和轴以上部分受压，中和轴以下部分受拉（图 0-1(b)），由于混凝土的抗拉性能很差，在较小荷载作用下，梁的下部混凝土即行开裂，梁立即断裂，破坏前变形很小，无预兆，属于脆性破坏。若在梁的受拉区配置适量的钢筋，构成钢筋混凝土梁（图 0-1(c)）。梁受弯后，混

凝土开裂,中和轴以下部分的拉力可由钢筋承受,中和轴以上部分的压力由混凝土承受。随着荷载的增加,钢筋达到强度极限,上部受压区的混凝土被压碎,梁才破坏。破坏前变形较大,有明显预兆,属于延性破坏。这样,混凝土的抗压能力和钢筋的抗拉能力均得到了充分的利用,与素混凝土梁相比,钢筋混凝土梁的承载能力和变形能力都有很大程度的提高。

又如图 0-2 所示的轴心受压柱,如果在混凝土中配置了受压钢筋和箍筋来协助混凝土承受压力,可使柱的承载能力和变形能力大为提高。

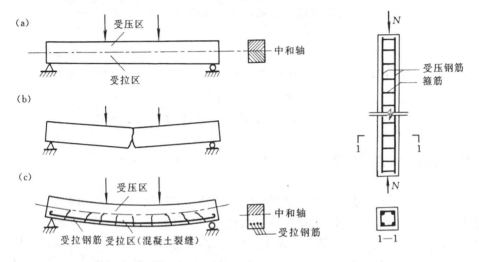

图 0-1 钢筋混凝土简支梁受力及破坏情况 　　　　图 0-2 轴心受压柱

0.2.1.2　钢筋和混凝土共同工作的基础

钢筋和混凝土两种材料的物理和力学性能很不相同,之所以能够有效地结合在一起共同工作,原因如下:

(1) 钢筋与混凝土之间有良好的粘结力,促成钢筋和混凝土两种性质不同的材料在荷载作用下能有效地共同受力,并保证钢筋与相邻混凝土变形一致。

(2) 钢筋和混凝土具有基本相同的温度线膨胀系数。混凝土的温度线膨胀系数为$(1.0 \sim 1.5) \times 10^{-5}/℃$,钢筋的温度线膨胀系数约为 $1.2 \times 10^{-5}/℃$。当温度变化时,两种材料不会因产生较大的相对变形而导致二者粘结力的破坏。

(3) 混凝土包裹着钢筋,起着保护钢筋免遭锈蚀的作用,加强了结构的耐久性。

0.2.1.3　钢筋混凝土结构的优缺点

主要优点:

(1) 取材容易。混凝土所用的砂、石一般可就地取材,还可利用工业废料(如矿渣、粉煤灰等)制成人造骨料,用于混凝土中。

(2) 耐火、耐久性好。钢筋被混凝土包裹着不易锈蚀,维修费用少。由于混凝土是不良导热体,火灾时,混凝土起隔热作用,使钢筋不致很快达到软化温度而导致结构的整体破坏。

(3) 可模性、整体性好。由于新拌和而未结硬的混凝土是可塑的,根据需要,可按照不同模板尺寸和式样浇筑成设计所要求的形式。混凝土结硬后,有良好的整体性及刚度。设计合理时,抗震、抗爆和抗撞击性能均为良好。

（4）维修保养费低。在正常使用条件下钢筋混凝土结构较少需要维修和保养,不像钢结构和木结构那样需要经常维修。

缺点:

（1）自重大。在大跨度结构、高层建筑结构中限制了使用范围。

（2）抗裂性能差。由于混凝土抗拉强度低,在正常使用时,往往带裂缝工作,在建造一些不允许出现裂缝或对裂缝宽度有严格限制要求的结构时,将会增加工程造价。

（3）费工,费模板,现场施工周期长,且受季节性影响。

针对钢筋混凝土结构的缺点,可采用轻质、高强材料及预应力混凝土来减轻结构自重及改善构件的抗裂性能。在施工方面,可采用重复使用的钢模板或工具式模板以及采用顶升或提升模板等施工技术。

对于预应力构件,目前采用的方法是在构件受外荷载作用前,预先对由外荷载产生的混凝土受拉区施加压力,由此产生的预压应力可以部分或全部抵消外荷载引起的混凝土拉应力,从而减小结构构件的拉应力,结构构件甚至处于受压状态。亦即受荷载以前预先对混凝土受拉区施加压应力的构件称为预应力构件。这种对配置受力的预应力筋,通过张拉或其他方法建立预加应力的混凝土构件称为预应力混凝土构件。

0.2.2 砌体结构的概念及优缺点

砌体结构是用块材和砂浆砌筑而成的结构。因块材的材料不同,可分为砖砌体、砌块砌体和石砌体。根据受力情况,有时在砖砌体或砌块砌体中加入钢筋,称为配筋砌体。

砌体结构的受力特点是抗压能力较高,抗拉能力较低。所以,砌体结构多用作轴心受压或偏心受压构件,而受弯、受拉、受剪构件使用较少。

主要优点:

（1）就地取材,价格低廉。

（2）耐火、耐久性能好。

（3）隔热、保温性能较好。

缺点:

（1）承载能力低。砌体材料的强度一般较低,块材和砂浆的粘结力较弱,使砌体的抗弯、抗拉、抗剪承载力和抗震性能都很差。地震时,结构容易开裂破坏。

（2）自重大。由于砌体的强度较低,构件所需的截面一般较大,导致自重增加。

（3）费工多。砌体结构的构件基本为手工方式砌筑而成,砌筑任务繁重,费时费工。

针对砌体结构的缺点,可采用轻质、高强的新型块材,发展空心砌块及大型空心墙板,采用工业化生产和机械化施工方法,大力开发工业废料,以克服砌体结构的缺点。

0.2.3 钢结构的概念及优缺点

钢结构是用钢材制作而成的结构。与其他结构相比,钢结构有以下优点:

（1）重量轻而承载能力高。钢结构与钢筋混凝土结构、木结构相比,由于钢材的强度高,构件的截面一般较小,重量较轻。钢材的抗拉强度、抗压强度均较高,所以,钢结构的受拉、受压承载力都很高。

（2）钢材质地均匀,其实际受力情况与工程力学计算结果较为接近。

（3）抗震性能好。钢材的塑性和韧性好,能较好地承受动力荷载,因而钢结构的抗震性能好。

（4）制作简便，施工周期短，装配性能良好。

钢结构由各种型材组成，可在工厂预制、现场拼装，机械化程度高，施工方便、速度快，且便于拆卸、加固或改建。

缺点：

（1）造价高。钢结构需要大量钢材，钢材的价格较其他材料高，结构的造价相应提高。

（2）耐腐蚀性能差，易于锈蚀。钢材在湿度大和有侵蚀性介质的环境中容易锈蚀，影响使用寿命，因而需要经常维护，费用较大。

（3）耐热性好，但耐火性差。钢材耐热但不耐高温，当温度在250℃以下时，材质变化较小；温度达到300℃时，强度逐渐下降；当温度达到450℃～600℃时，结构完全丧失承载能力。因而对有特殊防火要求的建筑，必须用耐火材料加以保护。

针对钢结构的缺点，可采用电镀和喷涂方法覆盖钢材表面或采用耐火性能较好的钢材。

思考题

1. 何谓建筑结构？
2. 如何根据结构所用材料和结构受力特点对建筑结构进行分类？
3. 为什么要在混凝土中放置钢筋？
4. 钢筋混凝土结构有什么优缺点？
5. 钢筋和混凝土两种材料的物理和力学性能不同，为什么能够结合在一起共同工作？
6. 砌体结构有什么优缺点？
7. 钢结构有什么优缺点？

习　题

一、判断题

1. 由块材和砂浆砌筑而成的结构称为砌体结构。　　　　　　　　　　　　　　（　　　）
2. 混凝土中配置钢筋的主要作用是提高结构或构件的承载能力和变形性能。　（　　　）
3. 钢筋混凝土构件同素混凝土构件相比，承载能力提高幅度不大。　　　　　（　　　）

二、单项选择题

1. 钢筋和混凝土能够结合在一起共同工作的主要原因之一是（　　　）。
　　A. 二者的承载能力基本相等　　B. 二者的温度线膨胀系数基本相同
　　C. 二者能相互保温、隔热　　　D. 混凝土能握裹钢筋
2. 钢结构的主要优点是（　　　）。
　　A. 重量轻而承载能力高　　　　B. 不需维修
　　C. 耐火性能较钢筋混凝土结构好D. 造价比其他结构低

第1章　钢筋混凝土材料的物理力学性能

本章重点：

　　钢筋与混凝土是两种性质完全不相同的材料,是非匀质的,它与匀质弹性材料的物理力学性能有很大的不同。本章着重介绍钢筋和混凝土两种材料的强度、变形性能和二者共同工作的受力特点、计算方法及构造措施。本章所述内容,将在以后的章节中加以具体应用。

学习要求：

　　(1)掌握钢筋混凝土材料与匀质弹性材料的物理力学性能存在的差异。

　　(2)理解混凝土立方体抗压强度、轴心抗压强度、轴心抗拉强度的标准试验方法,掌握一次单轴短期加载的变形性能,了解混凝土的弹性模量、变形模量、混凝土的收缩和徐变。

　　(3)理解钢筋的品种、级别和使用范围。掌握有明显屈服点钢筋和无明显屈服点钢筋的应力-应变曲线的特点以及钢筋强度设计值取值的依据。

　　(4)理解钢筋与混凝土的粘结性能及保证可靠粘结和锚固的构造措施。

1.1　混凝土的物理力学性能

1.1.1　混凝土的强度

1.1.1.1　立方体抗压强度标准值 $f_{cu,k}$

　　我国 GB 50010—2010《混凝土结构设计规范》(以下简称《混凝土结构规范》)规定,混凝土强度按立方体抗压强度标准值 $f_{cu,k}$ 确定。立方体抗压强度标准值 $f_{cu,k}$ 系指按照标准方法制作的边长为 150mm 的立方体试件,在温度为(20±3)℃、相对湿度在 90% 以上的潮湿空气中养护28d 或按设计规定,用标准试验方法测得的具有 95% 保证率的抗压强度值。它是混凝土各种力学指标的基本代表值。下标 cu 表示立方体,k 表示标准值(混凝土立方体抗压强度无设计值)。其试验破坏形态如图 1-1 所示,一般是采用不涂润滑剂进行试压。《混凝土结构规范》按照其立方体抗压强度标准值的大小划分为 14 个等级,即 C15、C20、C25、C30、C35、C40、C45、C50、C55、C60、C65、C70、C75 和 C80,14 个等级中的数字部分表示以"N/mm²"为单位的立方体抗压强度数值的大小,如 C20 表示立方体抗压强度标准值为 20N/mm^2,即 $f_{cu,k}=20\text{N/mm}^2$。

　　钢筋混凝土结构的混凝土强度等级不应低于 C20;当采用强度等级 400N/mm^2 及以上的钢筋时,混凝土强度等级不应低于 C25。

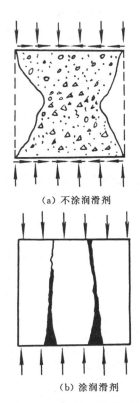

(a) 不涂润滑剂

(b) 涂润滑剂

图 1-1　混凝土立方体试块的破坏情况

1.1.1.2 混凝土轴心抗压强度标准值 f_{ck}，轴心抗压强度设计值 f_c

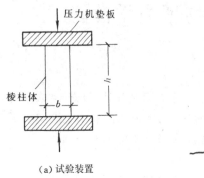

（a）试验装置 　　　　　（b）破坏情况

图 1-2　混凝土轴心抗压试验

钢筋混凝土受压构件的尺寸，往往其高度比截面的尺寸大得多，试件采用棱柱体比立方体能更好地反映混凝土结构的实际抗压能力。轴心抗压强度试件采用与立方体试件相同制作条件、尺寸 $b \times b \times h$ 为 150mm × 150mm × 300mm 或 150mm×150mm×450mm 的棱柱体作为混凝土轴心抗压强度试验的标准试件，用棱柱体测得的抗压强度称为轴心抗压强度标准值，用符号 f_{ck} 表示，下标 c 表示受压，k 表示标准值，其试验装置及破坏形态如图 1-2 所示。

根据试验结果，混凝土轴心抗压强度标准值 f_{ck} 小于立方体抗压强度 $f_{cu,k}$，f_{ck} 和 $f_{cu,k}$ 的关系表达式为

$$f_{ck} = 0.88\alpha_{c1}\alpha_{c2}f_{cu,k} \tag{1-1}$$

式中　0.88——混凝土强度的修正系数，反映混凝土的实际强度与立方体试件混凝土之间的差异；

　　　α_{c1}——棱柱体强度与立方体强度之比，对普通混凝土强度小于或等于 C50，取 0.76，对 C80 取 0.82，中间按线性内插法取值；

　　　α_{c2}——高强度混凝土脆性折减系数，对 C40 及以下取 1.0，对 C80 取 0.87，中间按线性内插法取值。

1.1.1.3 混凝土轴心抗拉强度标准值 f_{tk}，轴心抗拉强度设计值 f_t

混凝土轴心抗拉强度很低，一般只有立方体抗压强度 $f_{cu,k}$ 的 $1/17\sim1/8$，混凝土轴心抗拉强度可以采用直接轴心受拉的试验方法，试件尺寸为 100mm×100mm×500mm，两端对中各埋深长度为 150mm、直径为 16mm 的变形钢筋，试验机夹紧试件两端外伸的钢筋施加拉力 F，破坏时，试件中部截面横向被拉断（图 1-3）。破坏截面的拉应力即为轴心抗拉强度标准值 f_{tk}，下标 t 表示受拉，k 表示标准值。

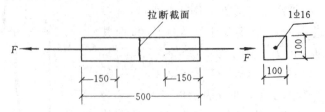

图 1-3　混凝土轴心抗拉试验

根据试验结果，f_{tk} 和 $f_{cu,k}$ 的关系表达式为

$$f_{tk} = 0.88 \times 0.395 f_{cu,k}^{0.55}(1-1.645\delta)^{0.45} \times \alpha_{c2} \tag{1-2}$$

式中　0.395 和指数 0.55——是轴心抗拉强度与立方体抗压强度间的折算系数。

　　δ——变异系数,可由表 1-1 确定。

表 1-1　　　　　　　　　　　　　　　变异系数 δ 的取值

$f_{cu,k}$	C05	C20	C25	C30	C35	C40	C45	C50	C55	C60~C80
δ	0.21	0.18	0.16	0.14	0.13	0.12	0.12	0.11	0.11	0.10

　　由于混凝土内部结构的不均匀性以及安装偏差等原因,准确测定混凝土的轴心抗拉强度是比较困难的。所以,国内外也常用圆柱体或立方体的劈裂试验来间接测定混凝土的抗拉强度。该方法是用压力机通过垫条对试件中心面施加均匀线分布荷载 P,除垫条附近外,截面中心上将产生均匀的拉应力,当拉应力达到混凝土的抗拉强度时,试件劈裂成两半,截面上的横向拉应力即混凝土轴心抗拉强度 f_{tk}。

　　混凝土轴心抗压强度标准值、轴心抗拉强度标准值见附录表 A1。

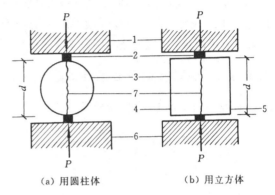

（a）用圆柱体　　　　（b）用立方体

1—压力机上压板;2—垫条;3—试件;4—浇模顶面;
5—浇模底面;6—压力机下压板;7—试件破裂线

图 1-4　用劈裂试验测定混凝土的抗拉强度

1.1.2　混凝土的变形

　　混凝土的变形有两类:一类是荷载作用下的受力变形,如荷载短期作用、荷载长期作用和多次重复荷载作用下产生的变形;另一类是体积变形,如混凝土收缩、膨胀以及温度、湿度变化所产生的变形。

1.1.2.1　混凝土单轴受压时的应力-应变曲线

　　混凝土受压时的应力-应变曲线,是混凝土最基本的力学性能之一,它由棱柱体试件一次单轴短期加载所测定的。一次单轴短期加载是指荷载从零开始单调增加至试件破坏,亦称单轴单调加载。

　　混凝土单轴受压时的应力-应变曲线如图 1-5 所示。这条曲线包括了上升段和下降段两个部分。

1. 上升段(OC)

　　OA 段:从加载至混凝土应力 $\sigma_c \leqslant 0.3f_c$,由于应力较小,混凝土变形主要为弹性变形,应力-应变关系基本接近直线。

　　AB 段:混凝土应力 $\sigma_c = (0.3 \sim 0.8)f_c$,混凝土呈现弹塑性性能,应变的增长比应力增长得快,内部裂缝处于稳态发展。

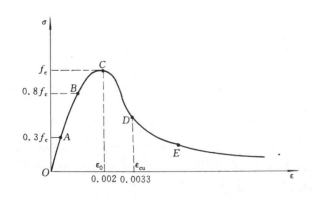

图 1-5　混凝土应力-应变曲线

BC 段：到达 B 点，内部裂缝非稳态地快速发展，塑性变形显著增长，直至峰值 C 点。这时的峰值应力 σ_{max} 作为混凝土棱柱体抗压强度 f_c，相应的应变作为峰值应变 ε_0，其值为 $0.0015\sim$ 0.0025，通常取 $\varepsilon_0 = 0.002$。

2. 下降段(CE)

混凝土达到 C 点即峰值应力后，裂缝继续迅速发展，并出现贯通的竖向裂缝，内部结构的粘结受到严重破坏，应力下降而应变急剧增大，应力-应变曲线向下弯曲，曲线较陡，当应变达到 0.0033 时，曲线凹向发生变化，出现反弯点 D，应力-应变曲线逐渐凸向水平轴方向发展，曲率最大的一点为收敛点 E，这时，贯通的竖向主裂缝宽度较大，混凝土内部的粘结已完全丧失，试件破坏。

1.1.2.2 混凝土的弹性模量、变形模量

由材料力学可知，弹性模量是反映弹性材料应力和应变之间的一个重要物理量，其表达式为

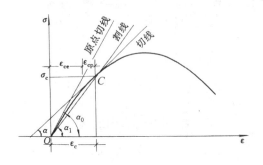

图 1-6 混凝土变形模量的表示方法

$$E = \frac{\sigma}{\varepsilon} \tag{1-3}$$

某种材料的弹性模量高，表明其在某个应力状态下所产生的应变相对较小，因而弹性模量反映了材料受力后的相对变形性质。

在计算钢筋混凝土构件的截面应力和构件变形时，同样需要用到混凝土的弹性模量，但混凝土的材料与弹性材料不同，混凝土棱柱体受压时，在不同应力阶段，其应力-应变关系为曲线，应力与应变之比的模量不是常量而是一个变量，称之为变形模量。计算时，可采用以下三种变形模量（图 1-6）。

1. 混凝土的原点弹性模量

混凝土在应力较小时，具有弹性性质，其应力-应变曲线关系近似直线，混凝土在这个阶段的弹性模量为 E_c，可以采用应力-应变曲线在原点的切线斜率，称为混凝土原点弹性模量或弹性模量，如图 1-6 所示。即

$$E_c = \frac{\sigma_c}{\varepsilon_{ce}} = \tan\alpha_0 \tag{1-4}$$

式中 α_0 ——混凝土应力-应变曲线在原点处的切线与横坐标的夹角；

         σ_c ——混凝土的压应力；

         ε_{ce} ——混凝土的弹性应变。

2. 混凝土的变形模量

当混凝土进入弹塑性阶段后，混凝土的原点弹性模量 E_c 已不能反映这时的混凝土的应力-应变性能。因此，作原点 O 与混凝土应力-应变曲线上任意一点 C 的连线（图 1-6），此直线的斜率称为混凝土的变形模量或割线模量，用以表示该点的混凝土应力-应变关系，混凝土变形模量是一变量，随应力的增大而减小。变形模量用 E'_c 表示：

$$E'_c = \frac{\sigma_c}{\varepsilon_c} = \tan\alpha_1 \tag{1-5}$$

式中　α_1——该点割线与横坐标的夹角；

　　　ε_c——混凝土的总应变，包括混凝土的弹性应变 ε_{ce} 和塑性应变 ε_{cp} 两部分，即

$$\varepsilon_c = \varepsilon_{ce} + \varepsilon_{cp}$$

设 $\nu = \dfrac{\varepsilon_{ce}}{\varepsilon_c}$，则

$$E_c' = \frac{\varepsilon_{ce} E_c}{\varepsilon_c} = \nu E_c \tag{1-6}$$

式中，ν 为混凝土的弹性系数，当 $\sigma_c \leqslant 0.3 f_c$ 时，ε_{ce} 与 ε_c 较为接近，$\nu = 1$；当 σ_c 增大时，塑性变形发展，$\nu < 1$；当 $\sigma_c = 0.8 f_c$ 时，$\nu = 0.4 \sim 0.7$。

3. 混凝土的切线模量

在混凝土应力-应变曲线上任一点 C 处作一切线（图 1-6），此切线的斜率即为该点的切线模量，用 E_c'' 表示。混凝土切线模量是一变量，随混凝土应力的增大而减小：

$$E_c'' = \frac{\mathrm{d}\sigma_c}{\mathrm{d}\varepsilon_c} = \tan\alpha \tag{1-7}$$

式中，α 为该点切线与横坐标的夹角。

混凝土在一次加载下，由于混凝土的应力-应变曲线是非线性的，要测定混凝土的原点弹性模量 E_c 是非常不容易的。但从混凝土在多次重复荷载作用下的应力-应变关系中发现，当把棱柱体标准试件（150mm×150mm×300mm）先加载至混凝土应力 σ_c 达到 $0.5 f_c$，然后卸载至零，再重复加载、卸载 $5 \sim 10$ 次。由于混凝土为非弹性材料，每卸载至混凝土应力为零时，变形不能全部恢复，存在残余变形，随着加载、卸载次数的增加，混凝土应力-应变关系渐趋稳定，并接近直线，并与原点切线大致平行，于是，可以借助多次重复加载后的应力-应变曲线（直线）的斜率，作为混凝土的弹性模量（图 1-7）。

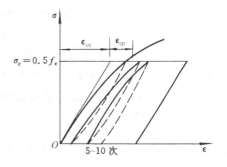

图 1-7　重复加载测定混凝土弹性模量

经大量试验统计分析，混凝土弹性模量 E_c 与立方体抗压强度 $f_{cu,k}$ 的关系表达式如下：

$$E_c = \frac{10^5}{2.2 + \dfrac{34.7}{f_{cu,k}}} \tag{1-8}$$

将不同的混凝土强度 $f_{cu,k}$ 代入式（1-8）中，得到的混凝土的弹性模量 E_c 值列于附录表 A3。

《混凝土结构规范》规定，混凝土受拉时的弹性模量与受压时的弹性模量基本相似，可取相同的数值。

1.1.2.3　混凝土的徐变

混凝土在荷载长期作用下，即使应力维持不变，其应变会随时间而增长的现象称为混凝土的徐变。混凝土的徐变特性主要与时间有关，图 1-8 为混凝土棱柱体试件的试验曲线。试件加载至应

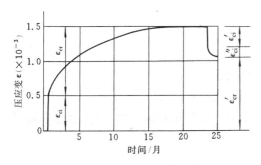

图 1-8　混凝土徐变试验曲线

力 σ_c 到达 $0.5 f_c$ 作用的瞬间，将产生瞬时压应变 ε_{ci}，若荷载保持不变，随着加载时间的增长，应变会继续增大，这就是混凝土的徐变，徐变应变 ε_{cr} 为瞬时应变 ε_{ci} 的 2～4 倍。

如在 2 年后荷载完全卸除，一部分应变会产生瞬时恢复应变 ε_{ci}'，其值稍小于瞬时应变 ε_{ci}，再经过约 20d 后，还有一部分应变 ε_{ci}'' 可以恢复，称为弹性后效或徐变恢复，ε_{ci}'' 约为徐变应变的 1/12。大部分不可恢复的残余应变为 ε_{cr}'。

影响混凝土徐变的因素很多，主要与内在因素、环境影响、应力条件有关。

（1）内在因素。主要是指混凝土的组成和配合比:水泥的用量越多,徐变越大;水灰比越大,徐变越大;骨料愈坚硬,弹性模量越大,徐变越小。

（2）环境影响。主要是指混凝土制作时的养护方法和使用条件:混凝土制作养护时的温度高,相对湿度大,水泥水化作用充分,徐变越小,采用蒸汽养护,可使徐变减少 20%～35%;混凝土受到荷载作用后,所处环境温度越高,相对湿度越小,徐变越大;试件的尺寸大,混凝土内部水分蒸发受到限制,徐变减小。

（3）应力条件。混凝土的徐变与混凝土的应力大小有密切的关系,应力愈大,徐变愈大。当混凝土应力 $\sigma_c \leqslant 0.5 f_c$ 时,徐变变形与应力成正比,称为线性徐变。在线性徐变情况下,加载初期 4 个月内徐变增长较快,6 个月后,可完成总徐变量的 70%～80%,以后增长逐渐缓慢,2 年后趋于稳定,3 年左右,徐变基本终止。

当混凝土应力 $\sigma_c > 0.5 f_c$ 时,徐变变形与应力不成正比,徐变变形比应力增长要快,称为非线性徐变。在非线性徐变情况下,当应力过高时,徐变变形急剧增加而不再收敛,呈非稳定徐变的现象。因此,在高应力作用下,将导致混凝土的破坏。所以,一般取混凝土应力等于 $(0.75～0.8) f_c$ 作为混凝土的长期抗压强度。混凝土构件在使用期间,应当尽量避免经常处于不变的高应力状态。

1.1.2.4 混凝土的收缩和膨胀

混凝土在空气中凝结硬化时,体积会收缩,这种现象称为混凝土的收缩;反之,在水中结硬时,体积会膨胀。收缩和膨胀是混凝土结硬过程中本身的体积变化产生的变形,与荷载无关。混凝土的膨胀值比收缩值小得多,一般对膨胀值不予考虑。

混凝土的收缩变形是随时间而增长的,结硬初期,收缩变形发展得很快,半个月后,大约可完成全部收缩的 25%,1 个月后可完成约 50%,2 个月后可完成约 75%,以后变形逐渐缓慢,2 年后渐趋稳定。混凝土的最终收缩值为 $(2～5) \times 10^{-4}$,一般可取 3×10^{-4}。

当混凝土构件受到制约不能自由收缩时,如在钢筋混凝土构件中,钢筋因混凝土的收缩而受到压应力,混凝土则受到拉应力,这会引起混凝土表面或内部的收缩裂缝。

影响混凝土收缩的因素如下:
（1）水泥用量越多,水灰比越大,收缩越大;
（2）骨料的弹性模量高,级配好,收缩小;
（3）强度等级高的水泥制成的高强度混凝土,收缩大;
（4）混凝土浇捣越密实,养护时温度高,湿度大,收缩越小;
（5）体表比（构件的体积与表面积的比值）越小,即表面面积相对越大的构件,水分容易蒸发,因此,收缩越大。

1.2 钢筋的物理力学性能

1.2.1 钢筋的品种

目前,混凝土结构构件中常采用的普通钢筋可分为热轧光圆钢筋和热轧带肋钢筋两种。可分为以下系列:

(1) HPB 系列:采用普通碳素钢经热轧制成型的光圆钢筋,牌号为 HPB300(Ⅰ级钢筋,符号为φ)。属于低强度钢筋,具有塑性好、伸长率高、冷弯性能较好、便于弯折成型(末端应做 $180°$ 弯钩,弯后平直段长度不应小于 $3d$,见图 1-9)、容易焊接等特点。它的使用范围很广,可用作中、小型钢筋混凝土结构的受力钢筋,箍筋、拉筋和构造钢筋。

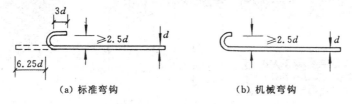

(a) 标准弯钩　　　　　(b) 机械弯钩

图 1-9　光圆钢筋的端部弯钩

(2) HRB 系列:用普通低合金钢轧制成型的普通带肋钢筋。其力学性能稳定,强度较高,加工性能良好,具有较好延性、可焊性、机械连接性能及施工适应性,牌号有 HRB335(Ⅱ级钢筋,符号为Φ)、HRB400(Ⅲ级钢筋,符号为Φ)、HRB500(Ⅳ级钢筋,符号为Φ)。

(3) HRBF 系列:采用控制轧制温度和冷却速度得到的细晶粒带肋钢筋。主要技术指标同 HRB 系列,但其延性稍低。牌号有 HRBF335(符号为ΦF)、HRBF400(符号为ΦF)、HRBF500(符号为ΦF)。

(4) RRB 系列:由轧制钢筋经高温淬水,余热处理后提高强度的余热处理钢筋,牌号有 RRB400(符号为ΦR),其合金元素的用量稍少,生产成本低,但其延性、可焊性、机械连接性能及施工适应降低,一般可用于对变形性能及加工性能要求不高的构件中,如基础、大体积混凝土、楼板、墙体以及次要的中小结构构件等。

HRB 系列、HRBF 系列、RRB 系列均为带肋钢筋(或称螺纹钢筋),表面带有纵肋和横肋,通常带有二道纵肋和沿长度方向均匀分布的横肋。带肋钢筋按横肋的形状又可分为月牙纹钢筋、人字纹钢筋和螺旋纹钢筋三种,如图 1-9 所示。钢筋强度由低到高分为 HPB300、HRB335(HRBF335)、HRB400(HRBF400、RRB400)、HRB500(HRBF500)四级。其中,第一个英文字母 H 表示热轧,R 表示余热处理;第二个英文字母 P 表示光圆,R 表示带肋;第三个英文字母 B 表示钢筋;在 HRB 英文字母后加 F 表示细晶粒钢筋;英文字母后的数字表示钢筋屈服强度标准值,如 500,表示该级钢筋的屈服强度标准值为 500N/mm^2。

混凝土结构的钢筋,一般情况下可按下列规定选用:

(1) 纵向受力普通钢筋宜采用 HRB400、HRB500 钢筋。

(2) 梁、柱纵向受力普通钢筋应采用 HRB400、HRB500 钢筋。

(3) 箍筋宜采用 HRB400、HRBF400、HRB335、HPB300 钢筋。

钢筋混凝土结构中所采用的钢筋,有柔性钢筋和劲性钢筋两种。柔性钢筋主要是光圆钢筋和变形钢筋。柔性钢筋可绑扎成钢筋骨架,用于梁、柱结构中,或焊接成焊接网,用于板、墙结构中。劲性钢筋是由各种型钢、钢板或用型钢与钢筋焊成的骨架作为结构构件的配筋。钢筋的形式见图1-10。

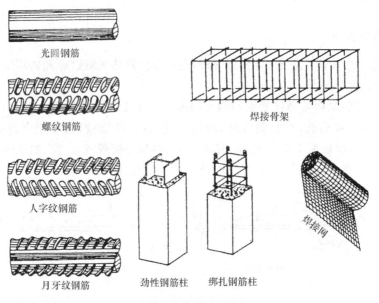

光圆钢筋

螺纹钢筋

焊接骨架

人字纹钢筋

月牙纹钢筋

劲性钢筋柱   绑扎钢筋柱

焊接网

图1-10 钢筋的各种形式

1.2.2 钢筋的强度和变形

钢筋的强度和变形性能可通过钢筋的拉伸试验得到的应力-应变曲线来说明。钢筋的拉伸应力-应变关系曲线可分为有明显屈服点的和无明显屈服点的两类。

1.2.2.1 有明显屈服点的钢筋

1. 钢筋的应力-应变曲线

有明显屈服点的钢筋又称为软钢。有明显屈服点的钢筋的应力-应变关系如图1-11所示。由图中可以看出,oa'为一段斜直线,应力σ和应变ε成线性关系增加,a'点的应力称为比例极限;过a'点后,应力σ和应变ε不再成线性关系,但仍然属弹性变形,a点的应力称为弹性极限,应变在卸载后能完全消失,此阶段为弹性阶段;a点以后,钢筋内部晶粒相互滑移错位,应变较应力增长稍快,除弹性应变外,还有卸载后不能消失的塑性变形。应力到达b点后,钢筋出现塑性流动,进入屈服阶段,b点的应力称为屈服上限,由于加载速度、截面形式、试件表面光洁度等因素,应力低落,降至屈服下限c点,这时,即使荷载不增加,应变也急剧增加,出现水平段cd,cd段称为流幅或屈服台阶,c点的应力称为钢筋的屈服强度;经过屈服阶段以后,钢筋内部晶粒调整重新排列,应力又重新上升,至e点,应力达到最大值,e点的应力称为钢筋的极限抗拉强度,de段称为强化阶段;e点以后,在试件的最薄弱截面出现横向收缩,即颈缩现象,变形迅速增加,截面不断缩小,应力随之降低,应力-应变关系成为下降曲线,直至f点钢筋拉断。

对于有明显屈服点的钢筋,一般取屈服强度(屈服下限)f_y作为钢筋强度限值。这是因为钢筋混凝土构件中的钢筋应力到达屈服强度后,钢筋塑性变形急剧增加,使构件出现很大的变形和过宽的裂缝,以致不能使用。

钢筋屈服强度与极限强度的比值,称为屈强比,反映了钢筋的强度储备。比值小,结构的

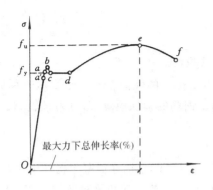
图 1-11 有明显屈服点钢筋的应力-应变曲线

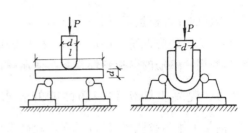
图 1-12 钢筋的冷弯试验

强度储备大,但比值太小,钢筋强度的利用率太低,通常,热轧钢筋的屈强比为 0.6~0.7。

2. 钢筋的变形性能

钢筋除屈服强度和极限强度两个强度指标外,还有两个延伸率和冷弯指标,这两个指标反映了钢筋的塑性性能和变形能力。钢筋的延伸率越大,表明钢筋的塑性和变形性能越好。《混凝土结构规范》采用对应于最大应力(极限强度)的应变 δ_{gt} 来反映钢筋拉断前的塑性变形性能指标,δ_{gt} 称为总伸长率,数值见表 1-2。

表 1-2 普通钢筋在最大力下的总伸长率限值

钢筋品种	普通钢筋		
	HPB300	HRB335,HRBF335,HRB400,HRBF400,HRB500,HRBF500	RRB400
δ_{gt}	10%	7.5%	5.0%

冷弯是检验钢筋塑性性能的另一指标。为避免钢筋弯钩、弯转加工和使用时开裂和脆断,对钢筋可进行冷弯试验,冷弯也可反映钢筋的韧性。冷弯试验是将钢筋沿一个直径为 d 的辊轴弯折一定的角度而无裂缝、鳞落或断裂的现象(图1-12)。弯转角度愈大,辊轴直径愈小,钢筋的塑性愈好。

对于有明显流幅的钢筋,其主要指标为屈服强度、极限抗拉强度、伸长率和冷弯性能。热轧钢筋是属于有明显屈服点的钢筋,断裂时有"颈缩"现象,其伸长率比较大。

1.2.2.2 无明显屈服点的钢筋

无明显屈服点的钢筋又称为硬钢。无明显屈服点的钢筋,其应力-应变关系如图 1-13 所示。最大应力 σ_P 称为极限抗拉强度,a 点的应力为比例极限,约为 $0.65\sigma_P$;a 点之后,塑性变形越来越明显,但直到 b 点,始终没有明显的屈服点,达到极限抗拉强度 σ_P 后,钢筋很快被拉断,其强度高,伸长率小,塑性差。

对于无明显屈服点的钢筋,设计中,一般取残余变形为 0.2% 时所对应的应力 $\sigma_{0.2}$ 作为强度限值,称为条件屈服强度。《混凝土结构规范》取条件屈服强度 $\sigma_{0.2} = 0.85\sigma_P$。

对于无明显流幅的钢筋,其主要指标为极限抗拉强度、伸长率和冷弯性能,主要是用于预应力混凝土构件中的钢筋。

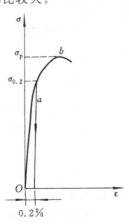
图 1-13 无明显物理屈服点的钢筋的应力-应变关系

1.2.2.3 钢筋的弹性模量 E_s

钢筋的弹性模量 $E_s = \sigma/\varepsilon = \tan\alpha_0$ 是根据钢筋拉伸试验(图 1-11)中测得的弹性阶段的应力-应变曲线确定的。钢筋受拉时的性能基本上与受压时相同,所以,对同一钢筋的受拉弹性模量与受压弹性模量相同。钢筋的弹性模量 E_s 见附录表 A6。

1.2.3 混凝土结构对钢筋性能的要求

混凝土作为脆性材料,抗压强度较高而抗拉强度很低。因此,钢筋在混凝土构件中主要承受拉力,并由此改善了整个混凝土结构的受力性能。由于受力、施工等方面的需要,混凝土结构对钢筋提出了一系列性能方面的要求。

(1)强度。钢筋强度是作为设计计算时的主要依据,是钢筋混凝土结构承载力的决定因素。我国提倡采用高强、高性能钢筋,目的是减少钢筋用量,节约钢材,使钢筋工程施工量减少。同时可以改善混凝土结构中节点、基础等部位钢筋密集分布的现状,有利于混凝土浇筑,提高施工质量和确定较好的经济效果。

(2)延性。延性是钢筋变形、耗能的能力。要求钢筋有一定的延性,目的是为了钢筋在断裂前有足够的变形,使结构在破坏前有预告信号。反映钢筋延性性能的主要指标是伸长率和冷弯性能。我国热轧钢筋的延性极好,总伸长率限值均大于 5%。

(3)可焊性。钢筋需具有良好的焊接性能,保证焊接后的接头性能良好。良好的接头是指焊缝处钢筋和热影响区钢筋焊接后无裂纹及过大变形,其力学性能也不低于被焊钢材。

(4)与混凝土的粘结。为了保证钢筋与混凝土共同工作,二者之间不发生锚固破坏,必须具有足够的粘结力,因此,对钢筋的耐久性、表面的形状、锚固长度、弯钩和接头等都有一定的要求。

1.3 钢筋与混凝土之间的粘结与锚固

钢筋与混凝土两种材料能结合在一起共同承受外力、共同变形、抵抗相互之间的滑移,主要是由于混凝土结硬后,钢筋与混凝土之间产生了良好的粘结力。另外,为了保证钢筋能可靠地锚固在混凝土中而不被拔出,还要求钢筋有良好的锚固。粘结和锚固是钢筋和混凝土共同受力的保证。如果粘结破坏或锚固失效,构件的变形和裂缝会急剧增加,导致构件过早的破坏。

1.3.1 粘结力的组成

粘结力主要由胶结力、摩擦力和机械咬合力三部分组成。

(1)胶结力。混凝土凝结时,水泥胶体与钢筋接触表面上产生的化学吸附作用,称为胶结力。

(2)摩阻力。混凝土凝结时收缩,握裹住钢筋,当钢筋与混凝土发生相对滑移时,将产生垂直于接触面上的摩阻力。摩阻力与钢筋表面的粗糙程度有关。

(3)机械咬合力。钢筋表面粗糙或变形钢筋凸起的肋纹,与混凝土之间产生的机械咬合作用力。

胶结力在粘结力中一般所占比例较小,当钢筋与混凝土发生相对滑移时,胶结力即消失。

钢筋表面越粗糙,摩擦力就越大。光圆钢筋的粘结力主要是胶结力和摩阻力,变形钢筋的粘结力主要是机械咬合力。

1.3.2 钢筋的锚固和搭接

由于影响粘结力的因素较多且复杂,目前工程结构计算中,尚无比较完整的粘结力计算方法,《混凝土结构规范》采用构造措施来保证钢筋与混凝土之间有可靠的粘结和锚固,如规定钢筋的锚固长度、搭接长度、弯钩等构造措施。

1.3.2.1 钢筋的锚固长度

将钢筋的一端埋置于混凝土中,在伸出的一端施加拉拔力,称为拔出试验,如图 1-14 所示。钢筋混凝土受力后,沿钢筋和混凝土接触面上将产生剪应力 τ_b,通常把这种剪应力称为粘结应力。经测定,粘结应力的分布呈曲线,粘结应力从拔力的一边端部开始迅速增长,过一定的距离后达到最大值,其后逐渐衰减。粘结应力可分为钢筋端部的锚固粘结应力和裂缝间的局部粘结应力。

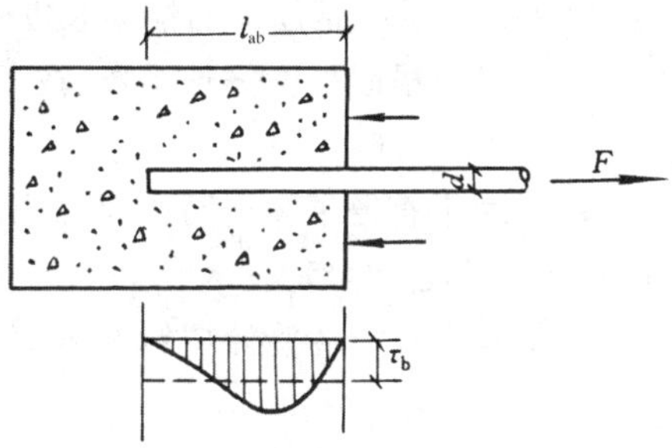

图 1-14 拔出试验(光圆钢筋)

钢筋端部的锚固粘结应力(图 1-15(a)):为使钢筋不被拔出,并能通过钢筋端部锚固粘结应力把拉拔力逐渐向混凝土传递,使混凝土也参与受拉,钢筋在混凝土中就必须有足够的埋入长度,此长度称为钢筋的锚固长度。钢筋埋入混凝土中的长度 l 越长,拔出力就越大,但是 l 过长,过长部分的粘结应力很小,甚至为零,因此,锚固长度不必过长。如锚固长度不足,钢筋的强度未达到抗拉强度设计值 f_y 前,构件就产生了粘结破坏,粘结破坏属于脆性破坏。所以,为了保证钢筋与混凝土共同受力和变形,受拉钢筋在支座或节点中应有足够的锚固长度以积累足够的粘结力。

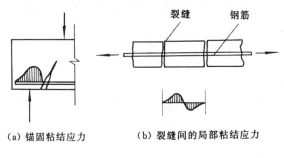

(a)锚固粘结应力　　(b)裂缝间的局部粘结应力

图 1-15 钢筋和混凝土之间的粘结应力

裂缝间的局部粘结应力(图 1-15(b)):它是在相邻两个开裂截面之间产生的,混凝土开裂后,裂缝两侧的受力情况与构件端部一样,也将产生粘结应力。粘结应力使相邻两个裂缝之间的混凝土参与受拉,裂缝间粘结应力的大小,将影响裂缝的分布与开展。裂缝间的局部粘结应力的丧失,会影响构件的刚度降低和裂缝的开展。

由图 1-14 可知,钢筋的粘结应力 τ_b 由拉拔力 F 除以锚固面积 $\pi d l_{ab}$ 得到:

$$\tau_b = \frac{F}{\pi d l_{ab}} \tag{1-9}$$

式中　d——锚固钢筋直径;

　　　　l_{ab}——受拉钢筋的基本锚固长度。

当取拉拔力 $F = \frac{\pi}{4} d^2 f_y$,考虑到锚固应力 τ_b 与钢筋的外形有关,且与混凝土的抗拉强度

f_t 大体成正比,计算纵向受拉钢筋的基本锚固长度 l_{ab} 的式(1-9)改写为

$$l_{ab} = \alpha \frac{f_y}{f_t} d \tag{1-10}$$

式中　f_y——钢筋的抗拉强度设计值,见附录表 A5;

　　　f_t——混凝土的抗拉强度设计值,按附录表 A2 采用,当混凝土强度等级高于 C60 时,按 C60 取值;

　　　α——锚固钢筋的的外形系数,光圆钢筋取 $\alpha=0.16$,带肋钢筋取 $\alpha=0.14$。

工程中实际受拉钢筋的锚固长度应根据锚固条件的不同按下列公式计算:

$$l_a = \zeta_a l_{ab} \tag{1-11}$$

式中　l_a——受拉钢筋的的锚固长度;

　　　ζ_a——锚固长度修长系数,按下列规定取用,当多于一项时,可按连乘计算,但不应小于 0.6:

(1) 对粗直径带肋钢筋相对肋高减小对锚固作用降低的影响,当带肋钢筋的公称直径大于 25mm 时,$\zeta_a=1.10$。

(2) 考虑环氧树脂涂层钢筋表面光滑状态对锚固的不利影响,对环氧树脂涂层带肋钢筋,$\zeta_a=1.25$。

(3) 反映施工扰动(如滑模施工或其他施工期依托钢筋承载的情况)对钢筋锚固的不利影响,对施工过程中易受扰动的钢筋,$\zeta_a=1.10$。

(4) 配筋设计时,实际配筋面积往往因构造原因大于计算值,钢筋实际应力通常小于强度设计值,故当纵向受力钢筋的实际配筋面积大于其设计计算面积时,ζ_a 取设计计算面积与实际配筋面积的比值,对有抗震设防要求及直接承受动力荷载的结构设计,不应考虑此项修正。

(5) 锚固钢筋常因外围混凝土的纵向劈裂而削弱锚固作用,故当锚固钢筋的保护层厚度为 $3d$ 时,$\zeta_a=0.8$;保护层厚度为 $5d$ 时,$\zeta_a=0.7$;中间按内插法取值,此处 d 为锚固钢筋直径。

为保证可靠锚固,$l_a \geqslant 0.6 l_{ab}$ 且不小于 200mm。

减小锚固长度的有效方式,可在钢筋末端配置弯钩或机械锚固,当纵向受拉普通钢筋末端采用弯钩或机械锚固措施时(图 1-16),$l_a=0.6 l_{ab}$。

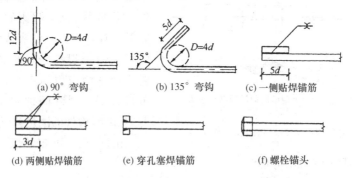

图 1-16　弯钩和机械锚固的形式和技术要求

对于受压钢筋,由于钢筋受压后的镦粗效应,加大了钢筋界面的摩阻力及咬合作用,对锚固有利。因此,受压钢筋的锚固长度可以短些,由试验分析确定,受压钢筋的锚固长度 $l_a'=0.7 l_{ab}$。

对受压钢筋,不应采用末端弯钩和一侧贴焊锚筋(图 1-16(a)—(c))的锚固措施。

1.3.2.2 钢筋的搭接长度

当钢筋的长度不够而需要搭接接长时,钢筋搭接的方法分为两类:绑扎搭接;机械连接或焊接。钢筋的搭接主要是通过粘结应力将一根钢筋的拉力传递到另一根钢筋上,因而钢筋必须有一定的搭接长度 l_i 才能保证钢筋拉力的传递和钢筋强度的充分利用。

受力钢筋的接头宜设置在受力较小处,在同一根钢筋上宜少设接头。同一构件中,相邻纵向受力钢筋的绑扎搭接接头宜相互错开搭接。《混凝土结构规范》规定:相邻两个搭接接头中心的间距应大于 $1.3\,l_i$(图 1-17),才算接头错开,否则认为两搭接接头属于同一连接区段。对于同一连接区段内的纵向受拉钢筋搭接接头面积百分率(该区段内有搭接接头的纵向受力钢筋截面面积与全部纵向受力钢筋截面面积的比值),《混凝土结构规范》规定:对于梁、板、墙类构件,不宜大于 25%;对于柱类构件,不宜大于 50%。如工程需要,可以根据实际情况适当放宽。图 1-18 为同一搭接连接区段内接头面积百分率为 50%。

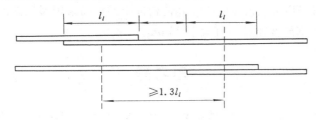

图 1-17 钢筋搭接接头的间距

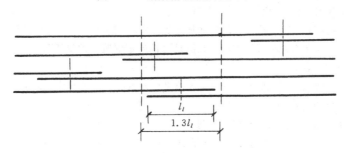

注:图中所示同一连接区段内的搭接接头钢筋为 2 根,当钢筋直径相同时,钢筋搭接接头面积百分率为 50%。

图 1-18 同一连接区段内的纵向受拉钢筋绑扎搭接接头

纵向受拉钢筋绑扎搭接接头的搭接长度 l_i,应根据位于同一连接区段内的钢筋搭接接头面积百分率进行计算:

$$l_i = \zeta_l l_a \qquad (1\text{-}12)$$

式中 l_i——纵向受拉钢筋的搭接长度;

l_a——纵向受拉钢筋的锚固长度,按式(1-11)确定;

ζ_l——纵向受拉钢筋搭接长度修正系数,按表 1-3 取用。

表 1-3 纵向受拉钢筋搭接长度修正系数

纵向搭接钢筋接头面积百分率	≤25%	50%	100%
ζ_l	1.2	1.4	1.6

在任何情况下,纵向受拉钢筋绑扎搭接接头的搭接长度 l_l 均不得小于 300mm。构件中的纵向受压钢筋,当采用搭接连接时,其搭接长度 $\geqslant 0.7\,l_l$,且不应小于 200mm。

机械连接(常采用套筒)连接和焊接接头连接区段的长度为 $35d$(d 为纵向钢筋的较大直径),且 $\geqslant 500$mm。

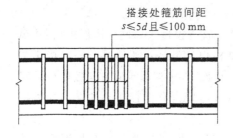

图 1-19　受拉钢筋搭接处箍筋设置

在纵向受力钢筋搭接长度范围内配置的箍筋,其直径不应小于 $0.25d$(d 为纵向受力钢筋的最大直径)。对梁、柱等构件,箍筋间距不应大于 $5d$(图 1-19);对板、墙等构件,箍筋间距不应大于 $10d$,且均不应大于 100mm(d 为纵向受力钢筋的最小直径)。当受压钢筋的直径 $d \geqslant 25$mm 时,尚应在搭接接头 2 个端面外 100mm 范围内各设置 2 个箍筋。

轴心受拉及小偏心受拉构件(如桁架和拱的拉杆)的纵向受力钢筋不得采用绑扎搭接接头。其他构件中的钢筋采用绑扎搭接时受拉钢筋直径不宜大于 25mm 及受压钢筋直径 d 不宜大于 28mm。

思考题

1. 混凝土的强度指标有哪些?是如何确定的?各用什么符号表示?它们之间的关系如何?
2. 试写出 C20,C25,C30 混凝土的 f_{ck},f_{tk} 值。
3. 混凝土单轴受压时的应力-应变曲线有何特点?
4. 混凝土应力-应变曲线中,f_c 所对应的应变是 ε_0 还是 ε_{cu}?计算时,ε_0 和 ε_{cu} 分别取何值?
5. 混凝土受压变形模量有几种表达方法?我国是怎样确定混凝土的受压弹性模量的?写出 C20,C25,C30 混凝土的弹性模量 E_c 值。
6. 混凝土的徐变和收缩是否相同?与什么因素有关?对混凝土构件有什么影响?
7. 减少混凝土徐变和收缩有哪些措施?
8. 我国钢筋混凝土结构构件所用钢筋的系列有哪些?说明其应用范围。
9. 钢筋的应力-应变曲线分为哪两类?各有什么特征?钢筋的强度限值如何确定?
10. 钢筋混凝土结构对钢筋性能有什么要求?
11. 钢筋与混凝土的粘结作用由哪三部分组成?影响钢筋与混凝土粘结强度的主要因素有哪些?
12. 如何保证钢筋混凝土不发生粘结破坏和锚固破坏?
13. 钢筋的锚固长度是如何确定的?
14. 钢筋的搭接为什么要满足搭接长度的要求?搭接的方法有哪几种?对钢筋的搭接长度有什么要求?
15. 对在纵向受力钢筋搭接长度范围内的箍筋配置有什么要求?

习　题

一、判断题

1. 混凝土的立方体抗压强度标准值与棱柱体轴心抗压强度设计值的数值是相等的。　　　　　　　(　)
2. 混凝土强度等级是由立方体抗压强度标准值所确定。　　　　　　　　　　(　)
3. 热轧钢筋属于有明显流幅的钢筋。　　　　　　　　　　　　　　　　　　(　)
4. 无明显流幅的钢筋是取残余变形为 0.2% 所对应的应力 $\sigma_{0.2}$ 作为条件屈服强度。　　　　(　)
5. 对于有明显流幅的钢筋,其极限抗拉强度作为钢筋强度的限值。　　　　　(　)

6. 钢筋的受拉弹性模量与受压弹性模量基本相等。 ( )

二、单项选择题

1. 混凝土强度由大到小排列的顺序为( )。

A. $f_{cu,k} > f_{ck} > f_{tk}$ B. $f_{ck} > f_{tk} > f_{cu,k}$

C. $f_{tk} > f_{ck} > f_{cu,k}$ D. $f_{cu,k} > f_{tk} > f_{ck}$

2. 当采用强度等级 400MPa 的钢筋时,混凝土强度等级不应低于( )。

A. C15   B. C20   C. C25   D. C30

3. 混凝土的各种力学指标最基本的代表值为( )。

A. 立方体抗压强度标准值   B. 轴心抗压强度标准值

C. 轴心抗拉强度标准值   D. 可任意选用

4. 带肋钢筋粘结力主要是( )。

A. 胶结力   B. 摩阻力   C. 机械咬合力

5. 有明显流幅的钢筋是以( )作为钢筋强度的指标。

A. 极限抗拉强度   B. 屈服强度   C. 条件屈服强度

6. 纵向受拉钢筋和受压钢筋绑扎搭接接头的搭接长度 l_l 分别不小于( )。

A. 200mm 和 300mm   B. 300mm 和 400mm

C. 300mm 和 200mm   D. 400mm 和 300mm

7. 对混凝土的收缩,以下说法正确的是( )。

A. 水泥用量越少,水灰比越大,收缩越小   B. 高强度混凝土,收缩小

C. 水泥骨料的弹性模量高,级配好,收缩小   D. 养护时温度、湿度小,收缩越小

8. 混凝土的徐变是指( )。

A. 加载后的瞬时应变

B. 卸载时瞬时恢复的应变

C. 不可恢复的残余应变

D. 荷载长期作用下,应力维持不变,其应变随时间而增长

9. 受拉钢筋的锚固长度 l_a( )。

A. 随混凝土的强度等级提高而增大

B. 随钢筋的强度等级提高而减小

C. 随混凝土和钢筋的强度等级提高而增大

D. 随混凝土强度等级提高而减小,随钢筋的强度等级提高而增大

第 2 章　钢筋混凝土结构的基本计算原理

本章重点：

　　介绍结构的极限状态设计方法,简要地叙述与极限状态设计方法有关的基本知识,为以后的各章学习设计计算作好准备。

学习要求：

　　(1) 理解结构上作用的定义、分类。

　　(2) 理解建筑结构的功能要求及安全等级。

　　(3) 理解极限状态的定义、分类及两种极限状态的设计表达式。

　　(4) 掌握荷载分项系数、材料分项系数、结构重要性系数的意义和取值。

　　(5) 掌握极限状态设计时材料强度与荷载的取值。

2.1　建筑结构的功能

2.1.1　建筑结构的功能要求

　　建筑结构建成后,必须能满足各项预定功能的要求。一般来说,建筑结构的功能要求有以下三方面:

　　(1) 安全性。建筑结构应能承受正常施工、正常使用条件下可能出现的各种作用。在偶然事件(强烈地震、爆炸、撞击、人为错误等)发生时或发生后,结构仍能保持足够的承载力和必要的整体稳定性,防止出现结构的连续倒塌。

　　(2) 适用性。建筑结构在正常使用期间,保持良好的使用性能,如不发生影响正常使用的过大变形和过宽的裂缝宽度。对钢筋混凝土梁,在正常使用荷载作用下,其挠度(变形)应满足 $f \leqslant [f]$,裂缝宽度应满足 $w_{max} \leqslant w_{lim}$。受弯构件的挠度限值 $[f]$ 和最大裂缝宽度限值 w_{lim} 见附录表 A7 和表 A8。

　　(3) 耐久性。建筑结构在正常使用、维护条件下,具有足够的耐久性,即在各种因素影响下(如混凝土风化、钢筋锈蚀等),结构的承载力和刚度不应随时间的增长而发生过大的降低,以致影响结构的使用寿命。

　　上述三项功能概括称为结构的可靠性或安全性。即结构的可靠性是指结构在规定的时间内(房屋结构的使用年限)、在规定的条件下(正常设计、施工、使用和维护),完成预定功能(满足承载力、刚度、稳定性、抗裂性、耐久性等的要求)的能力。

　　房屋建筑结构设计使用年限(表 2-1)是设计规定的一个时段,在这一规定时段内,结构或结构构件只需进行正常的维护而不需进行大修即可按其预定目的使用的时期,并完成预定的功能,即房屋建筑结构在正常使用和维护下所应达到的使用年限,如达不到这个年限则意味着在设计、施工、使用与维护的某一或某些环节上出现了非正常情况,应查找原因。所谓"正常维护"包括必要的检测、防护及维修。设计使用年限并不代表建筑结构的实际使用寿命或耐久年限,当结构的实际使用年限超过设计使用年限后,其可靠度可能较设计时的预期值所降低,但结构仍可继续使用或经大修后可继续使用。

表 2-1 房屋建筑结构的设计使用年限

类别	设计使用年限	示 例
1	5	临时性建筑结构
2	25	易于替换的结构构件
3	50	普通房屋和构筑物
4	100	标志性建筑和特别重要的建筑结构

2.1.2 结构的安全等级

建筑结构设计时,应根据结构破坏可能产生的后果(危及人的生命、造成经济损失、产生社会影响等)的严重性,采用不同的安全等级,我国将房屋建筑结构安全等级划分为三个等级,见表 2-2。

表 2-2 房屋建筑结构的安全等级

安全等级	破坏后果	示 例
一级	很严重,对人的生命、经济、社会或环境影响很大	大型的公共建筑等
二级	严重,对人的生命、经济、社会或环境影响较大	普通的住宅和办公楼等
三级	不严重,对人的生命、经济、社会或环境影响较小	小型的或临时性贮存建筑等

2.2 作用效应和结构抗力

2.2.1 结构上的作用

结构上的作用分直接作用和间接作用两种。荷载的直接作用是以力的形式直接施加在结构上。温度变化、混凝土收缩、徐变、强迫位移、环境引起材料性能劣化等使结构产生内力、外加变形或约束变形的作用称为间接作用。

结构上的作用(荷载)按作用时间的长短和性质,可分为永久作用、可变作用和偶然作用三类。

(1)永久作用:又称恒载或静载,指结构在使用期间,其值基本上不随时间变化,如结构自重、土压力等。

(2)可变作用:又称活载,指结构在使用期间,其值随时间变化而变化,如楼面上的人群、物件、风载、雪载、吊车荷载等。

(3)偶然作用:结构在使用期间不一定出现,一旦出现,则其值很大且持续时间很短的作用,如罕遇的自然灾害、爆炸、撞击、火灾等。

2.2.2 荷载及材料强度的标准值、设计值

2.2.2.1 荷载标准值

荷载标准值是指建筑结构在正常使用情况下可能出现的最大荷载值,是结构设计时采用的荷载基本代表值。GB 50009—2001《建筑结构荷载规范》(以下简称《荷载规范》)规定的荷载标准值如下。

1. 永久荷载标准值 G_K

可根据结构构件的设计尺寸和材料或结构构件单位体积（或面积）乘以该材料的单位体积自重确定。常用材料和构件的单位体积自重可由《荷载规范》查得，例如，混凝土为 $22\sim24kN/m^3$，钢筋混凝土为 $24\sim25kN/m^3$，水泥砂浆为 $20kN/m^3$，混合砂浆、石灰砂浆为 $17kN/m^3$，普通砖为 $18kN/m^3$，机制砖为 $19kN/m^3$，黏土空心砖为 $11\sim14kN/m^3$，水泥空心砖为 $9.6\sim10.3kN/m^3$，钢材为 $78.5kN/m^3$，木材为 $6kN/m^3$。

【例题 2-1】 截面尺寸为 $250mm\times500mm$ 的钢筋混凝土矩形截面梁，取钢筋混凝土单位体积自重为 $25kN/m^3$，则梁的均布自重标准值 $G_K=0.25m\times0.5m\times25kN/m^3=3.125kN/m$。

【例题 2-2】 截面尺寸为 $370mm\times490mm$ 的烧结普通黏土砖，柱的高度为 $4.5m$，则柱的自重标准值 $G_K=0.37m\times0.49m\times4.5m\times18kN/m^3=14.69kN$。

2. 可变荷载标准值 Q_K

根据统计分析和长期使用经验，《荷载规范》对楼面的活荷载、风荷载、雪荷载、吊车荷载等给出了具体取值，设计时，可直接按该规范查用或进行计算。

1）民用建筑楼面活荷载标准值

民用建筑楼面均布活荷载标准值见表 2-3。

表 2-3　　　　　　　　　民用建筑楼面均布活荷载标准值

项次	类　别	标准值/(kN·m⁻²)	组合值系数 ψ_c	准永久值系数 ψ_q
1	(1) 住宅、宿舍、旅馆、办公楼、医院病房、托儿所、幼儿园； (2) 教室、试验室、阅览室、会议室、医院门诊室	2.0	0.7	0.4 0.5
2	食堂、餐厅、一般资料档案室	2.5	0.7	0.5
3	(1) 礼堂、剧场、影院、有固定座位的看台； (2) 公共洗衣房	3.0 3.0	0.7 0.7	0.3 0.5
4	(1) 商店、展览厅、车站、港口、机场大厅及其旅客等候室； (2) 无固定座位的看台	3.5 3.5	0.7 0.7	0.5 0.3
5	(1) 健身房、演出舞台； (2) 舞厅	4.0 4.0	0.7 0.7	0.5 0.3
6	(1) 书库、档案库、贮藏室； (2) 密集柜书库	5.0 12.0	0.9	0.8
7	通风机房、电梯机房	7.0	0.9	0.8
8	汽车通道及停车库： (1) 单向板楼盖(板跨不小于2m) 　客车 　消防车 (2) 双向板楼盖和无梁楼盖(柱网尺寸不小于6m×6m) 　客车 　消防车	 4.0 35.0 2.0 20.0	 0.7 0.7 0.7 0.7	 0.6 0.6 0.6 0.6

项次	类　别	标准值/(kN·m⁻²)	组合值系数 ψ_c	准永久值系数 ψ_q
9	厨房： (1) 一般的 (2) 餐厅的	2.0 4.0	0.7 0.7	0.5 0.7
10	浴室、厕所、盥洗室： (1) 第1项中的民用建筑 (2) 其他民用建筑	2.0 2.5	0.7 0.7	0.4 0.5
11	走廊、门厅、楼梯： (1) 住宅、宿舍、旅馆、医院病房、托儿所、幼儿园 (2) 办公楼、教室、餐厅、医院门诊部 (3) 消防疏散楼梯、其他民用建筑	2.0 2.5 3.5	0.7 0.7 0.7	0.4 0.5 0.3
12	阳台： (1) 一般情况 (2) 当人群有可能密集时	2.5 3.5	0.7	0.5

注：① 本表所列活荷载适用于一般使用条件，当使用荷载大时或情况特殊时，应按实际情况采用。

②第6项书库活荷载中，当书库高度大于2m时，书库活荷载尚应按每米书架高度不小于2.5kN/m²确定。

③第8项中的客车活荷载只适用于停放载人少于9人的客车；消防车活荷载是适用于满载总重为300kN的大型车辆；当不符合本表的要求时，应将车轮的局部荷载按结构效应的等效原则，换算为等效均布荷载。

④第11项楼梯活荷载，对预制楼梯踏步平板，尚应按1.5kN集中荷载验算。

⑤本表各项荷载不包括隔墙自重和二次装修荷载，对固定隔墙的自重应按恒荷载考虑，当隔墙位置可灵活自由布置时，非固定隔墙的自重应取每延米长(kN/m)的1/3作为楼面活荷载的附加值(kN/m²)记入，附加值不小于1.0kN/m²。

2）风荷载标准值 w_k 及基本风压 w_0

《荷载规范》规定的基本风压 w_0 是按当地空旷平坦地面上10m高度处经统计得出50年一遇(指发生概率为1/50)的10min平均最大风速观测数据确定。设计时，可按《荷载规范》全国基本风压分布图的规定采用，例如，北京为0.35kN/m²，上海为0.55kN/m²，厦门为0.8kN/m²，各地区基本风压均不得小于0.3kN/m²。

垂直于建筑物表面上的风荷载标准值 w_k 按下式计算：

$$w_k = \beta_z \mu_s \mu_z w_0 \tag{2-1}$$

式中　β_z——高度 z 处的风振系数($\geqslant 1$)，仅用于高度大于30m且高宽比大于1.5的高柔建筑物；

μ_s——风载体型系数，是指风作用在建筑物表面上所引起的实际压力(+)或吸力(-)与理论风压的比值，它与建筑物的体型、尺度、周围环境和地面粗糙度有关，双坡屋面和封闭式房屋的 μ_s 值如图2-1和图2-2所示，其他各种建筑体型系数的 μ_s 值可查《荷载规范》；

μ_z——风压高度变化系数，可按平坦地面粗糙度类别，根据表2-4确定。

地面粗糙度可分为A，B，C，D四类：A类指近海海面和海岛、海岸、湖岸及沙漠地区；B类指田野、乡村、丛林、丘陵以及房屋比较稀疏的乡镇和城市郊区；C类指有密集建筑群的城市市区；D类指有密集建筑群且房屋较高的城市市区。

表 2-4　　　　　　　　　　　　　**风压高度变化系数 μ_z**

离地面或海平面高度 /m	地面粗糙度类别			
	A	B	C	D
5	1.17	1.00	0.74	0.62
10	1.38	1.00	0.74	0.62
15	1.52	1.14	0.74	0.62
20	1.63	1.25	0.84	0.62
30	1.80	1.42	1.00	0.62
40	1.92	1.56	1.13	1.73
50	2.03	1.67	1.25	0.84
60	2.12	1.77	1.35	0.93
70	2.20	1.86	1.45	1.02
80	2.27	1.95	1.54	1.11

注:① 对于山区的建筑物,还应考虑地形条件的修正;

　　② 对于远海海面和海岛的建筑物和构筑物,可按 A 类粗糙度类别给以修正;

　　③ 修正系数可见《荷载规范》。

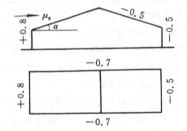
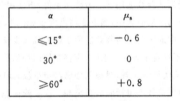

α	μ_s
$\leqslant 15°$	-0.6
$30°$	0
$\geqslant 60°$	$+0.8$

中间值按插入法计算

图 2-1　双坡屋面房屋体型系数 μ_s 值

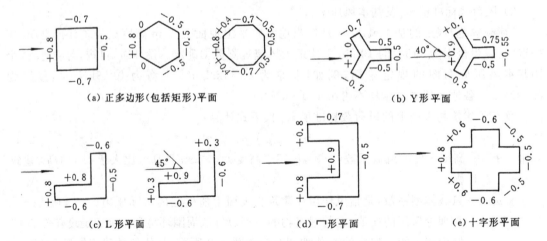

（a）正多边形(包括矩形)平面　　　　　　（b）Y 形平面

（c）L 形平面　　　　　（d）冂形平面　　　　　（e）十字形平面

图 2-2　封闭式房屋的体型系数 μ_s 值

3）雪荷载标准值 S_k 及基本雪压 S_0

《荷载规范》规定的基本雪压 S_0 是按当地比较空旷平坦地面上积雪重力的观测数据经概率统计得出 50 年一遇的最大值确定的。设计时,可按《荷载规范》全国基本雪压分布图的规定采用,如北京为 0.4kN/m^2,上海为 0.2kN/m^2,哈尔滨为 0.45kN/m^2。

屋面水平投影面上的雪荷载标准值 S_k 按下式计算:

$$S_k = \mu_r S_0 \tag{2-2}$$

式中，μ_r 为屋面积雪分布系数，它与不同类型的屋面形式、朝向和风力等有关，其值随屋面坡度的增大而减小。例如，屋面坡度≤25°时，$\mu_r=1.0$；屋面坡度为30°时，$\mu_r=0.8$；屋面坡度为40°时，$\mu_r=0.4$；屋面坡度≥50°时，$\mu_r=0$。设计时，可按《荷载规范》规定采用。

4）屋面均布活荷载标准值

屋面均布活荷载标准值见表2-5。

设计时，屋面均布活荷载与雪荷载不同时考虑，仅取二者中的较大值。

表 2-5　　　　　　　　　　　　　　　　　　屋面均布活荷载标准值

项次	类　别	标准值 /(kN·m^{-2})	组合值系数 ψ_c	准永久值系数 ψ_q
1	不上人的屋面	0.5	0.7	0
2	上人的屋面	2.0	0.7	0.4
3	屋顶花园	3.0	0.7	0.5

注：① 不上人的屋面，当施工或维修荷载较大时，应按实际情况采用；对不同结构应按有关设计规范的规定，将标准值作0.2kN/m²的增减。

② 上人的屋面，当兼作其他用途时，应按相应楼面活荷载采用。

③ 对于因屋面排水不畅、堵塞等引起的积水荷载，应采取构造措施加以防止，必要时，应按积水的可能深度确定屋面活荷载。

④ 屋顶花园活荷载不包括花圃土石等材料自重。

2.2.2.2　荷载设计值、荷载分项系数

由于荷载的随机性，有可能超载，在进行承载能力极限状态计算时，采用比标准荷载大的荷载设计值。荷载设计值等于荷载分项系数乘以荷载标准值。

永久荷载设计值 $G=\gamma_G G_K$，一般情况下，永久荷载分项系数 $\gamma_G=1.2$。

可变荷载设计值 $Q=\gamma_Q Q_K$，一般情况下，可变荷载分项系数 $\gamma_Q=1.4$。对工业建筑楼面，当板面活荷载标准值≥4kN/m²时，$\gamma_Q=1.3$。

2.2.2.3　材料强度标准值、设计值、材料分项系数

材料的强度标准值是结构设计时采用材料的强度基本代表值。考虑材料离散性、施工造成结构构件尺寸的偏差、截面的局部缺陷等因素的影响，在进行承载能力极限状态计算时，采用比材料标准值小的材料强度设计值。材料的强度设计值等于材料的强度标准值除以相应的材料性能分项系数 γ。

混凝土的轴心抗压强度设计值：

$$f_c = \frac{f_{ck}}{\gamma_c} \tag{2-3}$$

钢筋的强度设计值：

$$f_s = \frac{f_{sk}}{\gamma_s} \tag{2-4}$$

式中　f_{ck}, f_{sk}——分别为混凝土的轴心抗压强度标准值和钢筋的强度标准值；

γ_c, γ_s——分别为混凝土和钢筋材料分项系数，$\gamma_c=1.4$, $\gamma_s=1.1\sim1.2$。

混凝土的强度标准值和强度设计值见附录表 A1 和表 A2，普通钢筋的强度标准值和强度设计值见附录表 A4 和表 A5。

2.2.3 作用效应和结构抗力

设 S 表示由各种结构上的作用(直接作用或间接作用)使结构或构件产生的内力(如弯矩 M、剪力 V、轴力 N 等)和变形(如挠度 f、裂缝宽度 w 等)等,称为"作用"效应或"荷载"效应。

设 R 表示结构或构件截面抵抗"荷载"效应的能力,如受弯构件正截面受弯承载力 M_u、斜截面受剪承载力 V_u、最大挠度限值 $[f]$、最大裂缝宽度限值 w_{lim} 等,称为结构抗力。结构抗力的大小主要取决于材料的力学性能。

2.2.4 结构的功能函数

在实际结构中,荷载的大小具有不定性,如结构的自重虽事先可根据结构构件的设计尺寸和材料的容重得出,但由于施工时的尺寸误差、材料容重的离散性,使实际制作的构件自重与设计自重可能偏高,也可能偏低。而可变荷载的大小,其中的不定因素更多。造成荷载效应 S 必然具有随机性。而由于材料强度的离散性、施工误差带来的构件几何参数的改变及计算模式的精确程度,结构抗力 R 同样也具有随机性。因而,荷载效应和结构抗力均是随机变量。

对于某一结构功能,为了表达结构所处的状态,可用下式表示:

$$S \leqslant R \tag{2-5}$$

$S<R$,作用效应小于结构抗力,结构处于可靠状态;$S=R$,作用效应等于结构抗力,结构处于极限状态;$S>R$,作用效应大于结构抗力,结构处于失效状态。

2.3 结构的极限状态

2.3.1 结构的极限状态的概念

结构的极限状态是指整个结构或结构的一部分超过某一特定状态就不能满足设计规定的某一功能要求,这个特定状态称为该功能的极限状态。极限状态可分为承载能力极限状态和正常使用极限状态两类。

1. 承载能力极限状态

结构或结构构件达到最大承载力、出现疲劳破坏或因结构局部破坏而引发的连续倒塌而不适于继续承载,称为承载能力极限状态。超过了承载能力极限状态后,结构或构件就不能满足安全性的要求。当出现下列情况之一时,即认为超过了承载能力极限状态:

(1) 结构构件或连接因超过材料强度而破坏,或因过度变形而不适于继续承载;

(2) 整个结构或其一部分作为刚体失去平衡;

(3) 结构转变为机动体系;

(4) 结构或结构构件丧失稳定;

(5) 结构因局部破坏而发生连续倒塌;

(6) 地基丧失承载力而破坏;

(7) 结构或结构构件出现疲劳破坏。

2. 正常使用极限状态

结构或构件达到正常使用(如结构构件的变形、裂缝)或耐久性能的某项规定限值的状态,以致无法正常使用,称为正常使用极限状态。超过了正常使用极限状态后,结构或构件就不能满足适用性和耐久性的要求。当出现下列情况之一时,即认为超过了正常使用极限状态:

(1) 影响正常使用或外观的变形;

(2) 影响正常使用或耐久性能的局部损坏;

(3) 影响正常使用的振动;

(4) 影响正常使用的其他特定状态。

2.3.2 极限状态设计表达式

1. 承载能力极限状态设计表达式

承载能力极限状态是结构或结构构件发挥允许的最大承载能力的状态。结构构件由于塑性变形而使其几何形状发生显著改变,虽未达到最大承载能力,但已彻底不能使用,因而,结构极限状态设计应满足 $S \leqslant R$ 的要求,设计时,采用荷载设计值和材料强度设计值,并考虑结构重要性系数后,得出承载能力极限状态设计表达式为

$$\gamma_0 S \leqslant R \tag{2-6}$$

式中　S——承载能力极限状态下作用组合的效应(如轴力、弯矩等)的设计值;

　　　R——结构或构件的抗力设计值;

　　　γ_0——结构重要性系数,取决于结构安全等级和设计使用年限,其取值见表 2-6。

表 2-6　结构重要性系数 γ_0

结构安全等级	结构重要性系数 γ_0
一级	1.1
二级	1.0
三级	0.9

2. 正常使用极限状态设计表达式

正常使用极限状态是结构或结构构件达到使用功能上允许的某个限值的状态。使用时需要控制裂缝和变形的结构构件,除了进行承载力计算外,还要进行正常使用极限状态的裂缝和变形验算。例如,某些构件必须控制变形、裂缝才能满足使用要求。因过大的变形会造成如房屋内粉刷层剥落、填充墙和隔断墙开裂及屋面积水等后果;过大的裂缝会影响结构的耐久性;过大的变形、裂缝也会造成用户心理上的不安全感。但变形过大或裂缝过宽,虽会妨碍正常使用,影响结构的耐久性和适用性,但其危害程度不及承载力不足引起结构破坏而造成的人身伤亡及重大经济损失来得大,因而设计时,其可靠性的要求可比承载能力极限状态降低一些。通常先按承载能力极限状态设计结构构件,再按正常使用极限状态进行验算。正常使用极限状态验算时,采用荷载准永久组合值和材料强度标准值,且不考虑结构重要性系数 γ_0。正常使用极限状态设计表达式为

$$S \leqslant C \tag{2-7}$$

式中　S——正常使用极限状态下,作用组合的效应(如变形、裂缝等)标准值;

　　　C——结构构件达到正常使用要求,设计时。对所规定的变形 $[f]$、最大裂缝宽度 $w_{\lim}$ 和应力等的相应限值,$[f]$见附录表 A7,$w_{\lim}$见附录表 A8。

思考题

1. 建筑结构应满足哪些功能要求?

2. 结构可靠性的定义是什么？

3. 建筑结构的安全等级是根据什么因素确定的？

4. 结构的作用是如何分类的？

5. 何谓荷载标准值？

6. 荷载标准值与荷载设计值之间的关系如何？哪个数值大？

7. 钢筋和混凝土的材料强度标准值与材料强度设计值之间的关系是怎样的？哪个数值大？

8. 永久荷载和可变荷载的荷载分项系数，一般情况下的取值为多少？

9. 何谓结构作用荷载效应和结构抗力？二者之间有何关系？

10. 写出结构极限状态的定义和分类。

11. 在什么情况下，认为超过承载力极限状态？

12. 在什么情况下，认为超过正常使用极限状态？

13. 写出结构极限状态的表达式。

14. 结构重要性系数是依据什么因素确定的？如何取值？

习 题

一、判断题

1. 材料强度设计值≤材料强度标准值。 （   ）

2. 荷载的标准值≥荷载的设计值。 （   ）

3. 对破坏后果很严重的重要建筑物，其安全等级为一级。 （   ）

4. 可变荷载的荷载分项系数一般情况下 $\gamma_Q = 1.4$。对工业建筑楼面，当板面活荷载标准值≥4 kN/m² 时，$\gamma_Q = 1.3$。 （   ）

5. 作用效应是指荷载引起的结构或构件的内力、变形等。 （   ）

6. 材料性能分项系数是一个小于 1 的数值。 （   ）

二、单项选择题

1. 建筑结构按承载能力极限状态设计时，采用的材料强度值应是（   ）。

    A. 材料强度设计值   B. 材料强度平均值

    C. 材料强度标准值   D. 材料强度极限变形值

2. 建筑结构按承载能力极限状态设计时，采用的荷载值应是（   ）。

    A. 荷载的平均值   B. 荷载的标准值   C. 荷载的设计值

3. 结构在使用期间随时间变化的作用称为（   ）。

    A. 永久作用 B. 可变作用 C. 偶然作用

4. 承载能力极限状态设计表达式 $\gamma_0 S > R$ 表示（   ）。

    A. 结构处于可靠状态 B. 结构处于失效状态 C. 结构处于极限状态

5. 安全等级为二级，结构重要性系数 γ_0 为（   ）。

    A. 1.2   B. 1.1   C. 1.0   D. 0.9

6. 正常使用极限状态验算时，荷载、材料强度所采用的值为（   ）。

    A. 荷载采用标准值，材料强度采用标准值

    B. 荷载采用设计值，材料强度采用设计值

    C. 荷载采用标准值，材料强度采用设计值

    D. 荷载采用准永久组合值，材料强度采用标准值

第3章　钢筋混凝土受弯构件

本章重点:

主要讨论受弯构件的正截面、斜截面的破坏特征及其承载力计算方法和受弯构件裂缝宽度及挠度的验算目的和方法。

学习要求:

(1) 了解配筋率对受弯构件破坏特征的影响以及适筋受弯构件在各个工作阶段的受力特点。

(2) 掌握单筋矩形截面、双筋矩形截面和 T 形截面承载力的计算方法。

(3) 熟悉受弯构件正截面的构造要求。

(4) 了解斜截面破坏的主要形态和影响斜截面承载力的主要因素。

(5) 掌握有腹筋梁斜截面受剪承载力计算公式及其适用条件以及防止斜压破坏和斜拉破坏的措施。

(6) 熟悉纵筋伸入支座的锚固要求和箍筋构造要求。

(7) 了解钢筋混凝土荷载裂缝宽度(以下简称裂缝宽度)和变形验算的目的和条件。

(8) 了解钢筋混凝土裂缝宽度和受弯构件挠度的验算方法。

3.1　受弯构件正截面受弯承载力计算

3.1.1　概述

受弯构件是钢筋混凝土结构中应用最广泛的一种构件。梁和板是典型的受弯构件。梁和板的区别在于:梁的截面高度一般大于其宽度,而板的截面高度则远小于其宽度。梁的截面形式一般有矩形、T 形和工字形;板的截面形式有矩形、多孔形和槽形等(图 3-1)。仅在受弯构件受拉区配置纵向受力钢筋的构件称为单筋受弯构件,同时,也在受压区配置纵向受力钢筋的

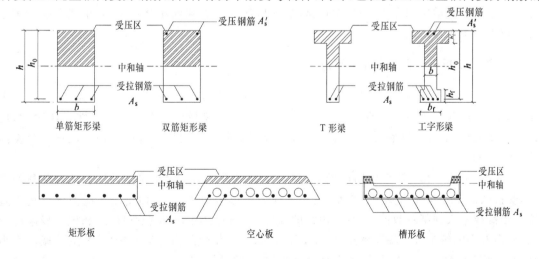

图 3-1　梁和板的截面形式

构件称为双筋受弯构件。对于单筋梁,梁中通常配有纵向受力钢筋、架立筋和箍筋,有时还配有弯起钢筋(图 3-2)。对于板,通常配有受力钢筋和分布钢筋。受力钢筋沿板的受力方向配置,分布钢筋则与受力钢筋相垂直,放置在受力钢筋的内侧(图 3-3)。

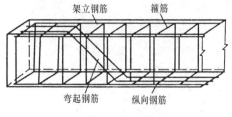
图 3-2　梁的配筋

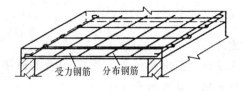
图 3-3　板的配筋

在外荷载作用下,受弯构件截面内产生弯矩和剪力。由于混凝土的抗拉强度很低,钢筋混凝土受弯构件可能沿弯矩最大截面的受拉区出现法向裂缝(或称正裂缝),并且随着荷载的增大,可能沿正裂缝发生破坏,这种破坏称为沿正截面破坏(图 3-4(a))。钢筋混凝土受弯构件也可能沿剪力最大或弯矩和剪力都比较大的截面出现裂缝,这种裂缝是由于主拉应力超过混凝土抗拉强度所引起的,因此,裂缝的走向是倾斜的,这种裂缝称为斜裂缝。随着荷载的增大,受弯构件也可能沿斜裂缝发生破坏,这种破坏称为沿斜截面破坏(图 3-4(b))。

因此,在计算受弯构件的承载力时,既要计算其正截面的承载力,也要计算其斜截面的承载力。

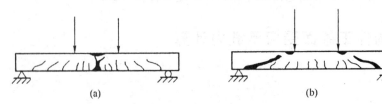
图 3-4　受弯构件沿正截面和斜截面的破坏形式

3.1.1.1　适筋受弯构件正截面工作的三个阶段

对于配筋量适中的受弯构件,根据试验结果,从开始加载到完全破坏,其正截面受力可以分为以下三个工作阶段。

1. 第Ⅰ阶段——截面开裂前阶段

当开始加载不久,截面内产生的弯矩很小,这时,梁的弯矩-挠度关系、截面应力-应变关系、弯矩-钢筋应力关系均成直线变化。由于应变很小,混凝土基本上处于弹性工作阶段,应力与应变成正比,受压区和受拉区混凝土应力分布图形为三角形。这一工作阶段称为第Ⅰ阶段(图 3-5(a))。

由于混凝土应力-应变曲线在受拉时的弹性范围比受压时的小得多,因此,随着荷载的增大,受拉区混凝土首先出现塑性变形,受拉区应力图形呈曲线分布,而受压区应力图形仍为直线。当荷载增大到某一数值时,受拉边缘的混凝土达到其实际的抗拉强度 f_t 和抗拉极限应变 ε_{tu},截面处于将裂未裂的临界状态(图 3-5(b)),这一工作阶段称为第 $\mathrm{I_a}$ 阶段,相应的截面弯矩称为抗裂弯矩 M_{cr}。此时,由于粘结力的存在,钢筋应力较低($20\sim30\ \mathrm{N/mm^2}$)。由于受拉区混凝土塑性的发展,第 $\mathrm{I_a}$ 阶段的中和轴位置较第Ⅰ阶段略有上升。第 $\mathrm{I_a}$ 阶段所表示的截面应力状态,可作为受弯构件抗裂验算的依据。

2. 第Ⅱ阶段——从截面开裂到受拉区纵筋开始屈服的阶段

随着荷载继续增大,裂缝进一步开展,钢筋和混凝土的应力和应变不断增大,挠度增大逐渐加快。当荷载增大到某一数值时,受拉区纵向受力钢筋开始屈服,钢筋应力达到其屈服强度 f_y,这一特定的工作阶段称为第Ⅱ$_a$阶段(图 3-5(d))。第Ⅱ阶段为一般梁的正常使用工作阶段,其应力状态可作为使用阶段的变形和裂缝宽度验算时的依据。

3. 第Ⅲ阶段——破坏阶段

当受压区边缘混凝土达到极限压应变 ε_{cu} 时,梁受压区两侧及顶面出现纵向裂缝,混凝土被完全压碎,截面发生破坏。这一特定工作阶段称为第Ⅲ$_a$阶段(图 3-5(f))。第Ⅲ$_a$阶段为梁的承载能力极限状态,其应力状态可作为受弯承载力计算的依据。

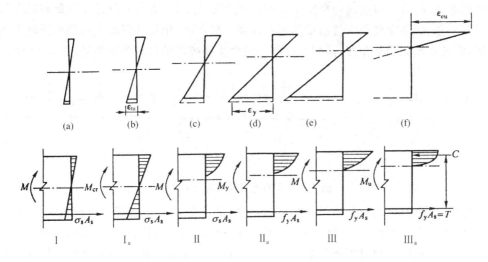

图 3-5　适筋梁各工作阶段的应力、应变图

3.1.1.2 受弯构件正截面的破坏形式

前面所研究的是配筋量比较适中的梁的工作特点和破坏特征。试验表明,随着配筋量的不同,梁正截面的破坏形式也不同。梁正截面的破坏形式还与混凝土强度等级、钢筋级别、截面形式等许多因素有关。当材料品种及截面形式选定以后,梁正截面的破坏形式主要取决于配筋量的多少。矩形截面梁配筋量的多少用配筋率 ρ 来衡量,配筋率是指纵向受力钢筋截面面积与截面有效面积的百分比,即

$$\rho = \frac{A_s}{bh_0} \tag{3-1}$$

式中　b——梁的截面宽度;

$\quad\quad h_0$——梁截面的有效高度,取受力钢筋截面重心至受压边缘的距离;

$\quad\quad A_s$——纵向受力钢筋截面面积。

根据 ρ 的大小,梁正截面的破坏形式可以分为以下三种类型。

（1）适筋破坏。当梁的配筋率比较适中时，发生适筋破坏。如前所述，这种破坏的特点是，受拉区纵向受力钢筋首先屈服，然后受压区混凝土被压碎。梁破坏之前，受拉区纵向受力钢筋要经历较大的塑性变形，沿梁跨产生较多的垂直裂缝，裂缝不断开展和延伸，挠度也不断增大，所以能给人以明显的破坏预兆。破坏呈延性性质。破坏时，钢筋和混凝土的强度都得到了充分利用。发生适筋破坏的梁称为适筋梁（图 3-6(a)）。

（2）超筋破坏。当梁的配筋率太大时，发生超筋破坏。其特点是，破坏时受压区混凝土被压碎而受拉区纵向受力钢筋却没有达到屈服。梁破坏时，由于纵向受拉钢筋尚处于弹性阶段，所以，梁受拉区裂缝宽度小，甚至形不成裂缝，破坏没有明显预兆，呈脆性性质。破坏时，混凝土的强度得到了充分利用而钢筋的强度没有得到充分利用。发生超筋破坏的梁称为超筋梁（图 3-6(b)）。

（3）少筋破坏。当梁的配筋率太小时，发生少筋破坏，其特点是一裂即坏。梁受拉区混凝土一开裂，裂缝截面原来由混凝土承担的拉力转由钢筋承担。因梁的配筋率太小，故钢筋应力立即达到屈服强度，有时可迅速经历整个流幅而进入强化阶段，有时钢筋甚至可能被拉断。裂缝往往只有一条，裂缝宽度很大且沿梁高延伸较高。破坏时，钢筋和混凝土的强度虽然得到了充分利用，但破坏前无明显预兆，呈脆性性质。发生少筋破坏的梁称为少筋梁（图 3-6(c)）。

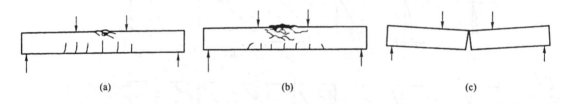

图 3-6　梁的正截面破坏形式

由于超筋受弯构件和少筋受弯构件的破坏均呈脆性性质，破坏前无明显预兆，一旦发生破坏，将产生严重后果。因此，在实际工程中，不允许设计成超筋构件和少筋构件，只允许设计成适筋构件。具体设计时，通过限制相对受压区高度和最小配筋率的措施来避免将受弯构件设计成超筋构件和少筋构件。

3.1.2　单筋矩形截面受弯构件承载力计算

仅在受拉区配置纵向受力钢筋的矩形截面受弯构件称为单筋矩形截面受弯构件（图 3-7(a)）。同时，在受拉区和受压区配置纵向受力钢筋的矩形截面受弯构件称为双筋矩形截面受弯构件（图 3-7(b)）。这里要注意受力钢筋与构造钢筋（如架立筋）的区别。受力钢筋是根据计算确定的，通常根数较多、直径较粗；构造钢筋是根据构造要求确定的，通常根数较少、直径较细。受压区仅配有构造钢筋的矩形截面受弯构件属于单筋矩形截面受弯构件，不属于双筋矩形截面受弯构件。

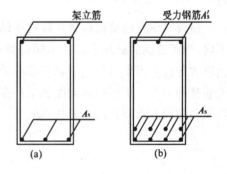

图 3-7　矩形截面受弯构件的配筋形式

3.1.2.1 受弯构件正截面承载力的计算简图

1. 基本假定

受弯构件正截面承载力的计算以第 III_a 阶段的应力状态为依据。根据《混凝土结构规范》规定,采用下述 4 个基本假定:

(1) 截面应变保持平面。

(2) 不考虑混凝土的抗拉强度。

(3) 混凝土受压的应力与应变曲线采用曲线加直线段。

当 $\varepsilon_c \leqslant \varepsilon_0$ 时,则

$$\sigma_c = f_c \left[1 - \left(1 - \frac{\varepsilon_c}{\varepsilon_0} \right)^n \right]$$

当 $\varepsilon_0 < \varepsilon_c \leqslant \varepsilon_{cu}$ 时,则

$$\sigma_c = f_c$$

式中 σ_c——混凝土压应变为 ε_c 时的混凝土压应力;

f_c——混凝土轴心抗压强度设计值;

ε_0——混凝土压应力刚达到 f_c 时的混凝土压应变,$\varepsilon_0 = 0.002 + 0.5(f_{cu,k} - 50) \times 10^{-5}$,当计算的 ε_0 值小于 0.002 时,取 $\varepsilon_0 = 0.002$;

ε_{cu}——正截面的混凝土极限压应变,受弯构件中,$\varepsilon_{cu} = 0.0033 - (f_{cu,k} - 50) \times 10^{-5}$,如计算的 ε_{cu} 值大于 0.0033,取 $\varepsilon_{cu} = 0.0033$;

$f_{cu,k}$——混凝土立方体抗压强度标准值;

n——系数,$n = 2 - (f_{cu,k} - 50)/60$,当计算的 n 值大于 2.0 时,取 $n = 2.0$。

当混凝土强度等级为 C50 及以下时,混凝土的应力-应变曲线为一条抛物线加直线的曲线,当压应变 $\varepsilon_c \leqslant 0.002$ 时,混凝土应力-应变的关系曲线为抛物线;当压应变 $\varepsilon_c > 0.002$ 时,混凝土应力-应变关系曲线为水平线,其极限压应变 ε_{cu} 取 0.0033,相应的最大压应力 σ_0 取混凝土轴心抗压强度设计值 f_c(图 3-8)。

(4) 纵向受拉钢筋的应力值取钢筋应变与其弹性模量的乘积,但其绝对值不应大于其相应的强度设计值。纵向受拉钢筋的极限拉应变取为 0.01。

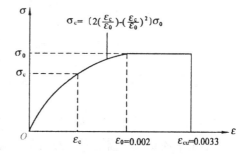

图 3-8　混凝土应力-应变曲线

2. 计算简图

单筋矩形截面受弯构件的计算简图如图 3-9 所示。

图中,x_c 为根据假定(1)所确定的混凝土实际受压区高度。受压区混凝土的压应力图形如图 3-9(c)所示。压应力图形虽然比较符合实际情况,但具体计算起来还是比较麻烦。计算中,只需要知道受压区混凝土的压应力合力大小及作用位置,不需要知道压应力实际分布图形。因此,为了进一步简化计算,采用等效矩形应力图形来代替理论应力图形。根据混凝土受压区压力合力等效和截面弯矩等效的原则,即等效后混凝土受压区合力大小相等、合力作用点位置不变的等效原则确定:

$$x = \beta_1 x_c, \quad \sigma_0 = \alpha_1 f_c$$

式中　β_1——系数,当混凝土强度等级不超过 C50 时,取为 0.8,当混凝土强度等级为 C80 时,
取为 0.74,其间按线性内插法确定;

α_1——系数,当混凝土强度等级不超过 C50 时,取为 1.0,当混凝土强度等级为 C80 时,
取为 0.94,其间按线性内插法确定。

α_1,β_1 的取值见表 3-1。

表 3-1　　　　　　　　　　　混凝土受压区等效矩形应力图系数

系数＼强度等级	≤C50	C55	C60	C65	C70	C75	C80
α_1	1.0	0.99	0.98	0.97	0.96	0.95	0.94
β_1	0.8	0.79	0.78	0.77	0.76	0.75	0.74

如图 3-9(d)所示,x 称为计算受压区高度。

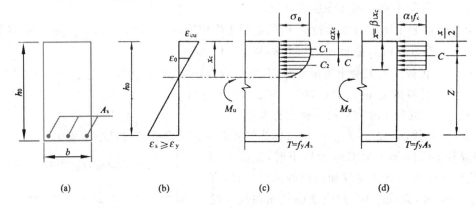

图 3-9　单筋矩形截面受弯构件计算简图

3.1.2.2　基本计算公式

对于单筋矩形截面受弯承载力的计算,根据图 3-9(d)所示的计算图形,可建立两个静力
平衡方程,即

$$\sum X = 0 \qquad\qquad \alpha_1 f_c b x = f_y A_s \qquad\qquad (3\text{-}2)$$

$$\sum M = 0 \qquad\qquad M \leqslant M_u = \alpha_1 f_c b x \left(h_0 - \frac{x}{2} \right) \qquad\qquad (3\text{-}3)$$

或 $\qquad\qquad\qquad\qquad\qquad M \leqslant M_u = f_y A_s \left(h_0 - \frac{x}{2} \right) \qquad\qquad (3\text{-}4)$

式中　M——荷载在计算截面上产生的弯矩设计值;

f_c——混凝土轴心抗压强度设计值,见附录表 A2;

f_y——钢筋抗拉强度设计值,见附录表 A5;

A_s——受拉区纵向受力钢筋的截面面积;

b——截面宽度;

x——计算受压区高度,简称受压区高度;

h_0——截面有效高度,取受拉钢筋合力作用点至截面受压边缘之间的距离,其值为

$$h_0 = h - a_s$$

其中　h——截面高度;

　　　a_s——受拉钢筋合力作用点至截面受拉边缘的距离。

根据构造要求,梁内钢筋的混凝土保护层厚度确定:在一类环境下,≤C25 的混凝土为 25mm,>C25 的混凝土为 20mm;下部钢筋之间的净距不得小于 25mm。

板内钢筋的混凝土保护层厚度确定:在一类环境下,≤C25 的混凝土为 20mm,>C25 的混凝土为 15mm。

再根据常用的钢筋直径,在进行构件设计时,a_s 可按下述数值取用:当梁的受力钢筋为一排布置时,$a_s=40$mm(>C25)或 45mm(≤C25);当梁的受力钢筋为两排布置时,$a_s=65$mm(>C25)或 70mm(≤C25);对于钢筋混凝土平板,$a_s=20$mm(>C25)或 25mm(≤C25)(图 3-10)。

如果令 $\xi = \dfrac{x}{h_0}$,则上述式(3-2)、式(3-3)和式(3-4)分别可以写成

$$\alpha_1 f_c b \xi h_0 = f_y A_s \tag{3-2a}$$

$$M \leqslant M_u = \alpha_1 f_c b h_0^2 \xi (1 - 0.5\xi) \tag{3-3a}$$

或

$$M \leqslant M_u = f_y A_s h_0 (1 - 0.5\xi) \tag{3-4a}$$

式中,ξ 称为相对受压区高度。

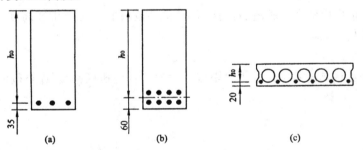

图 3-10　梁板有效高度的确定方法

3.1.2.3　基本公式的适用条件

上述基本公式是根据适筋构件的破坏特征建立起来的,只适用于适筋受弯构件,不适用于超筋受弯构件和少筋受弯构件。因此,《混凝土结构规范》中规定,任何受弯构件必须同时满足下列两个适用条件:

(1) 为了防止将构件设计成少筋构件,要求构件的配筋面积 A_s 不得小于按最小配筋率所确定的钢筋面积 $A_{s,min}$,即

$$A_s \geqslant A_{s,min} \tag{3-5}$$

《混凝土结构规范》中规定,受弯构件受拉钢筋的最小配筋率 ρ_{min} 按构件全截面面积扣除位于受压边的翼缘面积 $(b_f' - b)h_f'$ 后的截面面积计算。对于常用的矩形截面、T 形截面和工字形截面,其最小配筋率 ρ_{min} 的计算如图 3-11 所示。

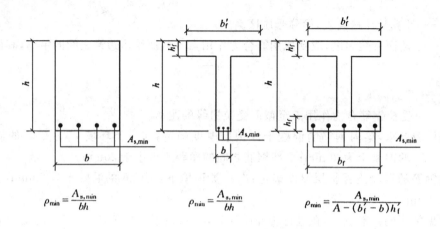

$$\rho_{\min}=\frac{A_{s,\min}}{bh} \qquad \rho_{\min}=\frac{A_{s,\min}}{bh} \qquad \rho_{\min}=\frac{A_{s,\min}}{A-(b'_f-b)h'_f}$$

图 3-11 最小配筋率 $\rho_{\min}$

对受弯构件，$\rho_{\min}$ 取 0.2% 和 0.45f_t/f_y 中的较大值。

最小配筋率 $\rho_{\min}$ 的数值是根据钢筋混凝土受弯构件的破坏弯矩等于同样截面的素混凝土受弯构件的破坏弯矩确定的。

对于矩形截面和 T 形截面，上述适用条件式(3-5)可以写成

$$\rho=\rho_{\min}\frac{h}{h_0} \tag{3-6}$$

由于 ρ 是以 bh_0 为基准，$\rho_{\min}$ 是以 bh 为基准，而 bh_0 与 bh 相差甚小，因此，上述适用条件有时也可近似地用下式表达：

$$\rho\geqslant\rho_{\min} \tag{3-7}$$

(2) 为了防止将构件设计成超筋构件，要求构件截面的相对受压区高度 ξ 不得超过其相对界限受压区高度 ξ_b，即

$$\xi\leqslant\xi_b \tag{3-8}$$

相对界限受压区高度是构件发生界限破坏时的计算受压区高度 x_b 与截面有效高度 h_0 的比值，即

$$\xi_b=\frac{x_b}{h_0} \tag{3-9}$$

所谓界限破坏，是指受拉钢筋屈服($\varepsilon_s=\varepsilon_y$)、同时受压区混凝土达到极限压应变($\varepsilon_c=\varepsilon_{cm}$)而被压碎的一种特定的破坏形式。

相对界限受压区高度 ξ_b 是适筋构件和超筋构件相对受压区高度的界限值，它可以根据平截面应变假定求出。下面分别讨论有明显屈服点钢筋和无明显屈服点钢筋配筋的受弯构件相对界限受压区高度 ξ_b 的计算公式。

1) 有明显屈服点钢筋配筋的受弯构件相对界限受压区高度 ξ_b 的计算公式

如图 3-12 所示，对于有明显屈服点的钢筋，发生界限破坏时受拉钢筋的应变 $\varepsilon_s=\varepsilon_y=f_y/E_s$，即

$$\xi_b=\frac{x_b}{h_0}=\frac{\beta_1\varepsilon_{cu}}{\varepsilon_{cu}+\dfrac{f_y}{E_s}}=\frac{\beta_1}{1+\dfrac{f_y}{\varepsilon_{cu}E_s}} \tag{3-10}$$

从图 3-12 可以看出，当 $\xi\leqslant\xi_b$ 时，受拉钢筋必定屈服，为适筋构件；当 $\xi>\xi_b$ 时，受拉钢筋不屈服，为超筋构件。对于常用的有明显屈服点的热轧钢筋，将其抗拉强度设计值 f_y 和弹性

模量 E_s 代入式(3-10)中,即可得到它们相对界限受压区高度 ξ_b,详见表 3-2。

表 3-2　　　　　　　　　　　　　　相对界限受压区高度 ξ_b 取值

混凝土强度等级	≤C50				C60				C70				C80			
钢筋级别	HPB 300	HRB 335	HRB 400	HRB 500	HPB 300	HRB 335	HRB 400	HRB 500	HPB 300	HRB 335	HRB 400	HRB 500	HPB 300	HRB 335	HRB 400	HRB 500
ξ_b	0.576	0.550	0.518	0.482	0.556	0.531	0.499	0.464	0.537	0.512	0.481	0.447	0.518	0.493	0.463	0.429

2）无明显屈服点钢筋的相对界限受压区高度

对于碳素钢丝、钢绞线、热处理钢筋以及冷拔低碳钢丝等无明显屈服点的钢筋,取对应于残余应变为 0.2% 的应力 $\sigma_{0.2}$ 作为条件屈服点。达到条件屈服点时的钢筋应变(图 3-13)为

$$\varepsilon_s = \varepsilon_y = 0.002 + f_y/E_s$$

$$\xi_b = \frac{x_b}{h_0} = \frac{\beta_1 x_b'}{h_0} = \frac{\beta_1 \varepsilon_{cu}}{\varepsilon_{cu} + 0.002 + f_y/E_s} = \frac{\beta_1}{1 + \dfrac{0.002}{\varepsilon_{cu}} + \dfrac{f_y}{E_s \varepsilon_{cu}}} \qquad (3\text{-}11)$$

用 $\xi = \xi_b$ 代入式(3-3a),可以求出适筋受弯构件所能承受的最大弯矩为

$$M_{max} = \alpha_1 f_c b h_0^2 \xi_b (1 - 0.5 \xi_b) \qquad (3\text{-}12)$$

令 $\alpha_{sb} = \xi_b(1 - 0.5\xi_b)$,则

$$M_{max} = \alpha_{sb} \alpha_1 f_c b h_0^2 \qquad (3\text{-}13)$$

式中,α_{sb} 为截面最大抵抗矩系数。

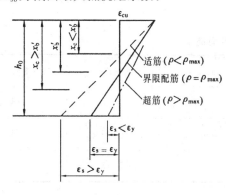

图 3-12　平截面应变假定　　　　　　图 3-13　无明显屈服点钢筋的应力-应变关系

将 ξ_b 代入 α_{sb} 的表达式,可以得到有明显屈服点钢筋配筋的受弯构件的截面最大抵抗矩系数 α_{sb},详见表 3-3。

表 3-3　　　　　　　　受弯构件截面最大抵抗矩系数 α_{sb}($f_{cu,k} \leqslant 50$)

钢筋级别	HPB300	HRB335	HRB400	HRB500
α_{sb}	0.410	0.399	0.384	0.366

综上所述,为了防止将构件设计成超筋构件,应满足以下条件:

$$\xi \leqslant \xi_b$$

或 $$x \leqslant \xi_b h_0$$

或 $$\rho \leqslant \rho_{\max}$$

或 $$\alpha_s \leqslant \alpha_{sb}$$

式中 $$\xi = x/h_0, \quad \rho = \xi \frac{\alpha_1 f_c}{f_y}, \quad \alpha_s = \xi(1-0.5\xi)$$

3.1.2.4 基本公式的应用

在受弯构件正截面承载力计算中,上述基本公式通常有两种应用情况:截面设计和承载力校核。对于梁或板,并不需要对其每个截面都进行计算,通常只需对其控制截面进行计算。对于受弯构件正截面承载力计算,控制截面是指等截面梁或板中同号弯矩区段内弯矩设计值最大的截面。因此,在受弯构件正截面承载力计算之前,首先要运用结构力学的知识找出其控制截面。

1. 截面设计

截面设计是钢筋混凝土结构设计中最常遇到的一种情况,此时仅知道作用在构件截面中的弯矩设计值 M,要求确定构件的截面尺寸、混凝土强度等级、钢筋级别以及钢筋面积。由基本公式(3-2)及式(3-3)可知,未知数有 f_c, f_y, b, h_0, A_s 和 x,而基本公式只有两个,只能确定其中的两个未知数。通常的做法是先根据经验,选取钢筋级别和混凝土强度等级,这样,f_y 和 f_c 就确定了。此外,对于梁,可根据其高跨比 h/l_0,按表 3-4 确定其截面高度 h,再根据高宽比 h/b 确定截面宽度 b。对于矩形截面梁,$h/b \leqslant 3.5$,常用 h/b 为 $2.0 \sim 3.5$;对于 T 形截面梁,$h/b \leqslant 4$,常用 h/b 为 $2.5 \sim 4.0$。对于板,可根据其高跨比 h/l 按表 3-5 确定其厚度 h,对于现浇板,通常取 1m 宽度板带计算,即 $b=1000$mm。

表 3-4 梁的一般最小截面高度

序号	构 件 种 类		简支	两端连续	悬臂
1	整体肋形梁	次梁	$l_0/20$	$l_0/25$	$l_0/8$
		主梁	$l_0/12$	$l_0/15$	$l_0/6$
2	独立梁		$l_0/12$	$l_0/15$	$l_0/6$

注:① l_0 为梁的计算跨度,l 为板的(短边)计算跨度。

② 梁的计算跨度 $l_0 \geqslant 9$m 时,表中数值应乘以 1.2。

表 3-5 现浇板的最小高跨比(h/l)

序号	支承情况	板 的 种 类				
		单向板	双向板	悬臂板	无梁楼板	
					有柱帽	无柱帽
1	简支	1/35	1/45	1/12	1/35	1/30
2	连续	1/40	1/50			

这样,未知数就只剩下 A_s 和 x 了,可以通过基本公式(3-2)和式(3-3)直接求解。计算过程中,要随时注意检验公式的适用性。如果按公式计算的 $x > \xi_b h_0$ 或 $\xi > \xi_b$,则说明原来选择的构件截面尺寸过小,必须加大截面尺寸(特别是高度 h)重新计算。当确因其他原因不可能加大截面时,则可提高混凝土强度等级或采用双筋矩形截面梁。如果按公式计算的 $A_s < A_{s,min}$,则说明原来所选构件的截面尺寸过大,宜予以减小后重新计算。当确因其他原因不能减小截面尺寸时,则应按最小配筋面积 $A_{s,min}$ 配筋。

【例题 3-1】 如图 3-14(a)所示,某办公大楼的内廊为现浇简支在砖墙上的钢筋混凝土平板,板上作用的均布活荷载标准值为 $q_k = 2.0 \text{kN/m}^2$。水磨石地面及细石混凝土垫层共 30mm 厚(平均容重为 22kN/m³),板底粉刷石灰砂浆 12mm 厚(容重为 17kN/m³)。混凝土强度等级选用 C30,纵向受拉钢筋采用 HPB300,环境类别为一类,试确定板厚度和受拉钢筋截面面积。

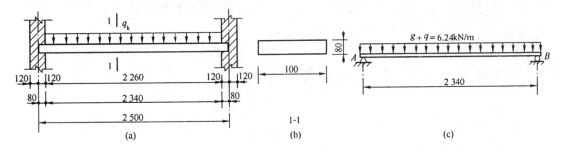

图 3-14　钢筋混凝土平板

【解】　(1) 确定板的截面尺寸

由于板的计算跨度尚未确定,不能根据计算跨度 l_0 来确定板厚。先近似按板的几何跨度来确定板厚。

$$h = \frac{l}{35} = \frac{2500}{35} = 71.43\text{mm},取 h = 80\text{mm},取 1\text{m} 宽板带计算。$$截面尺寸如图 3-14(b)所示,由附录表 A9 可知,环境类别为一类,采用 C30 混凝土时,板的混凝土保护层最小厚度为 15mm,故取 $a_s = 20\text{mm}$,则板的有效高度为

$$h_0 = h - a_s = 80 - 20 = 60\text{mm}$$

(2) 内力计算

要计算最大弯矩,必须先确定计算跨度和荷载设计值。

① 计算跨度

单跨梁、板的计算跨度可按有关的规定计算。对于走道板,计算跨度等于板的净跨加板的厚度,因此,有

$$l_0 = l_n + h = 2\,260 + 80 = 2\,340\text{mm}$$

② 荷载设计值

恒载标准值:

水磨石地面　　　　　　　　$0.03 \times 22 \times 1 = 0.66\text{kN/m}$

板自重(容重为 25kN/m³)　$0.08 \times 25 \times 1 = 2.0\text{kN/m}$

石灰砂浆粉刷　　　　　　　$0.012 \times 17 \times 1 = 0.204\text{kN/m}$

$$g_k = 0.66 + 2.0 + 0.204 = 2.86\text{kN/m}$$

活载标准值:　　　　　　　$q_k = 2.0 \times 1 = 2.0\text{kN/m}$

恒载设计值： $g=1.2\times2.86=3.44kN/m$

活载设计值： $q=1.4\times2.0=2.8kN/m$

③ 跨中最大弯矩(计算简图如图 3-14(c)所示)

$$M=\frac{1}{8}(g+q)l_0^2=\frac{1}{8}\times(3.44+2.8)\times2.34^2=4.27kN\cdot m$$

(3) 材料强度设计值(查附录表 A2 和表 A5)

混凝土 C30：$f_c=14.3N/mm^2$，$\alpha_1=1.0$，由表 3-2 知，$\xi_b=0.576$

钢筋 HPB300：$f_y=270N/mm^2$

(4) 求 x 及 A_s 的值

由式(3-3)和式(3-2)得

$$x=h_0\left(1-\sqrt{1-\frac{2M}{\alpha_1f_cbh_0^2}}\right)=60\times\left(1-\sqrt{1-\frac{2\times4.27\times10^6}{14.3\times1000\times60^2}}\right)$$

$$=5.20mm<\xi_bh_0=0.576\times60=34.56mm$$

$$0.45\frac{f_t}{f_y}=0.45\times\frac{1.43}{270}$$

$$=0.24\%>0.2\%$$

取 $\rho_{min}=0.24\%$。

$$A_s=\frac{\alpha_1f_cbx}{f_y}=\frac{1.0\times14.3\times1000\times5.20}{270}=275mm^2>\rho_{min}bh=0.0024\times1000\times80=192mm^2$$

(5) 选用钢筋及绘配筋图

查附录表 A13，选用 $\phi 6/8@140$，每米板宽实配钢筋面积 $A_s=281mm^2$，钢筋如图 3-15 所示。

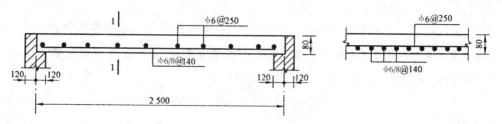

图 3-15　板配筋图

【例题 3-2】　如图 3-16 所示一钢筋混凝土简支梁。已知计算跨度 $l_0=6.9m$。梁上作用均布恒载设计值 $g=30kN/m$，均布活载设计值 $q=18kN/m$。环境类别为一类。试按正截面抗弯承载力确定梁的截面及配筋(梁自重已计入恒载设计值中)。

【解】　(1) 确定梁的截面尺寸

$$h=\frac{l_0}{12}=\frac{6900}{12}=575mm$$

取 $h=600mm$。先假定按一排钢筋配筋：

$$h_0=h-a_s=600-40=560mm$$

$$b=\frac{h}{2}=300mm$$

(2) 内力计算

跨中最大弯矩设计值为

$$M=\frac{1}{8}(g+q)l_0^2=\frac{1}{8}\times48\times6.9^2=285.66\text{kN}\cdot\text{m}$$

（3）选用材料

混凝土强度 C30，$f_c=14.3\text{N/mm}^2$；钢筋 HRB400 级，$f_y=360\text{N/mm}^2$，$f_t=1.43\text{N/mm}^2$，$\alpha_1=1.0$。

（4）求 x 及 A_s 的值

$$x=h_0\left(1-\sqrt{1-\frac{2M}{\alpha_1 f_c b h_0^2}}\right)=560\times\left(1-\sqrt{1-\frac{2\times285.66\times10^6}{1.0\times14.3\times300\times560^2}}\right)$$

$$=135.24\text{mm}<\xi_b h_0=0.518\times560=290.08\text{mm}$$

$$0.45 f_t/f_y=0.45\times\frac{1.43}{360}=0.179\%<0.2\%$$

取 $\rho_{\min}=0.002$。

$$A_s=\frac{\alpha_1 f_c b x}{f_y}=\frac{1.0\times14.3\times300\times135.24}{360}=1\,610\text{mm}^2>A_{s,\min}$$

$$=\rho_{\min}bh=0.002\times300\times600=360\text{mm}^2$$

（5）选用钢筋及绘配筋图

查附录表 A12，选用 2 Φ 25＋2 Φ 20。

实配钢筋面积 $A_s=982+628=1\,610\text{mm}^2$，配筋见图 3-17。

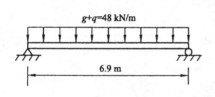

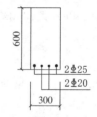

图 3-16　钢筋混凝土简支梁　　　　　图 3-17　［例题 3-2］配筋图

为了简化计算，工程中常用 α_s，γ_s，ξ 来计算钢筋面积，令式（3-3a）和式（3-4a）中 $\xi=\dfrac{x}{h_0}$，$\alpha_s=\xi(1-0.5\xi)$，$\gamma_s=1-0.5\xi$，则式（3-3a）为

$$M=\alpha_s bh_0^2\alpha_1 f_c$$

或

$$\alpha_s=\frac{M}{bh_0^2\alpha_1 f_c}$$

则式（3-4a）为

$$M=f_y A_s(1-0.5\xi)h_0=f_y\gamma_s h_0 A_s$$

或

$$A_s=\frac{M}{f_y\gamma_s h_0}$$

α_s，γ_s，ξ 三者的关系为

$$\xi=1-\sqrt{1-2\alpha_s}$$

$$\gamma_s=\frac{1+\sqrt{1-2\alpha_s}}{2}$$

下面用 α_s，γ_s，ξ 来计算上述例题：

$$\alpha_s = \frac{M}{\alpha_1 f_c bh_0^2} = \frac{285.66 \times 10^6}{1.0 \times 14.3 \times 300 \times 560^2} = 0.201$$

$$\xi = 1 - \sqrt{1 - 2\alpha_s} = 1 - \sqrt{1 - 2 \times 0.201} = 0.226 < \xi_b = 0.518$$

$$\gamma_s = \frac{1 + \sqrt{1 - 2\alpha_s}}{2} = \frac{1 + \sqrt{1 - 2 \times 0.201}}{2} = 0.886$$

$$A_s = \frac{M}{f_y \gamma_s h_0} = \frac{285.66 \times 10^6}{360 \times 0.886 \times 560} = 1610\text{mm}^2$$

由此可见，采用 α_s，γ_s，ξ 计算的结果与上述例题的计算结果相同，但计算公式易于记忆，较简便。

【例题 3-3】 已知单筋矩形截面梁，承受弯矩设计值 $M = 120\text{kN} \cdot \text{m}$，环境类别为一类。

(1) 截面尺寸 $b \times h = 200\text{mm} \times 500\text{mm}$，混凝土强度等级 C20，钢筋 HPB300 级，求 A_s。

(2) 截面尺寸 $b \times h = 200\text{mm} \times 500\text{mm}$，混凝土强度等级 C30，钢筋 HPB300 级，求 A_s。

(3) 截面尺寸 $b \times h = 200\text{mm} \times 500\text{mm}$，混凝土强度等级 C20，钢筋 HRB335 级，求 A_s。

(4) 截面尺寸 $b \times h = 240\text{mm} \times 500\text{mm}$，混凝土强度等级 C20，钢筋 HPB300 级，求 A_s。

(5) 截面尺寸 $b \times h = 200\text{mm} \times 600\text{mm}$，混凝土强度等级 C20，钢筋 HPB300 级，求 A_s。

【解】 由附录表 A9 知，环境类别为一类、混凝土强度等级为 C20 时，梁的混凝土保护层最小厚度 $c = 30\text{mm}$，混凝土强度等级为 C30 时，$c = 25\text{mm}$；取 C20 时，$a_s = 45\text{mm}$，取 C30 时，$a_s = 40\text{mm}$。由式 (3-2a)、式 (3-3a) 以及 α_s 与 ξ 的关系得

$$\alpha_s = \frac{M}{\alpha_1 f_c bh_0^2}$$

$$\xi = 1 - \sqrt{1 - 2\alpha_s}$$

$$A_s = \frac{\alpha_1 f_c b\xi h_0}{f_y}$$

(1) $f_c = 9.6\text{N/mm}^2$，$f_y = 270\text{N/mm}^2$，$b = 200\text{mm}$，$h_0 = h - a_s = 500 - 45 = 455\text{mm}$

$$\alpha_1 = 1.0, f_t = 1.10\text{N/mm}^2$$

$$\rho_{min} = \begin{cases} 0.002 \\ 0.45\dfrac{f_t}{f_y} = 0.00183 \end{cases}_{max} = 0.002$$

$$\alpha_s = \frac{120 \times 10^6}{1.0 \times 9.6 \times 200 \times 455^2} = 0.302$$

$$\xi = 1 - \sqrt{1 - 2 \times 0.302} = 0.371 < \xi_b = 0.576$$

$$A_s = \frac{1.0 \times 9.6 \times 200 \times 0.371 \times 455}{270} = 1200\text{mm}^2 > A_{s,min} = \rho_{min}bh = 0.002 \times 200 \times 500 = 200\text{mm}^2$$

(2) $f_c = 14.3\text{N/mm}^2$，$f_y = 270\text{N/mm}^2$，$b = 200\text{mm}$，$h_0 = 460\text{mm}$

$$\alpha_1 = 1.0, f_t = 1.43\text{N/mm}^2$$

$$\rho_{min} = \begin{cases} 0.002 \\ 0.45 \times \dfrac{1.43}{270} \end{cases}_{max} = \begin{cases} 0.002 \\ 0.00238 \end{cases}_{max} = 0.00238$$

$$\alpha_s = \frac{120 \times 10^6}{1.0 \times 14.3 \times 200 \times 460^2} = 0.198$$

$$\xi = 1 - \sqrt{1 - 2 \times 0.198} = 0.223 < \xi_b = 0.576$$

$$A_s = \frac{1.0 \times 14.3 \times 200 \times 0.223 \times 460}{270} = 1086\,mm^2 > A_{s,min} = 0.002\,38 \times 200 \times 500 = 238\,mm^2$$

(3) $f_c = 9.6\,N/mm^2$, $f_y = 300\,N/mm^2$, $b = 200\,mm$, $h_0 = 455\,mm$

$$\alpha_1 = 1.0, \quad f_t = 1.10\,N/mm^2$$

$$0.45\frac{f_t}{f_y} = 0.165\%$$

$$\rho_{min} = \left\{ \begin{matrix} 0.2\% \\ 0.165\% \end{matrix} \right\}_{max} = 0.2\%$$

$$\alpha_s = \frac{120 \times 10^6}{1.0 \times 9.6 \times 200 \times 455^2} = 0.302$$

$$\xi = 0.370 < \xi_b = 0.550$$

$$A_s = \frac{1.0 \times 9.6 \times 200 \times 0.370 \times 455}{300} = 1077\,mm^2 > A_{s,min} = 200\,mm^2$$

(4) $f_c = 9.6\,N/mm^2$, $f_y = 270\,N/mm^2$, $b = 240\,mm$, $h_0 = 455\,mm$

$$\alpha_1 = 1.0, \quad f_t = 1.1\,N/mm^2, \quad \rho_{min} = 0.002$$

$$\alpha_s = \frac{120 \times 10^6}{1.0 \times 9.6 \times 240 \times 455^2} = 0.252$$

$$\xi = 1 - \sqrt{1 - 2 \times 0.252} = 0.295 < \xi_b = 0.576$$

$$A_s = \frac{1.0 \times 9.6 \times 240 \times 0.295 \times 455}{270} = 1145\,mm^2 > A_{s,min} = 0.002 \times 240 \times 500 = 240\,mm^2$$

(5) $f_c = 9.6\,N/mm^2$, $f_y = 270\,N/mm^2$, $b = 200\,mm$, $h_0 = 600 - 45 = 555\,mm$, $\alpha_1 = 1.0$

$$\alpha_s = \frac{120 \times 10^6}{1.0 \times 9.6 \times 200 \times 555^2} = 0.203$$

$$\xi = 1 - \sqrt{1 - 2 \times 0.203} = 0.229 < \xi_b = 0.576$$

$$A_s = \frac{1.0 \times 9.6 \times 200 \times 0.229 \times 555}{270} = 903\,mm^2 > A_{s,min} = 0.002 \times 200 \times 600 = 240\,mm^2$$

由上述计算可以看到,混凝土强度等级由 C20 提高到 C30 时,A_s 由 $1\,200\,mm^2$ 降低到 $1086\,mm^2$,只降低 9.5%,这说明提高混凝土强度等级对提高受弯构件正截面承载力效果并不显著;当钢筋级别由 HPB300 提高到 HRB335 时,A_s 由 $1\,200\,mm^2$ 降低到 $1077\,mm^2$,降低了 10%,可见,提高钢筋的级别对提高受弯构件正截面承载力效果是明显的;加大梁的截面宽度,使梁的截面积增加 20%,A_s 由 $1\,200\,mm^2$ 降低到 $1145\,mm^2$,降低 4.5%,说明加大梁的截面宽度对提高受弯构件正截面承载力效果也不显著;将梁的截面加高,使梁的截面积也增加 20%,A_s 由 $1\,200\,mm^2$ 降低到 $903\,mm^2$,降低了 24.8%,可见,在截面面积相同的前提下,加大梁高,其正截面受弯承载力将明显提高。

2. 承载力校核

在实际工程中,有时需要对已建成的梁或板的正截面承载力进行验算。例如,已建的某梁或板由于结构用途改变,导致梁或板上作用的荷载改变,要求检验其能否承受新的使用荷载所产生的弯矩设计值,从而决定是否需要对原有梁或板进行加固处理。

承载力校核,一般是已知构件的截面尺寸、混凝土强度等级、钢筋级别、钢筋直径和根数,要求确定构件的极限承载力 M_u;或者还已知使用荷载将会产生的弯矩设计值 M,要求对构件的安全性作出评价。也就是说,已知 α_1,f_c,f_y,b,h,A_s,要求 M_u 或者判断 M 是否小于等于 M_u。由于基本计算公式中只有两个未知数 x 和 M_u,因此,可以用公式直接求解。在计算的过程中,同样要检验计算公式的适用条件。

【例题 3-4】 某预制钢筋混凝土简支平板,计算跨度 $l_0 = 1\,820\text{mm}$,板宽 600mm,板厚 60mm。混凝土强度等级 C20,受拉区配有 4 根直径为 6mm 的 HPB300 级钢筋,环境类别为一类,当使用荷载及板自重在跨中产生的弯矩最大设计值为 $M = 820\,000\text{N} \cdot \text{mm}$ 时,试验算正截面承载力是否足够。

【解】 (1) 求 x

混凝土 C20,$f_c = 9.6\text{N/mm}^2$,$\alpha_1 = 1.0$

钢筋 HPB300 级,$f_y = 270\text{N/mm}^2$,$\xi_b = 0.576$

由附录表 A10 知,板的混凝土保护层厚度取为 20mm,则 $a_s = 20 + \dfrac{6}{2} = 23\text{mm}$,截面有效高度 $h_0 = h - a_s = 60 - 23 = 37\text{mm}$,钢筋面积 $A_s = 113\text{mm}^2$,有

$$x = \frac{f_y A_s}{\alpha_1 f_c b} = \frac{270 \times 113}{1.0 \times 9.6 \times 600} = 5.3\text{mm} < \xi_b h_0 = 0.576 \times 37 = 21.3\text{mm}$$

(2) 求 M_u

$$M_u = \alpha_1 f_c b x \left(h_0 - \frac{x}{2}\right) = 1.0 \times 9.6 \times 600 \times 5.3 \times \left(37 - \frac{5.3}{2}\right) = 106\,695\text{N} \cdot \text{mm}$$

(3) 判别正截面承载力是否足够

$$M = 820\,000\text{N} \cdot \text{mm} < M_u = 106\,695\text{N} \cdot \text{mm}$$

故正截面承载力足够。

【例题 3-5】 已知某钢筋混凝土单筋矩形截面简支梁,计算跨度 $l_0 = 6\,000\text{mm}$,截面尺寸 $b \times h = 250\text{mm} \times 600\text{mm}$,混凝土 C70,配有 HRB335 级纵向受力钢筋 4 ⊕ 22。箍筋 φ6,环境类别为二(a)级。根据梁的正截面受弯承载力确定该梁所能承受的最大均布荷载设计值(包括自重)$g + q$。

【解】 (1) 求 ξ

混凝土 C70,$f_c = 31.8\text{N/mm}^2$,由表 3-1 知 $\alpha_1 = 0.96$。

钢筋 HRB335 级,$f_y = 300\text{N/mm}^2$,$\xi_b = 0.55$。

由附录表 A10 知,梁的混凝土保护层厚度为 25mm,则 $a_s = 25 + 6 + \dfrac{22}{2} = 42\text{mm}$,截面有效高度 $h_0 = h - a_s = 600 - 42 = 558\text{mm}$,钢筋面积 $A_s = 1520\text{mm}^2$,有

$$\xi = \frac{f_y A_s}{\alpha_1 f_c b h_0} = \frac{300 \times 1520}{0.96 \times 31.8 \times 250 \times 558} = 0.106\,9 < \xi_b = 0.55$$

(2) 求 M_u

$$
\begin{aligned}
M_u &= \alpha_1 f_c b h_0^2 \xi (1 - 0.5\xi) \\
&= 0.96 \times 31.8 \times 250 \times 558^2 \times 0.106\,9 \times (1 - 0.5 \times 0.106\,9) \\
&= 240.4 \times 10^6 \text{N} \cdot \text{mm}
\end{aligned}
$$

（3）求 $g+q$

简支梁在均布荷载作用下的跨中最大弯矩为

$$M_{max} = \frac{1}{8}(g+q)l_0^2$$

令 $M_{max} \leqslant M_u$，则

$$\frac{1}{8}(g+q)l_0^2 \leqslant M_u$$

$$\frac{1}{8}(g+q) \times 6\,000^2 \leqslant 240.4 \times 10^6$$

$$g+q \leqslant 53.4\text{N/mm} = 53.4\text{kN/m}$$

即该梁所能承受的最大均布荷载设计值 $g+q=53.4\text{kN/m}$。

3.1.3 双筋矩形截面受弯构件承载力计算

如前所述,同时在受拉区和受压区配置纵向受力钢筋的矩形截面受弯构件称为双筋矩形截面受弯构件。一般来说,采用受压钢筋协助混凝土承受压力是不经济的。双筋矩形截面受弯构件主要应用于以下几种情况:

（1）截面承受的弯矩设计值很大,超过了单筋矩形截面适筋梁所能承担的最大弯矩,而构件的截面尺寸及混凝土强度等级又都受到限制而不能增大和提高。

（2）结构或构件承受某种交变的作用(如地震作用和风荷载),使构件同一截面上的弯矩可能发生变号。

（3）因某种原因在构件截面的受压区已经布置了一定数量的受力钢筋(如框架梁和连续梁的支座截面)。

3.1.3.1 计算公式及适用条件

双筋矩形截面受弯构件的受力情况和破坏形态基本上与单筋矩形截面受弯构件相似。当 $\xi \leqslant \xi_b$ 时,仍然是受拉钢筋首先达到屈服,然后受压区混凝土压碎,属适筋构件。当 $\xi > \xi_b$ 时,受拉钢筋未屈服,而受压区混凝土先压碎,属超筋构件。双筋矩形截面梁受压区的受压钢筋的应力当构件处于承载能力极限状态时可能达到其抗压强度设计值 f_y',也可能达不到 f_y'。受压钢筋的应力与截面受压区高度有关。

图 3-18 中, a_s' 为受压区纵向受力钢筋合力作用点到受压边缘的距离。当混凝土等级大于 C20 时,对于梁,受压钢筋按一排布置,取 $a_s'=35\text{mm}$;当受压钢筋按两排布置时,取 $a_s'=60\text{mm}$。对于板,取 $a_s'=20\text{mm}$。

计算表明,对于双筋矩形截面受弯构件正截面承载力计算,只要能满足 $x \geqslant 2a_s'$ 的条件,构件破坏时,受压钢筋一般均能达到其抗压强度设计值 f_y'。因此,在建立双筋矩形截面受弯构

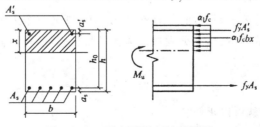

图 3-18 双筋矩形截面计算简图

件承载力计算公式时,除了引入单筋矩形截面受弯构件承载力计算中的四项假定外,还补充一个假定:当 $x \geqslant 2a_s'$ 时,受压钢筋应力等于其抗压强度设计值 f_y'。

根据以上分析,双筋矩形截面受弯构件处于承载能力极限状态时的计算简图如图 3-18 所示。由平衡条件可得基本计算公式如下:

$$\sum X = 0 \qquad\qquad f_y A_s = \alpha_1 f_c b x + f_y' A_s' \qquad\qquad (3\text{-}14)$$

$$\sum M = 0 \qquad M \leqslant M_u = \alpha_1 f_c b x \left(h_0 - \frac{x}{2} \right) + f_y' A_s' (h_0 - a_s') \qquad (3\text{-}15)$$

式中,A_s' 为受压区纵向受力钢筋的截面积。其他符号同前。

上述计算公式的适用条件如下:

$$x \leqslant \xi_b h_0 \qquad\qquad (3\text{-}16a)$$

$$x \geqslant 2a_s' \qquad\qquad (3\text{-}16b)$$

对于双筋截面,纵向受拉钢筋面积 A_s 一般比较大,可不验算 $A_s \geqslant A_{s,\min}$。

上述计算公式也可以写成

$$f_y A_s = \alpha_1 f_c b \xi h_0 + f_y' A_s' \qquad\qquad (3\text{-}14a)$$

$$M \leqslant M_u = \alpha_1 f_c b h_0^2 \xi (1 - 0.5\xi) + f_y' A_s' (h_0 - a_s')$$

$$= \alpha_s b h_0^2 \alpha_1 f_c + f_y' A_s' (h_0 - a_s') \qquad\qquad (3\text{-}15a)$$

当不满足式(3-16b)的条件时,受压钢筋的应力达不到 f_y',这时,可近似地取 $x = 2a_s'$,对受压钢筋合力作用点取矩,得

$$M \leqslant M_u = f_y A_s (h_0 - a_s') \qquad\qquad (3\text{-}17)$$

如果按式(3-17)计算的受拉钢筋面积 A_s 比不考虑受压钢筋的存在而按单筋矩形截面计算的 A_s 还大,应按单筋矩形截面计算结果配筋。

3.1.3.2 计算公式的应用

双筋矩形截面的计算公式同样有两种应用情况,即截面设计和承载力校核。

1. 截面设计

双筋矩形截面受弯构件进行截面设计时,可能会遇到下列两种情况:

(1) 已知截面的弯矩设计值 M,截面尺寸 $b \times h$,材料强度 f_y,f_y' 和 α_1,f_c,要求确定受拉钢筋面积 A_s 和受压钢筋面积 A_s'。

双筋矩形截面的计算公式只有两个,现在有 A_s,A_s' 和 x 三个未知数,因此,必须补充一个方程式才能求解。为了节约钢材,充分发挥混凝土的抗压强度,可以假定受压区高度等于界限受压区高度,即

$$x = \xi_b h_0 \qquad\qquad (3\text{-}18)$$

补充这个方程式后,问题就可以求解。

由式(3-15a)可得

$$A'_s = \frac{M - \alpha_1 f_c b h_0^2 \xi_b (1 - 0.5\xi_b)}{f'_y(h_0 - a'_s)} = \frac{M - \alpha_{sb} b h_0^2 \alpha_1 f_c}{f'_y(h_0 - a'_s)} \tag{3-19a}$$

由式(3-14a)有

$$A_s = \frac{f'_y A'_s + \alpha_1 f_c b \xi_b h_0}{f_y} \tag{3-19b}$$

(2) 已知截面的弯矩设计值 M，截面尺寸 $b \times h$，材料强度 f_y，f'_y 和 α_1，f_c 以及受压钢筋面积 A'_s，要求确定受拉钢筋面积 A_s。

由于是两个方程两个未知数，可以直接求解。

由式(3-15)可得

$$x = h_0 \left\{ 1 - \sqrt{1 - \frac{2[M - f'_y A'_s(h_0 - a'_s)]}{\alpha_1 f_c b h_0^2}} \right\} \tag{3-20}$$

由式(3-14)有

$$A_s = \frac{f'_y A'_s + \alpha_1 f_c b x}{f_y} \tag{3-21}$$

在计算过程中，要注意检验公式的适用条件，当按式(3-20)计算得到的 x 不满足式(3-16a)的条件，说明给定的 A'_s 太小，应该按 A'_s 未知的情况即按式(3-19a)和式(3-19b)分别求解 A'_s 和 A_s。如果计算得到的 x 不满足式(3-16b)的条件，应按式(3-17)计算受拉钢筋的面积 A_s。

【例题 3-6】 已知某矩形截面简支梁，截面尺寸 $b \times h = 300\text{mm} \times 600\text{mm}$，选用 C30 混凝土及 HRB400 钢筋，箍筋 $\phi 6$，跨中截面承受弯矩设计值 $M = 285.66\text{kN} \cdot \text{m}$，受压区预先已经配好 $2 \oplus 16(A'_s = 402\text{mm}^2)$ 的受压钢筋，环境类别为一类。求截面所需配置的受拉钢筋截面面积 A_s。

【解】 (1) 求受压区高度 x

C30 混凝土，$f_c = 14.3\text{N/mm}^2$，$\alpha_1 = 1.0$。

HRB400 级钢筋，$f_y = f'_y = 360\text{N/mm}^2$，$\xi_b = 0.518$。

受拉钢筋按一排考虑：$a_s = 40\text{mm}$，$h_0 = 600 - 40 = 560\text{mm}$，$a'_s = 20 + 6 + \dfrac{16}{2} = 34\text{mm}$。则由式(3-20)得

$$
\begin{aligned}
x &= h_0 \left\{ 1 - \sqrt{1 - \frac{2[M - f'_y A'_s(h_0 - a'_s)]}{\alpha_1 f_c b h_0^2}} \right\} \\
&= 560 \times \left\{ 1 - \sqrt{1 - \frac{2 \times [285.66 \times 10^6 - 360 \times 402 \times (560 - 34)]}{1.0 \times 14.3 \times 300 \times 560^2}} \right\} \\
&= 95.3\text{mm} < \xi_b h_0 = 0.518 \times 560 = 290.08\text{mm}
\end{aligned}
$$

且

$$x > 2a'_s = 2 \times 34 = 68\text{mm}$$

(2) 求受拉钢筋截面面积 A_s

由式(3-21)得

$$
\begin{aligned}
A_s &= \frac{f'_y A'_s + \alpha_1 f_c b x}{f_y} = \frac{360 \times 402 + 1.0 \times 14.3 \times 300 \times 95.3}{360} \\
&= 1537\text{mm}^2
\end{aligned}
$$

（3）选用钢筋及绘配筋图

受拉钢筋选用 4 $\underline{\Phi}$ 22，$A_s=1520\text{mm}^2$，配筋如图 3-19 所示。

比较[例题 3-2]与[例题 3-6]，二者截面尺寸、材料强度等级以及承受的弯矩设计值完全相同，但前者为单筋截面，计算受力钢筋面积只需要 1610mm²，后者为双筋截面，总的受力钢筋面积需要 402＋1537＝1949mm²，比单筋截面所需配置的受拉钢筋面积增加 21.1%。

【例题 3-7】 一根梁基本条件与[例题 3-6]相同，但受压区预先已经配好 2 $\underline{\Phi}$ 25（$A_s'=982\text{mm}^2$）的受压钢筋，求截面所需要配置的受拉钢筋截面面积 A_s。

【解】 （1）求受压区高度 x

其他条件与[例题 3-6]相同，但 $A_s'=982\text{mm}^2$，$a_s'=20+6+\dfrac{25}{2}=38.5\text{mm}$。由式(3-20)得

$$x=h_0\left\{1-\sqrt{1-\dfrac{2[M-f_y'A_s'(h_0-a_s')]}{\alpha_1 f_c b h_0^2}}\right\}$$

$$=560\times\left\{1-\sqrt{1-\dfrac{2\times[285.66\times10^6-360\times982\times(560-38.5)]}{1.0\times14.3\times300\times560^2}}\right\}$$

$$=43.88\text{mm}<\xi_b h_0=0.518\times560=290.8\text{mm}$$

但
$$x<2a_s'=2\times38.5=77\text{mm}$$

（2）求受拉钢筋截面面积 A_s

由式(3-17)得

$$A_s=\dfrac{M}{f_y(h_0-a_s')}=\dfrac{285.66\times10^6}{360\times(560-38.5)}=1521.6\text{mm}^2$$

从[例题 3-2]可知，不考虑受压钢筋（即令 $A_s'=0$），按单筋矩形截面计算的受拉钢筋面积为 $A_s=1610\text{mm}^2$。二者之中选小者，即 $A_s=1521.6\text{mm}^2$。

（3）选用钢筋及绘配筋图

受拉钢筋选用 4 $\underline{\Phi}$ 22，$A_s=1520\text{mm}^2$，配筋见图 3-20。

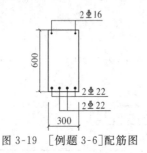

图 3-19　[例题 3-6]配筋图　　　　　　图 3-20　[例题 3-7]配筋图

2. 承载力校核

已知截面的弯矩设计值 M，截面尺寸 $b\times h$，材料强度 f_y，f_y' 和 f_c 以及受拉钢筋面积 A_s，受压钢筋面积 A_s'。验算 M_u 是否大于等于 M。

由式(3-14)得

$$x=\dfrac{f_y A_s-f_y'A_s'}{\alpha_1 f_c b} \tag{3-22}$$

或由式(3-14a)得

$$\xi = \frac{f_y A_s - f'_y A'_s}{\alpha_1 f_c b h_0} \qquad (3-23)$$

若 $2a'_s \leqslant x \leqslant \xi_b h_0$，则

$$M_u = f'_y A'_s (h_0 - a'_s) + \alpha_1 f_c b x \left(h_0 - \frac{x}{2}\right)$$

或若 $\dfrac{2a'_s}{h_0} \leqslant \xi \leqslant \xi_b$，则

$$M_u = f'_y A'_s (h_0 - a'_s) + \alpha_1 f_c b h_0^2 \xi (1 - 0.5\xi)$$

若 $x \leqslant 2a'_s$ 或 $\xi \leqslant \dfrac{2a'_s}{h_0}$，则

$$M_u = f_y A_s (h_0 - a'_s)$$

若 $x \geqslant \xi_b h_0$ 或 $\xi \geqslant \xi_b$，则取

$$x = \xi_b h_0 \quad \text{或} \quad \xi = \xi_b$$

$$M_u = f'_y A'_s (h_0 - a'_s) + \alpha_{sb} b h_0^2 \alpha_1 f_c \qquad (3-24)$$

若 $M \leqslant M_u$，则正截面承载力足够；若 $M > M_u$，则正截面承载力不够。

【例题 3-8】 某楼面梁截面尺寸及配筋如图 3-21 所示，混凝土强度等级 C30，钢筋级别 HRB335，箍筋 $\phi 6$，承受弯矩设计值 $M = 180\text{kN} \cdot \text{m}$，环境类别为一类。试验算该梁的正截面承载力是否足够。

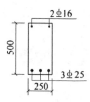

图 3-21　配筋图

【解】（1）计算 x

$a_s = 20 + 6 + \dfrac{25}{2} = 38.5\text{mm}$，$a'_s = 20 + 6 + \dfrac{16}{2} = 34\text{mm}$，

$h_0 = h - a_s = 500 - 38.5 = 461.5\text{mm}$，$A_s = 1473\text{mm}^2$，$A'_s = 402\text{mm}^2$，$f_y = f'_y = 300\text{N/mm}^2$，

$f_c = 14.3\text{N/mm}^2$，$\alpha_1 = 1.0$，$\xi_b = 0.55$

由式（3-22）得

$$x = \frac{f_y A_s - f'_y A'_s}{\alpha_1 f_c b} = \frac{300 \times 1473 - 300 \times 402}{1.0 \times 14.3 \times 250} = 89.9\text{mm} > 2a'_s = 2 \times 34 = 68\text{mm}$$

且

$$x < \xi_b h_0 = 0.550 \times 461.5 = 253.8\text{mm}$$

（2）计算 M_u

由式（3-15）可得

$$M_u = f'_y A'_s (h_0 - a'_s) + \alpha_1 f_c b x \left(h_0 - \frac{x}{2}\right)$$

$$= 300 \times 402 \times (461.5 - 34) + 1.0 \times 14.3 \times 250 \times 89.9 \times \left(461.5 - \frac{89.9}{2}\right)$$

$$= 185.4 \times 10^6 \text{N} \cdot \text{mm} = 185.4\text{kN} \cdot \text{m}$$

（3）验算 M 是否小于等于 M_u

$$M = 180\text{kN} \cdot \text{m} < M_u = 185.4\text{kN} \cdot \text{m}$$

故正截面承载力足够。

3.1.4　T形截面受弯构件承载力计算

3.1.4.1　概述

在矩形截面受弯构件的承载力计算中,没有考虑混凝土的抗拉强度。如将受拉区的一部分混凝土去掉,将受拉钢筋较为集中地布置,就形成了 T 形截面(图 3-22),这样可以减轻结构自重,节约混凝土,取得较好的经济效果。T 形截面的伸出部分称为翼缘,中间部分称为腹板(或称为梁肋)。它主要依靠翼缘受压,利用梁肋联系受压区混凝土和受拉钢筋并承受剪力。工字形截面梁由于不考虑受拉翼缘混凝土的受力,在受弯承载力计算中也按 T 形截面考虑。

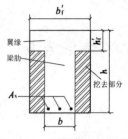

图 3-22　T 形截面的形成

T 形截面受弯构件在实际工程中的应用大致可以分为三类:独立的梁(如吊车梁和屋面薄腹梁)、整体肋形楼盖中的梁、预制的空心板和槽形板等(图 3-23)。

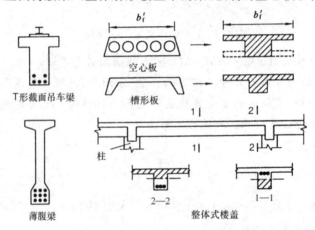

图 3-23　各类 T 形梁截面

对于整体肋形楼盖中的连续梁,由于支座处承受负弯矩,梁截面上部受拉,下部受压(2—2 截面),因此,应按矩形截面计算,而跨中截面承受正弯矩,梁截面上部受压,下部受拉(1—1 截面),应按 T 形截面计算。

理论上,T 形截面的受压翼缘宽度 b'_f 越大,截面的受弯性能越好。因为在相同的弯矩 M 作用下,b'_f 越大,则受压区高度 x 越小,内力臂越大,所需要的受拉钢筋面积 A_s 就越小。但试验研究表明,翼缘内压应力的分布是不均匀的(图 3-24),其分布宽度与翼缘厚度 h'_f、梁跨度

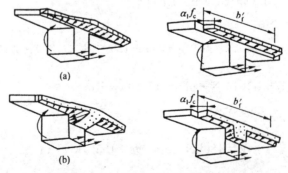

图 3-24　T 形截面的应力分布图

l_0、梁肋净距 S_n 等许多因素有关。因此,在《混凝土结构规范》中,对受压翼缘的计算宽度 b'_f 作出了规定(表 3-6 和图 3-25)。b'_f 按表 3-6 中有关规定的最小值取用,并且假定在规定的 b'_f 范围内,压力是均匀分布的。

表 3-6   **T 形及倒 L 形截面受弯构件翼缘计算宽度 b'_f**

项次	考虑情况		T 形截面		倒 L 形截面
			肋形梁(板)	独立梁	肋形梁(板)
1	按计算跨度 l_0 考虑		$l_0/3$	$l_0/3$	$l_0/6$
2	按梁(肋)净距 S_n 考虑		$b+S_n$	—	$b+S_n/2$
3	按翼缘高度 h'_f 考虑	当 $h'_f/h_0 \geqslant 0.1$ 时	—	$b+12h'_f$	—
		当 $0.1 > h'_f/h_0 \geqslant 0.05$ 时	$b+12h'_f$	$b+6h'_f$	$b+5h'_f$
		当 $h'_f/h_0 < 0.05$ 时	$b+12h'_f$	b	$b+5h'_f$

注:① 表中 b 为梁的腹板宽度。

   ② 如肋形梁在梁跨内设有间距小于纵肋间距的横肋时,则可不遵守表列第三种情况的规定。

   ③ 对有加腋的 T 形和倒 L 形截面(图 3-25(c)),当受压区加腋的高度 $h_h \geqslant h'_f$ 且加腋的宽度 $b_h \leqslant 3h'_f$ 时,则其翼缘计算宽度可按表列第三种情况规定分别增加 $2b_h$(T 形截面)和 b_h(倒 L 形截面)。

   ④ 独立梁受压区的翼缘板的荷载作用下经验算沿纵肋方向可能产生裂缝时,其计算宽度应取用腹板宽度 b。

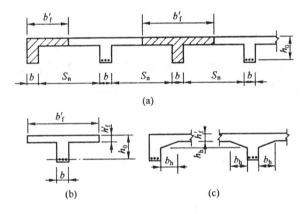

图 3-25   现浇整体肋形楼盖剖面

3.1.4.2 基本计算公式及适用条件

1. 两类 T 形截面及其判别

T 形截面受弯构件,根据中和轴位置不同,即根据受压区高度的不同,可分为以下两类:

第一类 T 形截面:中和轴在翼缘内,即 $x \leqslant h'_f$(图 3-26(a))。

第二类 T 形截面:中和轴在梁肋内,即 $x > h'_f$(图 3-26(b))。

当中和轴刚位于翼缘的下边缘时,即 $x = h'_f$ 时,则为两类 T 形截面的分界情况(图 3-26(c))。此时,根据平衡条件,可得

$$\sum X = 0 \qquad\qquad \alpha_1 f_c b'_f h'_f = f_y A_s \qquad\qquad (3\text{-}25)$$

$$\sum M = 0 \qquad\qquad M_u = \alpha_1 f_c b'_f h'_f \left(h_0 - \frac{h'_f}{2} \right) \qquad\qquad (3\text{-}26)$$

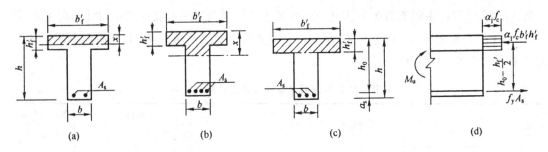

图 3-26　各类 T 形截面中和轴的位置

上述两式可以作为判别 T 形截面类别的依据。

在进行截面设计时：

当 $M \leqslant \alpha_1 f_c b_f' h_f' \left(h_0 - \dfrac{h_f'}{2} \right)$ 时，为第一类 T 形截面；

当 $M > \alpha_1 f_c b_f' h_f' \left(h_0 - \dfrac{h_f'}{2} \right)$ 时，为第二类 T 形截面。

在进行承载力校核时：

当 $f_y A_s \leqslant \alpha_1 f_c b_f' h_f'$ 时，为第一类 T 形截面；

当 $f_y A_s > \alpha_1 f_c b_f' h_f'$ 时，为第二类 T 形截面。

2. 第一类 T 形截面的计算公式及适用条件

第一类 T 形截面的计算简图如图 3-27 所示。在计算正截面承载力时，由于不考虑受拉区混凝土参加受力，因此，实质上相当于 $b = b_f'$ 的矩形截面，可用 b_f' 代替 b 按矩形截面的公式计算：

$$\alpha_1 f_c b_f' x = f_y A_s \tag{3-27}$$

$$M \leqslant M_u = \alpha_1 f_c b_f' x \left(h_0 - \frac{x}{2} \right) \tag{3-28}$$

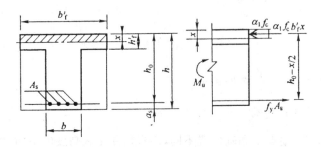

图 3-27　第一类 T 形截面

适用条件：

(1) $A_s \geqslant A_{s,\min} = \rho_{\min} bh$，其中，$b$ 为 T 形截面梁肋宽度。

(2) $x \leqslant \xi_b h_0$，因为第一类 T 形截面的 $x \leqslant h_f'$，而 T 形截面的 h_f'/h_0 一般又较小，因此，这个适用条件通常能满足，实用上可不必进行验算。

3. 第二类 T 形截面的计算公式及适用条件

第二类 T 形截面的计算简图如图 3-28 所示，利用平衡条件，可得计算公式如下：

$$\alpha_1 f_c bx + \alpha_1 f_c (b'_f - b) h'_f = f_y A_s \tag{3-29}$$

$$M \leqslant M_u = \alpha_1 f_c bx \left(h_0 - \frac{x}{2}\right) + \alpha_1 f_c (b'_f - b) h'_f \left(h_0 - \frac{h'_f}{2}\right) \tag{3-30}$$

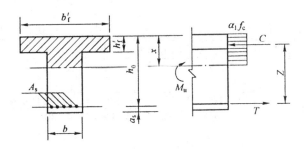

图 3-28 第二类 T 形截面

适用条件：

(1) $A_s \geqslant A_{s,min} = \rho_{min} bh$，其中，$b$ 为 T 形截面梁肋宽度。因为第二类 T 形截面中，受压区面积大，故所需的受拉钢筋 A_s 亦较大，此适用条件一般能满足，可不验算。

(2) $x \leqslant \xi_b h_0$。

4. 基本计算公式的应用

1）截面设计

一般已知截面的弯矩设计值 M、截面尺寸、材料强度 f_y 和 f_c，要求确定受拉钢筋面积 A_s。首先判别 T 形截面的类别，然后利用相应公式进行计算，并注意验算其适用条件。

当 $M \leqslant \alpha_1 f_c b'_f h'_f \left(h_0 - \frac{h'_f}{2}\right)$ 时，为第一类 T 形截面，按宽度为 b'_f 的矩形截面计算。

当 $M > \alpha_1 f_c b'_f h'_f \left(h_0 - \frac{h'_f}{2}\right)$ 时，为第二类 T 形截面，此时，可先按式(3-30)求出 x，得

$$x = h_0 \left\{ 1 - \sqrt{1 - \frac{2[M - \alpha_1 f_c (b'_f - b) h'_f (h_0 - h'_f/2)]}{\alpha_1 f_c b h_0^2}} \right\} \tag{3-31}$$

若 $x \leqslant \xi_b h_0$，则将 x 代入式(3-29)，求得

$$A_s = \frac{\alpha_1 f_c bx + \alpha_1 f_c (b'_f - b) h'_f}{f_y} \tag{3-32}$$

若 $x > \xi_b h_0$，则应增加梁高或提高混凝土强度等级。当这些措施受到限制不能采用时，可考虑设计成双筋 T 形截面。

【例题 3-9】 已知一 T 形截面梁截面尺寸 $b'_f = 600mm$，$h'_f = 100mm$，$b = 250mm$，$h = 700mm$，混凝土强度等级 C20，采用 HRB335 级钢筋，梁所承受的弯矩设计值 $M = 480kN \cdot m$。环境类别为一类。试求所需受拉钢筋截面面积 A_s。

【解】 (1) 判别截面类型

混凝土强度等级 C20，$f_c = 9.6N/mm^2$，$\alpha_1 = 1.0$；钢筋采用 HRB335，$f_y = 300N/mm^2$；考虑布置两排，$a_s = 70mm$，$h_0 = h - a_s = 700 - 70 = 630mm$。

$$\alpha_1 f_c b'_f h'_f \left(h_0 - \frac{h'_f}{2}\right) = 1.0 \times 9.6 \times 600 \times 100 \times \left(630 - \frac{100}{2}\right) = 334.08 \times 10^6 N \cdot m$$

$$334.08 \text{kN} \cdot \text{mm} < M = 480 \text{kN} \cdot \text{m}$$

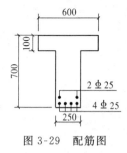

图 3-29　配筋图

属第二类 T 形截面。

（2）计算 x

由式(3-31)得

$$x = h_0 \left\{ 1 - \sqrt{1 - \frac{2 \left[(M - \alpha_1 f_c (b_f' - b) h_f' (h_0 - h_f'/2) \right]}{\alpha_1 f_c b h_0^2}} \right\}$$

$$= 630 \times \left\{ 1 - \sqrt{1 - \frac{2 \times \left[480 \times 10^6 - 1.0 \times 9.6 \times (600 - 250) \times 100 \times (630 - 100/2) \right]}{1.0 \times 9.6 \times 250 \times 630^2}} \right\}$$

$$= 230.8 \text{mm} < \xi_b h_0 = 0.550 \times 630 = 346.5 \text{mm}$$

（3）计算 A_s

由式(3-32)得

$$A_s = \frac{\alpha_1 f_c b x + \alpha_1 f_c (b_f' - b) h_f'}{f_y}$$

$$= \frac{1.0 \times 9.6 \times 250 \times 230.8 + 1.0 \times 9.6 \times (600 - 250) \times 100}{300} = 2966.4 \text{mm}^2$$

（4）选配钢筋及绘配筋图

受拉钢筋选用 $6 \, \Phi \, 25$，$A_s = 2945 \text{mm}^2$，配筋如图 3-29 所示。

【例题 3-10】　现浇肋形楼盖中的次梁，计算跨度 $l_0 = 6 \text{m}$，间距2.4m，截面尺寸见图 3-30。跨中截面的最大正弯矩设计值 $M = 120 \text{kN} \cdot \text{m}$。混凝土强度等级为 C20，钢筋采用 HRB335，环境类别为一类。试计算次梁所需受拉钢筋面积 A_s。

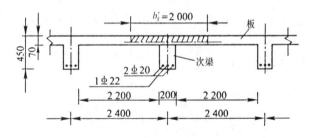

图 3-30　现浇肋形楼盖次梁截面

【解】　（1）确定翼缘计算宽度 b_f'

翼缘计算宽度 b_f' 根据表 3-6 确定。

按梁的计算跨度 l_0 考虑　　$b_f' = l_0/3 = 6000/3 = 2000 \text{mm}$

按梁净距 S_n 考虑　　$b_f' = b + S_n = 200 + 2200 = 2400 \text{mm}$

按翼缘高度 h_f' 考虑　　$h_0 = h - a_s = 450 - 45 = 405 \text{mm}$

$$\frac{h_f'}{h_0} = \frac{70}{410} = 0.171 > 0.1$$

b_f' 不受 h_f' 的限制。

翼缘的计算宽度取上述两项结果中的较小值，即 $b_f' = 2000 \text{mm}$。

（2）判别截面类型

混凝土强度等级 C20，$f_c = 9.6\text{N/mm}^2$，$\alpha_1 = 1.0$；钢筋采用 HRB335，$f_y = 300\text{N/mm}^2$，

$$\alpha_1 f_c b'_f h'_f \left(h_0 - \frac{h'_f}{2}\right) = 1.0 \times 9.6 \times 2\,000 \times 70 \times \left(405 - \frac{70}{2}\right) = 497.2\text{kN} \cdot \text{m} > M = 120\text{kN} \cdot \text{m}，$$

属于第一类 T 形截面。

（3）计算 A_s

$$\alpha_s = \frac{M}{\alpha_1 f_c b'_f h_0^2} = \frac{120 \times 10^6}{1.0 \times 9.6 \times 2\,000 \times 405^2} = 0.038\,1$$

$$\rho_{min} bh = \left\{\begin{matrix} 0.002 \\ 0.45 f_t / f_y \end{matrix}\right\}_{max} = \left\{\begin{matrix} 0.002 \\ 0.165\% \end{matrix}\right\}_{max} = 0.002$$

$$\xi = 1 - \sqrt{1 - 2\alpha_s} = 0.038\,9 < \xi_b = 0.55$$

$$A_s = \frac{\alpha_1 f_c b'_f \xi h_0}{f_y} = \frac{1.0 \times 9.6 \times 2\,000 \times 0.038\,9 \times 405}{300} = 1\,007.2\text{mm}^2 > A_{s,min}$$

$$= \rho_{min} bh = 0.002 \times 200 \times 450 = 180\text{mm}^2$$

（4）选配钢筋及绘配筋图

受拉钢筋选用 2 Φ 20 + 1 Φ 22，$A_s = 1008\text{mm}^2$，配筋如图 3-30 所示。

2）承载力校核

一般已知截面尺寸，受拉钢筋面积 A_s，材料强度 f_y 和 f_c，截面的弯矩设计值 M。验算 M_u 是否大于等于 M。

首先判别 T 形截面的类别，然后利用相应的公式进行计算，并注意验算其适用条件。

当 $f_y A_s \leqslant \alpha_1 f_c b'_f h'_f$ 时，为第一类 T 形截面，按宽度为 b'_f 的矩形截面的承载力校核方法进行计算。

当 $f_y A_s > \alpha_1 f_c b'_f h'_f$ 时，为第二类 T 形截面，此时，可先按式（3-29）求出 x，得

$$x = \frac{f_y A_s - \alpha_1 f_c (b'_f - b) h'_f}{\alpha_1 f_c b} \tag{3-33}$$

若 $x \leqslant \xi_b h_0$，则将 x 代入式（3-30），求得

$$M_u = \alpha_1 f_c bx \left(h_0 - \frac{x}{2}\right) + \alpha_1 f_c (b'_f - b) h'_f \left(h_0 - \frac{h'_f}{2}\right) \tag{3-34}$$

若 $x > \xi_b h_0$，则令 $x = \xi_b h_0$ 并代入式（3-30），得

$$M_u = \alpha_1 f_c b h_0^2 \xi_b (1 - 0.5\xi_b) + \alpha_1 f_c (b'_f - b) h'_f (h_0 - h'_f / 2)$$
$$= \alpha_{sb} \alpha_1 f_c b h_0^2 + \alpha_1 f_c (b'_f - b) h'_f (h_0 - h'_f / 2)$$

若 $M \leqslant M_u$，则正截面承载力足够；若 $M > M_u$，则正截面承载力不够。

【例题 3-11】 已知一 T 形截面梁（图 3-31）的截面尺寸，$b'_f = 600\text{mm}$，$h'_f = 100\text{mm}$，$b = 250\text{mm}$，$h = 700\text{mm}$，混凝土强度等级 C30，截面配有 HRB400 受拉钢筋 8 Φ 22。箍筋 φ8，环境类别为一类。梁截面承受的最大弯矩设计值 $M = 600\text{kN} \cdot \text{m}$。试验算正截面承载力是否足够。

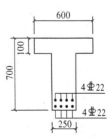

图 3-31 〔例题 3-11〕图

【解】 （1）判别截面类型

混凝土强度等级 C30，$f_c = 14.3\text{N/mm}^2$，$\alpha_1 = 1.0$；钢筋采用 HRB400，$f_y = 360\text{N/mm}^2$，$A_s = 3041\text{mm}^2$，

$$a_s = 20 + 8 + \frac{25}{2} = 62.5\text{mm}, \quad h_0 = h - a_s = 700 - 62.5 = 637.5\text{mm}$$

$$f_y A_s = 360 \times 3041 = 1\,094\,760\text{N} > \alpha_1 f_c b'_f h'_f = 1.0 \times 14.3 \times 600 \times 100 = 858\,000\text{N}$$

属第二类 T 形截面。

（2）计算 x

由式（3-33）得

$$x = \frac{f_y A_s - \alpha_1 f_c (b'_f - b) h'_f}{\alpha_1 f_c b} = \frac{360 \times 3041 - 1.0 \times 14.3 \times (600 - 250) \times 100}{1.0 \times 14.3 \times 250}$$

$$= 166.2\text{mm} < \xi_b h_0 = 0.518 \times 637.5 = 330.2\text{mm}$$

（3）计算 M_u

由式（3-34）得

$$M_u = \alpha_1 f_c bx \left(h_0 - \frac{x}{2} \right) + \alpha_1 f_c (b'_f - b) h'_f \left(h_0 - \frac{h'_f}{2} \right)$$

$$= 1.0 \times 14.3 \times 250 \times 166.2 \times (637.5 - 166.2/2)$$

$$+ 1.0 \times 14.3 \times (600 - 250) \times 100 \times (637.5 - 100/2)$$

$$= 623.4 \times 10^6 \text{N} \cdot \text{mm} = 623.4\text{kN} \cdot \text{m}$$

（4）判别正截面承载力是否足够

$$M = 600\text{kN} \cdot \text{m} < M_u = 623.4\text{kN} \cdot \text{m}$$

正截面承载力足够。

3.1.5 构造要求

受弯构件的截面尺寸及纵向受力钢筋的配置除根据计算外，尚须满足一定的构造要求。因为受弯构件正截面承载力的计算通常只考虑荷载对截面受弯承载力的影响，而对于诸如温度变化、支座沉降、混凝土收缩、徐变等因素对截面承载力的影响一般不容易通过详细计算来考虑。《混凝土结构规范》根据长期的工程实践经验，总结出了一些行之有效的构造措施来考虑这些因素的影响。此外，某些构造措施也是为了施工和使用上的可能和需要而采用的。因此，计算和构造是同样重要的，在进行钢筋混凝土结构和构件设计时，除了要符合计算结果外，还必须满足有关的构造要求。

下面将与钢筋混凝土梁板正截面设计有关的主要构造要求分别加以说明。

3.1.5.1 板的构造要求

1. 板的最小厚度

现浇钢筋混凝土板的最小厚度除应满足各项功能要求外，尚应满足表 3-7 的要求。

预制板的最小厚度应满足钢筋保护层厚度的要求。

表 3-7 现浇钢筋混凝土板的最小厚度　mm

板 的 类 别		最小厚度
单向板	屋面板	60
	民用建筑楼板	60
	工业建筑楼板	70
	行车道下的楼板	80
双向板		80
密肋板楼盖	面板	50
	肋高	250
悬臂板（根部）	悬臂长度不大于 500mm	60
	悬臂长度 1200mm	100
无梁楼板		150
现浇空心楼盖		200

2. 板的受力钢筋

现浇板的配筋通常按每米板宽的 A_s 值选用钢筋直径及间距。例如，$A_s=330mm^2/m$，由附录表 A13 选用 $\phi 8@150(A_s=335mm^2/m)$，其中，8 为钢筋直径(mm)，150 为钢筋的间距(mm)。

板的受力钢筋直径通常采用 6mm，8mm，10mm，板厚度 $h\leqslant40mm$ 时，也可选用直径为 4mm，5mm 的钢丝。

板的受力钢筋间距不宜过密，也不宜过稀，过密，则不易浇筑混凝土，而且钢筋与混凝土之间的可靠粘结难以保证；过稀，则钢筋与钢筋之间的混凝土可能会引起局部破坏。板内受力钢筋间距一般不小于 70mm；当板厚 $h\leqslant150mm$ 时，不宜大于 200mm；当板厚 $h>150mm$ 时，不应大于 $1.5h$，且不宜大于 250mm。

板内受力钢筋的保护层厚度取决于环境类别和混凝土的强度等级，见附录表 A9，由该表可知，当环境类别为一类时，即在室内环境下，板的最小混凝土保护层厚度是 15mm，也不应小于受力钢筋直径 d。

3. 板的分布钢筋

板的分布钢筋是指垂直受力钢筋方向布置的构造钢筋，其作用如下：将板面的荷载更均匀地传递给受力钢筋；与受力钢筋绑扎或焊接在一起形成钢筋网片，保证施工时受力钢筋的正确位置；承受由于温度变化、混凝土收缩在板内引起的拉应力。

分布钢筋的直径不宜小于 6mm，单位长度内分布钢筋的截面面积不应小于另一方向单位长度内受力钢筋截面面积的 15% 及该方向截面面积的 0.15%，且分布钢筋的间距不应大于 250mm。对预制板，当有实践经验或可靠措施时，其分布钢筋可不受此限制；对经常处于温度变化较大处的板，其分布钢筋应适当增加，配筋率不宜小于 0.10%，间距不宜于大于 200mm。分布钢筋放置在受力钢筋的内侧。

3.1.5.2　梁的构造要求

1. 截面尺寸

梁的截面高度 h 一般按表 3-4 选用。矩形截面梁的高宽比 h/b 一般取 2.0～3.5；T 形截面梁的高宽比 h/b 一般取 2.5～4.0(b 为梁肋宽)。为了统一模板尺寸，便于施工，梁的截面宽度通常取 $b=120mm$，150mm，180mm，200mm，220mm，250mm，300mm，350mm 等尺寸；梁的截面高度通常取 $h=250mm$，300mm，350mm，…，750mm，800mm，900mm，1000mm 尺寸。

2. 纵向受力钢筋

梁中常用的纵向受力钢筋直径为 10～28mm。当梁高 $h\geqslant300mm$ 时，受力钢筋直径不应小于 10mm，根数不少于 2 根，分别布置在截面上、下侧的角部，以便与箍筋绑扎而形成骨架。梁内受力钢筋的直径应尽可能相同。当采用两种不同直径的钢筋时，则钢筋直径至少宜相差 2mm，以便在施工中能用肉眼识别。

为了便于浇筑混凝土，保证钢筋在混凝土中的可靠锚固，以及保证钢筋周围混凝土的密实性，纵向受力钢筋的净距以及钢筋的最小保护层厚度满足图 3-32 的要求。若钢筋是两排布置时，则上、下钢筋应当对齐。

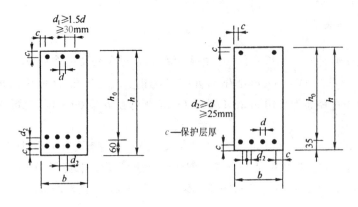

图 3-32　混凝土保护层和钢筋净距

3. 纵向构造钢筋

对于单筋截面梁,在梁的受压区,还要布置架立筋,架立筋一般为 2 根,分别放在截面受压区的角部。架立筋的作用主要是固定箍筋并与截面受拉区的受力纵筋组成钢筋骨架。

架立筋的直径与梁的跨度 l 有关。当梁的跨度 $l<4m$ 时,架立钢筋直径不宜小于 8mm;当梁的跨度 $l=4\sim6m$ 时,架立钢筋直径不宜小于 10mm;当梁的跨度 $l>6m$ 时,架立钢筋直径架立钢筋直径不宜小于 12mm。如果在截面受压区也配置了受力钢筋,则没有必要单独再设置架立筋。

当梁的腹板高度 $h_w>450mm$ 时,在梁的两侧面沿高度应设置纵向构造钢筋,每侧纵向构造钢筋(不包括梁上、下部受力钢筋及架立钢筋)的截面面积不应小于腹板截面面积 bh_w 的 0.1%,且其间距不宜大于 200mm。

3.2　受弯构件斜截面受剪承载力计算

3.2.1　概述

钢筋混凝土受弯构件受力后,在主要承受弯矩的区段内将产生垂直裂缝,如果它的抗弯能力不足,将沿正截面(垂直裂缝)发生破坏。所以,设计钢筋混凝土梁时,必须进行正截面的承载力计算。但是,受弯构件除受弯矩外,往往还同时承受剪力。试验研究和工程实践都证明,在钢筋混凝土受弯构件中剪力和弯矩同时作用的区段内,常产生斜裂缝,并可能沿斜截面发生(斜裂缝)破坏。这种破坏往往带有脆性性质,即破坏来得突然,缺乏明显的预兆。因此,在实际工程中应当避免。在设计时,必须进行斜截面的承载力计算。

为了防止梁沿斜裂缝破坏,应使梁具有一个合理的截面尺寸,并配置必要的箍筋(图3-33),箍筋与纵筋和架立钢筋扎(或焊)在一起,形成刚劲的钢筋骨架,使各种钢筋在施工时得以维持在正确的位置。当梁承受的剪力较大时,可再补充设置斜钢筋。斜钢筋一般由梁内的纵筋弯起形成,称为弯起钢筋,如图 3-33 所示,箍筋和弯起钢筋(或斜筋)又统称为腹筋。

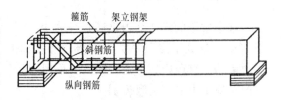

图 3-33　梁的腹筋

3.2.2 梁的破坏形态

3.2.2.1 剪跨比 λ

试验研究表明,梁的斜截面剪切破坏形态及抗剪承载力都与剪跨比 λ 有很大关系:

$$\lambda = \frac{M}{V h_0} \tag{3-35}$$

式中,λ 为广义剪跨比,简称剪跨比。

可见,剪跨比 λ 就是截面所承受的弯矩与剪力二者的相对值,是一个无量纲参数。

对于集中荷载作用下的简支梁,式(3-35)可以进一步简化,如集中荷载 P 所在截面的剪跨比可表示为

$$\lambda = \frac{M}{V h_0} = \frac{V a}{V h_0} = \frac{a}{h_0}$$

式中,a 为集中荷载 P 作用点至相邻支座的距离,称为剪跨。剪跨 a 与截面有效高度 h_0 的比值称为计算剪跨比,剪跨比的名称就是这样得来的。但是必须注意,对集中荷载作用下的简支梁(图 3-34),第一个荷载作用点计算截面的剪跨比 λ 等于剪跨 a 与有效高度 h_0 的比值,即 $\lambda = a/h_0$,对第二个或第三个集中荷载作用点的计算截面,不能用该截面至支座的距离与截面的有效高度之比去计算其剪跨比,而应用式(3-35)确定。

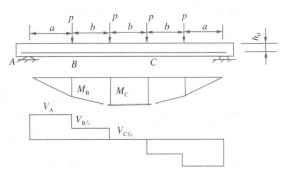

图 3-34 集中荷载作用下的简支梁

3.2.2.2 沿斜截面破坏的主要形态

试验研究表明,斜截面破坏形态大致有如下三种:

(1) 斜拉破坏(图 3-35(a)):当腹筋配置太少且 λ>3 时,斜裂缝一旦出现后,钢筋立即屈服并迅速延伸到集中荷载作用点处,使梁沿斜向拉裂成两部分而突然破坏。斜拉破坏主要是由于主拉应力产生的拉应变超过混凝土的极限拉应变而发生的,破坏面整齐而无压碎痕迹。这时的斜截面受剪承载力主要取决于混凝土的抗拉强度,故受剪承载力较低。斜拉破坏时的破坏荷载一般只稍高于斜裂缝出现时的荷载。

(2) 剪压破坏(图 3-35(b)):当腹筋配置适中,弯剪斜裂缝可能不止一条,当荷载增大到某一值时,在几条弯剪裂缝中将形成一条主要的斜裂缝,称为临界斜裂缝。临界斜裂缝出现后,梁还能继续增加荷载。最后,箍筋屈服,剩余截面缩小,上端混凝土被压酥而造成破坏。破坏处可看到很多平行的短裂缝和混凝土碎渣。与斜拉破坏相比,剪压破坏时梁的承载力较高。

(3) 斜压破坏(图 3-35(c)):当 λ<1 或腹筋过量时,由于受到支座反力和荷载引起的单向直接压力的影响,在梁腹部出现若干条大体相平行的斜裂缝时,箍筋并没有屈服,随着荷载的增加,梁腹部被这些斜裂缝分割成几个倾斜的受压柱体,最后它们沿斜向受压破坏。破坏时,斜裂缝多而密,在梁腹部发生类似于斜向短柱压坏的现象,故称为斜压破坏。

以上三种破坏形态都属于脆性破坏类型,而其中斜拉破坏更突然一些。表 3-8 列出了梁沿

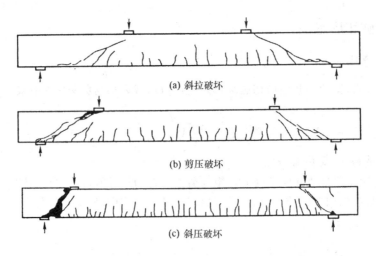

(a) 斜拉破坏

(b) 剪压破坏

(c) 斜压破坏

图 3-35　梁斜截面破坏的主要形态

斜截面破坏的三个主要破坏形态及特点,从表中可看出,为了保证有腹筋梁的斜截面受剪承载力,防止发生斜拉、斜压和剪压破坏,通常在设计中分别采取以下措施:

(1) 箍筋不能过少,应使配箍筋率不少于最小配箍率以防止斜拉破坏,这与正截面设计时应使 $\rho \geqslant \rho_{\min}$ 是相似的。

(2) 截面尺寸不能过小,应满足截面限制条件的要求,以防止斜压破坏,否则,即使腹筋配置很多,也不能发挥其强度,这与正截面设计时应使 $\rho \leqslant \rho_{\max}$ 也是相似的。

(3) 对于常遇的剪压破坏,则应通过计算,确定其腹筋配置。

表 3-8　　　　　　　　　梁沿斜截面剪切破坏的主要形态及其特点

主要破坏形态	斜拉破坏	剪压破坏	斜压破坏
产生条件	箍筋过少,且 $\lambda > 3$	箍筋适量	箍筋过多或梁腹过薄
破坏特点	沿斜裂缝上、下突然拉裂	剪压区压碎	支座处形成斜向短柱压坏
破坏类型	脆性破坏	脆性破坏	脆性破坏
截面抗剪能力	破坏荷载只稍高于斜裂缝出现时的荷载,故抗剪能力最低	破坏荷载比斜裂缝出现时的大,抗剪能力比斜拉破坏的大	抗剪能力比剪压破坏的大

3.2.3　影响斜截面受剪承载力的主要因素

影响斜截面受剪承载力的因素很多,试验表明,主要因素有剪跨比、混凝土强度等级、配箍率和纵筋配筋率。

1. 剪跨比 λ

剪跨比 λ 反映了截面上正应力 σ 和剪应力 τ 的相对关系。此外,λ 还间接地反映了荷载垫板下垂直压应力 σ_y 的影响。剪跨比大时,发生斜拉破坏,斜裂缝一出现,就直通梁顶,σ_y 的影响很小;剪跨比减少后,荷载垫板下的 σ_y 阻止斜裂缝的发展,发生剪压破坏,受剪承载力提高;剪跨比很小时,发生斜压破坏,荷载与支座间的混凝土像一根短柱在 σ_y 作用下被压坏,受剪承载力很高。

由于剪压区混凝土截面上的正应力大致与弯矩 M 成正比，而剪应力大致与剪力 V 成正比，因此，计算剪跨比 λ 或广义剪跨比 λ 反映了截面上正应力和剪应力的相对关系。由于正应力和剪应力决定了主应力的大小和方向，同时也影响受剪承载力和斜截面的破坏形态。

试验研究表明，剪跨比愈大，梁的受剪承载力愈低。图 3-36 表示我国有关单位的几组实测数据。可以看出，这一特点是明显的，其他试验结果还表明，当箍筋配置较多时，剪跨比对受剪承载力的影响有所减弱。

试验研究还表明，当剪跨比 $\lambda > 3$ 后，梁受剪承载力趋于稳定，剪跨比的影响不明显。

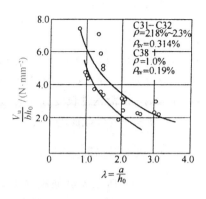

图 3-36　剪跨比对有腹筋梁
受剪承载力的影响

2. 混凝土强度等级

梁的斜截面剪切破坏是由于混凝土达到相应受力状态下的极限强度而产生的，故混凝土强度等级对斜截面受剪承载力影响很大，图 3-37 所示为根据试验结果得出的受剪承载力与混凝土强度之间的关系，二者大致为线性关系。

3. 配箍率 ρ_{sv} 和箍筋强度 f_{yv}

如前所述，有腹筋梁出现斜裂缝之后，箍筋不仅直接承担部分剪力，而且能有效地抑制斜裂缝的开展和延伸，对提高剪压区混凝土的受剪能力和纵筋的销栓作用都有一定影响。试验表明，在配箍量适当的范围内，梁的箍筋配得愈多，箍筋强度愈高，梁的受剪承载力也愈大。图 3-38 表示配箍率 ρ_{sv} 和箍筋强度 f_{yv} 的乘积对梁受剪承载力的影响，可见当其他条件相同时，则二者大致成线性。其中，配箍率 ρ_{sv} 按下式计算：

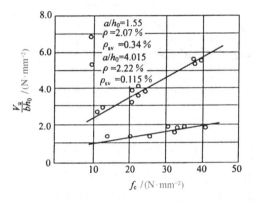

图 3-37　混凝土强度对有腹筋
梁受剪承载力的影响

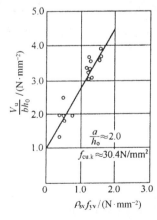

图 3-38　配箍率及箍筋强度对
梁受剪承载力的影响

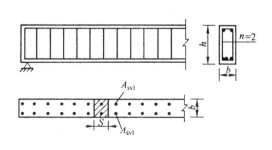

S—沿构件长度箍筋的间距；
b—构件截面的肋宽
图 3-39　配箍率计算示意

$$\rho_{sv} = \frac{A_{sv}}{bS} \tag{3-36}$$

式中 A_{sv}——配置在同一截面内箍筋各肢的全截面面积，$A_{sv} = nA_{sv1}$，n 为在同一截面内箍筋的肢数，A_{sv1} 为单肢箍筋的截面面积，如图 3-39 所示；

S——沿构件长度方向的箍筋间距；

b——构件截面的肋宽。

4. 纵向钢筋配筋率 ρ

图 3-40 所示为纵筋配筋率与梁的受剪承载力的关系。由图可见，在其他条件相同的情况下，增加纵筋配筋率将提高梁的受剪承载力，二者大致成线性关系，这是因为纵向钢筋能抑制斜裂缝的开展和延伸，使剪压区混凝土的面积增大，从而提高了剪压区混凝土承受的剪力，同时，纵筋数量增加，其销栓作用也随之增大。

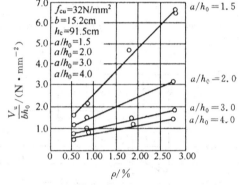

图 3-40 纵向钢筋配筋率对梁受剪承载力的影响

3.2.4 斜截面受剪承载力计算

如前所述，有腹筋梁沿斜截面受剪破坏的三种破坏形态，在工程设计时，都应设法避免，其中，斜压破坏是因梁截面尺寸过小而发生的，故可以用控制截面尺寸不致过小加以防止；斜拉破坏是因梁内配置的腹筋数量过少而引起的，因此，用配置一定数量的箍筋和保证必要的箍筋间距来防止这种破坏形态的发生；对于常见的剪压破坏，因为它的承载力变化幅度较大，所以，必须通过受剪承载力计算给予保证。《混凝土结构规范》的受剪承载力计算公式就是根据剪压破坏特征而建立的。

3.2.4.1 仅配有箍筋的斜截面受剪承载力

对于配有箍筋的梁，其受剪承载力 V_{cs} 由剪压区混凝土的受剪承载力 V_c 和斜裂缝相交的箍筋的受剪承载力 V_{sv} 组成。又由图 3-37 和图 3-38 可知，V_{cs}/bh_0（图中用 V_u/bh_0 表示）与 f_c 和 $\rho_{sv}f_{yv}$ 之间存在着线性关系，所以简单地用

$$\frac{V_{cs}}{bh_0} = \alpha_c f_t + \alpha_{sv}\rho_{sv}f_{yv} \tag{3-37}$$

来反映 V_{cs}/bh_0 随 f_t 和 $\rho_{sv}f_{yv}$ 变化的规律。式（3-37）也可以写成

$$\frac{V_{cs}}{f_t bh_0} = \alpha_c + \alpha_{sv}\frac{\rho_{sv}f_{yv}}{f_t} \tag{3-38}$$

式中 $V_{cs}/f_t bh_0$——相对名义剪应力；

$\rho_{sv}f_{yv}/f_t$——配箍系数，它反映了箍筋数量、箍筋强度和混凝土强度的大小；

α_c, α_{sv}——待定系数，可由试验确定。

对于不同荷载形式和截面形状，梁的斜截面受剪承载力会有所不同，因而反映出 α_c 和 α_{sv} 的取值不同。在《混凝土结构规范》中，分下列两种情况分别予以考虑。

1. 受集中荷载为主的矩形、T 形和工字形截面独立梁

这里的所谓"受集中荷载为主",是指受不同荷载形式时,集中荷载在支座截面或节点边缘所产生的剪力值占总剪力值的 75% 以上的情况。

试验结果表明,对于矩形、T 形和工字形截面简支梁,在剪跨比较大的情况下,承受集中荷载时的受剪承载力低于承受均布荷载时的受剪承载力,因此,应适当考虑剪跨比的影响。

写成极限状态设计表达式,则为

$$V \leqslant V_{cs} = \frac{1.75}{\lambda + 1.0} f_t b h_0 + f_{yv} \frac{A_{sv}}{S} h_0 \tag{3-39}$$

式中,λ 为计算截面的剪跨比,可取 $\lambda = a/h_0$,a 为集中荷载作用点至支座截面或节点边缘的距离。当 $\lambda < 1.5$ 时,取 $\lambda = 1.5$,当 $\lambda > 3$ 时,取 $\lambda = 3$,此时,在集中荷载作用点与支座之间的箍筋应均匀配置。

2. 一般情况下的矩形、T 形和工字形截面的一般受弯构件

这里的所谓"一般情况",是指除承受上述集中荷载以外的其他荷载情况。在这种情况下,根据 45 根均布荷载作用下的配置箍筋简支梁受剪承载力的试验结果所确定的待定系数 $\alpha_c = 0.7$,$\alpha_{sv} = 1.25$,于是,式(3-38)可写成

$$\frac{V_{cs}}{f_t b h_0} = 0.7 + \rho_{sv} \frac{f_{yv}}{f_t} \tag{3-40}$$

将式(3-36)代入式(3-40),并写成极限状态设计表达式,则

$$V \leqslant V_{cs} = 0.7 f_t b h_0 + f_{yv} \frac{A_{sv}}{S} h_0 \tag{3-41}$$

式中　V——构件斜截面上的最大剪力设计值;

　　　V_{cs}——构件斜截面上的混凝土和箍筋的受剪承载力设计值;

　　　b——矩形截面的宽度,T 形截面或工字形截面的腹板宽度;

　　　f_{yv}——箍筋抗拉强度设计值。

必须指出,由于配置箍筋后混凝土所能承受的剪力与无箍筋时所能承受的剪力是不同的,因此,对于上述两项表达式,虽然第一项在数值上等于无腹筋梁的受剪承载力,但不应理解为配置箍筋梁的混凝土所能承受的剪力;同时,第二项的系数 1.0 也不代表斜裂缝水平投影长度与截面有效高度 h_0 的比值,而是表示在配置箍筋后受剪承载力可以提高的程度。换句话说,对于上述两项表达式,应理解为两项之和代表有箍筋梁的受剪承载力。

3.2.4.2　配有箍筋和弯起钢筋梁的斜截面受剪承载力

为了承受较大的设计剪力,梁中除配置一定数量的箍筋外,有时还需设置弯起钢筋。试验表明,弯筋仅在穿越斜裂缝时才可能屈服,当弯筋在斜裂缝顶端越过时,因接近受压区,弯筋有可能达不到屈服,计算时,要考虑这个不利因素。所以,弯起钢筋所承受的剪力等于它的拉力在垂直于梁纵轴方向的分力乘以应力不均匀系数 0.8,即

$$V_{sb} = 0.8 f_y A_{sb} \sin\alpha \tag{3-42}$$

式中　A_{sb}——配置在同一弯起平面内的弯起钢筋的截面面积；

　　　α——弯起钢筋与梁纵轴的夹角，一般取 $\alpha=45°$，当梁截面较高时，可取 $\alpha=60°$；

　　　f_y——弯起钢筋的抗拉强度设计值；

　　　0.8——应力分布不均匀系数。

对于同时配置箍筋和弯起钢筋的梁，其斜截面受剪承载力等于配箍筋梁的受剪承载力与弯起钢筋的受剪承载力之和，对于前述两种情况，式(3-39)和式(3-41)可分别写为

$$V \leqslant \frac{1.75}{\lambda+1.0}f_t bh_0 + f_{yv}\frac{A_{sv}}{S}h_0 + 0.8f_y A_{sb}\sin\alpha \qquad (3\text{-}43)$$

和

$$V \leqslant 0.7f_t bh_0 + f_{yv}\frac{A_{sv}}{S}h_0 + 0.8f_y A_{sb}\sin\alpha \qquad (3\text{-}44)$$

3.2.4.3　计算公式的适用条件

式(3-39)和式(3-41)是根据剪压破坏的受力特征和试验结果得到的，因此，这些公式的适用条件也就是剪压破坏时所应具备的条件。当配箍系数 $\rho_{sv}f_{yv}/f_t$ 大于或小于某一数值时，计算公式不再适用。所以，上述公式有其适用条件，即公式的上、下限。

1. 上限值——最小截面尺寸

由式(3-39)和式(3-41)可知，对于仅配箍筋的梁，其抗剪能力由斜截面上剪压区混凝土的抗剪能力和箍筋能力组成。试验表明，当梁的截面尺寸确定后，斜截面受剪承载力并不能随配箍量的增大而无限提高，这是因为当梁的截面尺寸过小、配置的腹筋过多或剪跨比过小时，在腹筋尚未达到屈服强度以前，梁腹部混凝土已发生斜压破坏。试验还表明，斜压破坏受腹筋影响很小，主要取决于梁的截面尺寸和混凝土轴心抗压强度。

根据我国工程实践经验及试验结果分析，为防止斜压破坏和限制在使用荷载下斜裂缝的宽度，对矩形、T形和工字形截面受弯构件，设计时，必须满足下列限制截面尺寸的条件：

当 $\dfrac{h_w}{b} \leqslant 4.0$ 时，属于一般梁，应满足

$$V \leqslant 0.25\beta_c f_c bh_0 \qquad (3\text{-}45a)$$

当 $\dfrac{h_w}{b} \geqslant 6.0$ 时，属于薄腹梁，应满足

$$V \leqslant 0.2\beta_c f_c bh_0 \qquad (3\text{-}45b)$$

当 $4.0 < \dfrac{h_w}{b} < 6.0$ 时，按直线内插法取值，即

$$V \leqslant 0.025\left(14 - \frac{h_w}{b}\right)\beta_c f_c bh_0 \qquad (3\text{-}45c)$$

式中　V——构件斜截面上的最大剪力设计值；

　　　β_c——混凝土强度影响系数，当混凝土强度等级不超过 C50 时，取 $\beta_c=1.0$；当混凝土强度等级为 C80 时，取 $\beta_c=0.8$，其间按线性内插法取用；

　　　f_c——混凝土轴心抗压强度设计值；

　　　b——矩形截面宽度，T形截面和工字形截面的腹板宽度；

　　　h_w——截面的腹板高度，对矩形截面，取有效高度 h_0，对 T 形截面，取有效高度减去上翼缘高度，对工字形截面，取腹板净高。

此外,在《混凝土结构规范》中还规定,对 T 形或工字形截面的简支受弯构件,当有实践经验时,式(3-45a)可改为

$$V \leqslant 0.3\beta_c f_c bh_0 \tag{3-46}$$

对受拉边倾斜的构件,当有实践经验时,上述截面尺寸限制条件可适当放宽。

以上各式表示梁在相应情况下斜截面受剪承载力的上限值,相当于限制了梁所必须具有的最小截面尺寸和不可超过的最大配箍率。如果上述条件不能满足,则必须加大截面尺寸或提高混凝土的强度等级。

2. 下限值——最小配箍率($\rho_{sv,min}$)

式(3-39)和式(3-41)只有在箍筋的数量达到一定值时才是正确的,这是因为,钢筋混凝土梁出现斜裂缝后,斜裂缝处原来由混凝土承受的拉力全部转给箍筋承担,使箍筋的拉应力突然增大。如果配置的箍筋过少,则斜裂缝一出现,箍筋的应力很快达到其屈服强度,不能有效地抑制斜裂缝的发展,甚至箍筋被拉断而导致梁发生斜拉破坏。当梁内配置一定数量的箍筋且其间距又不过大而能保证与斜裂缝相交时,即可防止发生斜拉破坏。根据试验结果和设计经验,《混凝土结构规范》规定:

(1) 当梁的受剪承载力满足下列要求时:

对受集中荷载作用为主的矩形、T 形和工字形截面梁

$$V \leqslant \frac{1.75}{\lambda+1.0} f_t bh_0 \tag{3-47a}$$

对一般情况下的矩形、T 形和工字形截面梁

$$V \leqslant 0.7 f_t bh_0 \tag{3-47b}$$

虽按计算不配置箍筋,但应按构造配置箍筋,即箍筋的最小直径应满足表 3-9 的构造要求,箍筋的最大间距应满足表 3-10 的构造要求。

表 3-9　　　　　　　　　　　　　　梁内箍筋的最小直径　　　　　　　　　　　　　　mm

梁高	箍筋最小直径	梁高	箍筋最小直径
$h \leqslant 800$	6	$h > 800$	8
		有计算的纵向受压钢筋时	$d/4$

表 3-10　　　　　　　　　　　　　梁中箍筋最大间距 S_{max}　　　　　　　　　　　　　mm

项次	梁高 h	$V > 0.7 f_t bh_0$ 时	$V \leqslant 0.7 f_t bh_0$ 时
1	$150 < h \leqslant 300$	150	200
2	$300 < h \leqslant 500$	200	300
3	$500 < h \leqslant 800$	250	350
4	$h > 800$	300	400

(2) 当梁的受剪承载力不满足式(3-47a)或式(3-47b)时,应按式(3-39)或式(3-41)计算箍筋数量,由此计算所选用的箍筋直径和间距应满足表 3-9 和表 3-10 的构造要求,同时,配箍率应满足最小配箍率的要求,即

$$\rho_{sv} \geqslant \rho_{sv,min} = \left(\frac{A_{sv}}{bS}\right)_{min} = 0.24 \frac{f_t}{f_{yv}} \tag{3-48}$$

3.2.4.4 斜截面受剪承载力的计算位置

控制梁斜截面受剪承载力的应该是那些剪力设计值较大而受剪承载力又较小或截面抗力有改变处的斜截面。设计中,一般取下列斜截面作为梁受剪承载力的计算截面:

(1) 支座边缘处的截面(图 3-41(a)截面 1—1);

(2) 受拉区弯起钢筋弯起点截面(图 3-41(a)截面 2—2,3—3);

(3) 箍筋截面面积或间距改变处的截面(图 3-41(b)截面 4—4);

(4) 腹板宽度改变处截面(图 3-41(c)截面 5—5)。

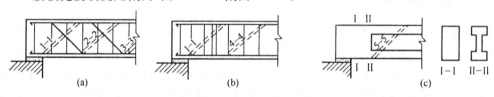

图 3-41 斜截面受剪承载力的计算位置

计算截面处的剪力设计值按下述方法采用:计算支座边缘处的截面时,取该处的剪力值;计算箍筋数量改变处的截面时,取箍筋数量开始改变处的剪力值;计算第一排(从支座算起)弯起钢筋时,取支座边缘处的剪力值;计算以后每一排弯起钢筋时,取前一排弯起钢筋弯起点处的剪力值。

此外,对受拉边倾斜的梁,尚应对梁的高度改变处、梁上集中荷载作用处和其他不利的截面进行验算。

3.2.4.5 斜截面受剪承载力的计算步骤

与正截面受弯承载力一样,斜截面受剪承载力计算也有截面设计和承载力校核两类问题。

1. 截面设计

已知截面剪力设计值 V,材料强度设计值 f_c,f_t,f_{yv},f_y,截面尺寸 b,h_0 等,要求确定箍筋和弯起钢筋的数量。

对于截面设计,应令 $V = V_u$ 求解,可按以下三个步骤进行。

1) 验算截面尺寸

梁的截面尺寸一般先由正截面承载力和刚度条件确定,然后进行斜截面受剪承载力的计算,按式(3-45a)或式(3-45b)、式(3-45c)或式(3-46)进行截面尺寸复核。不满足要求时,则应加大截面尺寸或提高混凝土强度等级。

2) 验算是否按计算配置腹筋

若梁所承受的剪力设计值较小,截面尺寸较大,或混凝土强度等级较高,而满足下列条件时:对于承受集中荷载为主的矩形、T 形和工字形截面梁,满足式(3-47a);对于一般情况下的矩形、T 形及工字形截面梁,满足式(3-47b),则不需进行斜截面受剪承载力计算,仅按构造要求配置腹筋。反之,则需按计算配置腹筋。式(3-47a)和式(3-47b)中符号意义及 λ 值取值方法与式(3-39)和式(3-44)相同。

3) 计算腹筋数量

(1) 只配箍筋,不配弯起钢筋

对于受集中荷载为主的矩形、T 形和工字形截面梁,由式(3-39)得

$$\frac{A_{sv}}{S} \geqslant \frac{V - \frac{1.75}{\lambda + 1.0} f_t b h_0}{f_{yv} h_0} \tag{3-49}$$

对于一般情况下的矩形、T 形和工字形截面梁,由式(3-41)得

$$\frac{A_{sv}}{S} \geqslant \frac{V - 0.7 f_t b h_0}{f_{yv} h_0} \tag{3-50}$$

求出 $\frac{A_{sv}}{S}$ 后,再选定箍筋肢数 n 和单肢箍筋的截面面积 A_{sv1},计算出 $A_{sv} = nA_{sv1}$,最后确定箍筋的间距 S。注意,选用箍筋直径和间距应满足表 3-9 和表 3-10 的构造要求,同时,配箍率应满足式(3-48)的要求。

(2) 既配置箍筋,又配置弯起钢筋

当箍筋配置数量较多但仍不满足截面抗剪要求时,可配置弯起钢筋与箍筋一起抗剪。通常是先假定箍筋,按式(3-39)或式(3-41)算出 V_{cs},然后按下式确定弯起钢筋的面积 A_{sb}:

$$A_{sb} = \frac{V - V_{cs}}{0.8 f_y \sin\alpha} \tag{3-51}$$

有时也可能先知道弯起钢筋,可算出 V_{sb},然后再计算 $V_{cs} = V - V_{sb}$,最后由 V_{cs} 来确定箍筋直径和间距。

2. 承载力校核

已知截面剪力设计值 V,材料强度设计值 f_c,f_t,f_{yv},f_y,截面尺寸 b,h_0,配箍量 n,A_{sv1},S,弯起钢筋截面面积等,要求复核斜截面受剪承载力是否满足。

这类问题的实质是求斜截面受剪承载力 V_u,当 $V \leqslant V_u$ 时满足要求,否则不满足要求。

第一步,检查截面限制条件,如不满足要求,应改原始条件。

第二步,当 $V > 0.7 f_t b h_0$ 时,检查是否满足条件 $\rho_{sv} \geqslant \rho_{sv,min}$,如不满足,说明不符合规范要求,应考虑修改原始条件。

第三步,以上检查都通过后,把各有关数据直接代入式(3-39)或式(3-41),求出 V_u,当 $V \leqslant V_u$ 时,受剪承载力满足要求;当 $V > V_u$ 时,则受剪承载力不满足要求。

【例题 3-12】 图 3-42 所示的矩形截面简支梁,截面尺寸 $b = 250\text{mm}$,$h = 550\text{mm}$,混凝土采用 C20($f_t = 1.10\text{N/mm}^2$,$f_c = 9.6\text{N/mm}^2$),纵筋采用 HRB400 级钢筋($f_y = 360\text{N/mm}^2$),箍筋采用 HPB300 级钢筋($f_{yv} = 270\text{N/mm}^2$),梁承受均布荷载设计值 $q = 60\text{ kN/m}$(包括梁自重),截面有效高度 $h_0 = 510\text{mm}$,环境类别为一类。

根据正截面承载力计算,已配置了 2 $\underline{\Phi}$ 25 + 2 $\underline{\Phi}$ 22 的纵筋,试确定腹筋的数量。

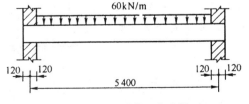

图 3-42 矩形截面简支梁

【解】 （1）计算剪力设计值

支座边缘截面的剪力设计值为

$$V = \frac{1}{2} \times 60 \times (5.4 - 0.24) = 154.8 \text{kN}$$

（2）验算截面尺寸

$$h_w = h_0 = 510 \text{mm}, \quad \frac{h_0}{b} = \frac{510}{250} = 2.04 < 4$$

应按式(3-45a)进行验算：

$$0.25\beta_c f_c b h_0 = 0.25 \times 1.0 \times 9.6 \times 250 \times 510 = 306\,000 \text{N} > 154\,800 \text{N}$$

所以，截面尺寸满足要求。

（3）验算是否按计算配置腹筋

由式(3-47b)得

$$0.7 f_t b h_0 = 0.7 \times 1.10 \times 250 \times 510 = 98\,175 \text{N} < 154\,800 \text{N}$$

故需按计算配置腹筋。

（4）计算腹筋数量

① 若只配箍筋

由式(3-50)得

$$\frac{A_{sv}}{S} \geqslant \frac{154\,800 - 98\,175}{270 \times 510} = 0.411$$

选用双肢 $\phi 6$ 箍筋，则

$$S \leqslant \frac{A_{sv}}{0.411} = \frac{57}{0.411} = 138.7 \text{mm}$$

取 $S = 130 \text{mm}$，相应的配筋率为

$$\rho_{sv} = \frac{A_{sv}}{bS} = \frac{57}{250 \times 130} = 0.175\% > \rho_{sv,min} = 0.24 \times \frac{1.10}{270} = 0.098\%$$

故所配箍筋满足要求。

② 若既配箍筋，又配弯起钢筋

选用双肢 $\phi 6@250$ 箍筋，由式(3-51)得

$$A_{sb} \geqslant \frac{154\,800 - (98\,175 + 270 \times \frac{57}{250} \times 510)}{0.8 \times 360 \times \sin 45°} = 124 \text{mm}^2$$

将跨中正弯矩钢筋弯起 1 Φ 22（$A_{sb} = 380 \text{mm}^2$），钢筋弯起点至支座边缘的距离为 $200 + 500 = 700 \text{mm}$，如图 3-43 所示，弯起点处对应的剪力设计值 $V_1 = 112.8 \text{kN}$，该截面的受剪承载力为

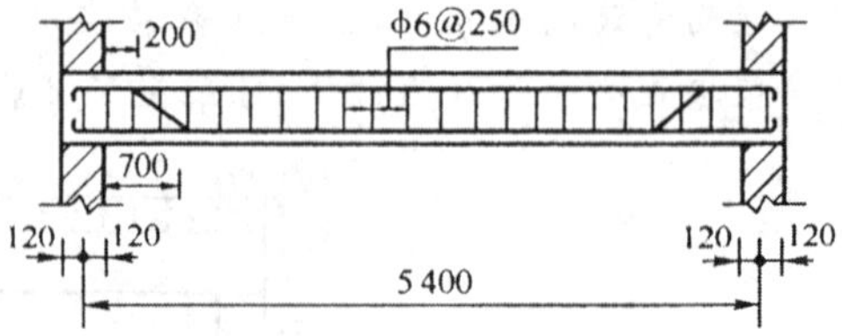

$$V_{cs} = 98\,175 + 270 \times \frac{57}{250} \times 510$$

$$= 129\,571 \text{N} > 112\,800 \text{N}$$

图 3-43 ［例题 3-12］配筋图

因此,该梁只需配置一排弯起钢筋,即可满足斜截面受剪承载力。

【例题 3-13】 一矩形截面简支梁,$a_s=35mm$,净跨 $l_n=5.3m$,承受均布荷载,梁截面尺寸 $b\times h=200mm\times550mm$,混凝土强度等级为 C25($f_t=1.27N/mm^2$, $f_c=11.9N/mm^2$),箍筋为 HPB300 级($f_{yv}=270N/mm^2$),若沿梁全长配置双肢 $\phi 8@120$ 的箍筋,试计算该梁的斜截面受剪承载力,并推算出该梁所能承担的均布荷载设计值。

【解】 (1) 求 V_{cs}

因该梁承受均布荷载,故由式(3-41)得

$$V \leqslant V_{cs}=0.7f_t bh_0 + f_{yv}\frac{A_{sv}}{S}h_0$$

$$=0.7\times1.27\times200\times(550-35)+270\times\frac{101}{120}\times(550-35)$$

$$=208\,601N$$

(2) 求梁所能承受的均布荷载设计值

$$V=\frac{1}{2}(g+q)l_n$$

$$q=\frac{2V}{l_n}-g=\frac{2\times208.60}{5.3}-1.2\times0.2\times0.55\times25$$

$$=75.42kN/m$$

3.2.4.6 构造要求

1. 纵向受力钢筋在支座处的锚固

1) 简支梁、板支座处纵筋的锚固

在简支梁、板支座附近,弯矩 M 接近于零。但当支座边缘出现斜裂缝时,该处纵筋的拉力会突然增大,如无足够的锚固长度,纵筋会因锚固不足而发生滑移,造成锚固破坏,降低梁的承载力。为防止这种破坏,简支梁、板下部纵向受力钢筋伸入支座的锚固长度 l_{as} 应满足下列要求:

(1) 对简支板,$l_{as}\geqslant5d$(d 为纵向受力钢筋直径),当采用焊接网配筋时,其末端至少应有一根横向钢筋配置在支座边缘内(图 3-44(a));如不符合图 3-44(a)的要求时,应在受力钢筋末端制成 180°弯钩(图 3-44(b))或加焊附加的横向锚固钢筋(图 3-44(c))。此外,当板中的剪力 $V>0.7f_t bh_0$ 时,配置在支座边缘内的横向钢筋不应少于 2 根,其直径不应小于纵向受力钢筋直径的一半。

(2) 对简支梁,下部纵向受力钢筋伸入梁支座范围内的钢筋不应少于两根,其锚固长度 l_{as}(图 3-45)应符合下列条件(d 为纵向受力钢筋的最大直径):当 $V\leqslant0.7f_t bh_0$ 时,$l_{as}\geqslant5d$;当 $V>0.7f_t bh_0$ 时,带肋钢筋 $l_{as}\geqslant12d$,光圆钢筋 $l_{as}\geqslant15d$。

当混凝土强度等级小于或等于 C25,在距支座边 1.5h(h 为梁截面高度)范围内作用有集中荷载(包括作用有多种荷载,其中集中荷载对支座截面所产生的剪力占总剪力值的 75% 以上的情况)且 $V>0.7f_t bh_0$ 时,对带肋钢筋,宜采取附加锚固措施,或取锚固长度 $l_{as}\geqslant15d$。当梁宽 $b\geqslant100mm$ 时,伸入梁支座范围内的纵向受力钢筋数量不宜少于 2 根;当 $b<100mm$ 时,可为 1 根。

如纵向受力钢筋伸入支座的锚固长度不符合上述规定,应采取在钢筋上加焊横向钢筋或

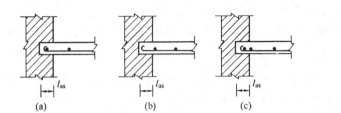

图 3-44　焊接网在板的简支支座上的锚固

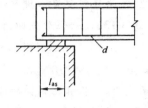

图 3-45　纵筋伸入梁支座范围内的锚固

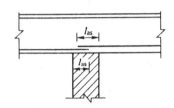

图 3-46　梁中间支座处纵筋的锚固

锚固钢板,或将钢筋端部焊接在预埋件上等有效锚固措施。

2) 连续梁和框架梁中间支座处纵筋的锚固

在连续梁和框架梁的中间支座处,上部纵筋受拉而下部纵筋受压,因而连续梁的上部纵向钢筋应贯穿其中间支座(图 3-46),下部纵向钢筋伸入中间支座的锚固长度 l_{as} 应按下列规定采用:

(1) 当计算中不利用支座边缘处下部纵向钢筋的强度时,无论剪力设计值的大小,其伸入支座的锚固长度均应符合简支梁支座 $V > 0.7f_tbh_0$ 时对锚固长度 l_{as} 的规定。

(2) 当计算中充分利用支座边缘处下部纵筋的抗拉强度时,其伸入支座的锚固长度不应小于受拉钢筋的最小锚固长度 l_a,l_a 的计算见式(1-11)。

(3) 当计算中充分利用支座边缘处下部纵筋的抗压强度时,考虑到结构中压力主要通过混凝土传递,钢筋受力较小,且钢筋端头的支承作用也大大改善了受压钢筋的受力状态,所以,这时的锚固长度可适当减少,取 $l_{as} \geqslant 0.7l_a$。

3) 纵筋末端弯钩

受力的光圆钢筋骨架应在钢筋末端(包括弯起钢筋末端)做 180° 弯钩,弯后平直段长度不应小于 3 倍钢筋直径。仅在焊接骨架、焊接网以及轴心受压构件中可不做弯钩。

2. 弯起钢筋的锚固

弯起钢筋的终弯点外应留有锚固长度,其长度在受拉区不应小于 $20d$,在受压区不应小于 $10d$(图 3-47)。

梁中弯起钢筋的弯起角度一般宜取 45°,当梁截面高度大于 700mm 时,宜采用 60°,位于梁底层两侧的钢筋不应弯起。

当不能弯起纵向受力钢筋抗剪时,亦可放置单独的抗剪弯筋,此时应将弯筋布置成"鸭筋"形式(图 3-48(a)),不能采用"浮筋"(图 3-48(b)),因浮筋在受拉区只有一小段水平长度,锚固性能不如两端均锚固在受压区的鸭筋可靠。

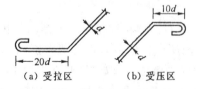

图 3-47　弯起钢筋端部构造

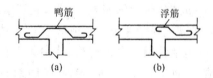

图 3-48　中间支座设置单独抗剪钢筋的构造

3. 箍筋的构造要求

1）箍筋的形式和肢数

箍筋在梁内除承受剪力以外,还起固定纵筋位置,使梁内钢筋形成钢筋骨架以及连接梁的受拉区和受压区、增加受压区混凝土的延性等作用。箍筋的形式有封闭式和开口式两种(图3-49(a),(b)),除小过梁外,一般采用封闭式,既方便固定纵筋,又对梁的抗扭有利;对现浇T形梁,当不承受扭矩和动荷载时,在跨中截面上部受压区的区段内,可采用开口式;当梁中配有计算的受压钢筋时,均应做成封闭式,且弯钩的直线长度不应小于5倍箍筋直径。

箍筋肢数有单肢、双肢和四肢等(图3-49(c),(d),(e)),一般按以下情况选用:当梁宽$b \leqslant$350mm时,常采用双肢箍筋;当$b > 350$mm或纵向受拉钢筋在一排中多于5根时,应采用四肢箍筋;当$b < 150$mm时,可采用单肢箍筋;当梁宽$b > 400$mm且梁中一排内的纵向受压钢筋多于3根或$b \leqslant 400$mm且一排内的纵向受压钢筋多于4根时,应设置复合箍筋(图3-49(e))。

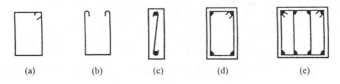

图 3-49 箍筋的形式和肢数

2）箍筋的直径

为了使钢筋骨架具有一定的刚性,便于制作安装,箍筋直径不应太小,《混凝土结构规范》规定的箍筋最小直径见表3-9,当梁中配有纵向受压钢筋时,箍筋直径不小于受压钢筋最大直径的1/4。

3）箍筋的间距

箍筋间距除应满足计算要求外,其最大间距应符合表3-10的规定。

当梁中配有计算的受压钢筋时,为防止受压纵筋压曲,箍筋应做成封闭式,箍筋的间距不应大于15d(d为纵向受压钢筋的最小直径),同时,在任何情况下不应大于400mm。

当梁中一排内的纵向受压钢筋多于5根且直径大于18mm时,箍筋间距不应大于10d。

4）箍筋布置

如按计算不需要箍筋抗剪的梁,对截面高度大于300mm时,仍应沿梁全长设置箍筋;当截面高度为150~300mm时,可仅在构件端部各1/4跨度范围内设置箍筋;但当在构件中部1/2跨度范围内有集中荷载作用时,则应沿梁全长设置箍筋;当截面高度为150mm以下时,可不设置箍筋。

3.3 受弯构件裂缝宽度和变形验算及耐久性要求

3.3.1 概述

钢筋混凝土构件不仅应满足承载力的要求,还应满足正常使用的要求,这种要求主要反映在构件的裂缝控制、变形控制和耐久性条件上,可变荷载作用时间的久暂对变形和裂缝开展大小是有影响的,可变荷载的最大值不是长期作用在结构上,故应按作用时间的长短对其标准值进行折减,折减后的值叫荷载的准永久值,用$\psi_q Q_k$表示,折减系数ψ_q称为准永久值系数,

$\psi_q \leqslant 1$，Q_k 为可变荷载标准值，具体的可变荷载准永久值系数可查《建筑结构规范》，因此，验算结构构件的变形和裂缝宽度时，荷载效应要分别考虑荷载标准组合和准永久组合，标准组合为恒载效应与可变荷载效应组合。准永久组合为恒载效应与可变荷载的准永久值效应组合。

（1）混凝土结构构件根据使用功能，在《混凝土结构规范》中将裂缝控制划分为三个等级：

① 严格要求不出现裂缝。其具体规定是在荷载效应的标准组合作用下，构件上不允许出现拉应力。

② 一般要求不出现裂缝。其具体规定是在荷载效应的标准组合作用下，构件受拉边缘混凝土拉应力不应大于混凝土的抗拉强度标准值。

③ 构件在使用阶段允许出现裂缝，但对其裂缝宽度需加以限制。

第一种、第二种裂缝控制等级的构件一般属于预应力混凝土构件。对于某些有不允许开裂要求的普通钢筋混凝土结构（如水池），其抗裂计算可参见水工结构规范。房屋建筑中的普通钢筋混凝土构件在使用中，其受拉区出现裂缝是难以避免的。然而，过大的裂缝宽度不仅影响结构外观，同时还会加快钢筋锈蚀，甚至影响结构的正常使用。

产生裂缝的原因较多，大致可分为两种：一种是由荷载引起的裂缝；另一种是由非荷载引起的裂缝，如施工养护不善、温度变化、基础不均匀沉降以及钢筋的锈蚀等。对于非荷载原因引起的裂缝，一般通过设置伸缩缝、加强施工养护以及避免不均匀沉降等措施来减少这类裂缝的出现和减小裂缝宽度。本章仅就荷载产生的裂缝问题加以讨论，分析构件在荷载作用下产生裂缝的机理及计算最大裂缝宽度，并根据《混凝土结构规范》给出裂缝宽度控制条件。

（2）由于钢筋混凝土构件是非匀质、非弹性材料，受弯构件变形计算就不能完全按材料力学中弹性材料所推出的公式计算。应根据钢筋混凝土的特性，考虑构件刚度随荷载增大的降低（包括混凝土弹性模量的下降和由于构件开裂使截面惯性矩的减小）以及在持续荷载作用下混凝土徐变对构件变形的影响。在理论分析和试验结果分析的基础上，本章给出了钢筋混凝土受弯构件变形计算的有关公式，并根据《混凝土结构规范》给出变形控制条件。

（3）耐久性是工程结构功能要求的一个重要方面，在新颁布的《混凝土结构规范》中，根据结构的使用年限、使用环境提出了为满足耐久性要求的相应规定。

最后应指出，裂缝宽度及受弯构件变形计算均为正常使用极限状态验算问题，在验算中，材料强度及荷载均取用标准值。

3.3.2 裂缝宽度验算

钢筋混凝土构件在使用阶段一般是带裂缝工作。由于混凝土是一种非匀质材料，其抗拉强度离散性很大。因而，构件上裂缝的出现和开展具有很大的随机性。

3.3.2.1 裂缝的出现、分布和开展

裂缝出现之前，轴拉构件各截面（受弯构件纯弯段）上受拉混凝土的拉应力和拉应变大致相同。由于钢筋与混凝土之间的粘结作用，钢筋的拉应力和拉应变也大致相同。当受拉混凝土的应力达到其抗拉强度极限时，由于混凝土的塑性变形，因此还不会马上开裂；当其拉应变接近混凝土的极限拉应变时，构件即将开裂。一旦达到极限应变，构件就将在最薄弱截面处产生第一批裂缝。

裂缝出现瞬时，裂缝截面处受拉混凝土退出工作，应力为零，原来由混凝土承担的拉应力转由钢筋承受。钢筋应力由 σ_{s1} 增至 σ_s，裂缝处原来受拉张紧的混凝土向两侧回缩，钢筋与周

围土之间产生相对滑移,使裂缝一出现就有一定的宽度。

然而,这种回缩是不自由的,它受到钢筋的约束,因而产生粘结应力。粘结应力将钢筋中的部分应力向混凝土传递。随着裂缝截面距离的增加,混凝土上的拉应力由裂缝处的零逐渐增大,钢筋的拉应力则逐渐减小。当传递长度达到 l 后,钢筋与周围混凝土具有相同应变,粘结应力消失。

图 3-50 给出了轴心受拉构件和受弯构件受拉区钢筋和混凝土在开裂后的应力分布图以及二者之间的粘结应力图。

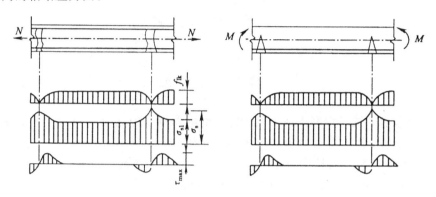

图 3-50　裂缝出现的应力分布图

第一批裂缝出现后,超过粘结应力作用长度 l 的混凝土仍处于张紧状态,当荷载继续增加,在离裂缝截面 l 之后的某些薄弱截面可能产生一批新的裂缝。如前所述,此时,构件各截面应力又发生新的变化。随着新裂缝的不断出现,裂缝间的间距不断缩小,当裂缝间距小到一定程度之后,裂缝间各截面混凝土的拉应力已不能通过粘结力传递达到混凝土的抗拉强度,即使荷载增加,其间也不会出现新的裂缝。因此,从理论上讲,裂缝间距在 $l \sim 2l$ 范围内,裂缝间距趋于稳定,故平均裂缝间距为 $1.5l$。l 与粘结强度有关,粘结强度高,l 则短些;同时,也与配筋率有关,配筋率低,l 就长些。上述过程可视为裂缝的出现过程。

此后,随着荷载增加,裂缝截面的钢筋应力与裂缝间截面钢筋应力差减小,裂缝间混凝土与钢筋的粘结力降低,混凝土回缩增加,钢筋与混凝土之间产生较大滑动,裂缝扩展。此外,在荷载的长期作用下,由于混凝土的滑移徐变收缩和拉应力松弛,使裂缝间受拉混凝土不断退出工作,裂缝宽度增大。这一过程可视为裂缝扩展的过程。

3.3.2.2　平均裂缝间距计算

从上述分析可知,构件上混凝土裂缝分布规律与钢筋和混凝土的粘结应力有密切关系。如图 3-51 所示,两条初始裂缝位于截面 A 及 C 处,其间任一截面 B 距 A 为 $l_{cr,min}$,$l_{cr,min}$ 为可能出现裂缝的最小间距,l_{cr} 为裂缝平均间距。

A_{te} 为有效受拉混凝土截面面积:对轴拉构件,A_{te} 为构件截面面积,$A_{te} = bh$;对受弯构件,$A_{te} = 0.5bh + (b_f - b)h_f$;对矩形受弯构件,$A_{te} = 0.5bh$。

另外,由于粘结力的存在,钢筋对受拉混凝土回缩起着约束作用,离钢筋越远,约束越小,这表明混凝土保护层厚度对裂缝间距也有一定的影响。试验表明,当保护层厚度从 30mm 降至 15mm 时,平均裂缝间距减小 30%。

根据试验资料分析,并考虑到不同表面形式钢筋对粘结力的影响,平均裂缝间距 l_{cr} 计算

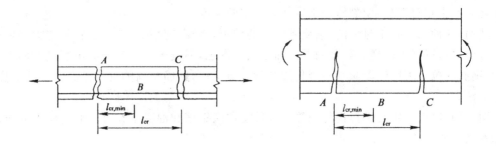

图 3-51　裂缝平均间距

式为

$$l_{cr} = 1.9c_s + 0.08\frac{d_{eq}}{\rho_{te}} \tag{3-52}$$

式中　ρ_{te}——按有效受拉混凝土截面面积计算的纵向钢筋配筋率，$\rho_{te} = A_s/A_{te}$，《混凝土结构规范》规定，当计算的 $\rho_{te} < 0.01$ 时，取 $\rho_{te} = 0.01$；

c_s——最外层纵向受拉钢筋外边缘至受拉边底边的距离（mm），当 $c_s < 20$mm 时，取 $c_s = 20$mm，当 $c_s > 65$mm 时，取 $c_s = 65$mm；

d_{eq}——受拉区纵向钢筋的等效直径（mm）：

$$d_{eq} = \frac{\sum n_i d_i^2}{\sum n_i v_i d_i} \tag{3-53}$$

其中　v_i——受拉区第 i 种纵向钢筋的相对粘结特性系数，对带肋钢筋，取 1.0，对光圆钢筋，取 0.7；

d_i——受拉区第 i 种纵向钢筋的公称直径（mm）；

n_i——受拉区第 i 种纵向钢筋的根数。

3.3.2.3　平均裂缝宽度计算

1. 平均裂缝宽度计算式

裂缝出现后，根据粘结滑移理论认为，裂缝宽度是由于钢筋与混凝土之间的粘结破坏，出现相对滑移，引起裂缝处混凝土回缩而产生的。因此，在纵向受拉钢筋重心处的平均裂缝宽度 w_m 可由相邻两条裂缝之间受拉钢筋与相同水平处受拉混凝土伸长值的差求得（图 3-52），即

$$w_m = \varepsilon_{sm}l_{cr} - \varepsilon_{cm}l_{cr} = \varepsilon_{sm}\left(1 - \frac{\varepsilon_{cm}}{\varepsilon_{sm}}\right)l_{cr} \tag{3-54}$$

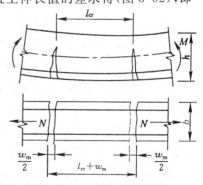

式中　ε_{sm}——纵向受拉钢筋平均拉应变；

ε_{cm}——与纵向受拉钢筋相同水平处混凝土的平均拉应变。

令 $\alpha_c = 1 - \varepsilon_{cm}/\varepsilon_{sm}$，$\alpha_c$ 为考虑裂缝间混凝土自身伸长对裂缝宽度的影响系数。

试验表明，在裂缝截面钢筋应力较大，应变也较大。而裂缝之间由于混凝土仍然参加工作，承担了一定的拉

图 3-52　构件开裂后裂缝宽度

力,故钢筋应力较相邻裂缝处应力为小,应变也较小。引入裂缝间纵向钢筋应变不均匀系数 ψ,并将其与 α_c 一并代入式(3-54),得

$$w_m = \psi \alpha_c l_{cr} \frac{\sigma_{sq}}{E_s} \tag{3-55}$$

试验研究表明,系数 α_c 虽然与配筋率、截面形式和混凝土保护层厚度等因素有关,但在一般情况下,变化不大。为简化计算,对各种受力形式的构件,均近似取 $\alpha_c = 0.85$,则式(3-55)为

$$w_m = 0.85 \psi l_{cr} \frac{\sigma_{sq}}{E_s} \tag{3-56}$$

2. 纵向钢筋应变不均匀系数 ψ

由试验及研究表明,纵向钢筋应变不均匀系数 ψ,对混凝土强度、配筋率、钢筋与混凝土的粘结强度及裂缝截面钢筋应力诸因素均有影响,可近似表达为

$$\psi = 1.1 - \frac{0.65 f_{tk}}{\rho_{te} \sigma_{sq}} \tag{3-57}$$

在《混凝土结构规范》中规定,当 $\psi < 0.2$ 时,取 $\psi = 0.2$;当 $\psi > 1.0$ 时,取 $\psi = 1.0$。对直接承受重复荷载的构件,取 $\psi = 1.0$。

3. 裂缝截面处钢筋应力 σ_{sq}

σ_{sq} 是指按荷载效应标准组合计算的混凝土构件裂缝截面处纵向受拉钢筋的应力,可根据裂缝截面处力的平衡条件求得。

(1)对轴心受拉构件

$$\sigma_{sq} = \frac{N_q}{A_s} \tag{3-58}$$

式中 N_q——按荷载效应准永久组合计算的轴向拉力;

  A_s——受拉钢筋总截面面积。

(2)对受弯构件

$$\sigma_{sq} = \frac{M_q}{0.87 A_s h_0} \tag{3-59}$$

3.3.2.4 最大裂缝宽度计算

由于混凝土材料不均匀,裂缝间距和裂缝宽度的离散性较大,在计算中,需要考虑裂缝的不均匀性。另外,在长期荷载作用下,因受拉区混凝土的应力松弛及其钢筋的滑移徐变,裂缝间受拉混凝土将不断退出工作,使裂缝宽度加大。由于混凝土收缩,也将使裂缝宽度随时间的增长而增长。因此,最大裂缝宽度计算时,还需考虑长期作用影响。

根据试验观测,最大裂缝宽度计算公式为

$$w_{max} = \alpha_{cr} \psi \frac{\sigma_{sq}}{E_s} \left(1.9 c_s + 0.08 \frac{d_{eq}}{\rho_{te}} \right) \tag{3-60}$$

式中，α_{cr}为构件受力特征系数，对轴心受拉构件，取 $\alpha_{cr}=2.7$；对受弯构件，取 $\alpha_{cr}=1.9$。

3.3.2.5 影响裂缝宽度的主要因素及减小裂缝宽度的措施

从上述计算公式及分析可见，影响裂缝宽度的因素主要有：①钢筋应力；②钢筋直径；③钢筋表面特征；④混凝土抗拉强度及粘结强度；⑤混凝土保护层厚度；⑥混凝土有效受拉面积；⑦构件的受力形式等。

裂缝宽度与钢筋应力成正比，为了控制裂缝宽度，在普通钢筋混凝土构件中，不宜采用高强钢筋。

带肋钢筋的粘结应力比光面钢筋大得多，为减小裂缝宽度，应尽可能采用带肋钢筋。

在相同截面面积时，直径小的钢筋有更多的外表面，这有利于提高与混凝土的粘结，减小裂缝宽度。因此，在施工允许的条件下，可采用直径较小的钢筋作为受拉钢筋。

保护层越厚，钢筋对外边缘混凝土收缩变形的约束越小，裂缝宽度就越大，故不宜采用过厚的保护层。一般按《混凝土结构规范》中的规定取用。

3.3.2.6 裂缝宽度验算

在《混凝土结构规范》中对构件最大裂缝宽度的控制条件为

$$w_{max} \leqslant w_{lim} \tag{3-61}$$

式中，w_{lim}为最大裂缝宽度允许值，按附录表 A8 取用。

对于 $e_0/h \leqslant 0.55$ 的小偏心受压构件可不验算裂缝宽度。

【例题 3-14】 矩形截面简支梁，截面尺寸 $b \times h = 200mm \times 500mm$，作用于截面上按荷载效应准永久组合计算的弯矩值 $M_q = 110kN \cdot m$，混凝土强度等级为 C20，配置 HRB335 级钢筋，$2 \oplus 18 + 2 \oplus 20(A_s = 1137mm^2)$。裂缝宽度限值 $w_{lim} = 0.3mm$，$h_0 = 460mm$。试验算最大裂缝宽度。

【解】 查附录得 $f_{tk} = 1.54N/mm^2$，$f_y = 300N/mm^2$，$E_s = 2.0 \times 10^5 N/mm^2$。

钢筋应力为

$$\sigma_{sq} = \frac{M_q}{0.87 h_0 A_s} = \frac{110 \times 10^6}{0.87 \times 460 \times 1137} = 242 N/mm^2$$

矩形截面受弯构件下半截面受拉

$$\rho_{te} = \frac{A_s}{A_{te}} = \frac{1137}{0.5 \times 200 \times 500} = 0.0227 > 0.01$$

$$\psi = 1.1 - 0.65 \frac{f_{tk}}{\rho_{te} \sigma_{sq}} = 1.1 - 0.65 \times \frac{1.54}{0.0227 \times 242} = 0.92$$

换算钢筋直径

$$d_{eq} = \frac{\sum n_i d_i^2}{\sum n_i v_i d_i} = \frac{2 \times 18^2 + 2 \times 20^2}{(2 \times 18 + 2 \times 20) \times 1.0} = 19mm$$

$$w_{max} = \alpha_{cr} \psi \frac{\sigma_{sk}}{E_s} \left(1.9 c_s + 0.08 \frac{d_{eq}}{\rho_{te}} \right) = 1.9 \times 0.92 \times \frac{242}{2.0 \times 10^5} \times \left(1.9 \times 30 + 0.08 \times \frac{19}{0.0227} \right)$$

$$= 0.26mm < w_{lim} = 0.3mm$$

满足抗裂要求。

3.3.3 受弯构件挠度计算

材料力学在推导均质弹性梁的计算时,应用了以下 3 个基本关系:①静力平衡关系——平衡方程;②几何关系——平截面假定;③物理关系——胡克定律。在上述基础上,在材料力学中已建立了梁的挠度计算公式:

$$f=\frac{\alpha M l^2}{B} \tag{3-62}$$

式中 f——梁跨中最大挠度;

α——与荷载形式、支承条件有关的系数,如计算承受均布荷载简支梁的跨中挠度时,$\alpha=5/48$;

M——梁跨中最大弯矩;

l——梁的计算跨度;

B——截面刚度。

然而,钢筋混凝土梁却是由不同材料构成的非均质梁。在构件即将出现裂缝时,受拉区混凝土已进入塑性状态,并且在长期荷载作用下,由于构件上裂缝的开展以及混凝土徐变等原因,构件刚度不仅随荷载增加而下降,亦随作用时间的延长而下降。图 3-53 给出了钢筋混凝土梁的刚度随荷载变化以及变形与荷载的关系曲线。

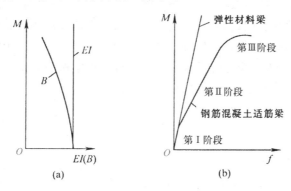

图 3-53 荷载与构件刚度变形的关系曲线

根据试验分析,对于钢筋混凝土受弯构件,平截面假定依然适用。因而,在混凝土受弯构件挠度计算中,仍可利用材料力学所得到的计算公式,但在计算中,构件刚度不再是常量,需要考虑刚度随荷载的变化,即确定短期刚度的计算;讨论刚度随时间的变化,即确定长期刚度的计算。在此基础上讨论钢筋混凝土受弯构件的挠度计算。

3.3.3.1 短期刚度 B_s 的计算

短期刚度 B_s 就是在荷载效应准永久组合下受弯构件截面的抗弯刚度。

图 3-53(b)反映了钢筋混凝土梁从加载到破坏几个不同阶段中挠度 f 随弯矩 M 变化的特征。当荷载较小(第Ⅰ阶段)时,M 与 f 成直线关系。而到第Ⅰ阶段末,尽管构件还未开裂,但因受拉区混凝土已经表现出一定的塑性,抗弯刚度较 $E_c I_0$ 低。在混凝土开裂前,通常可偏安全地取钢筋混凝土构件短期刚度为

$$B_s=0.85E_c I_0 \tag{3-63}$$

出现裂缝后,变形曲线发生转折(第Ⅱ阶段),随着 M 的增加,刚度不断降低,变形曲线越来越偏离直线。一方面,由于混凝土中塑性的发展,变形模量降低较多($E = \nu E_c$);另一方面,由于受拉区混凝土开裂,截面削弱而导致构件的平均截面惯性矩降低。当钢筋屈服,变形曲线急剧增大(第Ⅲ阶段),构件破坏。钢筋混凝土受弯构件的变形验算是以第Ⅱ阶段的应力-应变状态为根据,得到了在荷载效应准永久组合下受弯构件短期刚度计算式为

$$B_s = \frac{E_s A_s h_0^2}{1.15\psi + 0.2 + \dfrac{6\alpha_E \rho}{1 + 3.5\gamma_f'}} \tag{3-64}$$

式中　α_E——钢筋弹性模量与混凝土弹性模量的比值,$\alpha_E = \dfrac{E_s}{E_c}$;

　　　ψ——受拉钢筋应力不均匀系数,按式(3-57)计算;

　　　ρ——纵向受拉钢筋配筋率,$\rho = \dfrac{A_s}{bh_0}$;

　　　γ_f'——受压翼缘加强系数,$\gamma_f' = \dfrac{(b_f' - b)h_f'}{bh_0}$。

3.3.3.2　受弯构件的刚度 B 的计算

钢筋混凝土构件在长期荷载作用下,挠度随时间增长。这虽然由多种因素引起的,但主要原因是混凝土的徐变收缩。因此,凡是影响混凝土徐变和收缩的因素,如受压钢筋配筋率、温度、湿度、养护条件、加载龄期等,都对长期挠度有影响。对于上述影响因素,在《混凝土结构规范》中,根据试验结果,引入一个综合系数——考虑荷载长期作用对挠度增大的影响系数 θ,在此基础上计算受弯构件的刚度。其算式为

$$B = \frac{B_s}{\theta} \tag{3-65}$$

式中,B_s 为构件短期刚度。

当 $\rho' = 0$ 时,取 $\theta = 2.0$;当 $\rho' = \rho$ 时,取 $\theta = 1.6$;当 ρ 为中间数值时,θ 按线性内插法取用。此处

$$\rho' = \frac{A_s'}{bh_0}, \quad \rho = \frac{A_s}{bh_0}$$

若翼缘在受拉区的倒 T 形梁,θ 值应增大 20%。从 θ 的计算式中可发现,由于在长期荷载作用下,受压钢筋能阻碍受压区混凝土的徐变,抑制梁挠度的增长。因而,在计算中考虑了这一有利影响。

3.3.3.3　受弯构件挠度计算及验算

在前面的分析中已经知道,钢筋混凝土受弯构件的截面抗弯刚度随弯矩增大而减小。一般受弯构件各截面弯矩不一样,弯矩大处,截面抗弯刚度小,弯矩小的截面抗弯刚度则较大。然而,弯矩大的部分对构件的挠度影响也大,而弯矩小的部分对构件挠度的影响也较小。为简化计算,对等截面梁受弯构件,取同号弯矩区段内弯矩最大截面的抗弯刚度作为该区段的抗弯刚度。这就是挠度计算中的最小刚度原则。

当构件的抗弯刚度分布确定后,便可按式(3-62)计算受弯构件的挠度,即

$$f = \frac{\alpha M_{\mathrm{q}} l^2}{B} \tag{3-66}$$

在上述分析计算中,仅考虑弯曲变形而未考虑剪切变形的影响。一般情况下,剪切变形的影响很小,可以忽略。但对于受荷较大的工字形、T 形截面薄腹构件,则应适当予以考虑。

在《混凝土结构规范》中,对受弯构件在荷载作用下的最大挠度通过与允许挠度比较加以控制,即构件的计算最大挠度不应超过附录表 A7 中的允许值。

【例题 3-15】 钢筋混凝土简支梁,计算跨度 6m,矩形截面 $b \times h = 250\mathrm{mm} \times 600\mathrm{mm}$,混凝土强度等级 C25($E_{\mathrm{c}} = 2.80 \times 10^4 \mathrm{N/mm}^2$),HRB400 级钢筋($E_{\mathrm{s}} = 2.0 \times 10^5 \mathrm{N/mm}^2$)。梁上承受均布恒荷载标准值(包括梁自重)$g_{\mathrm{k}} = 20\mathrm{kN/m}$,均布活荷载标准值 $q_{\mathrm{k}} = 12\mathrm{kN/m}$,按正截面承载力计算,受拉钢筋选配 $2\,\underline{\Phi}\,22 + 2\,\underline{\Phi}\,18$($A_{\mathrm{s}} = 1269\mathrm{mm}^2$)。试验算其变形能否满足最大挠度不超过 $l_0/250$ 的要求(楼面活荷载准永久值系数为 0.5)。

【解】 (1)计算梁内最大弯矩标准值

恒荷载标准值产生的跨中最大弯矩为

$$M_{\mathrm{gk}} = \frac{1}{8} g_{\mathrm{k}} l^2 = \frac{1}{8} \times 20 \times 6^2 = 90 \mathrm{kN \cdot m}$$

活荷载标准值产生的跨中最大弯矩为

$$M_{\mathrm{qk}} = \frac{1}{8} q_{\mathrm{k}} l^2 = \frac{1}{8} \times 12 \times 6^2 = 54 \mathrm{kN \cdot m}$$

按荷载效应准永久组合计算的跨中最大弯矩为

$$M_{\mathrm{q}} = M_{\mathrm{gk}} + 0.5 M_{\mathrm{qk}} = 90 + 27 = 117 \mathrm{kN \cdot m}$$

(2)受拉钢筋应变不均匀系数

裂缝截面钢筋应力为

$$\sigma_{\mathrm{sq}} = \frac{M_{\mathrm{q}}}{0.87 h_0 A_{\mathrm{s}}} = \frac{117 \times 10^6}{0.87 \times 560 \times 1269} = 189.2 \mathrm{N/mm}^2$$

按有效受拉混凝土截面面积计算的配筋率为

$$\rho_{\mathrm{te}} = \frac{A_{\mathrm{s}}}{A_{\mathrm{te}}} = \frac{A_{\mathrm{s}}}{0.5bh} = \frac{1269}{0.5 \times 250 \times 600} = 0.01692 > 0.01$$

受拉钢筋应变不均匀系数为

$$\psi = 1.1 - \frac{0.65 f_{\mathrm{tk}}}{\rho_{\mathrm{te}} \sigma_{\mathrm{sq}}} = 1.1 - \frac{0.65 \times 1.78}{0.01692 \times 189.2} = 0.738$$

$$0.2 < \psi < 1.0$$

(3)刚度计算

短期刚度 B_{s}:

$$\alpha_E = \frac{E_{\mathrm{s}}}{E_{\mathrm{c}}} = \frac{2 \times 10^5}{2.80 \times 10^4} = 7.14$$

$$\rho = \frac{A_s}{bh_0} = \frac{1\,269}{250 \times 560} = 0.009\,1$$

由式(3-64)，有

$$B_s = \frac{E_s A_s h_0^2}{1.15\psi + 0.2 + \dfrac{6\alpha_E \rho}{1 + 3.5\gamma_f'}}$$

$$= \frac{2.0 \times 10^5 \times 1\,269 \times 560^2}{1.15 \times 0.738 + 0.2 + \dfrac{6 \times 7.14 \times 0.009\,1}{1 + 3.5 \times 0}} = 5.55 \times 10^{13}\,\text{N} \cdot \text{mm}^2$$

根据《混凝土结构规范》，$\rho' = 0$，故挠度增大系数 $\theta = 2.0$。

受弯构件的刚度 B：

$$B = \frac{B_s}{\theta} = \frac{5.55 \times 10^{13}}{2.0} = 2.78 \times 10^{13}\,\text{N} \cdot \text{mm}^2$$

（4）跨中挠度

由式(3-66)，有

$$f = \alpha \frac{M_q l^2}{B} = \frac{5}{48} \times 117 \times 10^6 \times \frac{6000^2}{2.78 \times 10^{13}} = 15.2\,\text{mm}$$

允许挠度为

$$f_{\text{lim}} = \frac{l_0}{250} = \frac{6\,000}{250} = 24\,\text{mm} > f = 15.2\,\text{mm}（满足要求）$$

思考题

1. 适筋梁从加载到破坏经历哪几个阶段？各阶段正截面上应力-应变分布、中和轴位置、梁的跨中最大挠度、纵向受拉钢筋应力的变化规律是怎样的？各阶段的主要特征是什么？每个阶段是哪个极限状态的计算依据？

2. 什么是配筋率？配筋量对梁的正截面承载力有何影响？

3. 适筋梁、超筋梁和少筋梁的破坏特征有何区别？

4. 在进行 T 形截面的截面设计和最大承载力校核时，如何判别 T 形截面的类型？其判别式是根据什么原理确定的？

5. 单向受弯的钢筋混凝土平板中，除了受力钢筋外，尚需配置分布钢筋，这两种钢筋作用如何？如何配置？

6. 影响有腹筋梁斜截面承载力的主要因素是哪些？剪跨比的定义是什么？何为广义剪跨比和计算剪跨比？

7. 仅配箍筋的梁，斜截面受剪承载力计算公式如下，式中符号的物理意义是什么？

$$V_{cs} = 0.7 f_t b h_0 + f_{yv} \frac{A_{sv}}{S} h_0$$

$$V_{cs} = \frac{1.75}{\lambda + 1.0} f_t b h_0 + f_{yv} \frac{A_{sv}}{S} h_0$$

8. 在斜截面受剪承载力计算公式，梁上哪些位置应分别进行计算？

9. 梁的截面尺寸为什么采用以下公式进行验算？

$$V \leqslant 0.25\beta_c f_c b h_0$$

$$V \leqslant 0.20\beta_c f_c b h_0$$

10. 钢筋混凝土构件裂缝由哪些因素引起？采用什么措施可以减少非荷载裂缝？

11. 为什么要进行裂缝宽度和挠度验算？

12. 裂缝的平均间距和平均宽度与哪些因素有关？采用什么措施可减少荷载作用引起的裂缝宽度？

习 题

一、单项选择题

1. 在受弯构件正截面计算中,要求 $\rho_{min} \leqslant \rho \leqslant \rho_{max}$, ρ 的计算是以（　　）为依据的。

　　A. 单筋矩形截面梁　　　　　　　　B. 双筋矩形截面梁

　　C. 第一类 T 形截面梁　　　　　　　D. 第二类 T 形截面梁

2. 对钢筋混凝土适筋梁正截面破坏特征的描述,下面叙述中,正确的是（　　）。

　　A. 受拉钢筋首先屈服,然后受压区混凝土被破坏

　　B. 受拉钢筋被拉断,但受压区混凝土并未达到其抗压强度

　　C. 受压区混凝土先被破坏,然后受拉区钢筋达到其屈服强度

　　D. 受压区混凝土先被破坏

3. T 形截面梁,尺寸如图 3-54 所示,如按最小配筋率 $\rho_{min} = 0.2\%$ 配置纵向受力钢筋 A_s,则 A_s 的计算式为（　　）。

　　A. $600\text{mm} \times 465\text{mm} \times 0.2\% = 558\text{mm}^2$

　　B. $600\text{mm} \times 500\text{mm} \times 0.2\% = 600\text{mm}^2$

　　C. $200\text{mm} \times 500\text{mm} \times 0.2\% = 200\text{mm}^2$

　　D. $[200\text{mm} \times 500\text{mm} + (600-200)\text{mm} \times 120\text{mm}] \times 0.2\% = 295\text{mm}^2$

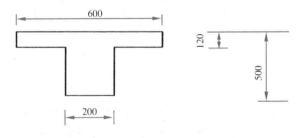

图 3-54　T 形截面尺寸(单位:mm)

4. 钢筋混凝土受弯构件斜截面承载力的计算公式是根据（　　）破坏状态建立的。

　　A. 斜拉　　B. 斜压　　C. 剪压　　D. 锚固

5. 受弯构件斜截面抗剪设计时,限制其最小截面尺寸的目的是（　　）。

　　A. 防止发生斜拉破坏　　　　　　　B. 防止发生斜压破坏

　　C. 防止发生受弯破坏　　　　　　　D. 防止发生剪压破坏

6. 对钢筋混凝土梁斜截面受剪承载力的计算位置是下列中的（　　）。

　　(1) 支座边缘处的截面

　　(2) 受拉区弯起钢筋弯起点处的截面

　　(3) 箍筋截面面积或间距改变处的截面

　　(4) 腹板宽度改变处的截面

　　A. (1),(3),(4)　　　　　　　　　　B. (1),(2),(4)

　　C. (1),(2),(3)　　　　　　　　　　D. (1),(2),(3),(4)

7. 受弯构件减小受力裂缝宽度最有效的措施之一是（　　）。

　　A. 增加截面尺寸

　　B. 提高混凝土的强度等级

　　C. 增加受拉钢筋截面面积，减小裂缝截面的钢筋应力

　　D. 增加钢筋的直径

8. 提高受弯构件抗弯刚度（减小挠度）最有效的措施是（　　）。

　　A. 提高混凝土的强度等级

　　B. 增加受拉钢筋的截面面积

　　C. 加大截面的有效高度

　　D. 加大截面宽度

9. 进行混凝土构件抗裂和裂缝宽度验算时，荷载和材料强度应（　　）。

　　A. 均采用标准值

　　B. 均采用设计值

　　C. 荷载采用设计值，材料强度采用标准值

　　D. 荷载采用标准值，材料强度采用设计值

10. 有一矩形截面梁，$b \times h = 250\text{mm} \times 500\text{mm}$，弯矩设计值 $M = 150\text{kN} \cdot \text{m}$，混凝土强度等级 C30（$f_c = 14.3\text{N/mm}^2$，$\alpha_1 = 1.0$），钢筋采用 HRB335（$f_y = 300\text{N/mm}^2$），所需受拉钢筋的面积为（　　）。

　　A. $A_s = 1207\text{mm}^2$　　B. $A_s = 1142\text{mm}^2$　　C. $A_s = 1441\text{mm}^2$　　D. $A_s = 1340\text{mm}^2$

11. 在钢筋混凝土双筋梁中，要求受压区高度 $x \geqslant 2a_s$ 是为了（　　）。

　　A. 保证受拉钢筋在构件破坏时能达到其抗拉强度

　　B. 防止受压钢筋压屈

　　C. 避免保护层剥落

　　D. 保证受压钢筋在构件破坏时能达到抗压强度

12. 矩形截面简支梁，$b \times h = 200\text{mm} \times 500\text{mm}$，混凝土强度等级为 C20，箍筋采用 HPB300 级钢筋，经计算，确定为双肢 $\phi 8@200$，该梁沿斜截面破坏时，为（　　）。

　　A. 斜拉破坏　　B. 斜压破坏　　C. 剪压破坏　　D. 不能确定

二、计算题

1. 某大楼中间走廊单跨简支板，计算跨度 $L_0 = 2.18\text{m}$，承受均布荷载设计值 $g + q = 6.5\text{kN/m}^2$（包括自重），混凝土强度等级 C20，HPB300 钢筋，环境类别为一类。试确定现浇板的厚度 h 及所需受拉钢筋截面面积 A_s，选配钢筋并绘配筋图。计算时，取 $b = 1.0\text{m}$。

2. 一钢筋混凝土矩形截面板 $h = 70\text{mm}$，混凝土强度等级 C20，钢筋采用 HPB300 钢筋，在宽度 1000mm 范围内配置 6 根 $\phi 8$ 钢筋，保护层厚度 $c = 20\text{mm}$。求截面所能承受的极限弯矩 M_u。

3. 已知矩形梁的截面尺寸 $b \times h = 200\text{mm} \times 450\text{mm}$，受拉钢筋为 3 $\phi 20$，混凝土强度等级为 C20，承受的弯矩设计值 $M = 70\text{kN} \cdot \text{m}$，环境类别为一类。试验算此截面的正截面承载力是否足够。

4. 某钢筋混凝土矩形简支梁的截面尺寸 $b \times h = 250\text{mm} \times 500\text{mm}$，跨中最大弯矩设计值 $M = 210\text{kN} \cdot \text{m}$，混凝土强度等级 C20，HRB335 钢筋配筋，箍筋直径 $\phi 6$ 受压区已配置好 2 $\oplus 18$ 的受压钢筋。环境类别为一类。求截面所需配置的受拉钢筋的面积 A_s。

5. 某钢筋混凝土矩形梁的截面尺寸 $b \times h = 250\text{mm} \times 500\text{mm}$，混凝土强度等级 C30，HRB335 钢筋配筋，受拉钢筋为 4 $\oplus 20$，箍筋直径 $\phi 6$ 受压区钢筋为 2 $\oplus 18$，承受的弯矩设计值 $M = 200\text{kN} \cdot \text{m}$。环境类别为一类。试验算此截面的正截面承载力是否足够。

6. 某 T 形截面梁，$b_f' = 650\text{mm}$，$b = 250\text{mm}$，$h_f' = 100\text{mm}$，$h = 700$，混凝土强度等级为 C20，采用 HRB335 钢筋配筋，承受的弯矩设计值 $M = 500\text{kN} \cdot \text{m}$，环境类别为一类。求受拉钢筋所需截面面积。

7. 某 T 形截面梁，$b'_f = 600mm$，$b = 300mm$，$h'_f = 120mm$，$h = 700$，混凝土强度等级为 C70，配有 6 Φ 25HRB335 纵向受拉钢筋，环境类别为一类。试计算该梁所能承受的极限弯矩 M_u。

8. 已知某承受均布荷载的矩形梁的截面尺寸 $b \times h = 200mm \times 600mm$（$a_s = 45mm$），采用 C20 混凝土，箍筋为 HPB300 级钢筋。若已知剪力设计值 $V = 150kN$，环境类别为一类。试求采用 ϕ 6 双肢箍的箍筋间距 S。

9. 钢筋混凝土简支梁净跨度 $l_n = 4000mm$，均布荷载设计值（包括梁自重）$q = 16kN/m$。截面尺寸 $b \times h = 200mm \times 500mm$，选用 C20 混凝土，箍筋为 HPB300 级钢筋。环境类别为一类。试选择该梁的箍筋。如 $q = 32kN/m$ 时，再选择该梁的箍筋。

10. 矩形截面简支梁，截面尺寸 $b \times h = 200mm \times 500mm$，配置 4 ϕ 18 受力钢筋，$c_s = 25mm$，混凝土强度等级为 C25，作用在截面上按荷载效应准永久组合计算的弯矩值 $M_g = 58.8kN \cdot m$，$w_{lim} = 0.3mm$，试验算最大裂缝宽度。

11. 一矩形截面简支梁，截面尺寸 $b \times h = 200mm \times 500mm$，配置 4 ϕ 18 受力钢筋，保护层厚度为 25mm，混凝土的强度等级为 C25，$l_0 = 5.6m$；承受均布荷载，其中永久荷载标准值（包括自重）$g_k = 15kN/m$，活荷载标准值 $q_k = 10kN/m$（$a_s = 40mm$），活荷载准永久值系数 $\psi = 0.5$，$f_{lim} = l_0/250$（$a_5 = 40mm$），试验算其挠度。

第4章 钢筋混凝土受压构件

本章重点：

  主要介绍轴心受压构件和偏心受压构件正截面承载力计算方法、构件稳定及截面的构造要求。偏心受压构件正截面的承载力设计是本章学习的重点和难点。学习偏心受压构件正截面承载力计算，能概括受弯和轴心受压构件，轴心受压可作为偏心受压状态 $M=0,e=0$ 时的一种特殊情况；受弯可作为偏心受压状态 $N=0$ 时的一种特殊情况。学习时，可与第 3 章双筋矩形截面受弯构件结合起来学习，以加深理解。

学习要求：

  (1) 熟悉受压构件的构造要求。

  (2) 理解轴心受压构件短柱的受力过程、截面应力重分布和构件细长比的概念。掌握轴心受压构件的设计计算方法。

  (3) 理解偏心受压构件正截面的两种破坏形态及其判别方法。

  (4) 了解偏心受压构件考虑二阶效应的附加弯矩影响。

  (5) 熟练掌握对称配筋矩形截面偏心受压构件正截面承载力计算方法及有关规定。

  受压构件是指承受轴向压力为主的构件。受压构件可分为轴心受压构件和偏心受压构件。当轴向压力 N 的作用线与构件截面形心轴线重合时，为轴心受压构件（图 4-1(a)）；如果不重合，则为偏心受压构件。偏心受压构件又可分为单向偏心受压构件（图 4-1(b)）和双向偏心受压构件（图 4-1(c)）。本章主要介绍单向偏心受压构件的设计计算方法。

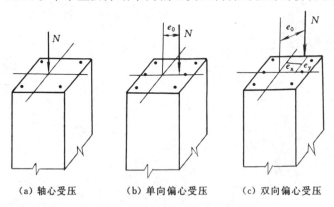

(a) 轴心受压   (b) 单向偏心受压   (c) 双向偏心受压

图 4-1   轴心受压构件与偏心受压构件

4.1   轴心受压构件正截面受压承载力计算

  实际工程中，由于轴向压力作用实际位置的偏差、混凝土质量的不均匀、钢筋布置不对称、施工制作时截面几何尺寸误差等因素的影响，理想的轴心受压构件实际上几乎是不存在的。但在设计以恒载为主的多层等跨房屋的底层中柱及桁架受压腹杆等时，实际存在的弯矩很小，常可忽略不计,往往可简化为按轴心受压构件进行计算。

根据箍筋配置方式的不同,轴心受压构件可分为配有纵筋和普通钢箍柱(图 4-2(a))及配有纵筋和螺旋式或焊接环式钢箍柱两种(图 4-2(b)、图 4-2(c))。本章主要介绍配有纵筋和普通钢箍柱的计算及构造要求。

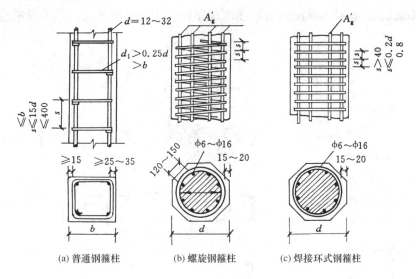

(a) 普通钢箍柱　　　　(b) 螺旋钢箍柱　　　　(c) 焊接环式钢箍柱

图 4-2　轴心受压柱

4.1.1　受压构件的构造要求

受压构件一般常采用矩形或方形,也有采用工字形、圆形、环形或多边形的。对于方形或矩形柱,截面的边长不宜小于 250mm,一般控制在 $l_0/b \leqslant 30$, $l_0/h \leqslant 25$(l_0 为柱计算高度;b 为截面短边尺寸,h 为截面长边尺寸),$h/b = 1.5 \sim 3.0$。为使截面尺寸模数化,柱截面的边长 $\leqslant$ 800mm,以 50mm 为模数;边长 $>$ 800mm,以 100mm 为模数。

1. 混凝土强度等级

受压构件的承载能力主要取决于混凝土强度等级。为了减小构件的截面尺寸、节约钢筋,宜采用强度等级较高的混凝土。一般常采用混凝土强度等级为 C25~C40 或更高等级的混凝土。

2. 纵向钢筋

纵向钢筋的作用:协助混凝土承受压力,提高构件的承载力,以减小构件截面尺寸;承受偶然偏心引起的较小弯矩;改善构件破坏时的延性,防止构件产生突然的脆性破坏以及减少混凝土的徐变变形。

柱中纵向受力钢筋应采用 HRB400,HRB500,HRBF400,HRBF500。其配置应符合下列规定:

(1) 纵向受力钢筋直径不宜小于 12mm,全部纵向钢筋的配筋率不宜大于 5%;

(2) 柱中纵向钢筋的净间距不应小于 50mm,且不宜大于 300mm;

(3) 偏心受压柱的截面高度不小于 600mm 时,在柱的侧面上应设置直径不小于 10mm 的

纵向构造钢筋,并相应设置复合箍筋或拉筋(图 4-3);

（4）圆柱中纵向钢筋不宜少于 8 根,不应少于 6 根,且宜沿周边均匀布置;

（5）在偏心受压柱中,垂直于弯矩作用平面的侧面上的纵向受力钢筋以及轴心受压柱中各边的纵向受力钢筋,其中距不宜大于 300mm;

（6）水平浇筑的预制柱,纵向钢筋的净间距不应小于 30mm 和 $1.5d$（d 为钢筋的最大直径）。

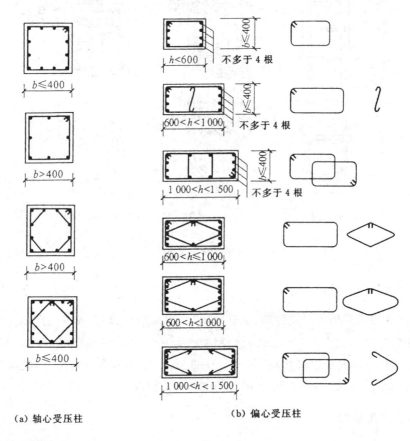

（a）轴心受压柱　　　　　　　　（b）偏心受压柱

图 4-3　方形、矩形截面钢箍形式

3. 箍筋

箍筋的作用:与纵筋形成钢筋骨架,可防止纵筋受力后压屈外凸,起着围箍约束核心部位混凝土的作用,可改善柱的受力性能和增强抗力。

柱中的箍筋的配置应符合下列规定:

（1）箍筋直径不应小于 $d/4$（d 为纵向钢筋的最大直径）,且不应小于 6mm;

（2）箍筋间距不应大于 400mm 及构件截面的短边尺寸,且不应大于 $15d$（d 为纵向钢筋的最小直径）;

（3）柱及其他受压构件中的周边箍筋应做成封闭式;对圆柱中的箍筋,搭接长度不应小于锚固长度 l_a,且末端应做成 135°弯钩,弯钩末端平直段长度不应小于 $5d$（d 为箍筋直径）;

（4）当柱截面短边尺寸大于 400mm 且各边纵向钢筋多于 3 根时,或当柱截面短边尺寸不大于 400mm 但各边纵向钢筋多于 4 根时,为防止中间纵向钢筋压屈,应设置复合箍筋,其布置

要求是使纵向钢筋至少每隔一根位于箍筋转角处;

(5) 柱中全部纵向受力钢筋的配筋率大于3%时,箍筋直径不应小于8mm,间距不应大于10d,且不应大于200mm;箍筋末端应做成135°弯钩,且弯钩末端平直段长度不应小于10d(d为纵向受力钢筋的最小直径);

(6) 对于形状复杂的柱,不应采用内折角箍筋,以免产生向外的拉力,致使折角处的混凝土崩裂(图4-4)。

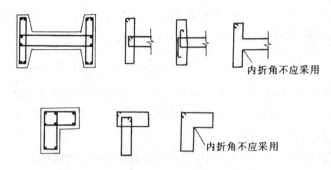

图4-4 工字形、L形截面钢箍形式

4. 上、下层柱的搭接

多层现浇钢筋混凝土柱,通常在楼层面设置施工缝,上、下柱需进行搭接(图4-5(a))。一般是设在各层楼面处,将下层柱的纵向钢筋伸出楼面与上层柱纵向钢筋相搭接,其搭接长度见第1.3.2.2节的规定。

当柱每侧纵向钢筋根数不超过3根时,可允许在同一截面搭接;如纵向钢筋根数超过3根时,钢筋接头位置应相互错开,在接头区段搭接面积不宜大于50%。当上、下层柱的截面尺寸不同时,可在梁高范围内将下层柱的纵向钢筋弯折,伸入上层柱,其斜度不应大于1/6(图4-5(b))。也可采用附加短筋与上、下柱纵向钢筋搭接的方法(图4-5(c))。

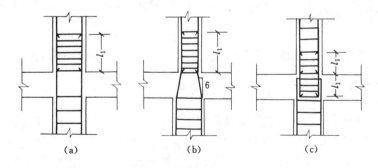

图4-5 上、下层柱钢筋的搭接

4.1.2 配有纵筋和普通箍筋柱的受压承载力计算

4.1.2.1 轴心受压短柱在短期荷载作用下的应力分析及破坏形式

钢筋混凝土轴心受压柱在荷载N作用下,当荷载N较小时,混凝土处于弹性工作阶段,整个截面的应变基本上是均匀分布的,柱的压缩变形的增加与外力的增长成正比。随着N的增大,混凝土的塑性变形有所发展,变形增加的速度快于外力增加的速度,即构件进入了弹塑性阶段，此时，混凝土应力 σ_c 增长速度逐渐缓慢，钢筋应力 σ'_s 增长的速度则愈来愈快，产生了应力重分布(图 4-6)。

随着 N 的增加，柱中开始出现微细裂缝，如果采用一般屈服强度的纵筋，临近破坏荷载时，柱四周出现明显的纵向裂缝，纵筋先达到屈服，继续增加一些荷载，混凝土压应变达到极限压应变达 0.002 后，混凝土保护层开始剥落，箍筋间的纵筋发生压屈，向外凸出，混凝土被压碎，整个柱丧失承载力而破坏(图 4-7)。如果采用的纵向钢筋的屈服强度较高，则有可能在混凝土达到极限压应变 0.002 时，钢筋还没有达到屈服强度，钢筋强度得不到充分利用。设计中如果采用了高强度钢筋，则它的抗压强度设计值只能取为

$$f'_y = \varepsilon'_s E_s = \varepsilon_c E_s = 0.002 \times 2.0 \times 10^5 = 400\text{N/mm}^2$$

因此，在轴心受压构件中，当采用的纵向钢筋其抗拉强度设计值小于 400N/mm^2 时，例如，配置 HPB300 级、HRB335 级、HRB400 级、RRB400 级的热轧钢筋，构件破坏时，受压钢筋的应力均可达到钢筋的抗压强度设计值 $f'_y (f'_y = f_y)$；考虑到由于轴心受压构件达到破坏时的压应变还有所增大，因此极限状态时，对于 HRB500 级、HRBF500 级钢筋($f'_y = 410\text{N/mm}^2$)的应力也可以达到屈服强度。

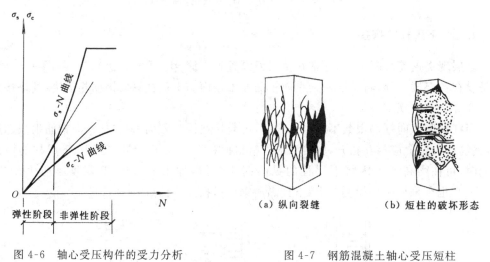

图 4-6　轴心受压构件的受力分析　　　　图 4-7　钢筋混凝土轴心受压短柱

4.1.2.2　长期荷载作用下混凝土徐变的影响

钢筋混凝土轴心受压构件在长期荷载作用下，混凝土将发生徐变，由于混凝土徐变，使混凝土和钢筋之间会进一步发生应力重分布，随着混凝土徐变变形的发展，混凝土的压应力逐渐减小，钢筋的压应力逐渐增大，即徐变的发展对混凝土起着卸荷作用。若将持续受荷载的轴心受压构件突然卸载，构件回弹，这时钢筋试图恢复其全部弹性压缩变形，但由于混凝土徐变变形大部分不可恢复，混凝土只能恢复其压缩变形中的弹性变形部分。此时钢筋和混凝土这两部分变形是不相等的，混凝土徐变越大，二者变形的差异越大，由于钢筋和混凝土之间存在着粘结力，二者的变形必须协调，致使混凝土受拉，钢筋受压。若纵向钢筋配筋率过大，可能使混凝土的拉应力达到混凝土的抗拉强度而拉裂，会出现与构件轴线相垂直的贯通裂缝，因而在设计中全部受压纵向钢筋的配筋率 ρ' 不宜超过 5%。考虑到轴压柱承受不大的弯矩以及混凝土收缩、温度变化引起的拉应力，柱中配筋率也不宜过小，全部受压纵向钢筋的最小配筋率见附录表 A11。

4.1.2.3 轴心受压柱的承载力计算

1. 长细比的影响

根据长细比的大小,轴心受压柱可分为短柱、长柱和细长柱。

对于比较细长的钢筋混凝土轴心受压柱,加载后,由于各种偶然因素造成的初始偏心将使构件产生不可忽略的附加弯矩 $M = Ny$(图 4-8(a)),附加弯矩产生的侧向挠度,将加大原来的初始偏心距,随着荷载的增加,附加弯矩和侧向挠度也将不断增加,这样,相互影响的结果,使长柱最终在弯矩和轴力的共同作用下发生破坏(图 4-8(b))。

(a) 长柱加载图   **(b) 长柱破坏形态**

图 4-8 轴心受压长柱

试验表明,长柱承载力小于条件相同的短柱承载力,在《混凝土结构规范》中,采用构件的稳定系数 φ 来表示长柱承载力降低的程度,φ 主要与构件的长细比有关。φ 值可由表 4-1 查得。

表 4-1   **钢筋混凝土轴心受压构件的稳定系数 φ**

l_0/b	≤8	10	12	14	16	18	20	22	24	26	28
l_0/d	≤7	8.5	10.5	12	14	15.5	17	19	21	22.5	24
l_0/i	≤28	35	42	48	55	62	69	76	83	90	97
φ	1.00	0.98	0.95	0.92	0.87	0.81	0.75	0.70	0.65	0.60	0.56
l_0/b	30	32	34	36	38	40	42	44	46	48	50
l_0/d	26	28	29.5	31	33	34.5	36.5	38	40	41.5	43
l_0/i	104	111	118	125	132	139	146	153	160	167	174
φ	0.52	0.48	0.44	0.40	0.36	0.32	0.29	0.26	0.23	0.21	0.19

注:l_0 为构件的计算长度;b 为矩形截面的短边尺寸;d 为圆形截面的直径;i 为截面的最小回转半径。

由表 4-1 中可知,l_0/b 越大,φ 值越小,构件的承载力降低越多,材料的强度不能充分利用。因而柱的截面尺寸不宜过小。一般将长细比控制在 $l_0/b \leq 30$,$l_0/h \leq 25$(h 为截面长边尺寸),当 $l_0/b \leq 8$ 时,$\varphi = 1$,可视为短柱。受压构件计算长度 l_0 与构件两端的支承情况有关,可按图 4-9 采用。实际结构中,构件的支承情况比图 4-9 所示复杂得多,设计时,应结合实际情况,按结构受力及变形的特点进行分析确定。也可在《混凝土结构规范》中查阅到厂房排架柱及框架柱等的计算长度 l_0。例如,对于一般多层房屋中梁柱为刚接的框架结构,各层柱的计算长度 l_0 可按表 4-2 采用。

表 4-2   **框架结构各层柱的计算长度 l_0**

楼盖类型	柱的类型	l_0
现浇楼盖	底层柱	1.0H
	其余各层柱	1.25H
装配式楼盖	底层柱	1.25H
	其余各层柱	1.5H

注:对底层柱,H 为从基础顶面到一层楼盖顶面的高度;对其余各层柱,H 为上、下两层楼盖顶面之间的高度。

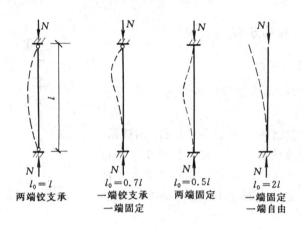

$l_0 = l$
两端铰支承

$l_0 = 0.7l$
一端铰支承
一端固定

$l_0 = 0.5l$
两端固定

$l_0 = 2l$
一端固定
一端自由

图 4-9　柱的计算长度

2. 配有纵筋及箍筋轴心受压构件正截面承载力计算

根据以上分析,由图 4-10 可得轴心受压构件正截面承载力计算公式为

$$N \leqslant 0.9\varphi(f_c A + f'_y A'_s) \qquad (4\text{-}1)$$

式中　0.9——可靠度调整系统;

N——轴向压力设计值;

φ——钢筋混凝土构件的稳定系数,按表 4-1 采用;

f_c——混凝土轴心抗压强度设计值,按附录表 A2 采用;

f'_y——纵向钢筋的抗压强度设计值,按附录表 A5 采用;

A——构件截面面积,当纵向受压钢筋的配筋率大于 3% 时,A 应改用 $(A - A'_s)$ 代替;

A'_s——全部纵向钢筋的截面面积。

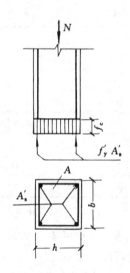

图 4-10　轴心受压截面计算图形

【例题 4-1】　某多层现浇框架结构底层中柱,承受轴向压力设计值 $N = 1930\text{kN}$,从基础顶面到二层楼面的高度为 4.8m,采用 C25 混凝土,HRB400 级钢筋。试确定柱截面尺寸、配置纵向受力钢筋和箍筋。

【解】　查附录表A2和表 A5,得 $f_c = 11.9\text{N/mm}^2$,$f'_y = 360\text{N/mm}^2$。

(1) 估算柱截面尺寸

轴心受压柱的纵筋配筋率常采用 0.6%～2%。现假定配筋率 $\rho' = 1\%$,$\varphi = 1$,由式 (4-1) 得

$$A = \frac{N}{0.9\varphi(f_c + \rho' f'_y)} = \frac{1930 \times 10^3}{0.9 \times 1.0 \times (11.9 + 0.01 \times 360)} = 138\,351\text{mm}^2$$

采用正方形截面,即 $b = h = \sqrt{138\,351} = 372\text{mm}$,取 $b \times h = 400\text{mm} \times 400\text{mm}$。

(2) 求纵向钢筋的截面面积 A'_s

框架底层柱,由表 4-2 可得 $l_0 = 1.0H = 4.8\text{m}$,$l_0/b = 4\,800/400 = 12$。

查表 4-1，可得 $\varphi=0.95$，代入式(4-1)，得

$$A'_s = \frac{1}{f'_y}\left(\frac{N}{0.9\varphi} - f_c A\right) = \frac{1}{360}\times\left(\frac{1930\times10^3}{0.9\times0.95} - 11.9\times400\times400\right) = 981\,\mathrm{mm}^2$$

（3）验算最小配筋率 ρ'

$$\rho' = \frac{A'_s}{A} = \frac{981}{400\times400} = 0.006\,1 = 0.61\% > \rho'_{\min} = 0.55\%$$

满足要求。

截面每一侧配筋率为 $\rho' = 0.5\times981/400\times400 = 0.0031 = 0.31\% > 0.2\%$，满足要求。

（4）配置纵向钢筋和箍筋

纵向受力钢筋选用 4 Φ 18（$A'_s = 1017\,\mathrm{mm}^2$）；

箍筋选用 ϕ 6 @250（直径 $d > 18/4 = 4.5\,\mathrm{mm}$）；

（间距 $s < 400\,\mathrm{mm}$；$s <$ 短边 $b = 400\,\mathrm{mm}$；$s < 15d = 15\times18$ $= 270\,\mathrm{mm}$。）

配筋见图 4-11。

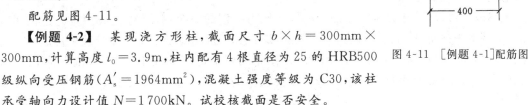

图 4-11　[例题4-1]配筋图

【例题 4-2】　某现浇方形柱，截面尺寸 $b\times h = 300\,\mathrm{mm}\times300\,\mathrm{mm}$，计算高度 $l_0 = 3.9\,\mathrm{m}$，柱内配有 4 根直径为 25 的 HRB500 级纵向受压钢筋（$A'_s = 1964\,\mathrm{mm}^2$），混凝土强度等级为 C30，该柱承受轴向力设计值 $N = 1700\,\mathrm{kN}$。试校核截面是否安全。

【解】　查附录表A2得 $f_c = 14.3\,\mathrm{N/mm}^2$，查附录表A5 得 $f'_y = 410\,\mathrm{N/mm}^2$。

（1）求构件的稳定系数 φ

由 $l_0/b = 3\,900/300 = 13$，查表 4-1，得 $\varphi = 0.935$。

（2）验算截面承载力

按式(4-1)得

$$0.9\varphi(f_c A + f'_y A'_s) = 0.9\times0.935\times(14.3\times300\times300 + 410\times1964)$$
$$= 1\,761\times10^3\,\mathrm{N} = 1\,761\,\mathrm{kN} > N = 1\,700\,\mathrm{kN}\quad(安全)$$

4.2　偏心受压构件正截面受压承载力计算

当轴向压力 N 不作用在构件截面形心轴线上，离构件截面形心的距离为 e_0，e_0 称为偏心距，截面上如存在有轴向压力 N 和弯矩 $M = Ne_0$ 时，这种构件均称为偏心受压构件(图 4-12)。

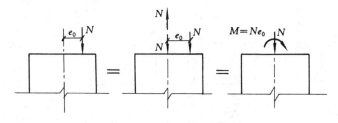

图 4-12　偏心受压构件

4.2.1 偏心受压构件的受力过程和破坏形态

偏心受压构件的破坏,随着偏心距 e_0 的大小及纵向钢筋配筋率的不同,可以有以下几种破坏形态。

4.2.1.1 受拉破坏

在轴向压力偏心距 e_0 较大且受拉侧钢筋配置不太多的情况下,构件由于在轴向偏心距较大的压力作用下,截面在靠近轴向压力作用的一侧受压,离轴向压力较远的一侧受拉。随着荷载的增加,构件在临近破坏时,受拉区钢筋 A_s 的应力首先达到屈服强度,受拉侧横向裂缝迅速开展并向受压区延伸,迫使受压区混凝土面积缩小,最后,导致靠近轴向压力作用一侧的受压区边缘混凝土的压应变达到其极限压应变 $\varepsilon_{cu} = 0.0033$,混凝土被压碎而破坏。破坏时,受压一侧的纵向钢筋的压应力一般均能达到屈服强度。此种破坏称为"受拉破坏"。在破坏前,由于受拉钢筋屈服后,构件的裂缝急剧增大,有明显的破坏预兆,变形能力较大,截面具有延性破坏的性质。

上述破坏过程中,其破坏特征是远离轴向压力一侧的受拉钢筋 A_s 的应力首先达到屈服强度,然后受压钢筋 A_s' 的应力达到屈服强度,最后由受压区混凝土压碎而导致构件破坏。由于此种破坏都发生在轴向压力偏心距较大的情况,习惯上将"受拉破坏"称为大偏心受压破坏,其截面上应力-应变分布见图 4-13(a)。受拉破坏的承载力主要取决于受拉钢筋的强度和数量。

4.2.1.2 受压破坏

受压破坏又称小偏心受压破坏,截面破坏从受压区开始,破坏有以下几种情况:

当轴向压力偏心距 e_0 较小或偏心距虽然较大但配置较多的受拉钢筋时,截面将处于全部受压(图 4-13(b))或大部分受压、小部分受拉(图 4-13(c))的状态。在破坏时,靠近轴向压力作用一侧的受压钢筋 A_s' 应力达到屈服强度,受压混凝土因压应力较大,其压应变达到极限压应变 $\varepsilon_{cu} = 0.0033$,混凝土被压碎。而远离轴向压力一侧的钢筋 A_s 的应力可能受压,也可能受

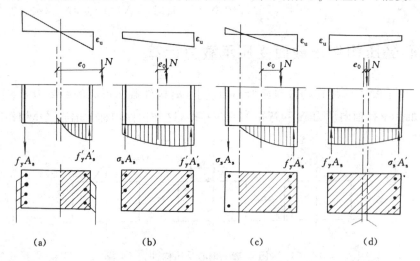

图 4-13　偏心受压构件截面受力的几种情况

拉,由于截面上应力较小,或因配筋较多,其应力达不到屈服强度。构件的破坏是由于混凝土被压碎而引起的,称为"受压破坏"。此种破坏在破坏前其变形无明显急剧增长的预兆,截面具有脆性破坏的性质。

此外,当轴向压力偏心距 e_0 很小,而远离轴向偏心压力一侧的钢筋配置过少、靠近轴向偏心压力一侧的钢筋配置较多时,截面的实际重心和构件的几何形心不重合而向轴向偏心压力方向偏移,且越过轴向压力作用线(图 4-13(d)),此时,离轴向压力较远一侧的混凝土压应力反而大,出现远离轴向压力一侧的钢筋的应力达到屈服强度,混凝土的应变达到极限压应变 $\varepsilon_{cu}=0.0033$,混凝土被压碎而破坏。而压应力较小一侧钢筋的应力通常达不到屈服强度。破坏特征与以上类似,属受压破坏。

上述破坏过程中,其破坏特征是首先受压钢筋应力达到抗压强度设计值 f_y',受压混凝土达到极限压应变,混凝土被压碎,而远离轴向压力一侧的钢筋应力无论是受压还是受拉均达不到屈服强度,称为"受压破坏"。由于此种破坏都发生在轴向压力偏心距较小的情况,习惯上将此种"受压破坏"称为小偏心受压破坏。受压破坏的承载力主要取决于受压混凝土强度及受压钢筋的强度和数量。

4.2.1.3 界限破坏

在"受拉破坏"和"受压破坏"形态之间,存在一种界限破坏形态,即当受拉钢筋达到屈服,受压区混凝土也刚好达到极限压应变 $\varepsilon_{cu}=0.0033$,混凝土出现纵向裂缝并被压碎,此种破坏称为界限破坏。界限破坏时,横向裂缝比较明显,截面具有延性破坏的性质,属于受拉破坏的范畴。

4.2.2 大、小偏心受压的界限

图 4-14 表示偏心受压构件随着偏心距 e_0 的减小或受拉钢筋数量变化情况下截面上的应变分布图形。图中,ab,ac 斜线表示构件破坏时受压边缘混凝土应变达到极限压应变 $\varepsilon_{cu}=0.0033$,ε_s(受拉纵向钢筋的应变值)$>\varepsilon_y$(受拉纵筋在屈服点时的应变值)则表示受拉钢筋能达到屈服,属大偏心受压下的截面应变状态;ad 斜线表示 $\varepsilon_s=\varepsilon_y$,这就是截面界限应变状态;$af$,$a'g$ 斜线为 ε_s $<\varepsilon_y$,表示受拉钢筋达不到屈服,属小偏心受压截面应变状态;$a''h$ 表示受压边缘混凝土应变达到极限压应变 $\varepsilon_0=0.002$,属轴心受压截面应变状态。由图 4-14 所示截面应变变化过程中可以看出:随着 e_0 的减小和受拉钢筋的增加,受压边缘混凝土的极限压应变将由 $\varepsilon_{cu}=0.0033$ 逐步下降到接近轴心受压时的极限压应变 $\varepsilon_0=0.002$。由此可得出偏心受压构件的截面应变变化规律与受弯构件截面应变变化是相似的。因此,与受弯构件正截面承载力计算相同,可用界限破坏时混凝土受压区高度 x_b 或用相对界限混凝土受压区高度 ξ_b 来判别两种不同的破坏形态。其计算公式与受弯构件相同,即

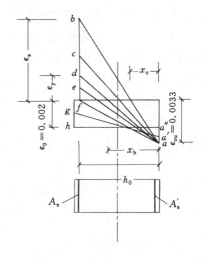

图 4-14 偏心受压构件正截面在各种破坏情况下时沿截面高度的平均应变分布

$$\xi_b = \frac{\beta_1}{1 + \frac{f_y}{0.003E_c}} \qquad (4-2)$$

式中　β_1——当混凝土强度$\leqslant$C50时,$\beta_1 = 0.8$,当混凝土强度为C80时,$\beta_1 = 0.74$,其间按线性内插法确定;

　　ξ_b——查表3-2。

当截面混凝土受压区高度$\xi \leqslant \xi_b$(亦即$x \leqslant x_b$)时,截面为大偏心受压破坏;当截面混凝土受压区高度$\xi > \xi_b$(亦即$x > x_b$)时,截面为小偏心受压破坏。

4.2.3　偏心受压构件的纵向弯曲影响

钢筋混凝土柱在承受偏心距为e_0的轴向压力N后,将会发生纵向弯曲变形,亦即产生侧向挠度,对长细比小的短柱,侧向挠度小,计算时,可忽略其影响。而对长细比较大的长柱,由于侧向挠度的影响,截面所受的弯矩由柱端的弯矩Ne_0增大到$N(e_0 + y)$(图4-15(b)),y为构件任意点的水平侧向挠度,柱高中点处,侧向挠度最大,此截面中的弯矩为$N(e_0 + f)$,f是随荷载的不断增大而不断加大的,因而弯矩的增长也越来越快。偏心受压构件中的弯矩受轴向压力和构件侧向附加挠度影响的现象,称为"细长效应",并将截面弯矩中的Ne_0称为初始弯矩或一阶弯矩(不考虑细长效应构件截面中的弯矩),将Ny或Nf称为附加弯矩或称二阶弯矩。

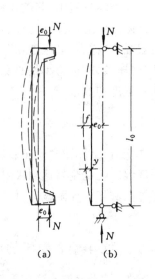

图4-15　偏心受压构件的侧向挠度

在材料、截面、配筋和偏心距e_0相同的情况下,柱的长细比l_0/h越大,侧向挠度f越大,附加弯矩会有很大的差别,破坏特征也有所不同。

钢筋混凝土柱按长细比不同可分为短柱、长柱和细长柱。

(1)短柱。矩形截面柱,当长细比$l_0/h \leqslant 5$时,即为短柱。侧向挠度f与偏心距e_0相比很小,可忽略纵向弯曲引起的附加弯矩Nf的影响。短柱随着荷载的增大,当达到极限承载力时,柱的截面由于材料达到其极限强度而破坏。

(2)长柱。矩形截面柱,当长细比$5 < l_0/h \leqslant 30$时,即为长柱。侧向挠度f与偏心距e_0相比已不能忽略,柱高中点处的弯矩随着轴向压力N的增大而呈非线性增加,构件控制截面最终仍然由于截面中材料达到其强度极限而破坏。

(3)细长柱。矩形截面柱,当长细比$l_0/h > 30$时,即为细长柱。侧向挠度f突然剧增,已呈不稳定发展,此时,钢筋和混凝土的应变均未达到材料破坏时的极限值,柱在未达到最大承载力时,截面已发生失稳破坏,材料强度不能充分利用,设计中尽量不要采用细长柱。

4.2.4　附加偏心矩

4.2.4.1　附加偏心距和初始偏心距

在实际工程中,往往存在轴向压力作用位置的不确定性、混凝土质量的不均匀性、配筋的不对称性以及施工偏差等原因,均有可能产生附加偏心距。《混凝土结构规范》规定,在偏心受压构件正截面承载力计算中,必须计入轴向压力在偏心方向的附加偏心距 e_a,设计时,偏心距应取轴向压力对截面重心的偏心距 $e_0=M/N$(M—控制截面弯矩值),考虑 P-δ 二阶效应时,按公式(4-6)计算;N—与 M 相应的轴向压力设计值)和附加偏心距 e_a 之和,作为初始偏心距 e_i:

$$e_i=e_0+e_a \tag{4-3}$$

$$e_a=\frac{h}{30}\geqslant 20\text{mm} \tag{4-4}$$

式中,h 为偏心方向截面的边长。

4.2.4.2　考虑二阶效应(P-δ 效应)的附加弯矩影响

二阶效应是指偏压构件中,由轴向压力在产生了挠曲变形的杆件内引起的曲率和弯矩增量,通常称为 P-δ 效应。对较细长且轴压比偏大的偏压构件中,在同号弯矩 M_1、M_2($M_2>M_1$)和轴力 N 的共同作用下,将产生单曲率弯曲(构件承受的两端弯矩不相等,但均使构件同一侧受拉的同号弯矩,见图 4-16(a)),当不考虑二阶效应时,杆端的一阶弯矩 M_0(图 4-16(b)),杆端 B 载面弯矩 M_2 最大,B 截面作为控制截面进行整个杆件的截面承载力计算。考虑二阶效应后,轴向压力 N 对杆件任一截面将产生附加弯矩 $N\delta$(δ 为任一截面挠度值),见图 4-16(c),与一阶弯矩 M_0 叠加后,得 $M=M_0+N\delta$(图 4-16(d)),如果 $N\delta$ 比较大,有可能杆件某一截面处的弯矩 $M>M_2$,即超过控制截面 B 处的弯矩 M_2,此时控制截面将转移到杆件长度中部弯矩最大处的截面,因而计算时不可忽略二阶效应(P-δ 效应)产生的附加弯矩影响。偏压构件中考虑 P-δ 效应的具体方法即 $C_m\eta_{ns}$ 法,计算规定如下:

(1)对弯矩作用平面内截面对称的偏心受压构件,当不满足下述三个条件之一时,需要考虑 P-δ 效应:

① 当同一主轴方向的杆端弯矩比 $M_1/M_2\leqslant 0.9$;

② 轴压比 $\dfrac{N}{f_cA}\leqslant 0.9$ 时;

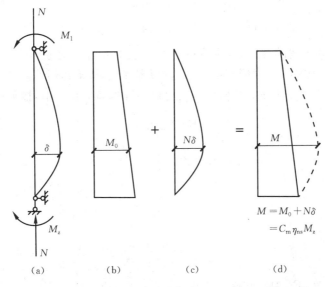

图 4-16　二端弯矩同号时的二阶效应(P-δ 效应)

③ $l_c/i \leqslant 34-12(M_1/M_2)$ \hfill (4-5)

式中　M_1, M_2——分别为已考虑侧移影响的偏心受压构件两端截面按结构弹性分析确定的对同一主轴的组合弯矩设计值,绝对值较大端为 M_2,绝对值较小端为 M_1,当构件按单曲率弯曲时,M_1/M_2 取正值,否则取负值;

　　　　l_c——构件的计算长度,可近似取偏心受压构件相应主轴方向上下支撑点之间的距离;

　　　　i——偏心方向的截面回转半径;

　　　　A——构件截面面积;

　　　　f_c——混凝土轴心抗压强度设计值。

　　杆端弯矩为异号时为双曲率弯曲(图 4-17),杆件高度中有反弯点,虽然轴向压力对杆件高度中部的截面产生附加弯矩,增大其弯矩值,但不会超过杆件端部截面的弯矩值,控制截面的转移情况不会产生。所以不必考虑二阶效应。

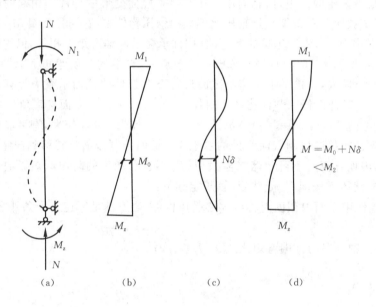

图 4-17　二端弯矩相反时的二阶效应($P\text{-}\delta$ 效应)

　　(2) 当不满足式上述的规定时,应按截面两个主轴方向分别考虑的轴向压力在挠曲杆件中产生的附加弯矩的影响。《混凝土结构规范》规定,除排架结构柱外,其他偏心受压构件考虑轴向压力在挠曲杆件中产生 $P\text{-}\delta$ 二阶效应后控制截面的弯矩设计值,按下列公式计算:

$$M = C_m \eta_{ns} M_2 \tag{4-6}$$

$$C_m = 0.7 + 0.3\frac{M_1}{M_2} \tag{4-7}$$

$$\eta_{ns} = 1 + \frac{1}{1\,300(M_2/N+e_a)/h_0}\left(\frac{l_c}{h}\right)^2 \zeta_c \tag{4-8}$$

$$\zeta_c = \frac{0.5f_c A}{N} \tag{4-9}$$

式中　C_m——构件端截面偏心距调节系数,小于 0.7 时取 0.7;

　　　　η_{ns}——弯矩增大系数,当 $C_m\eta_{ns}<1$ 时取 1.0;

N——与弯矩设计值 M_2 相应的轴向压力设计值;

e_a——附加偏心距,按式(4-4)确定;

ζ_c——截面曲率修正系数,当计算值大于 1.0 时,取 1.0;

b——截面高度;

h_0——截面有效高度;

A——构件截面面积。

4.2.5 矩形截面偏心受压构件的受压承载力计算

4.2.5.1 基本假定

与受弯构件相似,偏心受压构件的受压承载力计算采用下列基本假定:

(1) 截面应变保持平面。

(2) 不考虑混凝土的抗拉强度。

(3) 受压区混凝土的极限压应变 $\varepsilon_{cu}=0.0033$。

(4) 混凝土的压应力图形用等效矩形图形替代,其应力值取为 $\alpha_1 f_c$,矩形应力图的受压区高度 x 等于按截面应变保持平面假定所确定的中和轴高度 x_c 乘以系数 β_1,即 $x=\beta_1 x_c$。β_1 的取值如下:当混凝土强度等级不超过 C50 时,$\beta_1=0.8$;当混凝土强度等级为 C80 时,$\beta_1=0.74$,其间按线性内插法取用。

4.2.5.2 矩形截面大偏心受压构件的正截面受压承载力计算

1. 基本计算公式

大偏心受压构件"受拉"破坏时,截面中的应力分布如图 4-18(a)所示,与受弯构件相似,将受压区混凝土曲线压应力分布图简化成等效矩形应力分布图,其应力值取为 $\alpha_1 f_c$(图 4-18

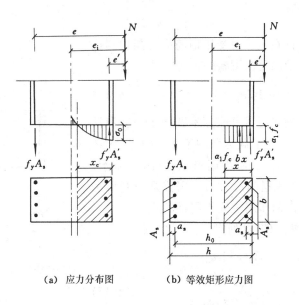

（a） 应力分布图　　　　（b） 等效矩形应力图

图 4-18　大偏心受压破坏的应力图形

(b)),这时,受拉及受压纵向钢筋的应力均达到其抗拉强度设计值 f_y 及 f_y'。

由内、外力的平衡条件,可得

$$N \leqslant \alpha_1 f_c b x + f_y' A_s' - f_y A_s \tag{4-10}$$

由截面上内、外力对受拉钢筋的合力点取矩的力矩平衡条件,可得

$$Ne \leqslant \alpha_1 f_c b x \left(h_0 - \frac{x}{2} \right) + f_y' A_s' (h_0 - a_s') \tag{4-11}$$

式中　N——轴向压力设计值;

　　　x——等效矩形应力图形的混凝土受压区高度;

　　　α_1——系数,当混凝土强度等级不超过 C50 时,$\alpha_1 = 1.0$;当混凝土强度等级为 C80 时,$\alpha_1 = 0.94$,其间按线性内插法确定;

　　　e——轴向压力作用点至纵向受拉普通钢筋 A_s 合力点之间的距离:

$$e = e_i + \frac{h}{2} - a_s \tag{4-12}$$

　　　a_s——纵向受拉普通钢筋的合力点至截面近边缘的距离;

　　　a_s'——纵向受压钢筋合力点至受压区边缘的距离;

　　　e_i——初始偏心距,按式(4-3)计算。

2. 适用条件

(1) 为了保证构件在破坏时受拉钢筋应力能达到抗拉强度设计值 f_y,必须满足以下条件:

$$\xi = \frac{x}{h_0} \leqslant \xi_b \tag{4-13}$$

即　　　　　　　　　　　　　$x \leqslant \xi_b h_0$

或　　　　　　　　　　　　　$x \leqslant x_b$

(2) 为了保证构件在破坏时受压钢筋应力能达到抗压强度设计值 f_y',必须满足以下条件:

$$x \geqslant 2a_s' \tag{4-14}$$

若 $x < 2a_s'$,受压钢筋应力可能达不到抗压强度设计值 f_y',其应力很小,对截面承载力影响不大。《混凝土结构规范》规定,取 $x = 2a_s'$,其应力图形如图 4-19 所示。此时,受压区混凝土所承担的压力的作用位置与受压钢筋所承担的压力 $f_y' A_s'$ 的作用位置相重合。

根据内、外力平衡条件,可列出

$$Ne' \leqslant f_y A_s (h_0 - a_s')$$

$$A_s = \frac{Ne'}{f_y (h_0 - a_s')} \tag{4-15}$$

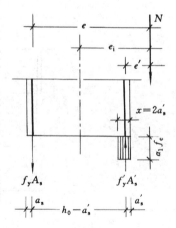

图 4-19　$x < 2a_s'$ 大偏心受压承载力计算图形

式中,e' 为轴向压力作用点至受压区纵向普通钢筋(A_s')合力点的距离:

$$e' = e_i - \frac{h}{2} + a'_s \qquad\qquad (4-16)$$

4.2.5.3 矩形截面小偏心受压构件的受压承载力计算

小偏心受压属于"受压"破坏时，一般情况下，靠近纵向压力作用一侧的混凝土被压碎，受压钢筋 A'_s 只要强度不十分高，均能达到屈服强度 f'_y，而另一侧的钢筋 A_s 可能受压(图 4-20 (a))，也可能受拉(图 4-20(b))，但均达不到屈服强度，只能达到 σ_s。

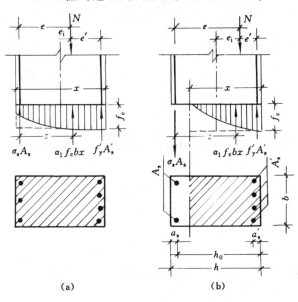

图 4-20 小偏心受压破坏的计算图式

由内、外力的平衡条件，可得

$$N \leqslant \alpha_1 f_c bx + f'_y A'_s - \sigma_s A_s \qquad\qquad (4-17)$$

由截面上内、外力对受拉钢筋的合力点取矩的力矩平衡条件，可得

$$Ne = \alpha_1 f_c bx \left(h_0 - \frac{x}{2} \right) + f'_y A'_s (h_0 - a'_s) \qquad\qquad (4-18)$$

式中 x——混凝土受压区高度，当 $x > h$ 时，取 $x = h$；

         e——按式(4-12)计算；

         σ_s——普通钢筋 A_s 的应力值，可近似取

$$\sigma_s = \frac{f_y}{\xi_b - \beta_1} \left(\frac{x}{h_0} - \beta_1 \right) \qquad\qquad (4-19)$$

其余符号意义同前。

按式(4-19)计算的 σ_s，正值代表拉应力，负值代表压应力，且 σ_s 的计算值要求满足

$$f'_y \leqslant \sigma_s \leqslant f_y$$

小偏心受压构件的计算公式的适用条件是 $\xi > \xi_b$ 且 $x \leqslant h$。

4.2.6 对称配筋矩截面偏心受压构件正截面受压承载力计算

矩形截面偏心受压构件配筋的方式有两种：一种为对称配筋(构件两侧的配筋相同，$A_s =$

A_s'）；另一种为不对称配筋（构件两侧的配筋不等，$A_s \neq A_s'$）。在实际工程中，偏心受压构件在不同的荷载作用下，可能承受相反方向的正、负弯矩，当其数值相差不大时，或即使相反方向的弯矩相差较大，但按对称配筋设计求得的纵向钢筋的总量比按不对称配筋设计所得纵向钢筋的总量增加不多时，为使构造简单及便于施工，一般均宜采用对称配筋。

对称配筋矩形截面偏心受压构件正截面受压承载力计算分为截面设计和截面复核两种。

1. 截面设计

对称配筋时，$A_s = A_s'$，$f_y = f_y'$。

1）大偏心受压构件的计算

由式（4-10）可得

$$x = \frac{N}{\alpha_1 f_c b} \tag{4-20}$$

若 $x \leqslant \xi_b h_0$ 及 $x \geqslant 2a_s'$，则代入式（4-11），可以求得 A_s'，并使 $A_s' = A_s$：

$$A_s' = A_s = \frac{Ne - \alpha_1 f_c bx\left(h_0 - \dfrac{x}{2}\right)}{f_y'(h_0 - a_s')} \tag{4-21}$$

其中
$$e = e_i + \frac{h}{2} - a_s$$

如由式（4-20）计算得 $x < 2a_s'$ 时，取 $x = 2a_s'$，用式（4-15）求得

$$A_s' = A_s = \frac{Ne'}{f_y(h_0 - a_s')} \tag{4-22}$$

其中
$$e' = e_i - \frac{h}{2} + a_s'$$

由式（4-20）计算的 $x > x_b$，亦即 $\xi = \dfrac{x}{h_0} > \xi_b$ 时，可认为受拉钢筋达不到屈服强度，因而属于"受压破坏"，应按小偏心受压构件计算公式进行配筋。

2）小偏心受压构件的计算

对称配筋小偏心受压构件，若把 $A_s = A_s'$，$f_y = f_y'$ 及 $\sigma_s = \dfrac{\xi - \beta_1}{\xi_b - \beta_1} f_y$ 代入式（4-17），经整理后，可得到相对受压区高度 ξ 的近似计算公式：

$$\xi = \frac{N - \xi_b \alpha_1 f_c b h_0}{\dfrac{Ne - 0.43\alpha_1 f_c b h_0^2}{(\beta_1 - \xi_b)(h_0 - a_s')} + \alpha_1 f_c b h_0} + \xi_b \tag{4-23}$$

将 $x = \xi h_0$ 代入式（4-18），即可求得钢筋面积：

$$A_s = A_s' = \frac{Ne - \alpha_1 f_c b h_0^2 \xi(1 - 0.5\xi)}{f_y'(h_0 - a_s')} \tag{4-24}$$

如求得的 x 值大于 h 时，则以 $x = h$ 代入式（4-18），求 A_s，A_s'。

2. 截面复核

先按式(4-20)求出受压区高度 x 及 $\xi = \dfrac{x}{h_0}$。

若 $\xi \leqslant \xi_b$，截面为大偏心受压，此时，将 x 代入式(4-11)，即可求得截面所能承担的轴向压力 N 及弯矩 $M = Ne_0$ 值。

若 $\xi > \xi_b$，截面为小偏心受压，则用式(4-17)和式(4-18)联立求解轴向力 N 及弯矩设计值 M。

3. 垂直弯矩作用平面的承载力的验算

偏心受压构件除应计算弯矩作用平面的受压承载力外，无论是大偏心受压还是小偏心受压，尚应按轴心受压验算垂直弯矩作用平面的受压承载力是否满足要求。通过分析研究，特别是设计轴向力 N 较大、弯矩作用平面的偏心距 e_0 较小而垂直于弯矩作用平面的细长比 l_0/b 较大的小偏心受压构件，有可能垂直弯矩作用平面的承载力起控制作用。此时，对小偏心受压构件垂直弯矩作用平面的承载力的验算可按轴心受压承载力进行验算，即不计弯矩的作用，但应考虑稳定系数 φ 值，并取 b 作为截面高度。

【**例题 4-3**】 钢筋混凝土矩形截面偏心受压柱，采用对称配筋，截面尺寸 $b \times h = 300\text{mm} \times 400\text{mm}$，$a_s = a_s' = 40\text{mm}$，截面承受轴向压力设计值 $N = 450\text{kN}$，柱顶截面弯矩设计值 $M_1 = 185\text{kN} \cdot \text{m}$，柱底截面弯矩设计值 $M_2 = 200\text{kN} \cdot \text{m}$，柱挠曲变形为单曲率，柱的计算长度为 4.0m，混凝土强度等级为 C30，纵向受力钢筋采用 HRB400。求钢筋截面面积 $A_s (= A_s')$。

【**解**】 混凝土强度等级 C30，由附录表 A2 得 $f_c = 14.3\text{N/mm}^2$；钢筋采用 HRB400，查附录表 A5 得 $f_y = f_y' = 360\text{N/mm}^2$。

(1) 判断构件是否考虑二阶效应($P-\delta$ 效应)

① 端弯矩比 $M_1/M_2 = 185/200 = 0.925 > 0.9$。

② 截面回转半径计算：

$$A = b \times h = 300 \times 400 = 120\,000\text{mm}^2$$

$$I = \frac{1}{12}bh^3 = \frac{1}{12} \times 300 \times 400^3 = 1\,600 \times 10^6\,\text{mm}^4$$

$$i = \sqrt{\frac{I}{A}} = \sqrt{\frac{1\,600 \times 10^6}{12 \times 10^4}} = 115.47\text{mm}$$

$$\frac{l_0}{i} = \frac{4\,000}{115.47} = 34.64 > 34 - 12\frac{M_1}{M_2} = 34 - 12 \times \frac{185}{200} = 22.9$$

应考虑构件自身挠曲变形的二阶效应影响(实际上不满足①条件即应考虑二阶效应影响)。

(2) 计算构件截面控制弯矩设计值

$$e_a = \frac{h}{30} = \frac{400}{30} = 13.33\text{mm} < 20\text{mm}，取 e_a = 20\text{mm}$$

$$h_0 = h - a_s = 400 - 40 = 360\text{mm}$$

按式(4-9)计算：

$$\zeta_c = \frac{0.5 f_c A}{N} = \frac{0.5 \times 14.3 \times 300 \times 400}{450 \times 10^3} = 1.91 > 1, 取 \zeta = 1$$

按式(4-8)计算:

$$\eta_{ns} = 1 + \frac{1}{1\,300(M_2/N + e_a)/h_0} \left(\frac{l_c}{h}\right)^2 \zeta_c$$

$$= 1 + \frac{1}{\dfrac{1\,300 \times (200 \times 10^6/450 \times 10^3 + 20)}{360}} \times \left(\frac{4\,000}{400}\right)^2 \times 1.0$$

$$= 1.06$$

按式(4-7)计算:

$$C_m = 0.7 + 0.3 \frac{M_1}{M_2} = 0.7 + 0.3 \times \frac{185}{200} = 0.98$$

$$C_m \eta_{ns} = 0.98 \times 1.06 = 1.04 > 1$$

按式(4-6)计算二阶效应后截面的弯矩设计值:

$$M = C_m \eta_{ns} M_2 = 0.98 \times 1.06 \times 200 = 208 \text{kN} \cdot \text{m}$$

(3) 判别大、小偏心

按式(4-20)得:

$$x = \frac{N}{\alpha_1 f_c b} = \frac{450 \times 10^3}{1 \times 14.3 \times 300} = 104.9 \text{mm} < \xi_b h_0 = 0.518 \times 360 = 186.48 \text{mm}$$

$$> 2a'_s = 2 \times 40 = 80 \text{mm}$$

属于大偏心受压构件。

(4) 计算配筋

按式(4-3)计算:

$$e_0 = \frac{M}{N} = \frac{208 \times 10^6}{450 \times 10^3} = 462.22 \text{mm}$$

$$e_i = e_0 + e_a = 462.22 + 20 = 482.22 \text{mm}$$

按式(4-21)计算:

$$e = e_i + \frac{h}{2} - a_s = 482.22 + \frac{400}{2} - 40 = 642.22 \text{mm}$$

$$A_s = A'_s = \frac{Ne - \alpha_1 f_c b x \left(h_0 - \dfrac{x}{2}\right)}{f'_y (h_0 - a'_s)}$$

$$= \frac{450 \times 10^3 \times 642.22 - 1 \times 14.3 \times 300 \times 104.9 \times \left(360 - \dfrac{104.9}{2}\right)}{360 \times (360 - 40)} = 1\,307 \text{mm}^2$$

截面每侧各配 2 Φ 20 + 2 Φ 22($A_s = A'_s = 1\,388 \text{mm}^2$),配筋见图4-21。

（5）验算配筋率

一侧纵向钢筋配筋率：

$$\rho=\rho'=\frac{A_s}{A}=\frac{1\,388}{300\times400}=0.0116=1.16\%>\rho_{\min}=0.2\%$$

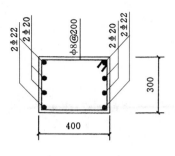

全部纵向钢筋配筋率：

$$\rho=\frac{A_s+A_s'}{bh}=\frac{2\times1\,388}{300\times400}=0.023=2.3\%>0.55\%。$$

图 4-21　[例题 4-3]配筋图

满足要求。

（6）垂直弯矩作用平面的受压承载力的验算（按轴心受压进行验算）

$$\frac{l_0}{b}=\frac{4\,000}{300}=13.33$$

查表 4-1 得 $\varphi=0.93$。

由式（4-1）：

$$N_u=0.9\varphi(f_cA+f_y'A_s')$$

$$=0.9\times0.93\times(14.3\times300\times400+2\times1\,388\times360)=2\,273\times10^3\text{N}$$

$$=2\,273\text{kN}>450\text{kN}$$

故满足要求。

【例题 4-4】 钢筋混凝土矩形截面偏心受压柱，采用对称配筋，截面尺寸 $b\times h=300\text{mm}\times500\text{mm}$，$a_s=a_s'=40\text{mm}$，截面承受轴向压力设计值 $N=300\text{kN}$，柱顶截面弯矩设计值 $M_1=145\text{kN}\cdot\text{m}$，柱底截面弯矩设计值 $M_2=150\text{kN}\cdot\text{m}$，柱挠曲变形为单曲率，柱的计算长度为 5.0m，混凝土强度等级为 C35，纵向受力钢筋采用 HRB500。求钢筋截面面积 $A_s(=A_s')$。

【解】 混凝土强度等级为 C35，查附录表 A2 得 $f_c=16.7\text{N/mm}^2$；钢筋采用 HRB500，查附录表 A5 得 $f_y=435\text{N/mm}^2$，$f_y'=410\text{N/mm}^2$。

（1）判断构件是否考虑二阶效应（P-δ 效应）

杆端弯矩比 $M_1/M_2=145/150=0.97>0.9$。

（2）计算构件截面控制弯矩设计值

$$e_a=\frac{h}{30}=\frac{500}{30}=16.67\text{mm}<20\text{mm}，取 }e_a=20\text{mm}$$

$$h_0=h-a_s=500-40=460\text{mm}$$

按式（4-9）计算：

$$\zeta_c=\frac{0.5f_cA}{N}=\frac{0.5\times16.7\times300\times500}{300\times10^3}=4.175>1，取 \zeta_c=1$$

按式（4-8）计算：

$$\eta_{ns}=1+\frac{1}{1\,300(M_2/N+e_a)/h_0}\left(\frac{l_c}{h}\right)^2\zeta_c$$

$$=1+\frac{1}{\dfrac{1\,300\times(150\times10^{6}/300\times10^{3}+20)}{460}}\times\left(\frac{5\,000}{500}\right)^{2}\times1.0$$

$$=1.06$$

按式(4-7)计算：

$$C_{m}=0.7+0.3\frac{M_{1}}{M_{2}}=0.7+0.3\times\frac{145}{150}=0.99$$

$$C_{m}\eta_{ns}=0.99\times1.06=1.05>1$$

按式(4-6)计算二阶效应后截面的弯矩设计值：

$$M=C_{m}\eta_{ns}M_{2}=0.99\times1.06\times150=157\text{kN}\cdot\text{m}$$

（3）判别大、小偏心

按式(4-20)得：

$$x=\frac{N}{\alpha_{1}f_{c}b}=\frac{300\times10^{3}}{1\times16.7\times300}=59.88\text{mm}<\xi_{b}h_{0}=0.482\times460=221.7\text{mm}$$

$$<2a_{s}'=2\times40=80\text{mm}$$

属于大偏心受压构件。

（4）计算配筋

按式(4-3)计算：

$$e_{0}=\frac{M}{N}=\frac{157\times10^{6}}{300\times10^{3}}=520\text{mm}$$

$$e_{i}=e_{0}+e_{a}=520+20=540\text{mm}$$

按式(4-22)计算：

$$e'=e_{i}-\frac{h}{2}+a_{s}'=540-\frac{500}{2}+40=330\text{mm}$$

$$A_{s}=A_{s}'=\frac{Ne'}{f_{y}(h_{0}-a_{s}')}$$

$$=\frac{300\times10^{3}\times330}{410\times(440-40)}=604\text{mm}^{2}$$

截面每侧各配 3 Φ 16($A_{s}=A_{s}'=603\text{mm}^{2}$)，配筋见图 4-22。

（5）验算配筋率

一侧纵向钢筋配筋率：

$$\rho=\rho'=\frac{A_{s}}{A}=\frac{603}{300\times500}=0.004=0.4\%>\rho_{min}=0.2\%$$

全部纵向钢筋配筋率：

$$\rho=\frac{A_{s}+A_{s}'}{bh}=\frac{2\times603}{300\times500}=0.008=0.8\%>0.55\%$$

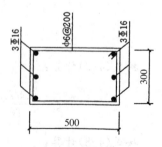

图 4-22　[例题 4-4]配筋图

满足要求。

（6）垂直弯矩作用平面的受压承载力的验算（按轴心受压进行验算）

$$\frac{l_0}{b}=\frac{5\,000}{300}=16.67$$

查表 4-1 得 $\varphi=0.85$。

由式（4-1）：

$$N_u=0.9\varphi(f_cA+f_y'A_s')$$

$$=0.9\times0.85\times(16.7\times300\times500+2\times410\times603)=2\,295\times10^3\,\text{N}$$

$$=2\,295\text{kN}>300\text{kN}$$

故满足要求。

【例题 4-5】 钢筋混凝土矩形截面框架柱，采用对称配筋，截面尺寸 $b\times h=350\text{mm}\times450\text{mm}$，$a_s=a_s'=40\text{mm}$，截面承受轴向压力设计值 $N=280\text{kN}$，柱顶截面弯矩设计值 $M_1=-90\text{kN}\cdot\text{m}$，柱底截面弯矩设计值 $M_2=250\text{kN}\cdot\text{m}$，柱挠曲变形为单曲率，弯矩作用平面内柱计算长度为 4.0m，弯矩作用平面外柱计算长度为 5.6m，混凝土强度等级为 C30，纵向受力钢筋采用 HRB400。求钢筋截面面积 $A_s(=A_s')$。

【解】 混凝土强度等级为 C30，查附录表 A2 得 $f_c=14.3\text{N/mm}^2$；钢筋采用 HRB400，查附录表 A5 得 $f_y=f_y'=360\text{N/mm}^2$。

（1）判断构件是否考虑二阶效应（$P\text{-}\delta$ 效应）

① 端弯矩比 $M_1/M_2=-90/250=-0.36<0.9$。

② 轴压比 $\dfrac{N}{Af_c}=\dfrac{280\times10^3}{350\times450\times14.3}=0.124<0.9$。

③ 截面回转半径计算：

$$A=b\times h=350\times450=157\,500\text{mm}^2$$

$$I=\frac{1}{12}bh^3=\frac{1}{12}\times350\times450^3=2\,657.8\times10^6\,\text{mm}^4$$

$$i=\sqrt{\frac{I}{A}}=\sqrt{\frac{2\,657.8\times10^6}{15.75\times10^4}}=129.9\text{mm}$$

$$\frac{l_0}{i}=\frac{4\,000}{129.9}=30.79<34-12\frac{M_1}{M_2}=34-12\times\frac{-90}{250}=38.32$$

可不考虑构件自身挠曲变形的二阶效应影响。

（2）判别大、小偏心

按式（4-20）得：

$$x=\frac{N}{\alpha_1f_cb}=\frac{280\times10^3}{1\times14.3\times350}=55.94\text{mm}<\xi_bh_0=0.518\times360=186.48\text{mm}$$

$$<2a_s'=2\times40=80\text{mm}$$

属于大偏心受压构件。

（3）计算配筋

$$e_0 = \frac{M_2}{N} = \frac{250 \times 10^6}{280 \times 10^3} = 893\text{mm}$$

$$e_a = \frac{h}{30} = \frac{450}{30} = 15\text{mm} < 20\text{mm}，取 e_a = 20\text{mm}$$

$$h_0 = h - a_s = 450 - 40 = 410\text{mm}$$

按式(4-3)计算：

$$e_i = e_0 + e_a = 893 + 20 = 913\text{mm}$$

按式(4-21)计算：

$$e' = e_i - \frac{h}{2} + a'_s = 913 - \frac{450}{2} + 40 = 728\text{mm}$$

$$A_s = A'_s = \frac{Ne'}{f_y(h_0 - a'_s)}$$

$$= \frac{280 \times 10^3 \times 728}{360 \times (410 - 40)} = 1\,530\text{mm}^2$$

截面每侧各配 4 Φ 20($A_s = A'_s = 1\,520\text{mm}^2$)，配筋见图 4-23。

$$\frac{1\,530 - 1\,520}{1\,520} \times 100\% = 0.66\% < 5\%（可以）$$

（4）验算配筋率

一侧纵向钢筋配筋率：

$$\rho = \rho' = \frac{A_s}{A} = \frac{1\,520}{350 \times 450} = 0.009\,7 = 0.97\% > \rho_{min} = 0.2\%$$

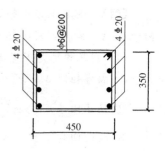

图 4-23　[例题 4-5]配筋图

全部纵向钢筋配筋率：

$$\rho = \frac{A_s + A'_s}{bh} = \frac{2 \times 1\,520}{350 \times 450} = 0.019 = 1.9\% > 0.55\%$$

满足要求。

（5）垂直弯矩作用平面的受压承载力的验算（按轴心受压进行验算）

$$\frac{l_0}{b} = \frac{5\,600}{360} = 16$$

查表 4-1 得 $\varphi = 0.87$。

由式(4-1)：

$$N_u = 0.9\varphi(f_c A + f'_y A'_s)$$

$$= 0.9 \times 0.87 \times (14.3 \times 350 \times 450 + 2 \times 1\,520 \times 360) = 2\,620 \times 10^3\text{N}$$

$$= 2\,620\text{kN} > 280\text{kN}$$

故满足要求。

【例题 4-6】 钢筋混凝土框架矩形截面偏心受压柱,采用对称配筋,截面尺寸 $b \times h = 400\text{mm} \times 600\text{mm}$,$a_s = a'_s = 40\text{mm}$,截面承受轴向压力设计值 $N = 3\,100\text{kN}$,柱顶截面弯矩设计值 $M_1 = 105\text{kN} \cdot \text{m}$,柱底截面弯矩设计值 $M_2 = 120\text{kN} \cdot \text{m}$,柱挠曲变形为单曲率,柱的计算长度为 4.5m,混凝土强度等级为 C35,纵向受力钢筋采用 HRB400。求钢筋截面面积 A_s ($= A'_s$)。

【解】 混凝土强度等级为 C35,查附录表 A2 得 $f_c = 16.7\text{N/mm}^2$;钢筋采用 HRB400,查附录表 A5 得 $f_y = f'_y = 360\text{N/mm}^2$。

(1) 判断构件是否考虑二阶效应(P-δ 效应)

① 杆端弯矩比 $M_1/M_2 = 105/120 = 0.875 < 0.9$。

② 轴压比 $N/Af_c = 3\,100 \times 10^3/400 \times 600 \times 16.7 = 0.77 < 0.9$。

③ 截面回转半径计算:

$$A = b \times h = 400 \times 600 = 240\,000\text{mm}^2$$

$$I = \frac{1}{12}bh^3 = \frac{1}{12} \times 400 \times 600^2 = 7\,200 \times 10^6\text{mm}^4$$

$$i = \sqrt{\frac{I}{A}} = \sqrt{\frac{7\,200 \times 10^6}{24 \times 10^4}} = 173.2\text{mm}$$

$$\frac{l_0}{i} = \frac{4\,500}{173.2} = 25.98 > 34 - 12 \times \frac{M_1}{M_2} = 34 - 12 \times \frac{105}{120} = 23.5$$

应考虑构件自身挠曲变形的二阶效应影响。

(2) 计算构件截面弯矩设计值

$$e_a = \frac{h}{30} = \frac{600}{30} = 20\text{mm},取 e_a = 20\text{mm}$$

$$h_0 = h - a_s = 600 - 40 = 560\text{mm}$$

按式(4-9)计算:

$$\zeta_c = \frac{0.5f_cA}{N} = \frac{0.5 \times 16.7 \times 400 \times 600}{3\,100 \times 10^3} = 0.65$$

按式(4-8)计算:

$$\eta_{ns} = 1 + \frac{1}{1\,300(M_2N + e_a)/h_0}\left(\frac{l_c}{h}\right)^2\zeta_c$$

$$= 1 + \frac{1}{\dfrac{1\,300 \times (120 \times 10^6/3\,100 \times 10^3 + 20)}{560}} \times \left(\frac{4\,500}{600}\right)^2 \times 0.65 = 1.27$$

按式(4-7)计算:

$$C_m = 0.7 + 0.3\frac{M_1}{M_2} = 0.7 + 0.3 \times \frac{105}{120} = 0.96$$

$$C_m\eta_{ns} = 0.96 \times 1.27 = 1.22$$

按式(4-6)计算二阶效应后截面的弯矩设计值：

$$M = C_m \eta_{ns} M_2 = 1.22 \times 120 = 146.4 \text{kN} \cdot \text{m}$$

（3）判别大、小偏心

按式(4-20)得：

$$x = \frac{N}{\alpha_1 f_c b} = \frac{3\,100 \times 10^3}{1 \times 16.7 \times 400} = 464 \text{mm} > \xi_b h_0 = 0.518 \times 560 = 290.08 \text{mm}$$

属于小偏心受压构件。

（4）计算相对受压区高度 ξ

$$e_0 = \frac{M_2}{N} = \frac{146.4 \times 10^6}{3\,100 \times 10^3} = 47.23 \text{mm}$$

按式(4-3)计算：

$$e_a = \frac{h}{30} = \frac{600}{30} = 20 \text{mm}，取 \ e_a = 20 \text{mm}$$

$$e_i = e_0 + e_a = 47.23 + 20 = 67.23 \text{mm}$$

按式(4-23)计算：

$$e = e_i + \frac{h}{2} - a_s = 67.23 + \frac{600}{2} - 40 = 327.23 \text{mm}$$

$$\xi = \frac{N - \xi_b \alpha_1 f_c b h_0}{\dfrac{Ne - 0.43 \alpha_1 f_c b h_0^2}{(\beta_1 - \xi_b)(h_0 - a_s')} + \alpha_1 f_c b h_0} + \xi_b$$

$$= \frac{3\,100 \times 10^3 - 0.518 \times 1.0 \times 16.7 \times 400 \times 560}{\dfrac{3\,100 \times 10^3 \times 327.23 - 0.43 \times 1.0 \times 16.7 \times 400 \times 560^2}{(0.8 - 0.518) \times (560 - 40)} + 1.0 \times 16.7 \times 400 \times 560} + 0.518$$

$$= 0.257 + 0.518 = 0.775$$

$$\sigma_s = \frac{f_y}{\xi_b - \beta_1}(\xi - \beta_1) = \frac{360}{0.518 - 0.8} \times (0.775 - 0.8) = 31.91 \text{N/mm}^2 < f_y = 360 \text{N/mm}^2$$

$$> -f_y' = 360 \text{N/mm}^2$$

（4）计算配筋

代入式(4-24)：

$$A_s = A_s' = \frac{Ne - \alpha_1 f_c b h_0^2 \xi(1 - 0.5\xi)}{f_y'(h_0 - a_s')}$$

$$= \frac{3\,100 \times 10^3 \times 327.23 - 1.0 \times 16.7 \times 400 \times 560^2 \times 0.775 \times (1 - 0.5 \times 0.775)}{360 \times (560 - 40)} = 107 \text{mm}^2$$

$$\rho = \frac{A_s}{bh} = \frac{107}{400 \times 600} = 0.000\,45 = 0.045\% < \rho_{min} = 0.2\%$$

按构造配筋。

一侧纵向钢筋：

$$A_s = A'_s = \rho_{min} \times b \times h = 0.002 \times 400 \times 600 = 480 \text{mm}^2$$

全部纵向钢筋配筋率：

$$\rho = \frac{A_s + A'_s}{bh} = \frac{2 \times 480}{400 \times 600} = 0.004 = 0.4\% < 0.55\%$$

取　$A_s = A'_s = \dfrac{0.0055 \times 400 \times 600}{2} = 660 \text{mm}^2$

每侧各配置 3 ⏀ 18（$A_s = A'_s = 763 \text{mm}^2$）。

由于截面高度 $h = 600 \text{mm}$，在截面侧面应设置 $d = 10 \sim$
16mm 纵向构造钢筋，选用 2 ⏀ 12，配筋见图 4-24。

（5）垂直弯矩作用平面的受压承载力的验算（按轴心受
压进行验算）

$$\frac{l_0}{b} = \frac{4500}{400} = 11.25$$

查表 4-1 得 $\varphi = 0.96$。

由式（4-1）：

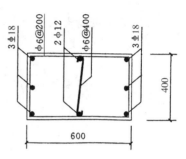

图 4-24 ［例题 4-6］配筋图

$$N_u = 0.9\varphi(f_c A + f'_y A'_s)$$

$$= 0.9 \times 0.96 \times (16.7 \times 400 \times 600 + 2 \times 360 \times 763) = 3938 \times 10^3 \text{N}$$

$$= 3938 \text{kN} > 3100 \text{kN}$$

故满足要求。

【例题 4-7】 钢筋混凝土矩形截面偏心受压柱，截面尺寸 $b \times h = 400 \text{mm} \times 600 \text{mm}$, $a_s = a'_s$
$= 40 \text{mm}$，柱的计算长度为 4.8m，截面承受轴向压力设计值 $N = 600 \text{kN}$，柱的计算长度为
6.0m，混凝土强度等级为 C25，纵向受力钢筋采用 HRBF335，采用对称配筋，每侧配置
3 ⏀F 18。求截面能承受的最大弯矩设计值。

【解】 混凝土强度等级为 C25，查附录表 A2 得 $f_c = 11.9 \text{N/mm}^2$；钢筋采用 HRBF335，查
附录表 A5 得 $f_y = f'_y = 300 \text{N/mm}^2$。

（1）判别大、小偏心

按式（4-20）得：

$$x = \frac{N}{\alpha_1 f_c b} = \frac{600 \times 10^3}{1 \times 11.9 \times 400} = 126.05 \text{mm} < \xi_b h_0 = 0.55 \times 560 = 308 \text{mm}$$

$$> 2a'_s = 2 \times 40 = 80 \text{mm}$$

属于大偏心受压构件。

（2）求偏心距 e

由式（4-18）得：

$$e = \frac{\alpha_1 f_c b x \left(h_0 - \dfrac{x}{2} \right) + f'_y A'_s (h_0 - a'_s)}{N}$$

$$= \frac{1.0 \times 11.9 \times 400 \times 126.05 \times \left(560 - \frac{126.05}{2}\right) + 300 \times 603 \times (560 - 40)}{600 \times 10^3} = 654\text{mm}$$

按式(4-3)计算 e_0：

$$e_i = e - \frac{h}{2} + a_s = 654 - \frac{600}{2} + 40 = 394\text{mm}$$

$$e_a = \frac{h}{30} = \frac{600}{30} = 20\text{mm}, \text{取} \ e_a = 20\text{mm}$$

$$e_0 = e_i - e_a = 394 - 20 = 374\text{mm}$$

（3）求弯矩增大系数

按式(4-9)计算：

$$\zeta_c = \frac{0.5 f_c A}{N} = \frac{0.5 \times 11.9 \times 400 \times 600}{600 \times 10^3} = 2.38 > 1, \text{取} \ \zeta = 1$$

$$\eta_{ns} = 1 + \frac{1}{1\,300(M_2/N + e_a)/h_0} \left(\frac{l_c}{h}\right)^2 \zeta_c$$

$$= 1 + \frac{1}{\dfrac{1\,300 \times (374 + 20)}{560}} \times \left(\frac{6\,000}{600}\right)^2 \times 1.0 = 1.11$$

（4）截面能承受的弯矩设计值

$$M = \frac{N e_0}{\eta_{ns}} = \frac{600 \times 0.374}{1.11} = 202\text{kN} \cdot \text{m}$$

思考题

1. 为什么对受压构件宜采用强度等级较高的混凝土,而钢筋的强度等级不宜过高?

2. 受压构件中为什么要放置纵向钢筋和箍筋? 对纵向钢筋和箍筋的直径、间距及纵向钢筋搭接有什么规定?

3. 什么情况下受压构件要设置附加纵向钢筋和箍筋? 为什么不能采用内折角箍筋?

4. 受压构件长柱和短柱的破坏特征有什么不同? 计算中如何考虑长柱的影响?

5. 轴心受压构件计算中的 φ 和偏心受压构件计算中的 η_{ns} 物理意义是否相同? 与哪些因素有关? 什么情况下, $\varphi = 1$;什么情况下需考虑二阶效应?

6. 偏心受压构件根据破坏特征可分为哪两种? 其破坏特征有何不同?

7. 偏心受压构件计算时,有哪些基本假定?

8. 如何判别对称配筋矩形截面大、小偏心受压构件?

9. 试分别列出大、小偏心受压构件截面的应力图形、基本计算公式、适用条件、截面设计和截面复核的方法。

10. 试分析大、小偏心受压构件截面的应力图形、计算公式有何不同。小偏心受压时,远离纵向压力作用一侧的钢筋应力 σ_s 如何计算? 取值范围为多少?

11. 偏心受压构件计算时,为什么要考虑附加偏心距 e_a? 其值取多少?

12. 偏心受压构件为什么应考虑垂直弯矩作用平面的受压承载力验算? 如何进行验算?

习　题

一、判断题

1. 无论大、小偏心受压构件在任何情况下，均要考虑弯矩增大系数 η_{ns}。 （　　）
2. 钢筋混凝土大、小偏心受压构件的根本区别是截面破坏时受压钢筋是否达到屈服。 （　　）
3. 无论大、小偏心受压构件，均要在考虑附加偏心距 e_a 后，再计算初始偏心距 e_i。 （　　）
4. 对称配筋矩形截面偏心受压构件，$x \leqslant \xi_b h_0$ 是属于大偏心受压构件。 （　　）
5. 如 e_0 及材料等均相同的偏心受压构件，当 l_0/h 由小变大时，截面始终发生材料破坏。 （　　）

二、单项选择题

1. 钢筋采用 HRB400 级的轴心受压构件全部纵向受压钢筋的配筋率不得小于（　　）。
   A. 0.2%　　　　 B. 0.4%　　　　 C. 0.55%　　　　 D. 1.0%
2. 钢筋混凝土轴心受压构件中在长期不变的荷载作用下，由于混凝土的徐变，其结果是（　　）。
   A. 钢筋和混凝土的应力均减小　　　　 B. 钢筋和混凝土的应力均增加
   C. 钢筋应力减小，混凝土的应力增加　　　　 D. 钢筋应力增加，混凝土的应力减小
3. 钢筋混凝土轴心受压构件，纵向受压钢筋如采用 HRB335 级钢筋，则在破坏时，钢筋的抗压强度设计值可达到（　　）。
   A. 270N/mm²　　 B. 300N/mm²　　 C. 360N/mm²　　 D. 400N/mm²
4. 钢筋混凝土轴心受压构件，当（　　）情况时，构件的稳定系数 $\varphi = 1$。
   A. $l_0/b \leqslant 10$　　 B. $l_0/b \leqslant 8$　　 C. $l_0/b > 8$　　 D. $l_0/b \leqslant 7$
5. 钢筋混凝土大偏心受压构件的破坏特征是（　　）。
   A. 远离轴向力一侧的钢筋先受拉屈服，然后另一侧的钢筋受压屈服，混凝土压碎
   B. 远离轴向力一侧的钢筋应力达不到屈服，而另一侧的钢筋受压屈服，混凝土压碎
   C. 靠近轴向力一侧的钢筋应力达不到屈服，而另一侧的钢筋受压屈服，混凝土压碎
   D. 靠近轴向力一侧的钢筋先受拉屈服，混凝土压碎，远离轴向力一侧的钢筋受拉屈服
6. 大偏心受压构件的正截面承载力计算中，要求受压区高度 $x \geqslant 2a_s'$，是为了（　　）。
   A. 保证受拉钢筋在构件破坏时达到其抗拉强度设计值 f_y
   B. 保证受压钢筋在构件破坏时达到其抗拉强度设计值 f_y'
   C. 保证受压钢筋在构件破坏时达到其极限抗压强度
   D. 防止受压钢筋达到其抗拉强度设计值 f_y'
7. 钢筋混凝土轴心受压构件所采用的钢筋和混凝土的强度等级（　　）。
   A. 钢筋强度宜高些，混凝土强度宜低些
   B. 钢筋强度宜低些，混凝土强度宜高些
   C. 钢筋强度与混凝土强度均高些
   D. 钢筋强度与混凝土强度均低些

三、计算题

1. 某现浇钢筋混凝土多层框架结构的底层中柱，承受轴向压力设计值 $N = 2400\text{kN}$，截面尺寸 400mm × 400mm，$a_s = a_s' = 40\text{mm}$，柱的计算长度 $l_0 = 5.6\text{m}$，混凝土强度等级为 C30，钢筋采用 HRB400 级。试确定纵向受力钢筋和箍筋。

2. 钢筋混凝土矩形截面柱，采用对称配筋，柱截面尺寸 $b \times h = 400\text{mm} \times 450\text{mm}$，柱承受轴向压力设计值 $N = 800\text{kN}$，柱顶截面和柱底截面弯矩设计值 $M_1 = M_2 = 400\text{kN} \cdot \text{m}$，柱的计算长度 $l_0 = 5.5\text{m}$，混凝土强度等

级为 C30，钢筋采用 HRB400 级，$a_s = a_s' = 40$mm。求钢筋截面面积 $A_s(=A_s')$，并绘出配筋图。

3. 钢筋混凝土矩形截面柱，采用对称配筋，柱截面尺寸 $b \times h = 450$mm$\times 500$mm，柱承受轴向压力设计值 $N = 195$kN，柱顶截面弯矩设计值 $M_1 = 290$kN·m，柱底截面弯矩设计值 $M_2 = 300$kN·m，柱的挠曲变形为单曲率，柱的计算长度 $l_0 = 5$m，混凝土强度等级为 C35，钢筋采用 HRB500 级，$a_s = a_s' = 40$mm。求钢筋截面面积 $A_s(=A_s')$，并绘出配筋图。

4. 钢筋混凝土矩形截面柱，采用对称配筋，柱截面尺寸 $b \times h = 500$mm$\times 600$mm，柱承受轴向压力设计值 $N = 3\,800$kN，柱顶截面弯矩设计值 $M_1 = 510$kN·m，柱底截面弯矩设计值 $M_2 = 550$kN·m，柱的挠曲变形为单曲率，柱的计算长度 $l_0 = 5.0$m，混凝土强度等级为 C35，钢筋采用 HRB400 级，$a_s = a_s' = 40$mm。求钢筋截面面积 $A_s(=A_s')$，并绘出配筋图。

第5章　钢筋混凝土受拉构件

本章重点：

主要重点讲述轴心受拉构件和偏心受拉构件正截面受拉承载力的计算。

学习要求：

(1) 掌握受拉构件根据偏心距 e_0 的大小，确定其分类的界限。

(2) 理解轴心受拉构件和偏心受拉构件的应力图形、计算公式、计算步骤轴心受拉构件和偏心受拉构件和轴心受压构件和偏心受压构件相似，只是轴向力方向相反，学习时，可与第4章受压构件有关内容进行比较。

与受压构件类似，受拉构件可分为轴心受拉构件和偏心受拉构件。当轴向拉力 N 的作用线与构件截面形心轴线重合时，称为轴心受拉构件；当轴向拉力 N 的作用线与构件截面形心轴线不重合或构件上既作用有拉力又作用有弯矩时，称为偏心受拉构件。

实际工程中，真正的轴心受拉构件实际上几乎是不存在的。但对于钢筋混凝土屋架的下弦及腹杆、拱的拉杆、圆形水管的管壁及圆形水池的池壁等，实际存在的弯矩很小而忽略不计，往往可简化为按轴心受拉构件进行计算。矩形水池的池壁、浅仓的仓壁、工业厂房双肢柱的肢杆等，可按偏心受拉构件进行计算。

5.1　轴心受拉构件正截面受拉承载力计算

对于钢筋混凝土轴心受拉构件，在混凝土开裂以前，混凝土和钢筋共同承担拉力。混凝土开裂以后，开裂截面混凝土退出工作，拉力全部由钢筋承受，直到钢筋应力达到其屈服强度、构件达到其极限承载力而破坏（图 5-1）。

轴心受拉构件正截面承载力计算公式为

$$N \leqslant f_y A_s \tag{5-1}$$

式中　N——轴向拉力设计值；

f_y——纵向受拉钢筋的抗拉强度设计值；

A_s——纵向受拉钢筋的全部截面面积。

【例题 5-1】　一钢筋混凝土屋架的下弦杆，截面尺寸 $b \times h = 200\text{mm} \times 180\text{mm}$，其承受的轴心拉力设计值为 $N = 285\text{kN}$，混凝土强度等级采用 C30，钢筋采用 HRB400 级（$f_y = 360 \text{ N/mm}^2$），求截面配筋。

【解】　由式(5-1)得

$$A_s = \frac{N}{f_y} = \frac{285 \times 10^3}{360} = 792\text{mm}^2$$

选配纵向钢筋 4 $\underline{\Phi}$ 16（$A_s = 804\text{mm}^2$）。

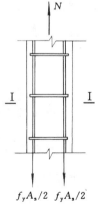

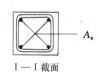

I—I 截面

图 5-1　钢筋混凝土轴心受拉构件

5.2 偏心受拉构件正截面受拉承载力计算

偏心受拉构件,按轴向拉力 N 作用位置的不同可分为大偏心受拉构件和小偏心受拉构件。

5.2.1 矩形截面偏心受拉构件正截面的承载力计算

5.2.1.1 大、小偏心受拉构件的界限

当轴向拉力 N 作用在钢筋 A_s 合力点和 A_s' 合力点之间,即当 $e_0 \leqslant h/2 - a_s$ 时,属于小偏心受拉构件(图 5-2);当轴向拉力 N 作用在钢筋 A_s 合力点和 A_s' 合力点之外,即当 $e_0 > h/2 - a_s$ 时,属于大偏心受拉构件(图 5-3)。

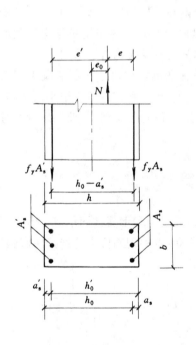
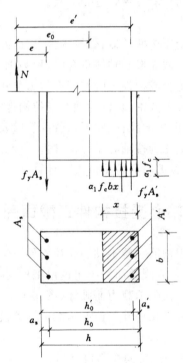

图 5-2 小偏心受拉破坏的应力图形 　　 图 5-3 大偏心受拉破坏的应力图形

5.2.1.2 小偏心受拉构件正截面的承载力计算

1. 破坏特征

由于偏心距 e_0 较小,截面上一般没有受压区,截面全部受拉(图 5-2),临破坏时,裂缝贯通整个截面,不考虑混凝土的受拉工作,拉力全部由钢筋 A_s 和 A_s' 承担,破坏时,钢筋 A_s 和 A_s' 均达到屈服强度。

2. 计算公式

由图 5-2 截面上内、外力分别对钢筋 A_s 和 A'_s 的合力点取矩的力矩平衡条件可得

$$Ne' \leqslant f_y A_s (h'_0 - a_s) \tag{5-2}$$

$$Ne \leqslant f_y A'_s (h_0 - a'_s) \tag{5-3}$$

截面两侧的钢筋 A_s 和 A'_s 可按下式求得：

$$A_s = \frac{Ne'}{f_y (h'_0 - a_s)} \tag{5-4}$$

$$A'_s = \frac{Ne}{f_y (h_0 - a'_s)} \tag{5-5}$$

式中，$e = \dfrac{h}{2} - a_s - e_0$，$e' = \dfrac{h}{2} - a'_s + e_0$，其中 $e_0 = M/N$。

3. 对称配筋截面设计和截面复核

在实际工程中，常采用对称配筋，其计算方法如下：

(1) 截面设计。由于 $e' > e$，可直接用式(5-4)计算 $A_s (= A'_s)$。

(2) 截面复核。由于已知 $A_s = A'_s$ 及 e_0，即可由式(5-2)和式(5-3)分别求得截面所能承担的轴向拉力 N，取二者中之较小值。

5.2.1.3　大偏心受拉构件正截面的承载力计算

1. 破坏特征

当轴向拉力 N 作用在钢筋 A_s 合力点和 A'_s 合力点之外时，靠近 N 一侧的混凝土受拉开裂，受拉混凝土退出工作，拉力全部由受拉区受拉钢筋 A_s 承担，并首先达到屈服；另一侧混凝土受压，所以横向裂缝不会贯通整个截面。构件破坏时，靠近 N 一侧的受拉钢筋达到抗拉屈服强度，另一侧的受压钢筋达到抗压屈服强度，受压区边缘混凝土达到极限压应变而压碎(图 5-3)。

2. 计算公式

由图 5-3 截面上内、外力的平衡条件，可得

$$N \leqslant f_y A_s - f'_y A'_s - \alpha_1 f_c b x \tag{5-6}$$

由截面上内、外力对受拉钢筋的合力点取矩的力矩平衡条件，可得

$$Ne \leqslant \alpha_1 f_c b x \left(h_0 - \frac{x}{2} \right) + f'_y A'_s (h_0 - a'_s) \tag{5-7}$$

式中，e 为轴向力作用点至纵向受拉钢筋 A_s 合力点之间的距离，$e = e_0 - \dfrac{h}{2} + a_s$，其中 $e_0 = \dfrac{M}{N}$。

3. 适用条件

(1) $\xi = \dfrac{x}{h_0} \leqslant \xi_b$，即 $x \leqslant \xi_b h_0$。

(2) $x \geqslant 2a_s'$。

ξ_b 的取值见表 3-2。

当采用对称配筋时,由于 $f_y = f_y'$ 和 $A_s = A_s'$,代入公式(5-6),必然会求得 x 为负值,即 $x < 2a_s'$,这与偏心受压构件类似,取 $x = 2a_s'$,近似假定受压区混凝土的压力与受压钢筋承受的压力作用点相重合。此时,可对 A_s' 合力点取矩,求出

$$Ne' \leqslant f_y A_s (h_0 - a_s')$$

$$A_s = \frac{Ne'}{f_y(h_0 - a_s')} \tag{5-8}$$

式中,e' 为轴向力作用点至纵向受压钢筋 A_s' 合力点之间的距离,$e' = e_0 + \dfrac{h}{2} - a_s'$。

4. 对称配筋截面设计和截面复核

(1) 截面设计。用式(5-6),得 x 为负值,则取 $x = 2a_s'$,由式(5-8)可得

$$A_s = A_s' = \frac{Ne'}{f_y(h_0 - a_s')}$$

(2) 截面复核。由于 $A_s = A_s'$ 已知,可直接由式(5-8)求得 N。

由上述计算可知,对于对称配筋,无论是大偏心受拉构件还是小偏心受拉构件,计算钢筋截面面积时,均可按式(5-8)进行计算。

5.2.2 构造要求

5.2.2.1 纵向受力钢筋

(1) 轴心受拉及小偏心受拉构件的纵向受力钢筋不得采用绑扎搭接接头。大偏心受拉构件当受拉钢筋的直径 $d > 28\text{mm}$ 及受压钢筋的直径 $d > 32\text{mm}$ 时,不宜采用绑扎搭接接头,同一构件的纵向受力钢筋接头位置宜错开,搭接长度不小于 $1.3l_a$,且不小于 200mm。

(2) 为避免配筋过少而引起脆性破坏,偏心受拉、轴心受拉构件一侧的受拉钢筋的最小配筋率不应小于 0.2% 和 $45f_t/f_y$ 中的较大值。

(3) 受力钢筋沿截面周边均匀对称布置,并宜选择直径较小的钢筋。

5.2.2.2 箍筋

(1) 在受拉构件中,与纵向受力钢筋相垂直放置的箍筋,其作用是与纵向受力钢筋形成骨架,固定纵向受力钢筋在截面中的位置,与构件的受力无关。

(2) 箍筋直径一般为 $6 \sim 8\text{mm}$,箍筋间距不宜大于 200mm。

【例题 5-2】 某构件承受轴向拉力设计值 $N = 100\text{kN}$,弯矩设计值为 $M = 30\text{kN} \cdot \text{m}$,混凝土强度等级为 C20,钢筋采用 HRB335 级,截面尺寸为 $b \times h = 300\text{mm} \times 450\text{mm}$,$a_s = a_s' = 35\text{mm}$,采用对称配筋。试求该构件的钢筋截面面积 A_s' 和 A_s。

【解】 (1) 判别大、小偏心受拉

$$e_0 = \frac{M}{N} = \frac{30 \times 10^6}{100 \times 10^3} = 300\text{mm} > \frac{h}{2} - a_s' = \frac{450}{2} - 35 = 190\text{mm}$$

属大偏心受拉构件，$e' = e_0 + \dfrac{h}{2} - a'_s = 300 + \dfrac{450}{2} - 35 = 490\text{mm}$。

由式(5-8)得

$$A_s = A'_s = \frac{Ne'}{f_y(h_0 - a'_s)} = \frac{100 \times 10^3 \times 490}{300 \times (415 - 35)} = 430\text{mm}^2$$

$$> \rho_{\min} bh = 0.2\% \times 300 \times 450 = 270\text{mm}^2$$

每侧配置 $3 \; \underline{\Phi} \; 14(A'_s = A_s = 461\text{mm}^2)$。

【例题 5-3】 对称配筋矩形截面偏心受拉构件，截面尺寸 $b \times h = 300\text{mm} \times 400\text{mm}$，$a_s = a'_s = 35\text{mm}$。混凝土强度等级采用 C20，钢筋采用 HRB400 级，纵向受力钢筋每侧为 $3 \; \underline{\Phi} \; 20(A_s = A'_s = 941\text{mm}^2)$，承受弯矩设计值为 $M = 85\text{kN} \cdot \text{m}$。试确定该截面所能承受的最大轴向拉力。

【解】

$$e_0 = \frac{M}{N} = \frac{85 \times 10^6}{N}$$

$$e' = e_0 + \frac{h}{2} - a'_s = \frac{85 \times 10^6}{N} + \frac{400}{2} - 35$$

根据式(5-8)，则

$$941 = \frac{N \cdot \left(\dfrac{85 \times 10^6}{N} + \dfrac{400}{2} - 35 \right)}{360 \times (365 - 35)}$$

得 $N = 162.4\text{kN}$。

思考题

1. 如何区分大、小偏心受拉构件？
2. 矩形截面大、小偏心受拉构件的破坏形态有何不同？
3. 偏心受拉构件计算中，为什么不考虑二阶效应的附加弯矩的影响？

习　题

一、判断题

1. 钢筋混凝土大偏心受拉构件，当出现 $x < 2a'_s$ 时，表明 Ne 值较小，而设置的 A'_s 较多。　　　　　（　　）
2. 钢筋混凝土大偏心受拉构件，必须满足适用条件 $x \leqslant 2a'_s$。　　　　　（　　）

二、单项选择题

1. 两个截面尺寸、材料相同的钢筋混凝土轴心受拉构件，在即将开裂时，配筋率高的钢筋应力比配筋率低的钢筋应力（　　　）。

　　A. 高　　　　　　　　B. 低　　　　　　　　C. 基本相等

2. 轴心受拉构件正截面承载力计算中，截面上的拉应力（　　　）。

　　A. 全部由混凝土和纵向钢筋承担　　　B. 全部由混凝土和部分纵向钢筋共同承担

　　C. 全部由纵向钢筋承担　　　　　　　D. 全部由混凝土承担

3. 当轴向拉力 N 偏心距为（　　　）时，属于小偏心受拉构件。

A. $e_0 > h/2 - a'_s$ 　　　　　　B. $e_0 < h/2 - a'_s$

C. $e_0 \leqslant h/2 - a'_s$ 　　　　　D. $e_0 \geqslant h/2 - a'_s$

4. 矩形截面大偏心受拉构件破坏时,截面上(　　)。

　　A. 有受压区 　　　　　　　　　B. 无受压区

　　C. 轴向拉力 N 大时,有受压区 　　D. 轴向拉力 N 小时,有受压区

5. 钢筋混凝土大偏心受拉构件的承载力主要取决于(　　)。

　　A. 受拉钢筋的强度和数量 　　　B. 受压钢筋的强度和数量

　　C. 受压混凝土的强度 　　　　　D. 与受压混凝土的强度和受拉钢筋的强度无关

三、计算题

1. 钢筋混凝土轴心受拉构件,截面尺寸 $b \times h = 150\text{mm} \times 150\text{mm}$,混凝土强度等级为 C20,配有 4 ⏀ 14HRB400 钢筋,构件承受轴向拉力为 $N = 220\text{kN}$。试验算该构件能否满足承载力的要求。

2. 钢筋混凝土矩形截面偏心受拉构件,截面尺寸 $b \times h = 300\text{mm} \times 400\text{mm}$,承受轴心拉力设计值为 $N = 710\text{kN}$,弯矩设计值为 $M = 85\text{kN} \cdot \text{m}$,混凝土采用 C30,钢筋采用 HRB400 级($f_y = 360 \text{ N/mm}^2$),$a_s = a'_s = 40\text{mm}$,采用对称配筋,求 A'_s 和 A_s,并绘出配筋图。

第6章　楼盖结构

本章重点：

主要讨论混凝土楼盖的分类及其计算方法和构造要求，以及楼梯的分类及配筋构造要求。

学习要求：

（1）对于现浇整体式单向板肋梁楼盖，要求熟练掌握其内力按弹性理论及考虑塑性内力重分布的计算方法，熟悉连续梁板设计特点及配筋构造要求。

（2）了解现浇整体双向板肋梁楼盖要求和掌握其内力按弹性理论的计算方法和配筋构造要求。

（3）了解几种常用楼梯结构的受力特点应用场合及配筋构造要点。

6.1　概　述

平面楼盖是建筑结构的重要组成部分，常用的楼盖为混凝土楼盖结构。混凝土楼盖结构由梁、板组成，是一种水平承重体系，属于受弯构件。对于6～12层的框架结构，楼盖用钢量占全部用钢量的50％左右；对于混合结构，其用钢量主要在楼盖中。因此，混凝土楼盖结构造型与平面布置的合理性、结构设计与构造的正确性对达到建筑结构设计"安全、可靠、经济、适用、美观"的基本目的具有非常重要的意义。

6.1.1　楼盖的分类

6.1.1.1　按施工方法分

混凝土楼盖按施工方法可分为现浇整体式、装配式和装配整体式三种类型。

1. 现浇整体式楼盖

现浇整体式楼盖具有整体刚性好、抗震性能强、防水性能好及适用于特殊布局的楼盖等优点，因此，被广泛应用于多层工业厂房、平面布置复杂的楼面、公共建筑的门厅部分、有振动荷载作用的楼面、高层建筑楼面及有抗震要求的楼面。现浇整体式楼盖的缺点是模板用料多、施工湿作业量大、速度慢。但随着施工技术的不断革新与重复使用工具式钢模板的推广，现浇结构的应用将会逐渐增多。

2. 装配式楼盖

装配式楼盖由预制梁、板组成，具有施工速度快、便于工业化生产和机械化施工、节约劳动力和节省材料等优点，在多层房屋中得到广泛应用。但是，这种楼盖整体性、抗震性和防水性均较差，楼面开孔困难，因此，其应用范围受到较大限制。

3. 装配整体式楼盖

装配整体式楼盖,即将各预制构件(包括梁和板)在吊装就位后,通过一定的措施使之成为整体。目前常用的整体措施有板面作配筋现浇层、叠合梁以及各种焊接连接等。装配整体式楼盖集现浇与装配式楼盖的优点于一体,与现浇式楼盖相比,可减少支模和混凝土施工湿作业量;与装配式楼盖相比,其整体刚度及抗震性能均大大提高,故对于某些荷载较大的多层工业厂房、高层建筑以及有抗震设防要求的建筑,可采用这种结构形式。但是,这种楼盖要进行混凝土二次浇灌,且往往增加焊接工作量,影响施工进度。

6.1.1.2 按结构类型分

混凝土楼盖按结构形式可分为肋梁楼盖、井式楼盖、密肋楼盖和无梁楼盖形式。

1. 肋梁楼盖

肋梁楼盖一般由板、次梁和主梁组成(图 6-1(a))。板的四周可支承在次梁、主梁或砖墙上。当板的长边 l_2 与短边 l_1 的比值较大时,板上荷载主要是沿 l_1 方向传递到支承构件上,而沿 l_2 方向传递的荷载很少,可以略去不计(图 6-1(b))。当 l_2 与 l_1 相差较小时,板上的荷载将通过两个方向传递到相应的支承构件上(图 6-1(c))。为了简化计算,设计中近似认为:按弹性理论计算时,对于 $l_2/l_1 > 3$,荷载沿短方向传递的,称为单向板,由它组成的楼盖称为单向板肋梁楼盖;对于 $l_2/l_1 \leqslant 2$,荷载沿两个方向传递的,称为双向板,由它组成的楼盖称为双向板肋梁楼盖;当 $3 > l_2/l_1 > 2$ 时,宜按双向板计算,也可按单向板计算,但需沿板的长边方向布置足够数量的构造钢筋。

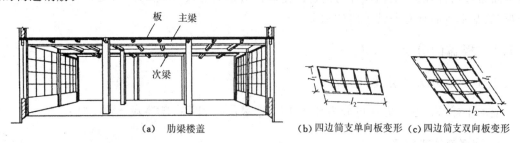

(a) 肋梁楼盖　　　　(b)四边简支单向板变形　(c)四边简支双向板变形

图 6-1　肋梁楼盖

肋梁体系是一种最普遍的现浇结构,既可用于房屋建筑的楼面和屋面,也常用于房屋的片筏式基础和储水池等结构,其跨度一般为 6～8m。

2. 井式楼盖

井式楼盖由肋梁楼盖演变而成,是一种特殊的肋梁楼盖。井式楼盖的主要特点是两个方向的梁高相等,且同位相交(图 6-2)。井式楼盖梁布置成井字形,两个方向的梁不分主次,共同直接承受板传来的荷载,板为双向板。

井式楼盖的跨度较大,某些公共建筑门厅及要求设置多功能大空间的大厅,常采用井式楼盖。如北京政协礼堂井式楼盖,其跨度为 28.5m×28.5m。

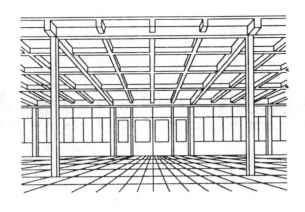

图 6-2　井式楼盖

3. 密肋楼盖

密肋楼盖与单向板肋梁楼盖的受力特点相似,肋相当于次梁,但间距密,一般为 0.9～1.5m,因而称为密肋楼盖(图 6-3)。

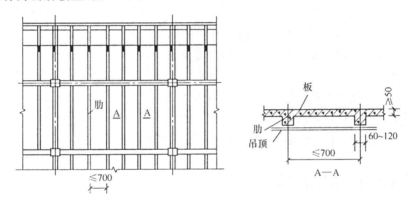

图 6-3　密肋楼盖(单位:mm)

密肋楼盖多用于跨度大而梁高受限制的情况,筒体结构的角区楼板往往也采用双向密肋楼盖。现浇非预应力混凝土密肋板跨度不大于 9m,预应力混凝土密肋板跨度可达 12m。

4. 无梁楼盖

无梁楼盖是将混凝土板直接支承在混凝土柱上,而不设置主梁和次梁(图 6-4)。无梁楼盖是一种双向受力楼盖,其楼面荷载由板通过柱直接传给基础。无梁楼盖的特点是结构传力简洁,由于无梁,故扩大了楼层净空或降低了结构高度,底面平整,模板简单,施工方便。

无梁楼盖按有无柱帽可分为无柱帽无梁楼盖(图 6-4(a))和有柱帽无梁楼盖(图 6-4(b)),按施工程序可分为现浇式无梁楼盖和装配整体式无梁楼盖。目前,在书库、冷库、商业建筑及地下车库的楼盖中应用较多。

由于楼盖结构是建筑结构的主要组成部分,近十多年来,我国在混凝土楼盖结构方面进行了很多改革和尝试,摸索出了一定的经验,楼盖形式逐渐趋于多样化,一些新结构和新技术不断涌现。如叠合楼盖、双向受力楼盖、预应力混凝土楼盖的广泛应用,取得了良好的社会效益和经济效益;特别是无粘结预应力混凝土技术的推广应用,进一步提高了楼盖结构的设计和施

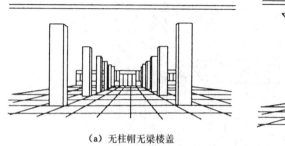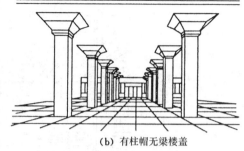

（a）无柱帽无梁楼盖 （b）有柱帽无梁楼盖

图 6-4　无梁楼盖

工水平。目前我国采用无粘结预应力楼板层数最多的建筑物为广州国际大厦，63 层，高 198m。

6.1.2　楼盖设计的基本内容

本章重点介绍现浇肋梁楼盖（包括单向板肋梁楼盖和双向板肋梁楼盖）的设计方法，同时对装配式楼盖及楼梯等设计要点加以简单介绍。

现浇肋梁楼盖的设计包括下面几方面内容：

（1）根据建筑平面和墙体布置，确定柱网和梁系尺寸；

（2）建立计算简图；

（3）根据不同的楼盖类型，选择合理的计算方法分析梁板内力；

（4）进行板的截面设计，并按构造要求绘制板的配筋图；

（5）进行梁的截面设计，并按构造要求绘制梁的配筋图。

6.2　现浇单向板肋梁楼盖

6.2.1　结构布置

结构布置是结构设计的一个重要环节。在肋梁楼盖中，结构布置包括柱网、承重墙、梁格及板的布置。肋梁楼盖结构布置应遵循下列原则。

1. 充分满足建筑功能要求

柱网、承重墙及梁格的布置应充分考虑建筑功能要求。一般情况下，柱网尺寸宜尽可能大，内柱尽可能少。结构布置应尽量考虑建筑物的可持续发展需要，适当兼顾近期使用要求和长期发展的可能性。

2. 尽量保证结构布置合理、造价经济

结构布置属概念设计范畴。梁格布置应尽可能整齐划一，避免零乱，梁宜拉通，荷载传递直接，施工支模方便。根据设计经验和经济分析，一般板的跨度以 1.7～2.7m 为宜，次梁跨度以 4.0～6.0m 为宜，主梁跨度以 5.0～8.0m 为宜。

主梁的布置应综合考虑柱网及房屋刚度等因素。为增强房屋横向刚度，主梁一般沿房屋横向布置（图 6-5(a)），并与柱构成平面内框架或平面框架，其抵抗水平荷载的侧向刚度较大。

各种框架与纵向次梁或连系梁形成空间结构,因此,房屋的整体刚度较好。此外,由于主梁与外墙面垂直,窗扇高度可以较高,有利于室内采光。当横向柱距大于纵向柱距较多时,也可沿纵向布置主梁(图 6-5(b))。这样,次梁跨度虽大,但间距较小,承受的荷载较小;主梁荷载虽大,但沿纵向布置后,跨度减小,不仅可减少内力,截面尺寸也可相应减小,故增加了房屋净高,并使天花板采光比较均匀。中间有内走廊的房屋(如教学楼),常可采用内纵墙承重,此时,可仅设次梁而不设主梁(图 6-5(c))。

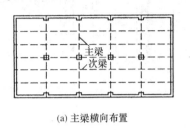
(a) 主梁横向布置

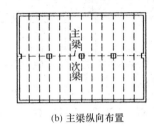
(b) 主梁纵向布置

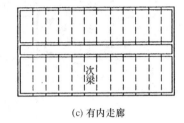
(c) 有内走廊

图 6-5　梁格布置

一般地,主梁和次梁不应搁置于门窗洞口上,否则应增设过梁。特别是主梁,在砖墙承重的房屋中,应力求将其布置在窗间墙上。在楼面较大孔洞的四周、楼面上安放有机器设备或有悬吊设备的位置或非轻质隔墙下,均应设置承重梁,以避免楼板直接承受集中荷载。

6.2.2　按弹性理论计算单向板肋梁楼盖

单向板肋梁楼盖按弹性理论的计算方法是将混凝土梁、板视为理想弹性体,按结构力学方法计算其内力。

6.2.2.1　计算简图

在内力分析之前,应按照尽可能符合结构实际受力情况和简化计算的原则,确定结构构件的计算简图,其内容包括支承条件的简化、杆件的简化和荷载的简化。

1. 支承条件的简化

对图 6-6 所示的混合结构,楼盖四周为砖墙承重,梁(板)的支承条件比较明确,可按铰支(或简支)考虑。但是,对于与柱现浇整体的肋梁楼盖,梁(板)的支承条件与梁柱的线刚度有关。

对于支承在混凝土柱上的主梁,其支承条件应根据梁柱的线刚度比确定。计算表明,如果主梁与柱的线刚度比不小于 3,则主梁可视为铰支于柱上的连续梁,否则,梁柱将形成框架结构,主梁应按框架横梁计算。

对于支承于次梁上的板或支承于主梁上的次梁,可忽略次梁或主梁的弯曲变形的影响,且不考虑支承处节点的刚性,将其支座视为不动铰支座,按连续板或连续梁计算。由此引起的误差将在计算荷载和内力时适当调整。

2. 杆件的简化

杆件的简化包括梁、板的计算跨度和跨数的简化。梁和板的计算跨度 l_0 是指构件在计算内力时所采用的跨度,即计算简图中支座反力间的距离,其值与支承条件、支承长度 a 和构件

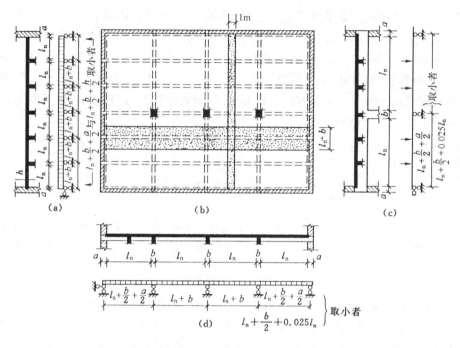

图 6-6　单向板肋梁楼盖计算简图

的抗弯刚度等因素有关。

对于 5 跨和 5 跨以内的连续梁(板),跨数按实际考虑。对于 5 跨以上的等跨连续梁(板),由于两侧边跨对中间跨内力影响很小,一般仍按 5 跨连续梁(板)计算,即除每侧两跨外,所有中间跨均按第三跨计算。

当连续梁(板)各跨计算跨度不等但相差不超过 10% 时,仍可近似按等跨连续梁(板)计算。

3. 荷载的简化

作用在楼盖上的荷载分为永久荷载(恒载)和可变荷载(活荷载)。恒载是指梁、板结构自重,楼层构造层(地面、顶棚)重量以及永久性设备重量。活荷载包括人群、设备和堆料等的重量。

恒载的标准值可按选用的构件尺寸、材料和结构构件的单位重确定,常用材料单位重可查《建筑结构规范》,一般以均布荷载形式作用在构件上。民用建筑楼面上的均布活荷载可由《建筑结构规范》查得。工业建筑楼面在生产使用或检修、安装时,由设备、运输工具等引起的局部荷载或集中荷载,均应按实际情况考虑,也可用等效均布活荷载代替。

板上荷载通常取宽度为 1m 的板带进行计算,如图 6-6 所示。因此,计算板带跨度方向单位长度上的荷载即为 $1m^2$ 上的板面荷载。次梁除自重(包括构造层)外,还承受板传来的均布荷载。主梁除自重(包括构造层)外,还承受次梁传来的集中力。为简化计算,一般在确定板传递给次梁的荷载、次梁传给主梁的荷载以及主梁传递给柱(墙)的荷载时,均忽略结构的连续性而按简支梁计算。另外,由于主梁自重较次梁传递的集中力小得多,一般也折算成集中荷载。

必须指出,现行《建筑结构规范》中规定的楼面活荷载标准值是取其设计基准期内具有足够保证率的荷载值。实际上,活荷载的数值和作用位置都是变化的,整个楼面同时满布活荷载且均达到足够大的量值的可能性极小。因此,《建筑结构规范》中规定,设计板时,由于其负荷面积小,满载有可能,故活荷载不折减。设计梁、柱、墙和基础时,当负荷面积大时,满载及同时达到标准值的可能性小,故应按《建筑结构规范》中有关要求将楼面活荷载乘以适当的折减系数。

4. 折算荷载

如前所述,在确定肋梁楼盖的计算简图时,假定其支座为铰支承,而实际工程中,板与次梁、次梁与主梁皆为整体连接,因此,这种简化实质上是忽略了次梁对板、主梁对次梁在支承处的转动约束作用。

为了合理考虑这一有利影响,在设计中,一般采用增大恒载而相应地减小活荷载的办法来处理,即以折算荷载代替实际荷载(图 6-7)。对于板和次梁,其折算荷载取下值:

板 $$g' = g + \frac{q}{2}, \quad q' = \frac{q}{2} \tag{6-1}$$

次梁 $$g' = g + \frac{q}{4}, \quad q' = \frac{3}{4}q \tag{6-2}$$

式中 g', g——分别为折算恒载和实际恒载;

q', q——分别为折算活荷载和实际活荷载。

当板或次梁搁置在砖墙或钢梁上时,则不作此调整,应按实际荷载进行计算。对于主梁,一般计算时不考虑折算荷载。这时,因为主梁与柱整体连接,当柱刚度较小时,柱对梁的约束作用很小,可以忽略其影响。若柱刚度较大时,则应按框架计算结构内力。

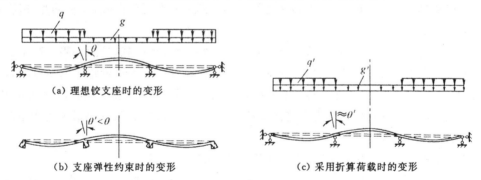

(a) 理想铰支座时的变形

(b) 支座弹性约束时的变形

(c) 采用折算荷载时的变形

图 6-7 折算荷载

6.2.2.2 荷载的最不利组合及内力包络图

图 6-8 为 5 跨连续梁(板)在不同荷载布置情况下的弯矩图和剪力图。当荷载作用在不同跨间时,在各截面产生的内力不同。由于活荷载作用位置的可变性及各跨荷载相遇的随机性,故在设计连续梁、板时,存在一个如何将恒载和活荷载合理组合起来而使某一指定截面的内力为最不利的问题,这就是荷载最不利组合问题。

通过分析图 6-8(b)—(f)中梁上弯矩和剪力图的变化规律及其不同组合后的效果,所以得出确定截面最不利活荷载布置的原则:

(1)求某跨跨中最大正弯矩时,应在该跨布置活荷载,然后向其左右每隔一跨布置活荷载。

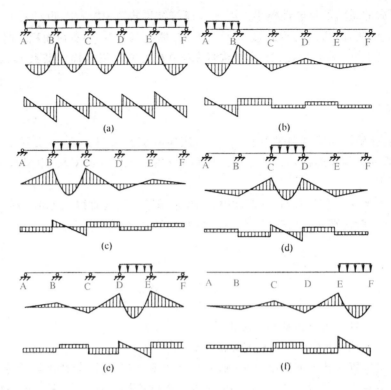

图 6-8 荷载不同布置连续梁的弯矩、剪力图

（2）求某跨跨中最大负弯矩（即最小弯矩）时，该跨应不布置活荷载，而在两相邻跨布置活荷载，然后每隔一跨布置。

（3）求某支座最大负弯矩时，应在该支座左、右两跨布置活荷载，然后每隔一跨布置。

（4）求某支座截面最大剪力时，其活荷载布置与求该支座最大负弯矩时的布置相同。

例如，对图 6-8 所示 5 跨连续梁，当求 1,3,5 跨跨中最大正弯矩时，应将活荷载布置在 1,3,5 跨；而求其跨中最小弯矩时，则应将活荷载布置在 2,4 跨；当求 B 支座最大负弯矩时，应将活荷载布置在 1,2,4 跨；等等。

值得指出的是，无论哪种情况，梁上恒载应按实际情况布置。

荷载布置确定后，即可按结构力学方法进行连续梁的内力计算。任一截面可能产生的最不利内力（弯矩或剪力），等于该截面在恒载作用下的内力加上其在相应的活荷载最不利组合时产生的内力。

将各控制截面在荷载最不利组合下的内力图（包括弯矩图和剪力图）绘在同一图中，其外包线表示各截面可能出现的内力的最不利值，这些外包线即被称为内力包络图。图 6-9 为一 5 跨连续梁的弯矩包络图和剪力包络图。不论活荷载如何布置，梁上任一截面产生的弯矩或剪力总不会超过其弯矩或剪力包络图的范围。

绘制弯矩包络图的步骤如下：

（1）根据某一控制截面的最不利荷载布置求出相应的两边支座弯矩，以支座弯矩间连线为基线。

（2）以基线为准逐跨绘出在相应荷载作用下的简支弯矩图。通常将每跨等分为 10 段，跨度中心截面弯矩为 100%，其两侧各截面弯矩分别近似为 96%,84%,64%,36% 和 0%。

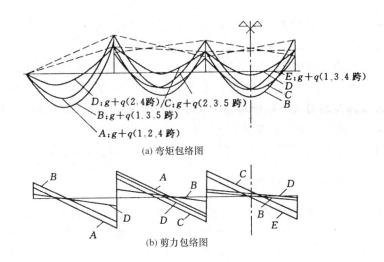

(a) 弯矩包络图

(b) 剪力包络图

图 6-9　内力包络图

（3）重复步骤（1），（2），将各控制截面的最不利荷载组合下的弯矩图逐个叠加。

（4）用粗线勾划出其外包线，即得到所求的弯矩包络图。

对等跨梁，由于发生跨中最大弯矩和最小弯矩的支座弯矩相同，故边跨 3 种组合只有 2 根基线，内跨 4 种组合只有 3 根基线。

利用类似方法可绘出剪力包络图。

弯矩包络图及剪力包络图中的内力值是进行连续梁截面设计、确定梁中所需纵向钢筋和腹筋数量的依据。利用弯矩包络图，还可较准确地确定钢筋的弯起和截断位置，即绘制相应的材料包络图。这将在本节的后面部分详细介绍。

6.2.2.3　支座截面内力计算

按弹性理论计算时，中间跨的计算跨度取支承中心线间的距离，因而其支座最大负弯矩将发生在支座中心处，在与支座整体连接的梁、板中，该处截面较高，故实际计算弯矩应按支座边缘处（1—1 截面）取用（图 6-10）。此截面弯矩、剪力计算值为

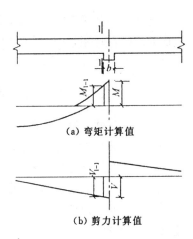

(a) 弯矩计算值

(b) 剪力计算值

图 6-10　支座宽度影响

$$M_{1\text{-}1} = M - V_0 \frac{b}{2} \tag{6-3}$$

$$V_{1\text{-}1} = V - (g+q)\frac{b}{2} \tag{6-4}$$

式中　M, V——支座中心处截面上的弯矩和剪力；

　　　V_0——按简支梁计算的支座剪力；

　　　b——支座宽度；

　　　g, q——作用在梁上的均布恒载和均布活荷载。

6.2.3　单向板肋梁楼盖考虑塑性内力重分布的计算

按上述弹性方法计算的内力包络图选择截面及配筋足以保证结构安全，但它存在四个缺点：

（1）钢筋混凝土由两种材料组成,混凝土是弹塑性材料,钢筋屈服后也表现塑性,按弹性理论计算其内力,不能反映结构内材料实际工作情况。

（2）在构件承载力计算中,考虑了钢筋和混凝土的塑性性能,采用了塑性计算理论,而梁、板结构内力分析时不考虑塑性变形,系按弹性计算理论计算,造成计算理论的不统一。

（3）跨中及支座截面最大弯矩绝对值不是在同一组荷载作用下发生的,跨中、支座截面不能同时充分利用,这将造成材料的浪费。

（4）弹性理论计算支座弯矩一般大于跨中弯矩,支座配筋拥挤,不便施工。

6.2.3.1　混凝土受弯构件的塑性铰

混凝土受弯构件的塑性铰是其塑性分析中的一个重要概念。由于钢筋和混凝土材料所具有的塑性性能,使构件截面在弯矩作用下产生塑性转动。塑性铰的形成是结构破坏阶段内力重分布的主要原因。下面以图 6-11 所示跨中受集中荷载作用的简支梁为例,着重研究混凝土受弯构件塑性铰的特性。

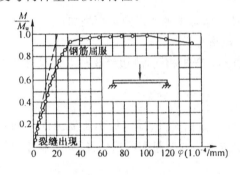

图 6-11　实测 $M\text{-}\varphi$ 关系曲线

如图 6-11 所示,梁跨中截面在各级荷载作用下,根据实测的应变 ε_s、ε_c 及 h_0 值而绘制的弯矩与曲率（$M\text{-}\varphi$）关系曲线,其中 $\varphi=(\varepsilon_s+\varepsilon_c)/h_0$。

（1）塑性铰能承受、传递相当于截面屈服时的弯矩,理想铰只能沿弯矩作用方向作有限的转动,不能传递弯矩;

（2）塑性铰发生不是集中于一点,在一段局部变形很大的区域,理想铰集中于一点;

（3）塑性铰转动能力有一定的限制。

对于静定结构,任一截面出现塑性铰,变成几何可变体系丧失承载能力;对于超静定结构,存在多余约束,某一截面出现塑性铰并不能马上变成几何可变体系,构件可能继续承受增加的荷载,直到其他截面也出现塑性铰,结构成为几何可变体系才丧失承载能力。

6.2.3.2　混凝土超静定结构的内力重分布

（1）塑性材料超静定结构达到承载能力极限状态的标志不是一个截面的屈服,而是整个结构破坏形成机构,即当塑性铰数多于超静定次数,结构才破坏。

（2）塑性材料超静定结构的破坏过程是:先在一个或几个截面出现塑性铰,随着荷载的增加,塑性铰在其他截面上陆续出现,直到结构的整体或局部形成破坏机构为止。

（3）梁处于弹性阶段工作时,例如,支座弯矩与跨中弯矩之比为 6:5 时,若继续加载,上述比值明显改变,即支座弯矩几乎不增加,而跨中弯矩逐渐增加,最后二者弯矩之比变为 1:1。也就是在塑性铰出现以后的加载过程中,由于计算图式的改变,从而使内力经历了一个重新分布的过程,称为塑性内力重分布。

（4）塑性材料的超静定结构从形成塑性铰到形成破坏机构之间,其承载力还有相当的储备。如果在设计中充分利用这部分储备,就可以节省材料,提高经济效益。

（5）塑性铰出现的位置、次序及内力重分布程度可根据需要人为控制。

（6）塑性内力重分布的发展程度主要取决于塑性铰的转动能力。如果先出现的塑性铰都具有足够的转动能力,即能保证最后一个使结构变为几何可变体系的塑性铰的形成,称为完全的内力重分布;如果在塑性铰转动过程中混凝土被压碎,而这时另一塑性铰尚未形成,则称为不完全的内力重分布,在设计中应予以避免。

(7)按弹性理论计算内力分布不但符合平衡条件而且符合变形协调条件,按塑性内力重分布理论计算虽然仍符合平衡条件,但变形协调关系在塑性铰截面处已不再适用。因此,钢筋混凝土构件在内力重分布过程中,梁的变形及塑性铰区各截面的裂缝开展值都较大。所以,经弯矩调整后,构件在使用阶段不应出现塑性铰,这一点可通过控制极限荷载与使用荷载比值达到。

6.2.3.3 考虑塑性内力重分布的计算方法

1. 连续梁板考虑塑性内力重分布的计算方法——调幅法

在弹性理论计算的弯矩包络图基础上,将选定的某些支座截面较大的弯矩值按内力重分布的原则加以调整,然后进行配筋计算即为调幅法。

2. 塑性内力计算法(弯矩调幅法)设计原则

(1)支座弯矩不能减少太多。为避免过早使支座出现塑性铰和内力重分布过程过长而使裂缝开展过宽,变形过大,影响正常使用,对支座弯矩减少幅度应有一定限制。一般情况下,支座弯矩的调幅控制在30%以内,即$(M_e - M')/M_e \leq 0.3$。

(2)保证有较充分的塑性铰转动过程。由于塑性铰的转动幅度与配筋率有关,为避免受压区混凝土的过早破坏,以实现完全的内力重分布,塑性铰截面的最大配筋率应较一般截面的最大配筋率为低,钢筋且宜用 HPB300 级、HRB335 级,混凝土宜采用强度等级为 C20—C45,塑性铰截面中混凝土受压高度不大于 $0.35h_0$(h_0 是截面有效高度)。

(3)为尽可能多地节约钢材,以及从支座构造简单等方面考虑,设计时应取下述计算跨中截面弯矩的较大值:调整后的跨中截面弯矩应尽量接近按弹性方法计算的原包络图中的跨中弯矩;满足静力平衡条件,每跨调整后的两端支座弯矩的平均值与跨中弯矩的绝对值之和应不小于该跨按简支梁计算的跨中弯矩,即

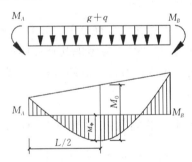

图 6-12　连续梁任意跨内外力的极限平衡

$$\frac{M_A + M_B}{2} + M_{中} \geq M_0 \qquad (6-5)$$

式中,M_A,M_B 和 $M_{中}$ 为支座 A,B 和跨中截面塑性铰上的弯矩,如图 6-12 所示。

(4)调幅后,支座及跨中控制截面的弯矩值均不能小于 $M_0/3$。

3. 等跨连续梁、板的内力计算

根据上述原则,经过内力调整,并考虑到计算的方便,推导出等跨连续梁及连续板在均布荷载作用下内力的计算公式,设计时可直接利用这些计算公式计算内力。

弯矩:
$$M = \alpha(g + q)l_0^2 \qquad (6-6)$$

式中　α——弯矩系数,板和次梁分别按图 6-13 和图 6-14 所示数据采用;

　　　g,q——分别为均布恒荷载与活荷载;

l_0——计算跨度,当支座和板或次梁整体连接时,取净跨 l_n;当端支座简支在砖墙上时,板的端跨等于净跨加板厚的一半,梁的端跨取净跨加支座宽度的一半或 $0.025l_n$(取其中较小值)。

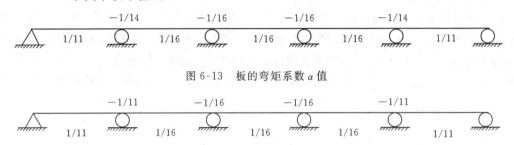

图 6-13 板的弯矩系数 α 值

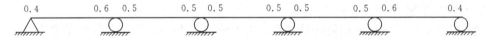

图 6-14 次梁的弯矩系数 α 值

次梁的剪力:
$$V = \beta(g + h)l_n \tag{6-7}$$

式中　β——剪力系数,按图 6-15 所示数据采用;

　　　l_n——净跨度。

相邻跨度相差小于 10% 的不等跨连续板和次梁,支座弯矩按相邻较大的计算跨度计算,跨中弯矩按本跨跨度计算。

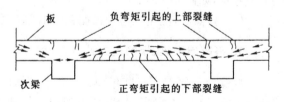

图 6-15 次梁的剪力系数 β 值

4. 适用范围

采用塑性内力重分布的计算方法,构件的裂缝开展较宽,变形较大。因此,在下列结构的承载力计算时,不应考虑其塑性内力重分布,而应该按弹性理论计算其内力:①直接承受动力荷载和疲劳荷载作用的结构;②裂缝控制等级为一级或二级的结构构件;③处于侵蚀环境中的结构。

6.2.4　单向板肋梁楼盖的截面设计与构造要求

6.2.4.1　板的计算与构造要求

1. 计算要点

(1) 一般多跨连续板可考虑用塑性内力重分布计算内力。

(2) 连续板在荷载作用下进入极限状态时,跨中下部及支座附近的上部出现许多裂缝,受拉区混凝土退出工作,受压混凝土沿梁跨方向形成一受压拱带(图 6-16)。当板的周边具有足够的刚度时,在竖向荷载作用下将产生板平面内的水平推力,导致板中各截面弯矩减小。

图 6-16 连续板的拱作用

因此,在《混凝土结构规范》中规定,对于四周与梁整体连接的板,中间跨的跨中截面及中间支座截面的计算弯矩可减少20%,对其他截面,则不予降低。

(3) 板的配筋计算,一般只需对控制截面(各跨跨内最大弯矩截面及各支座截面)进行计算。各控制截面钢筋面积确定后,应按先内跨后外跨、先跨中后支座的顺序选择钢筋直径及间距,以使跨数较多的内跨钢筋用量与计算值尽可能一致,并使支座截面能尽可能利用跨中弯起的钢筋,达到经济合理的目的。

(4) 由于板宽度较大且承受荷载较小,一般能满足斜截面抗剪承载力要求,故不需进行抗剪承载力计算。

2. 构造要求

1) 一般规定

板的混凝土强度等级不宜低于C20。混凝土保护层最小厚度不应小于15mm。

由于楼盖中板的混凝土用量占整个楼盖凝土用量的50%～70%,因此,板厚应尽可能接近构造要求的最小板厚:工业建筑楼面为70mm,民用建筑楼面为60mm,屋面为60mm。此外,按刚度要求,板厚还应不小于其跨长的1/40(连续板)或1/35(简支板)。

板的支承长度应满足受力钢筋在支座内锚固的要求,且一般不小于板厚,当搁置在砖墙上时,不小于120mm。

2) 受力钢筋

板的纵向受力钢筋宜采用HPB300类别钢筋,其直径常用 ϕ 6, ϕ 8 及 ϕ 10。经济配筋率为0.4%～0.8%。为便于施工架立,支座负筋宜采用直径较大的钢筋。

受力钢筋间距不应小于70mm;当板厚 $h \leqslant 15$mm 时,间距不应大于200mm;当厚板 $h >$ 150mm 时,间距不应大于 $1.5h$,且不宜大于250mm。

连续板中受力钢筋的配置,可采用弯起式或分离式(图6-17)。确定连续板纵筋的弯起点和切断点,一般不必绘弯矩包络图。跨中承受正弯矩的钢筋,可在距支座 $l_0/10$ 处切断,或在 $l_0/6$ 处弯起。弯起角度一般为30°,当板厚大于120mm时,可为45°。伸入支座的正钢筋,其间距不应大于400mm,截面面积不小于跨中受力钢筋截面面积的1/3。

支座附近承受负弯矩的钢筋,可在距支座边不小于 a 的距离处切断,a 的取值如下:当 q/g $\leqslant 3$ 时,$a = l_n/4$;当 $q/g > 3$ 时,$a = l_n/3$。其中 g,q 分别为板上作用的恒载和活荷载设计值;l_n 为板的净跨。

为了保证受力钢筋锚固可靠,板内伸入支座的下部正钢筋如HPB300钢筋时采用半圆弯钩。上部负钢筋做成直钩,直接支撑于模板。

3) 分布钢筋

分布钢筋指与受力钢筋垂直布置的构造钢筋,其作用如下:①与受力钢筋组成钢筋网,固定受力钢筋位置;②抵抗收缩和温度变化所产生的内力;③承担并分布板上局部或集中荷载产生的内力。

分布钢筋应布置在受力钢筋的内侧,并应在全部受力钢筋的弯折处布置,并不得少于受力钢筋截面面积的15%,且不宜小于板截面面积的0.15%,其间距不应大于250mm,直径不宜小于6mm。

4) 长向支座处的负弯矩钢筋

现浇肋梁楼盖的单向板,实际上是周边支承板。靠近主梁的板面荷载将直接传给主梁,故

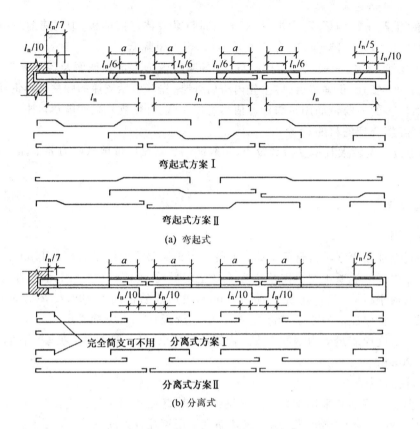

图 6-17　混凝土连续板受力钢筋两种配筋方式

产生一定的负弯矩。在《混凝土结构规范》中规定,应在板面沿主梁方向每米长度内配置不少于 5 ϕ 8 的附加钢筋,且其数量不得少于短向正弯矩钢筋的 1/3,伸出长向支承梁梁边长度不小于 $l_0/4$,l_0 为板的计算跨度(图 6-18)。

　　5) 嵌入墙内的板面附加筋

　　对嵌固在承重墙内的单向板,由于墙的约束作用,板内产生负弯矩,使板面受拉开裂。在板角部分,荷载、温度、收缩及施工条件等因素均会引起角部拉应力,导致板角发生斜向裂缝。图 6-19(a)所示为典型的板面裂缝分布。《混凝土结构规范》中规定,对于嵌于承重墙内的板,沿墙长每米内应配置 5 ϕ 8 的构造钢筋(包括弯起钢筋),伸出墙面长度应不小于 $l_1/7$。对两边嵌入墙内的板角部分,应双向配置上述构造钢筋,伸出墙面的长度应不小于 $l_1/4$(图 6-19(b)),l_1 为板的

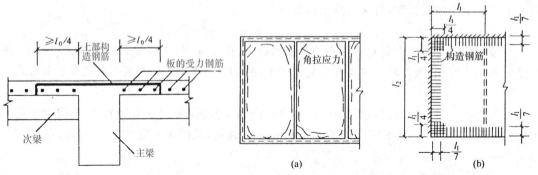

图 6-18　现浇板中与梁垂直的构造钢筋　　　　　图 6-19　嵌入墙内的板面附加钢筋

短边长度。沿板的受力方向配置的板部上部钢筋,其截面面积不宜小于该方向跨中受力钢筋截面面积的1/3,沿非受力方向配置的上部构造钢筋,可根据实践经验适当减少。

6)孔洞构造钢筋

板中开孔,截面削弱,应力集中,设计时,应采取适当措施予以加强。当孔洞的边长 b(矩形孔)或直径 D(圆形孔)不大于 300mm 时,由于削弱面积较小,可不设附加钢筋,板内受力钢筋可绕过孔洞,不必切断。

当边长 b 或直径 D 大于 300mm 但小于 1000mm 时,应在洞边每侧配置加强洞口的附加钢筋,其面积不小于洞口被切断的受力钢筋截面面积的1/2,且不少于 $2\phi8$。如仅按构造钢筋,每侧可附加 $2\phi8\sim2\phi12$ 的钢筋(图 6-20(a))。

当边长 b 或直径 D 大于 1000mm 且无特殊要求时,宜在洞边加设小梁(图 6-20(b))。

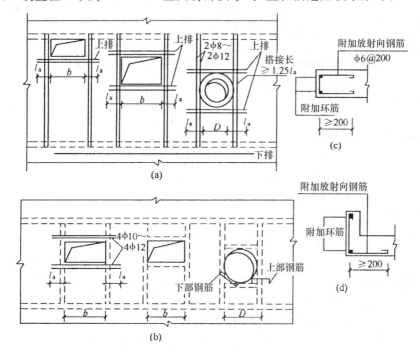

图 6-20　板内孔洞周边的附加钢筋

6.2.4.2　次梁的计算与构造要求

1. 计算要点

(1)次梁一般按塑性内力重分布方法计算内力。

(2)按正截面承载力计算时,在跨中正弯矩作用下,板位于梁的受压区,按 T 形截面计算;支座随负弯矩,按矩形截面计算。次梁的纵筋率一般取 0.6%～1.5%。

(3)次梁横向钢筋按斜截面抗剪承载力确定。当跨度和荷载较小时,一般只利用箍筋抗剪;当荷载和跨度较大时,宜在支座附近设置弯起钢筋,以减少箍筋用量。

(4)当截面尺寸满足高跨比为 1/18～1/12 和宽高比为 1/3～1/2,符合混凝土等级的要求时,一般不必作使用阶段的挠度和裂缝宽度验算。

2. 构造要求

次梁的混凝土强度等级不宜低于 C20,环境类别为一类时,混凝土保护层最小厚度在混凝土等级大于 C25 时,不应小于 20mm,在混凝土等级不大于 C25 时,不应小于 25mm。

次梁的支承长度应满足受力钢筋在支座处的锚固要求。梁支承在砖墙上的长度 a,当梁高 $h<400mm$ 时,$a \geqslant 120mm$;$h \geqslant 400mm$ 时,$a \geqslant 180mm$,并应满足砌体局部受压承载力要求。

梁中受力钢筋的弯起和截断,原则上应按弯矩包络图确定。但对于跨度相差不超过 20%、承受均布荷载的次梁,当活荷载与恒载比不大于 3 时,可按图 6-21 布置受力钢筋。

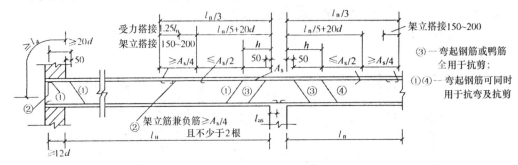

图 6-21 等跨连续次梁的钢筋布置

6.2.4.3 主梁的计算与构造要求

1. 计算要点

(1)主梁是肋梁楼盖的主要承重构件,通常按弹性理论计算内力。

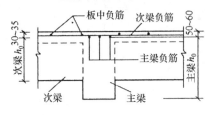

图 6-22 主梁支座处的截面有效高度

(2)主梁正截面抗弯承载力计算与次梁相同,即跨中按 T 形截面计算,支座按矩形截面计算。

(3)在主梁支座处,板、次梁和主梁的负弯矩钢筋重叠交错(图 6-22),且主梁负筋位于板和次梁负筋之下,故计算主梁支座受力钢筋时,其截面有效高度取值:当为单排钢筋时,$h_0 = h - (55 \sim 60)$(mm);当为双排钢筋时,$h_0 = h - (80 \sim 90)$(mm)。

(4)当主梁截面尺寸满足高跨比为 $1/14 \sim 1/8$ 和宽高比为 $1/3 \sim 1/2$ 的要求时,一般不必进行使用阶段的挠度验算。

2. 构造要求

1)一般规定

主梁的混凝土强度等级及混凝土净保护层最小厚度的规定与次梁相同。主梁伸入墙内的长度一般应不小于 370mm。

2)纵筋弯起与截断

主梁纵向受力钢筋的弯起和截断应按内力包络图的要求,通过作抵抗弯矩图来布置。

抵抗弯矩图指在设计弯矩图形上按同一比例绘出的由实际配置的纵向钢筋确定的梁上各正截面所能抵抗的弯矩图。它反映了沿梁长正截面上材料的抗力,故亦简称为材料图。

绘制材料图的目的是通过选择合适的钢筋布置方案,正确确定纵筋的弯起和截断位置,使它既能满足正截面和斜截面承载力要求,又经济合理,施工方便。

材料图的表示方法有下列三种:

(1)纵筋不弯起不截断的梁,材料图为一水平直线。

图 6-23 所示简支梁及弯矩图,控制截面最大设计弯矩为 68kN·m,纵向通长布置纵筋 3ϕ16,因此,对于这一截面高度梁,各个正截面所能抵抗的弯矩值是相同的。相应的抵抗弯矩 M_u=70.03kN·m,其材料图即为一水平直线 $a'b'c'$。图中直线 $a'b'c'$ 包在抛物线 abc 外面且不与其相切,表明该梁实际配筋较计算所需的略有富余。

图 6-24 为一纵筋通长布置的外伸梁的设计弯矩图和材料图。显然,通长配筋虽形式简单,但极不经济。

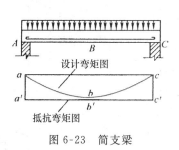

图 6-23　简支梁

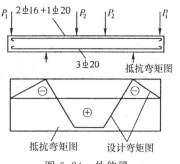

图 6-24　外伸梁

(2)纵筋弯起的梁,其材料图由若干条水平直线和斜直线组成,斜直线是从钢筋的始弯点到它与梁轴线的交点为止。

以图 6-23 的简支梁为例,若将 3ϕ16 中的 2ϕ16 直接伸入支座,而另一 1ϕ16 在支座附近弯起,则材料图如图 6-25 所示。此时,纵筋的弯起应满足下列三个条件:

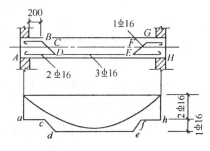

图 6-25　纵筋的弯起

第一,保证正截面抗弯承载力。纵筋弯起后,正截面抗弯承载力降低。但只要使材料图(即抵抗弯矩图)包在设计弯矩包络图的外面,则正截面抗弯承载力能够得到保证。

第二,保证斜截面抗剪承载力。纵筋弯起的数量有时是由斜截面抗剪承载力确定的,纵筋弯起的位置还应满足图 6-26 的要求,即从支座边到第一排弯筋的终弯点以及从前一排弯筋的始弯点到次一排弯筋的终弯点的距离都不得大于箍筋的最大间距 S_{max},以防止该间距太大,斜裂缝在缝间形成而不与弯筋相交,导致弯筋未发挥作用,难以满足斜截面的抗剪承载力要求。

此外,当弯筋不足以承担梁的剪力时,可加设"鸭筋"(图 6-27)。一般情况下,鸭筋水平段很短,布置在支座处,故鸭筋只承担剪力,不承担弯矩。设计中不允许采用图 6-28 所示的"浮筋"。

第三,保证斜截面的抗弯承载力。为了满足斜截面抗弯承载力的要求,在梁的受拉区,弯起筋的始弯点应设在按正截面抗弯承载力计算该钢筋的强度被充分利用的截面(充分利用点:图6-29中③筋的 1 点)以外、其距离应不小于 $h_0/2$ 处;同时,弯起筋与梁轴线的交点(图 6-29 中 G 点)应位于按计算不需要该钢筋的截面(不需要点:图 6-29 中③筋的 2 点)以外。

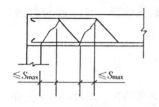

图 6-26 满足抗剪承载力
要求的纵筋弯起的位置

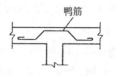

图 6-27 鸭筋

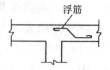

图 6-28 浮筋

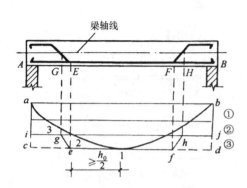

图 6-29 满足斜截面抗弯
承载力要求的纵筋弯起位置

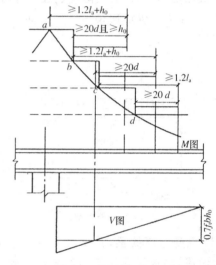

图 6-30 纵筋的截断位置

（3）纵筋截断的梁，其材料图是台阶式。因为截断后纵筋面积骤然减少，所以，在每一截断点都有一个台阶（图 6-30）。

三种方法中，由于抗震的要求，梁尽量不配或少配弯起钢筋，故第（2）种方法现较少采用。

承受跨中正弯矩的纵向钢筋一般不在跨内截断，而支座附近负弯矩区内的纵筋往往在一定位置截断以节省钢筋。

图 6-30 中，a，b，c 分别为纵筋①，②，③的完全利用截面；b，c，d 分别为纵筋①，②，③的理论截断点（即完全不需要截面）。纵筋的实际截断点应在理论截断点以外延伸一段距离，以防止因截断过早引起弯剪裂缝而降低构件的斜截面抗弯承载力及粘结锚固性能。因此，《混凝土结构规范》规定：纵向受拉钢筋不宜在受拉区截断；当必须截断时，应符合规定。当 $V \leqslant 0.7 f_t b h_0$ 时，应延伸至该钢筋理论截断点以外不小于 $20d$ 且从该钢筋强度充分利用截面伸出的长度不应小于 $1.2 l_a$ 处；当 $V > 0.7 f_t b h_0$ 时，应延伸至该钢筋理论截断点以外不小于 $20d$ 且不小于 h_0 处，且从该钢筋强度充分利用截面伸出的长度不应小于 $1.2 l_a + h_0$。

对于梁中受压钢筋，可在跨中截断。不过，截断时，必须延伸至按计算不需要该钢筋的截面以外 $15d$ 处。

通过绘制材料图，可以看出钢筋布置是否合理，材料图与设计弯矩图越接近，其经济性越好。对于同一根梁、同一个设计弯矩图，可以画出不同的抵抗弯矩图，得出不同的钢筋布置方案。不同的钢筋布置方案，亦即不同的钢筋弯起与截断位置，尽管都满足设计和构造要求，但其经济指标及施工方便程度均不同，设计时应持审慎优化态度。

绘制材料图是一项复杂细致、费神费时的工作,对有一定设计经验的情况,可不一定绘制材料图。特别是在当今计算机应用相当普及的时代,有些工作可由计算机辅助完成。

3)集中荷载处的附加横向钢筋

在次梁与主梁相交处,次梁顶部在负弯矩作用下将产生裂缝(图6-31(a)),次梁主要通过其支座截面剪压区将集中力传给主梁梁腹。试验表明,当梁腹中部受有集中荷载时,此集中荷载产生与梁轴垂直的局部应力 σ_y 将分为两部分,荷载作用点以上为拉应力,荷载作用点以下为压应力,此局部应力在荷载两侧$(0.5\sim0.65)h$的范围内逐渐消失。由该局部应力与梁下部法向拉应力引起的主拉应力将在梁腹中引起斜裂缝。为防止这种斜裂缝引起的局部破坏,应在主梁承受次梁传来的集中力处设置附加的横向钢筋(包括箍筋或吊筋)。

《混凝土结构规范》规定,附加横向钢筋应布置在长度为$S(S=2h_1+3b)$的范围内(图6-31(b),(c))。所需附加横向钢筋的总截面面积按下式计算:

$$F \leqslant 2f_y A_{sb} \sin\alpha + mnf_{yv} A_{svl} \qquad (6\text{-}8)$$

式中　F——由次梁传递的集中力设计值;

　　f_y,f_{yv}——吊筋和箍筋的抗拉强度设计值;

　　A_{sb}——每侧吊筋的截面面积;

　　α——吊筋与梁轴线间夹角;

　　A_{svl}——附加单肢箍筋的截面面积;

　　m——附加箍筋个数;

　　n——在同一截面内的附加箍筋肢数。

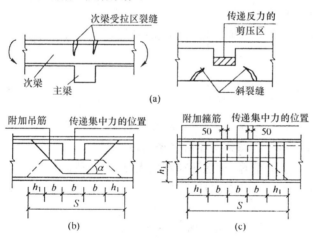

图6-31　集中荷载处的附加横向钢筋

6.2.5　单向板肋梁楼盖设计实例

6.2.5.1　设计资料

(1)某工业用仓库楼面结构布置如图6-32所示(楼梯在此平面外)。

(2)设计荷载:楼面标准活荷载为7kN/m²;楼面做法为20mm厚水泥砂浆面层;15mm厚石灰砂浆抹底。

(3)材料选用:梁中受力纵筋为HRB335钢筋(f_y=300N/mm²),其他选用HPB300钢筋(f_y

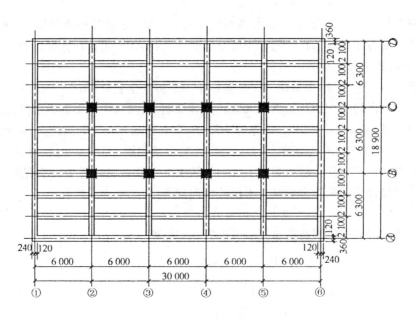

图 6-32　楼面结构布置

$=270\text{N/mm}^2$)；混凝土强度等级为 C25($f_c=11.9\text{N/mm}^2$，$f_t=1.27\text{N/mm}^2$，$f_{tk}=1.78\text{N/mm}^2$)。

6.2.5.2　设计要求

（1）板、次梁按塑性内力重分布方法计算；

（2）主梁内力按弹性理论计算；

（3）绘出该楼面结构平面布置及板、次梁和主梁的模板及配筋施工图。

6.2.5.3　板的设计

1. 计算简图

板按考虑塑性内力重分布设计。根据梁、板的构造要求，板不需作挠度验算的最小厚度为 $l_0/40=2100/40=52.5\text{mm}$，考虑到工业房屋楼面最小厚度为 70mm，故取板厚 $h=70\text{mm}$。次梁截面高 h 按 $l_0/18\sim l_0/12$ 估算，考虑活荷载较大，取次梁截面高 $h=450\text{mm}$，次梁截面宽 $b=200\text{mm}$。板伸入墙体 120mm，各跨的计算跨度：

边跨　　　　　　　　$l_0=2100-100-120+80/2=1920\text{mm}$

中跨　　　　　　　　$l_0=2100-200=1900\text{mm}$

边跨与中跨的计算相差小于 10%，按等跨连续板计算。

荷载

楼面、面层	$1.2\times0.02\times20=\ 0.48\text{kN/m}^2$
板自重	$1.2\times0.08\times25=2.40\text{kN/m}^2$
板底抹灰	$1.2\times0.015\times16=0.29\text{kN/m}^2$
	$g=3.17\text{kN/m}^2$
楼面活荷载	$q=1.3\times7.0=9.1\ \text{kN/m}^2$
合计	$g+q=12.27\text{kN/m}^2$

板的计算简图如图 6-33 所示。

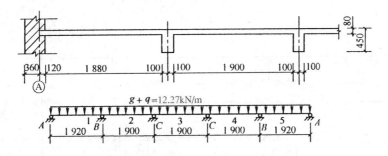

图 6-33　集中荷载处的附加横向钢筋

板的计算宽度为1m。

2. 内力计算

$$M_1 = \frac{1}{11}(g+q)l_0^2 = \frac{1}{11} \times 12.27 \times 1.92^2 = 4.112 \text{kN} \cdot \text{m}$$

$$M_2 = \frac{1}{16}(g+q)l_0^2 = \frac{1}{16} \times 12.27 \times 1.90^2 = 2.768 \text{kN} \cdot \text{m}$$

$$M_B = -\frac{1}{14} \times 12.27 \times 1.92^2 = -3.231 \text{kN} \cdot \text{m}$$

$$M_C = -\frac{1}{16} \times 12.27 \times 1.90^2 = -2.768 \text{kN} \cdot \text{m}$$

3. 配筋计算

取 $h_0 = 80-25 = 55 \text{mm}$，各截面配筋计算见表6-3，板的配筋图见图6-34所示。

表 6-3　　　　　　　　　　　　　　板正截面承载力计算

截面	1		B		2		C	
板带位置	①轴—②轴 ⑤轴—⑥轴	②轴—⑤轴	①轴—②轴 ⑤轴—⑥轴	②轴—⑤轴	①轴—②轴 ⑤轴—⑥轴	②轴—⑤轴	①轴—②轴 ⑤轴—⑥轴	②轴—⑤轴
M /(kN·m)	4.112	4.112	−3.231		2.768	2.768×0.8 =2.214	−2.768	−2.768×0.8 =−2.214
$\alpha_s = \frac{M}{bh_0^2 f_c}$	$\frac{4.112 \times 10^6}{1000 \times 55^2 \times 11.9}$ =0.114		0.075		0.065	0.052	0.065	0.052
γ_s	0.949		0.961		0.966	0.973	0.966	0.973
$A_s = \frac{M}{\gamma_s h_0 f_y}$ /mm²	$\frac{4.112 \times 10^6}{0.949 \times 55 \times 270}$=291		225		192	153	192	153
配筋 /mm²	φ6/8@125 A_s=314	φ8@150 A_s=335	φ6@125, A_s=226	φ6/8@150, A_s=262	φ6@125 A_s=226	φ6@150 A_s=189	φ6@125 A_s=226	φ6@150 A_s=189

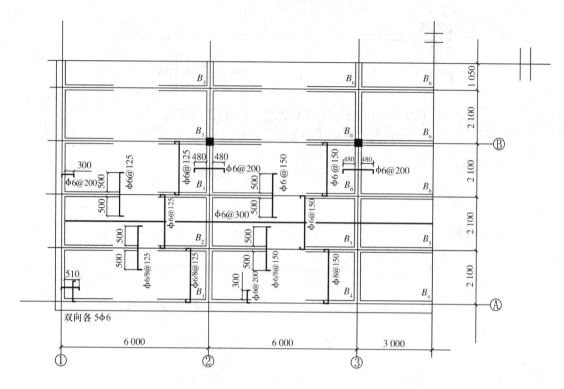

图 6-34　板的配筋施工图

6.2.5.4　次梁计算

1. 计算简图

主梁截面高 h 按 $l/14 \sim l/8$ 估算,取 $h=650\text{mm}$,主梁宽度按 $h/3 \sim h/2$ 估算,取 $b=250\text{mm}$。次梁伸入墙中 240mm,按考虑塑性内力重分布计算,各跨计算跨度为

边跨　　　　　　$l_0 = 6\,000 - 125 - 120 + 240/2 = 5\,875\text{mm}$

　　　　　　　　$l_0 = 1.025 \times (6\,000 - 125 - 120) = 5\,899\text{mm}$

取边跨 $l_0 = 5\,875\text{mm}$。

中跨　　　　　　$l_0 = 6\,000 - 250 = 5\,750\text{mm}$

边跨与中跨计算跨度相差小于 10%,故可按等跨连续梁计算。

荷载

板传来恒载　　　　　　　　　　　　　　　$3.17 \times 2.1 = 6.66\text{kN/m}$

次梁自重　　　　　　$1.2 \times 0.2 \times (0.45 - 0.08) \times 25 = 2.22\text{kN/m}$

次梁侧面抹灰　　$1.2 \times 0.015 \times (0.45 - 0.08) \times 2 \times 16 = 0.21\text{kN/m}$

　　　　　　　　　　　　　　　　　　　　　$g = 9.09\text{kN/m}$

板传来活荷载　　　　　　　　　$q = 9.1 \times 2.1 = 19.11\text{kN/m}$

合计　　　　　　　　　　　　　　$g + q = 28.20\text{kN/m}$

次梁的计算简图如图 6-35 所示。

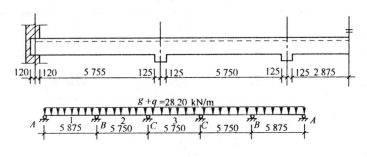

图 6-35　次梁的计算简图

2. 内力计算

$$M_1 = \frac{1}{11}(g+q)l_0^2 = \frac{1}{11} \times 28.20 \times 5.875^2 = 88.486\text{kN} \cdot \text{m}$$

$$M_2 = \frac{1}{16}(g+q)l_0^2 = \frac{1}{16} \times 28.20 \times 5.750^2 = 58.273\text{kN} \cdot \text{m}$$

$$V_A = 0.4(g+q)l_n = 0.4 \times 28.20 \times 5.755 = 64.916\text{kN}$$

$$V_B^l = 0.6 \times 28.2 \times 5.755 = 97.375\text{kN}$$

$$V_B^r = 0.5 \times 28.2 \times 5.750 = 81.075\text{kN}$$

$$V_C^l = 0.5 \times 28.2 \times 5.750 = 81.075\text{kN}$$

3. 正截面抗弯承载力计算

取 $h_0 = 450 - 40 = 410\text{mm}$。

次梁跨中截面上部受压,按 T 形截面计算抗弯承载力,其翼缘计算宽度取

$$b_f' = \frac{l_0}{3} = \frac{6}{3} = 2\text{m} \quad \text{或} \quad b_f' = b + S_n = 0.2 + 1.9 = 2.1\text{m}$$

二者中取小值,即取 $b_f' = 2\text{m}$。

判别各跨跨中截面类型:

$$\alpha_1 b_f' h_f' f_c \left(h_0 - \frac{h_f'}{2} \right) = 2\,000 \times 80 \times 11.9 \times \left(410 - \frac{80}{2} \right) = 7.14 \times 10^8 \text{N} \cdot \text{mm}$$

$$= 705\text{kN} \cdot \text{m} > 88.486\text{kN} \cdot \text{m}$$

因此,各跨跨中截面均属第一类 T 形截面。

支座处按矩形截面计算,第一内支座截面弯矩大,钢筋净距至少为 30mm,按两排布筋考虑,取 $h_0 = 450 - 65 = 385\text{mm}$。其他中间支座按一排布筋考虑,取 $h_0 = 450 - 40 = 410\text{mm}$。

各截面配筋计算见表 6-4。

表 6-4   **次梁正截面承载力计算**

截面	1	B	2	C
弯矩 /(kN·m)	88.486	−88.486	58.273	−58.273
$\alpha_s = \dfrac{M}{bh_0^2 f_c}$	$\dfrac{88.486 \times 10^6}{2\,000 \times 410^2 \times 11.9}$ $=0.022$	$\dfrac{88.486 \times 10^6}{200 \times 385^2 \times 11.9}$ $=0.251$	$\dfrac{58.273 \times 10^6}{2\,000 \times 410^2 \times 11.9}$ $=0.014$	$\dfrac{58.273 \times 10^6}{200 \times 410^2 \times 11.9}$ $=0.145$
ξ	$0.022 < \xi_b = 0.55$	$0.251 < 0.35$	$0.014 < 0.55$	$0.145 < 0.35$
γ_s	0.989	0.858	0.993	0.923
$A_s = \dfrac{M}{\gamma_s h_0 f_y}$ /mm²	$\dfrac{88.486 \times 10^6}{0.989 \times 410 \times 300}$ $=727$	$\dfrac{88.486 \times 10^6}{0.858 \times 385 \times 300}$ $=892$	$\dfrac{58.273 \times 10^6}{0.993 \times 410 \times 300}$ $=477$	$\dfrac{58.273 \times 10^6}{0.923 \times 410 \times 300}$ $=513$
钢筋选用	2 ⊉ 18+1 ⊉ 16	2 ⊉ 18+2 ⊉ 16	2 ⊉ 18	2 ⊉ 18
实配钢筋面积 /mm²	710	911	509	509

考虑塑性内力重分布时,满足 $\xi \leqslant 0.35$ 的要求。

4. 斜截面抗剪承载力计算

计算结果见表 6-5。

表 6-5   **次梁斜截面承载力计算**

截面	A	B 截面左	B 截面右	C 截面左
剪力 V/kN	64.916	97.375	81.075	81.075
$0.25 bh_0 f_c$ /N	$0.25 \times 200 \times 410 \times 11.9$ $=243\,950 > V_A$	$0.25 \times 200 \times 385 \times 11.9$ $=229\,075 > V_B^l$	$229\,075 > V_B^r$	$243\,950 > V_C^l$
$0.7 f_t bh_0$ /N	$0.7 \times 1.27 \times 200 \times 410$ $=72\,898 > V_A$	$0.7 \times 1.27 \times 200 \times 385$ $=68\,453 < V_B^l$	$68\,453 < V_B^r$	$72\,898 < V_C^l$
配双肢箍筋	2 ⏀ 6	2 ⏀ 6	2 ⏀ 6	2 ⏀ 6
$S = \dfrac{f_{yv} A_{sv} h_0}{V - 0.7 f_t bh_0}$ /mm	构造配筋	$\dfrac{270 \times 57 \times 385}{97\,375 - 68\,453}$ $=211$	512	772
实配箍筋间距 S /mm	$190 < S_{max} = 200$	190	190	190

配箍率验算

$$\rho_{sv} = \frac{A_{sv}}{bS} = \frac{57}{200 \times 190} = 0.15\% > \rho_{sv,min} = 0.24\frac{f_t}{f_{yv}} = 0.24 \times \frac{1.27}{270} = 0.113\%$$

满足要求。

5．绘制次梁配筋图

次梁模板及配筋施工图见图 6-36。

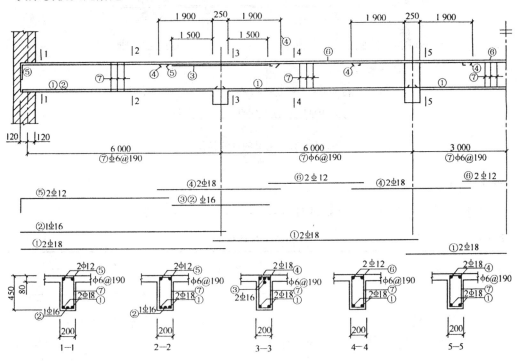

图 6-36　次梁配筋图

6.2.5.5　主梁设计

1．计算简图

主梁按弹性理论计算内力。设柱的截面尺寸为 300mm×300mm，主梁伸入墙体 360mm。由于主梁线刚度较柱线刚度大得多，考虑按简支在柱上的计算简图来计算主梁。

各跨计算跨度　　　　　　　$l_0 = 6\,300 + \frac{360}{2} - 120 = 6\,360\text{mm}$

边跨　　　　　　　$l_0 = 1.025 \times \left(6\,300 - \frac{300}{2} - 120\right) + \frac{300}{2} = 6\,330\text{mm}$

故取边跨 $l_0 = 6\,330\text{mm}$。

中跨　　　　　　　$l_0 = 6\,300\text{mm}$

各跨计算跨度相差也不超过 10%，可按等跨连续梁计算。

荷载

次梁传来恒载　　　　　　　　　　　　　　$9.09 \times 6 = $　54.54kN

主梁自重（折成集中荷载）　　　　$1.2 \times 0.25 \times (0.65 - 0.08) \times 2.1 \times 25 = $　8.98kN

主梁侧面抹灰　　　　　　$1.2 \times 0.015 \times (0.65 - 0.08) \times 2.1 \times 2 \times 16 = 0.69\text{kN}$

$G = 64.21\text{kN}$

次梁传来活荷载　　　　　　　　　　　$Q = 19.11 \times 6 = 114.66\text{kN}$

合计　　　　　　　　　　　　　　　　　　$G + Q = 178.87\text{kN}$

主梁的计算简图如图 6-37 所示。

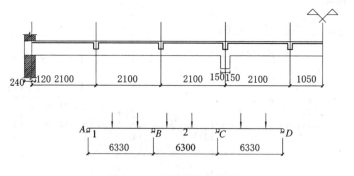

图 6-37　主梁的计算简图

2. 内力计算

主梁弯矩、剪力按附录 B 中系数的计算结果分别见表 6-6 及表 6-7。

表 6-6　　　　　　　　　　　　　**主梁弯矩计算**　　　　　　　　　　kN·m

项次	荷载范围	M_1	M_B	M_2	
1	$\underset{1\ \ B\ \ 2\ \ C}{\overset{G\ G\ \ G\ G\ \ G\ G}{\downarrow}}$	$0.224 \times 64.21 \times 6.33$ $= 99.174$	$-0.267 \times 64.21 \times 6.33$ $= -108.265$	$0.067 \times 64.21 \times 6.30$ $= 27.103$	
2	$\overset{Q\ Q\qquad\quad Q\ Q}{\downarrow}$	$0.289 \times 114.66 \times 6.33$ $= 209.756$	$-0.133 \times 114.66 \times 6.33$ $= -96.531$	$-0.133 \times 114.66 \times 6.30$ $= -96.302$	
3	$\overset{Q\ Q}{\downarrow}$	$-0.044 \times 114.66 \times 6.33$ $= -31.935$	$-0.133 \times 114.66 \times 6.33$ $= -96.531$	$0.2 \times 114.66 \times 6.30$ $= 144.472$	
4	$\overset{Q\ Q\quad Q\ Q}{\downarrow}$	$0.229 \times 114.66 \times 6.33$ $= 166.208$	$-0.311 \times 114.66 \times 6.33$ $= -225.723$	$0.17 \times 114.66 \times 6.30$ $= 122.801$	
5	最不利弯矩	（1 项+2 项） 308.930	（1 项+4 项） -333.988	（1 项+3 项） 171.575	（1 项+2 项） -69.199

— 144 —

表 6-7　　　　　　　　　　　　　　　　主梁剪力计算　　　　　　　　　　　　　　　　　kN

项次	荷载简图	V_A	V_B^l	V_B^r
1	$G\ G\quad G\ G\quad G\ G$	$0.733 \times 64.21 = 47.066$	$1.267 \times 64.21 = 81.354$	$1.000 \times 64.21 = 64.21$
2	$Q\ Q\qquad Q\ Q$	$0.866 \times 114.66 = 99.296$	$1.134 \times 114.66 = 130.024$	
3	$Q\ Q\quad Q\ Q$	$0.689 \times 114.66 = 79.001$	$1.311 \times 114.66 = 150.319$	$1.222 \times 114.66 = 140.115$
4	最不利剪力	(1项+2项) 146.362	(1项+3项) 231.673	(1项+3项) 204.325

3. 正截面抗弯承载力计算

取 $h_0 = 650 - 40 = 610\text{mm}$。主梁跨中截面按 T 形截面计算,其翼缘计算宽度取

$$b_f' = l_0/3 = 6.3/3 = 2.1\text{m} \quad 或 \quad b_f' = b + S_n = 6\text{m}$$

二者中取较小者,即取 $b_f' = 2.1\text{m}$。

判别 T 形截面类型:

$$\alpha_1 b_f' h_f' f_c \left(h_0 - \frac{h_f'}{2} \right) = 2\,100 \times 80 \times 11.9 \times \left(610 - \frac{80}{2} \right)$$

$$= 1\,139.5 \times 10^6 \text{N} \cdot \text{mm} = 1\,139.5\text{kN} \cdot \text{m}$$

故主梁跨中截面均属第一类 T 形梁。中间支座截面 $h_0 = 650 - 85 = 565\text{mm}$。

各截面配筋计算见表 6-8。

表 6-8　　　　　　　　　　　　　主梁正截面承载力计算

截面	1	B	2	
弯矩/(kN·m)	308.930	-334.245	171.575	-69.199
$\dfrac{V_0 b}{2}$/(kN·m)		$(64.21 + 114.66) \times \dfrac{0.30}{2}$ $= 40.246$		
弯矩设计值 M /(kN·m)	308.930	$-334.245 + 40.246$ $= -294.0$	171.575	-69.199
$\alpha_s = \dfrac{M}{bh_0^2 f_c}$	$\dfrac{308.930 \times 10^6}{2\,100 \times 610^2 \times 11.9}$ $= 0.033$	$\dfrac{294.0 \times 10^6}{250 \times 565^2 \times 11.9}$ $= 0.294$	$\dfrac{171.575 \times 10^6}{2\,100 \times 610^2 \times 11.9}$ $= 0.018$	$\dfrac{69.199 \times 10^6}{250 \times 610^2 \times 11.9}$ $= 0.061$
ξ	0.034	$0.358 < 0.544$	0.018	0.063
γ_s	0.983	0.821	0.991	0.969
$A_s = \dfrac{M}{\gamma_s h_0 f_y}$ /mm²	$\dfrac{308.930 \times 10^6}{0.983 \times 610 \times 300}$ $= 1717$	$\dfrac{294.0 \times 10^6}{0.82 \times 565 \times 300}$ $= 2115$	$\dfrac{171.575 \times 10^6}{0.991 \times 610 \times 300}$ $= 946$	$\dfrac{69.199 \times 10^6}{0.969 \times 610 \times 300}$ $= 390$
实配钢筋	2 ⌀ 25 + 2 ⌀ 22	4 ⌀ 22 + 2 ⌀ 20	3 ⌀ 20	2 ⌀ 22
实配 A_s/mm²	1742	2148	942	760

4. 斜截面抗剪承载力计算

主梁斜截面抗剪力承载力计算结果见表 6-9。

表 6-9 主梁斜截面承载力计算

截面	A	B 截面$_左$	B 截面$_右$
剪力 V/N	146.362×10^3	231.673×10^3	204.325×10^3
$0.25bh_0f_c/N$	$0.25\times250\times610\times11.9$ $=453.7\times10^3>V_A$	$0.25\times250\times565\times11.9$ $=402.2\times10^3>V_B^l$	$431.4\times10^3>V_B^r$
$0.7f_tbh_0/N$	$0.7\times1.27\times250\times610$ $=135.6\times10^3<V_A$	$0.7\times1.27\times250\times565$ $=125.6\times10^3<V_B^l$	$128.9\times10^3<V_B^r$
配双肢箍筋/mm	$2\,\phi\,8, S=150<S_{max}=250$	$2\,\phi\,8, S=150$	$2\,\phi\,8, S=180$
$V_{cs}=0.7f_tbh_0$ $+f_{yv}\dfrac{A_{sv}}{S}h_0$ $/N$		$0.7\times1.27\times250\times565$ $+270\times\dfrac{101}{150}\times565$ $=228.29\times10^3>V_B^l$	$0.7\times1.27\times250\times565$ $+270\times\dfrac{101}{180}\times565$ $=216.8\times10^3>V_B^r$

5. 绘制主梁模板及配筋图

按计算结果及构造要求，作出主梁弯矩包络图及材料图，并据此绘出主梁模板及配筋施工图，如图 6-38 所示。

6. 集中荷载处附加钢筋计算

由次梁传给主梁的全部集中荷载设计值为

$$F=g_次+q=54.54+114.66=169.2\text{kN}$$

设附加钢筋全部为吊筋，则

$$A_{sb}=\frac{F}{2f_y\sin\alpha}=\frac{169\,200}{2\times300\times0.707}=399\text{mm}^2$$

吊筋选用 $2\,\underline{\phi}\,16, A_{sb}=402\text{mm}^2$。

6.3 现浇双向板肋梁楼盖

6.3.1 双向板按弹性理论计算

双向板在荷载作用下的内力计算，如单向连续板一样，其计算方法可分为弹性理论的计算方法和塑性理论的计算方法，本节仅介绍弹性理论的计算方法。

6.3.1.1 双向板的受力特点

弹性薄板的内力分布与其支承及嵌固条件（如单边嵌固、两边简支和周边简支或嵌固）、荷载性质（如集中力、分布力）以及几何特征（如板的边长比及板厚）等多方面因素有关。

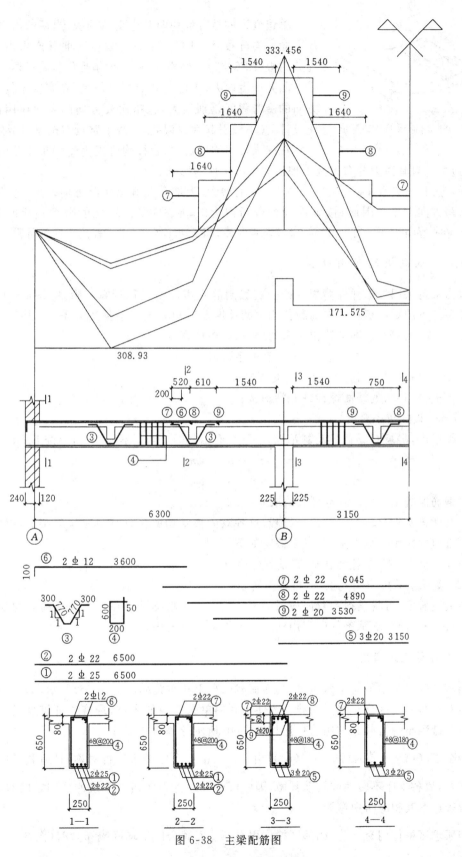

图 6-38　主梁配筋图

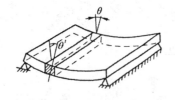

图 6-39 单向板的弯曲变形

单边嵌固的悬臂板和两对边支承的板,当荷载沿平行于支承方向均匀分布时,只有一个方向发生弯曲并产生内力,故称为单向板(图 6-39)。严格地讲,其他情形的板将沿两个方向发生弯曲并产生内力,应称为双向板。但是,在有些条件下,两个方向的受弯程度差别很大,忽略次要方向的弯曲作用,既可简化设计,又不致引起太大误差,工程上常近似按单向板处理。

在现浇板肋梁楼盖中,各板均可视为受均布荷载的周边支承板,边长比对其内力分布以及工程属类有决定性的影响。

随着边长比 l_y/l_x(y 为长边,x 为短边)的增大,大部分荷载沿短跨方向传递,弯曲变形主要在短跨方向发生。因此,按弹性理论分析内力时,通常以 l_y/l_x 比值来判别板的类型:当 $l_y/l_x > 3$ 时,为单向板;当 $l_y/l_x \leqslant 2$ 时,为双向板;当 $3 > l_y/l_x > 2$ 时,宜按双向板计算。

6.3.1.2 双向板的实用计算

双向板可采用根据弹性薄板理论公式编制的实用表格进行计算。附录 C 列出了 6 种不同边界条件下的矩形板在均布荷载作用下的挠度及弯矩系数。根据边界条件,从相应表中查得系数,代入表头公式,即可算出待求物理量,如单位宽度内的弯矩为

$$m = 表中系数 \times (g+q)l^2$$

式中 m——跨中或支座单位板宽内的弯矩;

g,q——均布的楼面恒荷载和活荷载;

l——板的较小跨度。

必须指出,附录 C 是假定材料泊松比 $\nu = 0$ 而编制的。当 ν 不为零时,应按下式计算弯矩:

$$m_x^{(\nu)} = m_x + \nu m_y$$
$$m_y^{(\nu)} = m_y + \nu m_x$$

对钢筋混凝土,$\nu = 1/6$,也可近似取 $\nu = 0.2$。

肋梁楼盖实际上均为多区格连续板,这种双向板结构的精确计算是很复杂的,因此,工程中采用近似的实用计算方法,其基本假定如下:

(1) 支承梁的抗弯刚度很大,其垂直位移可忽略不计;

(2) 支承梁的抗扭刚度很小,可自由转动。

由上述假定,可将梁视为双向板系的不动铰支座。根据计算目标考虑活荷载的最不利布置后,可进一步简化支承条件以利用前述单区格板计算表格。

1. 跨中最大正弯矩

当求某区格跨中最大正弯矩时,其活荷载的最不利布置如图 6-40(a)所示,即在该区格及其前后左右每隔一区格布置活荷载。为便于利用单区格板的表格,现将这种棋盘式布置的活载 q 与全盘满布的恒载 g 的组合作用按图 6-40 所示分解为两部分。

当全盘满布 $g + \dfrac{q}{2}$ 时(图 6-40(b)),由于内区格板支座两边结构对称,且荷载对称或接近对称布置,故各支座不转动或转动甚微,因此可近似地将内区格板看成四边固定的双向板,按前述查表法求其相应跨中弯矩。

当所求区格作用有 $+\dfrac{q}{2}$、相邻区格作用有 $-\dfrac{q}{2}$ 而其余区格均间隔布置时(图 6-40(c)),可

近似视为承受反对称荷载 $\pm\dfrac{q}{2}$ 的连续板,由于中间支座弯矩为零或很小,故内区格板的跨中弯矩可近似地按四边简支的双向板进行计算。

至于这两种情况下的边区格板,其外边界的支承条件按实际情况考虑,而内边界外按正、反对称荷载情形分别视为固定和简支。

最后,叠加所求区格在两部分荷载分别作用下的跨中弯矩,即得其跨中最大正弯矩。

2. 支座最大负弯矩

当求支座最大负弯矩时,可将活荷载全盘满布。此时,各区格双向板的计算处理方法同图 6-40(b) 所示情形,不同之处在于,所要求的是支座弯矩,同时,总荷载变为 $g+q$。

6.3.1.3 支承梁的计算

双向板上承受的荷载可认为朝最近的支承梁点传递,因此,可用从板角作 $45°$ 分角线的办法确定传到支承梁上的荷载。若为正方形板,则四条分角线交于一点,两个方向的支承梁均承受三角形荷载。若为矩形板,则四条分角线分别交于两点,该两点的连线与长边平行。这样,板面荷载被划分为四个部分,传到短边支承梁上的是三角形荷载,传到长边支承梁上的是梯形荷载 (图 6-41)。

对于承受三角形或梯形荷载的连续梁,可根据支座弯矩相等的条件近似换算成均布荷载,再用结构力学的方法或查用有关资料中所列现成系数表求得换算荷载下的支座弯矩。然后,用取隔离体的办法,按实际荷载分布确定跨中弯矩。

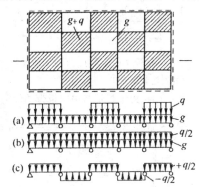

图 6-40　棋盘式荷载布置及其分解

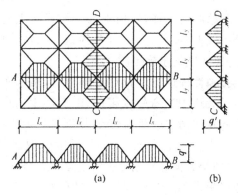

图 6-41　双向板支承梁的计算简图

6.3.2　双向板的截面设计与配筋构造

6.3.2.1　截面设计

1. 板厚

双向板的厚度一般在 $80\sim160\text{mm}$ 范围内。同时,为了满足刚度要求,对于简支板,板厚不得小于 $l_0/45$;对于连续板,板厚不得小于 $l_0/50$,此处 l_0 为板的较小计算跨度。

2. 弯矩折减

对于四边与梁整体连接的双向板,除角区格外,考虑周边支承梁对板推力的有利影响,不

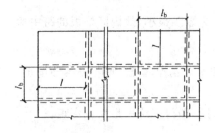

图 6-42　整体肋梁楼盖计算跨度

论按弹性理论计算还是按塑性理论计算,所得弯矩均可按下述规定予以折减:

（1）对于连续板的中间区格的跨中截面及中间支座截面,折减 20%。

（2）对于边区格的跨中截面及从楼板边缘算起的第二支座截面,当 $l_b/l<1.5$ 时,折减 20%,当 $1.5\leqslant l_b/l\leqslant2$ 时,折减 10%。l_b 为沿楼板边缘方向的计算跨度,l 则是与之垂直方向的计算跨度(图 6-42)。

（3）对于角区格的各截面,不予折减。

3. 有效板厚 h_0

由于板内钢筋是双向交叉布置的,与受力状态相适应,跨中沿短边方向的板底钢筋和板顶钢筋宜放在远离中和轴(更靠近其相应板面)的外层。计算时,两个方向应采用各自的有效高度。

4. 钢筋面积

根据单位板宽极限弯矩 m 求其相应钢筋面积 A_s 时,内力臂系数近似取值为 0.9,以简化计算,即 $A_s=m/(0.9f_yh_0)$。

6.3.2.2　钢筋的配置

与单向板一样,双向板的配筋形式也有弯起式和分离式两种。弯起式可节约钢材,目前已很少使用,分离式则便于施工。

按弹性理论方法设计双向板时,板底钢筋数量是按最大跨中正弯矩求得的,但实际上跨中正弯矩是沿板宽向两边逐渐减小的,故钢筋数量亦可向两边逐渐减少。考虑到施工方便,通常的做法是将板按纵、横两个方向分别划分为两个宽为 $l_x/4$(l_x 为短跨)的边缘板带和一个中间板带(图 6-43)。在中间板带单位板宽内均匀布置按最大正弯矩求得的板底钢筋,边缘板带单位宽度上的配筋量为中间板带单位宽度上配筋量的 50%,但每米宽度内不少于 3 根。对于支座负弯矩钢筋,为了承受板四角的扭矩,按支座最大负弯矩求得的钢筋应沿全支座宽度均匀分布,不能在边缘板带内减少。

沿墙边及墙角的板顶构造配筋与单向板肋梁楼盖中有关要求相同。

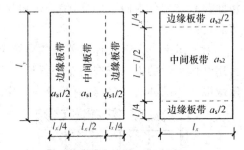

注:a_{s1},a_{s2} 分别为沿 l_y 和 l_x 方向中间板带单位宽度内的钢筋截面面积。

图 6-43　边缘板带与中间板带的配筋量

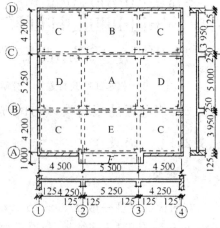

图 6-44　双向板肋梁楼盖结构平面布置

6.3.3　双向板楼盖设计例题

【例题 6-1】　某厂房双向板肋形楼盖的结构布置

如图 6-44 所示,楼面活荷载设计值 $q=8\text{kN/m}^2$,悬挑部分 $q=2\text{kN/m}^2$。楼板选用 120mm 厚,加上面层、粉刷等自重,恒载设计值 $g=4\text{kN/m}^2$,混凝土强度等级 C20($f_c=9.6\text{kN/mm}^2$),钢筋采用 HPB300 级钢($f_y=270\text{ N/mm}^2$),要求用弹性理论计算各区格板的弯矩,然后进行截面设计,并绘配筋图。

【解】 坐标方向统一规定如图 6-44 所示。根据结构布置,楼盖可划分为 A,B,C,D,E,F 六种区格板。

计算每一双向格的支座最大负弯矩时,荷载满布取 $g+q=12\text{kN/m}^2$。计算跨中正弯矩时,满布荷载取 $g+q/2=8\text{kN/m}^2$,隔跨反向荷载取 $q/2=4\text{kN/m}^2$。在隔跨反向荷载 $q/2$ 作用下,因把板看作四边简支,故板中心点的弯矩为跨中最大正弯矩;但在满布荷载 $g+q/2$ 作用下,板的各内支座均为固定,板中心点的弯矩值并不是最大。为了简单起见,各区格板跨中正弯矩取其中心点的弯矩值。

A 区格板弯矩计算过程如下:

内区格弯矩计算跨度取支承梁中心线之间的跨离为

$$l_x=5.5\text{m},\quad l_y=5.25\text{m},\quad l_y/l_x=0.95$$

满布荷载作用下,四边支承视为固定,查附录表 C4 得弯矩系数为

$$\alpha_{x1}=0.0172,\quad \alpha_{y1}=0.0198,\quad \alpha_x'=-0.0528,\quad \alpha_y'=-0.0550$$

隔跨反向荷载作用下,四边支承视为简支,查附录表 C1 得

$$\alpha_{x2}=0.0364,\quad \alpha_{y2}=0.0410$$

$l=5.25\text{m}$,跨中弯矩为

$$\begin{aligned}
m_x &= \alpha_{x1}(g+q/2)l^2+\alpha_{x2}q/2\times l^2\\
&=0.0172\times8\times5.25^2+0.0364\times4\times5.25^2\\
&=7.806\text{kN}\cdot\text{m}\\
m_y &= \alpha_{y1}(g+q/2)l^2+\alpha_{y2}q/2\times l^2\\
&=0.0198\times8\times5.25^2+0.0410\times4\times5.25^2\\
&=8.886\text{kN}\cdot\text{m}
\end{aligned}$$

考虑泊松比的影响,取 $\nu=0.2$,则

$$m_x^{(\nu)}=m_x+\nu m_y=7.806+0.2\times8.886=9.583\text{kN}\cdot\text{m}$$

$$m_y^{(\nu)}=m_y+\nu m_x=8.886+0.2\times7.806=10.447\text{kN}\cdot\text{m}$$

支座弯矩为

$$m_x'=\alpha_x'(g+q)l^2=-0.0528\times12\times5.25^2=-17.464\text{kN}\cdot\text{m}$$

$$m_y'=\alpha_y'(g+q)l^2=-0.0550\times12\times5.25^2=-18.191\text{kN}\cdot\text{m}$$

B,C,D 区格板的弯矩计算见表 6-10。如果利用先进的表格处理软件,这样列表计算是非常方便的。表中计跨度的取法同肋梁楼盖单向板,例如,对角区格板 C,有

$$l_x = l_n + \frac{b}{2} + \frac{h}{2} = 4\,250 + 125 + \frac{120}{2} = 4\,435\text{mm}$$

F 区格单向板计算,活载 $q = 2\text{kN/m}^2$,其支座弯矩为 $0.5 \times (4+2) \times l^2 = 3\text{kN/m}$。

由于 F 区格即悬挑部分的支座弯矩 3kN/m 远小于 E 区格按四边固定算得的 A 轴支座弯矩,故 E 区格板除 A 轴支座按 $m_y = 3\text{kN/m}$ 配筋外,其余各处弯矩及配筋可取与 B 区格板相同。

A 区格板的计算结果亦列于表 6-10 中。由表可见,从相邻区格板算出的同一支座弯矩有一些差别。实际应用时,可近似取其平均值作为支座弯矩,例如,对 A,D 两区格共用支座,取

$$m_x' = (-17.464 - 17.065)/2 = -17.265\text{kN} \cdot \text{m}$$

表 6-10　　　　　　　　　　　　　　弯矩计算

区 格		A	B	C	D
l_x/m		5.5	5.5	4.435	4.435
l_y/m		5.25	4.135	4.135	5.25
跨度比(短/长)		0.95	0.75	0.93	0.84
内支座固定	α_{x1}	0.0172	0.0208	0.0228	0.0262
	α_{y1}	0.0198	0.0329	0.0273	0.0222
	α_x'	−0.528	−0.0729	−0.0705	−0.0723
	α_y'	−0.055	−0.0837	−0.0746	−0.0688
内支座简支	α_{x2}	0.0364	0.0317	0.0362	0.0517
	α_{y2}	0.041	0.062	0.0428	0.0345
$m_x/(\text{kN} \cdot \text{m})$		7.806	5.013	5.595	8.19
$m_y/(\text{kN} \cdot \text{m})$		8.886	8.741	6.661	6.208
$m_x^{(v)}/(\text{kN} \cdot \text{m})$		9.5832	6.6712	6.9272	9.4316
$m_y^{(v)}/(\text{kN} \cdot \text{m})$		10.4472	9.7436	7.78	7.846
$m_x'/(\text{kN} \cdot \text{m})$		−17.464	−14.958	−14.465	−17.065
$m_y'/(\text{kN} \cdot \text{m})$		−18.191	−17.173	−15.306	−16.239

考虑到周边支承梁对板的推力作用,弯矩应予折减。A 区格板四边与梁整体连接,跨中弯矩乘折减系数 0.8。由于楼盖周边未设圈梁,故其余各板都不是与梁整体连接,弯矩均不折减。

各跨中及支座弯矩求得后,可取截面内力力臂系数 $\gamma = 0.9$,近似地按 $A_s = m/(0.9h_0 f_y)$ 计算受拉钢筋截面面积,其中,h_0 为截面有效高度。假定钢筋选用 $\phi 10$,则对短边方向跨中截面及支座截面,因钢筋一般靠外布置,故 $h_0 = 120 - 20 - 10/2 = 95\text{mm}$;而对长边方向跨中截面,$h_0 = 95 - 10 = 85\text{mm}$,配筋计算结果见表 6-11,实配钢筋见图 6-45,图中下部钢筋为跨中板带的配筋,边缘板带的配筋可减半。

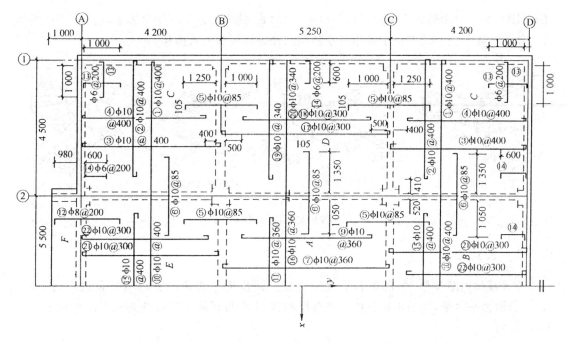

图 6-45　双向板肋梁楼盖楼板按弹性理论计算时的配筋图

表 6-11　　　　　　　　　　多区格板按弹性理论分析内力时的截面配筋计算

截面			h_0 /mm	m /(kN·m)	A_s /mm²	配筋	实配 A_s/mm²
跨中	A 区格	l_x 方向	90	9.583×0.8=7.666	450.671	φ 10@180	436
		l_y 方向	100	10.447×0.8=8.358	442.2222	φ 10@180	436
	B 区格	l_x 方向	90	6.761	397.4721	φ 10@200	393
		l_y 方向	100	9.744	515.5556	φ 10@150	523
	C 区格	l_x 方向	90	6.927	407.231	φ 10@200	393
		l_y 方向	100	7.78	411.6402	φ 10@200	393
	D 区格	l_x 方向	100	9.432	499.0476	φ 10@150	523
		l_y 方向	90	7.846	461.2581	φ 10@170	462
支座	A,B		100	(−18.191−17.173)/2=−17.682	−936.556	φ 10@85	924
	A,D		100	(−17.464−17.065)/2=−17.265	−913.492	φ 10@85	924
	B,C		100	(−14.958−14.465)/2=−14.712	−778.4127	φ 10@85	924
	C,D		100	(−15.306−16.239)/2=−15.773	−834.5503	φ 10@85	924

6.4　楼　梯

楼梯是楼层之间的竖向交通联系。钢筋混凝土楼梯由于具有坚固、耐久、耐火等优点,所以在多、高层房屋中应用较广。从施工方法看,钢筋混凝土楼梯可以整体现浇或预制装配。现浇楼梯又可根据结构受力特点分为梁式楼梯(图 6-46(a))、板式楼梯(图 6-46(b))、折板悬挑楼梯(图 6-46(c))和螺旋式楼梯(图 6-46(d))等形式,前两种系平面受力体系,后两种则为空间受力体系。本节只介绍工程中常用的现浇梁式楼梯和现浇板式楼梯。

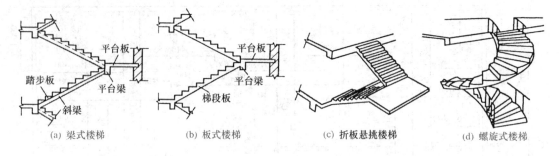

(a) 梁式楼梯　　(b) 板式楼梯　　(c) 折板悬挑楼梯　　(d) 螺旋式楼梯

图 6-46　楼梯类型

6.4.1　板式楼梯

板式楼梯由踏步板、平台板和平台梁组成。踏步板一般两端支承于平台梁上(图 6-47(a));若取消平台梁,则踏步板直接与平台板相连,平台板再搁于砖墙或支承在其他构件上(图 6-47(b))。

板式楼梯的优点是底面平整,模板简单,施工方便,缺点是混凝土和钢材用量较多,结构自重较大,故从经济方面考虑,多用于梯段板跨度小于 3m 的情形。但由于这种楼梯外形比较轻巧、美观,所以,近年来,在一些公共建筑、梯段板跨度较大时也时有采用。

6.4.1.1　梯段板的计算

由图 6-47 可知,梯段板可以是斜板,也可以是折线形板。作用于斜板上的竖向荷载包括踏步板的自重及活荷载,设单位水平长度上其设计值 $P(kN/m)$。假定斜板两端简支,则其计算简图如图 6-48 所示。

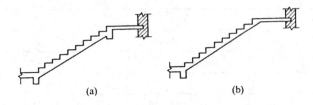

(a)　　　　　　　　　(b)

图 6-47　梯段板类型

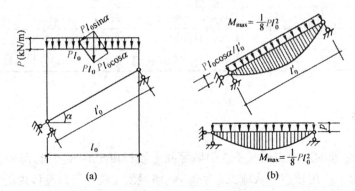

(a)　　　　　　　　　(b)

图 6-48　斜板和斜梁计算简图

为了求得斜板内力,先对支座 A 取力矩平衡,求支座 B 中反力 R_B,即

$$\sum M_A = 0 \qquad R_B l' = \frac{P l_0^2}{2}$$

$$R_B = \frac{P l_0^2}{2 l_0'} = \frac{1}{2} P l_0 \cos\alpha \tag{6-9}$$

然后,将计算简图在距离支座 (A) x 处切开,对其右边隔离体取平衡方程,并将式(6-9)代入,可得该处截面上的弯矩和剪力为

$$M_x = R_B \frac{l_0 - x}{\cos\alpha} - \frac{1}{2} P(l_0 - x)^2 = \frac{1}{2} P(l_0 - x)x \tag{6-10}$$

$$V_x = R_B - P(l_0 - x)\cos\alpha = P\left(x - \frac{l_0}{2}\right)\cos\alpha \tag{6-11}$$

不难看出,斜板在竖向荷载 P 作用下的截面弯矩等于相应水平梁同一竖向位置处的截面弯矩,截面剪力等于后者截面剪力乘以 $\cos\alpha$。需要明确的是,在进行斜板截面受剪承载力计算时,这一截面指的是与斜板垂直的截面,故截面高度应以斜向高度计算。

截面设计应取用最大内力,由式(6-10)和式(6-11),有

$$M_{\max} = \frac{1}{8} P l_0^2 \tag{6-12}$$

$$V_{\max} = \frac{1}{2} P l_0 \cos\alpha \tag{6-13}$$

考虑到平台梁对斜板的嵌固影响,跨中弯矩可以适当减小而采用 $M = P l^2 / 10$。

6.4.1.2 平台梁的计算

平台梁两边分别与平台板和斜板相连,故将承受由平台板和斜板传来的均布力。平台梁一般可按简支梁计算内力,按受弯构件设计配筋。计算钢筋用量时,由于平台板与平台梁整体连接,故可按倒 L 形截面进行设计,但也可忽略翼缘作用仅按矩形截面考虑。

6.4.1.3 平台板的计算

平台板一般按简支板考虑。取单位宽板作为计算单元,设平台板所受均布荷载(含自重)设计值为 P,计算跨度为 l_0,则确定板内配筋所用的最大弯矩为 $M_{\max} = P l_0^2 / 8$。

【例题 6-2】 某楼梯采用现浇整体式钢筋混凝土板式楼梯,其结构布置如图 6-49 所示,其中活载标准值 $q_k = 2.5 \text{kN/m}^2$,混凝土采用 C25,钢筋采用 HPB300 级钢筋。

【解】 1. 梯段板的计算

(1)确定板厚

$$h = \frac{l_0}{30} = \frac{3\,360}{30} = 112\text{mm},\text{取 } h = 120\text{mm}。$$

(2)荷载计算(取 1m 宽板计算)

楼梯斜板的倾角 $\alpha = \arctan\dfrac{154}{280} = \arctan 0.55 = 28°48'$,$\cos\alpha = 0.876$

恒荷载　　　踏步重：$\dfrac{1.0}{0.28} \times \dfrac{1}{2} \times 0.28 \times 0.154 \times 25 = 1.925\text{kN/m}$

斜板重：$\dfrac{1.0}{0.876} \times 0.12 \times 25 = 3.425\text{kN/m}$

20mm 厚找平层：$\dfrac{0.28 + 0.154}{0.28} \times 1.0 \times 0.02 \times 20 = 0.620\text{kN/m}$

恒荷载标准值　　　$g_k = 5.970\text{kN/m}$

恒荷载设计值　　　$g = 1.2 \times 5.970 = 7.164\text{kN/m}$

活荷载标准值　　　$q_k = 2.5 \times 1.0 = 2.5\text{kN/m}$

活荷载设计值　　　$q = 1.4 \times 2.5 = 3.5\text{kN/m}$

荷载总设计值　　　$p = g + q = 7.164 + 3.5 = 10.664\text{kN/m}$

(3) 内力计算

计算跨度　　　$l_0 = 3.36\text{m}$

跨中弯矩　　　$M = \dfrac{1}{10} p l_0^2 = \dfrac{1}{10} \times 10.664 \times 3.36^2 = 12.0\text{kN/m}$

(4) 配筋计算

$$h_0 = h - 25 = 120 - 25 = 95\text{mm}$$

$$\alpha_s = \frac{M}{\alpha_1 f_c b h_0^2} = \frac{12.0 \times 10^6}{1.0 \times 11.9 \times 1000 \times 95^2} = 0.111$$

$$\xi = 1 - \sqrt{1 - 2\alpha_s} = 1 - \sqrt{1 - 2 \times 0.111} = 0.118$$

$$A_s = \xi \frac{f_c}{f_y} b h_0 = 0.118 \times \frac{11.9}{270} \times 1000 \times 95 = 494.1\text{mm}^2$$

受力钢筋选用 $\phi 10@150$（$A_s = 523\text{mm}^2$），分布钢筋选用 $\phi 6@300$。

2. 平台板的计算

(1) 荷载计算

恒荷载　　　平台板自重（假定板厚70mm）：　　　$0.07 \times 1 \times 25 = 1.75\text{kN/m}$

20mm 厚找平层：　　　$0.02 \times 1 \times 20 = 0.040\text{kN/m}$

恒荷载标准值　　　　　　　　$g_k = 2.15\text{kN/m}$

恒荷载设计值　　　　　　　　$g = 1.4 g_k = 1.4 \times 2.15 = 2.58\text{kN/m}$

活荷载标准值　　　　　　　　$q_k = 2.5 \times 1.0 = 2.5\text{kN/m}$

活荷载设计值　　　　　　　　$q = 1.4 \times 2.5 = 3.5\text{kN/m}$

荷载总设计值　　　　　　　　$p = g + q = 2.58 + 3.5 = 6.08\text{kN/m}$

(2) 内力计算

计算跨度　　　　　　　　$l_0 = l_n + \dfrac{h}{2} = 1.4 + \dfrac{0.07}{2} = 1.44\text{m}$

跨中弯矩　　　　　　　　$M = \dfrac{1}{10} p l_0^2 = \dfrac{1}{10} \times 6.08 \times 1.44^2 = 1.26\text{kN·m}$

(3) 配筋计算

$$\alpha_s = \frac{M}{\alpha_1 f_c b h_0^2} = \frac{1.26 \times 10^6}{1.0 \times 11.9 \times 1000 \times 45^2} = 0.0522$$

$$\xi = 1 - \sqrt{1-2\alpha_s} = \sqrt{1-2\times0.0522} = 0.0537$$

$$A_s = \xi\frac{f_c}{f_y}bh_0 = 0.0537\times\frac{11.9}{270}\times1000\times45 = 106.6\text{mm}^2$$

选用 $\phi 6@180(A_s = 157\text{mm}^2)$。

3. 平台梁的计算

梯段板传来 $\qquad\qquad 10.66\times\dfrac{3.36}{2} = 17.91\text{kN/m}$

平台板传来 $\qquad\qquad 6.08\times\left(\dfrac{1.4}{2}+0.20\right) = 5.47\text{kN/m}$

（1）荷载计算

梁自重(假定 $b\times l = 200\text{mm}\times300\text{mm})1.2\times0.2\times(0.3-0.07)\times25 = 5.47\text{kN/m}$

$$q = 24.76\text{kN/m}$$

（2）内力计算

$$l_0 = l_n + a = 3.00 + 0.24 = 3.24\text{m}$$

$$l_0 = 1.05l_n = 1.05\times3.00 = 3.15\text{m}$$

取二者较小者，$l_0 = 3.15\text{m}$。

跨中弯矩 $\qquad M_{max} = \dfrac{1}{8}ql_0^2 = \dfrac{1}{8}\times24.76\times3.15^2 = 30.7\text{kN}\cdot\text{m}$

最大剪力 $\qquad V_{max} = \dfrac{1}{2}ql_n = \dfrac{1}{2}\times2.48\times3.00 = 37.2\text{kN}$

（3）配筋计算

纵向钢筋(按第一类倒 L 形截面计算)：

$$b_f' = \frac{l_0}{6} = \frac{3150}{6} = 525\text{mm} \quad\text{或}\quad b_f' = b + \frac{s_0}{2} = 200 + \frac{1400}{2} = 900\text{mm}$$

取小值 $b_f' = 525\text{mm}$。

$$\alpha_s = \frac{M}{\alpha_1 f_c bh_0^2} = \frac{30.7\times10^6}{1.0\times9.6\times525\times260^2} = 0.0901$$

$$\xi = 1 - \sqrt{1-2\alpha_s} = \sqrt{1-2\times0.0901} = 0.0945$$

$$A_s = \xi\frac{f_c}{f_y}bh_0 = 0.0945\times\frac{9.6}{300}\times525\times260 = 413\text{mm}^2$$

选用 $3\phi14(A_s = 461\text{mm}^2)$。

箍筋计算：

$$0.7f_t bh_0^2 = 0.7\times1.1\times200\times260 = 40040\text{N} = 40.04\text{kN} > V_{max} = 37.2\text{kN}$$

故箍筋可按构造要求配置 $\phi 6@200$。

钢筋布置见图 6-49。

6.4.2 梁式楼梯

梁式楼梯由踏步板、斜梁、平台板及平台梁组成。梯段上荷载通过踏步板传至斜梁，斜梁上荷载及平台板上荷载通过平台梁传到两侧墙体或其他支承构件。

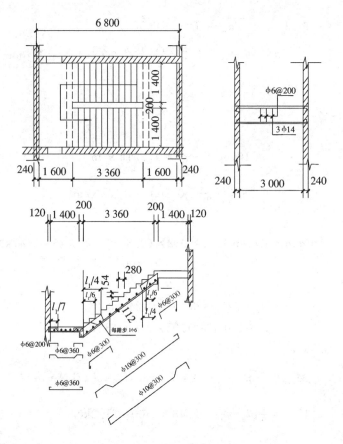

图 6-49 ［例题 6-2］图

梁式楼梯的优点是当楼梯梯段长度较大时，比板式楼梯经济，结构自重较小；缺点是模板比较复杂，施工不便，此外，当斜梁尺寸较大时，外观显得笨重。

6.4.2.1 踏步板的计算

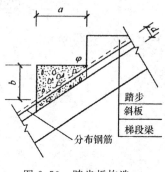

图 6-50 踏步板构造

踏步板按两端支承在斜梁上的单向板计算。取一个踏步作为计算单元，从竖向挠曲看，其截面形式为梯形，为简化计算，可按面积相等的原则换算成与踏步同宽的矩形，高为 $h = b/2 + d/\cos\varphi$，其中，b 为踏步高度，d 为板厚（图 6-50）。如此换算，减小了截面抗弯力臂，计算所得配筋必定偏大，因此，这是一种保守的近似方法。计算时，应当直接考虑竖向荷载。

6.4.2.2 斜梁的计算

楼梯斜梁一般支承在上、下平台梁上，也有采用折线形斜梁的，斜梁承受由踏步板传来的均布荷载。与板式楼梯中梯段板计算相同，不论是简支斜梁或折线形斜梁，都可化作水平投影简支梁考虑。

6.4.2.3　平台梁的计算

在梁式楼梯中,平台梁只承受由平台板传来的均布力,踏步板上的均布荷载则通过斜梁以集中力的方式传来,这是与板式楼梯中的平台梁不同之处,这一受力特点无论对其抗弯设计还是抗剪设计都较为不利。

6.4.2.4　平台板的计算

不管是梁式楼梯还是板式楼梯,平台板的计算都是相同的,故不再赘述。

6.4.3　整体现浇式楼梯的构造

楼梯各部件都是受弯构件,所以,受弯构件的构造要求同样适用于楼梯各部件。

在梁式楼梯中,每个踏步板的受力筋应保证不少于 $2\phi6$,受力筋呈水平方向,置于板底;分布筋则呈倾斜方向,置于受力筋之上,一般采用 $\phi6@300$,如图 6-51 所示。踏步底板厚 30~40mm。

板式楼梯的踏步板厚一般取 $l/30$,通常采用 100~120mm。踏步板内受力钢筋沿倾斜方向置于板底,水平向的分布钢筋置于受力钢筋之上,每个踏步需配置 $1\phi8$,见图 6-52 所示。

由于梯段板与平台梁整体相连,为防止由于嵌固影响而使板的表面出现裂缝,应将平台梁的钢筋伸入斜板,一般伸入长度为 $l_n/4$(图 6-52)。

对于折线形板,受力钢筋一般采用图 6-53(c)所示形式,应避免出现内折角式配筋(图6-53(a)),以免受力后使混凝土崩脱。

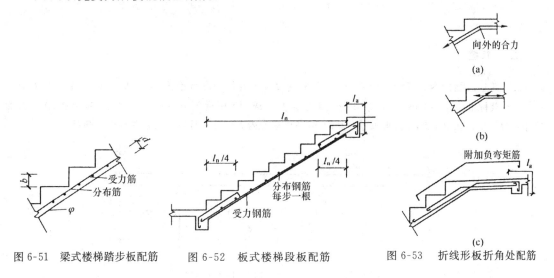

图 6-51　梁式楼梯踏步板配筋　　　图 6-52　板式楼梯段板配筋　　　图 6-53　折线形板折角处配筋

思考题

1. 混凝土楼盖结构有哪几种类型？它们的受力特点、优缺点及适用范围有何异同？

2. 现浇单向板肋梁楼盖的结构布置应遵守哪些原则？

3. 计算单向板肋梁楼盖中板、次梁、主梁的内力时,如何确定其计算简图？

4. 为什么要考虑荷载最不利组合？

5. 如何绘制主梁的弯矩包络图及材料图？

6. 梁中纵向受力钢筋弯起或截断应满足哪些条件？

7. 单向板与双向板如何区别？其受力特点有何异同？

8. 常用的楼梯形式分哪两种？试说明其受力特点，描绘其计算简图。

习 题

一、单项选择题

1. 多跨连续梁，截面一旦出现塑性铰后，该梁则（　　）。

A. 不能再继续加载　　　　　　　　B. 没有破坏可继续加载

C. 丧失承载力　　　　　　　　　　D. 发生破坏

2. 主、次梁相交处，设置附加横向钢筋的目的是（　　）。

A. 提高主梁的承载力　　　　　　　B. 提高次梁的承载力

C. 防止主梁下部出现斜裂缝　　　　D. 防止次梁下部出现斜裂缝

3. 板支承在砖墙上的长度（　　）。

A. $\leqslant 100mm$　　　　　　　　　　B. $=100mm$

C. $\geqslant 120mm$　　　　　　　　　　D. $\geqslant 150mm$

4. 主梁设计时，一般采用（　　）计算。

A. 弹性理论　　　　　　　　　　　B. 塑性理论

C. 弹性理论或塑性理论　　　　　　C. 弹塑性理论

5. 当板厚 $h=120mm$ 时，其受力钢筋的最大间距为（　　）。

A. 100mm　　　　　　　　　　　　B. 120mm

C. 150mm　　　　　　　　　　　　D. 200mm

二、计算题

1. 5 跨连续板的内跨板带如图 6-54 所示，板跨 2.4m，受恒荷载标准值 $g_k=3kN/m^2$，荷载分项系数为 1.2，活荷载标准值 $q_k=3.0kN/m^2$，荷载分项系数为 1.4；混凝土强度等级为 C20，HPB300 级钢筋；次梁截面尺寸 $b\times h=200mm\times 400mm$。求板厚及其配筋（考虑塑性内力重分布计算内力），并绘出配筋草图。

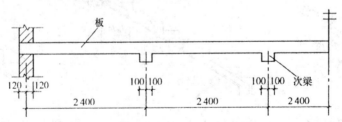

图 6-54　5 跨连续板几何尺寸及支承情况

2. 5 跨连续次梁两端支承在 370mm 厚的砖墙上，中间支承在 $b\times h=300mm\times 650mm$ 主梁上（图 6-55）。承受板传来的恒荷载标准值 $g_k=3kN/m^2$，荷载分项系数为 1.2，活荷载标准值 $q_k=3.0kN/m^2$，荷载分项系数为 1.3；混凝土强度等级为 C20，HRB335 级钢筋，试考虑塑性内力重分布设计该梁（确定截面尺寸及配筋），并绘出配筋草图。

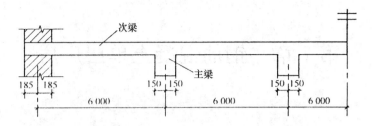

图 6-55　5 跨连续次梁几何尺寸及支承情况

混凝土单向板肋梁楼盖课程设计

一、设计资料

某多层仓库,采用钢筋混凝土现浇单向板肋梁楼盖,建筑平面如图 6-56 所示。

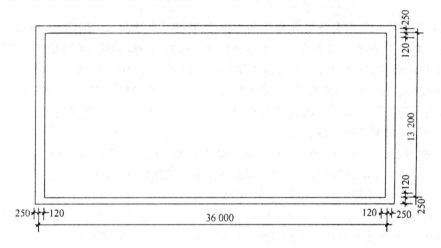

图 6-56　建筑平面图

1. 楼面活荷载标准值 $q_k = 6kN/m^2$(或 $7kN/m^2$,$8kN/m^2$,$9kN/m^2$,由指导教师决定)。

2. 楼面层用 20mm 厚水泥砂浆抹面,板底及梁面用 15mm 厚混合砂浆粉刷。

3. 混凝土强度等级为 C20(或 C25,C30,由指导教师决定),钢筋除主梁和次梁的主筋采用 HRB335 级钢筋外,其余均采用 HPB300 级钢筋。

二、设计内容和要求

1. 板和次梁按考虑塑性内力重分布方法计算内力;主梁按弹性理论计算内力,并绘出弯矩包络图和剪力包络图;进行配筋计算。

2. 绘制楼盖结构施工图,包括:

(1) 楼面结构布置和板配筋图;

(2) 次梁施工图;

(3) 主梁施工图。

第7章　钢筋混凝土单层厂房

本章重点：

　　主要介绍钢筋混凝土单层厂房的结构组成、结构布置、受力特点及柱、牛腿构造要求。

学习要求：

　　了解各单层厂房结构布置的内容；理解牛腿配筋构造、变形缝的种类及支撑的种类和作用，掌握单层厂房结构的组成和各部分的作用和牛腿的受力特点。

7.1　概　述

　　单层厂房按结构材料大致可分为混合结构、钢筋混凝土结构和钢结构。一般说来，对于无吊车或吊车吨位不超过 5t 且跨度在 15m 以内、柱顶标高在 8m 以下、无特殊工艺要求的小型厂房，可采用由砖柱、钢筋混凝土屋架或木屋架或轻钢屋架组成的混合结构。对于吊车吨位在 250t（中级载荷状态）以上或跨度大于 36m 的大型厂房、或有特殊工艺要求的厂房（如设有 10t 以上锻锤的车间以及高温车间的特殊部位等），一般采用钢屋架、钢筋混凝土柱或全钢结构。其他大部分厂房均可采用钢筋混凝土结构。

　　目前，我国混凝土单层厂房的结构形式主要有排架结构和刚架结构两种。

　　排架结构由屋架（或屋面梁）、柱和基础组成，柱与屋架铰接，与基础刚接。根据生产工艺和使用要求的不同，排架结构可做成等高、不等高和锯齿形等多种形式，见图 7-1（排架类型）和图 7-2（锯齿形厂房），后者通常用于单向采光的纺织厂。排架结构是目前单层厂房结构的基本结构形式，其跨度可超过 30m，高度可达 20～30m 或更高，吊车吨位可达 150t 甚至更大。排架结构传力明确，构造简单，施工亦较方便。

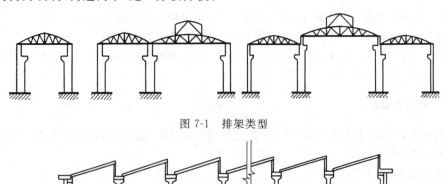

图 7-1　排架类型

图 7-2　锯齿形厂房

　　目前常用的刚架结构是装配式钢筋混凝土门式刚架。它的特点是柱和横梁刚接成一个构件，柱与基础通常为铰接。刚架顶节点做成铰接的，称为三铰刚架，见图 7-3（a），做成刚接的称为两铰刚架，见图 7-3（b），前者是静定结构，后者是超静定结构。为便于施工吊装，两铰刚架通常做成三段,在横梁中弯矩为零(或很小)的截面处设置接头,用焊接或螺栓连接成整体。刚架顶部一般为人字形(图 7-3(a),(b)),也有做成弧形的(图 7-3(c),(d))。刚架立柱和横梁的截面高度都是随内力(主要是弯矩)的增减沿轴线方向做成变高的,以节约材料。构件截面一般为矩形,但当跨度和高度都较大时,为减轻自重,也有做成工字形或空腹的(图 7-3(d))。刚架的优点是梁柱合一,构件种类少,制作较简单,且结构轻巧,当跨度和高度较小时,其经济指标稍优于排架结构。刚架的缺点是刚度较差,承载后会产生跨变,梁柱转角处易产生早期裂缝,所以,对于吊车吨位较大的厂房,刚架的应用受到一定的限制。此外,由于刚架构件呈"Γ"形或"Y"形,使构件的翻身、起吊和对中、就位等都比较麻烦,跨度大时,尤其是这样。

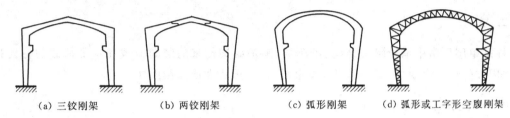

|（a）三铰刚架 | （b）两铰刚架 | （c）弧形刚架 | （d）弧形或工字形空腹刚架 |

图 7-3 刚架形式

我国从 20 世纪 60 年代初期以来,刚架已较广泛地用于屋盖较轻、无吊车或吊车吨位不大(一般不超过 10t,个别用至 20t)、跨度一般为 16～24m(国内已建成的两铰刚架最大跨度达 38m)、立柱高度 6～10m(最高已达 14m)的金工、机修、装配等车间或仓库。目前,混凝土刚架结构已很少用了,但钢刚架结构仍广泛使用。

7.2 单层厂房的结构组成

7.2.1 结构组成

单层厂房排架结构通常由屋盖结构、柱子、吊车梁、支撑、基础、围护结构等部分组成并相互连接成整体(图 7-4)。

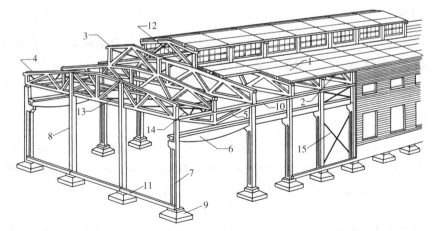

1—屋面板;2—天沟板;3—天窗架;4—屋架;5—托架;6—吊车梁;7—排架柱;8—抗风柱;9—基础;10—连系梁;
11—基础梁;12—天窗架垂直支撑;13—屋架下弦横向水平支撑;14—屋架端部垂直支撑;15—柱间支撑

图 7-4 单层厂房的结构组成

1. 屋盖结构

屋盖结构由屋面板（包括天沟板）、屋架或屋面梁（包括屋盖支撑）组成，有时还设有天窗架和托架等。屋盖结构分无檩和有檩两种屋盖体系，将大型屋面板直接支承在屋架或屋面梁上的称为无檩屋盖体系；将小型屋面板或瓦材支承在檩条上，再将檩条支承在屋架上的，称为有檩屋盖体系。在屋盖结构中，屋面板起围护作用并承受作用在板上的荷载，再将这些荷载传至屋架或屋面梁；屋架或屋面梁是屋面承重构件，承受屋盖结构自重和屋面板传来的活荷载，并将这些荷载传至排架柱。天窗架支承在屋架或屋面梁上，也是一种屋面承重构件。

2. 柱

柱是单层厂房中承受屋盖结构、吊车梁、围护结构传来的竖向荷载和水平荷载的主要构件，常用柱的形式有矩形、工字形以及双肢柱等，一般都做成变截面柱。

3. 吊车梁

吊车梁一般为装配式，简支在柱的牛腿上，主要承受吊车竖向荷载、横向荷载或纵向水平荷载，并将它们分别传至横向或纵向平面排架。吊车梁是直接承受吊车动力荷载的构件。

4. 支撑

单层厂房的支撑包括屋盖支撑和柱间支撑两种，其作用是加强厂房结构的空间刚度，保证结构构件在安装和使用过程中的稳定性和安全性，同时起着把风荷载、吊车水平荷载或水平地震作用等传递到相应承重构件的作用。

5. 基础

基础承受柱和基础梁传来的荷载并将它们传至地基。在钢刚架厂房中，通常设计成独立基础。

6. 围护结构

围护结构包括纵墙、横墙（山墙）及由连系梁、抗风柱（有时还有抗风梁或抗风桁架）和基础梁等组成的墙架。这些构件所承受的荷载，主要是墙体和本身构件的自重以及作用在墙面上的风荷载等。

7. 纵、横向平面排架

单层厂房是以上构件组成的一个空间体系，根据其作用类型分横向平面排架和纵向平面排架。
横向平面排架由横梁（屋架或屋面梁）、横向柱列和基础组成，是厂房的基本承重结构。厂房结构承受的竖向荷载、横向水平荷载以及横向水平地震作用都是由横向平面排架承担并传至地基的。
纵向平面排架由纵向柱列、连系梁、吊车梁、柱间支撑和基础等组成，其作用是保证厂房的纵向稳定性和刚性，并承受作用在山墙、天窗端壁以及通过屋盖结构传来的纵向风荷载、吊车纵向水平荷载等，再将其传至地基，见图 7-5，另外，它还承受纵向水平地震作用、温度应力等。

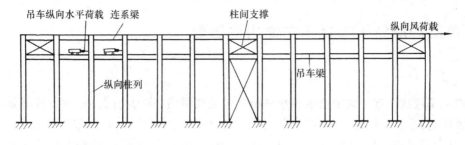

图 7-5　纵向平面排架

7.2.2 传力路线

图 7-6 为单层厂房结构的传力路线。由该图可知,单层厂房结构所承受的各种荷载,基本上都是传递给排架柱,再由柱传至基础及地基的,因此,屋架(或屋面梁)柱、基础是单层厂房的主要承重构件。

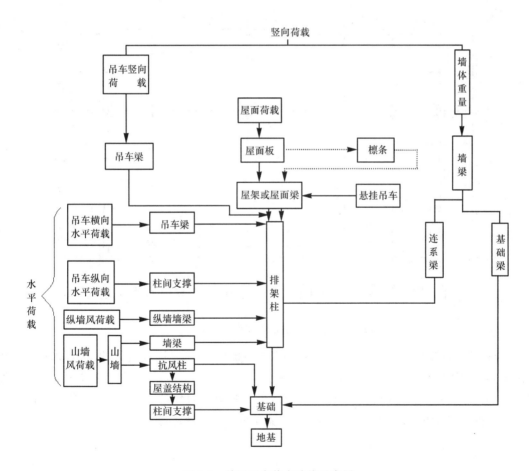

图 7-6　单层厂房传力路线示意图

7.3 单层厂房结构布置和主要构件选型

7.3.1 柱网布置

厂房承重柱或承重墙的定位轴线在平面上构成的网络,称为柱网。柱网布置就是确定纵向定位轴线之间的尺寸(跨度)和横向定位轴线之间的尺寸(柱距)。柱网布置既是确定柱的位置,也是确定屋面板、屋架和吊车梁等构件尺寸(跨度)的依据,并涉及结构构件的布置。柱网布置恰当与否,将直接影响厂房结构的经济合理性和先进性,对生产使用也有着密切关系。

柱网布置的一般原则:符合生产和使用要求;建筑平面和结构方案经济合理;在厂房结构形式和施工方法上具有先进性和合理性;适应生产发展和技术革新的要求。

厂房跨度在 18m 及以下时,应采用扩大模数 3M 数列;在 18m 以上时,应采用扩大模数 6M 数列,见图 7-7。当跨度在 18m 以上,工艺布置有明显优越性时,也可采用扩大模数 3M 数列。

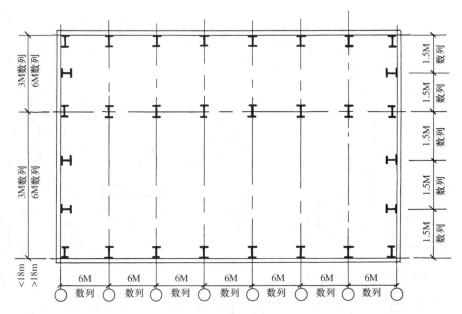

图 7-7 跨度和柱距示意图

目前,从经济指标、材料用量和施工条件等方面衡量,特别是高度较低的厂房,采用 6m 柱距比 12m 柱距优越。但从现代工业发展趋势来看,扩大柱距对增加厂房有效面积、提高设备布置和工艺布置的灵活性以及机械化施工中减少结构构件的数量和加快施工进度等,都是有利的。当然,由于构件尺寸增大,也会给制作、运输和吊装带来不便。

7.3.2 变形缝

变形缝包括伸缩缝、沉降缝和防震缝。

1. 伸缩缝

如果厂房长度和跨度过大,当气温变化时,将使结构内部产生很大的温度应力,严重的可使墙面、屋面和构件等开裂,影响使用,如图7-8(a)所示。为减少厂房结构中的温度应力,可设置伸缩缝,将厂房结构分成若干温度区段。伸缩缝应从基础顶面开始,将相邻温度区段的上部结构构件完全分开,并留出一定宽度的缝隙,使上部结构在气温有变化时,水平方向可以较自由地发生变形,不致引起房屋开裂,如图7-8(b)所示。温度区段的形状,应力求简单,并使伸缩缝的数量最少。温度区段的长度(伸缩缝之间的距离)取决于结构类型和温度变化情况。《混凝土结构规范》对钢筋混凝土结构伸缩缝的最大距离作了规定,对排架结构,室内或土中,伸缩缝的最大间距为100m,露天为70m。当厂房的伸缩缝间距超过规定值时,应验算温度应力。

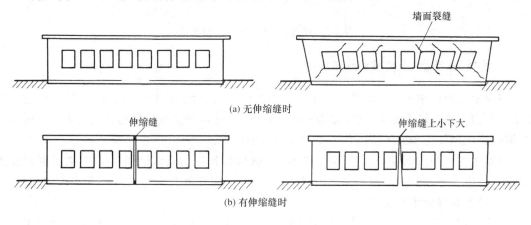

(a) 无伸缩缝时

(b) 有伸缩缝时

图 7-8　温度变化产生裂缝示意图

2. 沉降缝

在有些情况下,为避免厂房因基础不均匀沉降而引起开裂和损坏,需在适当部位用沉降缝将厂房划分成若干刚度较一致的单元。在一般单层厂房中,可不做沉降缝,只有在特殊情况下才考虑设置,如厂房相邻两部分高度相差很大(如10m以上),两跨间吊车吨位相差悬殊,地基承载力或下卧层土质有巨大差别,或厂房各部分的施工时间先后相差很大,地基土的压缩程度不同等情况。沉降缝应将建筑物从屋顶到基础全部分开,以使在缝两边发生不同沉降时不致损坏整个建筑物。沉降缝可兼作伸缩缝。

3. 防震缝

防震缝是为了减轻厂房震害而采取的措施之一,是防止地震时水平振动、房屋相互碰撞而设置的隔离缝。当厂房平、立面布置复杂,结构高度或刚度相差很大以及在厂房侧边贴建有生活间、变电所、炉子间等披屋时,应设置防震缝,将相邻两部分分开。地震区的伸缩缝和沉降缝均应符合防震缝要求。

7.3.3　单层厂房的支撑

7.3.3.1　屋盖支撑

屋盖支撑通常包括上弦横向水平支撑、下弦横向水平支撑、下弦纵向水平支撑、垂直支撑及纵向水平系杆。

屋盖上、下弦水平支撑是指布置在屋架(屋面梁)上、下弦平面内以及天窗架上弦平面内的水平支撑。支撑节间的划分应与屋架节间相适应。水平支撑一般采用十字交叉的形式。交叉杆件的交角一般为 30°～60°，其平面图如图 7-9 所示。

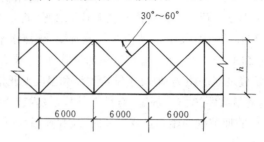

图 7-9　屋盖上、下弦水平支撑形式

1. 屋架（屋面梁）上弦横向水平支撑

屋架上弦横向水平支撑是指厂房每个伸缩缝区段端部的横向水平支撑，它的作用是在屋架上弦平面内构成刚性框架，增强屋盖的整体刚度，保证屋架上弦或屋面梁上翼缘平面外的稳定，同时将抗风柱传来的风荷载传递到（纵向）排架柱顶。

当屋面为大型屋面板，并与屋架上弦有三点焊接，且屋面板纵肋间用 C20 细石混凝土灌实，能保证屋盖平面的稳定并能传递山墙的风荷载，屋面板可起上弦横向水平支撑的作用，此时，可不设上弦横向水平支撑。

当采用钢筋混凝土屋面梁的有檩屋盖体系或山墙风力传至屋架上弦，而大型屋面板与屋架上弦的连接不符合上述要求时，应在屋架的上弦平面内设置横向水平支撑，并应布置在端部第一柱距内以及伸缩缝区段两端的第一个或第二个柱距内，见图 7-10。

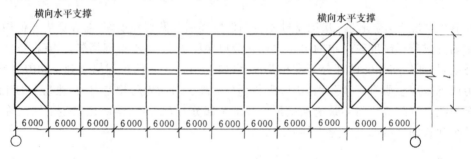

图 7-10　屋盖梁上弦横向水平支撑

对于采用钢筋混凝土拱形及梯形屋架的屋盖系统，应在每一个伸缩缝区段端部的第一个或第二个柱距内布置上弦横向水平支撑。当厂房设置天窗时，可根据屋架上弦杆件的稳定条件，在天窗范围内沿厂房纵向设置连系杆。

2. 屋架（屋面梁）下弦支撑

包括下弦横向水平支撑和纵向水平支撑两种。

下弦横向水平支撑的作用是承受垂直支撑传来的荷载，并将屋架下弦受到的风荷载传递至纵向排架柱顶。

当厂房跨度 $l \geqslant 18m$ 时，下弦横向水平支撑应布置在每一伸缩缝区段端部的第一个柱距内，见图 7-11。当 $l < 18m$ 且山墙上的风荷载由屋架上弦水平支撑传递时，可不设屋盖下弦横向水平支撑。当设有屋盖下弦纵向水平支撑时，为保证厂房空间刚度，必须同时设置相应的下

弦横向水平支撑。

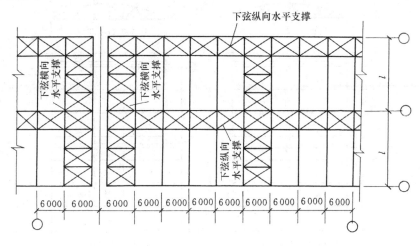

图 7-11 屋架下弦横向水平支撑

下弦纵向水平支撑能提高厂房的空间刚度,增强排架间的空间工作,保证横向水平力的纵向分布。当厂房柱距为 6m 且厂房内设有普通桥式吊车、吊车吨位≥10t(重级)或吊车吨位≥30t 等情况时,应设置下弦纵向水平支撑。

3. 屋架(屋面梁)垂直支撑和水平系杆

屋架垂直支撑是指布置在屋架(屋面梁)间或天窗架(包括挡风板立柱)间的支撑。垂直支撑的形式见图 7-12。

垂直支撑除能保证屋盖系统的空间刚度和屋架安装时结构的安全外,还能将屋架上弦平面内的水平荷载传递到屋架下弦平面内。所以,垂直支撑应与屋架下弦横向水平支撑布置在同一柱间内。在有檩屋盖体系中,上弦纵向系杆是用来保证屋架上弦或屋面梁受压翼缘的侧向稳定的(即防止局部失稳),并可减小屋架上弦杆的计算长度。

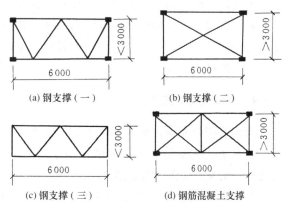

图 7-12 屋盖垂直支撑形式

当厂房跨度 18～30m、屋架间距 6m、采用大型屋面板时,应在屋架跨度中点布置一道垂直支撑,见图 7-13 和图 7-14。对于拱形屋架及屋面梁,因其支座处高度不大,故该处可不设置垂直支撑,但须对梁支座进行抗倾覆验算,如稳定性不能满足要求,应采取措施。梯形屋架支座处必须设置垂直支撑。

当屋架跨度超过 30m、间距为 6m、采用大型屋面板时,应在屋架跨度 1/3 左右附近的节点处设置两道垂直支撑及系杆。

在一般情况下,当屋面采用大型屋面板时,应在

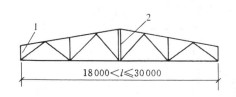

1—支座垂直支撑;2—跨中垂直支撑

图 7-13 屋架垂直支撑

169

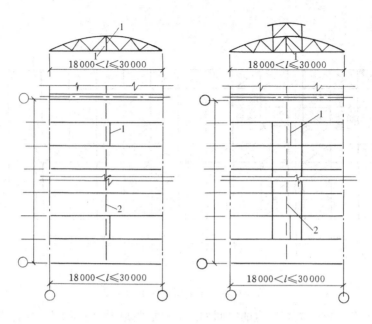

1—跨中垂直支撑；2—通长的水平系杆

图 7-14 屋架跨中垂直支撑

未设置支撑的屋架间相应于垂直支撑平面的屋架上弦和下弦节点处设置通长的水平系杆，系杆分刚性（压杆）和柔性（拉杆）两种。对于有檩体系，屋架上弦的水平系杆可以用檩条代替（但应对檩条进行稳定和承载力验算），仅在下弦设置通长的水平系杆。

垂直支撑一般在伸缩缝区段的两端各设置一道。在屋架跨度不大于 18m、屋面为大型屋面板的一般厂房中，无天窗时，可不设置垂直支撑和水平系杆；有天窗时，可在屋脊节点处设置一道水平系杆。

4. 天窗架间的支撑

天窗架间的支撑包括天窗架上弦横向水平支撑和天窗架间的垂直支撑两种。

天窗架上弦横向水平支撑的作用是将天窗端壁的风力传递给屋盖系统和保证天窗架上弦平面外的稳定。当屋盖为有檩体系或虽为无檩体系但大型屋面板与屋架的连接不能起整体作用时，应设置这种支撑，应将上弦水平支撑布置在天窗端部的第一柱距内，见图 7-15。

天窗垂直支撑除保证天窗架的整体稳定外，还将天窗端壁上的风荷载传至屋架上弦水平支撑，因此，天窗的垂直支撑应与屋架上弦横向水平支撑布置在同一柱距内（在天窗端部的第一柱距内），且一般沿天窗的两侧设置，见图 7-16(a)。为了不妨碍天窗的开启，也可设置在天窗斜杆平面内，如图 7-16(b) 所示。

由上可知，在每一个温度区段内，屋盖支撑的构成思路是这样的：由上、下弦水平支撑分别在温度区段的两端构成横向的上、下水平刚性框，再用垂直支撑和水

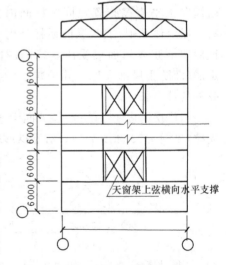

图 7-15 天窗架上弦横向水平支撑

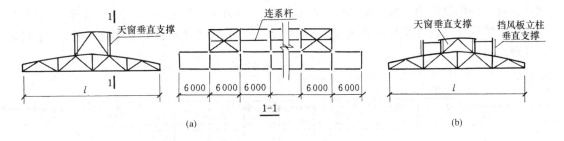

图 7-16 天窗垂直支撑

平系杆把两端的水平刚性框连接起来。天窗架间的支撑构成思路也与此相同。

7.3.3.2 柱间支撑

柱间支撑一般包括上部柱间支撑、中部柱间支撑及下部柱间支撑,见图 7-17。柱间支撑通常宜采用十字形交叉支撑,它具有构造简单、传力直接和刚度较大等特点。交叉杆件的倾角一般在 $35°\sim55°$。在特殊情况下,因生产工艺的要求及结构空间的限制,可以采用其他形式的支撑。当 $l/h\geqslant2$ 时,可采用人字形支撑;当 $l/h\geqslant2.5$ 时,可采用八字形支撑;当柱距为 15m 且 h_2 较小时,采用斜柱式支撑比较合理。

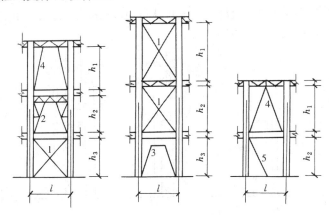

1—十字形交叉支撑;2—空腹门形支撑;3—八字形支撑;4—人字形支撑;5—斜柱支撑

图 7-17 柱间支撑形式

柱间支撑的作用是保证厂房结构的纵向刚度和稳定性,并将水平荷载(包括天窗端壁部和厂房山墙上的风荷载、吊车纵向水平制动力以及作用于厂房纵向的其他荷载)传到两侧纵向柱列,再传至基础。

凡属下列情况之一者,应设置柱间支撑:

(1) 厂房内设有悬臂吊车或 3t 及以上悬挂吊车;

(2) 厂房内设有重级工作制吊车,或设有中级、轻级工作制吊车,起重量在 10t 及以上;

(3) 厂房跨度在 18m 以上或柱高在 8m 以上;

(4) 纵向柱列的总数在 7 根以下;

(5) 露天吊车栈桥的柱列。

柱间支撑应布置在伸缩缝区段的中央的柱间或临近中央(上部柱间支撑在厂房两端第一个柱距内也应同时设置),这样有利于在温度变化或混凝土收缩时,厂房可较自由地变形而不致产生过大的温度应力或收缩应力。当柱顶纵向水平力没有构件（如连系梁）传递时，则在柱顶必须设置通长刚性连系杆来传递荷载，见图 7-18。当屋架端部设有下弦连系杆时，也可不设柱顶连系杆。

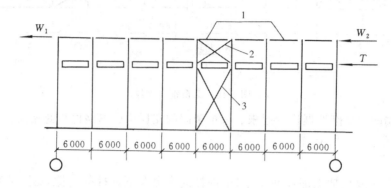

1—柱顶系杆；2—上部柱间支撑；3—下部柱间支撑

图 7-18　柱间支撑

当钢筋混凝土矩形柱或工字形柱的截面高度 $h \geqslant 600mm$ 时，下部柱间支撑应设计成双片，且其间距应等于柱高减去 200mm，见图 7-19(a)。双肢柱的下部柱间支撑应设在吊车梁的垂直平面内，见图 7-19(b)。当一段柱截面高度大于 1000mm 或设有人孔及刚度要求较高时，柱间支撑一般宜设计成双片的，见图 7-19(c)。

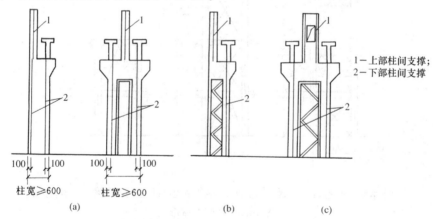

1—上部柱间支撑；
2—下部柱间支撑

(a)　　　　　(b)　　　　(c)

图 7-19　矩形、工字形及双肢柱的支撑布置

柱间支撑一般采用钢结构，杆件承载力和稳定性验算均应符合 GB 50017—2003《钢结构设计规范》的有关规定。当厂房设有中级或轻级工作制吊车时，柱间支撑亦可采用钢筋混凝土结构。

7.3.4　抗风柱、圈梁、连系梁、过梁和基础梁的功能和布置原则

7.3.4.1　抗风柱（山墙壁柱）

单层厂房的端横墙，称为山墙。山墙受风面积较大，一般需设置抗风柱将山墙分成区格，使墙面受到的风荷载，一部分（靠近纵向柱列的区格）直接传至纵向柱列，另一部分则传给抗风柱，再由抗风柱下端直接传至基础，而上端则通过屋盖系统传至纵向柱列。

当厂房跨度和高度均不大(如跨度不大于12m,柱顶标高8m以下)时,可在山墙设置砌体壁柱作为抗风柱;当跨度和高度均较大时,一般都设置钢筋混凝土抗风柱,柱外侧再贴砌山墙。在很高的厂房中,为不使抗风柱的截面尺寸过大,可加设水平抗风梁或钢抗风桁架作为抗风柱的中间铰支点,见图7-20。

抗风柱的柱脚,一般采用插入基础杯口的固接方式。抗风柱上端与屋架的连接必须满足两个要求:一是在水平方向必须与屋架有可靠的连接以保证有效地传递风荷载;二是在竖向脱开,且二者竖向之间应允许有一定的竖向相对位移可能性,以防厂房与抗风柱沉降不均匀时产生不利影响。所以,抗风柱与屋架一般采用竖向可以移动、水平向又有较大刚度的弹簧板连接,见图7-20(b),若不均匀沉降可能较大时,则宜采用长圆孔的螺栓连接方案,见图7-20(c)。抗风柱的上柱宜采用矩形截面,其截面尺寸不宜小于350mm×300mm,下柱宜采用工字形或矩形截面,当柱较高时,也可采用双肢柱。

抗风柱主要承受山墙风荷载,一般情况下,其竖向荷载只有柱自重,故设计时可近似地按受弯构件计算,并应考虑正、反两个方向的弯矩。当抗风柱还承受由承重墙梁、墙板及雨篷等传来的竖向荷载时,则应按偏心受压构件计算。

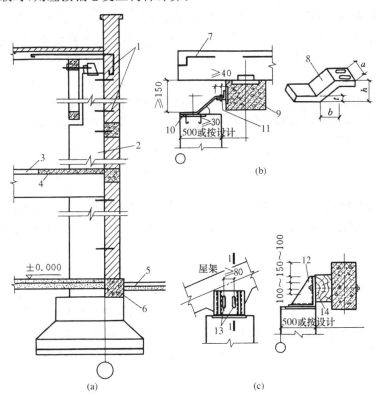

1—锚拉钢筋;2—抗风柱;3—吊车梁;4—抗风梁;5—散水坡;6—基础梁;7—屋面纵筋或檩条;
8—弹簧板;9—屋架上弦;10—柱中预埋件;11—≥2ϕ16螺栓;12—加劲板;13—长圆孔;14—硬木块

图7-20 抗风柱及其连接构造

7.3.4.2 圈梁、连系梁、过梁和基础梁

当用砌体作为厂房的围护结构时,一般要设置圈梁或连系梁、过梁及基础梁。

1. 圈梁

圈梁将墙体与厂房柱箍在一起,其作用是增强房屋的整体刚度,防止由于地基的不均匀沉降或较大振动荷载等对厂房的不利影响。圈梁置于墙体内,并与柱用钢筋拉接,柱对它仅起拉接作用。通常,柱上不需设置支承圈梁的牛腿。

圈梁的布置与墙体高度、对厂房刚度的要求以及地基情况有关。一般单层厂房圈梁布置的原则是:对无桥式吊车的厂房,当墙厚≤240mm,檐口标高为5～8m时,应在檐口附近布置一道,当檐高大于8m时,宜增设圈梁;对有桥式吊车或较大振动设备的厂房,除在檐口或窗顶布置圈梁外,尚宜在吊车梁标高处或其他适当位置增设一道;外墙高度大于15m时,还应适当增设。

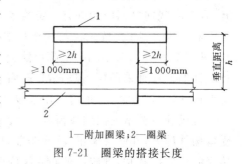

1—附加圈梁;2—圈梁

图 7-21　圈梁的搭接长度

圈梁宜连续地设在同一水平面上,并形成封闭圈。当圈梁被门窗洞口截断时,应在洞口上部增设相同截面的附加圈梁,附加圈梁与圈梁的搭接长度不应小于其垂直距离的 2 倍,且不得小于1.0m,见图 7-21。

圈梁的截面宽度宜与墙厚相同,当墙厚 $h \geqslant 240$mm 时,其宽度不宜小于 $2h/3$。圈梁高度应为砌体每层厚度的倍数,且不小于120mm。圈梁的纵向钢筋不宜少于 4 ϕ 10,钢筋的搭接长度为 $1.2l_a$(l_a 为锚固长度),箍筋间距不大于250mm。当圈梁兼作过梁时,过梁部分配筋应按计算确定。

2. 连系梁

连系梁的作用除连系纵向柱列,增强厂房的纵向刚度并把风荷载传递到纵向柱列外,还承受其上部墙体的重力。连系梁通常是预制的,两端搁置在柱牛腿上,可采用螺栓连接或焊接连接。

3. 过梁

过梁是设置在厂房围护结构门窗洞口上的构件,它的作用是承托门窗洞口上的重量。

在进行厂房结构布置时,应尽可能将圈梁、连系梁和过梁结合起来,使一个构件能起到两个或三个构件的作用,以节约材料,简化施工。

4. 基础梁

当厂房采用钢筋混凝土柱承重时,常用基础梁来承托围护墙的重量,并把它传给柱基,而不另作墙基础。基础梁位于围护墙底部,两端各自在柱基础杯口上。当厂房高度不大且地基比较好、柱基础又埋得较浅时,也可不设基础梁而做砖石或混凝土的墙基础。

基础梁应优先采用矩形截面,必要时,才采用梯形截面。

7.4 单层厂房柱

7.4.1 柱的形式

单层厂房柱的形式很多,目前常用的有实腹矩形柱(图 7-22(a))、工字形柱(图 7-22(b))、双肢柱(图 7-22(c),(d))和管柱(图 7-22(e))等。

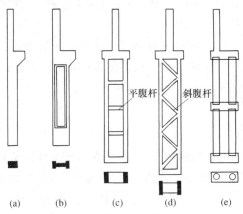

图 7-22 单层厂房柱的形式

实腹矩形柱的外形简单,施工方便,但混凝土用量多,经济指标较差,在小型厂房中广泛采用。

工字形柱的材料利用比较合理,目前在单层厂房中应用广泛,但其混凝土用量比双肢柱多,特别是当截面尺寸较大(如截面高度 $h \geqslant 1600\text{mm}$)时更甚,同时自重大,施工吊装也较困难,因此,使用范围也受到一定限制。

双肢柱有平腹杆和斜腹杆两种。前者构造较简单,制作也较方便,在一般情况下,受力合理,而且腹部整齐的矩形孔洞便于布置工艺管道。当承受较大水平荷载时,宜采用具有桁架受力特点的斜腹杆双肢柱。但其施工制作较复杂,若采用预制腹杆,则制作条件将得到改善。双肢柱与工形柱相比较,混凝土用量少,自重较轻,柱高大时,尤为显著,但其整体刚度差些,钢筋构造也较复杂,用钢量稍多。

管柱的优点是管壁很薄,仅为 $50\sim100\text{mm}$,混凝土用量少,自重轻,但节点的构造复杂,若设计不当,用钢量会增多。

根据工程经验,目前对预制柱可按截面高度 h 确定截面形式:当 $h \leqslant 600\text{mm}$ 时,宜采用矩形截面;当 $h = 600\sim800\text{mm}$ 时,宜采用工字形截面或矩形截面;当 $h = 900\sim1400\text{mm}$ 时,宜采用工字形截面;当 $h > 1400\text{mm}$ 时,宜采用双肢柱。

对设有悬臂吊车的柱,宜采用矩形柱;对易受撞击及设有壁行吊车的柱,宜采用矩形柱或腹板厚度 $\geqslant120\text{mm}$、翼缘高度 $\geqslant150\text{mm}$ 的工字形柱;当采用双肢柱时,则在安装壁行吊车的局部区段宜做成实腹柱。

实践表明,矩形、工字形和斜腹杆双肢柱的侧移刚度和受剪承载力都较大,因此,GB 50011—2010《建筑抗震设计规范》规定,当抗震设防烈度为 8 度和 9 度时,厂房宜采用矩形、工字形截面和斜腹杆双肢柱,不宜采用薄壁工字形柱、腹板开孔柱、预制腹板的工字形柱和管柱;柱底至室内地坪以上 500mm 范围内和阶形柱的上柱宜采用矩形截面。

7.4.2 牛腿

单层厂房中,常采用柱侧伸出的牛腿来支承屋架(屋面梁)、托架、墙梁、吊车梁等构件,有时还要承担设备的重量。由于这些构件大多是负荷较大或有动力作用,而牛腿的作用是将这些荷载传递给柱子,所以,牛腿是柱子的一个重要部分。

根据牛腿竖向力 F_v 的作用点至下柱边缘的水平距离 a 的大小,一般把牛腿分成两类:当 $a \leqslant h_0$ 时,为短牛腿,见图 7-23(a);当 $a > h_0$ 时,为长牛腿,见图 7-23(b)。此处,h_0 为牛腿与下柱交接处竖直截面的有效高度。

长牛腿的受力特点与悬臂梁相似,可按悬臂梁设计。一般地,支承吊车梁等构件的牛腿均为短牛腿(以下简称"牛腿"),它实质上是一变截面深梁,其受力性能与普通悬臂梁不同。

7.4.2.1 试验研究结果

1. 弹性阶段的应力分布

图 7-24 为对 $a/h_0 = 0.5$ 的环氧树脂牛腿模型进行光弹性试验得到的主应力迹线。由图可见,在牛腿上部,主拉应力迹线基本上与牛腿上边缘平行,且牛腿上表面的拉应力沿长度方向比较均匀。牛腿下部主压应力迹线大致与从加载点到牛腿下部转角的连线 ab 平行。牛腿中下部主拉应力迹线是倾斜的,这大致能说明为什么从加载板内侧开始的裂缝有向下倾斜的现象。

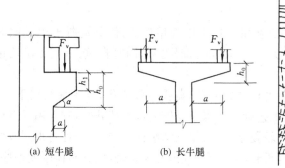

(a) 短牛腿　　　　(b) 长牛腿

图 7-23　牛腿分类

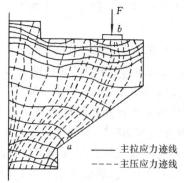

—— 主拉应力迹线
---- 主压应力迹线

图 7-24　牛腿光弹性试验结果示意图

2. 裂缝的出现与展开

钢筋混凝土牛腿在竖向力作用下的试验表明:当荷载加到破坏荷载的 $20\% \sim 40\%$ 时,出现竖向裂缝,但其发展很小,对牛腿的受力性能影响不大;当荷载继续加大至破坏荷载的 $40\% \sim 60\%$ 时,在加载板内侧附近出现第一条斜裂缝①(图 7-25);此后,随着荷载的增加,除这条斜裂缝不断发展外,几乎不再出现第二条斜裂缝;最后,当荷载加大至接近破坏时(约为破坏荷载的 80%),突然出现第二条斜裂缝②,预示牛腿即将破坏。在牛腿使用过程中,所谓不允许出现斜裂缝,均指裂缝①而言的。它是确定牛腿截面尺寸的主要依据。

试验表明,a/h_0 值是影响斜裂缝出现迟早的主要参数。随 a/h_0 值的增加,出现斜裂缝的荷载不断减小。这是因为 a/h_0 值增加,水平方向的应力 σ_x 也增加,而竖直方向的应力 σ_y 减小,因此,主拉应力增大,斜裂缝提早出现。

3. 破坏形态

牛腿的破坏形态主要取决于 a/h_0 值,有以下三种主要破坏形态:

(1) 弯曲破坏。当 $a/h_0 > 0.75$ 和纵向受力钢筋配筋率较低时,一般发生弯曲破坏。其特征是当出现裂缝①后,随荷载增加,该裂缝不断向受压区延伸,水平纵向钢筋应力也随之增大并逐渐达到屈服强度,这时,裂缝①外侧部分绕牛腿下部与柱的交接点转动,致使受压区混凝土压碎而引起破坏,见图 7-25(a)。

(2) 剪切破坏。又分纯剪破坏、斜压破坏和斜拉破坏三种,其中纯剪破坏是当 a/h_0 值很小 ($\leqslant 0.1$) 或 a/h_0 值虽较大但边缘高度 h_1 较小时,可能发生沿加载板内侧接近竖直截面的剪切破坏。其特征是在牛腿与下柱交接面上出现一系列短斜裂缝,最后,牛腿沿此裂缝从柱上切下而遭破坏,见图 7-25(b)。这时,牛腿内纵向钢筋应力较低。

(3) 局部受压破坏。当加载板过小或混凝土强度过低时,由于很大的局部压应力而导致加载板下混凝土局部压碎破坏,见图 7-25(e)。

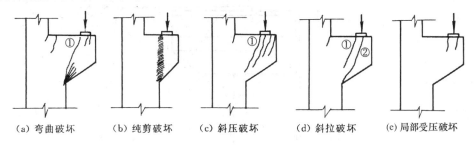

(a) 弯曲破坏　　(b) 纯剪破坏　　(c) 斜压破坏　　(d) 斜拉破坏　　(e) 局部受压破坏

图 7-25　牛腿的破坏形态

4. 牛腿在竖向力和水平拉力同时作用下的受力情况

一般情况下,牛腿顶面上作用有竖向力 F_v,有时还有水平拉力 F_h(屋架的风力、吊车的水平制动力等)以及由吊车梁传来的吊车动力荷载等,根据牛腿的试验结果表明,由于水平拉力的作用,牛腿截面出现斜裂缝的荷载比仅有竖向力作用的牛腿有不同程度的降低。当 F_h/F_v $=0.2 \sim 0.5$ 时,开裂荷载下降 $36\% \sim 47\%$,可见影响较大,同时,牛腿的承载力亦降低。试验还表明,有水平拉力作用的牛腿与没有水平拉力作用的牛腿相比较,二者的破坏形态相似。

7.4.2.2　牛腿的设计

牛腿设计的主要内容是确定牛腿的截面尺寸、承载力计算和配筋构造。

1. 截面尺寸的确定

由于牛腿的截面宽度通常与柱同宽,因此,主要是确定截面高度。由上述牛腿试验结果可知,牛腿的破坏都是发生在斜裂缝形成和展开以后。因此,牛腿截面高度的确定,一般以控制其在使用阶段不出现或仅出现细微斜裂缝为准。为此,牛腿根部的有效高度 h_0 应以满足斜裂缝控制条件和构造要求来确定,如图 7-26 所示。

$$F_{vk} \leqslant \beta \left(1 - 0.5 \frac{F_{hk}}{F_{vk}}\right) \frac{f_{tk} b h_0}{0.5 + \dfrac{a}{h_0}} \tag{7-1}$$

式中 F_{vk}，F_{hk}——作用于牛腿顶部按荷载效应标准组合计算的竖向力和水平拉力；

β——裂缝控制系数，对支承吊车梁的牛腿，取 $\beta=0.65$；对其他牛腿，取 $\beta=0.8$；

a——竖向力的作用点至下柱边缘的水平距离，此时，应考虑安装偏差 20mm，当考虑 20mm 安装偏差后的竖向力的作用点仍位于下柱截面以内时，取 $a=0$；

b——牛腿宽度；

h_0——牛腿与下柱交接处的垂直截面有效高度，取 $h_0=h_1-a_s+c\tan\alpha$，α 为牛腿底面的倾斜角，当 $\alpha>45°$ 时，取 $\alpha=45°$，c 为下柱边缘到牛腿外边缘的水平长度。

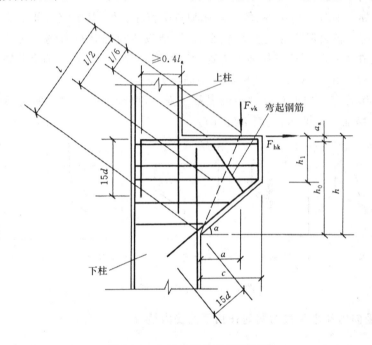

图 7-26　牛腿的尺寸和钢筋配置

式(7-1)中，$(1-0.5F_{hk}/F_{vk})$ 是考虑在竖向力 F_{vk} 与水平拉力 F_{hk} 同时作用下对牛腿抗裂度的不利影响；系数 β 考虑了不同使用条件对牛腿抗裂度的要求，当取 $\beta=0.65$ 时，可使牛腿在正常使用条件下基本上不出现斜裂缝，当取 $\beta=0.80$ 时，可使多数牛腿在正常使用条件下不出现斜裂缝，有的仅出现细微裂缝。

根据试验结果，牛腿的纵向钢筋对斜裂缝出现基本没有影响，弯筋对斜裂缝展开有重要作用，但对斜裂缝出现也无明显影响，因此，在式(7-1)中未引入与纵向钢筋和弯筋有关的参数。

牛腿外边缘高度 h_1 不应太小，否则，当 a/h_0 较大而竖向力靠近外边缘时，将会造成斜裂缝不能向下发展到与柱相交，而发生沿加载板内侧边缘的近似垂直截面的剪切破坏。因此，《混凝土结构规范》规定，牛腿外边缘高度 h_1 不应小于 $h/3$，且不应小于 200mm。

牛腿底面倾斜角 α 不应大于 45°（一般即取 45°），以防止斜裂缝出现后可能引起底面与下柱交接处产生严重的应力集中。

加载板尺寸大小对牛腿的承载力有一定影响，尺寸越大（并有足够刚度），牛腿的承载力越高。尺寸过小，将导致牛腿在加载板处发生局部承压不足而破坏。

因此，《混凝土结构规范》规定，在竖向力 F_{vk} 作用下，牛腿支承面上局部受压应力不应超过 $0.75f_c$，即

$$\frac{F_{vk}}{A} \leqslant 0.75 f_c \qquad\qquad (7\text{-}2)$$

式中，A 为牛腿支承面上的局部受压面积。

若不满足式(7-2)的要求，应采取加大垫块尺寸、设置钢筋网等有效措施。

2. 配筋构造

牛腿承受竖向荷载产生的弯矩和水平荷载产生的拉力的纵向受拉钢筋宜采用 HRB335 级或 HRB400(RRB400)级钢筋，钢筋直径不应小于 12mm。由于水平纵向受拉钢筋的应力沿牛腿上部受拉边全长基本相同，因此，不得将其下弯兼作弯起钢筋，而应全部直通至牛腿外边缘再沿斜边下弯，并伸入下柱内 150mm，另一端在柱内应有足够的锚固长度(按梁的上部钢筋的有关规定)，以免钢筋未达到强度设计值前就被拔出而降低牛腿的承载能力。

承受竖向力所需的水平纵向受拉钢筋的配筋率(按牛腿有效截面计算)不应小于 0.2% 及 $0.45 f_t / f_y$，也不宜大于 0.6%，根数不宜少于 4 根。承受水平拉力的锚筋应焊在预埋件上，且不应少于 2 根。

3. 水平箍筋和弯起钢筋的构造要求

1) 水平箍筋

由于式(7-1)的斜裂缝控制条件比斜截面受剪承载力条件严格，所以，满足了式(7-1)后，不再要求进行牛腿的斜截面受剪承载力计算，但应按构造要求设置水平箍筋和弯起钢筋。在总结我国的工程设计经验和参考国外有关设计规范的基础上，牛腿应设置水平箍筋，以便形成钢筋骨架及控制斜裂缝的出现。《混凝土结构规范》规定，水平箍筋的直径宜为 6~12mm，间距宜为 100~150mm，且在牛腿上部 $2h_0/3$ 范围内的水平箍筋总截面面积不宜小于承受竖向力的水平纵向受拉钢筋截面面积的 1/2。

2) 弯起钢筋

试验表明，弯起钢筋虽然对牛腿抗裂的影响不大，但对限制斜裂缝展开的效果较显著。试验还表明，当剪跨比 $a/h_0 \geqslant 0.3$ 时，弯起钢筋可提高牛腿的承载力 10%~30%，剪跨比较小时，在牛腿内设置弯起钢筋不能充分发挥作用。因此，《混凝土结构规范》规定，对于悬臂较长，剪跨比 $a/h_0 \geqslant 0.3$ 时，牛腿宜设置弯起钢筋，弯起钢筋宜采用 HRB335 级或 HRB400 级钢筋，直径不宜小于 12mm，并且配筋位置应使其与集中荷载作用点到牛腿斜边下端点连线的交点位于在牛腿上部 $l/6 \sim l/2$ 的范围内，l 为该连线的长度，见图 7-26。其截面面积不宜少于承受竖向力的受拉钢筋截面面积的 $A_s/2$，且不应小于 $0.001bh$，其根数不应少于 2 根，直径不宜小于 12mm。

当满足以上构造要求时，就能满足牛腿受剪承载力的要求。

当牛腿设于上柱柱顶时，宜将牛腿对边的柱外侧纵向受力钢筋沿柱顶水平弯入牛腿，作为牛腿纵向受力钢筋使用。若牛腿顶面纵向受拉钢筋与牛腿对边的柱外侧纵向受力钢筋分开配置时，牛腿顶面纵向受拉钢筋应弯入柱外侧。柱顶牛腿配筋构造见图 7-27。

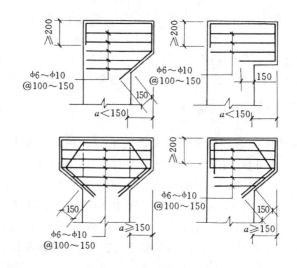

图 7-27　柱顶牛腿的配筋构造

思考题

1. 单层工业厂房结构是由哪几部分组成的？
2. 简述单层工业厂房结构主要荷载的传递路线。
3. 变形缝包括哪几种？各有什么作用？
4. 简述支撑的种类及作用。
5. 简述牛腿的受力特点。牛腿有哪几种破坏形态？

第 8 章　多层与高层

本章重点：

多层与高层房屋结构的体系，框架结构的布置及形式，多层框架计算的内力组合概念与近似计算方法，框架结构的构造要求。

学习要求：

(1) 了解多层与高层房屋结构的体系类型。

(2) 理解多层框架结构近似计算方法适用条件及内力组合和设计实例。

(3) 掌握框架结构的构造要求。

8.1　多层与高层房屋的结构体系

迄今为止，世界各国对多层建筑与高层建筑的划分界限并不统一。同一个国家的不同建筑标准，或者同一建筑标准在不同时期的划分界限也可能不尽相同。表 8-1 中列出了部分国家和组织对高层建筑起始高度的规定。多层建筑是指高层以下、不少于三层的建筑。

表 8-1　　部分国家和组织对高层建筑起始高度的规定

国家和组织名称	高层建筑起始高度
联合国	≥9 层，分四类： 第一类：9～16 层(最高到 50m) 第二类：17～25 层(最高到 75m) 第三类：26～40 层(最高到 100m) 第四类：40 层以上(高度在 100m 以上时，为超高层建筑)
美国	高度 22～25m，或是 7 层以上
法国	住宅为 8 层以上，或高度≥31m
英国	高度≥24.3m
日本	11 层，高度 31m
德国	高度≥22m(从室内地面起)
比利时	高度≥25m(从室外地面起)
中国	GB 50045—95(2005 年版)《高层民用建筑设计防火规范》：≥10 层或高度超过 24m； JGJ 3—2010《高层建筑混凝土结构技术规程》：≥10 层或高度超过 28m 的住宅建筑及房屋高度大于 24m 的其他高层民用建筑

各国对高层建筑划分界限不同的原因与许多因素有关。如火灾发生时，不超过 10 层的建筑可通过消防车进行扑救，而更高的建筑用消防车进行扑救则很困难，需要有许多自救措施。从结构受力性态的角度来看，不超过 10 层的建筑，由竖向荷载产生的内力占主导地位，水平荷载的影响较小。而更高的建筑，由于弯矩与高度的平方成正比，侧移与高度的四次方成正比，风荷载和地震作用产生的内力占主导地位，竖向荷载的影响相对较小，侧移验算也不可忽视。

8.1.1　结构的概念设计

概念设计是指根据理论与试验研究结果和工程经验等相结合所形成的基本设计原则和设计思想,进行建筑和结构的总体布置并确定细部构造的过程。

国内外历次大地震及风灾的经验教训,使人们越来越认识到建筑物初步设计阶段中结构概念设计的重要性,尤其是结构抗震概念设计对结构的抗震性能将起决定性作用。国内外许多规范和规程都规定了结构抗震概念设计的主要内容。

JGJ 3—2010《高层建筑混凝土结构技术规程》在总则中强调了结构概念设计的重要性,旨在要求建筑师和结构工程师在高层建筑设计中应特别重视规程中有关结构概念设计的规定,不要认为只要计算通得过就可以。结构的规则性和整体性是概念设计的核心。若结构严重不规则、整体性差,则仅按目前的结构设计计算水平,较难保证结构的抗震、抗风性能,尤其是抗震性能。

结构抗震概念设计的目标是使整体结构能发挥耗散地震能量的作用,避免结构出现敏感的薄弱部位,使地震能量耗散集中在极少数薄弱部位,导致结构过早破坏。

结构概念设计是一些结构理念,是设计思想和设计原则。例如,结构在地震作用下要求"小震不坏、中震可修、大震不倒"的设计思想和结构设计应尽可能使结构"简单、规则、均匀、对称"的设计原则,都属于概念设计的范畴。结构概念设计有一些明确的标准,有量的界限;有一些可能只有原则,需要设计人员认真领会,融会贯通,在设计实践中结合具体情况创造发挥。

8.1.2　多层与高层房屋的结构体系

多层与高层房屋抗侧力体系在不断的发展和改进,建筑高度也不断增高。目前,多层与高层房屋结构体系大致可分为框架结构体系、剪力墙结构体系、框架-剪力墙结构体系与筒体结构体系四类,其适用高度和优缺点各不相同。

多层房屋的墙体、基础等竖向结构构件可采用砌体,而楼盖、屋盖等水平构件则采用钢筋混凝土材料建造。本章仅限于钢筋混凝土多层结构。砌体与钢筋混凝土材料组成的混合结构房屋设计的有关问题,在第9章论述。

8.1.2.1　框架结构体系

当采用梁、柱组成的结构体系作为建筑竖向承重结构,并同时承受水平荷载时,称为框架结构体系。它适用于多层及高度不大的高层建筑。应用于高层建筑的框架结构体系可分为横向框架结构承重、纵向框架承重及纵横方向框架共同承重等布置形式。框架既承受竖向荷载又承受两个方向上的水平荷载。

框架结构布置灵活、造型活泼,可以做成较大空间的会议室、餐厅、办公室,加隔墙后,也可做成小房间,容易满足建筑布置和使用功能的多种要求。

框架结构的构件主要是梁和柱,可以组成预制或现浇框架,布置比较灵活,立面也可变化。通常,梁、柱断面尺寸都不能太大,否则会占用使用面积。因此,框架结构的侧向刚度较小,水平位移大,这限制了框架结构的建造高度:非抗震设计时不得超过70m;有抗震设防要求的地区,高度限制更严格。

一般房屋框架常采用横向框架承重,在房屋纵向设置连系梁与横向框架相连;当楼板为预制板时,楼板纵向布置,楼板现浇时,一般设置纵向次梁,形成单向板肋形楼盖体系。当柱网为正方形、接近正方形或者楼面活荷载较大时,也往往采用纵横双向布置的框架,这时楼面常采用现浇双向板楼盖或井字梁楼盖。

通过合理设计,框架结构的整体性和抗震性能较好,建筑平面布置相当灵活,广泛用于6~15层的多层和高层房屋(经济层数约为10层,房屋高度比以5~7为宜)。

8.1.2.2 剪力墙结构体系

在高层和超高层房屋结构中,水平荷载将起主要控制作用,房屋需要很大的抗侧移能力。框架结构由于抗侧移能力较弱,其建造高度受到严格限制。故在高层和超高层房屋结构中,需要采用新的结构体系,即剪力墙结构体系。它是利用建筑物的墙体作为竖向承重和抵抗侧力的结构。墙体同时也作为维护及房间分隔构件。

剪力墙结构适用于要求小房间的住宅、旅馆等建筑,此时可省去大量砌筑填充墙的工序及材料,如果采用滑升模块及大模板等先进的施工方法,施工速度快,整体性好,刚度大,在水平力作用下侧向变形很小。墙体截面积大,抗震性能好,它适宜于建造高层建筑,在10~50层范围内适用。

剪力墙结构的缺点和局限性也是很明显的,主要是间距不能太大,平面布置不灵活,不能满足公共建筑的使用要求。此外,结构的自重较大。一般情况下剪力墙间距为3~8m,适用于有较小开间要求的建筑。

剪力墙结构中的剪力墙设置,应符合下列要求:

(1)剪力墙有较大洞口时,洞口位置宜上下对齐。

(2)剪力墙在平面布置上应力求均匀、对称。

(3)剪力墙的中心线应与框架梁柱中心线相重合,任何情况下剪力墙轴线偏离框架中心线的距离,不宜大于柱子宽度的1/4。

(4)房屋底部有框支层时,落地剪力墙的数量不宜少于上部剪力墙数量的50%,其间距不大于四开间和24m的较小值,落地剪力墙之间楼盖长宽比不应大于表8-8规定的数值。

(5)剪力墙之间无大洞口的楼、屋盖的长宽比,应符合抗震的规定,否则应考虑楼板平面内变形的影响。

所谓框支层剪力墙,是指为适用房屋下部有大空间需要而设置的框架或其他转换结构支承剪力墙。这种结构体系抗侧移刚度由于框架取代部分剪力墙而有所削弱。另外,由于框架和剪力墙连接的部位刚度突变而导致应力集中,震害调查表明在此部位结构严重破坏。因此,底部被取消的剪力墙数目不应过多,如图8-1所示。

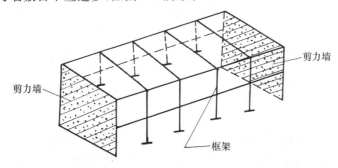

图8-1 框架-剪力墙结构

为避免房屋刚度的突然变化,框架一般扩展到 2～3 层,其层高逐渐变化,框架最上一层作为刚度过渡层,可设置设备层。

8.1.2.3　框架-剪力墙及框架-筒体结构体系

框架-剪力墙结构体系是由框架和剪力墙共同作为承重结构。一般而言,框架-剪力墙结构体系将框架和剪力墙结合起来,取长补短,使整个结构的抗侧刚度适当,并能根据水平荷载的大小提供足够而不过分的承载力。此外,剪力墙的布置可以结合建筑功能分区对使用空间一并考虑,并节省材料,因此在高层公共建筑和办公楼等建筑中广泛应用。

框架-剪力墙结构布置的要点是剪力墙的数量及位置问题。竖向荷载作用下的内力分析问题比较简单,而水平力由框架和剪力墙共同承受。在一般情况下,剪力墙承担了大部分剪力,且对结构的刚度有明显的影响。同时,由于框架和剪力墙协同工作,通过变形协调,使各层层间变形趋于均匀,改善了纯框架或纯剪力墙结构中上部和下部层间变形相差较大的缺点,因而在地震作用下可减少非结构构件的破坏。在框架的适当部位(如山墙、楼、电梯间等处)设置剪力墙,组成框架-剪力墙结构。框架-剪力墙结构的抗侧移能力大大优于框架结构,其适用范围广泛。

由于剪力墙在一定程度上限制了建筑平面布置的灵活性,因此框架-剪力墙结构一般用于办公楼、旅馆、公寓、住宅等民用建筑。

在框架-剪力墙结构中,剪力墙宜贯通房屋全高,且横向与纵向剪力墙宜互相连接,使结构上下刚度连续而均匀。剪力墙不应设置在墙面需开大洞口的位置。剪力墙开洞时,洞口面积不大于墙面面积的 1/6,洞口应上下对齐,洞口梁高不小于层高的 1/5。房屋较长时,纵向剪力墙不宜设置在端开间。

8.1.2.4　筒体结构体系

将房屋的剪力墙集中到房屋的外部或内部组成一个竖向、悬臂的封闭箱体时,可以大大增加房屋的整体空间受力性能和抗侧移能力,这种封闭的箱体称为筒体。筒体结构体系是由核心筒和框筒等单元组成的承重结构体系,主要有筒体和框架结合形成框筒结构,内筒和外筒结合(二者之间用很强的连系梁连接)形成筒中筒结构、多重筒结构等。筒体结构一般用于 30 层以上的超高层房屋。

1. 框筒结构

框筒结构指由周边密集柱和高跨比很大的窗裙梁所组成的空腹筒结构。美国著名工程师齐勒·坎恩首次提出采用密柱深梁建造框筒结构,形成空间抗侧力体系,框筒同时又作为建筑物围护墙,梁、柱间直接形成窗口。1963 年在芝加哥建造了第一幢框筒结构的建筑——43 层德威切斯纳特公寓。

2. 筒中筒结构

当把框筒结构与核心筒结构结合在一起时,便形成了筒中筒结构。筒中筒结构的内筒与外框筒之间的距离以不大于 12m 为宜。内筒面积占整个筒体面积的比例对结构的抗侧刚度有较大的影响。一般地说,内筒的边长宜为外筒相应边长的 1/3 左右,当内、外筒之间的距离较大时,可另设柱子作为楼面梁的支承点,以减小楼面的结构层的高度。

3. 多重筒结构

当建筑平面尺寸很大或当内筒较小时,内外筒之间的距离较大,即楼盖结构跨度变大,这样势必会增加楼板的厚度或楼面大梁的高度。为保证楼盖结构的合理性,降低楼盖结构层高度,可在筒中筒结构的内外之间增设柱子或剪力墙。如果这些柱子或剪力墙用深梁联系起来使之亦形成一个"筒"的作用,则可以认为由三个筒共同工作来抵抗侧向荷载,也就是三重筒结构。

8.1.2.5 其他结构体系

除了上述几种结构体系外,近年来还出现了其他一些高层结构体系,如悬挂结构、巨型框架结构、巨型桁架结构以及带刚性加强层的结构体系等。悬挂结构体系是以筒体、桁架或刚架等作为主要受力构件,全部楼盖均以钢丝束或预应力混凝土吊杆悬挂在上述主要受力结构上,一般每段吊杆悬吊10层左右,如香港汇丰银行大楼。

巨型框架结构体系是将房屋沿高度以每10层左右为一段,分为若干段,每段设一巨大的传力梁,与巨大的房屋角柱形成巨型框架,承受主要的水平和竖向荷载,如深圳的亚洲大酒店。

带刚性加强层的结构是指在房屋高宽比较大的框架-筒体或框架-剪力墙中每隔一定层数设置一个刚性层,使外围的框架柱和核心筒一道参与抵抗侧向力,已达到减少房屋侧移的目的,如上海的金茂大厦。

高层房屋结构一般都是钢筋混凝土结构或钢结构,并且是规则结构。规则结构是指符合以下要求的结构:①房屋平面局部突出部分的长度不大于其宽度,且不大于该方向总长的30%;②房屋主面的局部收进尺寸不大于该方向总尺寸的25%;③房屋平面内质量分布和抗侧力构件的布置基本均匀对称;④楼层刚度不小于其相邻上层刚度的70%,且连续三层总的刚度降低不超过50%。

在考虑结构选型和结构布置时,对建筑装修有较高要求的房屋和高层建筑,应优先采用框架-剪力墙结构或剪力墙结构。钢筋混凝土房屋宜选用不设防震缝的合理建筑结构方案。

8.2 多层框架结构的布置及形式

8.2.1 多层框架结构布置

框架结构体系是指若干平面框架之间通过连系梁或等代梁加以连成整体的一种空间结构。框架结构布置包括柱网布置和框架梁布置。

柱网布置可分为大柱网梁柱和小柱网梁柱。小柱网对应的梁柱截面尺寸可小些,结构造价亦低。但小柱网柱子过多,有可能影响使用功能。从用户的角度来说,往往一方面希望柱网越大越好,同时又不希望梁柱截面尺寸增大,这显然是矛盾的。因此,在柱网布置时,应尽量考虑建筑物的功能要求和经济合理性来确定柱网的大小。

在框架结构体系中,各平面框架都是承重结构,竖向荷载由各层楼板或再通过主梁传给柱子,再传给基础,最后传至地基。在进行多层房屋竖向承重结构布置时,除了需满足建筑的使用要求外,尚须注意以下几点:① 结构的受力要明确;② 布置尽可能匀称;③ 非承重隔墙宜采用轻质材料,以减轻房屋自重;④ 构件的类型、尺寸规格要尽量减少,有利于生产的工业化。

它可以沿房屋横向布置，也可沿纵向布置，或在纵、横向均为承重框架。因此，根据楼盖上竖向荷载的传力路线，框架结构又可分为横向承重、纵向承重和双向承重等几种布置方式。

1. 主要承重框架沿房屋横向布置

一般框架结构的房屋都具有宽度远小于长度的特点，从建筑的体型来说，纵向刚度强，横向刚度差。当承重框架沿横向布置时，则可有效地提高房屋沿横向的抗侧力强度和刚度。此时，沿房屋纵向通过连系梁以保证建筑在纵向有必要的刚度。其布置方案见图 8-2。

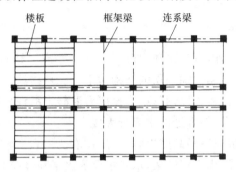

图 8-2　框架沿房屋横向布置

承重框架横向布置时，由于纵向柱间跨数远大于横向柱间跨数，故一般只对横向框架按刚架进行内力分析，对纵向框架则不必进行内力分析。这种布置方案的优点如下：

（1）框架外柱宽度可收小，能满足建筑立面要求。

（2）外墙不承重，其自重由连系梁传给横向承重框架柱，该方案有利于在纵向墙上布置较大的门窗满足室内采光要求。

（3）由于一般进深大于开间，采取横向承重框架时，楼板沿纵向（即开间方向）布置，跨度可以相对小些，楼板结构比较经济合理。当采用装配式预制楼板时，则运输和吊装也较为方便。

目前，一般工业与民用建筑多采用这种横向承重框架的布置方案。

2. 主要承重框架沿房屋纵向布置

承重框架沿房屋纵向布置，横向由连系梁加以连系，见图 8-3。

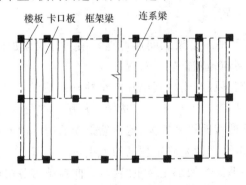

图 8-3　框架沿房屋纵向布置

此种布置方案，常用于有集中通风要求的厂房。当通风管道沿房屋纵向布置时，由于连系梁高度总比框架横向梁高度要小,故相对降低了层高,也就降低了工程造价;其次是在开间布置上也比较灵活。但是,建筑的横向刚度较差,楼板的跨度也常常较大,且其类型增多,故在实际工程中较少采用。

3. 主要承重框架沿房屋纵、横向布置

承重框架沿房屋纵向和横向同时布置,可以有利于满足来自两个不同方向的抗风和抗震要求。虽然有时楼板仅沿一个方向布置或者采用双向楼板,但是纵、横两个方向的框架均具有足够的强度和刚度(图8-4)。

此种结构布置方案,常适用于楼面有较重设备或楼面有大开洞的厂房。

当建筑平面在纵、横两个方向长度比较接近时,采用纵、横双向框架结构布置,对于抗风或抗震来说,是比较合理的。

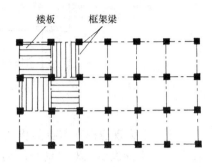

图 8-4　框架沿房屋纵横向布置

如建筑取为三叉形(有时也称 Y 形)平面的住宅,则在三向均采用承重框架结构。其三翼布局匀称,体量适度,便于施工。中间一个正三角形的楼梯井,可以从屋顶采光,垃圾井利用一个角,每层三户。其主要特点是每户进门就有一对外直接采光的小方厅,使只有二室一户标准的住户实际上有了三个居住空间。另外,浴厕厨房紧靠在一起,也可节省管道。而且,这种 Y 形住宅系三向框架结构体系,抗风抗震较好。

8.2.2　框架的形式

按施工方式,框架结构可分为现浇框架、预制框架和现浇预制框架三种类型。

1. 现浇框架(又称"整体式框架")

框架的梁柱全部构件均在现场浇筑,虽需用模板较多,工期较长,但整体刚度和抗震性能良好。目前,现浇框架仍采用较多。一般在工艺布置复杂、构件类型多、预制有一定困难或抗震要求较高的厂房、仓库和民用建筑中采用。

2. 预制框架(又称"装配式框架")

框架的梁柱构件均为预制,在工地进行吊装。这种框架的主要优点是节省模板、缩短工期和可以采用预应力混凝土构件,但是连接节点的用钢量较多。在荷载大、振动大、要求框架的刚度较大时,连接节点的构造较难处理。

3. 现浇预制框架(又称"装配整体式框架")

框架的构件部分预制、部分现浇。这种框架的主要特点是采用叠合梁的后浇部分使梁与柱连成整体。因此,梁与柱连接节点比装配式框架易于做成刚性连接。

框架中梁与柱的节点连接可以为刚接,也可以为铰接,刚接节点和铰接节点的区分在于梁与柱连接节点处能否传递弯矩。能传递弯矩的是刚接节点,不能传递弯矩的是铰接节点。装配式框架中梁与柱的顶部连接节点(图8-5),柱顶与梁底部都预埋钢板,并焊接在一起。由于钢板在自身平面外的刚度很小,只能使梁端部与柱顶不发生相对的移动,不能阻止微小的相对

转动。这就是说,这种节点只能承受压力和剪力,不能承担弯矩,严格地说,只能承受微小的弯矩。因此,将这种节点简化为铰接节点。

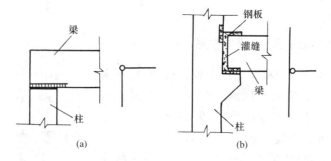

图 8-5　铰接点

图 8-6 为现浇框架节点的构造,因梁与柱为整体浇筑,且布置有能传递弯矩的负钢筋,梁柱节点处不能发生相对移动和转动,因此,它可简化为刚接节点。节点弯矩可通过上部钢筋和底部的预埋钢板传递。这种节点虽不如整体式框架的节点刚性好,但也可认为是刚性节点。这种在叠合梁上部的负钢筋,与柱内伸出的主钢筋,必须进行剖口焊接,质量要求严格,需要技术水平较高的电焊工进行剖口焊。

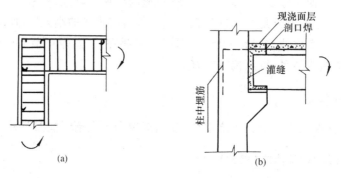

图 8-6　刚接点

8.3　框架结构的内力与侧移计算

8.3.1　荷载组合

一般用途的高层建筑结构承受的竖向荷载有结构、填充墙、装修等自重(永久荷载)和楼面使用荷载、雪荷载等(可变荷载);水平力有风荷载和地震作用,荷载取值及计算见第 2 章。各种荷载可能同时出现在结构上,但是出现的概率不同。按照概率统计和可靠度理论,把各种荷载效应按一定规律加以组合,就是荷载效应组合。所谓荷载效应,是指在某种荷载作用下结构的内力或位移。在各种不同荷载作用下分别进行结构分析,作用在多层房屋结构上的各种荷载同时达到各自最大值的可能性几乎不存在,因此,在计算各种荷载引起的结构最不利内力组合时,可将某些荷载值适当降低,即乘以小于 1 的组合系数。

对于一般框架结构,按荷载效应基本组合进行承载力计算时,其荷载效应组合设计值 S 可采用简化公式确定:

$$S = \gamma_0 \left(\gamma_G C_G G_k + \psi \sum_{i=1}^{n} \gamma_{Qi} C_{Qi} Q_{ik} \right)$$

(8-1)

式中,ψ 为简化计算时的可变荷载组合系数,无风时,取 $\psi=1.0$;有风时,取 $\psi=0.9$。其他符号见第 2 章。

对于非地震地区无吊车荷载的多层框架,可有以下三种荷载组合形式:

(1) 恒荷载+活荷载;

(2) 恒荷载+风荷载;

(3) 恒荷载+0.9(活荷载+风荷载)。

在进行正常使用极限状态验算时,则应考虑荷载效应的标准组合和准永久组合。

8.3.2 框架截面尺寸估算

由于在建筑功能要求上各不相同,故柱网和层高的变化较大,尺度一般比厂房小,多层与高层住宅、旅馆等居住建筑的柱网尺寸一般取 3.6m,4.0m 和 4.5m,房屋的进深为 4.8m,5.4m 等。

目前,国内住宅建筑层高以 2.8m 居多,旅馆则以 3.0m 居多,3.3m,3.6m 也不少,而办公楼建筑多数为 3.6m。一般底层要比标准层适当提高。

框架截面尺寸估算主要包括框架梁的截面尺寸估算、框架柱的截面估算。框架柱的截面宜采用正方形或接近正方形的矩形,两个主轴方向的刚度相差不宜过大,柱的截面可将轴力增大 20%~40% 按轴心受压柱估算,一般柱的截面高度 $h=(1/15\sim1/6)H$,H 为层高,柱截面宽度 $b=(2/3\sim1)h$,一般柱截面高度应取 100mm 的倍数,宽度应取 50mm 的倍数。框架柱的截面高度不宜小于 400mm,截面宽度不宜小于 350mm。

框架梁的截面尺寸应由刚度条件初步确定,梁的截面尺寸可参考高跨比要求,梁的截面高度 $h=(1/12\sim1/8)l$,l 为梁的跨度;梁的截面宽度 $b=(1/3\sim1/2)h$,梁的截面高度和宽度一般取 50mm 的倍数。

关于钢筋混凝土框架柱的长度 l_0,一般应用弹性稳定理论,并适当考虑钢筋混凝土的受力特点,按下列规定取用:

(1) 一般多层房屋中,梁柱为刚接的框架结构,各层柱的长度按表 8-2 取用。

表 8-2　　　　　　　　　　　　框架结构各层柱的计算长度

楼 盖 类 型	柱 的 类 别	l_0
现浇楼盖	底 层 柱	$1.0H$
	其余各层柱	$1.25H$
装配式楼盖	底 层 柱	$1.25H$
	其余各层柱	$1.5H$

注:H 对底层柱为从基础顶面到一层楼盖顶面的高度;对其余各层柱为上、下两层楼盖顶面之间的高度。

(2) 当水平荷载产生的弯矩值占总弯矩值的 75% 以上时,框架柱的计算长度 l_0 可按下列两个公式求解,并取其中的较小值:

$$l_0=[1+0.15(\psi_u+\psi_l)]H \tag{8-2}$$

$$l_0=(2+0.2\psi_{min})H \tag{8-3}$$

式中　ψ_u,ψ_l——柱的上端、下端节点处交汇的各柱线刚度之和与交汇的各梁线刚度之和的比值;

$\psi_{\min}$——比值 ψ_u, ψ_l 中的较小值；

H——柱的高度，按表 8-2 的柱采用。

对底层柱下端，当为刚接时，取 $\psi_l=0$（即认为梁线刚度为无穷大）；当为铰接时，取 $\psi_l=\infty$（即认为梁线刚度为零）。

8.3.3 框架内力近似计算

框架结构内力和侧移的计算方法较多，各具特点，如精度较高的卡尼法（内力连续代入法）、近似法（指在竖向荷载作用下的分层法和水平荷载作用下的反弯点法以及改进反弯点法）等。在设计实践中，人们可采用不同方法计算，或者具备条件时宜进行验算。虽然现在的实际工程设计中，一般均采用建筑结构分析软件（如 PKPM 软件）进行内力、位移计算和截面设计，但作为初学者，应该学习和掌握一些简单的手算方法。通过手算，不但可以了解结构的受力特点，还可以对电算结果的正确性有一个基本的判断能力。另外，手算方法在初步设计中作为快速估算结构的内力和变形也十分有用。

此处着重叙述适合于手工计算的内力简化计算方法，即用近似法来计算框架。

作用在框架上的荷载可分为竖向荷载和水平荷载两类。竖向荷载包括结构自重、使用活荷载（包括机械设备等一些长期活载在内，一般以等效均布活荷载形式表达）、雪荷载、屋面积灰荷载和施工检修荷载。

近似法计算框架时，尚作如下的假定：

（1）计算单元：在一般工程中，通常忽略结构纵向和横向的联系，忽略各构件的抗扭作用，将结构简化为一系列平面框架进行内力分析和侧移计算。在各榀框架中，选取若干个很有代表性的框架进行计算，一般取中间有代表性的一榀横向框架进行分析，按平面框架进行分析时，计算单元宽度取相邻开间各一半（图 8-7）。

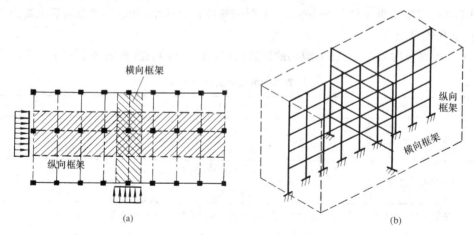

图 8-7 平面框架的计算单元及计算模型

（2）计算简图的主要尺寸以框架的梁柱截面几何轴线来确定。框架梁的跨度即为柱子轴线之间的距离，除底层外，柱的计算高度即为各层层高，底层柱为基础顶面到一层楼盖顶面之间的高度。

（3）横梁为坡度 $i\leqslant1/8$ 的折梁时，可以简化为直杆。

（4）等跨框架，当各跨跨度相差不大于 10% 时，可简化等跨框架，跨度取原框架各跨度的平均值。

（5）当框架横梁为有支托的加腋梁时，如 $I_端/I_中<4$ 或 $h_端/h_中<1.6$，则可不考虑支托影响而简化为无支托的等截面梁。$I_端$，$h_端$ 为支托端最高截面的惯性矩和高度；$I_中$，$h_中$ 为跨中等截面梁的截面惯性矩和高度。

（6）横梁截面惯性矩 I 的取值，按框架类型不同，计算如下：

① 现浇框架——梁和楼板整体相连而成 T 形截面，框架横梁的实际刚度要比矩形截面梁的刚度大，对于中间框架，取 $I=2I_0$，对于边框架的横梁，取 $I=1.5I_0$，I_0 是指不包括两边翼缘在内的矩形截面梁的截面惯性矩。

② 预制框架——由于梁板之间无整体连接，故不考虑板对梁刚度的影响，则取 $I=I_0$。

③ 现浇预制框架——板与叠合梁之间由后浇混凝土连成整体，对框架横梁刚度有一定程度的提高，故在计算中，梁刚度予以适当提高，一般地，对中间框架横梁，取 $I=1.5I_0$，对边框架横梁，取 $I=1.2I_0$。

（7）柱的刚度取值，按实际截面确定。

（8）对于作用在框架上的荷载，给予适当的简化，在保证必要计算精度的前提下，以简化内力的计算：

① 分布风荷载可以简化为框架节点荷载。

② 为构成对称的荷载图式以简化计算，集中荷载的位置允许移动不超过 1/20 梁的计算跨度。

③ 次梁传至主梁上的荷载，允许不考虑次梁的连续性，即各跨均按简支计算支座反力并作为主梁的集中荷载。

④ 作用在框架上的次要荷载可以简化为与主要荷载相同的荷载形式，但对结构的主要受力部位，应维持等效。如主梁自重荷载相对于次梁传来的集中荷载可称为次要荷载，则此线荷载可化为等效集中荷载叠加于次梁集中荷载中。

框架结构内力计算的近似方法很多，下面着重讨论竖向荷载作用下的分层法以及水平荷载作用下的反弯点法和 D 值法。

1. 分层法

在竖向荷载作用下，多层多跨框架的受力特点如下：侧移对内力（特别是对设计起控制作用的内力）的影响较小；此外，在框架的某一层施加外荷载，在整个框架中只有直接受荷的梁及与它相连的上、下柱弯矩较大，其他各层梁柱的弯矩较小。因此，在内力计算中，忽略这些较小的内力，则可使计算大为简化。基于以上分析，对分层法作如下假定：① 多层多跨框架在竖向荷载作用下，节点的侧移极小而可以忽略不计；② 每层梁上的荷载对其他各层梁的影响忽略不计。因此，多层框架可以分层作为若干个彼此互不关联的且远端为完全固定的简单开口框架来近似计算。等跨时，尚有现成图表可算其内力。分层法的精确度，一般能满足实用要求。在梁的线刚度小于柱的线刚度时，则基本假定难以成立，因而误差较大。

分层法的计算要点如下：

（1）由于上层各柱的柱端实际为弹性支承，故在计算中，除底层以外，须将上层各柱的刚度乘以折减系数 0.9，以减少误差。

（2）分层计算时，柱支座处的柱端弯矩为横梁处的柱端弯矩的 1/3；当柱支座处实际为完全固定时，则为横梁处柱端弯矩的 1/2。

（3）杆件的实际弯矩：横梁的实际弯矩即为分层计算所得弯矩；柱同属于上、下两层，所以，柱的实际弯矩为将上、下两相邻简单框架柱的弯矩叠加起来。由于分层计算的近似性，框架节点处的最终弯矩可能不能平衡，但通常不会很大。欲进一步修正，可再进行一次弯矩分配。

分层法适用于节点梁柱线刚度比 $\sum i_b / \sum i_c \geqslant 3$ 且结构及荷载沿高度比较均匀的多层框架的计算。

2. 反弯点法

多层多跨框架在水平荷载作用下，结点将产生侧移和转角。当梁的线刚度 $i_1 = El_1/l$ 和柱的线刚度 $i_z = EI_z/h$ 之比大于 3 时，框架结点的转角 θ 很小，可假设 $\theta = 0$，使框架内力计算大为简化，其误差较小。这样，框架在水平荷载作用下可取常用的近似算法——反弯点法来分析其内力。所谓反弯点，即柱的弹性曲线在该点改变凹凸方向。反弯点法适用于各层结构比较均匀（各层层高变化不大、梁的线刚度变化不大、节点梁柱线刚度比 $\sum i_b / \sum i_c \geqslant 5$）的多层框架。

1）基本假定

（1）在进行各柱间剪力分配时，认为梁与柱的线刚度之比为无限大；

（2）在确定各柱的反弯点位置时，认为除底层柱以外的其余各层柱受力后上、下两端的转角相等；

（3）梁端弯矩可由节点平衡条件（对于中间节点，尚须考虑梁的变形协调条件）求出。

按照上述假定，可以确定反弯点高度、侧移刚度、反弯点处剪力以及杆端弯矩。

2）反弯点高度 $\bar{y}$

反弯点高度 $\bar{y}$ 指反弯点至该层柱下端的距离。对上层各柱，根据假定，各柱的上、下端转角相等，柱上、下端弯矩也相等，故反弯点在柱中央，即 $\bar{y} = h/2$；对底层柱，当柱脚固定时，柱下端转角为零，上端弯矩比下端弯矩小，反弯点偏离柱中央而上移，根据分析，可取 $\bar{y} = 2h_1/3$（h_1 为底层柱高）。

3）侧移刚度 D

框架侧移主要是由水平荷载引起的，由于设计时需要分别对层间位移及顶点侧移加以限制，以保证正常使用而不致使房屋产生裂缝甚至倒塌，因此，需要计算层间位移及顶点侧移。

侧移刚度 D 表示柱上、下两端有单位侧向位移时在柱中产生的剪力。抗侧刚度 D 值的物理意义是单位层间侧移所需的层间剪力（该层间侧移是由梁柱曲线变形引起的）。按照假定，横梁刚度为无限大时，则各柱端转角为零，由位移方程可求得柱的侧移刚度：

$$D_n = \frac{12i_c}{h_n^2} \tag{8-4}$$

式中　h_n——第 n 层某柱的柱高；

　　　i_c——第 n 层某柱的线刚度。

因在同一层各柱的相对位移相同，且等于该层框架层间位移 δ_i，于是

$$\delta_i = \frac{V_i}{\sum D} \tag{8-5}$$

即框架的层间位移等于层间剪力除以该层各柱侧移刚度之和。

可见，框架的顶点侧移为

$$\Delta = \sum_{i=1}^{n} \delta_i \tag{8-6}$$

4）同层各柱的剪力

根据反弯点位置和柱的侧移刚度,可求得同层各柱的剪力。

以图 8-8 的框架为例。在求框架顶层各柱的剪力时,将框架沿该层各柱的反弯点切开,设各柱的剪力分别为 V_{31} , V_{32} , V_{33} ,由水平力的平衡,有

$$V_{31} + V_{32} + V_{33} = F_3$$

由于同层各柱柱端水平位移相等(假定横梁刚度无限大),均为 Δu_3 ,故按侧移刚度定义:

$$V_{31} = D_{31} \Delta u_3$$
$$V_{32} = D_{32} \Delta u_3$$
$$V_{33} = D_{33} \Delta u_3$$

式中, D_{31} , D_{32} , D_{33} 为第三层各柱的侧移刚度。则

$$\Delta u_3 = \frac{F_3}{D_{11} + D_{22} + D_{33}} = \frac{F_3}{\sum D_3} \tag{8-7}$$

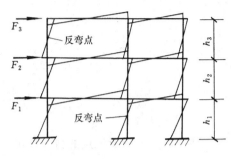

图 8-8　水平荷载作用下的框架弯矩图

其中, $\sum D_3$ 为第三层各柱侧移刚度总和。故可得

$$V_{31} = D_{31} \cdot \frac{F_3}{\sum D_3} = \frac{D_{31}}{\sum D_3} F_3$$

$$V_{32} = D_{32} \cdot \frac{F_3}{\sum D_3} = \frac{D_{32}}{\sum D_3} F_3$$

$$V_{33} = D_{33} \cdot \frac{F_3}{\sum D_3} = \frac{D_{33}}{\sum D_3} F_3$$

同理,在求第二层各柱剪力时,沿第二层各柱的反弯点切开,考虑上部隔离体的水平力平衡(图 8-9),可得

$$V_{21} = \frac{D_{21}}{\sum D_2} (F_3 + F_2)$$

$$V_{22} = \frac{D_{22}}{\sum D_2} (F_3 + F_2)$$

$$V_{23} = \frac{D_{23}}{\sum D_2} (F_3 + F_2)$$

式中, D_{21} , D_{22} , D_{23} 为第二层各柱的侧移刚度。则

$$\sum D_2 = D_{21} + D_{22} + D_{23} \tag{8-8}$$

一般情形下,有

$$V_i = \frac{D_i}{\sum D} \sum F \tag{8-9}$$

式中　D_i——计算层第 i 柱的侧移刚度;

　　　$\sum D$——该层各柱侧移刚度总和;

　　　$\sum F$——计算层以上所有水平荷载总和;

V_i——计算层第 i 柱的剪力。

可见,水平荷载下框架每层中各柱剪力仅与该层各柱间的侧移刚度比有关。

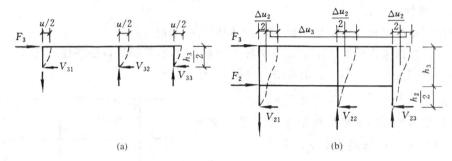

图 8-9　反弯点求框架水平荷载下剪力

5）柱端及梁端弯矩

柱反弯点位置及该点的剪力确定后,即可求出柱端弯矩:

$$\left.\begin{array}{l} M_{i\text{下}}=V_i\bar{y}_i \\ M_{i\text{上}}=V_i(h_i-\bar{y}_i) \end{array}\right\} \tag{8-10}$$

式中　$M_{i\text{下}}$,$M_{i\text{上}}$——分别为柱下端弯矩和上端弯矩;

　　　　$\bar{y}_i$——某层第 i 柱反弯点高度;

　　　　h_i——该层第 i 柱的高度;

　　　　V_i——该层第 i 柱的剪力。

根据节点平衡,即可求出梁端弯矩:

对边柱节点,有

$$M_b=M_{c1}+M_{c2} \tag{8-11a}$$

对中柱节点,有

$$\left.\begin{array}{l} M_{b1}=\dfrac{i_{b1}}{i_{b1}+i_{b2}}(M_{c1}+M_{c2}) \\[3mm] M_{b2}=\dfrac{i_{b2}}{i_{b1}+i_{b2}}(M_{c1}+M_{c2}) \end{array}\right\} \tag{8-11b}$$

式中　M_{c1},M_{c2}——节点上、下柱端弯矩;

　　　　M_{b1},M_{b2}——节点左、右(线刚度为 i_{b1} 及 i_{b2})梁端弯矩;

　　　　M_b——边柱节点弯矩。

综上所述,反弯点法计算的要点是:直接确定反弯点高度 $\bar{y}$;计算各柱的侧移刚度 D(当同层各柱的高度相等时,D 还可以直接用柱的线刚度表示);各柱剪力按该层各柱的侧移刚度比例分配;按节点力的平衡条件及梁线刚度比例求梁端弯矩。

3. D 值法(改进反弯点法)

上述反弯点法适用于梁柱线刚度之比大于 3 的情况,如不能满足此条件,框架柱的反弯点高度和侧移刚度都将随框架结点转角大小而改变。此时,若用反弯点法分析框架内力,就会产生较大的误差。因此,采用改进的反弯点法,即近似地考虑框架结点转动对反弯点高度和侧移刚度的影响。其算法是较简单又较准确的一种近似方法,在实践中应用较为广泛。因此,算法是将修正后的柱侧移刚度用 D 表示,故又称为 D 值法。

1) 修正后的柱侧移刚度(D)值计算

如图 8-10 所示,从框架中任取一柱 AB,其两端转角为 θ_A 和 θ_B,相对水平位移为 Δu_s,根据转角位移方程,其两端剪力 V(即反力)为

$$V = \frac{12i_c}{h^2}\Delta u - \frac{6i_c}{h}(\theta_A + \theta_B) \tag{8-12}$$

则柱侧移刚度 $D(=V/\Delta u)$ 值,不仅与柱本身的刚度有关,而且与柱上、下两端的转动约束即与 θ_A 和 θ_B 有关,因而影响转角 θ_A 和 θ_B 的因素,也对 D 值产生影响。这些因素主要有:① 柱本身的刚度 i_c;② 上、下梁的刚度 i_b;③ 上、下层柱的高度;④ 柱所在层的位置;⑤ 上、下层的剪力(水平荷载的分布)情况。由于计算 D 值的目的主要是用于分配剪力,对于同层各柱而言,上述 ③—⑤ 项影响系数相同,对剪力的分配影响不大。因此,确定 D 值时,主要考虑柱本身的刚度和上、下层梁的刚度的影响。

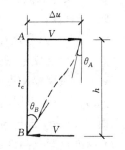

图 8-10　框架柱剪力计算图

由式(8-5)可知,节点的转动会降低柱的抗侧移能力。此时,柱的侧移刚度为

$$D = \alpha_c \frac{12i_c}{h^2} \tag{8-13}$$

式中,α_c 为节点转动影响系数,或称为两端嵌固时柱的侧移刚度 $12i_c/h^2$ 的修正系数。

根据柱所在位置及支承条件以及 D 值法的计算假定(柱两端转角相等,即在图 8-10 中,$\theta_A = \theta_B = \theta$;与该柱相连的各杆远端转角也相等,均为 θ;与该柱相连的上、下柱线刚度与该柱相同),由转角位移方程,可导出 α_c 的表达式,见表 8-3。

表 8-3　　　　　　　　　　　　　　　节点转动影响系数 α_c

位　置		简　图	$\bar{k}$	α_c
一般层		i_1　i_2 / i_c / i_3　i_4	$\bar{k} = \dfrac{i_1+i_2+i_3+i_4}{2i_c}$	$\alpha_c = \dfrac{\bar{k}}{2+\bar{k}}$
底　层	固　接	i_5　i_6 / i_c	$\bar{k} = \dfrac{i_5+i_6}{2i_c}$	$\alpha_c = \dfrac{0.5+\bar{k}}{2+\bar{k}}$
	铰　接	i_5　i_6 / i_c	$\bar{k} = \dfrac{i_5+i_6}{2i_c}$	$\alpha_c = \dfrac{0.5\bar{k}}{1+2\bar{k}}$

注:当为边柱时,取 i_1,i_3,i_5(或 i_2,i_4,i_6)为零即可。

由表 8-3 求出 α_c 后,代入式(8-13),即可求得柱的侧移刚度 D。

2)柱的反弯点高度

当横梁线刚度与柱线刚度之比不是很大时,柱的两端转角相差较大,最上层和最下几层更是如此,因此,其反弯点不一定在柱的中点,它取决于柱上、下两端的转角。

各层反弯点高度可用如下统一的公式计算:

$$\bar{y}=\gamma h=(\gamma_0+\gamma_1+\gamma_2+\gamma_3)h \tag{8-14}$$

式中　$\bar{y}$——反弯点高度,即反弯点到柱下端的距离;

　　　h——柱高;

　　　γ——反弯点高度比;

　　　γ_0——标准反弯点高度比;

　　　γ_1——考虑梁刚度不同的修正;

　　　γ_2,γ_3——考虑层高变化的修正。

下面对 $\gamma_0\sim\gamma_3$ 进行简单说明。

(1)标准反弯点高度比 γ_0 主要考虑梁柱线刚度比及楼层位置的影响,它可根据梁柱相对线刚度比 $\bar{k}$、框架总层数 m、该柱所在层数 n 及荷载作用形式由表 8-4 或表 8-5 查得。$\gamma_0 h$ 称为标准反弯点高度,它表示各层梁线刚度相同、各层柱线刚度及层高都相同的规则框架的反弯点位置。

表 8-4　　　　　　　　规则框架承受均布水平荷载作用时标准反弯点高度比 γ_0

m	n \ $\bar{k}$	0.1	0.2	0.3	0.4	0.5	0.6	0.7	0.8	0.9	1.0	2.0	3.0	4.0	5.0
1	1	0.80	0.75	0.70	0.65	0.65	0.60	0.60	0.60	0.60	0.55	0.55	0.55	0.55	0.55
2	2	0.45	0.40	0.35	0.35	0.35	0.35	0.40	0.40	0.40	0.40	0.45	0.45	0.55	0.50
	1	0.95	0.80	0.75	0.70	0.65	0.65	0.65	0.60	0.60	0.60	0.55	0.55	0.55	0.50
3	3	0.15	0.20	0.20	0.25	0.30	0.30	0.30	0.35	0.35	0.35	0.40	0.45	0.45	0.45
	2	0.55	0.50	0.45	0.45	0.45	0.45	0.45	0.45	0.45	0.45	0.50	0.50	0.50	0.50
	1	1.00	0.85	0.80	0.75	0.70	0.70	0.65	0.65	0.65	0.60	0.55	0.55	0.55	0.55
4	4	−0.05	0.05	0.15	0.20	0.25	0.30	0.30	0.35	0.35	0.40	0.45	0.45	0.45	0.45
	3	0.25	0.30	0.30	0.35	0.35	0.40	0.40	0.40	0.40	0.45	0.45	0.50	0.50	0.50
	2	0.65	0.55	0.50	0.50	0.45	0.45	0.45	0.45	0.45	0.45	0.50	0.50	0.50	0.50
	1	1.10	0.90	0.80	0.70	0.70	0.70	0.60	0.65	0.65	0.65	0.55	0.55	0.55	0.55
5	5	−0.20	0.00	0.15	0.20	0.25	0.30	0.30	0.30	0.35	0.35	0.40	0.45	0.45	0.45
	4	0.10	0.20	0.25	0.30	0.35	0.35	0.40	0.40	0.40	0.40	0.45	0.45	0.50	0.50
	3	0.40	0.40	0.40	0.40	0.40	0.45	0.45	0.45	0.45	0.45	0.50	0.50	0.50	0.50
	2	0.65	0.55	0.50	0.50	0.50	0.50	0.50	0.50	0.50	0.50	0.50	0.50	0.50	0.50
	1	1.2	0.95	0.80	0.75	0.75	0.70	0.70	0.65	0.65	0.65	0.55	0.55	0.55	0.55

续表

m	n	$\bar{k}$ 0.1	0.2	0.3	0.4	0.5	0.6	0.7	0.8	0.9	1.0	2.0	3.0	4.0	5.0
6	6	−0.30	0.00	0.10	0.20	0.25	0.25	0.25	0.30	0.35	0.35	0.40	0.45	0.45	0.45
	5	0.00	0.20	0.25	0.30	0.35	0.35	0.40	0.40	0.40	0.40	0.45	0.45	0.50	0.50
	4	0.20	0.30	0.35	0.35	0.40	0.40	0.40	0.45	0.45	0.45	0.45	0.50	0.50	0.50
	3	0.40	0.40	0.40	0.45	0.45	0.45	0.45	0.45	0.45	0.45	0.50	0.50	0.50	0.50
	2	0.70	0.60	0.55	0.50	0.50	0.50	0.50	0.50	0.50	0.50	0.50	0.50	0.50	0.50
	1	1.2	0.95	0.85	0.80	0.75	0.70	0.70	0.65	0.65	0.65	0.55	0.55	0.55	0.55
7	7	−0.35	−0.05	0.10	0.20	0.20	0.25	0.30	0.30	0.35	0.35	0.40	0.45	0.45	0.45
	6	−0.10	0.15	0.25	0.30	0.35	0.35	0.35	0.40	0.40	0.40	0.45	0.45	0.50	0.50
	5	0.10	0.25	0.30	0.35	0.40	0.40	0.40	0.45	0.45	0.45	0.45	0.50	0.50	0.50
	4	0.30	0.35	0.40	0.40	0.40	0.45	0.45	0.45	0.45	0.45	0.50	0.50	0.50	0.50
	3	0.50	0.45	0.45	0.45	0.45	0.45	0.45	0.45	0.45	0.45	0.50	0.50	0.50	0.50
	2	0.75	0.60	0.55	0.50	0.50	0.50	0.50	0.50	0.50	0.50	0.50	0.50	0.50	0.50
	1	1.2	0.95	0.85	0.80	0.75	0.70	0.70	0.65	0.65	0.65	0.55	0.55	0.55	0.55
8	8	−0.35	−0.15	0.10	0.15	0.25	0.25	0.30	0.30	0.35	0.35	0.40	0.45	0.45	0.45
	7	−0.10	0.15	0.25	0.30	0.35	0.35	0.40	0.40	0.40	0.40	0.45	0.50	0.50	0.50
	6	0.05	0.25	0.30	0.35	0.40	0.40	0.40	0.45	0.45	0.45	0.45	0.50	0.50	0.50
	5	0.20	0.30	0.35	0.40	0.40	0.45	0.45	0.45	0.45	0.45	0.50	0.50	0.50	0.50
	4	0.35	0.40	0.40	0.45	0.45	0.45	0.45	0.45	0.45	0.45	0.50	0.50	0.50	0.50
	3	0.50	0.45	0.45	0.45	0.45	0.45	0.45	0.50	0.50	0.50	0.50	0.50	0.50	0.50
	2	0.75	0.60	0.55	0.55	0.50	0.50	0.50	0.50	0.50	0.50	0.50	0.50	0.50	0.50
	1	1.20	1.00	0.85	0.80	0.75	0.75	0.75	0.65	0.65	0.65	0.55	0.55	0.55	

注：$\bar{k}$ 的计算见表 8-3。

表 8-5　　　　　　　　规则框架承受倒三角形荷载时标准反弯点高度比 γ_0

n	m	K 0.1	0.2	0.3	0.4	0.5	0.6	0.7	0.8	0.9	1.0	2.0	3.0	4.0	5.0
1	1	0.80	0.75	0.70	0.65	0.65	0.60	0.60	0.60	0.60	0.55	0.55	0.55	0.55	0.55
2	2	0.50	0.45	0.40	0.40	0.40	0.40	0.40	0.40	0.40	0.45	0.45	0.45	0.45	0.45
	1	1.00	0.85	0.75	0.70	0.70	0.65	0.65	0.65	0.60	0.60	0.55	0.55	0.55	0.55
3	3	0.25	0.25	0.25	0.30	0.30	0.35	0.35	0.35	0.40	0.40	0.45	0.45	0.45	0.50
	2	0.60	0.50	0.50	0.50	0.50	0.45	0.45	0.45	0.45	0.45	0.50	0.50	0.55	0.50
	1	1.15	0.90	0.80	0.75	0.75	0.70	0.70	0.65	0.65	0.85	0.60	0.55	0.55	0.55
4	4	0.10	0.15	0.20	0.25	0.30	0.30	0.35	0.35	0.35	0.40	0.45	0.45	0.45	0.45
	3	0.35	0.35	0.35	0.40	0.40	0.40	0.40	0.45	0.45	0.45	0.45	0.50	0.50	0.50
	2	0.70	0.60	0.55	0.50	0.50	0.50	0.50	0.50	0.50	0.50	0.50	0.50	0.50	0.50
	1	1.20	0.95	0.85	0.80	0.75	0.70	0.70	0.70	0.65	0.65	0.55	0.55	0.55	0.50
5	5	−0.05	0.10	0.20	0.25	0.30	0.30	0.35	0.35	0.35	0.35	0.40	0.45	0.45	0.45
	4	0.20	0.25	0.35	0.35	0.40	0.40	0.40	0.40	0.40	0.45	0.45	0.50	0.50	0.50
	3	0.45	0.40	0.45	0.45	0.45	0.45	0.45	0.45	0.45	0.45	0.50	0.50	0.50	0.50
	2	0.75	0.60	0.55	0.50	0.50	0.50	0.50	0.60	0.50	0.50	0.50	0.50	0.50	0.50
	1	1.30	1.00	0.85	0.80	0.75	0.70	0.70	0.65	0.65	0.65	0.65	0.55	0.55	0.55

续表

n	m	0.1	0.2	0.3	0.4	0.5	0.6	0.7	0.8	0.9	1.0	2.0	3.0	4.0	5.0
6	6	−0.15	0.05	0.15	0.20	0.25	0.30	0.30	0.35	0.35	0.35	0.40	0.45	0.45	0.45
	5	0.10	0.25	0.30	0.35	0.35	0.40	0.40	0.40	0.45	0.45	0.45	0.50	0.50	0.50
	4	0.30	0.35	0.40	0.40	0.45	0.45	0.45	0.45	0.45	0.45	0.50	0.50	0.50	0.50
	3	0.50	0.45	0.45	0.45	0.45	0.45	0.45	0.45	0.50	0.50	0.50	0.50	0.50	0.50
	2	0.80	0.65	0.55	0.55	0.55	0.55	0.50	0.50	0.50	0.50	0.50	0.50	0.50	0.50
	1	1.30	1.00	0.85	0.80	0.75	0.70	0.70	0.65	0.65	0.65	0.60	0.55	0.55	0.55
7	7	−0.20	0.05	0.15	0.20	0.25	0.30	0.30	0.35	0.35	0.35	0.45	0.45	0.45	0.45
	6	0.05	0.20	0.30	0.35	0.35	0.40	0.40	0.40	0.40	0.45	0.45	0.50	0.50	0.50
	5	0.20	0.30	0.35	0.40	0.40	0.45	0.45	0.45	0.45	0.45	0.50	0.50	0.50	0.50
	4	0.35	0.40	0.40	0.45	0.45	0.45	0.45	0.45	0.45	0.45	0.50	0.50	0.50	0.50
	3	0.55	0.50	0.50	0.50	0.50	0.50	0.50	0.50	0.50	0.50	0.50	0.50	0.50	0.50
	2	0.80	0.65	0.60	0.55	0.55	0.55	0.55	0.50	0.50	0.50	0.50	0.50	0.50	0.50
	1	1.30	1.00	0.90	0.80	0.75	0.70	0.70	0.70	0.65	0.65	0.60	0.55	0.55	0.55
8	8	−0.20	0.05	0.15	0.20	0.25	0.30	0.30	0.35	0.35	0.35	0.45	0.45	0.45	0.45
	7	0.00	0.20	0.30	0.35	0.35	0.40	0.40	0.40	0.40	0.45	0.45	0.50	0.50	0.50
	6	0.15	0.30	0.35	0.40	0.40	0.40	0.45	0.45	0.45	0.45	0.50	0.50	0.50	0.50
	5	0.30	0.45	0.40	0.45	0.45	0.45	0.45	0.45	0.45	0.45	0.50	0.50	0.50	0.50
	4	0.40	0.45	0.45	0.45	0.45	0.45	0.50	0.50	0.50	0.50	0.50	0.50	0.50	0.50
	3	0.60	0.50	0.50	0.50	0.50	0.50	0.50	0.50	0.50	0.50	0.50	0.50	0.50	0.50
	2	0.85	0.65	0.60	0.55	0.55	0.55	0.50	0.50	0.50	0.50	0.50	0.50	0.50	0.50
	1	1.30	1.00	0.90	0.80	0.75	0.70	0.70	0.70	0.65	0.65	0.60	0.55	0.55	0.55

(2) 上、下横梁线刚度不同时的修正值 γ_1。当某层柱上、下横梁的线刚度比不同时,反弯点位置将相对于标准反弯点发生移动,其修正值为 $\gamma_1 h$。γ_1 可根据上、下层横梁线刚度比 I 及 $\bar{k}$ 由表 8-6 查出。对于底层柱,当无基础梁时,可不考虑这项修正。

表 8-6　　　　　　　　上、下层横梁线刚度比变化时的修正系数 γ_1

α＼$\bar{k}$	0.1	0.2	0.3	0.4	0.5	0.6	0.7	0.8	0.9	1.0	2.0	3.0	4.0	5.0
0.4	0.55	0.40	0.30	0.25	0.20	0.20	0.20	0.15	0.15	0.15	0.15	0.05	0.05	0.05
0.5	0.45	0.30	0.20	0.20	0.15	0.15	0.15	0.10	0.10	0.10	0.05	0.05	0.05	0.05
0.6	0.30	0.20	0.15	0.15	0.10	0.10	0.10	0.10	0.05	0.05	0.05	0.05	0	0
0.7	0.20	0.15	0.10	0.10	0.10	0.10	0.05	0.05	0.05	0.05	0.05	0	0	0
0.8	0.15	0.10	0.05	0.05	0.05	0.05	0.05	0.05	0.05	0	0	0	0	0
0.9	0.05	0.05	0.05	0.05	0.05	0	0	0	0	0	0	0	0	0

注:① $\bar{k}$ 的计算见表 8-3;

② $\alpha_1 = \dfrac{i_1 + i_2}{i_3 + i_4}$,当 $i_1 + i_2 > i_3 + i_4$ 时,则 α_1 取倒数,即 $\alpha_1 = \dfrac{i_3 + i_4}{i_1 + i_2}$ 并且 γ_1 值取负号"−";

③ 底层柱不作此项修正。

(3) 层高变化的修正值 γ_2 和 γ_3。当柱所在楼层的上、下楼层高有变化时,反弯点也将偏移标准反弯点位置。若上层较高,反弯点将从标准反弯点上移 $\gamma_2 h$;若下层较高,反弯点则向下移动 $\gamma_3 h$(此时,γ_3 为负值)。γ_2,γ_3 根据 α_2,α_3 可由表 8-7 查得。

表 8-7　　　　　　　　　上、下层柱高度变化时的修正系数 γ_2 和 γ_3

α_2	α_3	0.1	0.2	0.3	0.4	0.5	0.6	0.7	0.8	0.9	1.0	2.0	3.0	4.0	5.0
2.0		0.25	0.15	0.15	0.10	0.10	0.10	0.10	0.10	0.05	0.05	0.05	0.05	0	0
1.8		0.20	0.15	0.15	0.10	0.10	0.05	0.05	0.05	0.05	0.05	0.05	0	0	0
1.6	0.4	0.15	0.10	0.10	0.05	0.05	0.05	0.05	0.05	0.05	0.05	0	0	0	0
1.4	0.6	0.10	0.05	0.05	0.05	0.05	0.05	0.05	0.05	0.05	0	0	0	0	0
1.2	0.8	0.05	0.05	0.05	0	0	0	0	0	0	0	0	0	0	0
1.0	1.0	0	0	0	0	0	0	0	0	0	0	0	0	0	0
0.8	1.2	-0.05	-0.05	-0.05	0	0	0	0	0	0	0	0	0	0	0
0.6	1.4	-0.10	-0.05	-0.05	-0.05	-0.05	-0.05	-0.05	-0.05	-0.05	-0.05	0	0	0	0
0.4	1.6	-0.15	-0.10	-0.10	-0.05	-0.05	-0.05	-0.05	-0.05	-0.05	-0.05	0	0	0	0
	1.8	-0.20	-0.15	-0.10	-0.10	-0.05	-0.05	-0.05	-0.05	-0.05	0.05	0	0	0	0
	2.0	-0.25	-0.15	-0.15	-0.10	-0.10	-0.10	-0.10	-0.10	-0.10	-0.05	-0.05	-0.05	0	0

注：① $\alpha_2=h_{上}/h$，γ_2 按 α_2 由表 8-7 求得，上层较高时，为正值，最上层不考虑 γ_2；

② $\alpha_3=h_{下}/h$，γ_3 按 α_3 由表 8-7 求得，下层较高时，为负值，对于底层柱，不考虑 γ_3；

③ $\bar{k}$ 按表 8-3 计算。

对顶层柱不考虑 γ_2 的修正项，对底层柱不考虑 γ_3 的修正项。

求得各层柱的反弯点位置 γh 及柱的侧移刚度 D 后，框架在水平荷载作用下的内力计算与反弯点法完全相同。

【例题 8-1】 图 8-11 为三层框架结构的平面及剖面图，图中给出了楼层标高处的总水平力及各杆线刚度相对值。要求用 D 值法分析内力。

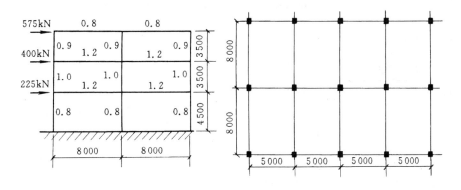

图 8-11　平面及剖面图

【解】 根据表 8-3 计算各层柱的 D 值如表 8-8 所示，由图可见，每层 10 根边柱、5 根中柱，所有柱刚度之和为 $\sum D$。由剪力分配法可计算每根柱分配到的剪力。

表 8-8　　　　　　　　　　　　　　各层柱 SAD 值

层数	层剪力/kN	边柱 D 值	中柱 D 值	$\sum D$	每根边柱剪力/kN	每根中柱剪力/kN
3	575	$K=\dfrac{0.8+1.2}{2\times0.9}=1.11$ $D=\dfrac{1.11}{2+1.11}\times0.9$ $\times\dfrac{12}{3.5^2}=0.315$	$K=\dfrac{2\times(0.8+1.2)}{2\times0.9}$ $=2.22$ $D=\dfrac{2.22}{2+2.22}\times0.9$ $\times\dfrac{12}{3.5^2}=0.464$	5.47	$V_3=\dfrac{0.315}{5.47}\times5.75$ $\times10^2=33.1$	$V_3=\dfrac{0.464}{5.47}\times5.75$ $\times10^2=48.8$
2	975	$K=\dfrac{1.2+1.2}{2\times1}=1.2$ $D=\dfrac{1.2}{2+1.2}\times1\times\dfrac{12}{3.5^2}$ $=0.367$	$K=\dfrac{4\times1.2}{2\times1}=2.4$ $D=\dfrac{2.4}{2+2.4}\times1\times\dfrac{12}{3.5^2}$ $=0.534$	6.34	$V_2=\dfrac{0.367}{6.34}\times9.75$ $\times10^2=56.4$	$V_2=\dfrac{0.534}{6.34}\times9.75$ $\times10^2=82.1$
1	1 200	$K=\dfrac{1.2}{0.8}=1.5$ $D=\dfrac{0.5+1.5}{2+1.5}\times1$ $\times\dfrac{12}{4.5^2}=0.271$	$K=\dfrac{1.2+1.2}{0.8}=3$ $D=\dfrac{0.5+1.5}{2+3}\times0.8$ $\times\dfrac{12}{4.5^2}=0.332$	4.37	$V_1=\dfrac{0.271}{4.37}\times12\times10^2$ $=74.4$	$V_1=\dfrac{0.332}{4.37}\times12\times10^2$ $=91.2$

由表 8-4、表 8-6、表 8-7 查反弯点高度比如表 8-9 所示。

表 8-9

层　数	边　　柱		中　　柱	
3	$n=3$ $K=1.11$ $\alpha_1=\dfrac{0.8}{1.2}=0.67$ $y=0.405\,5+0.05=0.455$	$j=3$ $y_0=0.405\,5$ $y_1=0.05$	$n=3$ $K=2.22$ $\alpha_1=\dfrac{0.8}{1.2}=0.67$ $y=0.45+0.05=0.5$	$j=3$ $y_0=0.45$ $y_1=0.05$
2	$n=3$ $K=1.2$ $\alpha_1=1$ $\alpha_3=\dfrac{4.5}{3.5}=1.28$ $y=0.46$	$j=2$ $y_0=0.46$ $y_1=0$ $y_3=0$	$n=3$ $K=2.4$ $\alpha_1=1$ $\alpha_3=\dfrac{4.5}{3.5}=1.28$ $y=0.5$	$j=2$ $y_0=0.5$ $y_1=y_2=y_3=0$ $y_3=0$
1	$n=3$ $K=1.5$ $\alpha_3=\dfrac{3.5}{4.5}=0.78$ $y=0.625$	$j=1$ $y_0=0.625$ $y_2=0$	$n=3$ $K=3$ $\alpha_3=\dfrac{3.5}{4.5}=0.78$ $y=0.55$	$j=1$ $y_0=0.55$ $y_1=y_2=y_3=0$

图 8-12 给出了柱反弯点位置和根据柱剪力反弯点位置求出的柱端弯矩、根据结点平衡求出的梁端弯矩。根据梁端弯矩可以进一步求出梁剪力。

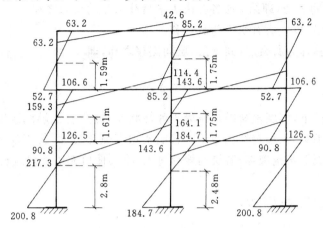

图 8-12　柱、梁端弯矩

8.3.4　框架侧移近似计算

多层框架结构的侧移主要是水平荷载引起。在水平荷载作用下的框架侧移,可以近似地认为是由梁柱弯曲变形和柱的轴向变形所引起的侧向位移的叠加。由于层间剪力一般越靠下层越大,故由梁柱弯曲变形(梁柱本身剪切变形甚微,工程上可以忽略)所引起的框架层间侧移具有越靠底层越大的特点,其侧移曲线与悬臂柱剪切变形曲线相似,故称框架这种变形为剪切型变形曲线(图 8-13)。而由柱的轴向变形所引起的框架侧移曲线与一悬臂柱弯曲变形的侧移曲线相似,故称框架这种变形为弯曲型变形曲线(图 8-14)。

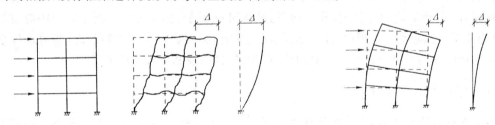

图 8-13　剪切型变形曲线　　　　　　　　图 8-14　弯曲型变形曲线

对于层数不多的多层框架结构,一般柱轴向变形引起的侧移很小,可以忽略不计,在近似计算中,只需计算梁柱弯曲引起的侧移,即剪切型变形。

梁柱弯曲变形引起的侧移可用 D 值法近似计算。由式(8-15)可求得框架各柱的侧移刚度 D 值,则第 i 层各柱(共 m 个)侧移刚度之和为 $\sum\limits_{j=1}^{m} D_{ij}$,根据层间侧移刚度的物理意义(即产生单位层间侧移所需的层间剪力),可得近似计算层间侧移 Δu_i 的公式如下:

$$\Delta u_i = \frac{\sum V_{ij}}{\sum D_{ij}} \tag{8-15}$$

$\sum F = \sum V_{ij}$,有

$$\Delta u_i = \frac{\sum F}{\sum D_{ij}} \tag{8-16}$$

式中　$\sum V_{ij}$——层间剪力,即第 i 层各柱由水平荷载引起的剪力之和;

　　　$\sum F$——第 i 层以上所有水平荷载之和。

框架顶点的侧移即为所有层(共 n 层)层间侧移之和,即

$$u = \sum_{i=1}^{n} \Delta u_i \tag{8-17}$$

在正常使用条件下,多层框架结构应处于弹性状态,并且有足够的刚度,避免产生过大的位移而影响结构的承载力、稳定性和使用。若框架顶点侧移过大,将不仅影响正常使用,还可能使结构出现过大裂缝甚至破坏;若层间侧移过大,将会使填充墙和建筑装饰损坏,因此,必须对它们加以限制。

框架层间位移应满足以下要求:

$$\frac{\Delta u_i}{h} \leqslant \frac{1}{550}$$

式中,h 为层高。

8.4　框架的内力组合

通过前面的内力计算,可求得多层框架在各种荷载作用下的内力值。为了进行框架梁柱截面设计,还必须求出构件的最不利内力。例如,为了计算框架梁某截面下部配筋时,必须找出此截面的最大正弯矩;确定截面上部配筋时,必须找出截面的最大负弯矩。一般来说,并非所有荷载同时作用截面的弯矩为最大值,而是某些荷载组合作用下得到该截面的弯矩最大值。对于框架柱,也是如此,在某些荷载作用下,截面可能属于大偏心受压,而在另一些荷载作用下,可能属于小偏心受压。因此,在框架梁、柱设计前,必须确定构件控制截面(能对构件配筋起控制作用的截面),并求出其最不利内力,作为梁、柱以及基础设计的依据。

8.4.1　控制截面的选择

框架在荷载作用下,内力一般沿杆件长度变化。为了便于施工,构件的配筋通常不完全与内力一样变化,而是分段配筋的,设计时,可根据内力的变化情况选取几个控制截面的内力作配筋计算。对于框架柱,由于弯矩最大值在柱的两端,剪力和轴力在同一层内变化不大,因此,一般选择柱上、下端两个截面作为控制截面。对于框架横梁,至少选择两端及跨中三个截面作为控制截面。在横梁两端支座截面处,一般负弯矩及剪力最大,但也有可能由于水平荷载作用下出现正弯矩,而导致在支座截面处最终组合为正弯矩,在横梁跨中截面,一般正弯矩最大,但也要注意最终组合可能出现负弯矩。

由于框架内力计算所得的内力是轴线处的内力,而梁两端控制截面应是柱边处截面,因此,应根据柱轴线处的梁弯矩、剪力,换算出柱边截面梁的弯矩和剪力(图 8-15)。为简化计算,可按下列近似公式计算:

$$M_b = M - \frac{V_b}{2} \tag{8-18}$$

$$V_b = V - \frac{(g+q)b}{2} \qquad (8\text{-}19)$$

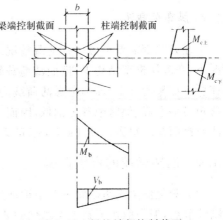

图 8-15 梁柱端部控制截面

式中　M_b, V_b——柱边处梁控制截面的弯矩和剪力;

　　　　M, V——框架柱轴线处梁的弯矩和剪力;

　　　　b——柱宽度;

　　　　g, q——梁上的恒载和活载。

框架柱两端控制截面应是梁边处截面,根据梁轴线处柱的弯矩,可换算出梁边处柱的弯矩,但一般近似地取轴线处的内力作为柱控制截面的内力。

8.4.2　框架梁、柱内力组合

对于框架梁,一般只组合支座截面的$-M_{max}$,V_{max}以及跨中截面$+M_{max}$三项内力。对于框架柱,一般采用对称配筋,需进行下列几项不利内力组合:

(1) M_{max} 及相应的 N, V;

(2) N_{max} 及相应 M, V;

(3) N_{min} 及相应 M, V。

通常,框架柱按上述内力组合已能满足工程上的要求,但在某些情况下,它可能都不是最不利的,例如,对大偏心受压构件,偏心距越大(即弯矩 M 越大,轴力 N 越小)时,截面配筋量往往越多,因此,应注意,有时弯矩虽然不是最大值而比最大值略小,但它对应的轴力却减小很多,按这组内力组合所求出的截面配筋量反而会更大一些。

8.4.3　竖向活载的最不利布置

竖向活荷载是可变荷载,它可以单独作用在某层的某一跨或某几跨,也可能同时作用在整个结构上,对于构件的不同截面或同一截面的不同种类的最不利内力,往往有各不相同的活荷载最不利布置。因此,活荷载的最不利布置需要根据截面的位置和最不利内力的种类来确定。活荷载最不利布置有几种方法,下面介绍两种方法。

1. 逐跨施荷法

将活荷载逐层逐跨单独地作用在结构上(图 8-16),分别计算出框架的内力,然后叠加求出各控制截面可能出现的几组最不利内力。采用这种方法,各种荷载情况的框架内力计算简单、清楚,但计算工作量大,故多用于计算机求解框架内力。

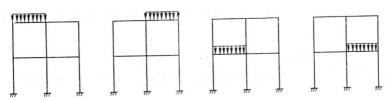

图 8-16　逐跨施荷法

2. 满布荷载法

上述方法都需要考虑多种荷载情况才能求出控制截面的最不利内力,计算量较大。一般情况下,在多层框架结构中,楼面活荷载较小。为了减少计算工作量,可将竖向活荷载同时作用在所有框架的梁上,即不考虑活荷载的不利布置,而与恒载一样按满跨布置。这样求得的支座弯矩足够准确,但跨中弯矩偏低,因而,此法算得的跨中弯矩宜乘以 1.1～1.2 的增大系数。此法对楼面荷载很大($>5.0\mathrm{kN/m^2}$)的多层工业厂房或公共建筑不宜采用。

8.4.4 框架梁端的弯矩调幅

为了避免框架支座截面负弯矩钢筋过多而难以布置,并考虑到框架在设计时假设各节点为刚性节点,但一般达不到绝对刚性的要求。因此,在竖向荷载作用下,考虑梁端塑性变形的内力重分可对梁端负弯矩进行调幅。通常是将梁端负弯矩乘以调幅系数,降低支座处的负弯矩。

对装配式框架,梁端负弯矩调幅系数可为 0.7～0.8;对现浇框架,调幅系数可为 0.8～0.9。梁端负弯矩减小后,应按平衡条件计算调幅后跨中弯矩,同时还应注意,梁截面设计时,所采用的跨中弯矩设计值不应小于按简支梁计算的跨中弯矩设计值的一半。弯矩调幅只对竖向荷载作用下的内力进行,竖向荷载产生的梁的弯矩应先调幅,再与水平荷载产生的弯矩进行组合。

8.5 现浇框架的构造要求

8.5.1 一般要求

(1) 现浇框架混凝土强度等级不应低于 C20,梁、柱混凝土强度等级相差不宜大于 5MPa。纵向受力钢筋可采用 HPB300,HRB335,HRB400 级钢筋,箍筋采用 HPB300 级钢筋。

(2) 框架柱宜采用对称配筋,纵向受力钢筋的直径不宜小于 12mm。全部纵向受力钢筋的配筋率不宜大于 5%,也不应小于 0.5%,纵向受力钢筋的净距不宜大于 300mm,也不应小于 50mm。

(3) 当偏心受压柱的截面高度 $h>600\mathrm{mm}$ 时,在柱的侧面应设置直径为 10～16mm 的纵向构造钢筋,并相应放置复合箍筋或拉筋。

(4) 柱的箍筋应做成封闭式。间距不应大于柱截面短边尺寸、不大于 400mm 以及不大于 $15d$,d 为纵筋直径。柱纵向钢筋每边 4 根及 4 根以上时,应设置复合箍筋。

(5) 框架梁纵向受力钢筋的最小配筋率支座不小于 0.25%,跨中不小于 0.2%,在梁的跨中上部,至少应配置 $2\phi12$ 钢筋与梁支座的负筋搭接。

(6) 框架梁支座截面下部至少应有 2 根纵筋伸入柱中,如需向上弯时,则钢筋自柱边到上弯点水平长度不应小于 $10d$。

(7) 框架梁的纵筋不应与箍筋、拉筋及预埋件等焊接。

(8) 框架的填充墙或隔墙应优先选用预制轻质墙板,并必须与框架牢固地连接。

8.5.2 节点构造

框架梁上部纵向钢筋伸入中间层端节点的锚固长度,当采用直线锚固形式时,不应小于

l_a，且伸过柱中心线不宜小于 $5d$，d 为梁上部纵向钢筋的
直径。当柱截面尺寸不足时，梁上部纵向钢筋应伸至节
点对边后向下弯折，其包含弯弧段在内的水平投影长度
不应小于 $0.4l_a$，包含弯弧段在内竖直的投影长度应取为
$15d$，如图 8-17 所示。

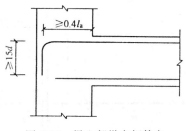

图 8-17 梁上部纵向钢筋在
框架中间层端节点内的锚固

框架梁上部纵向钢筋应贯穿中间节点，框架梁梁下
部纵向钢筋在节点处应满足锚固要求，如图 8-18 所示。

框架柱纵向钢筋应贯穿中间层中间节点和中间层端
节点，柱纵向钢筋接头应设计在节点区以外。

顶层中间节点的柱纵向钢筋及顶层端节点的内侧柱纵向钢筋可用直线方式锚入顶层节
点，其自梁底标高算起的锚固长度不应小于锚固长度 l_a 且柱纵向钢筋必须伸至柱顶。当顶层
节点处梁截面高度不足时，柱纵向钢筋应伸至柱顶并向节点内水平弯折。当充分利用柱纵向
钢筋的抗拉强度时，柱纵向钢筋锚固段弯折前的竖直投影长度不应小于 $0.5l_a$，弯折后的水平
投影长度不宜小于 $12d$。当柱顶有现浇板且板厚不小于 80mm、混凝土强度等级不低于 C20
时，柱纵向钢筋也可向外弯折，弯折后的水平投影长度不宜小于 $12d$ 且不小于 250mm，d 为纵
向钢筋的直径。

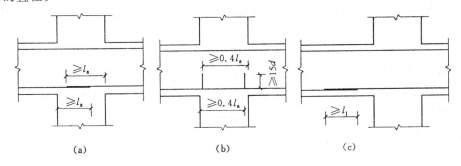

图 8-18 梁下部纵向钢筋在节点范围内的锚固与搭接

框架顶层端节点处，可将柱外侧纵向钢筋的相应部分弯入梁内作为梁上部纵向钢筋使用，
也可将梁上部纵向钢筋与柱外侧纵向钢筋顶层端节点及其附近搭接。搭接可采用下列方式：

（1）搭接接头可沿顶层端节点外侧及梁端顶部布置（图 8-19（a）），搭接长度不应小于
$1.5l_a$，其中，伸入梁内的外侧柱纵向钢筋截面面积不宜小于外侧柱纵向钢筋全部截面面积的
65%；梁宽范围以外的外侧柱纵向钢筋宜沿节点顶部伸至柱内边，当柱纵向钢筋位于柱顶第一
层时，至柱内边后宜向下弯折不小于 $8d$ 后截断；柱纵向钢筋位于柱顶第二层时，可不向下
弯折。当有现浇板且板厚不小于 80mm、混凝土强度等级不低于 C20 时，梁宽范围以外的外侧
柱纵向钢筋可伸入现浇板内，其长度与伸入梁内的柱纵向钢筋相同。当外侧柱纵向钢筋配筋
率大于 1.2% 时，伸入梁内的柱纵向钢筋应满足以上规定，且宜分两批截断，其截断点之间的
距离不宜小于 $20d$。梁上部纵向钢筋应伸至节点外侧并向下弯至梁下边缘高度后截断。

（2）搭接接头也可沿柱顶外侧布置（图 8-19（b））。此时，搭接长度竖直段不应小于 $1.7l_a$，
当梁上部纵向钢筋配筋率大于 1.2% 时，弯入柱外侧的梁上部纵向钢筋应满足以上规定的搭
接长度，且宜分两批截断，其截断点之间的距离不宜小于 $20d$，d 为梁上部纵向钢筋的直径。
柱外侧纵向钢筋伸至桩顶后宜向接点内水平弯折，弯折段的水平投影长度不宜小于 $12d$，d 为
柱外侧纵向钢筋的直径。

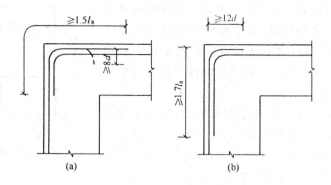

图 8-19 顶层端节点纵向钢筋的搭接

框架顶层端节点处梁上部纵向钢筋的截面面积 A_s 应符合下列规定：

$$A_s \leqslant \frac{0.35\beta_c f_c b_b h_0}{f_y} \tag{8-20}$$

式中 b_b——梁腹板宽度；

h_0——梁截面有效高度。

框架与填充墙或隔墙的拉接：框架的填充或隔墙应优先选用预制轻质墙板，并必须与框架牢固地连接。

在地震地区当采用砌体填充时，应在框架与填充墙的交接处，沿高度每隔 500mm 或砌体皮数的倍数，用 2 根直径 $\phi 6$ 的钢筋与柱拉接。钢筋由柱的每边伸出，进入墙内的长度一般不应小于墙长的 1/5 及 700mm。填充墙的砌筑砂浆强度等级不应低于 M2.5。

墙长度大于 5m 时，墙顶部与梁宜有拉接措施；墙高度超过 4m 时，宜在墙高的中部设置柱连接的通长钢筋混凝土水平墙梁。

8.6 多层框架的设计实例

8.6.1 设计资料

某市郊三层服装车间，采用现浇横向承重，房屋跨度（7.2＋7.2）m，柱距（开间）为 6m，平面布置如图 8-20 所示。底层层高 4.5m，其余层高 4.2m，室内、外高差为 0.3m，房屋剖面如图 8-21 所示。

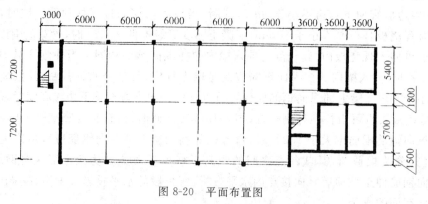

图 8-20 平面布置图

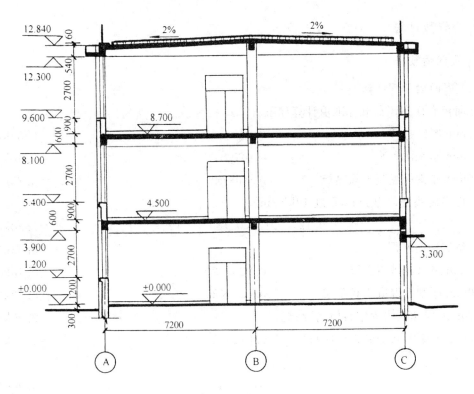

图 8-21 剖面图

上人屋面做法（从上至下）：15mm 厚红缸砖贴面，20mm 厚水泥砂浆打底。30mm 厚预制钢筋混凝土隔热板（三皮半砖垫块），二毡三油防水层（铺绿豆砂），20mm 厚水泥砂浆面层，30mm 厚细石混凝土找平层，180mm 厚预应力大孔板，12mm 厚纸筋石灰砂浆板底粉刷。

楼面做法：12mm 厚水磨石面层，15mm 厚水泥砂浆找平层，30mm 厚细石混凝土找平层，180mm 厚预应力大孔板，12mm 厚纸筋灰板底粉刷。

上人屋面做法：因是工厂，上人可能较多，活载标准值取为 2.0kN/m²，楼面活载标准值为 3.5kN/m²，基本风压 $\omega_0=0.4$kN/m²，基本雪压为 0.3kN/m²。

地质情况：土层为 1.7m 杂填土，其下为黏土（孔隙比 $e=0.8$，液性指数 $I_L=0.75$），土层均匀，可作为持力层，其承载力标准值按 $f_k=200$kN/m² 计算。

由地质情况确定基础底面标高为 −2m，初估基础高度为 1m，则基础顶面标高为 −1m。底层柱高为 4.25＋1＝5.25m（基础顶面至二层楼面梁顶面）。

地震烈度为 5 度，无抗震设防要求。

材料强度等级：混凝土强度等级为 C30，纵向钢筋为 II 级钢筋，箍筋为 I 级钢筋。

8.6.2 梁、柱截面形状和尺寸的选用

为方便施工，梁、柱均采用矩形截面。截面尺寸初选如下：

(1) 梁：$h=(1/12\sim1/8)l=(1/12\sim1/8)\times7\,200=600\sim900$mm，取 $h=700$mm。由于是独立矩形截面 $b=(1/3\sim1/2)h=(1/3\sim1/2)\times700=233\sim350$mm，取 $b=250$mm。

(2) 柱：$h=(1/15\sim1/10)H=(1/15\sim1/10)\times5\,250=350\sim525$mm。因柱距较大，取 $h=500$mm，$b=(1/1.5\sim1)h=(1/1.5\sim1)\times500=334\sim500$mm，取 $b=400$mm。

8.6.3 荷载计算

1. 竖向荷载

（1）屋面梁荷载计算

屋面板底面布恒荷载标准值计算如下：

15mm 厚红缸砖	0.015×21	$=0.32 \text{kN/m}^2$
20mm 厚水泥砂浆	0.020×20	$=0.40 \text{kN/m}^2$
30mm 厚钢筋混凝土隔热板	0.030×25	$=0.75 \text{kN/m}^2$
三皮半砖垫块（4 块/m²，重度 19kN/m²）		
	$0.12 \times 0.12 \times 0.18 \times 4 \times 19$	$=0.20 \text{kN/m}^2$
二毡三油防水层		0.35kN/m^2
20mm 厚水泥砂浆面层	0.020×20	$=0.40 \text{kN/m}^2$
30mm 厚细石混凝土找平层	0.030×24	$=0.72 \text{kN/m}^2$
180mm 厚预应力大空板（包括灌缝）		2.60kN/m^2
12mm 厚纸筋石灰砂浆板底粉刷	0.012×17	$=0.20 \text{kN/m}^2$

$$\text{合 计} \qquad 5.94 \text{kN/m}^2$$

屋面梁底线布荷载标准值计算如下：

恒载标准值：

板传来	5.94×6	$=35.64 \text{kN/m}$
梁自重	$0.70 \times 0.25 \times 25$	$=4.375 \text{kN/m}$
梁侧粉刷	$0.75 \times 2 \times 0.012 \times 17$	$=0.31 \text{kN/m}$

$$g_{3k} = 40.33 \text{kN/m}$$

活载标准值（标准值为 2kN/m²） $\qquad q_{3k} = 2 \times 6 = 12 \text{kN/m}$

（2）楼面梁荷载计算（二、三层同）

楼面板底面布恒荷载标准值计算如下：

12mm 厚磨石子面层	0.012×24	$=0.29 \text{kN/m}^2$
15mm 厚水泥砂浆找平层	0.015×20	$=0.30 \text{kN/m}^2$
30mm 厚细石混凝土找平层	0.030×24	$=0.72 \text{kN/m}^2$
180mm 厚预应力大空板（包括灌缝）		2.60kN/m^2
12mm 厚纸筋石灰砂浆板底粉刷	0.012×17	$=0.20 \text{kN/m}^2$

$$\text{合 计} \qquad 4.11 \text{kN/m}^2$$

楼面梁底线布荷载标准值计算如下：

恒载标准值：

板传来	4.11×6	$=24.66 \text{kN/m}$

| 梁自重 | $0.70 \times 0.25 \times 25$ | $=4.375\text{kN/m}$ |
| 梁侧粉刷 | $0.75 \times 2 \times 0.012 \times 17$ | $=0.31\text{kN/m}$ |

$$g_{1k} = g_{2k} \qquad\qquad =29.34\text{kN/m}$$

活载标准值

$$q_{1k} = q_{2k} = 3.5 \times 6 = 21\text{kN/m}$$

（3）连系梁传给柱底荷载设计值 P_{lik}

连系梁上的活载一般很小，为简化起见，并入恒载考虑。梁的均布线荷载标准值一般在屋盖和楼盖结构计算中求得，这里从略，其结果如下：

边柱屋面连系梁为 11.30kN/m   （包括天沟的恒荷载和梁自重）

边柱楼面连系梁为 10.10kN/m   （包括梁上的墙、窗和梁自重）

中柱屋面连系梁为 5.00kN/m   （包括梁顶面的恒、活载和梁自重）

中柱楼面连系梁为 5.00kN/m   （包括梁顶面的恒、活载和梁自重）

故而连系梁传给柱的荷载如下（这里忽略梁的连续性，按简支考虑）：

边柱屋面连系梁传来 $11.3 \times 6 = 67.8\text{kN}$

边柱楼面连系梁传来 $10.10 \times 6 = 60.6\text{kN}$

中柱屋面连系梁传来 $5.05 \times 6 = 30.3\text{kN}$

中柱楼面连系梁传来 $5.05 \times 6 = 30.3\text{kN}$

2. 水平荷载

因纵向柱距大于层高，宜简化成作用于柱一侧节点上的水平集中力。查《建筑结构规范》，可得风载体型系数 μ_s，迎风面为 0.8，背风面为 -0.5；多层房屋可近似地取柱顶高度确定风压高度系数，本车间柱顶天然地面13.2m，建造在市郊；地面粗糙度类别为 B 类，查《建筑结构规范》，可得高度系数 $\mu_z = 1.09$；基本风压 $\omega_0 = 0.4\text{kN/m}^2$；计算单元宽度 $B = 6\text{m}$，故各节点上的水平集中力标准值为

$$F_{3k} = (0.8 + 0.5) \times 1.09 \times 0.4 \times 0.6 \times 4.2 \div 2 = 7.14\text{kN}$$

$$F_{2k} = (0.8 + 0.5) \times 1.09 \times 0.4 \times 6 \times (4.2 + 4.2) \div 2 = 14.28\text{kN}$$

$$F_{1k} = (0.8 + 0.5) \times 1.09 \times 0.4 \times 6 \times (4.2 + 5.25) \div 2 = 16.07\text{kN}$$

在 F_{ik} 计算式中，5.25m 为底层柱高。

8.6.4 内力与配筋计算

内力与配筋计算以及部分荷载图、内力图、组合内力图均由计算机完成。手工计算内力和配筋的方法现已极少采用，这里不再介绍。其结果见图 8-22—图 8-26。

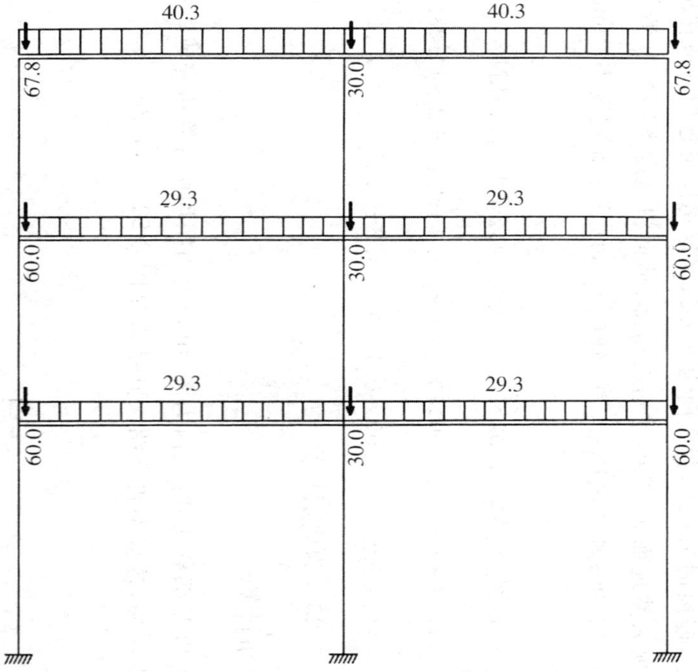

(a) 恒载图

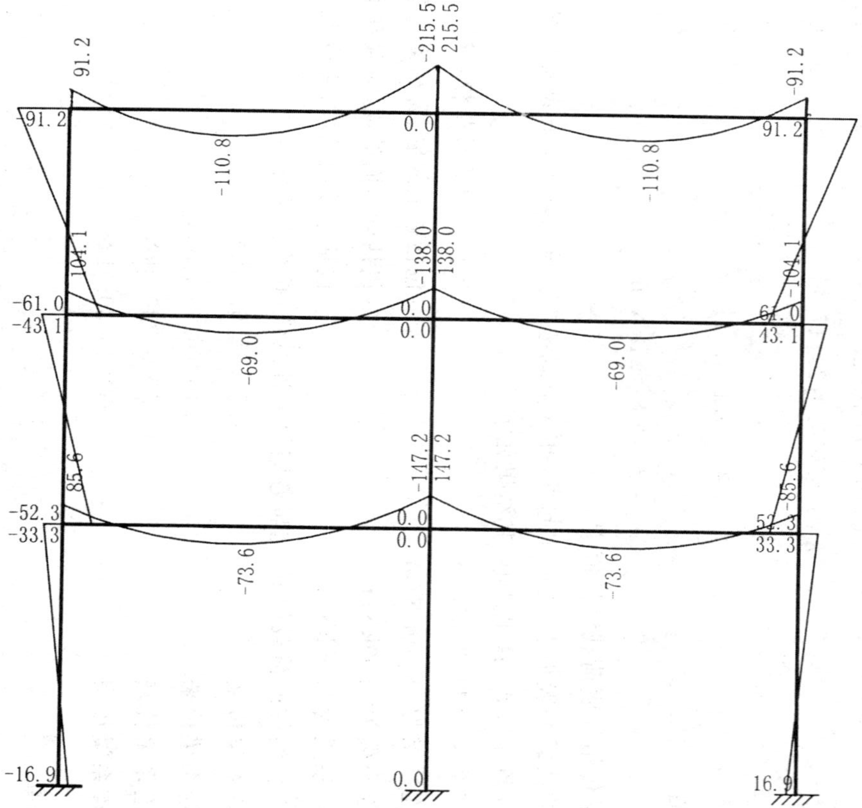

(b) 恒载弯矩图 (单位: kN·m)

图 8-22 恒载及弯矩图

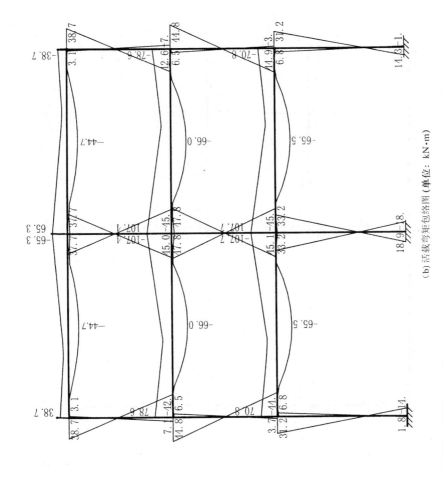

（b）活载弯矩包络图（单位：kN·m）

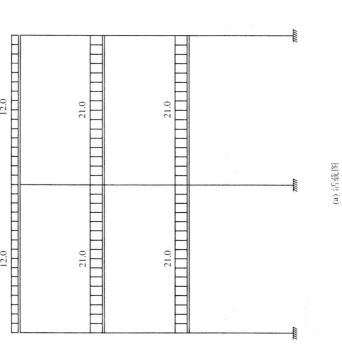

（a）活载图

图 8-23 活载及活载弯矩包络图

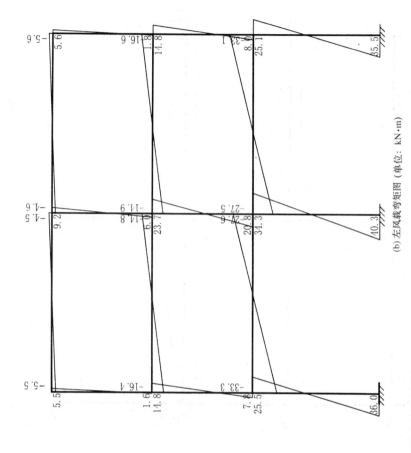

(b) 左风载弯矩图 (单位: kN·m)

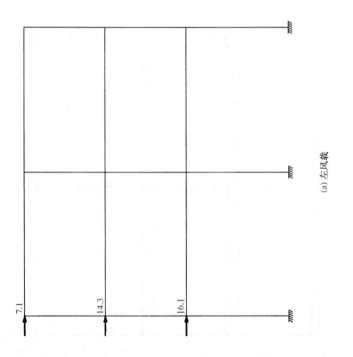

(a) 左风载

图 8-24 左风及左风载弯矩图

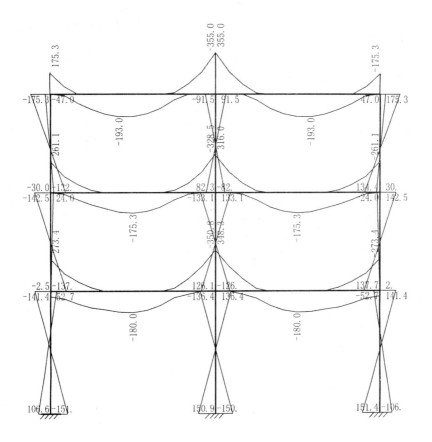

图 8-25 弯矩包络图(单位:kN·m)

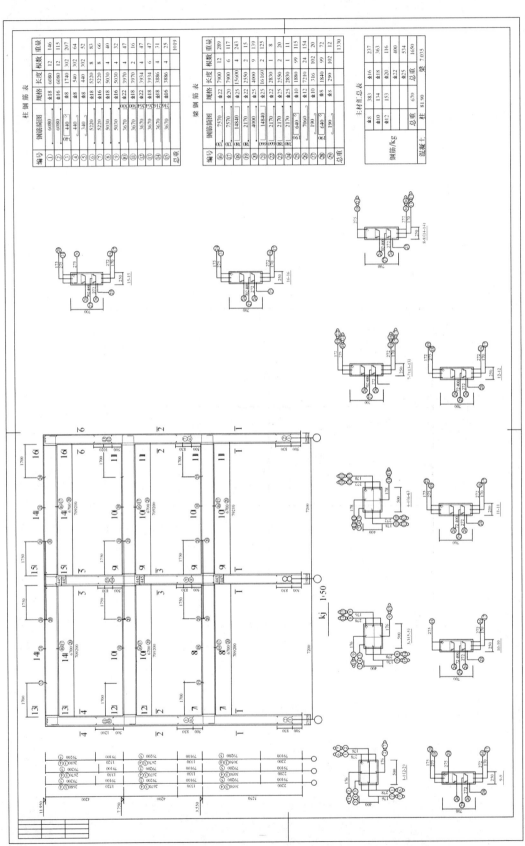

图 8-26　框架配筋图

思考题

1. 框架结构在哪些情况下采用?
2. 框架结构布置的原则是什么? 有哪几种布置形式? 各自有什么优缺点?
3. 分层法和反弯点法在计算中采用了哪些假定? 有哪些主要的计算步骤?
4. 框架内力有哪些近似计算方法? 各在什么情况下采用?
5. 框架梁柱、柱的纵向钢筋与箍筋应满足哪些构造要求?
6. 如何计算框架在水平荷载作用下的侧移? 计算时,为什么要对结构刚度进行折减?

习　题

单项选择题

1. 在确定框架的计算简图时,底层的层高应取( ),其余各层高度取层高。
   A. 基础顶面到一层楼盖顶面之间的距离
   B. 室内地面到一层楼盖顶之间的距离
   C. 室外地面到一层楼盖顶面之间的距离
   D. 建筑层高

2. 在计算框架梁截面惯性矩时应考虑楼板的影响。对现浇楼盖梁,中框架取( ),边框架取( )。其中 I_0 为框架梁矩形截面的惯性矩。
   A. $I=1.5I_0$; $I=2I_0$
   B. $I=2I_0$; $I=1.5I_0$
   C. $I=1.5I_0$; $I=1.2I_0$
   D. $I=1.2I_0$; $I=1.5I_0$

3. 在计算框架梁截面惯性矩时,应考虑楼板的影响。对装配整体式楼盖梁,中框架取( ),边框架取( )。其中,I_0 为框架梁矩形截面的惯性矩。
   A. $I=1.5I_0$; $I=1.2I_0$
   B. $I=1.2I_0$; $I=1.5I_0$
   C. $I=2I_0$; $I=1.5I_0$
   D. $I=1.5I_0$; $I=2I_0$

4. 框架柱的配筋计算中,对现浇楼盖,除底层外的其余各层框架柱的计算长度为( )。
   A. $1.0H$ B. $1.25H$ C. $1.5H$ D. $2H$

5. 按 D 值法对框架进行近似计算,各柱的反弯点高度的变化规律是( )。
   A. 当其他参数不变时,随上层框架梁线刚度的减小而降低
   B. 当其他参数不变时,随上层层高的增大而降低
   C. 当其他参数不变时,随上层层高的增大而升高
   D. 当其他参数不变时,随下层层高的增大而升高

6. 框架结构在竖向荷载作用下,可以考虑梁塑性内力重分布而对梁端负弯矩进行调幅,下列调幅及组合正确的是( )
   A. 竖向荷载产生的弯矩与水平作用的弯矩组合后再进行调幅
   B. 竖向荷载产生的梁端弯矩应先行调幅,再与水平作用产生的弯矩进行组合
   C. 竖向荷载产生的弯矩与风荷载产生的弯矩组合后再进行调幅
   D. 组合后的梁端弯矩进行调幅,跨中弯矩响应加大

第 9 章 砌体结构

本章重点：

砌体的受压性能；墙、柱高厚比验算方法；无筋砌体受压构件的承载力计算；过梁的设计计算方法；圈梁的构造要求。

学习要求：

(1) 了解块体和砂浆的材料特性；

(2) 掌握砌体的受压性能；

(3) 熟悉砌体结构的承重体系与静力计算；

(4) 掌握墙、柱高厚比验算方法及无筋砌体受压构件的承载力计算；

(5) 熟悉过梁的设计计算方法，了解圈梁的构造要求。

(6) 了解防止或减轻墙体开裂的主要措施。

9.1 砌体材料与砌体力学性能

砌体结构是由块体和砂浆砌筑而成的墙、柱作为建筑物主要受力构件的结构，分为无筋砌体结构和配筋砌体结构两大类。根据目前我国常用块材的不同，常用的无筋砌体有砖砌体、砌块砌体和石砌体。砌体中配有钢筋混凝土的砌体为配筋砌体。

9.1.1 砌体的材料

9.1.1.1 块材的分类

1. 砖

1）实心砖

无孔洞或孔洞率低于 15% 的砖称为实心砖。我国实心砖的统一规格为 240mm×115m×53mm。

（1）烧结普通砖。烧结普通砖是以黏土、页岩、煤矸石、粉煤灰为主要原料经焙烧制成。它的强度较高，保温隔热及耐久性能良好，适用于各类地上和地下砌体结构。用塑压黏土制坯烧结而成的实心黏土砖是我国目前应用最普遍的块材。但由于实心黏土砖自重大，黏土用量、能量消耗多，应逐步减少其用量。

（2）非烧结硅酸盐砖。非烧结硅酸盐砖是用硅酸盐材料经坯料制备、压制排气成型、经高压蒸汽养护而成的实心砖。常用的有以石英砂及熟石灰制成的蒸压灰砂普通砖，以粉煤灰、石灰及少量石膏制作的蒸压粉煤灰普通砖，以矿渣、石英砂及熟石灰制成的矿渣硅酸盐普通砖等。

与烧结普通砖相比，非烧结硅酸盐砖耐久性较差，所以不宜用于防潮层以下的勒脚、基础及高温、有酸性侵蚀的砌体中。

2）烧结多孔砖

烧结多孔砖的生产工艺与烧结普通砖相同,孔多而小,空洞率为 15％～35％,砌筑时孔洞垂直于受压面。

与实心砖相比,多孔砖具有表观密度小,节省原料、燃料,保温隔热性好等优点,作为一种轻质高强的墙体材料,已被逐步推广使用。

3)混凝土砖

以水泥为胶结材料,以砂、石等为主要集料,加水搅拌、成型、养护制成的一种多孔的混凝土半盲孔砖或实心砖。

2. 砌块

砌块是指采用普通混凝土或轻集料混凝土制成的实心或空心块材。

混凝土空心砌块(图 9-1)一般用强度等级为 C15 或 C20 的混凝土制作,可以设置单排、双排及三排孔,孔型有圆形、方形及长方形等,空心率为 25％～50％,块体尺寸比普通黏土砖大得多,主要规格为 390mm×190mm×190mm,因而可节省砌筑砂浆和提高砌筑效率。混凝土空心砌块强度高、孔洞率大,对减轻结构自重和降低造价都具有良好的技术、经济效果。

利用工业废料加工生产的各种砌块,如粉煤灰砌块、煤矸石砌块、炉渣混凝土砌块、加气混凝土砌块等也因地制宜地得到了应用,它既能代替黏土砖,又能减少环境污染。

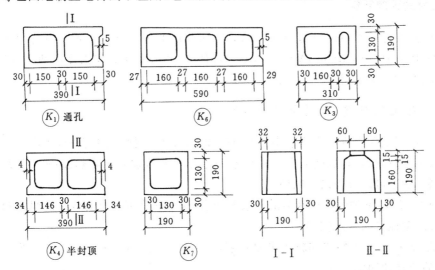

图 9-1　混凝土空心砌块

3. 石材

在砌体结构中,常用的天然石材有花岗岩、凝灰岩和石灰岩等。天然石材具有抗压强度高、耐久性好等优点,是砌筑条形基础、挡土墙等的理想材料,在有开采和加工能力的地区,也可用于砌筑房屋承重墙体。但天然石材传热性较高,不宜用作寒冷地区的墙体。

天然石材可分为料石和毛石两种。料石形状比较规则,其高度和宽度不宜小于 200mm,且不宜小于长度的 1/4。按其加工平整度又分为细料石、半细料石、粗料石和毛料石。毛石系指形状不规则、高度不小于 200mm 的块石。细料石、半细料石价格较高,常用作镶面材料。粗料石、毛料石和毛石一般用作承重结构。

9.1.1.2 块体强度等级的确定

块体的强度等级是块体力学性能的基本标志。根据标准试验方法所得的砖石材料或砌块抗压强度平均值来划分其强度等级，以 MU 表示，单位为 MPa。砌块的强度等级仅以其抗压强度来确定；而砖因为厚度较小，须防止其在砌体中过早地断裂，故砖强度等级的确定，除考虑抗压强度外，尚应考虑其抗折强度，多孔砖块材的强度，应按毛面积计算。根据《砌体结构设计规范》(GB 50003—2011)，块体强度等级应按下列规定采用。

1. 砖的强度等级

烧结普通砖、烧结多孔砖的强度等级可划分为 MU30，MU25，MU20，MU15 和 MU10。蒸压灰砂普通砖，蒸压粉煤灰普通砖的强度等级可划分为 MU25，MU20，MU15；混凝土普通砖和混凝土多孔砖的强度等级可划分为 MU30，MU25，MU20，MU15。

2. 砌块的强度等级

砌块的强度等级可划分为 MU20，MU15，MU10，MU7.5 和 MU5。

3. 石材的强度等级

石材的强度等级可用边长为 70mm 的立方体试块的抗压强度表示。石材的强度等级可划分为 MU100，MU80，MU60，MU50，MU40，MU30 和 MU20。如强度在两个等级之间，则应按相邻较低的等级采用。

9.1.1.3 砂浆的种类、性质和强度等级

砂浆的作用是在砌体中将单个块材连成整体，并垫平块材上、下表面，使块体应力分布均匀，砂浆填满块材间的缝隙，能减少砌体的透气性，从而提高砌块的隔热、防水和抗冻性能。根据组成材料，砂浆可以分为以下四种：

（1）水泥砂浆：不加塑性掺和料的纯水泥砂浆，这种砂浆可以具有较高的强度和较好的耐久性，但其流动性和保水性较差。

（2）混合砂浆：有塑性掺和料的水泥砂浆，如水泥石灰砂浆、水泥黏土砂浆等。混合砂浆具有较好的流动性和保水性。

（3）非水泥砂浆：不含水泥的砂浆，如石灰砂浆、黏土砂浆等，这类砂浆的强度较低。

（4）专用砌筑砂浆：由水泥、砂、水以及根据需要掺入的掺合料和外加剂等组成，按一定比例，采用机械搅拌制成，专门用于砌筑混凝土砌块、蒸压灰砂砖或蒸压粉煤灰砖砌体的砂浆。

砂浆的质量与砂浆的强度、可塑性和保水性三项指标有关。流动性好的砂浆便于操作，使灰缝平整、密实，从而提高砌筑工作效率，保证砌筑质量。流动性用标准锥体沉入砂浆的深度测定，沉入深度越大，流动性越好。一般来讲，对于干燥及吸水性强的块材应采用较大值，对于潮湿、密实、吸水性差的块材宜采用较小值。保水性是指砂浆保持水分的性能。砂浆的保水性差，在运输和砌筑过程中，一部分水分会从砂浆中分离出来而降低砂浆的流动性，使砂浆铺砌困难，降低灰缝质量，影响砌体强度。如果保水性差，水分很快被砖吸收，砂浆水分失去过多，不能保证砂浆的正常硬化，反而会降低砂浆的强度，从而降低砌体的强度。

由于水泥砂浆的可塑性和保水性较差，使用水泥砂浆砌筑时，砌体强度低于相同条件下用

混合砂浆砌筑的砌体强度。一般仅对要求高强度砂浆及砌筑处于潮湿条件下的砌体采用水泥砂浆。混合砂浆由于掺入了塑性掺和料,可节约水泥,并提高砂浆的可塑性和保水性,是一般砌体中最常用的砂浆类型。非水泥砂浆由于强度很低,一般仅用于强度要求不高的砌体,如简易或临时性建筑的墙体。

砂浆的强度等级是按标准方法制作的边长 70.7mm 的立方体试块(一组 6 块),在标准条件下,龄期为 28d,以抗压强度平均值划分的,用符号 M 表示。对烧结普通砖和烧结多孔砖,砂浆的等级分为 M15,M10,M7.5,M5 和 M2.5 五级。专用砂浆用于蒸压灰砂普通砖和蒸压粉煤灰普通砖砌体时,用符号 Ms 表示的强度等级为 Ms15,Ms10,Ms7.5,Ms5.0;专用砂浆用于混凝土普通砖、混凝土多孔砖等砌块砌体时,用符号 Mb 表示的强度等级为 Mb20,Mb15,Mb10,Mb7.5 和 Mb5;验算施工阶段砌体结构的承载力时,砂浆强度取为 0。

9.1.1.4 块材及砂浆的选择

块材及砂浆的选择,主要考虑强度和耐久性两方面的要求。为了满足砌体构件的强度要求,应根据各类砌体构件的受力,选用相应的强度等级的块材和砂浆。块材还必须有足够的耐久性。对于冬季计算温度在 $-10℃$ 以下的寒冷地区,块材必须满足抗冻性要求,以保证在多次冻融循环之后不会逐层剥落。

除抗冻性要求外,对地面以下或防潮层以下的砌体所用的块体材料和砂浆,尚应提出最低强度等级的要求,根据《砌体结构设计规范》(GB 50003—2011),应按表 9-1 的要求采用。

表 9-1 地面以下或防潮层以下的砌体、潮湿房间的墙体所用材料的最低强度等级

潮湿程度	烧结普通砖	混凝土普通砖 蒸压普通砖	混凝土砌块	石材	水泥砂浆
稍潮湿的	MU15	MU20	MU7.5	MU30	M5
很潮湿的	MU20	MU20	MU10	MU30	M7.5
含水饱和的	MU20	MU25	MU15	MU40	M10

注:① 在冻胀地区,地面以下和防潮层以下的砌体,不宜采用多孔砖,如采用时,其孔洞应用不低于 M10 的水泥砂浆预先灌实。当采用混凝土空心砌块时,其孔洞应采用强度等级不低于 Cb20 的混凝土预先灌实。

② 对安全等级为一级或设计使用年限大于 50 年的房屋,表中材料强度等级应至少提高一级。

9.1.2 砌体的种类

砌体是由不同尺寸和形状的砖石或块材用砂浆砌成的整体。砌体中砖石或块材的排列,应使它们能较均匀地承受外力(主要是压力),如果砖石或砌块排列不合理,各皮砖石或砌块的竖向灰缝重合于几条垂直线上,则这些竖向灰缝将砌体分割成彼此无联系或联系很弱的几个部分,不能相互传递压力和其他内力,不利于砌体整体受力,并进而削弱甚至破坏建筑物的整体工作。

正确的砌合方法应是块体相互搭砌,使砌体中的竖向灰缝错开。

在房屋建筑中,砌体常用作承重墙、柱、围护墙和隔墙,承重墙的厚度是根据强度和稳定的要求确定的。一般采用的砌体种类有以下几种。

1. 砖砌体

砖砌体一般可砌成实心的,有时也砌成空心的,砖柱则应实砌。通常采用一顺一丁或三顺

一丁砌合法,如图 9-2 所示。

实砌标准砖墙厚可为 240mm(1 砖)、370mm(1 砖半)、490mm(2 砖)、620mm(2 砖半)及 740mm(3 砖)等。有时,为了节约材料,墙厚可不按半砖,而按 1/4 砖进位。因此,有些砖必须侧砌而构成 180mm、300mm 和 420mm 等厚度。试验表明,这种墙体的强度是完全符合要求的。

采用目前国内几种常用规则的烧结多孔砖可砌成 90mm、180mm、190mm、240mm、290mm 和 390mm 等厚度的墙体。

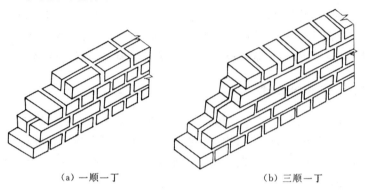

(a) 一顺一丁 　　　　　　　　　　　　　(b) 三顺一丁

图 9-2　砖墙砌合法

空斗墙是将部分或全部砖于墙的两侧立砌而在中间留有空斗的墙体。空斗墙的厚度一般为 240mm,分为一眠一斗、一眠多斗和无眠斗墙。采用空斗墙可节约块材和砂浆,降低造价。但空斗墙对砖的质量和砌筑技术要求较高,施工工效较低。空斗墙的抗剪和整体性较差,承受撞击荷载的能力也较差,因此,空斗墙的应用受到较大的限制。在地震区,可能有较大不均匀沉降或有较大振动的房屋,以及长期处于潮湿环境的房屋,均不宜采用空斗墙砌体。

2. 砌块砌体

由于砌块砌体自重轻、保温隔热性能好、施工进度快、经济效果好,因此采用砌块建筑是墙体改革中的一项重要措施。与砖砌体一样,砌块砌体也应采用正确的砌合方法,块体排列直接影响砌块砌体的整体性和砌体强度,砌块排列要有规律性,并使砌块类型尽可能少;同时排列应整齐;尽量减少通缝,使其砌筑牢固。排列时,一般利用配套规格的砌块,其中大规格的砌块占 70% 以上时比较经济。

图 9-3 为常用实心砌块的规格和型号。

3. 石砌块

石砌体分为料石砌体、毛石砌体、毛石混凝土砌体三类。料石及毛石砌体一般均用砂浆砌筑。料石砌体除用于建造房屋外,还可用于建造拱桥、石坝等构筑物。但由于料石加工困难,应用较多的是毛石砌体。

4. 配筋砌体

为了提高砖砌体强度和减少构件的截面尺寸,可在砌体内配置适量钢筋,构成配筋砌体。

(1)横向配筋砌体。在砌体的水平灰缝内配置直径较细的钢筋构成横向配筋砌体(图 9-4

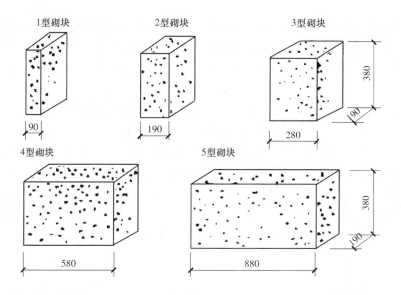

图 9-3　实心砌块规格和型号

(a))。多用作轴心受压和小偏心受压的墙、柱。

（2）纵向配筋砌体。在竖向灰缝或预留的竖槽内配置竖向钢筋,并用砂浆或细石混凝土将竖槽填实则形成纵向配筋砌体。此时,由于砌体和钢筋混凝土共同发挥结构作用,因此也可称为组合砌体,如图 9-4（b）所示。组合砌体可大幅度提高砌体的承载力。组合砌体在施工时,可先砌筑砌体,预留灌筑混凝土的部分空间,然后灌筑钢筋混凝土,此时可不用模板或仅需要少量模板。

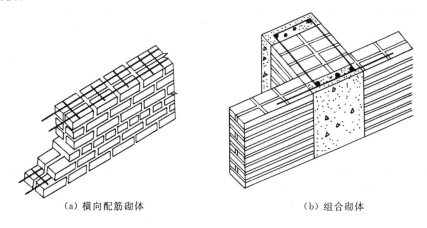

（a）横向配筋砌体　　　　　　　　　　（b）组合砌体

图 9-4　配筋砌体

9.1.3　砌体的受压性能

在实际工程中,大部分砌体都属于受压构件,不同种类的砌体,受压性能不尽相同,但其受力机理有很多相似之处,下面以普通砖砌体为例,来说明砌体的受压性能。

9.1.3.1　砖砌体的受压破坏特征

砖砌体是由单块砖用砂浆垫平粘结砌筑而成,它的受压工作性能与单一的匀质材料有显著差别。由于灰缝厚度和密实性的不均匀以及砖和砂浆交互作用等原因,使砖的抗压强度不能充分发挥,因而砌体的抗压强度一般都低于单块砖的抗压强度。为了能正确地了解砖砌体的受压工作性能,必须研究在荷载作用下砖砌体的破坏特征,分析破坏前砖砌体内单块砖的应力状态。

按《砌体基本力学性质试验方法》进行的砖砌体轴压试验,其破坏过程大致经历下列三个阶段(图 9-5)。

(1) 图 9-5(a)所示为第 Ⅰ 阶段,从加载开始至个别砖块出现初始裂缝为止。此时,荷载为极限荷载的 $50\% \sim 70\%$,如不继续加载,裂缝不会继续扩展。

(2) 图 9-5(b)所示为第 Ⅱ 阶段,继续加载后个别砖块的裂缝陆续发展,并上下贯通若干皮砖,试件变形增加较快,即使荷载不再增加,裂缝仍持续发展。此时,荷载为极限荷载的 $80\% \sim 90\%$。

(3) 图 9-5(c)所示为第 Ⅲ 阶段,继续加载时小段裂缝会较快沿竖向发展成上下贯通整个试件的纵向裂缝,试件被分割成若干个小的砖柱,直至小砖柱因横向变形过大发生失稳,体积膨胀,小砖柱失稳或压碎,导致整个砌体试件破坏。该阶段荷载－变形关系极不稳定。

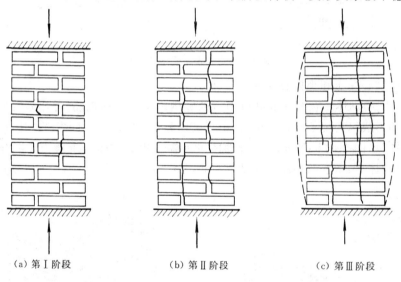

(a) 第 Ⅰ 阶段　　　　　(b) 第 Ⅱ 阶段　　　　　(c) 第 Ⅲ 阶段

图 9-5　受压砌体破坏过程

9.1.3.2　砖砌体轴心受压时的应力状态

砖柱的抗压强度明显低于它所用砖的抗压强度,这一现象主要是由单块砖在砌体中的受力状态决定的,可从以下三点来阐述:

(1) 砌体中砖受有弯、剪应力。由于砖的表面不可能十分平整,砂浆的厚度和密实性也不可能非常均匀,因此当轴心压力作用在砌体上时,其中的每块砖在砌体内并不是均匀受压的,还将承受弯、剪应力,处于压、弯、剪的复合受力状态。如果将砂浆层视为弹性地基,每块砖可视为作用在弹性地基上的梁,当"地基"的弹性模量愈小时,砖的变形愈大,因而在砖内产生的弯、剪应力亦愈大。

(2) 砌体横向变形时砖柱和砂浆的交互作用。在砖砌体中砖和砂浆具有不同的弹性模量及横向变形系数,一般砖的横向变形小于中等强度等级以下的砂浆,由于二者的交互作用,砌体的横向变形将介于两种材料单独作用时的变形之间,即砖受砂浆的影响增大了横向变形,因此砖内出现了拉应力;相反地,灰缝内的砂浆层受砖的约束,其抗压强度将提高。由于在砖内出现了横向拉应力,从而加快了砖的裂缝的出现。

（3）竖向灰缝上的应力集中。由于砌体中竖向灰缝一般都不饱满，造成砌体不连续，并在竖向灰缝上的砖内将发生横向拉应力和剪应力的集中，因而引起砖的提早开裂，终将引起砌体强度的降低。

9.1.3.3 影响砌体抗压强度的主要因素

1. 块体的强度等级及其外形尺寸

根据对各类砌体所作的试验结果及以上分析可以看出，砌体的抗压强度主要取决于块材的强度。当块材的抗压强度较高时，砌体的抗压强度也较高。例如对砖砌体，当砖的强度增加一倍时，砌体的抗压强度大约增加60%。

砌体的抗压强度与块体的高度也有关系。块材的高度越大，抵抗弯矩和剪力的能力越强，加之水平灰缝数量随之减少，砂浆层横向变形的不利影响也相对减弱，从而使砌体抗压强度得到相应提高。

块材的外形对砌体的强度的影响也很明显。块材的外形越规则平整，砌体的强度越高。

2. 砂浆的强度等级和砂浆的和易性、保水性

砂浆的强度等级越高，砂浆自身的承载能力越高，受压后的横向变形越小，可减少或避免砂浆对砌体产生的水平拉力，从而在一定程度上提高砌体的抗压强度。试验表明，块体强度不变，砂浆强度提高一倍时砌体抗压强度可提高20%左右。

砂浆的和易性、保水性越好，越容易铺砌均匀，从而减小块材所受的弯、剪应力，提高砌体的抗压强度。砂浆灰缝厚度不宜太薄，也不能太厚。太薄，会因块体间砂浆过少使块体间凹凸不平而传力不均，降低强度；太厚，则会使砂浆层变形过大，降低强度。

3. 砌筑质量

砌体的砌筑质量对砌体的抗压强度的影响很大。砌筑质量包括砂浆饱满度、砌筑时砖的含水率、操作人员的技术水平。饱满度指砂浆铺砌在一块砖上的面积（以百分率表示）。饱满度达80%才能确保砌体的质量。试验表明，砖的含水率过低，将过多吸收砂浆的水分，影响砌体的抗压强度；若砂浆的含水率过高，将影响砖与砂浆的粘结力。砖砌体砌筑时砖的含水率在8%～10%时，砂浆硬化所需的水分才有保证，比用干燥砖砌筑的砌体强度高20%左右。统计资料表明，技术水平为高、中、低三级的施工人员砌得的砌体抗压强度之比为1.4∶1.0∶0.8。

4. 砌筑方式

砖砌体中实心砖块体的砌筑方式应遵守横平竖直、灰浆饱满、内外搭接、上下错缝的原则。这是长期工程实践的经验总结，是保证砌体质量和整体性的前提。

5. 试验方法

包括加载速度、施工砌筑的快慢程度、受荷前砌体抗压强度、龄期的长短，以及实际砌体与试件砌体的差异和试件尺寸不同等都会对砌体抗压强度产生一定的影响。

9.1.3.4 砌体的抗压强度

《砌体结构设计规范》(GB 50003—2011)根据我国的大量试验资料，通过统计和回归分

析,提出了适用于各类砌体的抗压强度平均值计算的一般公式:

$$f_m = k_1 f_1^\alpha (1 + 0.07 f_2) k_2 \tag{9-1}$$

式中 f_m——各类砌体轴心抗压强度平均值(MPa);

f_1——各类块体(砖、石、砌体)抗压强度等级值或平均值(MPa);

f_2——砂浆抗压强度平均值(MPa);

k_1——与块体类别和砌筑方法有关的参数;

k_2——砂浆强度对砌体强度的修正系数;

α——与块体高度有关的参数,对于砖砌体, $\alpha = 0.5$ 。

k_1, k_2, α 取值见表 9-2。

表 9-2   各类砌体轴心抗压强度平均值的计算系数

砌体种类	k_1	α	k_2
烧结普通砖、烧结多孔砖、蒸压灰砂普通砖、蒸压粉煤灰普通砖、混凝土普通砖、混凝土多孔砖	0.78	0.5	当 $f_2 < 1.0$ 时, $k_2 = 0.6 + 0.4 f_2$
混凝土砌块、轻集料混凝土砌块	0.46	0.9	当 $f_2 = 0$ 时, $k_2 = 0.8$
毛料石	0.79	0.5	当 $f_2 < 1$ 时, $k_2 = 0.6 + 0.4 f_2$
毛石	0.22	0.5	当 $f_2 < 2.5$ 时, $k_2 = 0.4 + 0.24 f_2$

注:① k_2 在表列条件以外时均等于 1.0。

② 混凝土砌块砌体的轴心抗压强度平均值,当 $f_2 > 10$ MPa 时,应乘系数 $1.1 \sim 0.01 f_2$,MU20 的砌体应乘系数 0.95,且满足 $f_1 \geq f_2$, $f_1 \leq 20$ MPa。

9.1.3.5 砌体强度标准值与设计值

1. 砌体强度标准值

砌体强度标准值是结构设计时采用的强度基本代表值。砌体强度标准值的确定考虑了强度的变异性,按照《建筑结构设计统一标准》的要求,取概率密度函数的 5% 分位值(即具有 95% 保证率),砌体强度标准值与平均值的关系为

$$f_k = f_m - 1.645\sigma_f = f_m(1 - 1.645\delta_f) \tag{9-2}$$

式中 σ_f——砌体强度的标准差;

δ_f——砌体强度的变异系数,按表 9-3 采用。

表 9-3   砌体强度变异系数 δ_f

砌体类型	砌体抗压强度	砌体抗拉、抗弯、抗剪强度
各种砖、砌块、料石砌体	0.17	0.20
毛石砌体	0.24	0.26

2. 砌体强度设计值

砌体强度设计值是由可靠分析或工程经验校准法确定,引入了材料性能分项系数来计算体现不同情况的可靠度要求,砌体强度设计值直接用于结构构件的承载力计算。砌体强度设计值与标准值的关系为

$$f = \frac{f_k}{\gamma_f} \tag{9-3}$$

式中，γ_f 为砌体结构材料性能分项系数，一般情况下，宜按施工控制等级为 B 级考虑，取 $\gamma_f =$ 1.6；当为 C 级时，取 $\gamma_f = 1.8$；当为 A 级时，取 $\gamma_f = 1.5$。

3. 砌体强度设计值的调整

在某些特定的情况下，砌体强度设计值需乘以调整系数。截面面积较小的砌体构件，由于局部破损或缺陷等偶然因素会导致砌体强度有较大的降低；当采用水泥砂浆砌筑时，由于砂浆的和易性差，保水性不好，砌体强度有所降低；施工阶段验算时可考虑适当降低安全储备。砌体强度设计值调整系数见表 9-4。

表 9-4　　　　　　　　　　　　　　砌体强度设计值的调整系数

使用情况		γ_a
无筋砌体构件，截面面积 $A < 0.3\text{m}^2$		$0.7 + A$
配筋砌体构件，截面面积 $A < 0.2\text{m}^2$		$0.8 + A$
强度等级小于 M5.0 水泥砂浆砌筑的各类砌体	对砌体抗压强度	0.9
	对沿灰缝面破坏时的轴心抗拉、弯曲抗拉和抗剪强度	0.8
验算施工中房屋的构件时		1.1

按《砌体结构设计规范》(GB 50003—2011) 规定，当块体和砂浆的强度等级确定后，当施工质量控制等级为 B 级时，龄期为 28d 的各类砌体的抗压强度设计值 f（以毛截面计算），应根据块体和砂浆的强度等分别按表 9-5—表 9-9 采用。

表 9-5　　　　混凝土普通砖和混凝土多孔砖砌体的抗压强度设计　　　　MPa

砖强度等级	砂浆强度等级					砂浆强度 为 0 时
	Mb15	Mb15	Mb10	Mb7.5	Mb5	
MU30	4.61	3.94	3.27	2.93	2.59	1.15
MU25	4.21	3.60	2.98	2.68	2.37	1.05
MU20	3.77	3.22	2.67	2.39	2.12	0.94
MU15	—	2.79	2.31	2.07	1.83	0.82

表 9-6　　　　烧结普通砖和烧结多孔砖砌体的抗压强度设计值　　　　MPa

砖强度等级	砂浆强度等级					砂浆强度 为 0 时
	M15	M10	M7.5	M5	M2.5	
MU30	3.94	3.27	2.93	2.59	2.26	1.15
MU25	3.60	2.98	2.68	2.37	2.06	1.05
MU20	3.22	2.67	2.39	2.12	1.84	0.94
MU15	2.79	2.31	2.07	1.83	1.60	0.82
MU10	—	1.89	1.69	1.50	1.30	0.67

注：当烧结普通砖的孔洞率大于 30% 时，表中数值乘以 0.9。

表 9-7	蒸压灰砂普通砖和蒸压粉煤灰普通砖砌体的抗压强度设计值				MPa
砖强度等级	砂浆强度等级				砂浆强度为0时
	M15	M10	M7.5	M5	
MU25	3.60	2.98	2.68	2.37	1.05
MU20	3.22	2.67	2.39	2.12	0.94
MU15	2.79	2.31	2.07	1.83	0.82

注：当采用专用砂浆砌筑时,其抗压强度设计值按表中数值采用。

表 9-8	双排孔或多排孔轻集料混凝土砌块砌体的抗压强度设计值			MPa
砌块强度等级	砂浆强度等级			砂浆强度为0时
	Mb10	Mb7.5	Mb5	
MU10	3.08	2.76	2.45	1.44
MU7.5	—	2.13	1.88	1.12
MU5	—	—	1.31	0.78
MU3.5	—	—	0.95	0.56

注：① 表中的砌块为火山渣,浮石和陶粒轻骨料混凝土砌块。

② 对厚度为双排组砌的轻集料混凝土砌块砌体的抗压强度设计值,应按表中数值乘以0.8。

表 9-9	单排孔混凝土砌块和轻集料混凝土砌块体对孔砌筑砌体的抗压强度设计值					MPa
砌块强度等级	砂浆强度等级					砂浆强度为0时
	Mb20	Mb15	Mb10	Mb7.5	Mb5	
MU20	6.30	5.68	4.95	4.44	3.94	2.33
MU15	—	4.61	4.02	3.61	3.20	1.89
MU10	—	—	2.79	2.50	2.22	1.31
MU7.5	—	—	—	1.93	1.71	1.01
MU5	—	—	—	—	1.91	0.70

注：① 对独立柱或厚度为双排组砌的砌块砌体,应按表中数值乘以0.7。

② 对 T 形截面墙体、柱,应按表中数值乘以0.85。

此外,砌体构件还可以受拉、受弯、受剪,但其抗拉、抗弯和抗剪强度远低于砌体的抗压强度。抗压强度主要取决于块材的强度,而受拉、受弯和受剪破坏大多数情况下发生在砂浆和块材的连接面上的粘结强度。因此,砌体的抗拉、抗弯和抗剪强度主要取决于灰缝中砂浆的强度。

9.2 砌体结构的承重体系与静力计算

9.2.1 房屋的结构布置

9.2.1.1 概述

砌体结构的房屋通常是指采用砌体材料作为墙、柱与基础等竖向承重构件,采用钢筋混凝土或钢、木材料作为屋盖、楼盖等水平承重构件的房屋,又可称为混合结构。

由于砌体材料的抗压强度往往比其他强度要高,又便于组砌,所以砌体材料通常用在建筑物的墙体或柱中。砌体结构中的墙体既是承重结构，又是围护结构，墙体、柱的自重约占房屋总重的 60%，其费用约占总造价的 40%。

由于砌体的抗压强度并不是很高，而且块材与砂浆间的粘结力很弱，使得砌体的抗拉、抗弯、抗剪强度很低。所以在混合结构的结构布置中，使墙柱等承重构件具有足够的承载力是保证房屋结构安全可靠和正常使用的关键，特别是在需要进行抗震设防的地区，以及在地基条件不理想的地点，合理的结构布置是极为重要的。

房屋的设计，首先是根据房屋的使用要求，以及气象、地质、材料供应和施工等条件，按照安全可靠、技术先进、经济合理的原则，选择较合理的结构方案。同时再根据建筑布置、结构受力等方面的要求进行主要承重构件的布置。在砌体结构的结构布置中，承重墙体的布置占有很重要的地位，不仅影响到房屋平面的划分和房间的大小，而且对房屋的荷载传递路线、承载的合理性、墙体的稳定性以及整体刚度等受力性能有着直接和密切的联系。

9.2.1.2　承重墙体的布置

在砌体结构房屋中，为了便于区分不同的墙体，根据墙体的纵横位置，通常称平行于房屋长向布置的墙体为纵墙，平行于房屋短向布置的墙体为横墙。根据建筑物竖向荷载传递路线的不同，可将砌体结构房屋的结构布置方案分为四种类型，即纵墙承重体系、横墙承重体系、纵横墙承重体系和内框架承重体系。

1. 纵墙承重体系

纵墙承重体系是指房间进深相对较小而宽度相对较大时，将楼板横向布置，直接搁置在纵向承重墙上，纵墙直接承受屋面、楼面荷载的结构方案。图 9-6 为两种纵墙承重的结构布置图。图 9-6(a)中，屋面荷载主要由屋面板传给屋面梁，再由屋面梁传给纵墙。图 9-6(b)中，除横墙相邻开间的小部分荷载传给横墙外，楼面荷载大部分通过横梁传给纵墙。

纵墙承重体系房屋楼(屋)面荷载的主要传递路线为楼(屋)面荷载→纵墙→基础→地基。

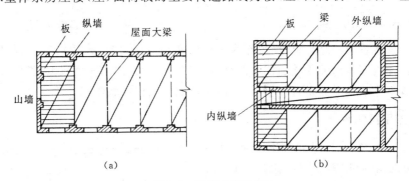

图 9-6　纵墙承重体系

纵墙承重体系的特点是：纵墙承重体系房屋的纵墙承受较大荷载，设在纵墙上的门窗洞口的大小及位置受到一定的限制；横墙的设置主要是为了满足房屋的空间刚度，因而数量较少，可设计成较大的室内空间；纵墙间距一般比较大，横墙数量相对较少，房屋的空间刚度不如横墙承重体系。

纵墙承重体系适用于使用上要求有较大空间的房屋(例如教学楼)以及常见的单层和多层空旷混合结构房屋(例如食堂、中小型厂房)。

2. 横墙承重体系

房屋的每个开间都设置横墙,楼板和屋面板沿房屋纵向搁置在墙上,楼(屋)面荷载主要由横墙承受的房屋,并由横墙传至基础和地基,属于横墙承重体系(图9-7)。

横墙承重体系楼(屋)面荷载的主要传递路线为楼(屋)面→横墙→基础→地基。

横墙承重体系的特点是:横墙是主要承重墙,纵墙主要起围护、隔断和与横墙连结成整体的作用,一般情况下其承载力未得到充分发挥,故墙上开设门窗洞口较灵活;房屋的横向刚度大,整体性好,对抵抗风力,地震作用和调整地基的不均匀沉降较纵墙承重体系有利。

横墙承重体系房屋适用于宿舍、住宅、旅馆等居住建筑和由小房间组成的办公楼等,承载力和刚度比较容易满足要求,故可建造层数较多的房屋。

3. 纵横墙承重体系

楼(屋)面荷载分别由纵墙和横墙共同承受的房屋,称为纵横墙承重方案(图9-8)。这类房屋的主要荷载传递路线为楼(屋)面荷载 $\longrightarrow \begin{cases} \to \text{纵墙} \\ \to \text{横墙} \end{cases} \to$ 基础→地基。

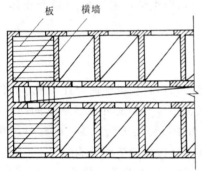

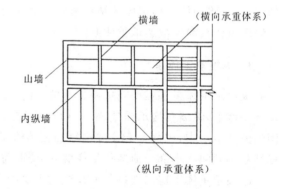

图9-7　横墙承重体系　　　　　　图9-8　纵横墙承重体系

纵横墙承重体系的特点是纵、横墙作为承重构件,使得结构受力较均匀,能避免局部墙体承载过大;由于纵、横墙均承受楼面传来的荷载,因而纵、横方向的刚度较大,整体性比较好。

纵横墙承重体系其平面布置较灵活,适用于点式住宅楼和教学楼。

4. 内框架承重体系

当房屋需要较大空间,且允许中间设柱时,可取消房屋的内承重墙而用钢筋混凝土柱取代,由钢筋混凝土柱及楼盖组成钢筋混凝土内框架。这种由内框架柱和外承重纵墙共同承担竖向荷载的承重体系称为内框架承重体系(图9-9)。

内框架承重体系房屋具有下列特点:

(1)由于钢筋混凝土柱取代了内墙,所以内墙数量较少,使用上可取得较大空间,但房屋的空间刚度较差。

(2)外墙和内柱分别由砌体和钢筋混凝土两种

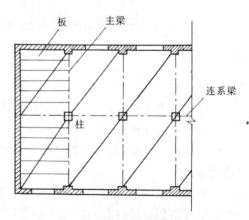

图9-9　内框架承重体系

压缩性能不同的材料组成，在荷载作用下将产生压缩变形差异，柱基础和墙基础的沉降也不同，从而引起附加内力，不利于抵抗地基的不均匀沉降。

（3）由于墙和柱分别采用砌体和钢筋混凝土两种材料，施工方法不同，会给施工带来一定的复杂性。

9.2.2 房屋的静力计算方案

9.2.2.1 房屋的空间工作性能

砌体结构房屋的纵墙、横墙、屋盖（包括屋面板、屋面梁）、楼盖（包括楼面板、楼面梁）和基础等主要承重构件组成了空间结构受力体系，各承重构件协同工作，共同承受作用在房屋上的各种垂直荷载和水平荷载。在对砌体结构房屋进行静力计算时，通常是将复杂的空间结构简化为平面结构，取出一个计算单元进行计算。因此必须弄清房屋的空间工作性能，才能正确地确定墙、柱等构件的静力分析方法。

在荷载作用下，空间受力体系与平面受力体系的变形及荷载传递的途径是不同的，图9-10（a）所示为两端没有山墙的纵墙承重的单层房屋，可以从两个窗洞中线间截取一个单元来代替整个房屋的受力状态，称这个单元为计算单元。空间受力房屋的计算则可简化成平面受力体系的计算。按平面受力体系进行分析，则可取出一独立的计算单元进行排架的平面受力分析，排架柱顶的侧移为 u_p，当房屋两端设有山墙时（图9-10（b）），在水平荷载的作用下，荷载的传递路线和房屋的变形情况将发生变化。山墙（或横墙）对抵抗水平荷载，减少房屋侧移起了重要的作用，房屋纵墙顶的最大侧移量仅为 u_s，如图9-10（b）所示。沿房屋的纵向，纵墙的侧移以中部的 u_1 为最大；靠近山墙的两端纵墙侧移最小，山墙顶的最大侧移量为 u。这是纵墙、屋盖和山墙在空间受力体系中协同工作的结果。

在平面受力体系中，水平荷载的传递路线为水平荷载→纵墙→纵墙基础；而在空间受力体系中，水平荷载的传递路线为水平荷载→纵墙→$\left\{\begin{array}{l}屋盖→山墙→山墙基础\\纵墙基础\end{array}\right.$。

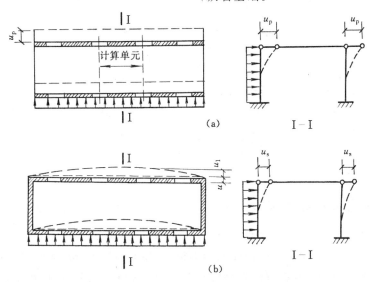

图 9-10 单层纵墙承重体系

在空间受力体系中,屋盖作为纵墙顶端的支承,当受到纵墙传来的水平荷载后,在其自身平面内产生弯曲变形,整个屋盖可看作水平平面内的梁,即置于水平面上的屋盖梁,两端的山墙则像一个竖向悬臂柱,其作用相当于该屋盖梁的弹性支座,在水平荷载作用下,纵墙顶传递部分水平荷载到屋盖,屋盖在其平面内产生水平向的挠曲变形,且以纵向中点变形 u_{max} 为最大。两端山墙墙顶受到屋盖梁传来的荷载,在墙身平面内产生剪弯变形,墙顶水平侧移量为 Δ_{max}。显然,纵向中点的墙顶位移 u_s 应为屋盖的最大弯曲变形 u_{max} 与山墙顶的侧移值 u 之和,即 $u_s = u_{max} + u$。

由于在空间受力体系中横墙(山墙)协同工作,对抗侧移起了重要的作用。因此,两端有山墙的纵墙顶的最大侧移值 u_s 比两端无山墙的平面受力体系中排架的柱顶侧移值 u_p 小,即 $u_s < u_p$。一般情况下,u_p 的大小取决于纵墙、柱的刚度。u_s 的大小主要与两端山墙(横墙)间的水平距离、山墙在自身平面内的刚度和屋盖的水平刚度有关。若横墙间距大、屋盖梁的水平方向跨度大时,屋盖受弯时中间的挠度大,房屋的空间性能差。反之屋盖水平侧移小,房屋的空间性能好。将山墙间的水平距离、山墙在其平面内的刚度、房屋的水平刚度等对计算单元受力的影响叫做房屋的空间作用。通常用空间性能影响系数 η 来表示房屋的空间作用的大小。η 可按下式计算:

$$\eta = \frac{\mu_s}{\mu_p} \qquad (9\text{-}4)$$

式中　u_p——平面排架的侧移;

　　　u_s——房屋的侧移。

η 值较大,表明房屋纵墙顶的最大水平位移与平面排架的位移愈接近,即房屋空间刚度较差;反之,η 值愈小,房屋空间刚度愈好。因此,η 又称为考虑空间工作后的侧移折减系数,是确定房屋静力计算方案的依据。

对于不同类别的屋盖或楼盖,在不同的横墙间距下,房屋各层的空间性能影响系数 η_i,可按表 9-10 查用。其中 η_i 值最大为 0.82,当 $\eta_i > 0.82$ 时,则近似取 $\eta \approx 1$;η_i 值最小为 0.33,当 $\eta_i < 0.33$ 时,近似取 $\eta \approx 0$。

表 9-10　　　　　　　　　房屋各层的空间性能影响系数 η_i

屋盖或楼盖类别	横墙间距 s/m													
	16	20	24	28	32	36	40	44	48	52	56	60	64	68	72
1	—	—	—	—	0.33	0.39	0.45	0.50	0.55	0.60	0.64	0.68	0.71	0.74	0.77
2	—	0.35	0.45	0.54	0.61	0.68	0.73	0.78	0.82	—	—	—	—	—	—
3	0.37	0.49	0.60	0.68	0.75	0.81	—	—	—	—	—	—	—	—	—

注:i 取 $1 \sim n$,n 为房屋的层数。

9.2.2.2　房屋静力计算方案的分类

砌体结构房屋是一空间受力体系,各承载构件不同程度地参与工作,共同承受作用在房屋上的各种荷载。因而影响房屋空间性能的因素很多,除上述的屋(楼)盖刚度和横墙间距外,还有屋架的跨度、排架的刚度和荷载的类型等。在进行房屋的静力分析时,首先应根据房屋不同的空间性能,分别确定其静力计算方案,然后再进行静力计算。《砌体结构设计规范》(GB 50003—2011)仅考虑屋(楼)盖刚度和横墙间距两个主要因素的影响,把砌体结构房屋的静力计算方案分为刚性方案、弹性方案和刚弹性方案三种。

1. 刚性方案

当房屋的横墙间距较小、屋盖和楼盖的水平刚度较大时,房屋的空间刚度也较大。若在水平荷载作用下,房屋墙、柱顶端的相对位移 u_s/H(H 为墙、柱高度)很小,房屋空间性能影响系数 $\eta<(0.33\sim0.37)$,可假定墙、柱顶端的水平位移为零。在确定墙、柱的计算简图时,可以忽略房屋的水平位移,把楼盖和屋盖视为墙、柱上下端的带水平连杆的不动铰支承,墙、柱的内力按两端为不动铰支承的竖向构件计算。按这种方法进行静力计算的房屋属刚性方案房屋。图 9-11(a)所示为单层刚性方案房屋墙、柱计算简图。

2. 弹性方案

当房屋的横墙间距较大,或无横墙(山墙),房屋的空间刚度较小,若在水平荷载作用下,房屋墙、柱顶端的相对位移 u_s/H 较大。房屋空间性能影响系数 $\eta>(0.77\sim0.81)$,空间作用的影响可以忽略。其静力计算可按屋架、大梁与墙、柱为铰接,墙、柱下端固定于基础,并按不考虑空间工作的平面排架来计算。按这种方法进行静力计算的房屋属弹性方案房屋。图 9-11(b)所示为单层弹性方案房屋墙柱计算简图。

弹性方案房屋在水平荷载作用下,墙顶水平位移较大,而且墙会产生较大的弯矩。因此,如果增加房屋的高度,房屋的刚度将难以保证,如增加纵墙的截面面积势必耗费材料。所以对于多层砌体结构房屋,不宜采用弹性方案。

3. 刚弹性方案

房屋的空间刚度介于刚性方案与弹性方案之间,房屋空间性能影响系数 $0.33<\eta<0.81$,在水平荷载的作用下,房屋墙、柱顶端的相对位移 u_s/H 比弹性方案房屋要小,但又不能忽略不计。其静力计算可根据房屋空间刚度的大小,将其在水平荷载作用下的反力进行折减,即乘以房屋的空间性能影响系数 η,然后按平面排架来进行计算。按这种方法进行静力计算的房屋属刚弹性方案房屋。图 9-11(c)所示为单层刚弹性方案房屋墙体计算简图。

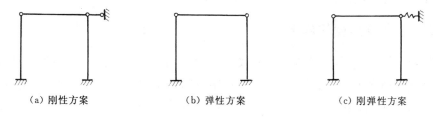

（a）刚性方案　　　　　（b）弹性方案　　　　　（c）刚弹性方案

图 9-11　单层单跨房屋墙体的计算简图

9.2.2.3　静力计算方案的确定

《砌体结构设计规范》(GB 50003—2011)规定,在设计时主要考虑屋(楼)盖水平刚度的大小和横墙间距两个因素,来划分房屋的静力计算方案,因而设计时可根据相邻横墙间距 s 及屋盖或楼盖的类别,由表 9-11 确定房屋的静力计算方案。

表 9-11　　　　　　　　　　　　　　房屋的静力计算方案

	屋盖或楼盖类别	刚性方案	刚弹性方案	弹性方案
1	整体式、装配整体式和装配式无檩体系钢筋混凝土屋(楼)盖	$s<32$	$32{\leqslant}s{\leqslant}72$	$s>72$
2	装配式有檩体系钢筋混凝土屋盖、轻钢屋盖和有密铺望板的木屋(楼)盖	$s<20$	$20{\leqslant}s{\leqslant}48$	$s>48$
3	瓦材屋面的木屋盖和轻钢屋盖	$s<16$	$16{\leqslant}s{\leqslant}36$	$s>36$

　　注：① 表中 s 为房屋横墙间距，其长度单位为 m。

　　　　② 对无山墙或伸缩缝处无横墙的房屋，应按弹性方案考虑。

　　表 9-11 是根据屋(楼)盖刚度和横墙间距来确定房屋的静力计算方案。横墙的刚度是影响房屋空间性能的一个主要因素，因此作为刚性和刚弹性方案房屋的横墙，应符合下列要求：

　　(1) 横墙中开有洞口时，洞口的水平截面面积不应超过横墙截面面积的 50%。

　　(2) 横墙的厚度不宜小于 180mm。

　　(3) 单层房屋的横墙长度不宜小于其高度，多层房屋的横墙长度，不宜小于 $H/2$（H 为横墙总高度）。

　　(4) 当横墙不能同时符合上述要求时，应对横墙的刚度进行验算。如横墙的最大水平位移值 $u_{\max}{\leqslant}H/4000$ 时（H 为横墙总高度），仍可视作刚性或刚弹性方案房屋的横墙。

9.3　墙、柱的高厚比验算和构造要求

　　在砌体结构房屋中，大部分的墙、柱除承受自重外，还要承受屋盖和楼盖传来的荷载，这样的墙、柱称为承重墙、柱。但也有一些墙仅承受其本身自重及墙体内的门窗重量，这样的墙称为自承重墙。在进行墙体设计时，承重墙、柱除了要满足承载力要求外，还必须保证其稳定性。对于自承重墙，为防止其截面尺寸过小，也必须满足稳定性要求。墙、柱的稳定性，主要是通过限制其高厚比来保证的。

9.3.1　墙、柱计算高度的确定

　　在压杆稳定计算中，常用构件的计算高度 H_0 代替构件的实际高度，构件的计算高度 H_0 与构件的支承条件有关。一般都基于构件的实际支承情况作某些简化，并根据理论分析结果和工程实践经验确定墙、柱的计算高度。计算高度 H_0 根据房屋的类别和两端的约束条件，按表 9-12 采用。

表 9-12　　　　　　　　　　　　　　受压构件的计算高度 H_0

房屋类别			柱		带壁柱墙或周边拉结的墙		
			排架方向	垂直排架方向	$s>2H$	$2H{\geqslant}s>H$	$s{\leqslant}H$
有吊车的单层房屋	变截面柱上段	弹性方案	$2.5H_u$	$1.25H_u$	$2.5H_u$		
		刚性、刚弹性方案	$2.0H_u$	$1.25H_u$	$2.0H_u$		
	变截面柱下段		$1.0H_l$	$0.8H_l$	$1.0H_l$		

房屋类别			柱		带壁柱墙或周边拉结的墙		
			排架方向	垂直排架方向	$s>2H$	$2H\geqslant s>H$	$s\leqslant H$
无吊车的单层和多层房屋	单 跨	弹性方案	1.5H	1.0H	1.5H		
		刚弹性方案	1.2H	1.0H	1.2H		
	两跨或多跨	弹性方案	1.25H	1.0H	1.25H		
		刚弹性方案	1.1H	1.0H	1.1H		
	刚性方案		1.0H	1.0H	1.0H	0.4s+0.2H	0.6s

注：① 表中 H_u 为变截面柱的上段高度，H_1 为变截面柱的下段高度；

② 对于上段为自由端的构件，$H_0=2H$；

③ 独立砖柱无柱间支撑时，在垂直排架方向的 H_0 应按表中数值乘以 1.25 后采用；

④ s 为房屋横墙间距；

⑤ 自承重墙的计算高度应根据周边支承或拉接条件确定。

表 9-12 中构件的实际高度 H 应按下列规定采用：

（1）对房屋的底层，构件的实际高度 H 为楼板顶面到构件下端支点的距离。构件下端支点的位置，可取在基础顶面。当基础埋置较深且有刚性地坪时，顶面可取室外地面下 500mm 处。

（2）在房屋其他层构件的实际高度 H 为楼板或其他水平支点间的距离。

（3）山墙的实际高度 H，对于无壁柱的山墙，可取层高加山墙尖高度的 1/2；对于带壁柱的山墙，可取其下端支点到壁柱顶处的山墙高度。

（4）对有吊车的单层房屋的变截面柱，当荷载组合不考虑吊车作用时，变截面柱上段的计算高度可按表 9-12 规定采用；变截面柱下段的计算高度可按下列规定采用：

① $H_u/H\leqslant 1/3$ 时，取无吊车房屋的 H_0。

② 当 $1/3<H_u/H<1/2$ 时，取表 9-12 中无吊车房屋的 H_0 乘以修正系数 μ：

$$\mu=1.3-0.3\frac{I_u}{I_l} \tag{9-5}$$

式中，I_u、I_l 为变截面柱上、下段截面的惯性矩。

③ 当 $H_u/H\geqslant 1/2$ 时，取表 9-12 中无吊车房屋的 H_0，但在确定高厚比 β 时，应根据上柱的截面采用验算方向相应的截面尺寸。

上述规定也适用于无吊车房屋的变截面柱。

9.3.2 墙、柱的高厚比验算

9.3.2.1 墙、柱的允许高厚比

墙、柱高厚比的允许极限值称为允许高厚比，用 $[\beta]$ 表示。《砌体结构设计规范》(GB 50003—2011)规定的允许高厚比 $[\beta]$ 按表 9-13 采用。

影响墙、柱允许高厚比的原因很复杂，凡是有助于提高房屋中墙、柱的刚度和稳定性的各因素都可以使允许高厚比增加。《砌体结构设计规范》(GB 50003—2011)规定的墙、柱允许高厚比 $[\beta]$ 主要是根据房屋中墙、柱的刚度条件、稳定性等，由实践经验从构造要求上确定的。墙、柱砌筑砂浆的强度等级直接影响了砌体的弹性模量，从而直接影响了砌体的刚度。当砌筑砂浆的强度等级较高时，砌体的弹性模量较大，墙、柱的允许高厚比 $[\beta]$ 值相应提高；柱因无横墙联系，故对其刚度要求较严，其允许高厚比较墙为小；混凝土砌块砌体和毛石砌体的抗弯刚

表 9-13　　　　　　　　　　　墙、柱的允许高厚比[β]

砌体类型	砂浆强度等级	墙	柱
无筋砌体	M2.5	22	15
	M5 或 Mb5,Ms5	24	16
	≥M7.5 或 Mb7.5,Ms7.5	26	17
配筋砌块砌体	—	30	21

注:① 毛石墙、柱的允许高厚比应按表中数值降低 20%;
　　② 带有混凝土或砂浆面层的组合砖砌体构件的允许高厚比,可按表中数值提高 20%,但不得大于 28;
　　③ 验算施工阶段砂浆尚未硬化的新砌体高厚比时,允许高厚比对墙取 14,对柱取 11。

度都要比实心砖砌体的刚度差,其截面尺寸应控制得严格些,故允许高厚比应予以降低。

对于仅承受自重的自承重墙,是砌体结构房屋中的次要构件。根据弹性稳定理论,在材料、截面及支承条件相同的情况下,构件仅承受自重作用时失稳的临界荷载时要大于荷载作用于墙体顶端时的临界荷载值。分析表明,自承重墙体达到临界荷载时的墙体高厚比(临界高厚比)随墙厚的减小而增加。所以自承重墙的允许高厚比可适当放宽些,按表 9-13 中的允许高厚比[β]值乘以一个大于 1 的系数 μ_1 予以提高。《砌体结构设计规范》(GB 50003—2011)规定,厚度 $h \leqslant 240mm$ 的自承重墙,[β]的提高系数 μ_1 取值如下:当 $h = 240mm$ 时,$\mu_1 = 1.2$;当 $h = 90mm$ 时,$\mu_1 = 1.5$;当 $240mm > h > 90mm$ 时,μ_1 可按线性插入法取值。对于上端为自由端的自承重墙体,允许高厚比[β]值除按上述规定提高外,尚可再提高 30%。

对于厚度小于 90mm 的墙,当双面采用不低于 M10 的水泥砂浆抹面,包括抹面层的墙厚不小于 90mm 时,可按墙厚等于 90mm 验算高厚比。

对于开有门窗洞口的墙,由于断面的削弱,刚度和稳定性因开洞而降低,其允许高厚比应按表 9-13 中所列的[β]值乘以降低系数 μ_2:

$$\mu_2 = 1 - 0.4 \frac{b_s}{s} \tag{9-6}$$

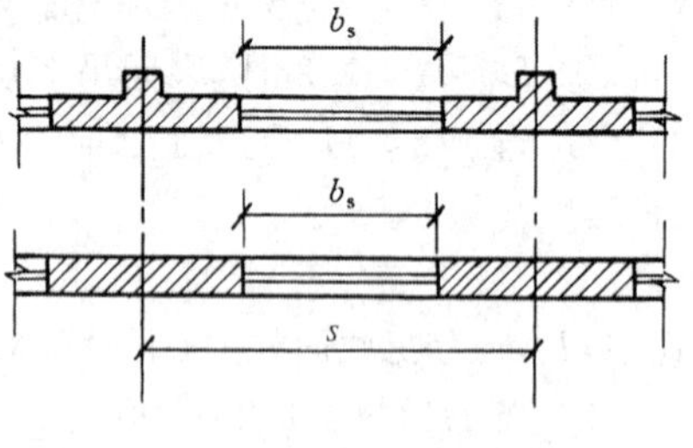

式中　b_s——在宽度 s 范围内的门窗洞口总宽度;

　　　s——相邻横墙或壁柱之间的距离(图 9-12)。

图 9-12　洞口宽度

当按式(9-6)算得的 μ_2 值小于 0.7 时,应采用 0.7。

当洞口高度等于或小于墙高的 1/5 时,可取 μ_2 等于 1.0;当洞口高度大于或等于墙高的 4/5 时,可按独立墙段验算高厚比。

9.3.2.2　墙、柱的高厚比验算

1. 不带壁柱矩形截面墙、柱的高厚比验算

矩形截面墙、柱的高厚比应按下式验算:

$$\beta = \frac{H_0}{h} \leqslant \mu_1 \mu_2 [\beta] \tag{9-7}$$

式中　H_0——墙、柱的计算高度,按表 9-12 采用;

　　　h——墙厚或矩形柱与所考虑的 H_0 相对应的边长;

μ_1,μ_2——自承重墙允许高厚比以及有门窗洞口墙允许高厚比的修正系数；

$[\beta]$——墙、柱的允许高厚比，按表 9-13 采用。

2. 带壁柱墙或构造柱墙的高厚比验算

通常单层或多层房屋的纵墙是带有壁柱的，带壁柱墙或构造柱墙的高厚比验算，一般分为两个步骤，除了要验算整片墙的高厚比之外，还要对壁柱间的墙体进行验算。

1）整片墙的高厚比验算

带有壁柱的整片墙其计算截面应考虑为 T 形截面，在按式（9-7）进行验算时，式中的墙厚 h 应采用 T 形截面的折算厚度 h_T，即将非矩形截面按截面回转半径 i 相同的原则折算为高度 h_T 的等效矩形截面。按下式进行计算：

$$\beta=\frac{H_0}{h_T}\leqslant\mu_1\mu_2[\beta] \tag{9-8}$$

式中　h_T——带壁柱墙截面的折算厚度，$h_T=3.5i$；

　　　i——带壁柱墙截面的回转半径，$i=\sqrt{I/A}$，I,A 分别为带壁柱墙截面的惯性矩和面积；

　　　H_0——带壁柱墙的计算高度，按表 9-12 采用，其中 s 为该带壁柱墙的与之相交相邻墙之间的距离。

在确定截面回转半径 i 时，带壁柱墙计算截面的翼缘宽度 b_f 应按下列规定采用：对于多层房屋，当有门窗洞口时，可取窗间墙宽度，当无门窗洞口时，每侧翼墙宽度可取壁柱高度（层高）的 1/3，但不应大于相邻壁柱间的距离及窗间墙宽度。

对于单层房屋，当壁柱间距离较大，层高较低时，可取 $b_f=b+2H/3$，b 为壁柱宽度，H 为墙高，但 b_f 不应大于相邻窗间墙的宽度或相邻壁柱间的距离。

2）壁柱间墙的高厚比验算

在验算壁柱间墙的高厚比时，可认为壁柱对壁柱间墙起到了横向拉结的作用，即可把壁柱视为壁柱间墙的不动铰支点。因此壁柱间墙可根据不带壁柱矩形截面墙的式（9-7）验算。在确定 H_0 时，表 9-12 中的 s 应取相邻壁柱间的距离。而且，不论带壁柱墙体房屋的静力计算属于何种方案，H_0 一律按表 9-12 中刚性方案一栏选用。

3）构造柱截面宽度与墙厚

当构造柱截面宽度不小于墙厚时，可按式（9-7）验算带构造柱墙的高厚比，此时式中 h 取墙厚；当验算带构造柱整片墙高厚比时，墙的计算高度 H_0 时，s 应取相邻横墙间的距离；当验算构造柱间墙的高厚比时，S 取相邻构造柱间的距离。墙的允许高厚比 $[\beta]$ 可乘以修正系数 μ_c，μ_c 可按下式计算：

$$\mu_c=1+r\frac{b_c}{l}$$

式中　r——系数，对细料石砌体，$r=0$；对混凝土砌块、混凝土多孔砖、粗料石、毛料石及毛石砌体，$r=1.0$；其他砌体，$r=1.5$；

　　　b_c——构造柱沿墙长方向的宽度；

　　　l——构造柱的间距。

当 $b_c/l>0.25$ 时，取 $b_c/l=0.25$；当 $b_c/l<0.05$ 时，取 $b_c/l=0$。

注意：考虑构造柱有利作用的高厚比验算不适用于施工阶段。

对于设有钢筋混凝土圈梁的带壁柱墙或构造柱间墙,当圈梁的宽度 b 与相邻壁柱间的距离 s 之比不小于 1/30 时,圈梁可作为壁柱间墙或构造柱间墙的不动铰支点,如图 9-13 所示。如不能满足 $b/s \geqslant 1/30$,且不允许增加圈梁的宽度时,可按墙体平面外等刚度原则增加圈梁高度,以使圈梁满足作为壁柱间墙不动铰支点的要求。此时,墙的计算高度 H_0 可取圈梁之间的距离。

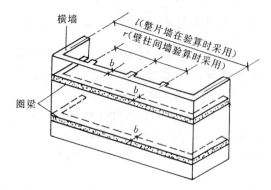

图 9-13　带壁柱的墙

此外,《砌体结构设计规范》(GB 50003—2011)还规定:当与墙连接的相邻两墙间的距离 $s \leqslant \mu_1 \mu_2 [\beta] h$ 时,墙的高度可不受式(9-7)的限制。

对于变截面柱,可按上、下截面分别验算高厚比,其计算高度按表 9-12 采用。验算上柱高厚比时,墙、柱的允许高厚比 $[\beta]$ 可按表 9-13 的数值乘以 1.3 后采用。

【例题 9-1】　某实验室平面布置如图 9-14 所示,采用钢筋混凝土现浇楼面,纵横墙厚均为 240mm,砂浆 M7.5,底层墙高 4.4m(基础顶面算起);自承重墙厚为 120mm,用 M2.5 砂浆,高 3.6m,试验算各种墙的高厚比。

【解】　(1)横墙间距 $s_w = 16$m,为刚性方案

承重墙:$H = 4.4$m,$h = 240$mm,$[\beta] = 26$。

自承重墙:$H = 3.6$m,$h = 120$mm,$[\beta] = 22$。

(2)纵墙高厚比验算

$s > 2H$,查表 9-12,得 $H_0 = 1.0H = 4.4$m,相邻窗间墙距 $s = 4.0$m,$b_s = 2.0$m,所以 $\mu_2 = 1 - 0.5 \dfrac{b_s}{s} = 1 - 0.5 \dfrac{2}{4} = 0.75$;纵墙承重为 $\mu_1 = 1.0$。

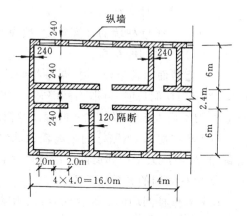

图 9-14　某实验室平面布置图

纵墙高厚比

$$\frac{H_0}{h} = \frac{4\,400}{240} = 18.3 < \mu_1 \mu_2 [\beta] = 1.0 \times 0.75 \times 26 = 19.5$$

纵墙高厚比满足要求。

(3)横墙高厚比验算

$$s = 6\text{m}, \quad 2H > s > H$$
$$H_0 = 0.4s + 0.2H = 0.4 \times 6 + 0.2 \times 4.4 = 3.28\text{m}$$

横墙高厚比

$$\frac{H_0}{h} = \frac{3\,280}{240} = 13.7 < [\beta] = 26$$

横墙高厚比满足要求。

(4)自承重墙高厚比验算

隔断墙按顶端为不动铰支座考虑,两侧与纵横拉结不好,故应按两侧无拉结考虑。则

$$H_0 = H = 3.6\text{m}$$

$$\mu_1 = 1.2 + \frac{1.5 - 1.2}{240 - 90} \times (240 - 120) = 1.44, \quad \mu_2 = 1.0$$

$$\mu_1[\beta] = 1.44 \times 22 = 31.68$$

$$\frac{H_0}{h} = \frac{3\,600}{120} = 30 < \mu_1\mu_2[\beta] = 31.68$$

自承重墙高厚比满足要求。

【例题 9-2】 某单层单跨无吊车厂房,柱间距 6m,每开间有 3.0m 宽的窗洞,车间长 48m,采用钢筋混凝土大型屋面板作为屋盖,屋架下弦标高 5.0m,壁柱为 370mm×490mm,采用 MU10 砖和 M5 混合砂浆砌筑,该车间为刚弹性方案。试验算带壁柱墙的高厚比。

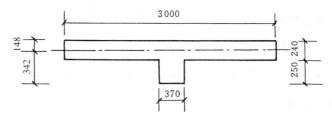

图 9-15 采用窗间墙的截面

【解】 带壁柱墙的截面采用窗间墙的截面如图 9-15 所示。

$$A = 3\,000 \times 240 + 370 \times 250 = 812\,500\text{mm}^2$$

$$y_1 = \frac{240 \times 3\,000 \times 120 + 370 \times 250 \times \left(240 + \frac{250}{2}\right)}{812\,500} = 148\text{mm}$$

$$I = \frac{1}{12} \times 3\,000 \times 240^3 + 3\,000 \times 240 \times (148 - 120)^2$$

$$+ \frac{1}{12} \times 370 \times 250^3 + 370 \times 250 \times (490 - 125 - 148)^2$$

$$= 8.86 \times 10^9\text{mm}^4$$

$$i = \sqrt{\frac{I}{A}} = \sqrt{\frac{8.86 \times 10^9}{812\,500}} = 104.3\text{mm}$$

$$h_T = 3.5i = 3.5 \times 104.3 = 365\text{mm}$$

$H = 5.0 + $ 室内外高差(本题取 0)+ 室外地坪至基础顶面的距离(取 500mm)

$= 5.0 + 0 + 0.5 = 5.5\text{m}$

$$H_0 = 1.2H = 1.2 \times 5.5 = 6.6\text{m}$$

(1) 整片墙高厚比验算

M5 砂浆,$[\beta] = 24$,承重墙 $\mu_1 = 1.0$。

开有门窗洞的墙 $[\beta]$ 的修正系数 μ_2 为

$$\mu_2 = 1 - 0.4\frac{b_s}{s} = 1 - 0.4 \times \frac{3.0}{6.0} = 0.8$$

$$\mu_1\mu_2[\beta] = 1.0 \times 0.8 \times 24 = 19.2$$

$$\beta = \frac{H_0}{h_T} = \frac{6\,600}{365} = 18.1 < 19.2$$

满足要求。

（2）壁柱间墙高厚比验算

$$s = 6.0\text{m} > H = 5.5\text{m}, \quad s < 2H$$

$$H_0 = 0.4s + 0.2H = 0.4 \times 6\,000 + 0.2 \times 5\,500 = 3\,500\text{mm}$$

$$\beta = \frac{H_0}{h} = \frac{3\,500}{240} = 14.6 < 19.2$$

满足要求。

9.3.3 墙、柱的构造要求

在砌体结构的墙体设计中，为了保证房屋的空间刚度和整体性，墙柱除满足承载力、高厚比的要求外，还应满足以下几项构造要求，使房屋各构件之间有可靠的连接。

1. 材料最低强度等级

地面以下或防潮层以下的砌体，潮湿房间的墙，所用材料的最低强度等级应符合表 9-1 的要求。

2. 最小截面尺寸

承重独立砖柱的截面尺寸不应小于 240mm×370mm。毛石墙的厚度不宜小于 350mm，毛料石柱较小边长不宜小于 400mm。当有振动荷载时，墙、柱不宜采用毛石砌体。窗间墙宽度宜大于 1000mm，转角墙宽度宜大于 600mm，否则，应加构造柱。对砖柱和宽度小于 1000mm 的窗间墙，应选用整砖砌筑。

3. 预制构件支承长度、与支座锚固

（1）预制钢筋混凝土板在墙上的支承长度不宜小于 100mm，在钢筋混凝土圈梁上不宜小于 80mm。

（2）支承在墙、柱上的吊车梁、屋架及跨度大于或等于下列数值的预制梁的端部，应采用锚固件与墙、柱上的垫块锚固：①对砖砌体为 9m；②对砌块和料石砌体为 7.2m。

4. 墙、柱中设垫块、壁柱

（1）跨度大于 6m 的屋架以及跨度分别大于 4.8m（砖砌体）、4.2m（砌块和料石砌体）、3.9m（毛石砌体）的梁，应在支承处砌体上设置混凝土或钢筋混凝土垫块（当墙中设有圈梁时，垫块与圈梁宜浇成整体）。

（2）当梁跨度大于或等于下列数值时，其支承处墙体宜加设壁柱，或采取其他加强措施：① 对 240mm 厚的砖墙为 6m，对 180mm 厚的砖墙为 4.8m；② 对砌块、料石墙为 4.8m。

5. 砌块砌体的构造要求

混凝土砌块房屋,宜将纵横墙交接处、距墙中心线每边不小于 300mm 范围内的孔洞,采用强度等级不低于 Cb20 的混凝土灌实,灌实高度应为墙身全高。砌块墙与后砌墙交接处,应沿墙高每 400mm 在水平灰缝内设置不小于 2φ4、横向钢筋间距不应大于 200mm 的焊接钢筋网片(图 9-16)。

混凝土砌块墙体的下列部位,如未设圈梁或混凝土垫块,应采用不低于 Cb20 材料强度等级的混凝土将孔洞灌实:

(1)搁栅、檩条和钢筋混凝土楼板的支承面下,高度不应小于 200mm 的砌体。

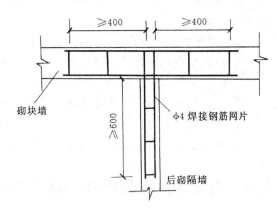

图 9-16　焊接钢筋网片

(2)屋架、梁等构件的支承面下,高度不应小于 600mm、长度不应小于 600mm 的砌体。

(3)挑梁支承面下,距墙中心线每边不应小于 300mm、高度不应小于 600mm 的砌体。

砌块砌体应分皮错缝搭砌,上下皮搭砌长度不应小于 90mm。当搭砌长度不满足上述要求时,应在水平灰缝内设置不小于 2φ4 的焊接钢筋网片(横向钢筋的间距不应大于 200mm,网片每端应超过该垂直缝,其长度不得小于 300mm)。

6. 夹心墙的构造要求

夹心墙应符合下列规定:

(1)外叶墙的砖及混凝土砌块的强度等级不应低于 MU10。

(2)夹心墙的夹层厚度不宜大于 120mm。

(3)夹心墙的外叶墙的最大横向支承间距,当设防烈度为 6 度时,不宜大于 9m;7 度时,不宜大 6m;8～9 度时,不宜大于 3m。

夹心墙叶墙间的连接应符合下列规定:

(1)叶墙应用经防腐处理的拉结件或钢筋网片连接。

(2)当采用环形拉结件时,钢筋直径不应小于 4mm,当为 Z 形拉结件时,钢筋直径不应小于 6mm。拉结件应沿竖向梅花形布置,拉结件的水平和竖向最大间距分别不宜大于 800mm 和 600mm;对有振动或有抗震设防要求时,其水平和竖向最大间距分别不宜大于 800mm 和 400mm。

(3)当采用钢筋网片作拉结件时,网片横向钢筋的直径不应小于 4mm,其间距不应大于 400mm;网片的竖向间距不宜大于 600mm,对有振动或有抗震设防要求时,不宜大于 400mm。

(4)拉结件在叶墙上的搁置长度,不应小于叶墙厚度的 2/3,并不应小于 60mm。

(5)门窗洞口周边 300mm 范围内应附加间距不大于 600mm 的拉结件。

(6)对夹心墙叶墙间宜采用不锈钢拉结件。如果拉结件用钢筋或采用钢筋网片时,应先进行防腐处理。

7. 框架填充墙的构造要求

(1)框架填充墙墙体除应满足稳定要求外,尚应考虑水平风荷载及地震作用的影响。地震作用可按现行国家标准《建筑抗震设计规范》(GB 50011—2010)中非结构构件的规定计算。

(2) 在正常使用和正常维护条件下,填充墙的使用年限宜与主体结构相同,结构的安全等级可按二级考虑。

(3) 填充墙的构造设计,应符合下列规定:

① 填充墙宜选用轻质块体材料,空心砖及轻集料混凝土砌块的强度等级分别为 MU10, MU7.5,MU5 和 MU3.5。

② 填充墙砌筑砂浆的强度等级不宜低于 M5(Mb5,Ms5)。

③ 填充墙墙体厚度不应小于 90mm。

④ 用于填充墙的夹心复合砌块,其两肢块体之间应有拉结。

9.4 无筋砌体受压构件的承载力计算

9.4.1 受压构件

9.4.1.1 短柱受压的承载力

1. 偏心距对承载力的影响

砌体结构受压构件承受轴心荷载时,截面中的应力均匀分布,构件承载力达到极限值 N_a 时,截面上应力值达到砌体的抗压强度 f(图 9-17(a));随着荷载偏心距的增大,其受力特性发生明显的变化。当偏心距较小时,由于砌体材料的弹塑性性能,构件截面上的应力分布呈曲线分布,但仍全截面受压,构件承载力达到极限值 N_b 时,截面近轴力侧边缘的压应力 σ_b 大于砌体的抗压强度 f(图 9-17(b));随着偏心距继续增大,截面远离轴力侧边缘的压应力将随偏心距的增大而减小,并由受压逐渐过渡到受拉,受压区边缘的压应力 σ_c 随着偏心距的增大有所提高,当构件承载力达极限值,轴向力达 N_c(图 9-17(c));当偏心距较大时,随着荷载的增大,受拉区边缘的应力将大于砌体沿通缝截面的弯曲抗拉强度,砌体受拉区将出现沿截面通缝的水平裂缝,受压区面积随裂缝的开展而减小,荷载对实际受压面积的偏心距也逐渐减小,且该受压部分的砌体具有局部受压性质,其承载力将有一定的提高,承载力达极限时,压区边缘压应力较大,轴向力达 N_d(图 9-17(d))。

比较图 9-17,偏心距 $e_{od} > e_{oc} > e_{ob}$,受压区边缘极限压应力 $\sigma_d > \sigma_c > \sigma_b > f$,最大轴向力 $N_a > N_b > N_c > N_d$。

可以看出,砌体结构偏心受压构件随着轴向力偏心距的增大,砌体受压部分的压应力分布愈加不均匀,由于压应力不均匀的加剧和受压面积的减小,截面所能承担的轴向力随偏心距的

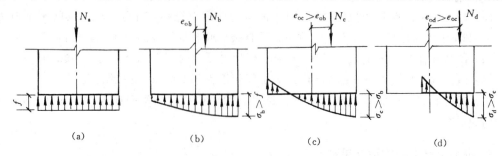

图 9-17　砌体受压时截面应力变化

加大而明显降低。因此,砌体截面破坏时的极限轴向力与偏心距的大小有关,《砌体结构设计规范》(GB 50003—2011)采用偏心影响系数 φ 来反映偏心距对截面承载力的影响。

2. 偏心影响系数 φ

根据我国大量试验资料统计分析的结果,《砌体结构设计规范》(GB 50003—2011)规定砌体(或称短柱)受压时偏心影响系数 φ 的计算公式如下:

$$\varphi = \frac{1}{1+\left(\dfrac{e}{i}\right)^2} \tag{9-9}$$

式中　i——截面的回转半径,$i=\sqrt{\dfrac{I}{A}}$;

　　　e——荷载设计值产生的轴向力偏心距,$e=M/N$,M,N 为荷载设计值产生的弯矩和轴向力。

对矩形截面砌体,则

$$\varphi = \frac{1}{1+12\left(\dfrac{e}{h}\right)^2} \tag{9-10}$$

式中,h 为矩形截面沿轴向力偏心方向的边长,当轴心受压时为截面较小边长。

对于 T 形或十字形截面的砌体,则

$$\varphi = \frac{1}{1+12\left(\dfrac{e}{h_{\mathrm{T}}}\right)^2} \tag{9-11}$$

式中,h_{T} 为 T 形或十字形截面的折算厚度,$h_{\mathrm{T}}=3.5i$,回转半径 $i=\sqrt{\dfrac{I}{A}}$。

9.4.1.2　长柱受压的承载力

1. 轴心受压长柱

轴心受压长柱由于荷载作用位置的偏差、截面材料的不均匀、施工误差等原因使构件存在着一定的附加偏心,因此在轴心压力作用下也会产生侧向变形导致发生纵向弯曲破坏。在承载力计算中要考虑轴心受压稳定系数 φ_0 的影响。φ_0 的计算公式为

$$\varphi_0 = \frac{1}{1+a\beta^2} \tag{9-12}$$

式中　β——构件高厚比,当 $\beta \leqslant 3$ 时,取 $\varphi_0 = 1.0$;

　　　a——与砂浆强度等级有关的系数:当砂浆强度等级 $f_2 \geqslant$ M5 时,$a=0.0015$;当砂浆强度等级 $f_2 =$ M2.5 时,$a=0.002$;当砂浆强度等级 $f_2=0$ 时,$a=0.009$。

2. 偏心受压柱

对于高厚比 $\beta > 3$ 的细长柱,因纵向弯曲而产生侧向变形,侧向变形又成为一个附加偏心距,从而使得实际的偏心距增大,加速了柱的破坏。设纵向弯曲后产生的附加偏心距 $e=e_i$,如图 9-18(b)所示,以新的偏心距 $(e+e_i)$ 代替式(9-9)中的偏心距 e,可得受压长柱考虑纵向弯曲

附加偏心距影响的系数为

$$\varphi = \frac{1}{1 + \left(\dfrac{e + e_i}{i}\right)^2} \qquad (9\text{-}13)$$

当轴心受压时图 9-18(a)，$e = 0$，则有 $\varphi = \varphi_0$，即

$$\varphi = \varphi_0 = \frac{1}{1 + \left(\dfrac{e_i}{i}\right)^2} \qquad (9\text{-}14)$$

于是可得

$$e_i = i\sqrt{\frac{1}{\varphi_0} - 1} \qquad (9\text{-}15)$$

对矩形截面，$i = h/\sqrt{12}$，代入式(9-15)有：

$$e_i = \frac{h}{\sqrt{12}}\sqrt{\frac{1}{\varphi_0} - 1} \qquad (9\text{-}16)$$

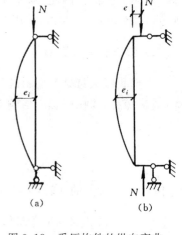

图 9-18　受压构件的纵向弯曲

把式(9-16)代入式(9-13)中，便可得出《砌体结构设计规范》(GB 50003—2011)中考虑纵向弯曲和轴向力的偏心距对矩形截面受压构件承载力的影响系数：

$$\varphi = \frac{1}{1 + 12\left[\dfrac{e}{h} + \sqrt{\dfrac{1}{12}\left(\dfrac{1}{\varphi_0} - 1\right)}\right]^2} \qquad (9\text{-}17)$$

式中，φ_0 为轴心受压柱的稳定系数，按式(9-12)计算。

用式(9-17)计算 φ 值比较繁琐，在应用时可以直接根据砂浆强度等级和不同的 e/h 或 e/h_T 查表 9-14—表 9-16，得到 φ 值。

表 9-14　　　　　　　　　　　　　　影响系数 φ(砂浆强度等级≥M5)

β	e/h 或 e/h_T												
	0	0.025	0.05	0.075	0.1	0.125	0.15	0.175	0.2	0.225	0.25	0.275	0.3
≤3	1	0.99	0.97	0.94	0.89	0.84	0.79	0.73	0.68	0.62	0.57	0.52	0.48
4	0.98	0.95	0.90	0.85	0.80	0.74	0.69	0.64	0.58	0.53	0.49	0.45	0.41
6	0.95	0.91	0.86	0.81	0.75	0.69	0.64	0.59	0.54	0.49	0.45	0.42	0.38
8	0.91	0.86	0.81	0.76	0.70	0.64	0.59	0.54	0.50	0.46	0.42	0.39	0.36
10	0.87	0.82	0.76	0.71	0.65	0.60	0.55	0.50	0.46	0.42	0.39	0.36	0.33
12	0.82	0.77	0.71	0.66	0.60	0.55	0.51	0.47	0.43	0.39	0.36	0.33	0.31
14	0.77	0.72	0.66	0.61	0.56	0.51	0.47	0.43	0.40	0.36	0.34	0.31	0.29
16	0.72	0.67	0.61	0.56	0.52	0.47	0.44	0.40	0.37	0.34	0.31	0.29	0.27
18	0.67	0.62	0.57	0.52	0.48	0.44	0.40	0.37	0.34	0.31	0.29	0.27	0.25
20	0.62	0.57	0.53	0.48	0.44	0.40	0.37	0.34	0.32	0.29	0.27	0.25	0.23
22	0.58	0.53	0.49	0.45	0.41	0.38	0.35	0.32	0.30	0.27	0.25	0.24	0.22
24	0.54	0.49	0.45	0.41	0.38	0.35	0.32	0.30	0.28	0.26	0.24	0.22	0.21
26	0.50	0.46	0.42	0.38	0.35	0.33	0.30	0.28	0.26	0.24	0.22	0.21	0.19
28	0.46	0.42	0.39	0.36	0.33	0.30	0.28	0.26	0.24	0.22	0.21	0.19	0.18
30	0.42	0.39	0.36	0.33	0.31	0.28	0.26	0.24	0.22	0.21	0.20	0.18	0.17

表 9-15

影响系数 φ(砂浆强度等级 M2.5)

β	e/h 或 e/h_T												
	0	0.025	0.05	0.075	0.1	0.125	0.15	0.175	0.2	0.225	0.25	0.275	0.3
≤3	1	0.99	0.97	0.94	0.89	0.84	0.79	0.73	0.68	0.62	0.57	0.52	0.48
4	0.97	0.94	0.89	0.84	0.78	0.73	0.67	0.62	0.57	0.52	0.48	0.44	0.40
6	0.93	0.89	0.84	0.78	0.73	0.67	0.62	0.57	0.52	0.48	0.44	0.40	0.37
8	0.89	0.84	0.78	0.72	0.67	0.62	0.57	0.52	0.48	0.44	0.40	0.37	0.34
10	0.83	0.78	0.72	0.67	0.61	0.56	0.52	0.47	0.43	0.40	0.37	0.34	0.31
12	0.78	0.42	0.67	0.61	0.56	0.52	0.47	0.43	0.40	0.37	0.34	0.31	0.29
14	0.72	0.66	0.61	0.56	0.51	0.47	0.43	0.40	0.36	0.34	0.31	0.29	0.27
16	0.66	0.61	0.56	0.51	0.47	0.43	0.40	0.36	0.34	0.31	0.29	0.26	0.25
18	0.61	0.56	0.51	0.47	0.43	0.40	0.36	0.33	0.31	0.29	0.26	0.24	0.23
20	0.56	0.51	0.47	0.43	0.39	0.36	0.33	0.31	0.28	0.26	0.24	0.23	0.21
22	0.51	0.47	0.43	0.39	0.36	0.33	0.31	0.28	0.26	0.24	0.23	0.21	0.20
24	0.46	0.43	0.39	0.36	0.33	0.31	0.28	0.26	0.24	0.23	0.21	0.20	0.18
26	0.42	0.39	0.36	0.33	0.31	0.28	0.26	0.24	0.22	0.21	0.20	0.18	0.17
28	0.39	0.36	0.33	0.30	0.28	0.26	0.24	0.22	0.21	0.20	0.18	0.17	0.16
30	0.36	0.33	0.30	0.28	0.26	0.24	0.22	0.21	0.20	0.18	0.17	0.16	0.15

表 9-16

影响系数 φ(砂浆强度等级 0)

β	e/h 或 e/h_T												
	0	0.025	0.05	0.075	0.1	0.125	0.15	0.175	0.2	0.225	0.25	0.275	0.3
≤3	1	0.99	0.97	0.94	0.89	0.87	0.79	0.73	0.68	0.62	0.57	0.52	0.48
4	0.87	0.82	0.77	0.71	0.66	0.60	0.55	0.51	0.46	0.43	0.39	0.36	0.33
6	0.76	0.70	0.65	0.59	0.54	0.50	0.46	0.42	0.39	0.36	0.33	0.30	0.28
8	0.63	0.58	0.54	0.49	0.45	0.41	0.38	0.35	0.32	0.30	0.28	0.25	0.24
10	0.53	0.48	0.44	0.41	0.37	0.34	0.32	0.29	0.27	0.25	0.23	0.22	0.20
12	0.44	0.40	0.37	0.34	0.31	0.29	0.27	0.25	0.23	0.21	0.20	0.19	0.17
14	0.36	0.33	0.31	0.28	0.26	0.24	0.23	0.21	0.20	0.18	0.17	0.16	0.15
16	0.30	0.28	0.26	0.24	0.22	0.21	0.19	0.18	0.17	0.16	0.15	0.14	0.13
18	0.26	0.24	0.22	0.21	0.19	0.18	0.17	0.16	0.15	0.14	0.13	0.12	0.12
20	0.22	0.20	0.19	0.18	0.17	0.16	0.15	0.14	0.13	0.12	0.12	0.11	0.10
22	0.19	0.18	0.16	0.15	0.14	0.14	0.13	0.12	0.12	0.11	0.10	0.10	0.09
24	0.16	0.15	0.14	0.13	0.13	0.12	0.11	0.11	0.10	0.10	0.09	0.09	0.08
26	0.14	0.13	0.13	0.12	0.11	0.11	0.10	0.10	0.09	0.09	0.08	0.08	0.07
28	0.12	0.12	0.11	0.11	0.10	0.10	0.09	0.09	0.08	0.08	0.08	0.07	0.07
30	0.11	0.10	0.10	0.09	0.09	0.09	0.08	0.08	0.07	0.07	0.07	0.07	0.06

3. 受压构件的承载力计算

根据以上分析,受压构件的承载力应按下式计算:

$$N \leqslant N_u = \varphi f A \tag{9-18}$$

式中 N——荷载设计值产生的轴向力;

φ——高厚比 β 和轴向力的偏心距 e 对受压构件承载力的影响系数,按式(9-17)计算或查表 9-13—表 9-15;

f——砌体抗压强度设计值,按表 9-5—表 9-9 规定采用;

A——截面面积,对各类砌体,均可按毛截面计算。

应用式(9-18)时,需注意下列问题:

(1) 确定 φ 应按偏心荷载所作用方向的截面尺寸或相应的回转半径采用。对矩形截面的构件,当轴向力偏心方向的边长大于另一方向的边长时,有可能出现 $\varphi_0 < \varphi$ 的情况,因此除按偏心受压计算外,还应对较小边长方向按轴心受压进行验算,计算公式 $N \leqslant \varphi_0 A f$,其中 φ_0 可在表 9-14—表 9-16 中偏心距为 0 的栏内查得,或按式(9-12)进行计算。

(2) 砌体的类型对构件的承载力有较大的影响。为了考虑不同种类砌体在受力性能上的差异,在确定影响系数 φ 时,应按砌体的类型先对构件的高厚比乘以不同的修正系数,见表9-17。

表 9-17 高厚比修正系数 γ_β

砌体材料类别	γ_β
烧结普通砖、烧结多孔砖	1.0
混凝土普通砖、混凝土多孔砖、混凝土及轻集料混凝土砌块	1.1
蒸压灰砂普通砖、蒸压粉煤灰普通砖、细料石	1.2
粗料石、毛石	1.5

(3) 轴向力偏心距 e 不宜太大。偏心距较大的受压构件在荷载较大时,砌体受拉边缘很容易产生较宽的水平裂缝,此时构件刚度降低,纵向弯曲的影响增大,构件的承载力显著降低,这样的结构既不够安全也不够经济。故《砌体结构设计规范》(GB 50003—2011)建议按荷载设计值计算的轴向力偏心距 e 不宜超过下列极限值,即 $e \leqslant 0.6y$,y 为截面重心至轴向力所在偏心方向截面边缘的距离。

【例题 9-3】 截面为 $370\text{mm} \times 490\text{mm}$ 砖柱,柱高 $H = 6\text{m}$,采用强度等级为 MU10 的烧结普通砖及 M5 的混合砂浆砌筑,柱的计算长度 $H_0 = 6\text{m}$,两端为不动铰支点,柱顶承受轴心压力设计值 $P = 140\text{kN}$,试验算柱底截面承载力。

【解】 查表 9-6,MU10 烧结普通砖及 M5 混合砂浆的砖砌体抗压设计强度 $f = 1.50\text{N/mm}^2$。

由 $\beta = \dfrac{H_0}{h} = \dfrac{6\,000}{370} = 16.2$,查表 9-14 得 $\varphi = 0.725$。

因为 $A = 0.49 \times 0.37 = 0.181\text{m}^2 < 0.3\text{m}^2$,砌体强度设计值应乘以调整系数:

$$\gamma_a = 0.7 + A = 0.7 + 0.181\,3 = 0.881\,3$$

按受压构件公式 $N \leqslant \varphi A F$ 计算:

$$N_u = \varphi A \gamma_a f = 0.725 \times 0.181\,3 \times 10^6 \times 0.881\,3 \times 1.50 \times 10^{-3} = 173.7\text{kN}$$

柱底截面轴向压力为

$$N = 1.2N_G + P = 1.2 \times (0.49 \times 0.37 \times 6 \times 19) + 140 = 164.8\text{kN} < N_u = 173.7\text{kN}$$

满足要求。

【例题 9-4】 试验算单层单跨无吊车工业房屋窗间墙截面的承载力,窗间墙截面如图 9-19 所示,计算高度 $H_0 = 6.5\text{m}$,墙用 MU10 砖、M2.5 混合砂浆砌筑,承受轴向力设计值 $N = 200\text{kN}$,弯矩 $M = 24\text{kN} \cdot \text{m}$,荷载偏向翼缘。

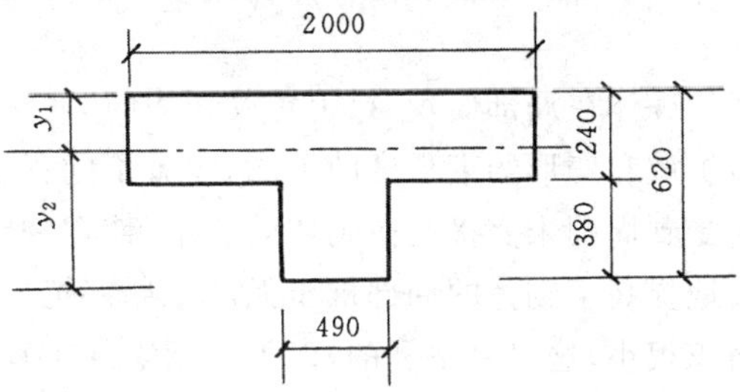

【解】 (1)截面几何特征

面积 $A = 2\,000 \times 240 + 490 \times 380 = 666\,200\text{mm}^2$,查表 9-6,得 $f = 1.30\text{N/mm}^2$。

图 9-19 窗间墙截面图

截面重心位置:

$$y_1 = \frac{2\,000 \times 240 \times 120 + 490 \times 380 \times (240 + 190)}{666\,200} = 207\text{mm}$$

$$y_2 = 620 - 207 = 413\text{mm}$$

惯性矩:

$$I = \frac{2\,000 \times 240^3}{12} + 2\,000 \times 240 \times (207-120)^2 + \frac{490 \times 380^3}{12} + 490 \times 380 \times (413-190)^2$$

$$= 1.744 \times 10^{10}\text{mm}$$

回转半径 $\quad i = \sqrt{\dfrac{I}{A}} = \sqrt{\dfrac{1.744 \times 10^{10}}{666\,200}} = 162\text{mm}$

截面折算厚度 $\quad h_T = 3.5i = 3.5 \times 162 = 567\text{mm}$

(2)承载力计算

$$e = \frac{M}{N} = \frac{24\,000}{200} = 120\text{mm}$$

$$\frac{e}{h_T} = \frac{120}{567} = 0.212$$

$$\beta = \frac{H_0}{h_T} = \frac{6\,500}{567} = 11.5$$

查表 9-15,得 $\varphi = 0.416$。

$$\frac{e}{y_1} = \frac{120}{207} = 0.58 < 0.6$$

$$\varphi A f = 0.416 \times 0.666\,2 \times 10^6 \times 1.30 \times 10^{-3} = 360.3\text{kN} > N = 200\text{kN}$$

安全。

9.4.2 局部受压

砌体结构中常见的一种受力状态是局部受压,其特点是轴向力仅作用于砌体的部分截面上。例如,承受上部柱或墙体传来压力的基础顶面,支承梁或屋架的墙柱,楼(屋)盖大梁或屋架支承处的砌体,都可能在局部范围内承受较大的荷载,这种受力状态称为砌体的局部受压状态。

砌体在局部面积 A_l 上承受压力时,其局部受压承载力随着 A_l 之下周围砌体所提供的应力扩散和变形约束程度的不同,而有不同程度的提高。这是因为直接承压面下砌体的横向变形受到周围未直接受荷砌体的约束,使在一定高度范围内的砌体处于三向或双向受压状态,大大地提高了砌体的局部抗压强度。局部抗压强度的提高,对砌体结构是有利的,但因局部受压面积很小,这又是不利的,以下介绍实际工程中可能出现的四种局部受压的情况。

9.4.2.1 局部均匀受压

局部均匀受压是指屋架或屋面大梁通过专用的支座或垫板把支座反力均匀传递至砌体结构的柱顶(墙顶)的局部范围,或轴心受压柱对基础顶面局部范围砌体的均匀压力等。

1. 砌体局部抗压强度提高系数

试验表明,局部受压强度主要取决于砌体原有的抗压强度 f 与周围砌体对局部受压的约束程度。当砌体材料相同,四周约束情况不同时,局部抗压强度的提高也有所不同。图 9-20 (a),(b),(c),(d)依次表示了局部受压砌体受四面、三面、二面和单面约束的情况。一般地,局部抗压强度随着影响砌体局部抗压强度的计算面积 A_0 与局部受压面积 A_l 比值的增大而提高。

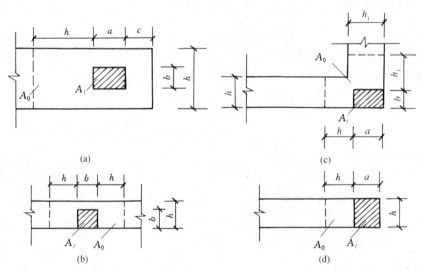

图 9-20 影响局部抗压强度的计算面积 A_0

砌体的抗压强度为 f,砌体的局部抗压强度可取为 γf,γ 为砌体局部抗压提高系数,$\gamma \geqslant 1.0$。为简化计算,不论图 9-20 中的何种受压情况以及在局部受压面积 A_l 内是否均匀受压,γ 均可按下式计算。

$$\gamma = 1 + 0.35 \sqrt{\frac{A_0}{A_l} - 1} \qquad (9\text{-}19)$$

式(9-19)中的第一项可认为是局部受压面积范围内砌体自身的抗压强度,第二项可视为非局部受压周围面积$(A_0 - A_l)$所提供的因应力扩散与约束的综合影响而增加的抗压强度。为避免因A_0/A_l较大时可能在砌体内产生纵向裂缝的劈裂破坏,按式(9-19)算出的γ值应作如下限制:

(1) 在图 9-20(a)的情况下,$\gamma \leqslant 2.5$。

(2) 在图 9-20(b)的情况下,$\gamma \leqslant 2.0$。

(3) 在图 9-20(c)的情况下,$\gamma \leqslant 1.5$。

(4) 在图 9-20(d)的情况下,$\gamma \leqslant 1.25$。

(5) 按本章9.3.3节对砌块砌体构造要求灌孔的混凝土砌块砌体,在(1)、(2)款的情况下,尚应符合$\gamma \leqslant 1.5$;未灌孔的混凝土砌块砌体,$\gamma = 1.0$。

(6) 对多孔砖砌体孔洞难以灌实时,应按$\gamma = 1.0$取用;当设置混凝土垫块时,按垫块下的砌体局部受压计算。

影响砌体局部抗压强度的计算面积A_0可按下列规定采用:

(1) 在图 9-20(a)的情况下,$A_0 = (a + c + h)h$;

(2) 在图 9-20(b)的情况下,$A_0 = (b + 2h)h$;

(3) 在图 9-20(c)的情况下,$A_0 = (a + h)h + (b + h_1 - h)h_1$;

(4) 在图 9-20(d)的情况下,$A_0 = (a + h)h$。

式中 a, b——矩形局部受压面积A_l的边长;

$\quad\quad h, h_1$——墙厚或柱的较小边长,墙厚;

$\quad\quad c$——矩形局部受压面积的外边缘至构件边缘的较小距离,当大于h时,应取为h。

2. 砌体截面中受局部均匀压力时的承载力计算

砌体截面中受局部均匀压力时,承载力按下式计算:

$$N_l \leqslant \gamma f A_l \qquad (9\text{-}20)$$

式中 N_l——局部受压面积上轴向力设计值;

$\quad\quad \gamma$——砌体局部抗压强度提高系数,按式(9-19)计算;

$\quad\quad f$——砌体抗压强度设计值局部受压面积$< 0.3\text{m}^2$,可不考虑强度调整系数γ_a的影响;

$\quad\quad A_l$——局部受压面积,$A_l = a \times b$。

9.4.2.2 梁端支承处砌体的局部受压

1. 梁端有效支承长度

在砌体结构房屋中,钢筋混凝土梁支承面受到梁端的局部压力。由于梁受力后产生翘曲,梁端产生转角,支座内边缘处砌体的压缩变形最大,愈靠近梁端,压缩变形逐渐减小。因此,在梁端支承处砌体的压缩变形及压应力的分布是不均匀的,属于非均匀局部受压状态(图9-21)。当梁的支承长度a较大或梁端转角较大时,可能出现梁端部分面积与砌体脱开,有效支承长度a_0小于实际支承长度a,有效支承长度a_0的计算公式为

$$a_0 = 10\sqrt{\frac{h_c}{f}} \qquad\qquad (9\text{-}21)$$

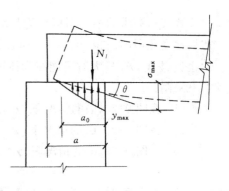

式中 h_c——梁的截面高度(mm)。

f——砌体的抗压强度设计值(N/mm²)。

当 $a_0 > 0$ 时,应取 $a_0 = a$,a 为梁端实际支承长度。

2. 上部荷载对局部抗压的影响

当梁支承于墙、柱顶上时,梁端属于无约束支承情况,砌体支承面上只承受梁端传来的局部压力,如图9-21所示。

图 9-21 梁端变形

当梁端支承在墙柱高度中某一部位时,梁端属于有约束支承情况,支承面上除由梁端传来的支承压力 N_l

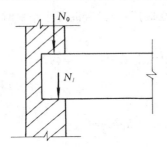

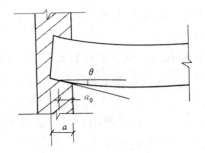

图 9-22 梁端有约束支承

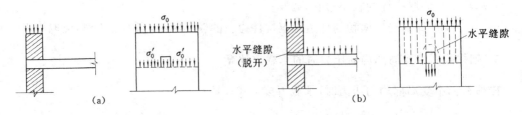

图 9-23 上部荷载对局部抗压强度的影响

外,还有上部荷载产生的轴向力 N_0,如图9-22所示。如果梁端上未作用有荷载 N_l 时,梁端上部墙内的均匀压应力 σ_0 通过梁端传至梁端底面接触的砌体承压面上(图9-23(a))。当梁上作用的荷载 N_l 逐渐加大后,梁端底部砌体的压缩变形也逐渐增加,此时如果上部荷载产生的平均压应力 σ_0 较小,梁端顶部与砌体的接触面将减小,甚至与砌体脱开(图9-23(b)),出现水平裂缝,砌体形成内拱来传递上部荷载,引起内力重分布。这种由砌体"内拱卸荷"所引起的内力重分布,将会增大对梁端下局部受压砌体的横向约束作用,对砌体的局部受压是有利的。随着 A_0/A_l 的逐渐减小,这种由"内拱卸荷"引起的有利作用随之减弱;随着 σ_0 的增加,上部砌体的压缩变形增大,梁端顶部与砌体的接触面也更为紧密,"内拱卸荷"的有利作用也会随之变小。为偏于安全,《砌体结构设计规范》(GB 50003—2011)规定,当 $A_0/A_l \geqslant 3$ 时不考虑上部荷载的影响。

3. 梁端支承处砌体局部受压承载力计算

考虑到"内拱卸荷"对梁端下砌体局部受压的有利作用,对梁端上部墙体传至局部受压面上的平均压应力 σ_0 进行折减后,得出墙体传至局部承压面上的平均计算应力为 $\psi\sigma_0$,因此所考虑作用在局部承压面积上的轴向压力应为 $\psi N_0 = \psi\sigma_0 A_l$。由此可得梁端支承处砌体的局部受压承载力计算公式为

$$\psi\sigma_0 A_l + N_l \leqslant \eta\gamma A_l f \tag{9-22}$$

即

$$\psi N_0 + N_l \leqslant \eta\gamma A_l f \tag{9-23}$$

式中　ψ——上部荷载的折减系数,$\psi = 1.5 - 0.5 A_0/A_l$,当 $A_0/A_l \geqslant 3$ 时,$\psi = 0$;

　　　N_0——局部受压面积内上部轴向力设计值,$N_0 = \sigma_0 A_l$,σ_0 为上部平均压应力设计值;

　　　N_l——梁端支承压力设计值;

　　　η——梁端底面压应力图形的完整系数,一般可取 0.7,对于过梁和墙梁,可取 1.0;

　　　A_l——局部受压面积,$A_l = a_0 b$,b 为梁宽,a_0 为梁端有效支承长度。

9.4.2.3　梁端下设有垫块时,垫块下砌体的局部受压承载力计算

当梁端支承处砌体的局部受压承载力不能满足式(9-23)的要求时,通常采用在梁的支承下设置预制刚性垫块(图9-24),有时还将垫块与梁端现浇成整体,使局部受压面积增大,以解决局部受压承载力不足的问题。对这两种方法,计算方法相同。

1. 设置刚性垫块

刚性垫块是指垫块高度 $t_b \geqslant 180\text{mm}$,且垫块自梁边挑出的长度不大于垫块高度。刚性垫块不但可以增大局部受压面积,还能使梁端压力较均匀地传到砌体承压截面上。试验表明,垫块底面积以外的砌体局部受压接近于偏心受压,可借助于砌体偏心受压承载力计算公式进行计算。

因此,梁端设有预制或现浇刚性垫块的砌体局部受压承载力可按下式计算:

$$N_0 + N_l \leqslant \varphi\gamma_1 A_b f \tag{9-24}$$

$$N_0 = \sigma_0 A_b \tag{9-25}$$

式中　N_0——垫块面积 A_b 内上部轴向力设计值;

　　　φ——垫块上 N_0 及 N_l 合力的影响系数,采用表9-14—表9-16或式(9-18)确定(均取 $\beta \leqslant 3$);

　　　γ_1——垫块外砌体面积的有利影响系数,$\gamma_1 = 0.8\gamma$,但不小于 1.0,γ 按式(9-20)计算,并以面积 A_b 代替公式中的 A_l;

　　　A_b——垫块面积,$A_b = a_b b_b$,a_b 为垫块伸入墙内的长度,b_b 为垫块的宽度。

在带壁柱墙的壁柱内设刚性垫块时(图9-24),其计算面积应取壁柱范围内的面积,不应计算翼缘部分,同时壁柱上垫块伸入翼缘墙内的长度不应小于 120mm。

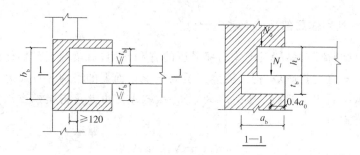

图 9-24　壁柱上设有垫块时梁端局部受压

2. 梁端设有刚性垫块时,梁端有效支承长度 a_0

a_0 按下式确定:

$$a_0 = \delta_1 \sqrt{\frac{h_c}{f}} \tag{9-26}$$

式中,δ_1 为刚性垫块的影响系数,按表 9-18 采用。

垫块上的 N_l 合力点位置可取在 $0.4a_0$ 处。

表 9-18　　　　　　　　　　　　　　　　系数 δ_1 值

σ_0/f	0	0.2	0.4	0.6	0.8
δ_1	5.4	5.7	6.0	6.9	7.8

注:表中其间的数值可采用插入法求得。

9.4.2.4　梁端下设有垫梁时,垫梁下砌体的局部受压承载力计算

当梁支承处的砌体上设有长度较大的垫梁,如钢筋混凝土圈梁或与梁同时浇灌相互连接的圈梁等,在梁端集中荷载作用下,垫梁沿自身轴线方向发生不均匀变形,把集中荷载传至一定范围的砌体上去。根据弹性力学的分析并进行简化,取压应力分布为三角形,假定分布宽度为 πh_0(图 9-25)。故当垫梁的长度大于 πh_0 时,垫梁下砌体的局部受压承载力按下式计算:

$$N_0 + N_l \leqslant 2.4\delta_2 f b_b h_0 \tag{9-27}$$

式中　N_0——垫梁上部轴向力设计值,$N_0 = \pi b_b h_0 \sigma_0/2$,其中,$\sigma_0$ 为上部平均压应力设计值;

　　　　b_b——垫梁在墙厚度方向的宽度;

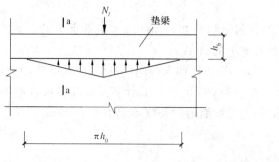

图 9-25　垫梁局部受压

δ_2——垫梁底面压应力分布系数,当荷载沿墙厚方向均匀分布时可取 1.0,不均匀分布时可取 0.8;

h_0——垫梁折算高度,$h_0=2\sqrt[3]{\dfrac{E_c I_c}{Eh}}$,其中,$E_c$,$I_c$ 分别为垫梁的混凝土弹性模量和截面惯性矩,E 为砌体的弹性模量,h 为墙厚。

【例题 9-5】 验算如图 9-26 所示梁端下砌体局部受压强度。窗间墙截面尺寸为 $1\,200\text{mm}\times370\text{mm}$,采用 MU10 砖、M5 混合砂浆砌筑。梁的截面尺寸为 $200\text{mm}\times550\text{mm}$,梁端实际支承长度 $a=240\text{mm}$,荷载设计值产生的梁端支反力 $N_l=90\text{kN}$,梁底截面处的上部设计荷载为 200kN。

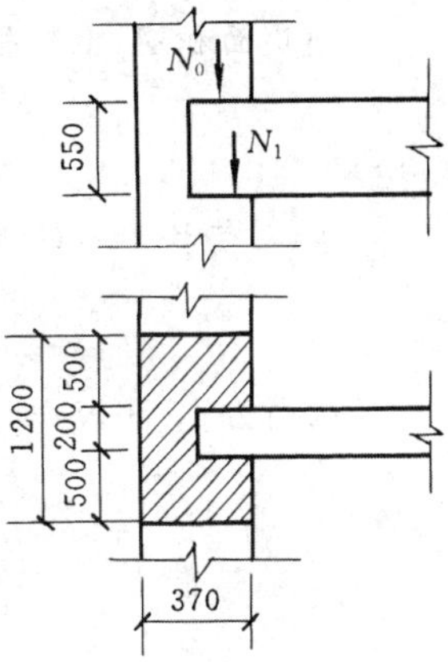

【解】 由表 9-6 查得 $f=1.50\text{N/mm}^2$,梁端有效支承长度为

$$a_0=10\sqrt{\frac{h_c}{f}}=10\times\sqrt{\frac{550}{1.50}}=191.5\text{mm}$$

$$A_l=a_0 b=191.5\times200=38\,300\text{mm}^2$$

$$A_0=(200+2\times370)\times370=347\,800\text{mm}^2$$

$$\frac{A_0}{A_l}=\frac{347\,800}{38\,300}=9.1>3,\text{取 }\psi=0$$

图 9-26 [例题 9-5]图

$$\gamma=1+0.35\sqrt{\frac{A_0}{A_l}-1}=1+0.35\times\sqrt{9.1-1}=1.99<2.0$$

$$\eta\gamma A_l f=0.7\times1.99\times0.0383\times1.50\times10^3=80\text{kN}<\psi N_0+N_l=90\text{kN}$$

不满足要求。

【例题 9-6】 如上题,试在梁端设置垫块并进行大梁端部下砌体局部受压承载力计算。

【解】 如图 9-27 所示,在梁下预制钢筋混凝土垫块,垫块高度取 $t_b=180\text{mm}$,平面尺寸 $a_b\times b_b$ 取 $500\text{mm}\times240\text{mm}$,则垫块自梁边两侧各挑出 $150\text{mm}<t_b=180\text{mm}$,符合刚性垫块的要求。

已查得 $f=1.50\text{N/mm}^2$,垫块面积 $A_b=a_b\times b_b=500\times240=120\,000\text{mm}^2$。

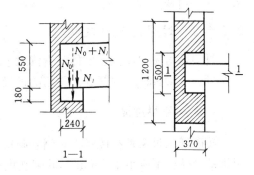

1—1

图 9-27 [例题 9-6]图

垫块外砌体面积的有利影响:

$$b+2h=500+2\times370$$
$$=1\,240\text{mm}>1\,200\text{mm}(窗间墙宽度)$$

取 $b+2h=1\,200\text{mm}$。

影响砌体局部抗压强度的计算面积:

$$A_0=1\,200\times370=444\,000\text{mm}^2$$

砌体的局部抗压强度提高系数:

$$\gamma=1+0.35\sqrt{\frac{A_0}{A_b}-1}=1+0.35\times\sqrt{\frac{444\,000}{120\,000}-1}=1.58<2$$

$$\gamma_1=0.8\gamma=0.8\times1.58=1.26$$

$$\sigma_0 = \frac{200 \times 10^3}{370 \times 1\,200} = 0.45$$

$$\frac{\sigma_0}{f} = \frac{0.45}{1.50} = 0.3$$

查表 9-18 得 $\delta_1 = 5.85$，则 $a_0 = \delta_1 \sqrt{\dfrac{h}{f}} = 5.85 \sqrt{\dfrac{550}{1.5}} = 112mm$。

垫块面积 A_b 上部轴向力设计值为

$$N_0 = 0.45 \times 120\,000 = 54\,000N = 54kN$$

$$N_l = 90kN$$

N_l 对垫块形心的偏心距为

$$\frac{240}{2} - 0.4 \times 112 = 75.2mm$$

轴向力 $N_0 + N_l$ 对垫块形心的偏心距为

$$e = \frac{N_l \times 75.2}{N_0 + N_l} = \frac{90 \times 75.2}{144} = 47mm$$

$$\frac{e}{b_b} = \frac{47}{240} = 0.196$$

查表 9-14 得 $\varphi = 0.68$，则

$$\varphi \gamma_1 A_b f = 0.68 \times 1.26 \times 120\,000 \times 1.50 = 154\,224N = 154.2kN > N_0 + N_l = 144kN$$

安全。

9.5 过梁与圈梁

9.5.1 过梁

9.5.1.1 过梁的类型及构造

过梁是房屋中设置在墙体门窗洞口上的构件,用来承受门窗洞口顶面以上砌体自重和上层楼(屋)盖梁板传来的荷载。常用的过梁有以下四种类型。

1. 砖砌平拱过梁

砖砌平拱过梁是将砖竖立和侧立砌筑而成的过梁(图 9-28(a))。净跨不宜超过 1.2m,砖竖砌部分高度不应小于 240mm,砂浆强度等级不应低于 M5、Mb5、Ms5。此类过梁适用于无振动、地基土质好、无抗震设防要求的一般建筑。

2. 钢筋砖过梁

钢筋砖过梁砌筑的方法与墙体相同,仅在过梁的底部水平灰缝内配置受力钢筋而成(图 9-28(b))。其净跨不宜超过 1.5m,过梁底面砂浆层的厚度不应小于 30mm,砂浆内放置的纵向受力钢筋,其直径不应小于 5mm,也不宜大于 8mm,间距不宜大于 120mm。钢筋伸入支座内的长度不宜小于 240mm,并应在末端弯钩。砂浆强度不应低于 M5(Mb5,Ms5)。

3. 钢筋混凝土过梁

钢筋混凝土过梁其端部的支承长度不宜小于 240mm。当墙厚不小于 370mm 时,钢筋混

凝土过梁宜做成 L 形(图 9-28(c))。

9.5.1.2 过梁承受的荷载

作用在过梁上的荷载有砌体自重和过梁计算高度内的梁板荷载。

1. 梁板荷载

当梁、板下的墙体高度 $h_w < l_n$(l_n 为过梁净跨)时,应计入梁、板的传来的荷载;如 $h_w \geqslant l_n$,则可不计梁、板的荷载作用。

2. 墙体荷载

对砖砌墙体,当过梁上的墙体高度 $h_w < l_n/3$ 时,应按全部墙体的自重作为均布荷载考虑;当过梁上的墙体高度 $h_w \geqslant l_n/3$ 时,应按高度为 $l_n/3$ 的墙体自重作为均布荷载考虑。

对混凝土砌块砌体,当过梁上的墙体高度 $h_w < l_n/2$ 时,应按全部墙体的自重作为均布荷载考虑;当过梁上的墙体高度 $h_w \geqslant l_n/2$ 时,应按高度为 $l_n/2$ 的墙体自重作为均布荷载考虑。

将以上两部分荷载叠加就可得出过梁上的全部荷载。

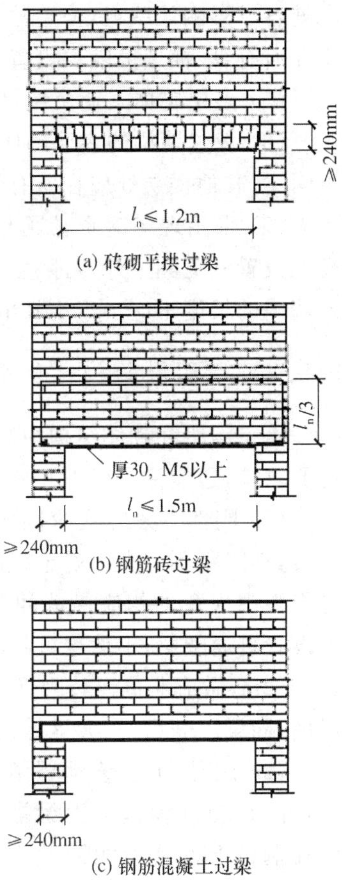

(a) 砖砌平拱过梁

(b) 钢筋砖过梁

(c) 钢筋混凝土过梁

图 9-28 过梁的类型

9.5.2 圈梁

混合结构房屋中,沿建筑物外墙四周及纵横内墙设置的连续封闭梁,称为圈梁。±0.00m 以下基础中设置的圈梁称为地圈梁;位于顶层屋面板下的圈梁,称为檐口圈梁。

9.5.2.1 圈梁的作用

减小墙体的计算高度,提高墙体稳定性;加强墙体间与梁板间的连接,从而增强房屋的整体性和刚度;当地基不均匀沉降使墙体产生拉应力时,设置圈梁可以抵抗拉应力,抑制墙体裂缝的开展;当有动力设备时,设置圈梁可以分散作用于墙体局部面积上的振动作用,缓解对房屋产生的不利影响。

9.5.2.2 圈梁的设置

一般情况下,砌体结构房屋可按下列规定设置圈梁:

(1) 车间、仓库、食堂等空旷的单层砖砌体房屋,檐口标高为 5～8m 时,应在檐口标高处设置圈梁一道;檐口标高大于 8m 时,宜增加设置数量。

(2) 砌块及料石砌体房屋,檐口标高为 4～5m 时,应在檐口标高处设置圈梁一道,檐口标高大于 5m 时,应增加设置数量。

(3) 对有吊车或较大振动设备的单层工业房屋,当未采取有效的隔振措施时,除在檐口或窗顶标高处设置现浇钢筋混凝土圈梁外,尚应增加设置数量。

(4) 对多层砌体结构民用房屋如住宅、办公楼等,且层数为 3～4 层时,应在底层和檐口标高处各设置圈梁一道,当层数超过 4 层时,除应在底层和檐口标高处各设置一道圈梁外,至少应在所有纵、横墙上隔层设置。

（5）多层砌体工业房屋,应每层设置现浇钢筋混凝土圈梁。

（6）设置墙梁的多层砌体结构房屋应在托梁、墙梁顶面和檐口标高处设置现浇钢筋混凝土圈梁,其他楼层处应在所有纵横墙上隔层设置。

（7）采用现浇钢筋混凝土楼（屋）盖的多层砌体结构房屋,当层数超过 5 层时,除在檐口标高处设置一道圈梁外,可隔层设置圈梁,并应与楼（屋）面板一起现浇。未设置圈梁的楼面板嵌入墙内的长度不应小于 120mm,并沿墙长配置不少于 2 φ 10 的纵向钢筋。

9.5.2.3 圈梁的构造要求

由于圈梁在砌体结构中受力复杂,目前尚无法计算,一般按构造措施加以保证。除符合上述要求外,还应注意以下几项:

（1）刚性方案房屋,圈梁应与横墙加以连接,其间距不宜大于确定房屋的静力计算方案表中规定的相应横墙间距。宜在横墙上设置贯通圈梁,不然也可将圈梁伸入横墙 1.5～2m,做成非贯通。刚弹性和弹性方案房屋,圈梁应与屋架、大梁等构件可靠拉结。

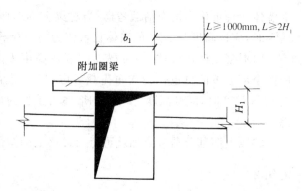

图 9-29　附加圈梁

（2）圈梁宜连续地设在同一水平面上,并形成封闭状,当圈梁被门窗截断时,应在洞口上部增设相同截面的附加圈梁。附加圈梁与圈梁的搭接长度不应小于其中到中垂直间距的两倍,且不得小于 1m（图 9-29）。

（3）在房屋转角或纵、横墙交接处应配钢筋加强（图 9-30）。

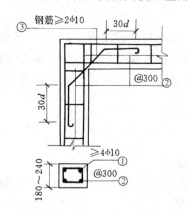
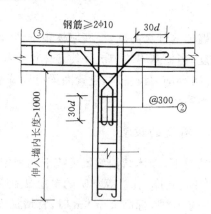

图 9-30　圈梁在转角处的连接构造

（4）圈梁兼作过梁时,过梁部分的钢筋应按计算面积另行增配。

以上圈梁布置、构造要求为非抗震设计,当房屋的设防烈度为 6 度及以上时,则应按房屋抗震构造措施进行设计。

9.6 防止或减轻墙体开裂的主要措施

（1）为了防止或减轻房屋在正常使用条件下，由温差和砌体干缩引起的墙体竖向裂缝，应在墙体中设置伸缩缝。伸缩缝应设在因温度和收缩变形可能引起应力集中、砌体产生裂缝可能性最大的地方。伸缩缝的间距可按表 9-19 采用。

表 9-19 砌体房屋伸缩缝的最大间距

屋盖或楼盖类别		间距/m
整体式或装配整体式钢筋混凝土结构	有保温层或隔热层的屋盖、楼盖	50
	无保温层或隔热层的屋盖	40
装配式无檩体系钢筋混凝土结构	有保温层或隔热层的屋盖、楼盖	60
	无保温层或隔热层的屋盖	50
装配式有檩体系钢筋混凝土结构	有保温层或隔热层的屋盖	75
	无保温层或隔热层的屋盖	60
瓦材屋盖、木屋盖或楼盖、轻钢屋盖		100

注：① 对烧结普通砖、烧结多孔砖、配筋砌块砌体房屋取表中数值；对石砌体、蒸压灰普通砂砖、蒸压粉煤灰普通砖、混凝土砌块、混凝土普通砖和混凝土多孔砖房屋，取表中数值乘以 0.8 的系数，当墙体有可靠外保温措施时，其间距可取表中数值；

② 在钢筋混凝土屋面上挂瓦的屋盖应按钢筋混凝土屋盖采用；

③ 层高大于 5m 的烧结普通砖、烧结多孔砖、配筋砌块砌体结构单层房屋，其伸缩缝间距可按表中数值乘以 1.3；

④ 温差较大且变化频繁地区和严寒地区不采暖的房屋及构筑物墙体的伸缩缝的最大间距，应按表中数值予以适当减小；

⑤ 墙体的伸缩缝应与结构的其他变形缝相重合，缝宽度应满足各种变形缝的变形要求；在进行立面处理时，必须保证缝隙的变形作用。

（2）为了防止或减轻房屋顶层墙体的裂缝，可根据情况采取下列措施：

① 屋面应设置保温、隔热层；

② 屋面保温（隔热）层或屋面刚性面层及砂浆找平层应设置分隔缝，分隔缝间距不宜大于 6m，其缝宽不小于 30mm，并与女儿墙隔开；

③ 采用装配式有檩体系钢筋混凝土屋盖和瓦材屋盖；

④ 顶层屋面板下设置现浇钢筋混凝土圈梁，并沿内外墙拉通，房屋两端圈梁下的墙体内宜适当设置水平钢筋；

⑤ 顶层墙体有门窗等洞口时，在过梁上的水平灰缝内设置 2～3 道焊接钢筋网片或 2φ6 钢筋，并应伸入洞口两端墙内不小于 600mm；

⑥ 顶层及女儿墙砂浆强度等级不低于 M7.5（Mb7.5,Ms7.5）；

⑦ 女儿墙应设置构造柱，构造柱间距不宜大于 4m，构造柱应伸至女儿墙顶并与现浇钢筋混凝土压顶整浇在一起；

（3）为了防止或减轻房屋底层墙体的裂缝，可根据情况采取下列措施：

① 增大基础圈梁的刚度。

② 在底层的窗台下墙体灰缝内设置 3 道焊接钢筋网片或 2φ6 钢筋，并应伸入两边窗间墙内不小于 600mm。

（4）为防止或减轻混凝土砌块房屋两端和底层第一、第二开间门窗洞处的裂缝,可采取下列措施:

① 在混凝土砌块房屋门窗洞口两侧不少于一个孔洞中设置直径不小于 12mm 的竖向钢筋,竖向钢筋应在楼层圈梁或基础内锚固,并采用不低于 Cb20 混凝土灌实;

② 在门窗洞口两边的墙体的水平灰缝中,设置长度不小于 900mm、竖向间距为 400mm 的 2φ4 焊接钢筋网片;

③ 在顶层和底层设置通长钢筋混凝土窗台梁,窗台梁的高度宜为块材高度的模数,纵筋不少于 4φ10、箍筋不小于 φ6@200,混凝土强度等级≥C20。

（5）在每层门、窗过梁上方的水平灰缝内及窗台下第一和第二水平灰缝内,宜设置焊接钢筋网片或 2φ6 钢筋,焊接钢筋网片或钢筋应伸入两边窗间墙内不小于 600mm。当墙长大于 5m 时,宜在每层墙高度中部设置 2~3 道焊接钢筋网片或 3φ6 的通长水平钢筋,竖向间距为 500mm。

（6）当房屋刚度较大时,可在窗台下或窗台角处墙体内、在墙体高度或厚度突然变化处设置竖向控制缝。竖向控制缝宽度不宜小于 25mm,缝内填以压缩性能好的填充材料,且外部用密封材料密封,并采用不吸水的、闭孔发泡聚乙烯实心圆棒(背衬)作为密封膏的隔离物,见图 9-31。夹心复合墙的外叶墙宜在建筑墙体适当部位设置控制缝,其间距一般为 6~8m。

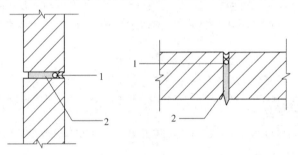

1—不吸水、闭孔发泡聚乙烯实心圆棒;2—柔软、可压缩的填充物

图 9-31　控制缝构造

思考题

1. 砖砌体中砖和砂浆的强度等级是如何确定的?

2. 影响砌体抗压强度的因素有哪些?

3. 砖砌体结构对砖和砂浆有哪些基本要求?

4. 砖砌体的抗压强度为什么低于所用砖的抗压强度?

5. 砌体受压时,随着偏心距的变化,截面应力状态如何变化?

6. 砌体局部抗压强度提高的原因是什么?

7. 在局部受压计算中,梁端有效支承长度 a_0 与哪些因素有关?

8. 怎样确定影响局部抗压强度的计算面积 A_0?

9. 砌体结构的房屋结构布置方案有哪几种? 各有什么特点?

10. 砌体结构房屋的静力计算方案有哪几种? 这些静力计算方案主要是根据什么划分的?

11. 墙、柱的计算高度怎样确定? 试述墙、柱的高厚比的验算方法。

12. 常用砌体过梁的种类有哪些? 其适用范围是什么?

13. 过梁上的荷载如何确定?

14. 圈梁的构造要求有哪些?

习　题

一、单项选择题

1. 关于砖砌体的抗压强度与砖和砂浆抗压强度的关系,下列正确的是(　　)。

    A. 砌体的抗压强度将随块体和砂浆强度等级的提高而提高

    B. 砌体的抗压强度与砂浆的强度及块体的强度成正比例关系

    C. 砌体的抗压强度小于砂浆和块体的抗压强度

    D. 砌体的抗压强度比砂浆的强度大,而比块体的强度小

2. 下面关于砌体抗压强度的说法,正确的是(　　)。

    A. 砌体的抗压强度随砂浆和块体强度等级的提高按一定比例增加

    B. 块体的外形越规则越平整,砌体的抗压强度越高

    C. 砌体中灰缝越厚,砌体的抗压强度越高

    D. 砂浆的变形性能越大越容易砌筑,砌体的抗压强度越高

3. 《砌体结构规范》对砌体结构为刚性方案、刚弹性方案或弹性方案的判别因素是(　　)。

    A. 砌体的材料和强度

    B. 砌体的高厚比

    C. 屋盖、楼盖的类别与横墙的刚度及间距

    D. 屋盖、楼盖的类别与横墙的间距,与横墙本身条件无关

4. 影响砌体结构房屋空间工作性能的主要因素是(　　)。

    A. 砌体所用块材和砂浆的强度等级

    B. 外纵墙的高厚比和门窗开洞数量

    C. 屋盖、楼盖的类别及横墙的间距

    D. 圈梁和构造柱的设置是否符合要求

5. 对于室内需要较大空间的房屋,一般应选择(　　)结构体系。

    A. 横墙承重体系　　　B. 纵墙承重体系　　　C. 纵横墙承重体系　　　D. 内框架承重体系

6. 承重独立砖柱截面尺寸不应小于(　　)。

    A. 240mm×240mm　　　B. 240mm×370mm　　　C. 370mm×370mm　　　D. 370mm×490mm

7. 下列(　　)是砌体局部受压强度提高的原因。

    A. 非局部受压面积提供的套箍作用和应力扩散作用

    B. 受压面积小

    C. 砌体起拱作用而卸载

    D. 受压面上应力均匀

8. 圈梁必须是封闭的,当砌体房屋的圈梁被门窗洞口截断时,应在洞口上部增设相同截面的附加圈梁,附加圈梁的搭接长度不应小于其垂直距离的(　　)倍(且不得小于1m)。

    A. 1　　　　B. 1.2　　　　C. 1.5　　　　D. 2.0

9. 砌体结构房屋的空间性能影响系数 η 能反映房屋在荷载作用下的空间作用,即(　　)。

    A. η 值愈大,房屋空间作用刚度越差

    B. η 值愈大,房屋空间作用刚度越好

    C. η 值愈小,房屋空间作用刚度不一定越差

    D. η 值愈小,房屋空间作用刚度不一定越好

10. 墙、柱高厚比(　　),稳定性越好。

A. 越大   B. 越小   C. 适中

11. 砌体结构中,墙体的高厚比验算与(   )无关。

A. 稳定性   B. 承载力大小   C. 开洞及洞口   D. 是否承重墙

12. 设计墙体时,当验算高厚比不满足要求时,可增加(   )。

A. 横墙间距   B. 纵墙间距   C. 墙体厚度   D. 建筑面积

13. 受压砌体墙体的计算高度与(   )。

A. 楼、屋盖的类别有关   B. 采用的砂浆、块体的强度有关

C. 相邻横墙间的距离有关   D. 房屋的层数有关

14. 砖砌平拱过梁的跨度不宜超过(   )。

A. 3m   B. 2m   C. 1.8m   D. 1.2m

二、计算题

1. 截面为 $b \times h = 490\text{mm} \times 620\text{mm}$ 的砖柱,采用 MU10 砖及 M5 混合砂浆砌筑,施工质量控制等级为 B 级,柱的计算长度 $H_0 = 7\text{m}$;柱顶截面承受轴向压力设计值 $N = 220\text{kN}$,沿截面长边方向的弯距设计值 $M = 6.6\text{kN} \cdot \text{m}$;柱底截面按轴心受压计算。试验算该砖柱的承载力是否满足要求。

2. 窗间墙截面尺寸如图 9-32 所示,计算高度 $H_0 = 10.5\text{m}$,承受轴向压力设计值 $N = 580\text{kN}$,偏心距 $e = 120\text{mm}$,偏向翼缘。采用 MU10 砖、M5 的混合砂浆砌筑。试验算承载力是否满足要求。

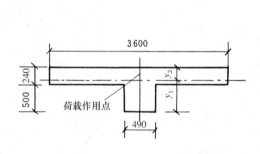

图 9-32　窗间墙截面尺寸

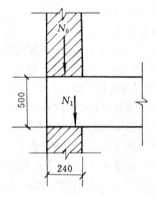

图 9-33　钢筋混凝土梁

3. 如图 9-33 所示的钢筋混凝土梁,截面尺寸 $b \times h = 250\text{mm} \times 500\text{mm}$,支承长度 $a = 240\text{mm}$,支座反力设计值 $N_l = 70\text{kN}$,窗间墙截面尺寸 $1200\text{mm} \times 240\text{mm}$,采用 MU10 砖、M5 混合砂浆砌筑,梁底截面处的上部荷载设计值 140kN,试验算梁底部砌体的局部受压承载力。

4. 在上题中若 $N_l = 90\text{kN}$,其他条件不变,设置刚性垫块,试验算局部受压承载力。

5. 图 9-34 所示为一实验楼的部分建筑平面,楼盖为预制钢筋混凝土楼盖,纵墙厚均为 240mm,砂浆强度等级为 M5,底层墙高为 4.6m;室内自重承重隔墙厚为 120mm,砂浆强度等级为 M2.5,高为 3.6m,试验算各种墙的高厚比。

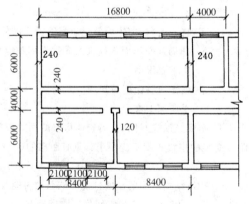

图 9-34　某实验楼的部分建筑平面

第 10 章　结构施工图识读

本章重点：

　　结构施工图是工程师的"语言"，是设计者设计意图的体现，也是施工、监理、经济核算的重要依据。本章讲述了结构施工图的作用、基本内容及识读的方法与步骤，重点讲解结构施工图平面整体设计法的特点和一般规定，柱、梁平法施工图制图规则和识读要点。

学习要求：

　　(1) 了解结构施工图的组成、识读方法与步骤。

　　(2) 掌握平法施工图的图示特点、制图规则及主要内容。

　　(3) 掌握柱平法施工图的制图要求和识读要点。

　　(4) 掌握梁平法施工图的制图要求和识读要点。

　　(5) 能识读典型工程的平法施工图。

10.1　概　述

10.1.1　结构施工图概念及其用途

　　结构施工图是根据房屋建筑中的承重构件进行结构设计后绘制成的图样。结构设计时根据建筑要求选择结构类型，并进行合理布置，再通过力学计算确定构件的断面形状、大小、材料及构造等，将设计结果绘成图样，以指导施工，这种图样有时简称为"结施"。结构施工图与建筑施工图一样，是施工的依据，主要用于放灰线、挖基槽、基础施工、支承模板、绑扎钢筋、浇筑混凝土等施工过程，也用于计算工程量、编制预算和施工进度计划的依据。

10.1.2　结构施工图的组成

10.1.2.1　结构设计说明

　　内容包括：抗震设计与防火要求；地基与基础、地下室、钢筋混凝土各种构件、砖砌体、后浇带与施工缝等部分选用的材料类型、规格、强度等级、施工注意事项等。很多设计单位已将上述内容详列在一张"结构说明"图纸上，供设计者选用。

10.1.2.2　结构平面图

　　(1) 基础平面图。工业厂房还有设备基础布置图、基础梁平面布置图。

　　(2) 楼层结构平面布置图。工业厂房是柱网、吊车梁、柱间支撑、连系梁布置图等。

　　(3) 屋面结构平面布置图。包括屋面板、天沟板、屋架、天窗架及支撑系统布置图等。

10.1.2.3　构件详图

　　(1) 梁、板、柱及基础结构详图。

　　(2) 楼梯结构详图。

（3）屋架结构详图。

（4）其他详图,如支撑详图等。

结构施工图中,基本构件如板、梁、柱等,为了使图样表达简明扼要,便于清楚区分构件,便于施工、制表、查阅,有必要以代号或符号去表示各类构件,目前国家《建筑结构制图标准》给出的常用构件代号均以构件名称汉语拼音的第一个字母来表示的,见表 10-1。在实际工程中,使用构件代号时,往往在代号后加上数字编号,以表示构件的序号,如"L-1"表示 1 号梁;"Y-KB5-33-12B"中"Y-KB"表示预应力空心板的代号,代号后面的数字与字母表示板的尺寸大小、荷载类型等。建筑施工图中常用构件的代号见表 10-1。

表 10-1 常用构件代号

名称	代号	名称	代号	名称	代号
板	B	梁	L	基础	J
屋面板	WB	屋面梁	WL	设备基础	SJ
空心板	KB	吊车梁	DL	桩	ZH
槽形板	CB	圈梁	QL	柱间支撑	ZC
折板	ZB	过梁	GL	垂直支撑	CC
密肋板	MB	连系梁	LL	水平支撑	SC
楼梯板	TB	基础梁	JL	雨篷	YP
盖板或者沟盖板	GB	楼梯梁	TL	阳台	YT
挡雨板	YB	檩条	LT	预埋件	M
吊车安全走道板	DB	屋架	WJ	钢筋网	W
墙板	QB	托架	TJ	钢筋骨架	G
天沟板	TGB	天窗架	CJ	梁垫	LD

10.2 结构施工图识读的方法与步骤

10.2.1 结构施工图识读方法

根据看图的经验可将结构施工图的识读方法归纳为:从上往下看、从左往右看,由前往后看,由大到小看、由粗到细看,图样与说明对照,结构施工图与建筑施工图(也称建施)结合,其他设施图对照看。

（1）从上往下、从左往右的看图顺序是施工图识读的一般顺序。比较符合看图的习惯,同时也是施工图绘制的先后顺序。

（2）由前往后看,根据房屋的施工先后顺序,从基础、墙柱、楼面到屋面依次看,此顺序基本也是结构施工图编排的先后顺序。

（3）看图时要注意从粗到细、从大到小。先粗看一遍,了解工程的概况、结构方案等。然后看总说明及每一张图纸,熟悉结构平面布置,检查构件布置是否合理正确,有无遗漏,柱网尺寸、构件定位尺寸、楼面标高等是否正确。最后根据结构平面布置图,详细看每一个构件的编号、跨数、截面尺寸、配筋、标高及其节点详图。

（4）纸中的文字说明是施工图的重要组成部分,应认真仔细逐条阅读,并与图样对照看,便于完整理解图纸。

（5）结施应与建施结合起来看图。一般先看建施图,通过阅读设计说明、总平面图、建筑平立剖面图,了解建筑体型、使用功能,内部房间的布置、层数与层高、柱墙布置、门窗尺寸、楼梯位置、内外装修、材料构造及施工要求等基本情况,然后再看结施图。在阅读结施图时应同时对照相应的建施图,只有把二者结合起来看,才能全面理解结构施工图,并发现存在的矛盾和问题。

10.2.2　结构施工图的识读步骤

（1）先看目录,通过阅读图纸目录,了解是什么类型的建筑,是哪个设计单位,图纸共有多少张,主要有哪些图纸,检查全套各工种图纸是否齐全,图名与图纸编号是否相符等。

（2）初步阅读各工种设计说明,了解工程概况,将所采用的标准图集编号摘抄下来,并准备好标准图集,供看图时使用。

（3）阅读建施图。读图次序依次为设计总说明、总平面图、建筑平面图、立面图、剖面图、构造详图。初步阅读建施图后,应能在头脑中形成整栋房屋的立体形象,能想象出建筑物的大致轮廓,为下一步结施图的阅读做好准备。

（4）阅读结施图。结施图的阅读顺序可按下列步骤进行:

① 阅读结构设计说明。准备好结施图所套用的标准图集及地质勘察资料备用。

② 阅读基础平面图、详图与地质勘察资料。基础平面图应与建筑底层平面图结合起来看图。

③ 阅读柱平面布置图。根据对应的建筑平面图校对柱的布置是否合理,柱网尺寸、柱断面尺寸与轴线的关系尺寸有无错误。

④ 阅读楼层及屋面结构平面布置图。对照建施平面图中的房间分隔、墙体的布置、检查各构件的平面定位尺寸是否正确,布置是否合理,有无遗漏,楼板的形式、布置、板面标高是否正确等。

⑤ 按前述的施工图识读方法,详细阅读各平面图中的每一个构件的编号、断面尺寸、标高、配筋及其构造详图,并与建施图结合,检查有无错误与矛盾。看图中发现的问题要一一记下,最后按结施图的先后顺序将存在的问题全部整理出来,以便在图纸会审时加以解决。

⑥ 在前述阅读结施图中,涉及采用标准图集时,应详细阅读规定的标准图集。

在看图时,如能把一张平面的图形,看成一栋带有立体感的建筑物,那就具备了一定的看图水平。这既需要经验,也需要具有空间概念和想象力。当然这些不是一朝一夕所能具备的,而是通过积累、实践、总结,才能取得。当具有了看图的初步知识时,又能虚心求教,循序渐进,达到会看图纸、看懂图纸的目标是不难实现的。

10.3　建筑结构施工图平面整体设计法

10.3.1　平法施工图的表达方式与特点

建筑结构施工图平面整体设计方法（简称平法）,对混凝土结构施工图的传统设计表达方法作了重大改革,它将结构构件的尺寸和配筋,按照平面整体表示方法的制图规则,直接将各类构件表达在结构平面布置图上,再与标准构造详图配合,即构成一套新型完整的结构设计图纸,避免了传统的将各个构件逐个绘制配筋详图的繁琐方法,大大地减少了传统设计中大量的重复表达内容,变离散的表达方式为集中表达方式,并将内容以可重复使用的通用标准图的方式固定下来,从而使结构设计更方便、全面,便于设计修改,提高设计效率,也使施工图看图、记忆和查阅更加方便,且由于表达的顺序与施工一致,因此更方便于施工与管理。目前已有国家建筑标准设计图集 11G 101—1《混凝土结构施工图平面整体表示方法制图规则和构造详图》(以下简称《平法制图》)可直接采用。

按平法设计绘制的结构施工图,一般是由各类结构构件的平法施工图和标准详图两部分构成,但对于复杂的建筑物,尚需增加模板、开洞和预埋件等平面图。按平法设计绘制结构施工图时,应将所有梁、柱、墙等构件按规定进行编号,使平法施工图与构造详图一一对应。同时必须根据具体工程,按照各类构件的平法制图规则,在按结构层(标准层)绘制的平面布置图上直接表示各构件的尺寸和配筋。出图时,宜按基础、柱、剪力墙、梁、板、楼梯及其他构件的顺序排列。

当采用平法设计时,应在结构设计总说明中写明下列内容:

(1)写明本设计图采用的是平面整体表示方法,并注明所选用平法标准图集的名称与图集编号;

(2)写明混凝土结构的使用年限;

(3)写明有无抗震设防要求,当有抗震设防要求时,应写明抗震设防烈度及结构抗震等级,以便正确选用相应的标准构造详图;

(4)写明各类构件在其所在部位所选用的混凝土强度等级与钢筋种类,以确定钢筋的锚固长度和搭接长度;

(5)写明构件贯通钢筋需接长时采用接头形式及有关要求;

(6)写明不同部位构件所处的环境类别;

(7)当采用平法标准图集,其标准详图有多种做法与选择时,应写明在何部位采用何种做法;

(8)若对平法标准图集的标准构造详图作出变更时应写明变更的具体内容;

(9)其他特殊要求。

10.3.2　柱平法施工图的识读

柱平法施工图是指在柱平面布置图上采用列表注写方式或截面注写方式表达柱构件的截面形状、几何尺寸、配筋等设计内容,并用表格或其他方式注明包括地下和地上各层的结构层楼(地)面标高、结构层高及相应的结构层号(与建筑楼层号一致)的施工图。

10.3.2.1　列表注写方式

列表注写方式,就是在柱平面布置图上,先对柱进行编号,然后分别在同一编号的柱中各选择一个(当柱截面与轴线关系不同时,需选几个)截面标注几何参数代号(b_1,b_2,h_1,h_2),在柱表中注写柱号、柱段起至标高、几何尺寸与配筋具体数值,并配以各种柱截面形状及其箍筋类型图的方式,来表达柱平面整体配筋(图 10-1)。一般情况下,一张图纸便可以将本工程所有柱的设计内容(构造要求除外)一次性表达清楚。

如图 10-1 所示,列表注写方式绘制的柱平法施工图包括以下三部分具体内容:

(1)结构层楼面标高、结构层高及相应结构层号。此项内容可以用表格或其他方法注明,用来表达所有柱沿高度方向的数据,方便设计和施工人员查找、修改。图中层号为 2 的楼层,其结构层楼面标高为 3.87m,层高为 3.9m。

(2) 柱平面布置图。在柱平面布置图上,分别在不同编号的柱中各选择一个(或几个)截面,标注柱的几何参数代号 b_1,b_2,h_1,h_2,用以表示柱截面形状及与轴线关系。

柱梁

柱号	标高(m)	$b \times h$(mm) D(mm)	b_1 (mm)	b_2 (mm)	h_1 (mm)	h_2 (mm)	角筋	b 边一侧	h 边一侧	箍筋 类型号	箍筋	备注
KZ1	基顶~7.770	400×500	200	200	375	125	4⚍20	2⚍18	2⚍18	1(4×4)	Φ10@100/200	
KZ2	基顶~7.770	400×500	125	275	375	125	4⚍20	2⚍20	2⚍20	1(4×4)	Φ10@100/200	
KZ1a (KZ2a)	基顶~7.770	400×500	200	200	375	125	4⚍20	2⚍18	2⚍18	1(4×4)	Φ10@100	
	基顶~7.770	400×500	125	275	375	125	4⚍25	5⚍25	4⚍22	1(4×4)	Φ10@100/200	
KZ3	基顶~7.770	400×500	200	200	375	125	4⚍18	2⚍18	2⚍18	1(4×4)	Φ8@100/200	
KZ4	基顶~7.770	500	200	200	250	250	8⚍16			7	Φ8@100/200	

箍筋类型1　箍筋类型7

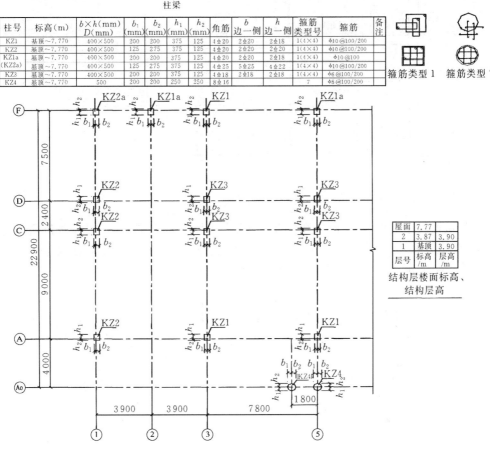

图 10-1　柱平法施工图(局部)

层号	标高/m	层高/m
屋面	7.77	
2	3.87	3.90
1	基顶	3.90

结构层楼面标高、结构层高

(3) 柱表。柱表内容包含以下六部分:

① 柱编号:由柱类型代号(如 KZ)和序号(如 1,2 等)组成,应符合表 10-2 的规定。给柱编号一方面使设计和施工人员对柱种类、数量一目了然;另一方面,在必须与之配套使用的标准构造详图中,也按构件类型统一编制了代号,这些代号与平法图中相同类型的构件的代号完全一致,使二者之间建立明确的对应互补关系,从而保证结构设计的完整性。

表 10-2　柱编号

柱类型	代号	序号	柱类型	代号	序号
框架柱	KZ	××	梁上柱	LZ	××
框支柱	KZZ	××	剪力墙上柱	QZ	××
芯柱	XZ	××			

注:编号时,当柱的总高度、分段截面尺寸和配筋均相同,仅分段截面与轴线的关系不同时,仍可将其编为同一柱号。

② 各段柱的起止标高:自柱根部往上,以变截面位置或截面未变但配筋改变处为界分段注写。框架柱和框支柱的根部标高指基础顶面标高,梁上柱的根部标高是指梁顶面标高。剪

力墙上柱的根部标高分两种：当柱纵筋锚固在墙顶部时，其根部标高为墙顶面标高；当柱与剪力墙重叠一层时，其根部标高为墙顶面往下一层的结构层楼面标高，如图 10-2 所示。

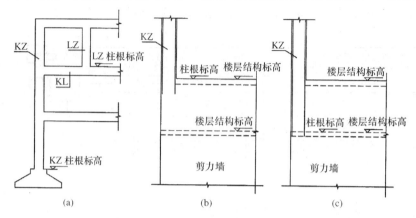

图 10-2　柱的起止标高

③ 柱截面尺寸 $b \times h$ 及与轴线关系的几何参数代号 b_1，b_2 和 h_1，h_2 的具体数值须对应各段柱分别注写，其中 $b = b_1 + b_2$，$h = h_1 + h_2$。当截面的某一边收缩变化至与轴线重合一或偏离轴线的另一侧时，b_1，b_2，h_1，h_2 中的某项为零或负值，如图 10-3 所示。

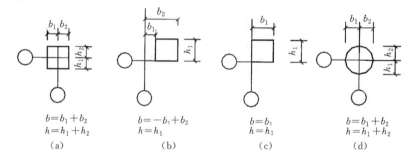

图 10-3　柱截面尺寸与轴线关系图

④ 柱纵筋分角筋、截面 b 中部筋和 h 中部筋三项（对称截面对称边可省略）。当为圆柱时，从角筋一栏注写圆柱的全部纵筋。当柱纵筋直径相同，各边根数也相同时，可将纵筋写在"全部纵筋"一栏中。

⑤ 箍筋类型号及箍筋肢数，在箍筋类型栏内注写。具体工程所设计的箍筋类型图及箍筋复合的具体方式须画在表的上部或图中的适当位置，并在其上标注与表中相对应的 b，h 和类型号。各种箍筋的类型见图 10-4。

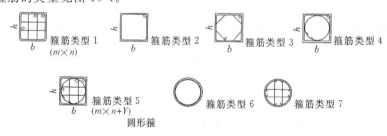

图 10-4　各种箍筋类型图

⑥ 柱箍筋包括钢筋级别、直径与间距。当为抗震设计时,用斜线"/"区分柱端箍筋加密区与柱身非加密区长度范围内箍筋的不同间距。例如,φ8@100/200 表示箍筋为 HPB300 级钢筋,直径 8mm,加密区间距为 100mm,非加密区间距为 200mm。当柱纵筋采用搭接连接且为抗震设计时,在柱纵筋搭接长度范围内(应避开柱端的箍筋加密区)的箍筋均应按小于等于 5d(d 为柱纵筋较小直径)及小于等于 100 的间距加密。

10.3.2.2 截面注写方式

截面注写方式,是在标准层绘制的柱平面布置图上,分别在同一编号的柱中选择一个截面,以直接注写截面尺寸和配筋具体数值的方式来表达柱平法施工图(图 10-5)。首先对除芯柱之外所有柱截面进行编号,编号应符合表 10-2 中的规定;然后从相同编号的柱中选择一个截面,按另一种比例在原位放大绘制柱截面配筋图,并在各配筋图上注写柱截面尺寸 b,h(对于圆柱改为圆柱直径 d)与轴线关系 b_1,b_2 和 h_1,h_2 的具体数值($b = b_1 + b_2,h = h_1 + h_2$,圆柱时 $d = b_1 + b_2 = h_1 + h_2$)。当纵筋采用两种直径时,须再注写断面各边中部纵筋的具体数值(对于采用对称配筋的矩形截面柱,可仅在一侧注写中部纵筋,对称边省略不注)。当在某些框架柱的一定高度范围内,在其内部的中心位置设置芯柱时,其标注方式详见制图《平法制图》的有关规定。

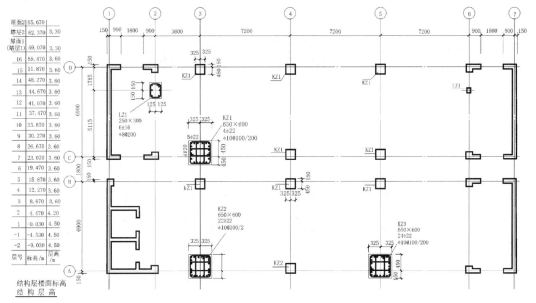

图 10-5 柱平法施工图截面注写方式示例

截面注写方式中,如柱的分段截面尺寸和配筋均相同,仅分段截面与轴线的关系不同时,可将其编为同一柱号,但此时应在未画配筋的柱截面上注写该柱截面与轴线的具体尺寸。注写柱子箍筋应包括钢筋种类代号、直径与间距(间距表示方法及纵筋搭接时加密的表达同列表注写方式)。

截面注写方式绘制的柱平法施工图图纸数量一般与标准层数相同。但对不同标准层的不同截面和配筋,也可根据具体情况在同一柱平面布置图上用加括号"( )"的方式来区分和表达不同标准层的注写数值,但与柱标高要一一对应。加括号的方法是设计人员经常用来区分图纸上图形相同、数值不同时的有效方法。

10.3.3 梁平法施工图的识读

梁平法施工图是指在梁平面布置图上采用平面注写方式或截面注写方式来表达梁的尺寸、配筋、编号等整体情况,见图 10-10。在梁平法施工图中,也应注明结构层的顶面标高及相应的结构层号(同柱平法标注)。需要注意的是,在柱、剪力墙和梁平法施工图中分别注明的楼层结构标高及层高必须保持一致,以保证用同一标准竖向定位。通常情况下,梁平法施工图的图纸数量与结构楼层的数量相同,图纸清晰简明,便于施工。

10.3.3.1 平面注写方式

平面注写方式是指在梁平面布置图上,分别在不同编号的梁中各选 1 根梁,在其上注写截面尺寸和配筋具体数值的方式来表达梁平法施工图,见图 10-6 和图 10-7。

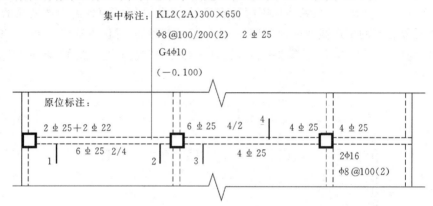

图 10-6　用平面注写方式表达梁的配筋

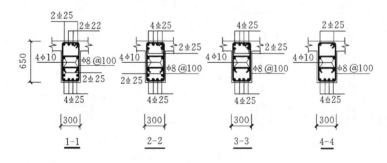

图 10-7　梁的截面配筋图

平面注写包括集中标注和原位标注,集中标注表达梁的通用数值,即梁多数跨都相同的数值;原位标注表达梁的特殊数值,即梁个别截面与其不同的数值。当集中标注中的某项数值不适用于梁的某部位时,则将该项数值原位标注,施工时,原位标注取值优先。既有效减少了表达上的重复,又保证了数值的唯一性。

1. 梁集中标注的内容

有 5 项必注值及 1 项选注值,规定如下:

(1)梁编号为必注值,由梁类型代号、序号、跨数及有无悬挑代号组成。根据梁的受力状态和节点构造的不同,将梁类型代号归纳为 6 种,见表 10-3 的规定。

表 10-3 梁编号

梁类型	代号	序号	跨数及是否带有悬挑
楼层框架梁	KL	××	(××)或(××A)或(××B)
屋面框架梁	WKL	××	(××)或(××A)或(××B)
框支梁	KZL	××	(××)或(××A)或(××B)
非框架梁	L	××	(××)或(××A)或(××B)
悬挑梁	XL	××	
井字梁	JZL	××	(××)或(××A)或(××B)

注:(××A)为一端有悬挑,(××B)为两端有悬挑,悬挑不计入跨数目。

根据以上编号原则可知,如"KL2(2A)"表示的含义是:第 2 号框架梁,两跨,一端有悬挑。

(2) 截面尺寸为必注值。当为等截面梁时,用 $b×h$ 表示;当悬臂梁采用变截面高度时,用斜线分隔根部与端部的高度值,即 $b×h_1/h_2$,h_1 为根部高度,h_2 为端部较小高度,如图 10-8 所示。

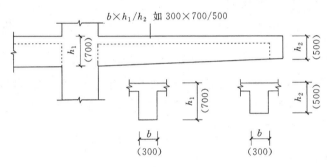

图 10-8 悬挑梁不等高截面尺寸注写图

(3) 梁箍筋包括钢筋种类、级别、直径、加密区与非加密区间距及肢数,该项为必注值。箍筋加密区与非加密区的不同间距及肢数需用斜线分隔;当梁箍筋为同一种间距及肢数时,则不需用斜线;当加密区与非加密区的箍筋肢数相同时,则将肢数注写一次;箍筋肢数应写在括号内。加密区范围见相应抗震级别的构造详图。例如,ϕ 10@100/200(4)表示箍筋为 HPB300 级钢筋,直径 10mm,加密区间距为 100mm,非加密区间距为 200mm,均为四肢箍。又如ϕ 8@100(4)/150(2)表示箍筋为 HPB300 级钢筋,直径 8mm,加密区间距为 100mm,四肢箍;非密区间距为 150mm,双肢箍。

(4) 梁上部通长筋或架立筋配置(通长筋可为相同或不同直径采用搭接连接、机械连接或对焊连接的钢筋),该项为必注值。应根据结构受力要求及箍筋肢数等构造要求而定。当同排纵筋中既有通长筋又有架立筋时,应采用加号"+"将通长筋和架立筋相连。注写时须将角部纵筋写在加号的前面,架立筋写在加号后面的括号内,以示不同直径及与通长筋的区别。当全部采用架立筋时,则将其写入括号内。例如,2 Φ 22 表示用于双肢箍;2 Φ 22+(4 Φ 12)表示用于六肢箍,其中 2 Φ 22 为通长筋,括号内 4 Φ 12 为架立筋。

当梁的上部和下部纵筋均为通长筋,且各跨配筋相同时,此项可加注下部纵筋的配筋值,用分号";"将上部与下部纵筋的配筋值分隔开来,少数跨不同者,可取原位标注。例如,3 Φ 22;4 Φ 20 表示梁的上部配置 3 Φ 22 的通长筋;梁的下部配置 4 Φ 20 的通长筋。

（5）梁侧面纵向构造钢筋或受扭钢筋配置必注值。

当梁腹板高度 $h_w \geq 450\text{mm}$ 时，需配置纵向构造钢筋，所注规格与根数应符合规范规定。此项注写值以大写字母 G 打头，注写设置在梁两个侧面的总配筋值，且对称配置。例如，图 10-6 中 G4ϕ10，表示梁的两个侧面共配置 4ϕ10 的纵向构造钢筋，每侧各 2$\underline{\Phi}$10。由于是构造钢筋，其搭接与锚固长度可取 15d。

当梁侧面需配置受扭纵向钢筋时，此项注写值以大写字母 N 打头，接续注写配置在梁两个侧面的总配筋值，且对称配置。受扭纵向钢筋应满足梁侧面纵向构造钢筋的间距要求，且不再重复配置纵向构造钢筋。例如，N6$\underline{\Phi}$22，表示梁的两个侧面共配置 6$\underline{\Phi}$22 的受扭纵向钢筋，每侧各配置 3$\underline{\Phi}$22。由于是受力钢筋，其搭接长度为 L_a 或 L_{ae}，锚固长度与方式同框架梁下部纵筋，参见图 10-9。

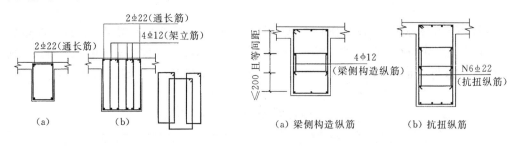

图 10-9　梁侧面构造纵筋与抗扭纵筋

（6）梁顶面标高高差为选注值。梁顶面标高高差系指相对于该结构层楼面标高的高差值，有高差时，须将其写入括号内，无高差时不注。一般情况下，需要注写梁顶面高差的梁有洗手间梁、楼梯平台梁、楼梯平台板边梁等。

2. 梁原位标注的内容

（1）梁支座上部纵筋，应包含通长筋在内的所有纵筋：

① 当上部纵筋多于一排时，用斜线"/"将各排纵筋自上而下分开。如梁支座上部纵筋注写为 6$\underline{\Phi}$25 4/2，则表示上一排纵筋为 4$\underline{\Phi}$25，下一排纵筋为 2$\underline{\Phi}$25。

② 当同排纵筋有两种直径时，用加号"＋"将两种直径的纵筋相连，注写时将角部纵筋写在前。如梁支座上部有四根纵筋，2$\underline{\Phi}$22 放在角部，2$\underline{\Phi}$25 放在中部，在梁支座上部应注写为 2$\underline{\Phi}$22＋2$\underline{\Phi}$25。

③ 当梁中间支座两边的上部纵筋不同时，须在支座两边分别标注；当梁中间支座两边的上部纵筋相同时，可仅在支座的一边标注配筋值，另一边省去不注。

（2）梁下部纵筋：

① 当下部纵筋多于一排时，用斜线"/"将各排纵筋自上而下分开。如梁下部纵筋注写为 6$\underline{\Phi}$25 2/4，则表示上一排纵筋为 2$\underline{\Phi}$25，下一排纵筋为 4$\underline{\Phi}$25，全部伸入支座。

② 当同排纵筋有两种直径时，用加号"＋"将两种直径的纵筋相连，注写时角筋写在前面。如梁下部纵筋注写为 2$\underline{\Phi}$25＋2$\underline{\Phi}$22，表示 2$\underline{\Phi}$25 放在角部，2$\underline{\Phi}$22 放在中部。

③ 当梁下部纵筋不全部伸入支座时，将梁支座下部纵筋减少的数量写在括号内。例如下部纵筋注写为 6$\underline{\Phi}$25 2(−2)/4，表示上一排纵筋为 2$\underline{\Phi}$25，且不伸入支座；下一排纵筋为 4$\underline{\Phi}$25，全部伸入支座。又如梁下部纵筋注写为 2$\underline{\Phi}$25＋3$\underline{\Phi}$22(−3)/5$\underline{\Phi}$25，则表示上一排纵筋为 2$\underline{\Phi}$25 和 3$\underline{\Phi}$22，其中 3$\underline{\Phi}$22 不伸入支座；下一排纵筋为 5$\underline{\Phi}$25，全部伸入支座。

④ 附加箍筋和吊筋可直接画在平面图中的主梁上,用线引注总配筋值(附加箍筋的肢数注在括号内),如图 10-10 所示。当多数附加箍筋或吊筋相同时,可在施工图中统一注明,少数不同值在原位标注。

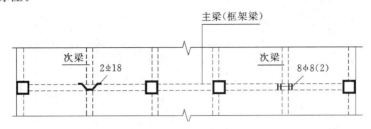

图 10-10　附加箍筋和吊筋的画法示例

⑤ 井字梁一般由非框架梁组成,井字梁编号时,无论几根同类梁相交,均应作为一跨处理,井字梁相交的交点处不作为支座,如需设置附加箍筋时,应在平面图上说明。柱上的框架梁作为井字梁的支座,此时的井字梁可用单粗虚线表示(当井字梁高出板面时可用单粗实线表示);作为其支座的框架柱上梁可采用双细虚线表示(当梁高出板面时可用双细实线表示),以便区分。

⑥ 其他:当在梁上集中标注的内容,如截面尺寸、箍筋、通长筋、架立筋、梁侧构造筋、受扭筋或梁顶面高差等,不适用某跨或某悬挑部分时,则将其不同数值原位标注在该跨或该悬挑部位,施工时应按原位标注数值取用。

10.3.3.2　截面注写方式

截面注写方式是指在分标准层绘制的梁平面布置图上,分别在不同编号的梁中各选一根梁用剖面号引出配筋图,并在其上注写截面尺寸和配筋具体数值的方式来表达梁平法施工图(图 10-11)。

对所有梁进行编号,从相同编号的梁中选择一根梁,先将单边截面剖切符号及编号画在该梁上,再将截面配筋详图画在本图或其他图上。当某梁的顶面标高与该结构层的楼面标高不同时,尚应在其梁编号后注写梁顶面高差(注写规定同前)。截面配筋详图上注写截面尺寸 $b \times h$、上部筋、下部筋、侧面构造筋或受扭筋以及箍筋的具体数值时,其表达形式与平面注写方式相同。

截面注写方式既可以单独使用,也可与平面注写相结合使用。当梁平面整体配筋图中局部区域的梁布置过密时或表达异形截面梁的尺寸、配筋时,用截面注写比较方便。

10.3.3.3　平法施工图的其他规定

为施工方便,凡框架梁的所有支座和非框架梁(不含井字梁)的中间支座上部纵筋的延伸长度 a_0 取为:第一排非贯通筋从柱(梁)边起延伸长度为 $\frac{1}{3}l_n$;第二排非贯通筋的延伸长度为 $\frac{1}{4}l_n$。l_n 对于端支座为本跨净跨;对于中间支座,相邻两跨较大跨的净跨值。有特殊要求时应予以注明。

当两楼层之间设有层间梁时(如结构夹层位置处的梁),应将设置该部分梁的区域另行绘制结构平面布置图,然后在其上表达梁平法施工图。

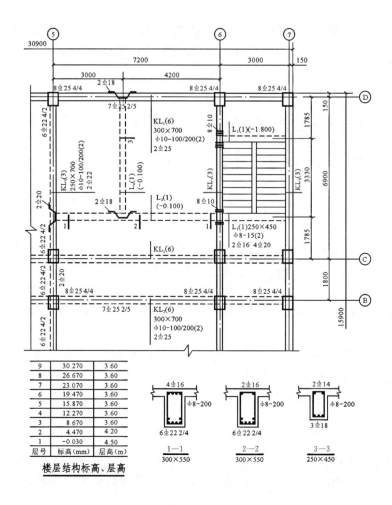

图 10-11　梁平法施工图截面注写方式

当梁与填充墙需拉结时,其构造详图由设计者补充绘制。对于井字梁,其端部支座钢筋和中间支座上部延伸长度 a_0 值,应由设计者在原位加注具体数值予以注明。采用平面注写方式时,则在原位标注支座上部纵筋后面括号内加注具体延伸值;当采用截面注写方式时,则在梁端截面配筋图上注写的上部纵筋后面括号内加注具体延伸值。井字梁纵横两个方向梁相交处同一层面钢筋上下的交错关系,以及在该相交处两个方向梁箍筋的布置要求,均由设计者注明。

思 考 题

1. 结构施工图一般包括哪些内容?
2. 结构施工图的识读方法和步骤是什么?
3. 柱平法设计时,应在结构设计总说明中写明哪些内容?
4. 柱平法施工图有哪几种表达方式?各种注写方式的具体规定是什么?
5. 梁平法施工图有哪几种表达方式?平面注写方式的具体注写规则是什么?

习　题

一、选择题

1. 下列表示预应力空心板符号的是( )。

A. YB
B. KB
C. Y-KB
B. YT

2. 某梁的编号为 KL2(2A),表示的含义为( )。

A. 第 2 号框架梁,两跨,一端有悬挑

B. 第 2 号框架梁,两跨,两端有悬挑

C. 第 2 号框支梁,两跨,一端有悬挑

D. 第 2 号框架梁,两跨

3. 某框架柱的配筋为 φ8@100/200,表示的含义为( )。

A. 箍筋为 HPB300 级钢筋,直径 8mm,钢筋间距为 200mm

B. 箍筋为 HPB300 级钢筋,直径 8mm,钢筋间距为 100mm

C. 箍筋为 HPB300 级钢筋,直径 8mm,加密区间距为 100mm,非加密区间距为 200mm

D. 箍筋为 HPB300 级钢筋,直径 8mm,加密区间距为 200mm,非加密区间距为 100mm

4. 某梁的配筋为 φ8@100(4)/150(2),表示的含义为( )。

A. HPB300 级钢筋,直径 8 mm,加密区间距为 100mm;非加密区间距为 150mm

B. HRB335 级钢筋,直径 8 mm,加密区间距为 100mm,四肢箍;非加密区间距为 150mm,双肢箍

C. HRB335 级钢筋,直径 8 mm,加密区间距为 100mm;非加密区间距为 150mm

D. HPB235 级钢筋,直径 8 mm,加密区间距为 100mm,四肢箍;非加密区间距为 150mm,双肢箍

5. 某梁下部纵筋为 2 φ 25+3 φ 22(−2)/5 φ 25,表示的含义为( )。

A. 上一排纵筋为 2 φ 25 和 3 φ 22;下一排纵筋为 5 φ 25,全部伸入支座

B. 上一排纵筋为 5 φ 25,全部伸入支座;下一排纵筋为 2 φ 25 和 3 φ 22,其中 2 φ 22 不伸入支座

C. 上一排纵筋为 2 φ 25 和 3 φ 22,其中 2 φ 22 不伸入支座;下一排纵筋为 5 φ 25,全部伸入支座

D. 上一排纵筋为 5 φ 25,全部伸入支座;下一排纵筋为 2 φ 25 和 3 φ 22

二、施工图识读

图 10-12 为某框架结构教学楼 5～8 层的梁平法施工图,试根据本章所学的平法制图规则和识图要点,识读该施工图。

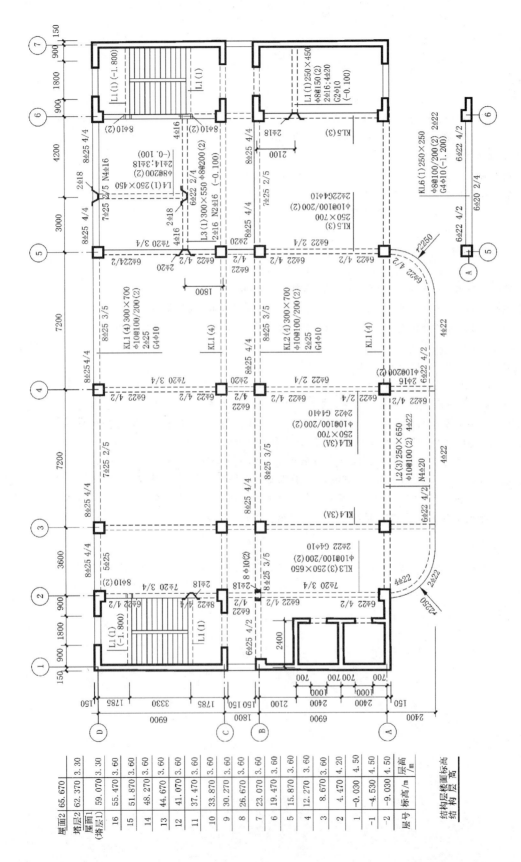

图 10-12 15.870～26.670 梁平法施工图

第 11 章　钢结构

本章重点：

本章主要讨论了钢结构的材料、钢结构的连接、轴心受力构件、受弯构件和拉弯压弯构件及轻钢结构的一些基本知识。

学习要求：

(1) 了解各种因素对钢材主要性能的影响，了解钢结构各种连接方法的特点，了解轻钢结构设计的一些基本知识，了解钢材牌号表示方法，钢材的品种、规格及相关标准，了解梁、柱的截面形式，了解门式刚架的组成。

(2) 理解钢材强度、塑性、韧性、冷弯性能、伸长率、硬化、应力集中等基本概念，理解梁及轴心受力构件。

(3) 掌握焊缝的符号及标注方法，掌握钢结构焊缝、螺栓连接的计算方法并能识读钢结构结构施工图。

11.1　钢结构材料

11.1.1　钢结构对材料要求和破坏形式

11.1.1.1　钢结构对材料的要求

钢结构对材料要求具有较高的抗拉强度和屈服强度，可降低结构自重，节约钢材和降低造价；较高的塑性和韧性可使钢材在静载和动载作用下有足够的应变能力；良好的工艺性能不致因加工而对结构的强度、塑性和韧性造成较大的影响。

11.1.1.2　钢材的两种破坏形式

建筑钢材的两种破坏形式分别是塑性破坏和脆性破坏。

塑性破坏：断口与作用力方向呈 45°倾角，变形很大，延续时间长，破坏时的平均应力较高，有明显的颈缩现象。图 11-1 所示为标准的光滑试件经过

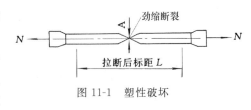

图 11-1　塑性破坏

较长时间的截面变细后才拉断，属塑性破坏，有明显的颈缩现象。

脆性破坏：断面平直，变形小，瞬时发生，破坏平均应力不高，无任何预兆，危险性大。

影响破坏的因素包括材料的化学成分和偏析等内部因素以及应力集中和加载速度等外部因素。

11.1.2　各种因素对钢材主要性能的影响

11.1.2.1　化学成分

钢是由各种化学成分组成的，化学成分及其含量对钢的性能有着重要的影响。铁(Fe)是

钢的基本元素,纯铁质软,在碳素结构中约占99%,其他元素如碳、硅、锰、硫、磷、氮、氧等,它们的总和只有1%左右,但对钢的力学性能却有着决定性的影响。在低合金钢中,还含有少量(含量低于5%)合金元素,如铬(Cr)、镍(Ni)、铜(Cu)、钛(Ti)、铌(Nb)等。

在碳素钢中,碳是仅次于铁的主要元素,它直接影响钢材的强度、塑性、韧性和焊接性等。碳的含量提高,钢材的屈服点和抗拉强度提高,但塑性和韧性、特别是低温冲击韧性下降。同时,钢材的抗腐蚀性能、疲劳强度和冷弯性能也都明显下降,焊接性能降低,并且易低温脆断。

在钢材中,硫是一种有害元素,它使钢材的塑性、冲击韧性、疲劳强度和抗锈性等大大降低。在高温(800℃~1200℃)时,硫使钢材变脆和发生裂缝,称为热脆。它的含量过大也不利于焊接和热加工。磷也是一种有害元素,它使钢材的塑性、冲击韧性、冷弯性能和焊接性能等大大降低,特别是在温度较低时,将促使钢材变脆(冷脆),不利于钢材冷加工。但是,磷可提高钢材强度和抗锈蚀的能力,对钢材的强化作用尤其显著。可使用的高磷钢,其含磷量可达0.08%~0.12%,这时应减少钢材中的含碳量,以保证钢材具有一定的塑性和韧性。

氧和氮也是有害元素。氧和氮能使钢材变得极脆。氧的作用与硫类似,使钢材发生热脆;氮与磷作用类似,使钢材发生冷脆。

11.1.2.2 冶金缺陷

常见的冶金缺陷有偏析、非金属夹杂、裂纹和起层。它们对钢材的性能都有不利的影响,应注意避免。其中钢材中化学杂质元素分布的不均匀性称为偏析。

11.1.2.3 钢材的硬化

钢材受荷达屈服点后,卸荷不仅会产生残余的塑性变形,再继续加荷至断裂,其伸长率将明显下降,损失了塑性,这就是冷作硬化(图11-2(a))。不仅如此,材料仅受时间的延长,也会产生硬化现象,称为时效硬化(图11-2(b))。冷脆现象虽然提高了钢材的屈服点,但却消耗了钢材的塑性,增加了钢材的脆性破坏。

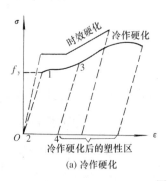

图 11-2 硬化曲线

11.1.2.4 钢材塑性

在外力作用下,材料产生变形,如取消外力,仍保持变形后的形状和尺寸,并不产生裂缝,这一性质称为钢材塑性。

钢材冲击韧性和塑性之间的关系:一般来说,塑性好的钢材,其韧性也好,但也不完全如此。图11-3所示曲

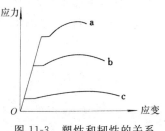

图 11-3 塑性和韧性的关系

线 a 所代表的材料伸长率不大,但曲线与横坐标所围面积不一定很小,即韧性还可以,而图 11-3 所示曲线 c 所代表的材料伸长率很大,塑性很好,但曲线与横坐标所围的面积不一定很大,即韧性不一定很好。

11.1.2.5　应力集中

当构件表面不平整,在有孔洞、缺陷的地方,应力分布不均,产生局部应力集中,而远离这些区域的地方,应力降低,这一现象称为应力集中。它是引起脆性破坏的主要因素之一。用应力集中程度系数来表示应力集中的大小,即截面高峰应力与净截面平均应力之比,取决于构件截面突然改变的急剧程度。如图 11-4 所示槽孔尖端处的应力集中就比圆孔边的应力集中大。

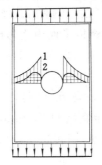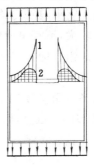

1—纵向应力；2—横向应力

图 11-4　孔洞及槽孔处应力集中

11.1.2.6　温度影响

钢材的机械性能随温度的变化而有所变化。在正温度范围内(0℃以上),温度升高不超过 200℃时,钢材的性能变化不大;在 250℃左右,钢材的强度有提高,但塑性和韧性均下降,此时,钢材破坏常呈脆性破坏特征,钢材表面氧化膜呈现蓝色,称为蓝脆。钢材应避免在蓝脆温度范围内进行热加工。当温度在 260℃～320℃时,钢材有徐变现象。当温度超过 300℃时,钢材的强度开始显著下降,而变形显著增大;当温度超过 400℃时,钢材的强度、弹性模量都急剧降低,达 600℃时,其承载能力几乎丧失,见图 11-5。

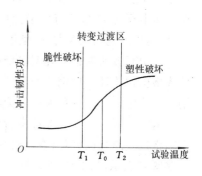

图 11-5　温度影响

11.1.3　钢材的种类和规格

钢结构所用钢材主要为热轧成型的钢板和型钢以及冷加工成型的冷轧薄钢板和冷弯薄壁型钢等。根据国家标准及冶金行业标准,钢结构中常用的钢板及型钢有下列几种规格。

11.1.3.1　钢板

钢板有厚钢板、薄钢板和扁钢(或带钢)之分。厚钢板常用作大型梁、柱等实腹式构件的翼缘和腹板以及节点板等;薄钢板主要用来制造冷弯薄壁型钢;扁钢可用作焊接组合梁、柱的翼缘板、各种连接板、加劲肋等,钢板截面的表示方法为在符号"—"后加"宽度×厚度",如 —200×20 等。钢板的供应规格如下:厚钢板,厚度 4.5～60mm,宽度 600～3000mm,长度 4～

12m;薄钢板,厚度 0.35～4mm,宽度 500～1500mm,长度 0.5～4m;扁钢,厚度 4～60mm,宽度 12～200mm,长度 3～9m。

11.1.3.2　热轧型钢

常用的有角钢、工字钢、槽钢等,见图 11-6(a)—(f)。

角钢分为等边(也叫等肢)的和不等边(也叫不等肢)的两种,主要用来制作桁架等格构式结构的杆件和支撑等连接杆件。角钢型号的表示方法为在符号"∟"后加"长边宽×短边宽×厚度"(对不等边角钢,如∟125×80×8),或加"边长×厚度"(对等边角钢,如∟125×8)。目前我国生产的角钢最大边长为 200mm,角钢的供应长度一般为 4～19m。

工字钢有普通工字钢、轻型工字钢和 H 型钢三种。普通工字钢和轻型工字钢的两个主轴方向的惯性矩相差较大,不宜单独用作受压构件,而宜用作腹板平面内受弯的构件,或由工字钢和其他型钢组成的组合构件或格构式构件。宽翼缘 H 型钢平面内外的回转半径较接近,可单独用作受压构件。

普通工字钢的型号用符号"Ⅰ"后加截面高度的厘米数来表示,20 号以上的工字钢,又按腹板的厚度不同,分为 a,b 或 a,b,c 等类别,例如 Ⅰ20a 表示高度为 200mm、腹板厚度为 a 类的工字钢。轻型工字钢的翼缘要比普通工字钢的翼缘宽而薄,回转半径较大。普通工字钢的型号为 10～63 号,轻型工字钢为 10～70 号,供应长度均为 5～19m。

H 型钢与普通工字钢相比,其翼缘板的内、外表面平行,便于与其他构件连接。H 型钢的基本类型可分为宽翼缘(HW)、中翼缘(HM)及窄翼缘(HN)三类。还可剖分成 T 型钢供应,代号分别为 TW,TM,TN。H 型钢和相应的 T 型钢的型号分别为代号后加"高度 H×宽度 B×腹板厚度 t_1×翼缘厚度 t_2",例如 HW400×400×13×21 和 TW200×400×13×21 等。宽翼缘和中翼缘 H 型钢可用于钢柱等受压构件,窄翼缘 H 型钢则适用于钢梁等受弯构件。目前,国内生产的最大型号 H 型钢为 HN700×300×13×24。

槽钢有普通槽钢和轻型槽钢两种。适于作檩条等双向受弯的构件,也可用其组成组合构件或格构式构件。槽钢的型号与工字钢相似,例如[32a 指截面高度为 320mm、腹板较薄的槽钢。目前国内生产的最大型号为[40c。供货长度为 5～19m。

钢管有无缝钢管和焊接钢管两种。由于回转半径较大,常用作桁架、网架、网壳等平面和空间格构式结构的杆件;在钢管混凝土柱中也有广泛的应用。型号可用代号"D"后加"外径 d×壁厚 t"表示,如 D180×8 等。国产热轧无缝钢管的最大外径可达 630mm。

11.1.3.3　冷弯薄壁型钢

采用 1.5～6mm 厚的钢板经冷弯和辊压成型的型材(图 11-6(g))和采用 0.4～1.6mm 的薄钢板经辊压成型的压型钢板(图 11-6(h)),其截面形式和尺寸均可按受力特点合理设计,能充分利用钢材的强度、节约钢材,在国内外轻钢建筑结构中被广泛地应用。近年来,冷弯高频焊接圆管和方管、矩形管的生产和应用在国内有了很大的进展,冷弯型钢的壁厚已达 12.5mm。

11.1.3.4　钢材的选择

钢材的选用既要确保结构物的安全可靠,又要经济合理,必须慎重对待。为了保证承重结构的承载能力,防止在一定条件下出现脆性破坏,应根据结构的重要性、荷载特征、连接方法、工作环境、应力状态和钢材厚度等因素综合考虑,选用合适牌号和质量等级的钢材。

一般而言,对于直接承受动力荷载的构件和结构(如吊车梁、工作平台梁或直接承受车辆荷载的栈桥构件等)、重要的构件或结构(如桁架、屋面楼面大梁、框架横梁及其他受拉力较大的类似结构和构件等)、采用焊接连接的结构以及处于低温下工作的结构,应采用质量较高的钢材。对承受静力荷载的受拉及受弯的重要焊接构件和结构,宜选用较薄的型钢和板材构成;当选用的型材或板材的厚度较大时,宜采用质量较高的钢材,以防钢材中较大的残余拉应力和缺陷等与外力共同作用而形成三向拉应力场,引起脆性破坏。

承重结构采用的钢材应具有抗拉强度、伸长率、屈服强度和硫、磷含量的合格保证,对焊接结构,尚应具有含碳量的合格保证。焊接承重结构以及重要的非焊接承重结构采用的钢材,还应具有冷弯试验的合格保证。

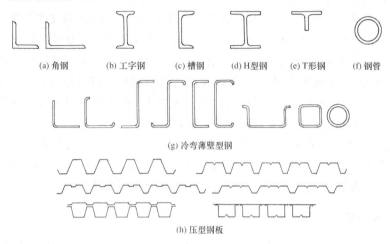

(a) 角钢　　(b) 工字钢　　(c) 槽钢　　(d) H型钢　　(e) T形钢　　(f) 钢管

(g) 冷弯薄壁型钢

(h) 压型钢板

图 11-6　热轧型钢及冷弯薄壁型钢

11.2　钢结构连接

11.2.1　连接种类及特点

选用合理的连接方案,认真进行连接设计,是钢结构设计中很重要的环节。连接设计原则是安全可靠、节约钢材、构造简单、施工方便且与结构计算简图相符合。

钢结构的连接方法有焊接连接、铆钉连接、螺栓连接和轻型钢结构用的紧固件连接等多种形式(图 11-7)。

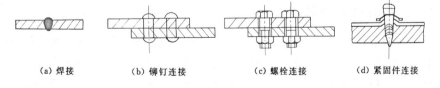

(a) 焊接　　　　(b) 铆钉连接　　　　(c) 螺栓连接　　　　(d) 紧固件连接

图 11-7　钢结构的连接方法

11.2.1.1　焊接连接

与铆钉、螺栓连接比较,焊接连接有以下优点:不需打孔,省工省时;任何形状的构件,可直接连接,连接构造方便;气密性、水密性好,结构刚度较大,整体性较好。缺点是焊接附近有热影响区,材质变脆;焊接的残余应力使结构易发生脆性破坏,残余变形使结构形状、尺寸发生变化;焊接裂缝一经发生,便容易扩展。常见的焊接缺陷有裂纹、气孔、未焊透、夹渣、咬边、烧穿、凹坑、塌陷、未焊满等。

11.2.1.2 螺栓连接

1. 普通螺栓连接

普通螺栓分为 A,B,C 三级。A 级与 B 级为精制螺栓,C 级为粗制螺栓。C 级螺栓材料性能等级分为 4.6 级和 4.8 级。小数点前的数字表示螺栓成品的抗拉强度不小于 $400N/mm^2$,小数点及小数点以后数字表示其屈强比(屈服点与抗拉强度之比)为 0.6 或 0.8。A 级和 B 级螺栓材料性能等级为 8.8 级,表示其抗拉强度不小于 $800N/mm^2$,屈强比为 0.8。

C 级螺栓由未经加工的圆钢压制而成。由于螺栓表面粗糙,一般采用在单个零件上一次冲成或不用钻模钻成的孔(Ⅱ类孔)。螺栓孔的直径比螺栓杆的直径大 1.0~1.5mm。对于采用 C 级螺栓的连接,由于螺杆与栓孔之间有较大的间隙,受剪力作用时,将会产生较大的剪切滑移,连接的变形大。但安装方便,且能有效地传递拉力,故一般可用于沿螺栓杆轴受拉的连接中以及次要结构的抗剪连接或安装时的临时固定。

A,B 级精制螺栓是由毛坯在车床上经过切削加工精制而成。其表面光滑,尺寸准确,螺杆直径与螺栓孔径之差为 0.5~0.8mm,Ⅰ类孔对成孔质量要求高。由于有较高的精度,因而抗剪性能好。但其制作和安装复杂,价格较高,已很少在钢结构中采用。

2. 高强螺栓连接

高强度螺栓有摩擦型连接和承压型连接两种,用高强度钢制成,经热处理后,螺栓抗拉强度应分别不低于 $800N/mm^2$ 和 $1000N/mm^2$,且屈强比分别为 0.8 和 0.9,因此,其性能等级分别称为 8.8 级和 10.9 级。

11.2.1.3 铆钉连接

铆钉连接在受力和设计上与普通螺栓连接相仿。钢结构中一般采用热铆,即把预先制好的一端带有铆钉头的铆钉烧红到适当温度后插入铆钉孔,用风动铆钉枪连续锤击或用油压铆钉机挤压铆成另一端铆钉头。

铆接的优点是塑性和韧性较好,传力可靠,质量易于检查和保证,可用于承受动载的重型结构。但是,由于铆接工艺复杂、用钢量多、费钢又费工,现已很少采用。

11.2.1.4 轻钢结构的紧固件连接

在冷弯薄壁型钢结构中,经常采用自攻螺钉、钢拉铆钉、射钉等机械式紧固件连接方式(图 11-8),主要用于压型钢板之间和压型钢板与冷弯型钢等支承构件之间的连接。

自攻螺钉有两种类型,一类为一般的自攻螺钉(图 11-8(a)),需先行在被连板件和构件上钻一定大小的孔,再用电动板子或扭力板子将其拧入连接板的孔中;另一类为自钻自攻螺钉(图 11-8(b)),无需预先钻孔,可直接用电动板自行钻孔和攻入被连板件。

拉铆钉(图 11-8(c))有铝材制作的和钢材制作的两类,为防止电化学反应,轻钢结构均采用钢制拉铆钉。

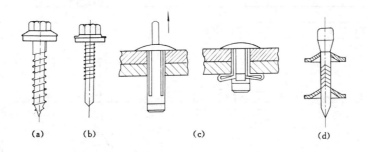

图 11-8　轻钢结构紧固件

射钉(图 11-8(d))由带有锥杆和固定帽的杆身与下部活动帽组成,靠射钉枪的动力将射钉穿过被连板件打入母材基体中。射钉只用于薄板与支承构件(如檩条、墙梁等)的连接。

11.2.2　焊缝形式

11.2.2.1　焊接连接形式

常用的焊接连接有三种形式,即对接连接、搭接连接和 T 形连接,如图 11-9 所示。

焊缝根据施焊时焊工所持焊条与焊件之间的相互位置不同而可分为平焊、立焊、横焊和仰焊,如图 11-10 所示。

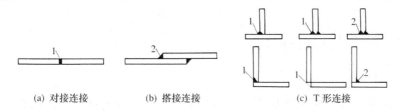

(a) 对接连接　　　(b) 搭接连接　　　(c) T 形连接

1—对接焊缝;2—角焊缝

图 11-9　焊接连接形式和焊接类型

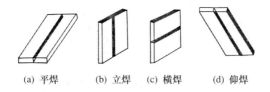

(a) 平焊　(b) 立焊　(c) 横焊　(d) 仰焊

图 11-10　焊缝位置示意图

11.2.2.2　焊缝代号和标注方法

在钢结构施工图上,要用焊缝代号标明焊缝形式、尺寸和辅助要求,焊缝代号主要由图形符号、辅助符号和引出线等组成。其中,图形符号表示焊缝剖面的基本形式。辅助符号表示焊缝的辅助要求,引出线由横线、斜线及单边箭头组成,横线的上面和下面用来标注各种符号和焊缝尺寸等。见图 11-11 的有关说明,其表示方法应按国家标准《建筑结构制图标准》(GB/T 50105—2001)和《焊缝符号表示法》(GB 324—2008)的相关规定执行。

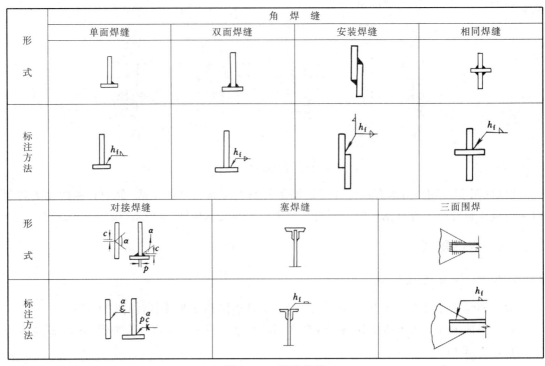

图 11-11　焊缝代号

11.2.3　对接焊缝及其连接的计算

11.2.3.1　构造

对接焊缝的构造可分为焊透和不焊透两种形式,不焊透焊缝由于应力分布不均,应力集中现象明显,故很少采用。焊透常用的坡口形式如图 11-12 所示,包括 K 形、U 形和 V 形等。

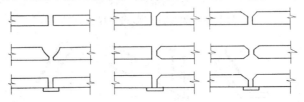

图 11-12　对接焊缝坡口形式

11.2.3.2　对接焊缝的计算(焊透)

对接焊缝受力时,应力集中现象小,可以认为与母材有相同的应力状态。焊缝金属的强度一般高于母材,所以对接焊缝的破坏,通常不会在焊缝金属部位,而是在母材或焊缝附近的母材区域。不过,由于焊缝技术问题,焊缝中可能存在气孔、夹渣、咬边、未焊透等缺陷,这些缺陷对其抗压和抗剪影响不大,但对其抗拉强度有较大的影响,当焊缝质量为一级或二级时,焊缝缺陷对抗拉强度的影响较小,当焊缝质量为三级时,由于焊缝内部可能存在较多的缺陷,故GB 50017—2003《钢结构设计规范》(以下简称《钢结构规范》)将焊缝质量为三级的对接焊缝的抗拉强度取为被焊件的 85%。因此,对接焊缝一般只在焊缝质量级别为三级且受拉力作用时,才需进行抗拉强度验算。

1. 轴心受力对接焊缝的计算

图 11-13 所示对接焊缝垂直于焊缝长度方向的轴心力,其焊缝强度按式(11-1)计算。

$$\sigma_{\mathrm{f}} = \frac{N}{l_{\mathrm{w}}t} \leqslant f_{\mathrm{t}}^{\mathrm{w}}, f_{\mathrm{c}}^{\mathrm{w}} \tag{11-1}$$

式中　$f_{\mathrm{t}}^{\mathrm{w}}, f_{\mathrm{c}}^{\mathrm{w}}$——分别是对接焊缝的抗拉和抗压强度设计值;

　　l_{w}——对接焊缝的计算长度考虑到焊缝两端起落弧造成的缺陷,取实际长度减去 $2t$,即

　　　　$l_{\mathrm{w}} = l - 2t$;有引弧板时,取焊缝的实际长度。

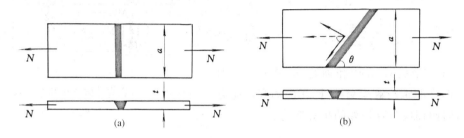

图 11-13　对接焊缝受轴向力作用

【例题 11-1】　试算图 11-14 钢板的对接焊缝的强度,$a = 540\mathrm{mm}$,$t = 22\mathrm{mm}$,轴心力的设计值 $N = 2150\mathrm{kN}$,钢材为 Q235-B,手工焊,焊条为 E43 型,三级质量标准的焊缝,施焊时,加引弧板。

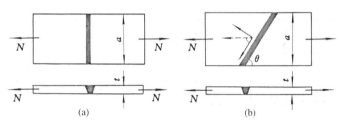

图 11-14　对接焊缝受轴向力作用

【解】　直缝连接其计算长度 $l_{\mathrm{w}} = 54\mathrm{cm}$。焊缝正应力为

$$\sigma = \frac{N}{l_{\mathrm{w}}t} = \frac{2\,150 \times 10^3}{540 \times 22} = 181\mathrm{N/mm^2} > f_{\mathrm{t}}^{\mathrm{w}} = 175\mathrm{N/mm^2}$$

不满足要求,改用斜对接焊缝,取截割斜率为 $1.5:1$,即 $\theta = 56°$,焊缝长度为

$$l_{\mathrm{w}} = \frac{a}{\sin\theta} = \frac{54}{\sin 56°} = 65\mathrm{cm}$$

故此时焊缝的正应力为

$$\sigma = \frac{N\sin\theta}{l_{\mathrm{w}}t} = \frac{2\,150 \times 10^3 \times \sin 56°}{650 \times 22} = 125\mathrm{N/mm^2} < f_{\mathrm{t}}^{\mathrm{w}} = 175\mathrm{N/mm^2}$$

剪应力为

$$\tau = \frac{N\cos\theta}{l_{\mathrm{w}}t} = \frac{2\,150 \times 10^3 \times \cos 56°}{650 \times 22} = 84\mathrm{N/mm^2} < f_{\mathrm{v}}^{\mathrm{w}} = 120\mathrm{N/mm^2}$$

这说明当 $\tan\theta \le 1.5$ 时,焊缝强度能够保证,可不必计算。

2. 弯矩和剪力共同作用时对接焊缝的计算

在对接接头和 T 形接头中,承受弯矩和剪力共同作用(图 11-15)的对接焊缝或对接与角接组合焊缝,其正应力和剪应力应分别计算。

(1)矩形截面:

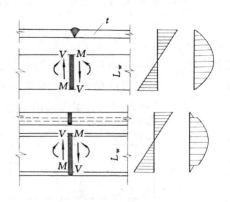

$$\sigma_{max} = \sigma_M = \frac{M}{W_w} \le f_t^w \qquad (11-2)$$

$$\tau_{max} = \frac{1.5V}{l_w t} \le f_v^w \qquad (11-3)$$

(2)I 字形截面:在中和轴处,虽然 $\sigma_M = 0$,但尚有 $\tau \ne 0$,在腹板与翼缘交接处,正应力和剪应力均较大,因而还应验算该处的折算应力:

图 11-15 对接焊缝受弯矩和剪力共同作用

$$\sqrt{\sigma_N^2 + 3\tau_{max}^2} \le 1.1 f_t^w \qquad (11-4)$$

【例题 11-2】 计算工字形截面牛腿与钢柱连接的对接焊缝强度(图 11-16),$F = 550$kN,偏心距 $e = 300$mm。钢材为 Q235-B,焊条为 E43 型,手工焊,焊缝为三级检验标准,上、下翼缘加引弧板施焊。

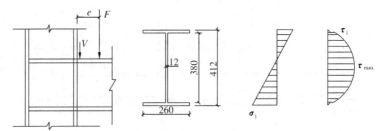

图 11-16 [例题 11-2]图

【解】 对接焊缝的计算截面与牛腿的截面相同,因而

$$I_x = \frac{1}{12} \times 1.2 \times 38^3 + 2 \times 1.6 \times 26 \times 19.8^2 + \frac{1}{12} \times 26 \times 1.6^3 \approx 38\,100\,cm^4$$

$$S_{x1} = 26 \times 1.6 \times 19.8 = 824\,cm^3$$

$$V = F = 550\,kN, \quad M = 550 \times 0.30 = 165\,kN \cdot m$$

最大正应力:

$$\sigma_{max} = \frac{M}{I_x} \cdot \frac{h}{2} = \frac{165 \times 10^6 \times 206}{38\,100 \times 10^4} = 89.2\,N/mm^2 < f_t^w = 185\,N/mm$$

最大剪应力:

$$\tau_{max} = \frac{VS_x}{I_x t} = \frac{550 \times 10^3}{38\,100 \times 10^4 \times 12} \times \left(260 \times 16 \times 198 + 190 \times 12 \times \frac{190}{2}\right)$$

$$= 125.1\text{N/mm}^2 \approx f_v^w = 125\text{N/mm}^2$$

上翼缘和腹板交接处"1"点的正应力:

$$\sigma_1 = \sigma_{max} \times \frac{190}{206} = 82\text{N/mm}^2$$

剪应力:

$$\tau_1 = \frac{VS_{x1}}{I_x t} = \frac{550 \times 10^3 \times 824 \times 10^3}{38\,100 \times 10^4 \times 12} = 99\text{N/mm}^2$$

由于"1"点同时受有较大的正应力剪应力,故应按$\sqrt{\sigma_1^2 + 3\tau_1^2} \leqslant 1.1 f_t^w$验算折算应力:

$$\sqrt{82^2 + 3 \times 99^2} = 190\text{N/mm}^2 < 1.1 \times 185 = 204\text{N/mm}^2$$

11.2.4 角焊缝连接构造及其计算

11.2.4.1 角焊缝的形式和强度

角焊缝分为直角焊缝和斜角焊缝(图11-17)。根据受力方向,又可分为平行于力作用方向的侧焊缝、垂直于力作用方向的端焊缝和与力作用方向斜交的斜焊缝。为方便,直角焊缝计算时,常取焊缝45°面为计算截面,则有效高度$h_e = 0.7h_f$。

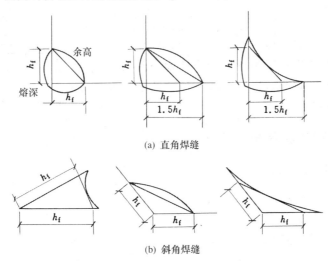

图11-17 角焊缝截面形式

角焊缝按剖面形式可分为普通形、平坡形和凹形。一般采用普通形,如两边的焊脚尺寸均为h_f。在正面角焊缝中,普通形角焊缝使传力线弯折较剧,应力集中严重,故直接承受动力荷载结构的正面角焊缝宜采用平坡形(焊脚尺寸比为1:1.5,反边顺内力方向)。在直接承受动力荷载的结构中,为使受力更好,也可采用凹形角焊缝,焊脚尺寸比为1:1(侧面角焊缝)和1:1.5(正面角焊缝)。

11.2.4.2 构造要求

当焊脚尺寸过小时,不易焊透;焊脚尺寸过大时,焊接残余应力和变形增加,浪费材料。为保证质量,《钢结构规范》作了限制角焊缝最小焊脚尺寸和最大焊脚尺寸的规定。

1. 最小焊脚尺寸

$h_{fmin} \geqslant 1.5\sqrt{t_{max}}$，$t_{max}$ 是较厚焊件的厚度。对埋弧自动焊,可减小 1mm;对 T 形连接的单面角焊缝,应增加 1mm,当焊件厚度小于或等于 4mm 时,则取 h_{fmin} 与焊件厚度相同。

2. 最大焊脚尺寸

$h_{fmax} \leqslant 1.2t_{min}$，$t_{min}$ 是较薄焊件的厚度。但当贴着板边施焊时,最大焊角尺寸尚应满足下列要求:当 $t \leqslant 6mm$ 时,取 $h_{fmax} \leqslant t$;当 $t > 6mm$ 时,取 $h_{fmax} = t-(1\sim2)mm$。

因此,在选择角焊缝的焊脚尺寸时,应符合下列要求 $h_{fmin} \leqslant h_f \leqslant h_{fmax}$,如图 11-18 所示。

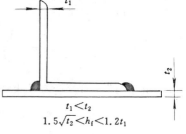

图 11-18 角焊缝厚度的规定

3. 侧焊缝最大计算长度

为保证受力均匀,一般规定侧焊缝的计算长度 $l_w \leqslant 60h_f$。

4. 角焊缝的最小计算长度

为防止焊缝长度过小而焊脚尺寸过大、局部加热和应力集中,规定角焊缝的计算长度不得小于 $8h_f$ 且不得小于 40mm。

5. 搭接长度

在搭接连接中,搭接长度不得小于构件较小厚度的 5 倍,且不得小于 25mm(图 11-19),这是为了减小接头中产生过大的焊接应力。

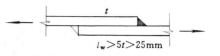

图 11-19 焊缝搭接连接

11.2.4.3 角焊缝及其连接的计算

1. 角焊缝的基本计算公式

角焊缝上的应力分布如图 11-20 所示。

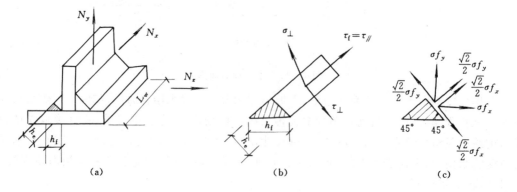

图 11-20 角焊缝应力分析

(1)在通过焊缝形心的拉力、压力或剪力作用下正面角焊缝(作用力垂直于焊缝长度方向):

$$\sigma_f = \frac{N}{h_e l_w} \leqslant \beta_f f_f^w$$

$$(11-5)$$

侧面焊缝(作用力平行于焊缝长度方向):

$$\tau_f = \frac{N}{h_e l_w} \leqslant f_f^w \tag{11-6}$$

(2) 在各种力综合作用下,σ_f 和 τ_f 共同作用处:

$$\sqrt{\left(\frac{\sigma_f}{\beta_f}\right)^2 + \tau_f^2} \leqslant f_f^w \tag{11-7}$$

式中,β_f 为正面角焊缝的强度设计值增大系数,取 1.22。显然,端焊缝的承载力是侧焊缝的 1.22 倍。

2. 轴心受力状态计算

一般用拼接盖板连接,焊缝可以是侧焊缝、端焊缝和三面围焊,也可以是菱形盖板,为的是使传力平顺和减少拼接盖板四角点处的应力集中现象,如图 11-21 所示。

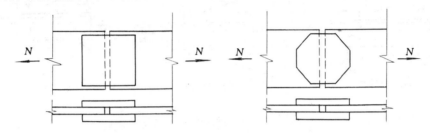

图 11-21　轴心力作用下角焊缝连接

侧焊缝:

$$\tau_f = \frac{N}{h_e \sum l_w} \leqslant f_f^w \tag{11-8}$$

端焊缝:

$$\sigma_f = \frac{N}{h_e \sum l_w} \leqslant \beta_f f_f^w \tag{11-9}$$

三面围焊:

假设破坏时各部分角焊缝都达到各自的极限强度,则

$$\frac{N}{\sum (\beta_f h_e l_w)} \leqslant f_f^w \tag{11-10}$$

式中　l_w——角焊缝计算长度,$l_w = L - 2h_f$,当采用绕角焊时,$l_w = L$;

　　　β_f——侧面角焊缝取 1.0,正面角焊缝取 1.22。

【例题 11-3】　试验算图 11-22 所示直角角焊缝的强度,已知焊缝承受的静态斜向力 $N = 280\text{kN}$,倾斜角度 $60°$,角焊缝的焊脚尺寸 $h_f = 8\text{mm}$,实际长度为 $l_w' = 155\text{mm}$,钢材为 Q235-B,手工焊,焊条为 E43 型。

【解】　将 N 分解为垂直于焊缝和平行于焊缝的分力,即

$$N_x = N\sin\theta = N\sin 60° = 280 \times \frac{\sqrt{3}}{2} = 242.5\text{kN}$$

$$N_y = N\cos\theta = N\cos 60° = 280 \times \frac{1}{2} = 140\text{kN}$$

$$\sigma_f = \frac{N_x}{2h_e l_w} = \frac{242.5 \times 10^3}{2 \times 0.7 \times 8 \times (155 - 16)} = 156 \text{N/mm}^2$$

$$\tau_f = \frac{N_y}{2h_e l_w} = \frac{140 \times 10^3}{2 \times 0.7 \times 8 \times (155 - 16)} = 90 \text{N/mm}^2$$

焊缝同时承受 σ_f 和 τ_f 作用,可用 $\sqrt{\left(\dfrac{\sigma_f}{\beta_f}\right)^2 + \tau_f^2} \leqslant f_f^w$ 验算:

$$\sqrt{\left(\frac{\sigma_f}{\beta_f}\right)^2 + \tau_f^2} = \sqrt{\left(\frac{156}{1.22}\right)^2 + 90^2} = 156 \text{N/mm}^2 < f_f^w = 160 \text{N/mm}^2$$

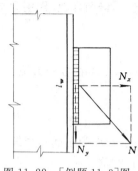

图 11-22 [例题 11-3]图

3. 角钢角焊缝

角钢角焊缝连接主要有两面侧焊、三面围焊和 L 形焊缝,如图 11-23 所示。

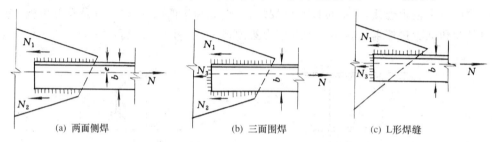

(a) 两面侧焊　　　　　　　(b) 三面围焊　　　　　　　(c) L形焊缝

图 11-23　角钢角焊缝的受力分配

采用侧面角焊缝连接时,虽然轴心力通过角钢截面形心,但由于角钢形心到肢背和肢尖的距离不相等,因此,肢背、肢尖焊缝受力也不相等。故在计算时,先由内力分配系数分别求得肢背、肢尖焊缝所应承担的力 N_1,N_2,再按强度验算公式计算。

$$N_1 = \frac{e_2}{e_1 + e_2} N = k_1 N$$

$$N_2 = \frac{e_1}{e_1 + e_2} N = k_2 N \tag{11-11}$$

式中,k_1,k_2 为角钢肢背、肢尖分配系数,如表 11-1 所示。

表 11-1　　　　　　　　　　　角钢角焊缝的内力分配系数

角钢类型	分配系数	
	k_1(角钢肢背)	k_2(角钢肢尖)
等边角钢	0.70	0.30
不等边角钢(短边相连)	0.75	0.25
不等边角钢(长边相连)	0.65	0.35

【例题 11-4】　确定图 11-24 所示承受静态轴心力的三面围焊连接的承载力及肢尖焊缝的长度,已知角钢为 2∟125×10,与厚度为 8mm 的节点板连接,其搭接长度为 300mm,焊脚尺寸 $h_f = 8$mm,钢材为 Q235-B,手工焊,焊条为 E43 型。

【解】　角焊缝强度设计值 $f_f^w = 160 \text{N/mm}^2$。焊缝内力分配系数为 $k_1 = 0.67$,$k_2 = 0.33$。正面角焊缝的长度等于相连角钢肢的宽度,即 $l_{w3} = b = 125$mm,则正面角焊缝所能承受的内力 N_3 为

$$N_3 = 2h_e l_{w3} \beta_f f_f^w = 2 \times 0.7 \times 8 \times 125 \times 1.22 \times 160 = 273.3 \text{kN}$$

肢背角焊缝所能承受的内力 N_1 为

$$N_1 = 2h_e l_w f_f^w = 2 \times 0.7 \times 8 \times (300-8) \times 160 = 523.3 \text{kN}$$

由

$$N_2 = \frac{N(b-e)}{b} - \frac{N_3}{2} = \alpha_1 N - \frac{N_3}{2}$$

知

$$N_1 = \alpha_1 N - \frac{N_3}{2} = 0.67N - \frac{273.3}{2} = 523.3 \text{kN}$$

则

$$N = \frac{523.3 + 136.6}{0.67} = 985 \text{kN}$$

由

$$N_2 = \frac{Ne}{b} - \frac{N_3}{2} = \alpha_2 N - \frac{N_3}{2}$$

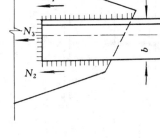

图 11-24 ［例题 11-4]图

计算肢尖焊缝承受的内力 N_2：

$$N_2 = \alpha_2 N - \frac{N_3}{2} = 0.33 \times 985 - 136.6 = 188 \text{kN}$$

由此可算出肢尖焊缝的长度为

$$l_{w2} = \frac{N_2}{2h_e f_f^w} + 8 = \frac{188 \times 10^3}{2 \times 0.7 \times 8 \times 160} + 8 = 113 \text{mm}$$

11.2.5 焊接应力和焊接变形

钢结构在焊接过程中,焊件局部范围加热至融化,而后又冷却凝固,结构经历了一个不均匀的升温冷却过程,导致焊件各部分热胀冷缩不均匀,从而在焊件中产生的变形和应力,称为焊接残余变形和应力。

11.2.5.1 焊接应力及其影响

1. 纵向

图 11-25(a)所示是两块钢板平接连接,焊接时,钢板焊缝一边受热,将沿焊缝方向纵向伸长。但伸长量会因钢板的整体性受到钢板两侧未加热区域的限制,由于这时焊缝金属是熔化塑性状态,伸长虽受限,却不产生应力。随后,焊缝金属冷却,恢复弹性,收缩受限将导致焊缝金属纵向受拉,两侧钢板则因焊缝收缩倾向牵制而受压,形成图示纵向焊接残余应力分布。

2. 横向

图 11-26 所示两块钢板平接,除产生上述纵向残余应力外,还可能产生垂直于长度方向的残余应力。从图中可以看到,焊缝纵向收缩将使两块钢板有相向弯曲变形的趋势。但钢板已焊成一体,弯曲变形将受到一定的约束,因此在焊缝中段将产生横向拉应力,在焊缝两侧将产生横向压应力。

3. 厚度

对于厚度较大的焊缝,外层焊缝因散热较快先冷却,故内层焊缝的收缩将受其限制,从而可能沿厚度方向也产生残余应力,形成三相应力场。

4. 影响

焊接残余应力在正常条件下不影响结构的强度承载力;焊接残余应力增大了结构的变形,

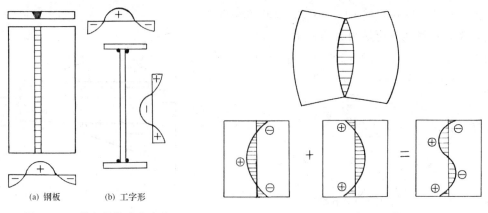

(a) 钢板	(b) 工字形	

图 11-25 纵向焊接残余应力 　　　　　　　　图 11-26　焊缝的横向应力

降低了结构的刚度;在低温下工作,易发生冷脆破坏,降低了结构的疲劳强度。

11.2.5.2　焊接残余变形

在焊接过程中,由于不均匀的加热,在焊接区局部产生了热塑性压缩变形,冷却时,焊接区要在纵向和横向收缩,势必导致构件产生局部鼓曲、弯曲、歪曲和扭转等。焊接残余变形包括纵、横向收缩、弯曲变形,角变形和扭曲变形等,且通常是几种变形的组合。任一焊接变形超过验收规范的规定时,必须进行校正,以免影响构件在正常使用条件下的承载能力。

11.2.5.3　减少焊接残余变形和焊接残余应力的方法

考虑到焊接残余应力和焊接残余变形对结构的不利影响,所以从设计到制造都应注意减少和消除焊接残余应力和焊接残余变形。如不要随意加大焊脚尺寸和焊缝长度,宜采用薄而短的焊缝;尽可能避免焊缝过分集中和相互交叉,特别是三向交叉;在构件上尽可能在对称位置布置焊缝,且设置焊缝处应考虑到施焊的方便性等;对重要结构,应将焊件进行预热,尤其是在严冬季节室外施焊时;选用合适的焊接规范和合理的施焊次序;对焊件采用反变形法,即事先给予与焊接变形反向的变形;对焊缝进行锤击;对焊件进行局部加热校正;等等。

11.2.6　螺栓连接的构造和工作性能

11.2.6.1　排列和构造

螺栓在构件上排列应简单、统一、整齐而紧凑,通常分为并列和错列两种形式(图 11-27)。

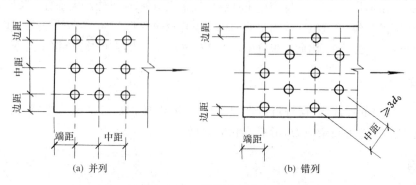

(a) 并列	(b) 错列

图 11-27　螺栓排列形式

并列比较简单整齐,所用连接板尺寸小,但由于螺栓孔的存在,对构件截面削弱较大。错列可以减小螺栓孔对截面的削弱,但螺栓孔排列不如并列紧凑,连接板尺寸较大。

螺栓在构件上的排列应满足受力、构造和施工要求:

(1)受力要求。在受力方向螺栓的端距过小时,钢材有被剪断或撕裂的可能。各排螺栓距和线距太小时,构件有沿折线或直线破坏的可能。对受压构件,当沿作用方向螺栓距过大时,被连板间易发生鼓曲和张口现象。

(2)构造要求。螺栓的中矩及边距不宜过大,否则,钢板间不能紧密贴合,潮气将侵入缝隙而使钢材锈蚀。

(3)施工要求。要保证一定的空间,便于转动螺栓扳手拧紧螺帽。

根据上述要求,规定了螺栓(或铆钉)的最大、最小容许距离,见表 11-2。

表 11-2 螺栓(或铆钉)的最大、最小容许距离

名　称	位置和方向			最大容许距离 (取二者的较小值)	最小容许距离
中心间距	外排(垂直内力方向或顺内力方向)			$8d_0$ 或 $12t$	$3d_0$
	中间排	垂直内力方向		$16d_0$ 或 $24t$	
		顺内力方向	构件受压力	$12d_0$ 或 $18t$	
			构件受拉力	$16d_0$ 或 $24t$	
	沿对角线方向			—	
中心至构件边缘距离	垂直内力方向	顺内力方向		$4d_0$ 或 $8t$	$2d_0$
		剪切边或手工气割边			$1.5d_0$
		轧制边、自动气割或锯割边	高强度螺栓		
			其他螺栓或铆钉		$1.2d_0$

注:① d_0 为螺栓或铆钉的孔径,t 为外层较薄板件的厚度;

　　② 钢板边缘与刚性构件(如角钢、槽钢等)相连的螺栓或铆钉的最大间距,可按中间排的数值采用。

11.2.6.2　构造要求

螺栓连接除了满足上述螺栓排列的容许距离外,根据不同情况,尚应满足下列构造要求:

(1)为了使连接可靠,每一杆件在节点以及拼接接头的一端,永久性螺栓数不宜少于 2 个。但根据实践经验,对于组合构件的缀条,其端部连接可采用 1 个螺栓。

(2)对直接承受动力荷载的普通螺栓连接,应采用双螺帽或其他防止螺帽松动的有效措施,例如采用弹簧垫圈或将螺帽或螺杆焊死等方法。

(3)由于 C 级螺栓与孔壁有较大间隙,只宜用于沿其杆轴方向受拉的连接。在承受静力荷载结构的次要连接、可拆卸结构的连接和临时固定构件用的安装连接中,也可用 C 级螺栓受剪。但在重要的连接中,例如制动梁或吊车梁上翼缘与柱的连接,由于传递制动梁的水平支承反力,同时受到反复动力荷载作用,不得采用 C 级螺栓。柱间支撑与柱的连接,以及在柱间支撑处吊车梁下翼缘的连接,因承受着反复的水平制动力和卡轨力,应优先采用高强度螺栓。

(4)沿杆轴方向受拉的螺栓连接中的端板(法兰板),应适当加强其刚度(如加设加劲肋)。

11.2.7 螺栓连接的计算

普通螺栓连接按受力情况可分为三类:螺栓只承受剪力;螺栓只承受拉力;螺栓承受拉力和剪力的共同作用。

11.2.7.1 受剪连接的工作性能

抗剪连接是最常见的螺栓连接。如果以图 11-28(a)所示的螺栓连接试件作抗剪试验,可得出试件上 a,b 两点之间的相对位移 δ 与作用力 N 的关系曲线(图 11-28(b))。该曲线给出了试件由零载一直加载至连接破坏的全过程,共经历了以下四个阶段。

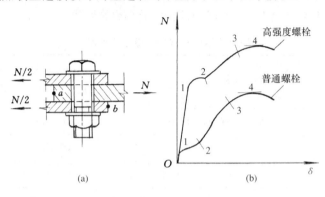

图 11-28 单个螺栓抗剪试验结果

1. 摩擦传力的弹性阶段

在施加荷载之初,荷载较小,荷载靠构件间接触面的摩擦力传递,螺栓杆与孔壁之间的间隙保持不变,连接工作处于弹性阶段,在 N-δ 图上呈现出 0—1 斜直线段。但由于板件间摩擦力的大小取决于拧紧螺帽时在螺杆中的初始拉力,一般说来,普通螺栓的初拉力很小,故此阶段很短。

2. 滑移阶段

当荷载增大,连接中的剪力达到构件间摩擦力的最大值,板件间产生相对滑移,其最大滑移量为螺栓杆与孔壁之间的间隙,直至螺栓与孔壁接触,相应于 N-δ 曲线上的 1—2 水平段。

3. 栓杆传力的弹性阶段

荷载继续增加,连接所承受的外力主要靠栓杆与孔壁接触传递。栓杆除主要受剪力外,还有弯矩和轴向拉力,而孔壁则受到挤压。由于栓杆的伸长受到螺帽的约束,增大了板件间的压紧力,使板件间的摩擦力也随之增大,所以,N-δ 曲线呈上升状态。达到"3"点时,曲线开始明显弯曲,表明螺栓或连接板达到弹性极限,此阶段结束。

4. 破坏阶段

受剪螺栓连接达到极限承载力时,可能的破坏形式有:① 当栓杆直径较小,板件较厚时,栓杆可能先被剪断(图 11-29(a));② 当栓杆直径较大,板件较薄时,板件可能先被挤坏(图

11-29(b)),由于栓杆和板件的挤压是相对的,故也可把这种破坏叫做螺栓承压破坏;③ 端距太小,端距范围内的板件有可能被栓杆冲剪破坏(图 11-29(c));④ 板件可能因螺栓孔削弱太多而被拉断(图 11-29(d))。

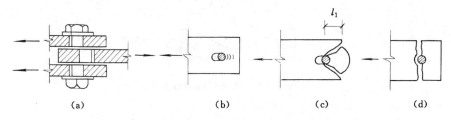

图 11-29 受剪螺栓连接的破坏形式

上述第③种破坏形式由螺栓端距 $l_1 \geqslant 2d_0$ 保证,第④种破坏属于构件的强度验算,因此,普通螺栓的受剪连接只考虑①,②两种破坏形式。

11.2.7.2 单个普通螺栓的受剪计算

普通螺栓的受剪承载力主要由栓杆受剪和孔壁承压两种破坏模式控制,因此,应分别计算,取其小值进行设计。计算时,做了如下假定:① 栓杆受剪计算时,假定螺栓受剪面上的剪应力是均匀分布的;② 孔壁承压计算时,假定挤压力沿栓杆直径平面(实际上是相应于栓杆直径平面的孔壁部分)均匀分布。考虑一定的抗力分项系数后,得到普通螺栓受剪连接中,每个螺栓的受剪和承压承载力设计值。

受剪承载力设计值:

$$N_v^b = n_v \frac{\pi d^2}{4} f_v^b$$

受压承载力设计值:

$$N_c^b = d \sum t f_c^b$$

式中 n_v——受剪面数目,对于单剪,$n_v=1$,对于双剪,$n_v=2$,对于四剪,$n_v=4$;

d——螺栓杆直径;

$\sum t$——在不同受力方向中一个受力方向承压构件总厚度的较小值;

f_v^b,f_c^b——螺栓的抗剪和承压强度设计值。

11.2.7.3 普通螺栓群受剪连接计算

试验证明,螺栓群的受剪连接承受轴心力时,与侧焊缝的受力相似,在长度方向,各螺栓受力是不均匀的(图 11-30),两端受力大,中间受力小。当连接长度 $l_1 \leqslant 15d_0$(d_0 为螺孔直径)时,由于连接工作进入弹塑性阶段后,内力发生重分布,螺栓群中各螺栓受力逐渐接近,故可认为轴心力 N 由每个螺栓平均分担,即螺栓数 n 为

$$n = \frac{N}{N_{min}^b} \tag{11-12}$$

式中,N_{min}^b 为单个螺栓受剪承载力设计值与承压承载力设计值的较小值。

【例题 11-5】 设计一截面为 -16×340 的钢板拼接连接,采用两块拼接板($t=9$mm)和 C级螺栓连接,钢板和螺栓均采用 Q235 钢,钢板承受轴心拉力,设计值 $N=580$kN(图 11-31)。

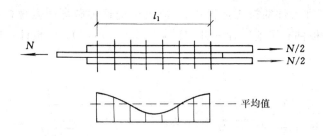

图 11-30 螺栓的内力分布

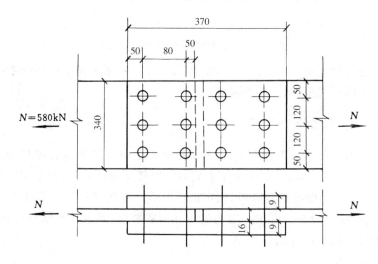

图 11-31 ［例题 11-5］图

【解】 选用 C 级螺栓 M22，$f_v^b = 140\text{N/mm}^2$，承压强度设计值 $f_c^b = 305\text{N/mm}^2$。

每只螺栓抗剪和承压承载力设计值分别为

$$N_v^b = \frac{n_v \pi d^2 f_v^b}{4} = \frac{2 \times 3.14 \times 22^2 \times 140 \times 10^{-3}}{4} = 106.44\text{kN}$$

$$N_c^b = d \sum t f_c^b = 22 \times 16 \times 305 \times 10^{-3} = 107.36\text{kN}$$

连接一侧所需螺栓数：

$$n = \frac{N}{N_{\min}^b} = \frac{580}{106.44} = 5.5$$

所以，拼接每侧采用 6 只螺栓并列排列。螺栓的间距根据构造要求，排列如图 11-31 所示。

钢板净截面强度验算：

$$d_0 = d + 2\text{mm}$$

$$\sigma = \frac{N}{A_n} = \frac{580 \times 10^3}{(340 - 3 \times 24) \times 16} = 135.3\text{N/mm}^2 < f = 215\text{N/mm}^2$$

11.2.8 普通螺栓的受拉连接

11.2.8.1 普通螺栓受拉的工作性能

沿螺栓杆轴方向受拉时，一般很难做到拉力正好作用在螺杆轴线上，而是通过水平板件传递，如图 11-32 所示。若与螺栓直接相连的翼缘板的刚度不是很大，由于翼缘的弯曲，使螺栓受到撬力的附加作用，杆力增加到 $N_t = N + Q$。其中，Q 称为撬力。撬力的大小与翼缘板厚度、螺杆直径、螺栓位置和连接总厚度等因素有关。

11.2.8.2 单个普通螺栓的受拉承载力

采用上述方法考虑撬力之后，单个螺栓的受拉承载力的设计值为

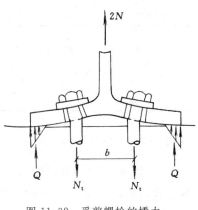

图 11-32 受剪螺栓的撬力

$$N_t^b = A_e f_t^b = \frac{\pi d_e^2}{4} \cdot f_t^b \qquad (11\text{-}13)$$

式中 A_e——螺栓有效截面积；

d_e——螺纹处的有效直径（见附录表 D6）。

11.2.8.3 普通螺栓群受拉

图 11-33 所示螺栓群轴心受拉，由于垂直于连接板的肋板刚度很大，通常假定各个螺栓平均受拉，则连接所需的螺栓数为

$$n = \frac{N}{N_t^b} \qquad (11\text{-}14)$$

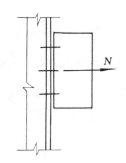

图 11-33 螺栓群承受轴心拉力

11.2.9 高强度螺栓连接的工作性能和计算

11.2.9.1 高强度螺栓摩擦型连接

1. 受剪连接承载力

摩擦型连接的承载力取决于构件接触面的摩擦力，而此摩擦力的大小与螺栓所受预拉力和摩擦面的抗滑移系数以及连接的传力摩擦面数有关。因此，一个摩擦型连接高强度螺栓的受剪承载力设计值为

$$N_v^b = 0.9 n_f \mu P \qquad (11\text{-}15)$$

式中 0.9——抗力分项系数 γ_R 的倒数，即取 $\gamma_R = 1/0.9 = 1.111$；

n_f——传力摩擦面数目，单剪时，$n_f = 1$，双剪时，$n_f = 2$；

μ——摩擦面抗滑移系数，按表 11-3 采用；

P——单个高强螺栓的设计预拉力，按表 11-4 采用。

表 11-3 摩擦面抗滑移系数

在连接处构件接触面的处理方法	构件的钢号		
	Q235 钢	Q345 钢，Q390 钢	Q420 钢
喷　砂	0.45	0.50	0.50
喷砂后涂无机富锌漆	0.35	0.40	0.40
喷砂后生赤锈	0.45	0.50	0.50
钢丝刷清除浮锈或未经处理的干净轧制表面	0.30	0.35	0.40

表 11-4　　　　　　　　　　　　　　　　单个高强螺栓的设计预拉力　　　　　　　　　　　　　　　　kN

螺栓的性能等级	螺栓公称直径					
	M16	M20	M22	M24	M27	M30
8.8 级	80	125	150	175	230	280
10.9 级	100	155	190	225	290	355

2. 受拉连接承载力

如前所述,为提高强度螺栓连接在承受拉力作用时能使被连接板间保持一定的压紧力,《钢结构规范》规定在杆轴方向承受拉力的高强度螺栓摩擦型连接中,单个高强度螺栓受拉承载力设计值为

$$N_t^b = 0.8P \qquad (11\text{-}16)$$

对承压型连接的高强度螺栓,N_t^b 应按普通螺栓的公式计算(但强度设计取值不同)。

3. 同时承受剪力和拉力连接的承载力

如前所述,当螺栓所受外拉力时,虽然螺杆中的预拉力 P 基本不变,但板层间压力将减少到 $P - N_t$。试验研究表明,这时接触面的抗滑移系数值也有所降低,而且值随 N_t 的增大而减小,试验结果表明,外加剪力 N_v 和拉力 N_t 与高强螺栓的受拉、受剪承载力设计值之间具有线性相关关系,故《钢结构规范》规定,当高强度螺栓摩擦型连接同时承受摩擦面间的剪力和螺栓杆轴方向的外拉力时,其承载力应按下式计算:

$$\frac{N_v}{N_v^b} + \frac{N_t}{N_t^b} \leqslant 1 \qquad (11\text{-}17)$$

式中　　N_v, N_t——高强螺栓所承受的剪力和拉力设计值;

　　　　N_v^b, N_t^b——单个高强螺栓的受剪、受拉承载力设计值。

11.2.9.2　高强度螺栓承压型连接计算

1. 受剪连接承载力

高强度螺栓承压型连接的计算方法与普通螺栓连接相同,只是应采用承压型连接高强度螺栓的强度设计值。当剪切面在螺纹处时,承压型连接高强度螺栓的抗剪承载力应按螺纹处的有效截面计算。但对于普通螺栓,其抗剪强度设计值是根据连接的试验数据统计而定的,试验时,不论剪切面是否在螺纹处,计算抗剪强度设计值时用公称直径。

2. 受拉连接承载力

承压型连接高强螺栓沿杆轴方向受拉时,《钢结构规范》给出了相应强度级别的螺栓强度设计值 $f_t^b \approx 0.48 f_u^b$,抗拉承载力的计算公式与普通螺栓相同,只是抗拉强度设计值不同。

3. 同时承受剪力和拉力连接的承载力

同时承受剪力和杆轴方向拉力的承压型连接高强度螺栓的计算方法与普通螺栓相同,即

$$\sqrt{\left(\frac{N_v}{N_v^b}\right)^2 + \left(\frac{N_t}{N_t^b}\right)^2} \leqslant 1 \qquad (11\text{-}18)$$

$$N_v \leqslant \frac{N_c^b}{1.2} \qquad\qquad (11\text{-}19)$$

式中　N_v，N_t——高强螺栓所承受的剪力和拉力设计值；

　　　N_v^b，N_t^b，N_c^b——单个高强螺栓的受剪、受拉和受压承载力设计值。

　　由于在剪应力单独作用下，高强度螺栓对板层间产生强大压紧力。当板层间的摩擦力被克服、螺杆与孔壁接触时，板件孔前区形成三向应力场，因而承压型连接高强度螺栓的承压强度比普通螺栓高得多，二者相差约 50%。当承压型连接高强度螺栓受有杆轴拉力时，板层间的压紧力随外拉力的增加而减小，因而其承压强度设计值也随之降低。为了计算简便，《钢结构规范》规定，只要有外拉力存在，就将承压强度除以 1.2 予以降低，而未考虑承压强度设计值变化幅度随外拉力大小而变化这一因素。因为所有高强度螺栓的外拉力一般均不大于 $0.8P$。此时，可以认为整个板层间始终处于紧密接触状态，采用统一除以 1.2 的做法来降低承压强度，一般能保证安全。

11.3　受弯构件

11.3.1　受弯构件的形式和应用

11.3.1.1　实腹式受弯构件——钢梁

　　在工业与民用建筑中，钢梁主要用作楼盖梁、工作平台梁、吊车梁、墙架梁及檩条等。按梁的支承情况，可将梁分为简支梁、连续梁和悬臂梁等。按梁在结构中的作用不同，可将梁分为主梁和次梁。按截面是否沿构件轴线方向变化，可将梁分为等截面梁和变截面梁。改变梁的截面，会增加一些制作成本，但可达到节省材料的目的。

　　钢梁按制作方法的不同可分为型钢梁和焊接组合梁。型钢梁又分为热轧型钢梁和冷弯薄壁型钢梁两种。目前常用的热轧型钢有普通工字钢、槽钢、热轧 H 型钢等（图 11-34(a)—(c)）。冷弯薄壁型钢梁截面种类较多，但在我国，目前常用的有 C 形槽钢（图 11-34(d)）和 Z 形钢（图 11-34(e)）。冷弯薄壁型钢是通过冷轧加工成形的，板壁都很薄，截面尺寸较小。在梁跨较小、承受荷载不大的情况下采用比较经济，如屋面檩条和墙梁。型钢梁具有加工方便、成本低廉的优点，在结构设计中应优先选用。但由于型钢规格型号所限，在大多数情况下，用钢量要多于焊接组合梁。如图 11-34(f)，(g)所示，由钢板焊成的组合梁在工程中应用较多，当抗弯承载力不足时，可在翼缘加焊一层翼缘板。当梁所受荷载较大而梁高受限或者截面抗扭刚度要求较高时，可采用箱形截面（图 11-34(h)）。

　　在钢梁中，除少数情况如吊车梁、起重机大梁和上承式铁路板梁桥等可单独或成对地布置外，通常是由许多梁（常有主梁和次梁）纵横交叉连接组成梁格，并在梁格上铺放直接承受荷载的钢或钢筋混凝土面板，例如楼盖或屋盖、工作平台和闸门等。

　　梁格按主次梁排列情况可分成以下三种形式。

　　(1) 简单梁格（图 11-35(a)）：只有主梁，适用于主梁跨度较小或面板长度较大的情况。

　　(2) 普通梁格（图 11-35(b)）：在主梁间另设次梁，次梁上再支承面板，适用于大多数梁格尺寸和情况，应用最广。

　　(3) 复杂梁格（图 11-35(c)）：在主梁间设纵向次梁，次梁间再设横向次梁，此种梁格荷载传递层次多，构造复杂，只用在主梁跨度大和荷载大时。

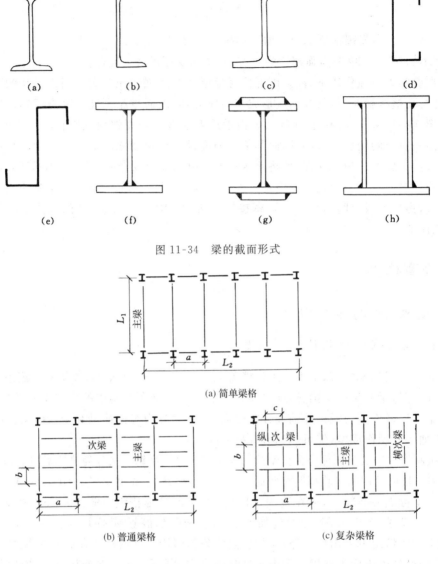

图 11-34　梁的截面形式

(a) 简单梁格

(b) 普通梁格

(c) 复杂梁格

图 11-35　梁格的形式

11.3.1.2　格构式受弯构件——桁架

　　主要承受横向荷载的格构式受弯构件称为桁架,与梁相比,其特点是以弦杆代替翼缘,以腹杆代替腹板,而在各节点将腹杆与弦杆连接。这样,桁架整体受弯时,弯矩表现为上、下弦杆的轴心压力和拉力,剪力则表现为各腹杆的轴心压力或拉力。钢桁架可以根据不同使用要求制成所需的外形,对跨度和高度较大的构件,其钢材用量比实腹式梁有所减少,而刚度却有所增加。只是桁架的杆件和节点较多,构造较复杂,制作较为费工。

　　钢桁架的结构类型有以下几种(图 11-36):① 简支梁式。此种桁架受力明确,不受支座沉陷的影响。② 刚架横梁式。此种桁架提高水平刚度,常用于单层厂房结构。③ 连续式。此种桁架增加刚度,节约材料。④ 伸臂式。此种桁架节约材料,不受支座影响。⑤ 悬臂式。此种桁架主要承受水平荷载引起的弯矩。

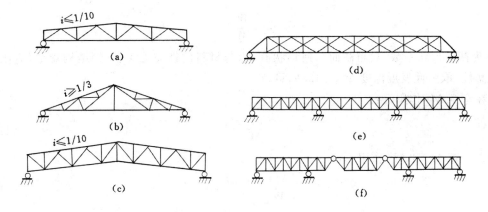

图 11-36 梁式桁架的形式

11.3.2 梁的强度和刚度

11.3.2.1 梁的强度

设计钢梁应同时满足第一种和第二种极限状态的要求。第一种极限状态是承载力极限,包括强度和稳定两个方面。第二种极限状态是正常使用极限,包括刚度条件。

梁的强度包括抗弯强度、抗剪强度、局部承压强度和复杂应力作用下的强度。

1. 弯曲正应力

各荷载阶段梁截面上的正应力分布如图 11-37 所示。

(1) 弹性工作阶段:钢梁的最大应变小于极限应变时,梁属于全截面弹性工作(图 11-37(a)),则

$$M_e = f_y W_n$$

(2) 弹塑性工作阶段:截面上、下各一高为 a 的塑性区域,中间仍为弹性(图 11-37(c)),则

$$\sigma = \frac{M_x}{W_n} \leqslant f$$

(3) 塑性工作阶段:塑性区不断向内发展,弹性区域消失,形成塑性铰,承载力达到极限(图 11-37(d)),则最大弯矩为

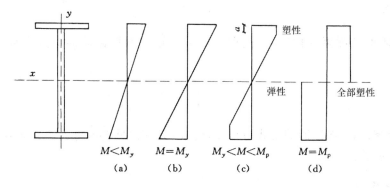

图 11-37 各荷载阶段梁截面上的正应力分布

$$M_p = f_y W_{pn}$$

$$\gamma_R = \frac{W_{pn}}{W_n}$$

γ_R 称为截面形状系数,只与截面几何形状有关,与材料的性质无关。《钢结构规范》有限制地利用塑性,取塑性发展深度 $a \leqslant 0.125h$,可得

在弯矩 M_x 作用下:

$$\frac{M_x}{\gamma_x W_{nx}} \leqslant f \tag{11-20}$$

在弯矩 M_x 和 M_y 作用下:

$$\frac{M_x}{\gamma_x W_{nx}} + \frac{M_y}{\gamma_y W_{ny}} \leqslant f \tag{11-21}$$

式中,γ_x,γ_y 为截面塑性发展系数,按表 11-5 取值。

表 11-5 截面塑性发展系数取值

截面形式	γ_x	γ_y	截面形式	γ_x	γ_y
		1.2	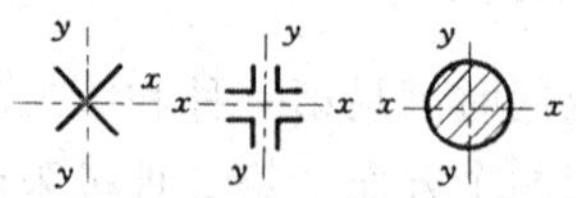	1.2	1.2
	1.05				
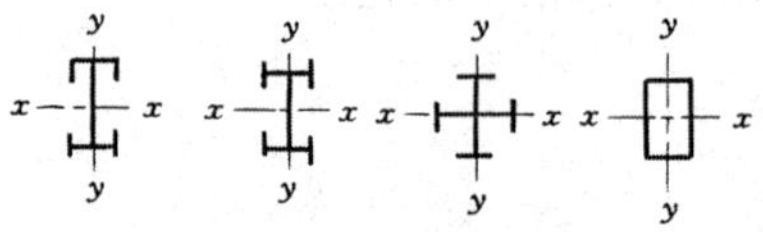		1.05	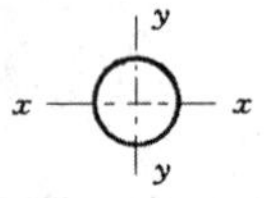	1.15	1.15
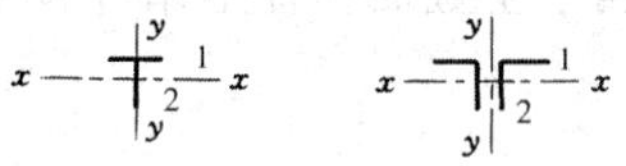	$\gamma_{x1}=1.05$	1.2	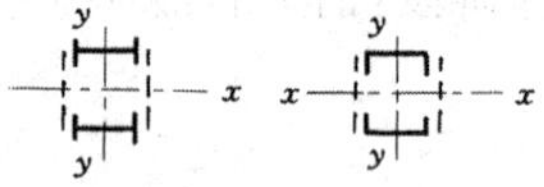		1.05
	$\gamma_{x2}=1.2$	1.05		1.0	1.0
					1.0

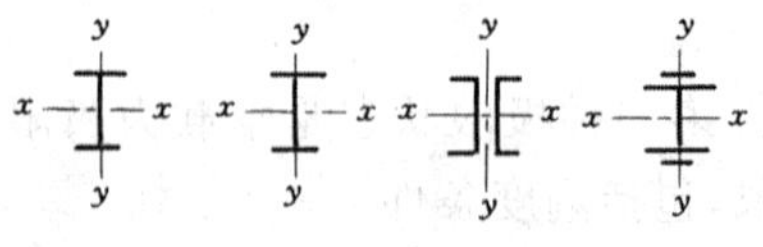

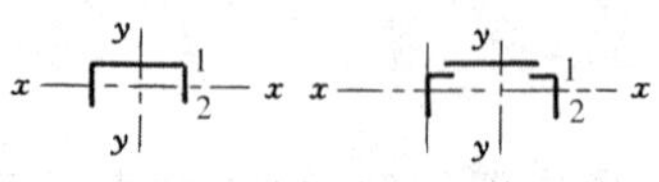

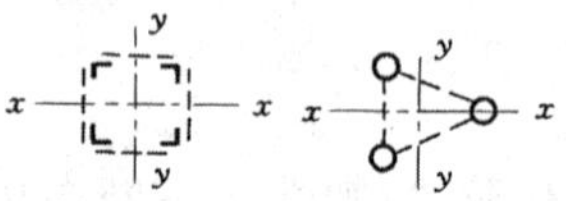

2. 剪应力

通常,梁既承受弯矩,同时又承受剪力。工字形和槽形截面的剪应力分布如图 11-38 所示。

$$\tau_{max} = \frac{VS}{I t_w} \leqslant f_v \tag{11-22}$$

对型钢梁来说,一般都能满足式(11-22)要求,只有在最大剪力处的截面有较大削弱时,才需进行剪力验算。

3. 局部压应力

梁在固定集中荷载处如无支承加劲肋,或有移动的集中荷载时,应计算腹板计算高度边缘的局部应力,如图 11-39 所示。

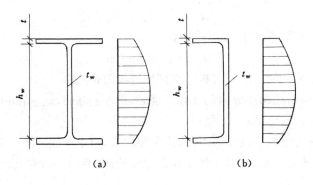

(a)   (b)

图 11-38　剪应力分布

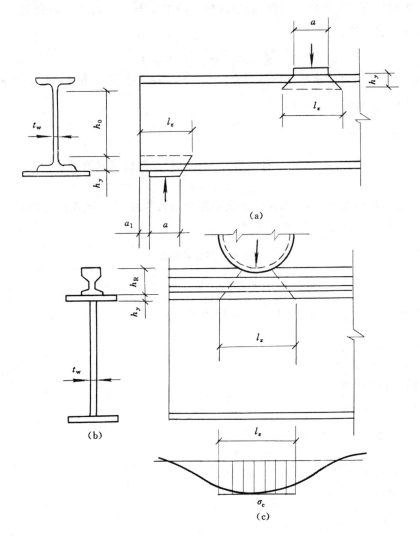

图 11-39　腹板边缘局部压应力的分布

$$\sigma_c = \frac{\psi F}{t_w l_z} \leqslant f \qquad\qquad (11\text{-}23)$$

式中　l_z——集中荷载在梁上的分布长度,荷载作用于梁中部时,按下式计算:

$$l_z = a + 5h_y + 2h_R$$

荷载作用于梁端时,按下式计算:

$$l_z = a + 2.5h_y + a_1$$

h_y——梁承受荷载的边缘到腹板计算高度边缘的距离;

a——集中荷载沿梁跨度方向的支撑长度,对吊车轮压可取为 50mm;

h_R——轨道的高度,计算处无轨道时,$h_R = 0$;

a_1——梁端到支座板外边缘的距离,按实际取值,但小于或等于 $2.5h_y$;

ψ——集中荷载增大系数,对重级工作制吊车轮压,$\psi = 1.35$;对其他荷载,$\psi = 1.0$。

4. 折算应力

在梁的腹板计算高度边缘处,若同时受有较大的正应力 σ、剪应力 τ 和局部压应力 σ_L 时,其折算应力按下式计算:

$$\sqrt{\sigma^2 + \sigma_L^2 - \sigma\sigma_L + 3\tau^2} \leqslant \beta_1 f$$

式中,β_1 为计算折算应力的强度设计值增大系数,当 σ 与 σ_L 异号时,取 $\beta_1 = 1.2$;当 σ 与 σ_L 同号或 $\sigma_L = 0$ 时,取 $\beta_1 = 1.1$。

11.3.2.2 梁的刚度

在正常作用条件下,构件产生的挠度应小于规范规定的挠度限值,即:

$$v \leqslant [v] \tag{11-24}$$

式中　v——由荷载标准值(不考虑荷载分项系数和动力系数)产生的最大挠度;

$[v]$——梁的容许挠度值,参见表 11-6。

表 11-6　　　　　　　　　　　受弯构件挠度容许值

项次	构件类别	挠度容许值	
		$[v_T]$	$[v_Q]$
1	吊车梁和吊车桁架(按自重和起重量最大的一台吊车计算挠度): (1) 手动吊车和单梁吊车(含悬挂吊车) (2) 轻级工作制桥式吊车 (3) 中级工作制桥式吊车 (4) 重级工作制桥式吊车	$l/500$ $l/800$ $l/1000$ $l/1200$	—
2	手动或电动葫芦的轨道梁	$l/400$	—
3	有重轨(重量等于或大于 38kg/m)轨道的工作平台梁 有轻轨(重量等于或小于 24kg/m)轨道的工作平台梁	$l/600$ $l/400$	—
4	楼(屋)盖梁或桁架、工作平台梁(第 3 项除外)和平台板: (1) 主梁或桁架(包括设有悬挂起重设备的梁和桁架) (2) 抹灰顶棚的次梁 (3) 除(1)、(2)款外的其他梁(包括楼梯梁) (4) 屋盖檩条 　支承无积灰的瓦楞铁和石棉瓦等屋面者 　支承压型金属板、有积灰的瓦楞铁和石棉瓦等屋面者 　支承其他屋面材料者 (5) 平台板	$l/400$ $l/250$ $l/250$ $l/150$ $l/200$ $l/200$ $l/150$	$l/500$ $l/350$ $l/300$ — —

项次	构件类别	挠度容许值	
		$[v_I]$	$[v_Q]$
5	墙架构件(风荷载不考虑阵风系数): (1) 支柱	—	$l/400$
	(2) 抗风桁架(作为连续支柱的支承时)	—	$l/1000$
	(3) 砌体墙的横梁(水平方向)	—	$l/300$
	(4) 支承压型金属板、瓦楞铁和石棉瓦墙面的横梁(水平方向)	—	$l/200$
	(5) 带有玻璃窗的横梁(竖直和水平方向)	$l/200$	$l/200$

注:① l 为受弯构件的跨度(对悬臂梁和伸臂梁为悬伸长度的 2 倍);

② $[v_I]$ 为永久和可变荷载标准值产生的挠度(如有起拱,应减去拱度)的容许值,$[v_Q]$ 为可变荷载标准值产生的挠度的容许值。

11.3.3 梁的整体稳定性

图 11-40 所示的梁在弯矩作用下上翼缘受压、下翼缘受拉,使梁犹如受压构件和受拉构件的组合体。对于受压的上翼缘,可沿刚度较小的翼缘板平面外方向屈曲,但腹板和稳定的受拉下翼缘对其提供了此方向连续的抗弯和抗剪约束,使它不可能在这个方向上发生屈曲。当外荷载产生的翼缘压力达到一定值时,翼缘板只能绕自身的强轴发生平面内的屈曲,对整个梁来说,上翼缘发生了侧向位移,同时带动相连的腹板和下翼缘发生侧向位移并伴有整个截面的扭转,这时称梁发生了整体的弯扭失稳或侧向失稳。

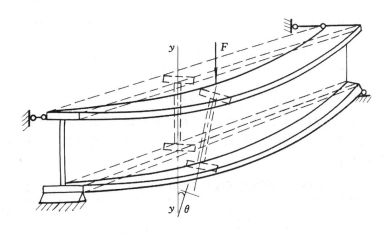

图 11-40 双轴对称工字形简支梁受纯弯时的临界状态

梁临界弯矩的影响因素:

(1) 梁的侧向抗弯刚度和抗扭刚度。刚度愈大,临界弯矩愈大。

(2) 梁受压翼缘的自由长度。梁侧向支承点间距愈小,临界弯矩愈大。

(3) 荷载类型和弯矩图形状。梁的弯矩图形状愈接近于矩形,临界弯矩愈小。

(4) 荷载作用于截面的不同位置。荷载作用于梁的上翼缘,促使梁截面扭转,临界弯矩较小;荷载作用于梁的下翼缘,阻碍梁截面扭转,临界弯矩较大。

11.3.3.1 梁的整体稳定的保证

为了保证梁的整体稳定或增强梁抗整体失稳的能力,当梁上有密铺的刚性铺板时,应使之与梁的受压翼缘连接牢固(图 11-41(a));若无刚性铺板或铺板与梁受压翼缘连接不可靠,则应设置平面支撑(图 11-41(b))。

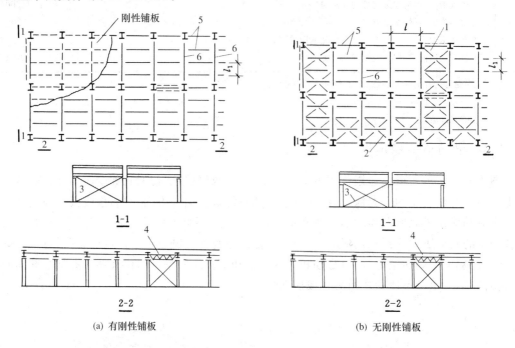

(a) 有刚性铺板

(b) 无刚性铺板

1—横向平面支撑；2—纵向平面支撑；3—柱间垂直支撑；4—主梁间垂直支撑；5—次梁；6—主梁

图 11-41 楼盖或工作平台梁格

当满足以下条件时,可不进行整体稳定性验算:

(1) 当简支梁上有铺板在受压翼缘上,并与其可靠相连,能阻止梁受压翼缘横向位移时。

(2) H 型钢或等截面工字形截面简支梁受压翼缘的侧向自由长度 l_1 及其宽度 b 的比值不超过表 11-7 的数值时。

表 11-7   H 型钢或等截面工字形截面简支梁不需要计算稳定性的最大 l_1/b 值

钢材	跨中无侧向支撑点的梁		跨度中点有侧向支撑点的梁 (不论荷载作用于何处)
	荷载作用在上翼缘	荷载作用在下翼缘	
Q235	13.0	20.0	16.0
Q345	10.5	16.5	13.0
Q390	10.0	15.5	12.5
Q420	9.5	15.0	12.0

11.3.3.2 梁整体稳定计算

当不满足前述不必计算整体稳定条件时,应按式(11-25)对梁的整体稳定进行计算:

$$\frac{M_x}{\varphi_b W_x} \leq f \tag{11-25}$$

式中　M_x——绕强轴作用的最大弯矩;

　　　W_x——按受压纤维确定的梁毛截面模量;

　　　φ_b——梁的整体稳定系数,应按《钢结构规范》附录 B 确定。

上述整体稳定系数是按弹性稳定理论求得的。研究证明,当整体稳定系数大于 0.6 时,梁进入非弹性工作阶段,临界应力有明显降低,必须用式(11-26)对整体稳定系数进行修正。《钢结构规范》规定,当按上述方法确定的 $\varphi_b > 0.6$ 时,以式(11-26)求得的 φ_b' 代替 φ_b 进行整体稳定计算:

$$\varphi_b' = 1.07 - \frac{0.282}{\varphi_b} < 1.0 \tag{11-26}$$

当梁的整体稳定承载力不足时,可采用加大梁的截面尺寸或增加侧向支撑的办法予以解决,前一种办法中,尤其是增大受压翼缘的宽度为最有效。

【例题 11-6】 热轧普通工字钢简支梁如图 11-42 所示,型号 I36a,跨度为 5m,梁上翼缘作用有均布荷载设计值 $q = 36kN/m$(包括自重),跨中无侧向支承。试验算此梁的强度、刚度和稳定性。钢材为 Q235B。

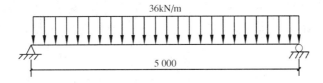

图 11-42　热轧普通工字钢简支梁

【解】 (1)最大弯矩设计值

$$M_{max} = \frac{1}{8}ql^2 = \frac{1}{8} \times 36 \times 5^2 = 1\,125kN \cdot m$$

查附录表 D5(型钢 I36a)得 $W_x = 878cm^3$，　$I_x = 15\,796cm^4$。

(2)验算

抗弯强度:$\dfrac{M_{max}}{\gamma_x W_x} = \dfrac{112.5 \times 10^6}{1.05 \times 878 \times 10^6} = 122N/mm^2 < f = 215N/mm^2$,满足。

抗剪强度:截面无削弱,型钢不必计算。

局部承压:翼缘上承受均匀荷载,可不作局部承压验算。

刚度:按荷载标准值计算,荷载分项系数取平均值 1.3。

$$q_k = \frac{36}{1.3} = 27.69kN/m = 27.69N/mm$$

$$\omega_{max} = \frac{5}{384} \times \frac{q_k l^4}{EI_x} = \frac{5}{384} \times \frac{27.69 \times 5\,000^4}{2.06 \times 10^5 \times 15\,796 \times 10^4} = 6.9mm < \frac{l}{250} = 20mm\,(满足)$$

整体稳定:查附录 D 得 $\varphi_b = 0.73 > 0.6$,$\varphi_b' = 1.07 - \dfrac{0.282}{0.73} = 0.684$。

$$\frac{M_{max}}{\varphi_b W_x} = \frac{112.5 \times 10^6}{0.684 \times 878 \times 10^3} = 187N/mm^2 < f = 215N/mm^2\,(满足)$$

截面无削弱,可不验算净截面的抗弯刚度。

【例题 11-7】 某焊接工字形截面简支梁如图 11-43 所示,跨度 15m。在跨度三分点处有侧向支承,集中荷载设计值 $F = 160kN$,钢材 Q235,梁自重 1.25kN/m(标准值)。试验算该梁的整体稳定性。

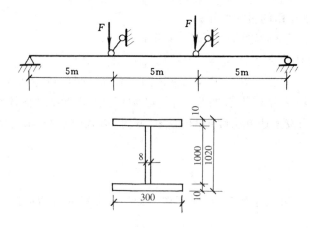

图 11-43 某焊接工字形截面简支梁

【解】 $\dfrac{l_1}{b}=\dfrac{5\,000}{300}=16.67>16$，要验算梁的整体稳定性。

跨度中点最大弯矩：

$$M_{\max}=160\times5+\frac{1}{8}\times1.2\times1.25\times15^2=842.2\text{kN}\cdot\text{m}$$

截面几何特征：

$$A=2\times30\times1+100\times0.8=140\text{cm}^2$$

$$I_x=\frac{0.8\times100^3}{12}+2\times30\times1\times50.5^2=219\,682\text{cm}^4$$

$$W_x=\frac{219\,682}{51}=4\,307\text{cm}^3$$

$$I_y=2\times\frac{1}{12}\times1\times30^3=4\,500\text{cm}^4$$

$$i_y=\sqrt{\frac{I_y}{A}}=\sqrt{\frac{4\,500}{140}}=5.66\text{cm}$$

$$\lambda_y=\frac{l_1}{i_y}=\frac{500}{5.66}=88.3$$

由《钢结构规范》附录 B：

$$\varphi_b=\beta_b\frac{4\,320}{\lambda_y^2}\cdot\frac{Ah}{W_x}\left[\sqrt{1+\left(\frac{\lambda_y t_1}{4.4h}\right)^2}+\eta_b\right]\frac{235}{f_y}=2.25>0.6$$

其中，$\beta_b=1.2$，$\eta_b=0$（双轴双称）：

$$\varphi_b'=1.07-\frac{0.282}{2.25}=0.945$$

$$\frac{M_{\max}}{\varphi_b'W_x}=\frac{842.2\times10^6}{0.945\times4\,307\times10^3}=207\text{N/mm}^2<f=215\text{N/mm}^2$$

满足整体稳定要求。

11.3.4 梁的局部稳定

从用材经济观点看，选择组合梁截面时，总是力求采用高而薄的腹板以增大截面的惯性矩和抵抗矩，同时也希望采用宽而薄的翼缘以提高梁的稳定性。但是，当钢板过薄，即梁腹板的高厚比增大到一定程度时,在梁发生强度破坏或丧失整体稳定之前,组成梁的板件(腹板或翼缘)偏离原来平面发生波形屈曲,这种现象称为梁丧失局部稳定(图 11-44)。

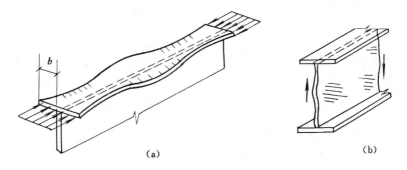

图 11-44 梁丧失局部稳定

如果梁的腹板或翼缘出现了局部失稳,整个构件一般还不至于立即丧失稳定能力,但由于对称截面转化为非对称截面而产生扭转、部分截面退出工作等原因,使构件的承载能力大为降低。所以,梁丧失局部稳定的危险虽然比丧失整体稳定的危险要小,但是往往是导致钢结构早期破坏的因素。

为了避免梁出现局部失稳,第一种办法是限制板件的宽厚比或高厚比;第二种办法是在垂直钢板平面方向设置具有一定刚度的加劲肋。

对于梁的翼缘,只能采用第一种办法,《钢结构规范》规定梁受压翼缘自由外伸宽度 b 与其厚度 t 之比应符合下式要求:

$$\frac{b}{t} \leqslant 13\sqrt{\frac{235}{f_y}} \tag{11-27}$$

梁的腹板以承受剪力为主,抗剪所需的厚度一般很小,如果采用加厚腹板或降低梁高的办法来保证局部稳定,显然是不经济的。因此,组合梁的腹板主要是靠采用加劲肋来加强。

【例题 11-8】 如图 11-45 所示为一工作平台梁格,承受由面板传来的荷载。平台铺板和面层的自重为 $3kN/m^2$(标准值),活荷载为 $5kN/m^2$(标准值),无动力荷载,钢材为 Q235,工字形截面。试按下列两种情况设计次梁:

(1)平台和板次梁牢固连接,阻止梁的侧向失稳。

(2)平台面板临时搁置于梁格上。

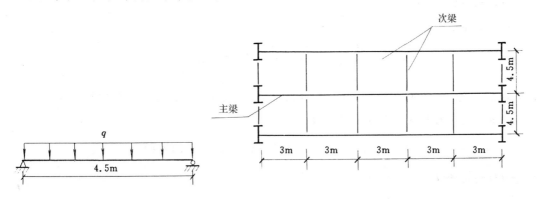

图 11-45 工作平台梁格

【解】 次梁按简支梁计算,跨度4.5m,承受3m范围内平台板传来的荷载,则
标准荷载为

$$q_k = 3 \times 3 + 5 \times 3 = 24 \text{kN/m}$$

设计荷载为

$$q = (3 \times 1.2 + 5 \times 1.4) \times 3 = 31.8 \text{kN/m}$$

跨中最大弯矩为

$$M_{max} = \frac{1}{8} q l^2 = \frac{1}{8} \times 31.8 \times 4.5^2 = 80.5 \text{kN} \cdot \text{m}$$

(1) 平台板和次梁牢固连接,能保证梁的整体稳定。

按抗弯强度计算所需的净截面抵抗矩:

$$W_{nx} = \frac{M_x}{\gamma_x f} = \frac{80.5 \times 10^6}{1.05 \times 215} = 356589 \text{mm}^3 = 357 \text{cm}^3$$

查型钢表,选用I25a,$W_x = 401.4 \text{cm}^3$,$I_x = 5017 \text{cm}^4$,自重 38.1kg/m = 0.38kN/m。

考虑梁自重时跨中最大弯矩:

$$M_x = 80.5 + \frac{1}{8} \times 1.2 \times 0.38 \times 4.5^2 = 81.7 \text{kN} \cdot \text{m}$$

抗弯强度验算:

$$\sigma = \frac{M_x}{\gamma_x W_x} = \frac{81.7 \times 10^6}{1.05 \times 401.4 \times 10^3} = 193.8 \text{N/mm}^2 < f = 215 \text{N/mm}^2 (满足)$$

梁的上翼缘承受的是均布荷载,局部承压强度可不验算。

刚度:

$$q_k = 24 + 0.38 = 24.38 \text{kN/m}$$

$$\omega = \frac{5}{384} \cdot \frac{q_k l^4}{E I_x} = \frac{5}{384} \times \frac{24.38 \times (4500)^4}{2.06 \times 10^5 \times 5017 \times 10^4} = 12.6 \text{mm} < \frac{l}{250} = 18 \text{mm} (满足)$$

(2) 平台板临时搁置,不能保证梁的整体稳定。

由附录D(根据跨度中点无侧向支承点的梁、均布荷载作用于上翼缘、工字钢型号I22—I40,自由长度4.5m)可得

$$\varphi_b = \frac{0.93 + 0.73}{2} = 0.83 > 0.6$$

由式(11-26)得 $\varphi_b' = 0.708$。

所需的净截面抵抗矩为

$$W_{nx} = \frac{M_x}{\varphi_x f} = \frac{80.5 \times 10^6}{0.708 \times 215} = 52840 \text{mm}^3 = 529 \text{cm}^3$$

查型钢表,选用I32a:$W_x = 401.4 \text{cm}^3$,$I_x = 11080 \text{cm}^4$,自重 52.69kg/m = 0.53kN/m。

考虑梁自重时跨度中点最大弯矩为

$$M_x = 80.5 + \frac{1}{8} \times 1.2 \times 0.53 \times 4.5^2 = 82.1 \text{kN} \cdot \text{m}$$

整体稳定验算:

$$\frac{M_{max}}{\varphi_b' W_x} = \frac{82.1 \times 10^6}{0.708 \times 692.5 \times 10^3} = 167 \text{N/mm}^2 < f = 215 \text{N/mm}^2$$

刚度和抗弯强度满足要求,不必计算。

对于型钢梁,其局部稳定不必验算。

11.4 轴心受压构件

11.4.1 轴心受力构件的类型

轴心受力构件是指承受通过构件截面形心轴线的轴向力作用的构件,当这种轴向力为拉力时,称为轴心受拉构件,简称轴心拉杆;当这种轴向力为压力时,称为轴心受压构件,简称轴心压杆。轴心受力构件广泛地应用于屋架、托架、塔架、网架和网壳等各种类型的平面或空间格构式体系以及支撑系统中。支承屋盖、楼盖或工作平台的竖向受压构件通常称为柱,包括轴心受压柱。柱通常由柱头、柱身和柱脚三部分组成(图 11-46),柱头支承上部结构并将荷载传给柱身,柱脚则把荷载由柱身传给基础。

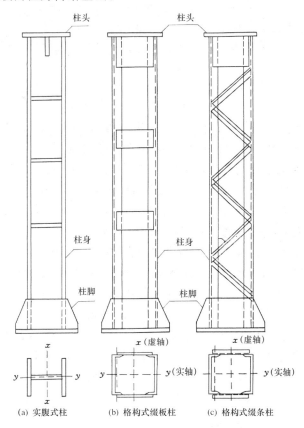

图 11-46 柱的形式

轴心受力构件(包括轴心受压柱),按其截面组成形式,可分为实腹式构件和格构式构件两种(图 11-46)。实腹式构件具有整体连通的截面,常见的有三种截面形式:第一种是热轧型钢截面,如圆钢、圆管、方管、角钢、工字钢、T 型钢、宽翼缘 H 型钢和槽钢等,其中最常用的是工字形或 H 形截面;第二种是冷弯型钢截面,如卷边和不卷边的角钢、槽钢和方管;第三种是型钢或由钢板连接而成的组合截面。在普通桁架中,受拉杆件或受压杆件常采用两个等边或不

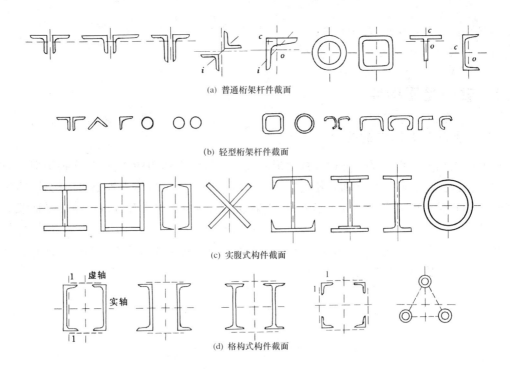

(a) 普通桁架杆件截面

(b) 轻型桁架杆件截面

(c) 实腹式构件截面

(d) 格构式构件截面

图 11-47　轴心受力构件的截面形式

等边角钢组成的 T 形截面或十字形截面,也可采用单角钢、圆管、方管、工字钢或 T 形钢等截面(图 11-47(a))。轻型桁架的杆件则采用小角钢、圆钢或冷弯薄壁型钢等截面(图 11-47(b))。受力较大的轴心受力构件(如轴心受压柱)通常采用实腹式或格构式双轴对称截面;实腹式构件一般是组合截面,有时也采用轧制 H 型钢或圆管截面(图 11-47(c))。格构式构件一般由两个或多个分肢用缀件联系组成(图 11-47(d)),采用较多的是两分肢格构式构件。在格构式构件截面中,通过分肢腹板的主轴叫做实轴,通过分肢缀件的主轴叫做虚轴。分肢通常采用轧制槽钢或工字钢,承受荷载较大时,可采用焊接工字形或槽形组合截面。缀件有缀条或缀板两种,一般设置在分肢翼缘两侧平面内,其作用是将各分肢连成整体,使其共同受力,并承受绕虚轴弯曲时产生的剪力。缀条由斜杆组成或由斜杆与横杆共同组成,缀条常采用单角钢,与分肢翼缘组成桁架体系,使其承受横向剪力时有较大的刚度。缀板常采用钢板,与分肢翼缘组成刚架体系。在构件产生绕虚轴弯曲而承受横向剪力时,刚度比缀条格构式构件略低,所以,通常用于受拉构件或压力较小的受压构件。实腹式构件比格构式构件构造简单,制造方便,整体受力和抗剪性能好,但截面尺寸较大时钢材用量较多;而格构式构件容易实现两主轴方向的等稳定性,刚度较大,抗扭性能较好,用料较省。

11.4.2　轴心受力的强度和刚度

11.4.2.1　强度

从钢材的应力-应变关系可知,当轴心受力构件的截面平均应力达到钢材的抗拉强度 f_u 时,构件达到强度极限承载力。但当构件的平均应力达到钢材的屈服强度 f_y 时,由于构件塑性变形的发展,使构件的变形过大,以致达到不适于继续承载的状态。因此,轴心受力构件是以截面的平均应力达到钢材的屈服强度作为强度计算准则的。

对无孔洞削弱的轴心受力构件,以全截面平均应力达到屈服强度为强度极限状态,应按下式进行毛截面强度计算：

$$\sigma = \frac{N}{A} \leqslant f \qquad (11\text{-}28)$$

式中　N——构件的轴心力设计值；

　　　f——钢材抗拉强度设计值或抗压强度设计值；

　　　A——构件的毛截面面积。

对有孔洞削弱的轴心受力构件,在孔洞处截面上的应力分布是不均匀的,靠近孔边处将产生应力集中现象(图 11-48)。在弹性阶段,孔壁边缘的最大应力 $\sigma_{\max}$ 可能达到构件毛截面平均应力 $\sigma_{\max}$ 的 3 倍。若轴心力继续增加,当孔壁边缘的最大应力达到材料的屈服强度以后,应力不再继续增加而截面发展塑性变形,应力渐趋均匀。到达极限状态时,净截面上的应力为均匀屈服应力。因此,对于有孔洞削弱的轴心受力构件,以其净截面的平均应力达到屈服强度为强度极限状态,应按下式进行净截面强度计算：

$$\sigma = \frac{N}{A_n} \leqslant f \qquad (11\text{-}29)$$

式中,A_n 为净截面面积,若是错列布置,应用净截面的较小面积。

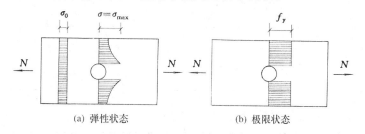

(a) 弹性状态　　　　　　(b) 极限状态

图 11-48　截面削弱处的应力分布

11.4.2.2　刚度

按正常使用极限状态的要求,轴心受力构件均应具有一定的刚度。轴心受力构件的刚度通常用长细比来衡量,长细比愈小,表示构件刚度愈大,反之则刚度愈小。

当轴心受力构件刚度不足时,在自重作用下,容易产生过大的挠度;在动力荷载作用下,容易产生振动;在运输和安装过程中,容易产生弯曲。因此,设计时,应对轴心受力构件的长细比进行控制。构件的容许长细比$[\lambda]$是按构件的受力性质、构件类别和荷载性质确定的(表11-8、表 11-9)。对于受压构件,长细比更为重要。受压构件因刚度不足,一旦发生弯曲变形后,因变形而增加的附加弯矩影响远比受拉构件严重,长细比过大,会使稳定承载力降低太多,因而其容许长细比$[\lambda]$限制应更严;直接承受动力荷载的受拉构件也比承受静力荷载或间接承受动力荷载的受拉构件不利,其容许长细比$[\lambda]$限制也较严。构件的容许长细比$[\lambda]$按下式计算：

$$\lambda_x = \frac{l_{0x}}{i_x} \leqslant [\lambda], \quad \lambda_y = \frac{l_{0y}}{i_y} \leqslant [\lambda] \qquad (11\text{-}30)$$

式中　l_{0x}, l_{0y}——构件对 x 轴、y 轴的计算长度；

　　　i_x, i_y——构件对 x 轴、y 轴的回转半径。

表 11-8   受压构件的容许长细比[λ]

项次	构件名称	容许长细比[λ]
1	柱、桁架和天窗架中的杆件	150
	柱的缀条、吊车梁或吊车桁架以下的柱间支撑	
2	支撑(吊车梁或吊车桁架以下的柱间支撑除外)	200
	用以减少受压构件长细比的杆件	

注:① 桁架(包括空间桁架)的受压腹杆,当其内力等于或小于承载能力的 50% 时,容许长细比值可取为 200。

② 计算单角钢受压构件的长细比时,应采用角钢的最小回转半径;但在计算单角钢交叉受压杆件平面外的长细比时,应采用与角钢肢边平行轴的回转半径。

③ 跨度等于或大于 60m 的桁架,其受压弦杆和端压杆的长细比宜取为 100,其他受压腹杆可取为 150(承受静力荷载)或 120(承受动力荷载)。

表 11-9   受拉构件的容许长细比[λ]

构件名称	承受静力荷载或间接承受动力荷载的结构		直接承受动力荷载的结构
	一般建筑结构	有重级工件制吊车的厂房	
桁架的杆件	350	250	250
吊车梁或吊车桁架以下的柱间支撑	300	200	—
其他拉杆、支撑、系杆等(张紧的圆钢除外)	400	350	—

设计轴心受拉构件时,应根据结构用途、构件受力大小和材料供应情况选用合理的截面形式,并对所选截面进行强度和刚度计算。设计轴心受压构件时,除使截面满足强度和刚度要求外,尚应满足构件整体稳定和局部稳定要求。实际上,只有长细比很小及有孔洞削弱的轴心受压构件,才可能发生强度破坏。一般情况下,由整体稳定控制其承载力。轴心受压构件丧失整体稳定常常是突发性的,容易造成严重后果,应予以特别重视。

11.4.3 实腹式轴压的稳定

11.4.3.1 轴心受压的稳定

当构件受压时,其承载力主要取决于稳定。构件的稳定性和强度是完全不同的两方面,强度取决于所用钢材的屈服点,而稳定性取决于临界应力,与屈服点无关。轴心受压构件可能在应力低于屈服点的条件下发生垂直于力作用方向的很大变形,使构件处于不稳定状态而丧失承载能力。

11.4.3.2 整体稳定计算

对于无缺陷的轴心受力构件,当轴心压力 N 较小时,构件只产生轴向压缩变形,保持直线平衡状态。若有外力使构件产生微小弯曲,则当外力撤去后,构件将恢复到原来的直线平衡状态。这种直线平衡状态下构件的外力与内力间的平衡是稳定的。当轴心压力 N 逐渐增加到一定大小,如有外力使构件发生微弯,但外力撤去后,构件仍保持微弯状态而不能恢复到原来的直线平衡状态;如轴心压力 N 再增加,则弯曲变形迅速增大而使构件丧失承载能力,这种现象称为构件的弯曲屈曲(图 11-49(a))。对某些抗扭刚度较差的轴心受压构件(如十字形截面),当轴心压力 N 达到临界值时,稳定平衡状态不再保持而发生微扭转;若 N 再稍微增加,则扭转变形迅速增大而使构件丧失承载能力,这种现象称为扭转屈曲或扭转失稳(图 11-49(b))。截面为单轴对称(如 T 形截面)的轴心受压构件绕对称轴失稳时,由于截面形心与截面剪切中心(或称扭转中心,或称弯曲中心,即构件弯曲时截面剪应力合力作用点通过的位置)不重合,在发生弯曲变形的同时,必然伴随有扭转变形,故称为弯扭屈曲或弯扭失稳(图 11-49(c))。同理,截面没有对称轴的轴心受压构件,其屈曲形态也属弯扭屈曲。

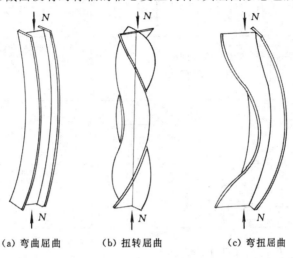

(a) 弯曲屈曲   (b) 扭转屈曲   (c) 弯扭屈曲

图 11-49 两端铰接轴心受压构件的屈曲状态

钢结构中常用截面的轴心受压构件,由于其板件较厚,构件的抗扭刚度也相对较大,失稳时主要发生弯曲屈曲;单轴对称截面的构件绕对称轴弯扭屈曲时,当采用考虑扭转效应的换算长细比后,也可按弯曲屈曲计算。因此,弯曲屈曲是确定轴心受压构件稳定承载力的主要依据,本节将主要讨论弯曲屈曲问题。

轴心受压构件的整体稳定计算应满足下式:

$$\sigma = \frac{N}{A} \leqslant \frac{\sigma_{cr}}{\gamma_R} = \frac{\sigma_{cr}}{f_y} \frac{f_y}{\gamma_R} = \varphi f \tag{11-31}$$

《钢结构规范》对轴心受压构件的整体稳定计算采用下式:

$$\frac{N}{\varphi A} \leqslant f \tag{11-32}$$

式中 σ_{cr}——构件的极值点失稳临界应力;

        γ_R——抗力分项系数;

        N——轴心压力设计值;

        A——构件的毛截面面积;

        f——钢材的抗压强度设计值;

        φ——轴心受压构件的整体稳定系数,它与构件长细比及钢号有关。查附表求值时,首先要区分是哪种截面类型(表 11-10 和表 11-11),对于不同的截面类型,有不同的表格,然后根据 a,b,c,d 四类截面,查找稳定系数值。

表 11-10　　　　　　　　　　轴心受压构件的截面分类（板厚 $t<40\text{mm}$）

截 面 形 式			对 x 轴	对 y 轴
轧制			a 类	a 类
轧制, $b/h\leqslant0.8$			a 类	b 类
轧制, $b/h\leqslant0.8$	焊接, 翼缘为焰切边	焊接	b 类	b 类
轧制		轧制, 等边角钢		
轧制, 焊接（板件宽厚比大于20）	轧制或焊接			
焊接		轧制截面和翼缘为焰切边的焊接截面		
格构式		焊接, 板件边缘焰切		
焊接, 翼缘为轧制或剪切边			b 类	c 类
焊接, 板件边缘轧制或剪切	焊接, 板件宽厚比≤20		c 类	c 类

表 11-11　　　　　　　　　　轴心受压构件的截面分类（板厚 $t\geqslant40\text{mm}$）

截 面 形 式		对 x 轴	对 y 轴
轧制工字形或 H 形截面	$t<80\text{mm}$	b 类	c 类
	$t\geqslant80\text{mm}$	c 类	d 类
焊接工字形截面	翼缘为焰切边	b 类	c 类
	翼缘为轧制或剪切边	c 类	d 类
焊接箱形截面	板件宽厚比>20	b 类	b 类
	板件宽厚比≤20	c 类	c 类

11.4.3.3　局部稳定

实腹式轴心受压构件一般由若干矩形平面板件组成,在轴心压力作用下,这些板件都承受均匀压力。如果这些板件的平面尺寸很大而厚度又相对很薄(宽厚比较大)时,在均匀压力作用下,板件有可能在达到强度承载力之前先失去局部稳定。

1. 确定板件宽(高)厚比限值的准则

为了保证实腹式轴心受压构件的局部稳定,通常采用限制其板件宽(高)厚比的办法来实现。确定板件宽(高)厚比限值所采用的原则有两种:一种是使构件应力达到屈服前,其板件不发生局部屈曲,即局部屈曲临界应力不低于屈服应力;另一种是使构件整体屈曲前其板件不发生局部屈曲,即局部屈曲临界应力不低于整体屈曲临界应力,常称作等稳定性准则。后一准则与构件长细比发生关系,对中等或较长构件似乎更合理,前一准则对短柱比较适合。《钢结构规范》在规定轴心受压构件宽(高)厚比限值时,主要采用后一准则,在长细比很小时,参照前一准则予以调整。

2. 轴心受压构件板件宽(高)厚比的限值

轧制型钢(工字钢、H 型钢、槽钢、T 形钢、角钢等)的翼缘和腹板一般都有较大厚度,宽(高)厚比相对较小,都能满足局部稳定要求,可不作验算。对焊接组合截面构件(图 11-50),一般采用限制板件宽(高)厚比办法来保证局部稳定。

由于工字形截面(图 11-50(a))的腹板一般较翼缘板薄,腹板对翼缘板几乎没有嵌固作用,因此,翼缘可视为三边简支、一边自由的均匀受压板,取屈曲系数 $k=0.425$,弹性嵌固系数 $\chi=1.0$。而腹板可视为四边支承板,此时,屈曲系数 $k=4$。当腹板发生屈曲时,翼缘板作为腹板纵向边的支承,对腹板将起一定的弹性嵌固作用,根据试验,可取弹性嵌固系数 $\chi=1.4$。这种曲线较为复杂,为了便于应用,当 λ 取值在 $30\sim100$ 范围内时,《钢结构规范》采用了下列简化的直线式表达:

翼缘

$$\frac{b'}{t} \leqslant (10+0.1\lambda)\sqrt{\frac{235}{f_y}} \tag{11-33}$$

腹板

$$\frac{h_0}{t_w} \leqslant (25+0.5\lambda)\sqrt{\frac{235}{f_y}} \tag{11-34}$$

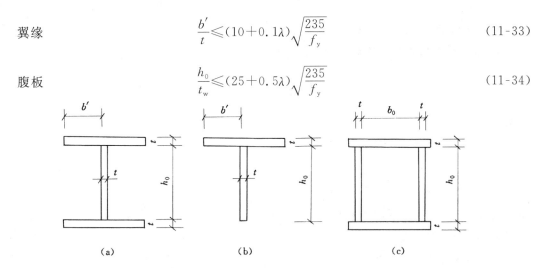

(a)　　　　　　　　(b)　　　　　　　　(c)

图 11-50　轴心受压构件板件宽厚比

式中，λ 为构件两方向长细比的较大值，当 $\lambda < 30$ 时，取 $\lambda = 30$；当 $\lambda > 100$ 时，取 $\lambda = 100$。

【例题 11-9】 设计一轴心受压柱截面。柱高 7.5m。柱下端固定，上端铰接，柱中点有侧向支撑，承受压力设计值为 1100kN，采用 Q235，截面无削弱。

(1) 试选用轧制工字形钢截面。

(2) 选用焊接工字形钢截面，钢材为剪切边。

【解】 柱的计算长度：

$$l_{0x} = 0.7l = 0.7 \times 7500 = 5250\text{mm}$$

$$l_{0y} = 3750\text{mm}$$

(1) 选用轧制工字钢截面

① 由于作用于支柱的压力较大，先假定 $\lambda = 100$。对 x 轴按 a 类，y 轴按 b 类，由附录 D 查得

$$\varphi_x = 0.638, \quad \varphi_y = 0.555$$

支柱所需的截面积为

$$A_{\text{req}} = \frac{N}{\varphi_{\min} f} = \frac{1100 \times 10^3}{0.555 \times 215} = 9218.52\text{mm}^2$$

截面所有的回转半径为

$$i_x = \frac{l_{0x}}{\lambda} = \frac{5250}{100} = 52.5\text{mm} = 5.25\text{cm}$$

② 确定轧制工字钢型号

查型钢表，从型钢表中各参数可知，同时满足 A, i_x, i_y 三值是不可能的，可只在 A 和 i_x 两值间选择适当型号，由于型钢中 a 类截面腹板较薄，设计时，应尽量选择此类截面。先选与上述截面特征比较接近的型钢 I45a。

$$A = 102.45\text{cm}^2, \quad i_x = 17.7\text{cm}, \quad i_y = 2.89\text{cm}, \quad \frac{b}{h} = \frac{150}{450} = 0.33 < 0.8$$

对 x 轴截面，属 a 类；对 y 轴截面，属 b 类，与假定一致。

③ 验算所选截面的整体稳定、刚度和局部稳定

$$\lambda_x = \frac{525}{17.7} = 29.7, \quad \lambda_y = \frac{375}{2.89} = 129.8 < [150]$$

刚度满足。

由 $\lambda_y = 129.8$，查表得 $\varphi = 0.388$。

$$\frac{N}{\varphi A} = \frac{1100 \times 10^3}{0.388 \times 10245} = 276.7\text{N/mm}^2 > 215\text{N/mm}^2 \text{（不满足）}$$

重新选择型钢 I50a，经验算满足要求。

型钢截面腹板较厚，局部稳定不必验算。

(2) 选择焊接工字形截面

① 假定长细比 $\lambda = 80$，对 x 轴按 b 类，对 y 轴按 c 类，由附录 D 得

$$\varphi_x = 0.638, \ \varphi_y = 0.578$$

柱所需的截面积为

$$A_{\text{req}} = \frac{N}{\varphi_{\min} f} = \frac{1\,100 \times 10^3}{0.578 \times 215} = 8\,851.7\,\text{mm}^2$$

截面所有的回转半径为

$$i_x = \frac{l_{0x}}{\lambda} = \frac{5\,250}{80} = 65.6\,\text{mm}, \ i_y = \frac{l_{0y}}{\lambda} = \frac{3\,750}{80} = 46.9\,\text{mm}$$

$$b_{\text{req}} = \sqrt[4]{12 \times (10 + 0.1\lambda) i_y^2 A} = \sqrt[4]{12 \times (10 + 0.1 \times 80) \times 46.9^2 \times 8\,851.7} = 254.7\,\text{mm}$$

取翼缘为 12×260 的钢板, 腹板所需要的截面面积为

$$A_w = A - 2bt = 8\,851.7 - 2 \times 260 \times 12 = 2\,611.7\,\text{mm}^2$$

取 $h_w = 250\,\text{mm}$, 则 $t_w = 10\,\text{mm}$。

② 计算截面特征

$$A = 2 \times 260 \times 12 + 250 \times 10 = 8\,740\,\text{mm}^2$$

$$I_x = \frac{10 \times 250^3}{12} + 2 \times 260 \times 12 \times (125 + 6)^2 = 12\,010.5 \times 10^4\,\text{mm}^4 = 12\,010.5\,\text{cm}^4$$

$$I_y = \frac{2 \times 12 \times 260^3}{12} = 3\,515.2 \times 10^4\,\text{mm}^4 = 3\,515.2\,\text{cm}^4$$

$$i_x = \sqrt{\frac{I_x}{A}} = \sqrt{\frac{12\,010.5}{87.4}} = 11.7\,\text{cm}$$

$$i_y = \sqrt{\frac{I_y}{A}} = \sqrt{\frac{3\,515.2}{87.4}} = 6.34\,\text{cm}$$

③ 验算截面

刚度:

$$\lambda_x = \frac{5\,250}{117} = 44.9 < [150]$$

$$\lambda_y = \frac{3\,750}{63.4} = 59.1 < [150]$$

满足。

强度: 因截面无削弱, 可不验算。

整体稳定: 对 y 轴按 c 类, 按 $\lambda_y = 59.1$, 查表得 $\varphi = 0.713$, 则

$$\frac{N}{\varphi A} = \frac{1\,100 \times 10^3}{0.713 \times 8\,740} = 176.5\,\text{N/mm}^2 < 215\,\text{N/mm}^2$$

满足要求。

局部稳定:

翼缘 $\quad \dfrac{b_1}{t} = \dfrac{260 - 10}{2 \times 12} = 10.4 < (10 + 0.1\lambda)\sqrt{\dfrac{235}{f_y}} = (10 + 0.1 \times 59.1) \times \sqrt{\dfrac{235}{235}} = 15.9$

腹板　$\dfrac{h_0}{t_w}=\dfrac{250}{10}=25<(25+0.5\lambda)\sqrt{\dfrac{235}{f_y}}=(25+0.5\times59.1)\times\sqrt{\dfrac{235}{235}}=54.55$

满足要求。

11.5　拉弯和压弯构件

11.5.1　拉弯、压弯构件的应用和截面形式

构件同时承受轴心压(或拉)力和绕截面形心主轴的弯矩作用,称为压弯(或拉弯)构件。弯矩可能由轴心力的偏心作用、端弯矩作用或横向荷载作用等因素产生(图11-51),弯矩由偏心轴力引起时,也称为偏压构件。当弯矩作用在截面的一个主轴平面内时,称为单向压弯(或拉弯)构件,同时作用在两个主轴平面内时,称为双向压弯(或拉弯)构件。由于压弯构件是受弯构件和轴心受压构件的组合,因此,压弯构件也称为梁-柱。

在钢结构中,压弯构件和拉弯构件的应用十分广泛,例如,有节间荷载作用的桁架上下弦杆、受风荷载作用的墙架柱、工作平台柱、支架柱、单层厂房结构及多高层框架结构中的柱等大多是压弯(或拉弯)构件。

与轴心受力构件一样,拉弯构件和压弯构件也可按其截面形式分为实腹式构件和格构式构件两种,常用的截面形式有热轧型钢截面、冷弯薄壁型钢截面和组合截面,如图11-52所示。当受力较小时,可选用热轧型钢或冷弯薄壁型钢(图11-52(a)、(b));当受力较大时,可选用钢板焊接组合截面或型钢与型钢、型钢与钢板的组合截面(图11-52(c))。除了实腹式截面(图11-52(a)—(c))外,当构件计算长度较大且受力较大时,为了提高截面的抗弯刚度,还常常采用格构式截面(图11-52(d))。图11-52中所示对称截面一般适用于所受弯矩值不大或正、负弯矩值相差不大的情况;非对称截面适用于所受弯矩值较大、弯矩不变号或正、负弯矩值相差较大的情况,即在受力较大的一侧适当加大截面和在弯矩作用平面内加大截面高度(图11-53)。在格构式构件中,通常使弯矩绕虚轴作用,以便根据承受弯矩的需要,更灵活地调整分肢间距。此外,构件截面沿轴线可以变化,例如,工业建筑中的阶形柱(图11-53(a))、门式刚架中的楔形柱(图11-53(b))等。截面形式的选择,取决于构件的用途、荷载、制作、安装、连接构造以及用钢量等诸多因素。不同的截面形式,在计算方法上会有若干差别。

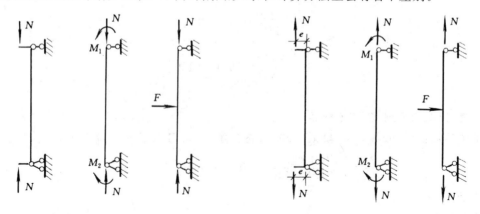

图 11-51　压弯、拉弯构件

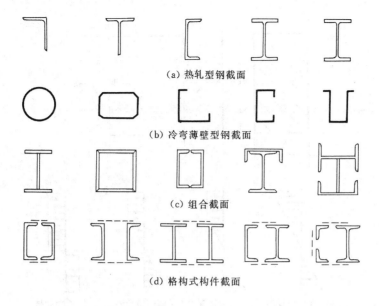

（a）热轧型钢截面

（b）冷弯薄壁型钢截面

（c）组合截面

（d）格构式构件截面

图 11-52　拉弯构件、压弯构件载面形式

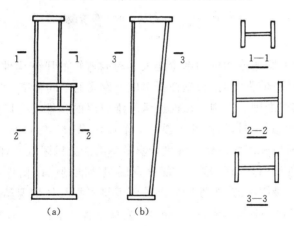

图 11-53　变截面压弯构件

　　在进行设计时,压弯构件和拉弯构件应同时满足正常使用极限状态和承载能力极限状态的要求。在满足正常使用极限状态方面,也和轴心受力构件一样,拉弯构件和压弯构件是通过限制构件长细比来保证构件的刚度要求的,拉弯构件和压弯构件的容许长细比与轴心受力构件相同。压弯构件承载能力极限状态的计算,包括强度、整体稳定和局部稳定计算,其中整体稳定计算包括弯矩作用平面内稳定和弯矩作用平面外稳定的计算。拉弯构件承载力极限状态的计算通常仅需要计算其强度,但是,当构件所承受的弯矩较大时,需按受弯构件进行整体稳定和局部稳定计算。

11.5.2　拉弯和压弯构件强度和刚度

11.5.2.1　强度

　　以双轴对称工字形截面压弯构件为例,构件在轴心压力 N 和绕主轴 x 轴弯矩 M_x 的共同作用下,截面上应力的发展过程如图 11-54 所示(拉弯构件与此类似),构件中应力最大的截面

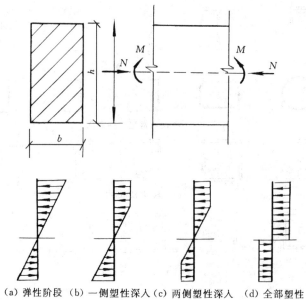

（a）弹性阶段 （b）一侧塑性深入 （c）两侧塑性深入 （d）全部塑性

图 11-54　压弯构件的工作阶段

可以发生强度破坏。

对拉弯构件、截面有削弱或构件端部弯矩大于跨间弯矩的压弯构件,需要进行强度计算。计算拉弯构件和压弯构件的强度时,根据截面上应力发展的不同程度,可取以下三种不同的强度计算准则:①边缘屈服准则。以构件截面边缘纤维屈服的弹性受力阶段极限状态作为强度计算的承载能力极限状态,此时,构件处于弹性工作阶段(图 11-54(a))。②全截面屈服准则。以构件截面塑性受力阶段极限状态作为强度计算的承载能力极限状态,此时,构件在轴力和弯矩共同作用下形成塑性铰(11-54(d))。③部分发展塑性准则。以构件截面部分塑性发展作为强度计算的承载能力极限状态,塑性区发展的深度将根据具体情况给予规定,此时,构件处于弹塑性工作阶段(图 11-54(b)、图 11-54(c))。发展过程如下:

（1）边缘纤维的最大应力达到比例极限,此阶段属弹性阶段。

（2）最大应力—侧塑性部分深入截面。

（3）两侧均有部分塑性深入截面。

（4）全截面进入塑性,形成塑性铰,达到承载能力极限。

弯矩作用在一个主平面内的拉弯构件、压弯构件按下式计算截面强度:

$$\frac{N}{A_n} \pm \frac{M_x}{\gamma_x W_{nx}} \leqslant f \tag{11-35}$$

对弯矩作用在两个主平面内的拉弯构件、压弯构件,采用与轴心受力构件、受弯构件、拉弯构件和压弯构件的强度计算相衔接的相关公式来计算截面强度,即

$$\frac{N}{A_n} \pm \frac{M_x}{\gamma_x W_{nx}} \pm \frac{M_y}{\gamma_y W_{ny}} \leqslant f \tag{11-36}$$

式中　A_n——构件验算截面净截面面积;

　　　W_{nx},W_{ny}——构件验算截面对 x 轴和 y 轴的净截面模量;

γ_x,γ_y——分别是截面在两个主平面 x,y 内的截面塑性发展系数。

11.5.2.2　刚度

拉弯、压弯构件的刚度通常以长细比来控制。《钢结构规范》要求：

$$\lambda\leqslant[\lambda] \tag{11-37}$$

【**例题 11-10**】　图 11-55 所示的拉弯构件，承受的荷载设计值如下：轴向力 $N=800\mathrm{kN}$，竖向均布荷载 $q=7\mathrm{kN/m}$，材料选用 Q235，截面无削弱。试选择截面。

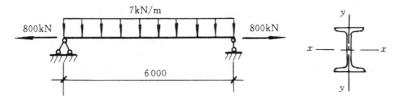

图 11-55　［例题 11-10］图

【**解**】　试采用普通工字钢 I28a，截面面积 $A=55.37\mathrm{cm}^2$，自重 0.43kN/m，$W_x=508\mathrm{cm}^3$，$i_x=11.34\mathrm{cm}$，$i_y=2.49\mathrm{cm}$。构件截面最大弯矩为

$$M_x=(7+0.43\times1.2)\times6^2/8=33.8\mathrm{kN\cdot m}$$

强度验算：

$$\frac{N}{A_\mathrm{n}}+\frac{M_x}{\gamma W_{\mathrm{n}x}}=\frac{800\times10^3}{5\,537}+\frac{33.8\times10^6}{1.05\times5.08\times10^3}=208\mathrm{N/mm}^2\leqslant f=215\mathrm{N/mm}^2$$

强度满足要求。

长细比验算：

$$\lambda_x=\frac{6\,000}{113.4}=52.9<[\lambda]=350$$

$$\lambda_y=\frac{6\,000}{24.9}=241<[\lambda]=350$$

长细比满足要求。

11.5.3　压弯构件的稳定性

目前，确定压弯构件弯矩作用平面内极限承载力的方法很多，可分为两大类：一类是极限荷载计算方法，即采用解析法或数值法直接求解压弯构件弯矩作用平面内的极限荷载 N_{ur}；另一类是相关公式方法，即建立轴力和弯矩相关公式来验算压弯构件弯矩作用平面内的极限承载力。

考虑弯矩的非均匀分布，引入等效弯矩代替式(11-35)中的弯矩，并引入抗力分项系数，《钢结构规范》所采用的实腹式压弯构件面内稳定计算公式如下：

$$\frac{N}{\varphi_x A}+\frac{\beta_{\mathrm{m}x}M_x}{r_x W_{1x}\left(1-0.8\dfrac{N}{N'_{\mathrm{E}x}}\right)}\leqslant f \tag{11-38}$$

对单轴对称截面压弯构件，由于可能出现受拉区屈服，尚需进行以下计算：

$$\left| \frac{N}{A} - \frac{\beta_{mx} M_x}{r_x W_{2x} \left(1 - 1.25 \dfrac{N}{N'_{Ex}} \right)} \right| \leqslant f \tag{11-39}$$

式中，N'_{Ex} 为参数，$N'_{Ex} = \pi^2 \dfrac{EA}{1.1 \lambda_x^2}$。

等效弯矩系数 β_{mx} 按下列规定采用：

(1) 弯矩作用平面内有侧移的框架柱以及悬臂构件，取 $\beta_{mx} = 1.0$。

(2) 无侧移框架柱和两端支承的构件。

① 无横向荷载作用时：

$$\beta_{mx} = 0.65 + 0.35 \frac{M_2}{M_1}$$

式中，M_1 和 M_2 为端弯矩，使构件产生同向曲率（无反弯点）时取同号，反之取异号，且 $|M_1| > |M_2|$。

② 有端弯矩和横向荷载同时作用：使构件产生同向曲率时，取 $\beta_{mx} = 1.0$；使构件产生反向曲率时，取 $\beta_{mx} = 0.85$。

③ 无端弯矩但有横向荷载作用时，取 $\beta_{mx} = 1.0$。

11.5.4 局部稳定

为了保证压弯构件中板件的局部稳定，应限制翼缘和腹板的宽厚比和高厚比。对于压弯构件的翼缘，就是验算其宽厚比限值。这里与梁的翼缘相同，要求受压翼缘的自由外伸部分的宽厚比限值为

$$\frac{b}{t} \leqslant 13 \sqrt{\frac{235}{f_y}} \tag{11-40}$$

压弯构件腹板和稳定计算比较复杂。考虑塑性区的深度，规范规定的腹板计算高度 h_0 与厚度 t_w 之比的限值与弯矩作用平面内的长细比有关，即对于工字形截面，则

当 $0 \leqslant \alpha_0 \leqslant 1.6$ 时：
$$\frac{h_0}{t_w} \leqslant (16\alpha_0 + 0.5\lambda + 25) \sqrt{\frac{235}{f_y}}$$

当 $1.6 \leqslant \alpha_0 \leqslant 2$ 时：
$$\frac{h_0}{t_w} \leqslant (48\alpha_0 + 0.5\lambda - 26.2) \sqrt{\frac{235}{f_y}}$$

式中　$\alpha_0 = \dfrac{\sigma_{max} - \sigma_{min}}{\sigma_{max}}$；

σ_{max}——腹板计算高度边缘的最大压应力；

σ_{min}——腹板计算高度另一边缘相应的应力，应力以压应力为正，拉应力为负；

λ——构件在弯矩作用平面内的长细比，当 $\lambda < 30$ 时，取 $\lambda = 30$；当 $\lambda > 100$ 时，取 $\lambda = 100$。

【例题 11-11】 图 11-56 所示焊接工字形截面，翼缘为焰切边，$I_x = 7.481 \times 10^8 \text{mm}^4$，$I_y = 1.144 \times 10^8 \text{mm}^4$，杆两端铰接，跨度 15m，在杆中间 $\dfrac{1}{3}$ 长度处有侧向支承，截面无削弱。承受轴心压力 $N = 1000\text{kN}(N_k = 800\text{kN})$，中点集中荷载 $F = 160\text{kN}(F_k = 115\text{kN})$，材料为 Q345，构件允许挠度 $[v] = \dfrac{1}{250}$，$E = 2.06 \times 10^5 \text{N/mm}^2$，试验算该压弯杆。

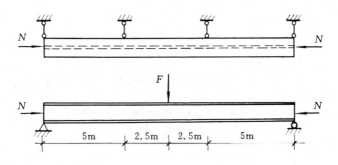

图 11-56 ［例题 11-11］图

【解】（1）几何参数

$$A = 2 \times 350 \times 16 + 470 \times 10 = 15\,900\,\text{mm}^2$$

$$W_x = \frac{I_x}{\frac{h}{2}} = \frac{7.484 \times 10^8}{251} = 2.98 \times 10^6\,\text{mm}^3$$

$$i_x = \sqrt{\frac{I_x}{A}} = \sqrt{\frac{7.484 \times 10^8}{15\,900}} = 216.9\,\text{mm}$$

$$i_y = \sqrt{\frac{I_y}{A}} = \sqrt{\frac{1.144 \times 10^8}{15\,900}} = 84.8\,\text{mm}$$

（2）弯矩计算

$$M = \frac{FL}{4} = \frac{160 \times 15}{4} = 600\,\text{kN} \cdot \text{m}$$

（3）强度验算

$$\frac{N}{A_n} + \frac{M_x}{\gamma_x W_{nx}} = \frac{1\,000 \times 10^3}{15\,900} + \frac{600 \times 10^6}{1.05 \times 2.98 \times 10^6} = 254.6\,\text{N/mm}^2 < f = 310\,\text{N/mm}^2$$

强度满足。

（4）刚度验算

$$\lambda_x = \frac{l_{0x}}{i_x} = \frac{15\,000}{216.9} = 69.2 < [\lambda] = 150$$

$$\lambda_y = \frac{l_{0y}}{i_y} = \frac{5\,000}{84.9} = 59.0 < [\lambda] = 150$$

刚度满足。

（5）弯矩作用平面内整体稳定

$$\lambda_x = 69.2, \quad \varphi_x = 0.663$$

$$N_{Ex} = \frac{\pi^2 EA}{\lambda_x^2} = \frac{\pi^2 \times 206 \times 10^3 \times 15\,900}{69.2^2} = 6.76 \times 10^6\,\text{N}$$

$$\beta_{mx} = 1.0$$

$$\frac{N}{\varphi_x A} + \frac{\beta_{mx} M_x}{\gamma_x W_x \left(1 - 0.8\dfrac{N}{N'_{Ex}}\right)} = \frac{1\,000 \times 10^3}{0.663 \times 15\,900} + 1.0 \times \frac{600 \times 10^6}{1.05 \times 2.98 \times 10^6 \times \left(1 - 0.8 \times \dfrac{1000}{6760}\right)}$$

$$= 315.34\,\text{N/mm}^2 \approx f = 310\,\text{N/mm}^2$$

稳定满足。

（6）挠度验算

$$v=\frac{F_\mathrm{k}l^3}{48EI_x}\left[\frac{1}{1-\dfrac{N_\mathrm{k}}{N_{\mathrm{E}x}}}\right]=\frac{-115\times10^3\times15\,000^3}{48\times206\times10^3\times7.481\times10^8\times\left(1-\dfrac{800}{6\,760}\right)}=59.5\,\mathrm{mm}$$

$$59.5<[v]=\frac{1}{250}H=60\,\mathrm{mm}$$

满足要求。

（7）局部稳定验算

翼缘：

$$\frac{b_1}{t}=\frac{170}{16}=10.6<13\sqrt{\frac{235}{f_\mathrm{y}}}=10.7$$

$$\frac{\sigma_{\max}}{\sigma_{\min}}=\frac{N}{A}\pm\frac{M_x}{I_x}\cdot\frac{h_0}{2}=\frac{1\,000\times10^3}{15\,900}\pm\frac{600\times10^6\times235}{7.481\times10^8}=\frac{251.4}{-125.6}\,\mathrm{N/mm^2}$$

$$\alpha_0=\frac{\sigma_{\max}-\sigma_{\min}}{\sigma_{\max}}=\frac{251.4+125.6}{251.4}=1.5<1.6$$

腹板：

$$\frac{h_0}{t_\mathrm{w}}=\frac{470}{10}=47<(16\alpha_0+0.5\lambda_x+25)\sqrt{\frac{235}{f_\mathrm{y}}}=(16\times1.5+0.5\times69.2+25)\times\sqrt{\frac{235}{345}}=69.0$$

满足要求。

11.6　轻型钢结构房屋设计

11.6.1　单层厂房钢结构的组成

单层厂房钢结构一般是由屋盖结构、柱、吊车梁、制动梁（或制动桁架）、各种支撑以及墙架等构件组成的空间体系（图11-57）。这些构件按其作用可分为下面几类：

（1）横向框架。由柱和它所支承的屋架或屋盖横梁组成，是单层厂房钢结构的主要承重体系，承受结构的自重，风、雪荷载和中车的竖向荷载与横向荷载，并把这些荷载传递到基础。

（2）屋盖结构。承担屋盖荷载的结构体系，包括横向框架的横梁、托架、中间屋架、天窗架、檩条等。

（3）支撑体系。包括屋盖部分的支撑和柱间支撑等，它一方面与柱、吊车梁等组成单层厂房钢结构的纵向框架，承担纵向水平荷载；另一方面又把主要承重体系由个别的平面结构连成空间的整体结构，从而保证了单层厂房钢结构所必需的刚度和稳定。

（4）吊车梁和制动梁（或制动桁架）。主要承受吊车竖向荷载及水平荷载，并将这些荷载传到横向框架和纵向框架上。

（5）墙架。承受墙体的自重和风荷载。

此外，还有一些次要的构件如梯子、走道、门窗等。在某些单层厂房钢结构中，由于工艺操作上的要求，还设有工作平台。

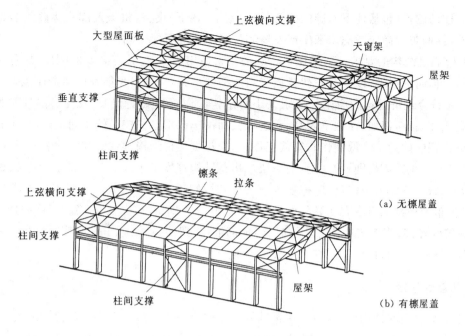

图 11-57 单层厂房结构的组成

11.6.2 柱网和温度伸缩缝的布置

1. 柱网布置

柱网布置就是确定单层厂房钢结构承重柱在平面上的排列,即确定它们的纵向和横向定位轴线所形成的网格。单层厂房钢结构的跨度就是柱纵向定位轴线之间的尺寸,单层厂房钢结构的柱距就是柱子在横向定位轴线之间的尺寸(图 11-58)。

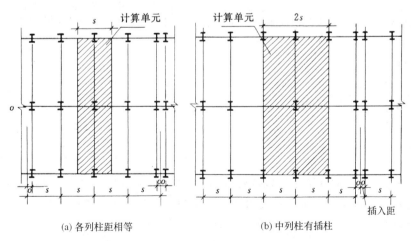

(a) 各列柱距相等　　　　　　(b) 中列柱有插柱

图 11-58　柱网布置和温度缝

进行柱网布置时,应注意以下几个方面的问题:

(1) 应满足生产工艺的要求。厂房是直接为工业生产服务的,不同性质的厂房,具有不同的生产工艺流程,各种工艺流程所需主要设备、产品尺寸和生产空间都是决定跨度和柱距的主要因素。柱的位置(包括柱下基础的位置)应与地上(地下)设备、机械及起重运输设备等相协调。此外,柱网布置尚应考虑未来生产发展和生产工艺的可能变动。

(2) 应满足结构的要求。为了保证车间的正常使用,使厂房具有必要的刚度,应尽量将柱布置在同一横向轴线上,以便与屋架或横梁组成横向框架,提供尽可能大的横向刚度。

(3) 应符合经济合理的原则。柱距大小对结构的用钢量影响较大,较经济的柱距可通过具体方案比较确定,例如,在柱子较高、跨度较大而吊车起重量又较小的车间中,采用大柱距可能是经济合理的。为了降低制作和安装工作量,应尽量实现结构构件的统一化和标准化,满足《厂房建筑统一化基本规则》的规定:当单层厂房钢结构跨度小于或等于18m时,应以3m为模数,即9m,12m,15m,18m;当厂房跨度大于18m时,则以6m为模数,即24m,30m,36m。但是,当工艺布置和技术经济有明显的优越性时,也可采用21m,27m,33m等。厂房的柱距一般采用6m较为经济,当工艺有特殊要求时,可局部抽柱,即柱距做成12m;对某些有扩大柱距要求的单层厂房钢结构,也可采用9m及12m柱距。

2. 温度伸缩缝

温度变化将引起结构变形,使厂房钢结构产生温度应力。故当厂房平面尺寸较大时,为避免产生过大的温度变形和温度应力,应在厂房钢结构的横向和纵向设置温度伸缩缝。

温度伸缩缝的布置决定于房钢结构的纵向和横向长度。纵向很长的厂房,在温度变化时,纵向构件伸缩的幅度较大,引起整个结构变形,使构件内产生较大的温度应力,并可能导致墙体和屋面的坡坏。为了避免这种不利后果的产生,常采用横向温度伸缩缝将单层厂房钢结构分成伸缩时互不影响的温度区段。按《钢结构规范》规定,当温度区段长度不超过表11-12中的数值时,可不计算温度应力。

表 11-12   温度区段长度值   m

结构情况	温度区段长度		
	纵向温度区段(垂直于屋架或构架跨度方向)	横向温度区段(沿屋架或构架跨度方向)	
		柱顶为刚接	柱顶为铰接
采暖房屋和非采暖地区的房屋	220	120	150
热车间和采暖地区的非采暖房屋	180	100	125
露天结构	120	—	—

温度伸缩缝最普遍的做法是设置双柱,即在缝的两旁布置两个无任何纵向构件联系的横向框架,使温度伸缩缝的中线与定位轴线重合(图11-58(a));在设备布置条件不允许时,可采用插入距的方式(图11-58(b)),将缝两旁的柱放在同一基础上,其轴线间距一般可采用1m,对于重型厂房,由于柱的截面较大,可能要放大到1.5m或2m,有时甚至到3m,方能满足温度伸缩缝的构造要求。为节约钢材,也可采用单柱温度伸缩缝,即在纵向构件(如托架、吊车梁等)支座处设置滑动支座,以使这些构件有伸缩的余地。不过,单柱伸缩缝构造复杂,实际应用较少。

当厂房宽度较大时,也应该按《钢结构规范》规定布置纵向温度伸缩缝。

11.6.3 轻型门式刚架结构的组成

门式刚架轻型钢结构主要指承重结构为单跨或多跨实腹门式刚架、具有轻型屋盖和轻型外墙、可以设置起重量不大于 20t 的中、轻级工作制桥式吊车或 3t 悬挂式起重机的单层厂房钢结构。

在轻型门式刚架结构体系中,屋盖应采用压型钢板屋面板和冷弯薄壁型钢檩条,主刚架可采用变截面实腹刚架,外墙宜采用压型钢板墙板和冷弯薄壁型钢墙梁,也可以采用砌体外墙或底部为砌体、上部为轻质材料的外墙。主刚架斜梁下翼缘和刚架柱内翼缘的出平面稳定性,由与檩条或墙梁相连接的隔撑来保证。主刚架间的交叉支撑可采用张紧的圆钢。

单层门式刚架轻型房屋可采用隔热卷材做屋盖隔热和保温层,也可以采用带隔热层的板材作屋面。

门式刚架轻型房屋屋面坡度宜取 1/20～1/8,在雨水较多的地区宜取其中较大值。

门式刚架尺寸应符合下列规定:

(1)门式刚架的跨度,应取横向刚架柱轴线间的距离。

(2)门式刚架的高度,应取地坪至柱轴线与斜梁轴线交点的高度。门式刚架的高度,应根据使用要求的室内净高确定,设有吊车的厂房,应根据轨顶标高和吊车净高要求而定。

(3)柱的轴线可取通过柱下端(较小端)中心的竖向轴线。工业建筑边柱的定位轴线宜取柱外皮。斜梁的轴线可取通过变截面梁段最小端中心与斜梁上表面平行的轴线。

(4)门式刚架轻型房屋的建筑尺寸:檐口高度,取地坪至房屋外侧檩条上缘的高度;最大高度,取地坪至屋盖顶部檩条上缘的高度;宽度,取房屋侧墙墙梁外皮之间的距离;长度,取两端山墙墙梁外皮之间的距离。

(5)门式刚架的跨度,宜为 9～36m,以 3m 为模数。边柱的宽度不相等时,其外侧要对齐。

(6)门式刚架的高度,宜为 4.5～9.0m,必要时,可适当加大。当有桥式吊车时,不宜大于 12m。

(7)门式刚架的间距,即柱网轴线在纵向的距离,宜为 6m,也可采用 7.5m 或 9m,最大可用 12m。跨度较小时,可用 4.5m。

(8)挑檐长度可根据使用要求确定,宜采用 0.5～1.2m,其上翼缘坡度宜与斜梁坡度相同。

门式刚架的形式分为单跨双坡、双跨单坡、多跨双坡以及带挑檐和带毗屋的刚架等(图11-59)。多跨刚架中间柱与刚架斜梁的连接,可采用铰接。多跨刚架宜采用双坡或单坡屋盖,必要时,也可采用由多个双坡单跨相连的多跨刚架形式。

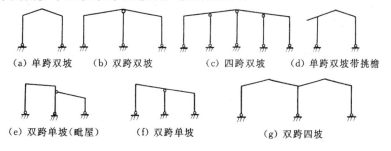

(a)单跨双坡　(b)双跨双坡　　　(c)四跨双坡　　　(d)单跨双坡带挑檐

(e)双跨单坡(毗屋)　　(f)双跨单坡　　　(g)双跨四坡

图 11-59　门式刚架的形式

11.6.4 轻型门式刚架结构的特点及适用范围

1. 刚架特点

门式刚架结构有以下特点：

（1）用轻型屋面，不仅可减少梁柱的截面尺寸，基础也相应减少。

（2）在多跨建筑中，可做成一个屋脊的大双坡屋面，为长坡面排水创造了条件。设中间柱可减少横梁的跨度，从而降低造价。中间柱采用钢管制作的上、下铰接摇摆柱，占空间小。

（3）侧向刚度藉檩条的隔撑保证，省去纵向刚性构件，并减少翼缘宽度。

（4）刚架可采用变截面，截面与弯矩成正比；变截面时，根据需要，可改变腹板的高度和厚度及翼缘的宽度，做到材尽其用。

（5）刚架的腹板可按有效宽度设计，即允许部分腹板失稳，并可利用其屈曲后的强度。

（6）竖向荷载通常是设计的控制荷载，但当风荷载较大或房屋较高时，风荷载的作用不应忽视。在轻屋面门式刚架中，地震作用一般不起控制作用。

（7）支撑可做得较轻便。将其直接或用水平节点板连接在腹板上，可采用张紧的圆钢。

（8）结构构件可全部在工厂制作，工业化程度高。构件单元可根据运输条件划分，单元之间在现场用螺栓相连，安装方便快速，土建施工量少。

2. 适用范围

门式刚架通常用于跨度 9～36m、柱距 6m、柱高 4.5～9m、设有吊车起重量较小的单层工业房屋或公共建筑（超市、娱乐体育设施、车站候车室、码头建筑等）。

11.6.5 门式刚架设计例题

某厂房为单跨双坡门式刚架计算简图见图 11-60 所示，长度 60m，柱距 6m，跨度 18m。刚架截面为变截面梁、柱，柱脚铰接。

刚架檐高 6m；屋面坡度 1:10；屋面和墙面材料采用夹心板；天沟采用钢板；材质选用 Q235B，$f=215\text{N/mm}^2$，$f_v=125\text{N/mm}^2$。

自然条件：基本雪压 0.2kN/m^2；基本风压 $W_0=0.55\text{kN/m}^2$；地面粗糙度 B 类；恒载 0.2kN/m^2，活载 0.5kN/m^2。

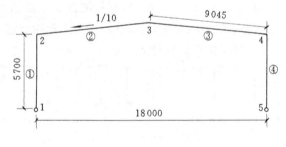

图 11-60 计算简图

1. 截面选择

初选梁、柱截面（图 11-61），各单元信息如表 11-13 所示。

表 11-13　　　　　　　　　　　　　　单元信息表

单元号	截面形式	长度/mm	面积/mm²	绕 y 轴惯性矩 /$(\times 10^4 \text{mm}^4)$	绕 x 轴惯性矩 /$(\times 10^4 \text{mm}^4)$
1	H250~450×160×8×10	5 700	5 440	973	5 998
			7 040	974	22 728
2	⌐450×180×8×10	9 045	7 040	974	22 728
3	⌐450×180×8×10	9 045	7 040	974	22 728

注:表中面积和惯性矩的上下行分别指小头和大头的值。

2. 内力计算

刚架梁柱的 M,N,Q 如图 11-62—图 11-64 所示。

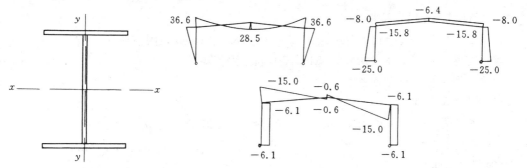

图 11-61　梁柱截面示意简图　　　　　图 11-62　恒载作用时的刚架 M,N,Q 图

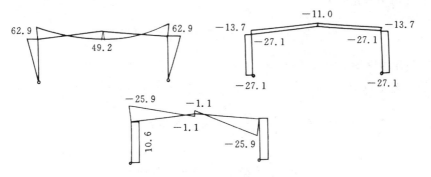

图 11-63　活载作用时的刚架 M,N,Q 图

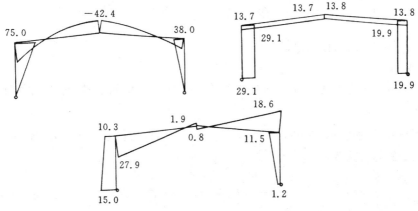

图 11-64　(左风)风载作用时的刚架 M,N,Q 图

选取荷载效应组合"1.20 恒载＋1.40 活载"情况下的构件内力值进行验算。组合内力数值如表 11-14 所示。

表 11-14　　　　　　　　　　　　　　组合内力表

单元号	小节点轴力 N/kN	小节点剪力 Q_2/kN	小节点弯矩 $M/(\text{kN}\cdot\text{m})$	大节点轴力 N/kN	大节点剪力 Q_2/kN	大节点弯矩 $M/\text{kN}\cdot\text{m})$
1	-67.97	23.16	0.00	-56.89	-23.16	132.03
2	-28.71	-54.30	-132.03	-23.05	-2.30	-103.14
3	-23.05	-2.30	103.14	-28.71	-54.30	132.03
4	-56.89	-23.16	-132.03	-67.97	23.16	0.00

3. 构件载面验算

1）板件最大宽厚比验算

翼缘板自由外伸宽厚比：$(180-8)/(2\times10)=8.6<15$，满足限值要求；

腹板宽厚比：$(450-2\times10)/8=54<250$，满足限值要求。

2）1 号单元（柱）的截面验算

（1）组合内力值

1 号节点端　$M_{12}=0.00\text{kN}\cdot\text{m}$　　　$N_{12}=-67.97\text{kN}$　　　$Q_{12}=23.16\text{kN}$

2 号节点端　$M_{21}=132.03\text{kN}\cdot\text{m}$　　$N_{21}=-56.89\text{kN}$　　$Q_{21}=23.16\text{kN}$

（2）强度验算

先计算 1 号节点端：

$$\sigma_1=\frac{N}{A}=67.97\times\frac{10^3}{5\,440}=12.49\text{N/mm}^2<f_y$$

1 号节点端截面强度满足要求。

再验算 2 号节点端：

$$Q_1=\frac{N}{A}+\frac{M}{W_e}=138.79\text{N/mm}^2<f_y$$

$$\sigma_2=\frac{N}{A}-\frac{M}{W_e}=-122.62\text{N/mm}^2$$

$$M_e^N=M_e-\frac{NW_e}{A_e}=\left(215-\frac{56\,890}{7\,040}\right)\times1\,010\,133=209.02\text{kN}\cdot\text{m}$$

$M<M_e^N$，故 2 号节点端截面强度满足要求。

（3）稳定验算

对于 1 号单元（柱），已知柱平面外在柱高 4m 处设置柱间支撑，即平面外计算长度 $L_{0y}=4\,000\text{mm}$。

变截面柱在平面内的稳定性 $\lambda_x=L_{0x}/\sqrt{I_{e0}/A_2}=78$，查表得 $\varphi_{xy}=0.701$，$N_E=\pi^2EA_{e0}/\lambda^2=1834\text{kN}$。稳定验算公式为

$$\frac{N_0}{\varphi_{xy}A_{e0}}+\frac{\beta_{mx}M_1}{\left(1-\frac{N_0}{N_E}\varphi_{xy}\right)W_{e1}}=17.82+134.19=152.01\text{N/mm}^2<215\text{N/mm}^2$$

3）2 号单元(梁)的截面验算

（1）组合内力值

2 号节点端　　$M_{23}=132.03\text{kN}\cdot\text{m}$　　　　　　$N_{23}=-28.71\text{kN}$　　　$Q_{23}=54.30\text{kN}$

3 号节点端　　$M_{32}=103.14\text{kN}\cdot\text{m}$　　　　　　$N_{32}=-23.05\text{kN}$　　　$Q_{32}=2.30\text{kN}$

（2）强度验算

先验算 2 号节点端：

$$\sigma_1=\frac{N}{A}+\frac{M}{W_e}=134.78\text{N/mm}^2$$

$$\sigma_2=\frac{N}{A}-\frac{M}{W_e}=-126.63\text{N/mm}^2$$

$$M_e^N=M_e-\frac{NW_e}{A_e}=\left(215-\frac{28\,710}{7\,040}\right)\times1\,010\,133=213.06\text{kN}\cdot\text{m}$$

$M<M_e^N$，故 2 号节点截面强度满足要求。

再验算 3 号节点端：

$$\sigma_1=\frac{N}{A}+\frac{M}{W_e}=105.38\text{N/mm}^2<f_y$$

$$\sigma_2=\frac{N}{A}-\frac{M}{W_e}=-98.83\text{N/mm}^2$$

3 号节点端同时受到压弯作用：

$$M_e^N=M_e-\frac{NW_e}{A_e}=\left(215-\frac{23\,050}{7\,040}\right)\times1\,010\,133$$

$$=213.87\text{kN}\cdot\text{m}$$

$M<M_e^N$，故 3 号节点截面强度满足要求。

（3）稳定验算

实腹式刚架梁当屋面坡度小于 10° 时，在刚架平面内可仅按压弯构件计算其强度。故本例可不验算梁平面内的稳定性。

已知梁平面外侧向支撑点间距为 3 000mm，即平面外计算长度 $L_{0y}=3\,000\text{mm}$。梁的最小截面惯性矩 $I_{boy}=974\times104\text{mm}^4$，梁为等截面。$\lambda_y=L_{0y}/\sqrt{I_{boy}/A}=81$，查表得 $\varphi_y=0.681$，$\beta_t=1.0$，φ_{by} 按照如下公式确定：

$$\varphi_{by}=1.07-\frac{\lambda_y^2}{44\,000}\cdot\frac{f_y}{235}=0.922$$

因为 $\varphi_{by}>0.6$，按照《钢结构规范》的规定，查出相应的 $\varphi_b'=0.739$ 代替 φ_{by}，即 $\varphi_{by}=0.739$。

按 2 号节点端的受力验算构件平面外的稳定性：

$$\frac{N}{\varphi_y A}+\frac{\beta_{tx}M_1}{\varphi_{by}W_{1x}}=5.99+176.75=182.74\text{kN}\cdot\text{m}<f=215\text{N/mm}^2$$

4. 连接节点计算

1）梁柱节点

采用如图 11-65 所示的连接形式。

连接处的组合内力值：

$M = 132.03\text{kN} \cdot \text{m}, \quad N = -28.71\text{kN},$

$Q = 54.30\text{kN}$

（1）螺栓验算

若采用摩擦型高强度螺栓连接，用 8.8 级 M20 高强螺栓，连接表面用钢丝刷除锈，$\mu = 0.3$，每个螺栓抗剪承载力为

$N_v^b = 0.9 n_f \mu P = 0.9 \times 1 \times 0.3 \times 110\,000 = 29.7\text{kN}$

抗剪需用螺栓数量 $n = 54.30/29.7 = 2$，初步采用 8 个 M20 高强螺栓。

螺栓群布置如图 11-66 所示。

螺栓承受的最大拉力值按照如下公式计算

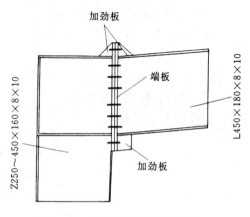

图 11-65　梁柱连接节点示意图

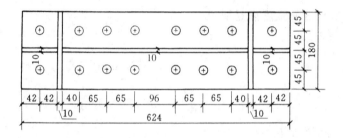

图 11-66　梁柱连接节点螺栓群布置图

（其中 $y_1 = 270, y_2 = 178, y_3 = 113, y_4 = 48$ 各有 4 个螺栓）：

$$N_1 = \frac{N}{n} + \frac{M y_1}{\sum y_i^2} = -1.794 + 74.480 = 72.69\text{kN} < 0.8P = 88\text{kN}$$

以上计算说明螺栓群抗剪、抗弯均满足要求。

（2）连接板厚度的设计

端板厚度 t 根据支承条件计算确定。在本例中有两种计算类型：两边支承类端板（端板平齐）以及无加劲肋端板，分别按照协会规程中相应的公式计算各个板区的厚度值，然后取最大的板厚作为最终值。

两边支承类端板（端板平齐）：

$e_f = 42\text{mm}, e_w = 40\text{mm}, N_t = 72.69\text{kN}, b = 180\text{mm}, f = 215\text{mm}$

$$t \geqslant \sqrt{\frac{12 e_f e_w N_t}{[e_w b + 4 e_f (e_w + e_f)] f}} = 18.0\text{mm}$$

无加劲肋端板：

$a = 65\text{mm}, e_w = 42\text{mm}, N_t = 29.38\text{kN}$

$$t \geqslant \sqrt{\frac{3 e_w N_t}{(0.5a + e_w) f}} = 15.1\text{mm}$$

综上所得结果，可取端板厚度为 $t = 18\text{mm}$。

（3）节点域剪应力验算

其中　　　　　　　$M=132.03\text{kN}$，　$d_\text{b}=450\text{mm}$，　$d_\text{c}=434\text{mm}$，　$t_\text{c}=8\text{mm}$。

$$\tau=\frac{1.2M}{d_\text{b}d_\text{c}t_\text{c}}=101.41\text{N/mm}^2<f_\text{v}=125\text{N/mm}^2$$

节点域的剪应力满足要求。

采用翼缘内第二排一个螺栓的拉力设计值 N_t2，经计算得到

$$N_\text{t2}=29.38\text{kN}<0.4P=44\text{kN}$$

因为 $e_\text{w}=41\text{mm}$，$t_\text{w}=8\text{mm}$，所以

$$\frac{N_\text{t2}}{e_\text{w}t_\text{w}}=89.57\text{N/mm}^2<f=215\text{N/mm}^2$$

2）梁拼接节点

梁的拼接方式如图 11-67 所示。

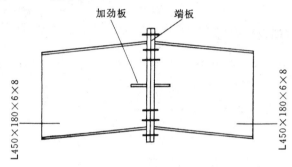

图 11-67　梁拼接节点示意图

连接处的组合内力值为

$$M=103.14\text{kN}\cdot\text{m}，\quad N=-23.05\text{kN}，\quad Q=2.30\text{kN}$$

其计算方法与梁柱连接节点的计算方法相似。

（1）螺栓验算

仍采用 8.8 级 M16 高强螺栓，连接表面用钢丝刷除锈，$\mu=0.3$，每个螺栓抗剪承载力为 18.9kN，剪力很小，抗剪显然满足，初步采用 12 个 M16 高强螺栓。

螺栓群布置如图 11-68 所示。

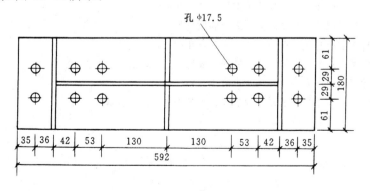

图 11-68　梁拼接节点螺栓群布置图

螺栓承受的最大拉力值按照如下公式计算（$y_1=261$，$y_2=183$，$y_3=130$ 各有 4 个螺栓）：

$$N_1=\frac{N}{n}+\frac{My_1}{\sum y_i^2}=-1.92+56.82=54.90\text{kN}<0.8P=56\text{kN}$$

所以，螺栓群抗剪、抗弯均满足要求。

（2）连接板厚度的设计

端板厚度 t 根据支承条件计算确定，在本例中有两种计算类型：两边支承类端板（端板平齐）以及无加劲肋端板，分别按照协会规程中相应的公式计算各个板区的厚度值，然后取最大的板厚作为最终值。

伸臂类端板（端板平齐）：

其中 $e_f=32\text{mm}$， $N_t=54.9\text{kN}$， $b=180\text{mm}$， $f=215\text{mm}$

$$t\geqslant\sqrt{\frac{6e_fN_t}{bf}}=16.5\text{mm}$$

两边支承类端板（端板平齐）：

其中 $e_f=38\text{mm}$， $e_w=26\text{mm}$， $N_t=38.5\text{kN}$， $b=180\text{mm}$， $f=215\text{mm}$

$$t\geqslant\sqrt{\frac{12e_fe_wN_t}{[e_wb+4e_f(e_w+e_f)]f}}=12.1\text{mm}$$

无加劲肋端板：

其中 $a=53\text{mm}$， $e_w=26\text{mm}$， $N_t=27.34\text{kN}$

$$t\geqslant\sqrt{\frac{3e_wN_t}{(0.5a+e_w)f}}=13.7\text{mm}$$

综上所得结果，可取端板厚度 $t=18\text{mm}$。

思考题

1. 钢结构对材料的要求是什么？
2. 钢材有哪两种破坏形式？各有何特点？
3. 钢材有哪几种性能指标？各反映钢材的什么性能？
4. 为何对接焊缝抗拉强度设计值与焊缝的质量等级有关，而对接焊缝的抗压强度设计值与其无关？
5. 什么是理想轴压构件？它的屈曲形式共有几种？各有何特点？
6. 为了保证实腹式轴压杆件组成板件的局部稳定，有哪几种处理方法？
7. 梁的抗弯产生的正应力可分为几个阶段？各有何特点？
8. 引起构件拉弯和压弯的主要原因是什么？各需进行什么验算？
9. 拉弯构件应力发展的过程是什么？

习　题

一、选择题

1. 钢号 Q345A 中的 345 表示钢材的(　　)。
   A. f_p 值　　　　　B. f_u 值　　　　　C. f_y 值　　　　　D. f_{vy} 值

2. 《钢结构设计规范》规定侧焊缝的设计长度 l_{wmax} 在动荷载作用时为 $40h_f$,在静荷载作用时为 $60h_f$,这主要考虑到(　　)。
   A. 焊缝的承载能力已经高于构件强度
   B. 焊缝沿长度应力分布过于不均匀
   C. 焊缝过长,带来施工的困难
   D. 焊缝产生的热量过大而影响材质

3. 产生纵向焊接残余应力的主要原因之一是(　　)。
   A. 冷却速度太快
   B. 施焊时焊件上出现冷塑和热塑区
   C. 焊缝刚度大
   D. 焊件各纤维能够自由变形

4. 焊接残余应力不影响构件的(　　)。
   A. 整体稳定性　　　　　　　　　B. 静力强度
   C. 刚度　　　　　　　　　　　　D. 局部稳定性

5. 理想弹性轴心受压构件的临界力与截面惯性矩 I 和计算长度 l_0 的关系为(　　)。
   A. 与 I 成正比,与 l_0 成正比　　　　B. 与 I 成反比,与 l_0 成反比
   C. 与 I 成反比,与 l_0 成正比　　　　D. 与 I 成正比,与 l_0 成反比

6. 确定轴心受压实腹柱腹板和翼缘宽厚比限值的原则是(　　)。
   A. 等厚度原则　　　　　　　　　B. 等稳定原则
   C. 等强度原则　　　　　　　　　D. 等刚度原则

7. 轴心受压构件设计公式 $\dfrac{N}{\varphi A} \leq f$ 中的 φ 为(　　)。

   A. $\dfrac{\sigma_k}{f_y}$ 　　　B. $\dfrac{\sigma_k}{\gamma_R}$ 　　　C. $\dfrac{\sigma_k}{f}$ 　　　D. $\dfrac{\sigma_k}{f_p}$

8. 实腹式偏心受压构件按 $\sigma = \dfrac{N}{A} \pm \dfrac{M_x}{\gamma_x W_x} = f$ 计算强度,它代表的截面应力分布为(　　)。

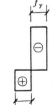
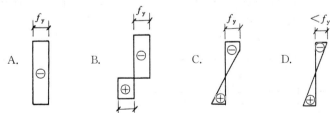
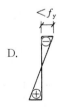

9. 验算工字形偏心受压柱腹板局部稳定时,需要事先确定的参数有(　　)。
   A. 应力分布系数 α_0
   B. 应力分布系数 α_0 和偏心柱最大长细比 λ
   C. 应力分布系数 α_0 和弯矩作用平面内的长细比 λ
   D. 偏心柱最大长细比 λ

10. 两端简支的梁,跨中作用一集中荷载,对荷载作用于上翼缘和作用于下翼缘两种情况,梁的整体稳定

性承载能力(　　　)。

  A. 前者大   B. 后者大   C. 二者相同   D. 不能确定

11. 梁受压翼缘的自由外伸宽度 $\dfrac{b_1}{t} \le 15\sqrt{\dfrac{235}{f_y}}$ 是为了保证翼缘板的(　　　)。

  A. 抗剪强度   B. 抗弯强度   C. 整体稳定   D. 局部稳定

12. 设计焊接工字形截面梁时,腹板布置横向加劲肋的主要目的是提高梁的(　　　)。

  A. 抗弯刚度   B. 抗弯强度   C. 整体稳定性   D. 局部稳定性

13. 为了保证焊接板梁腹板的局部稳定性,应根据腹板的高厚比 $\dfrac{h_0}{t_w}$ 的不同情况配置加劲肋。当 $80\sqrt{\dfrac{235}{f_y}}$

$< \dfrac{h_0}{t_w} \le 170\sqrt{\dfrac{235}{f_y}}$ 时,应(　　　)。

  A. 不需配置加劲肋   B. 配置横向加劲肋

  C. 配置横向和纵向加劲肋   D. 配置横向、纵向和短加劲肋

14. 当组合梁用公式 $\sqrt{\sigma^2 + 3\tau^2} \le \beta_1 f$ 验算折算应力时,式中 σ, τ 应分别为(　　　)。

  A. 验算点的正应力和剪应力

  B. 梁最大弯矩截面中的最大正应力、最大剪应力

  C. 梁最大剪力截面中的最大正应力、最大剪应力

  D. 梁中的最大正应力和最大剪应力

二、计算题

1. 试设计角钢与钢板的连接角焊缝(如图 11-69)。轴心力设计值 $N = 500\mathrm{kN}$(静力荷载),角钢为 $2 \llcorner 100 \times 8$,连接板厚 $t = 10\mathrm{mm}$,钢材为 Q235AF,手工焊,焊条为 E43 型 $f_f^w = 160\mathrm{N/mm^2}$.

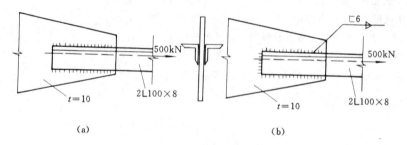

     (a)   (b)

图 11-69

2. 图 11-70 设计一 14×500 钢板的对接焊缝拼接,钢板承受轴心力 $N = 1400\mathrm{kN}$(设计值),钢材为 Q235-BF,采用 E43 型焊条手工电弧焊,三级质量检验,未采用引弧板(已知 $f_f^w = 185\mathrm{N/mm^2}$)。

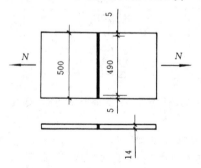

图 11-70

3. 试计算图 11-71 角焊缝连接的焊脚尺寸 h_f。已知连接承受静力荷载设计值 $P = 300\text{kN}$,钢材为 Q235BF,焊条为 E43 型,$f_f^w = 160\text{N/mm}^2$。

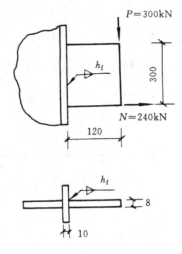

图 11-71

4. 计算图 11-72 所示工字形截面梁拼接连接的对接焊缝。已知钢材为 Q235BF,采用 E43 型焊条手工电弧焊,三级质量检验,用引弧板施焊。拼接截面承受弯矩 $M = 1\,000\text{kN} \cdot \text{m}$(设计值),剪力 $V = 225\text{kN}$(设计值)。$f_f^w = 215\text{N/mm}^2$,$f_t^w = 185\text{N/mm}^2$,$f_v^w = 125\text{N/mm}^2$。

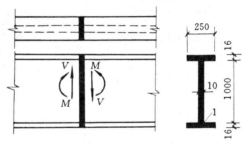

图 11-72

5. 设计一截面为 -16×340 的钢板拼接连接,采用两块拼接板($t = 9\text{mm}$)和 C 级螺栓连接。钢板和螺栓均用 Q235 钢,孔壁按二类孔制作。钢板承受轴心拉力,设计值 $N = 580\text{kN}$(图11-73)。

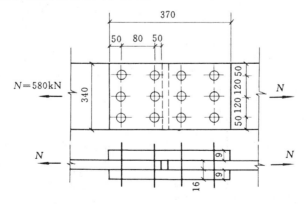

图 11-73

6. 试求图 11-74 轴心受压杆的最大承载力 N_{max}，已知杆件截面选用轧制工字钢 I50a，钢材为 Q235BF，$l_{0x}=4\text{m},l_{0y}=2\text{m}$。

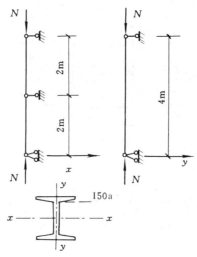

图 11-74

7. 图 11-75 所示一有中级工作制吊车的厂房屋架的双角钢拉杆，截面为 2∟100×10，角钢上有交错排列的普通栓孔，孔径 $d=20\text{mm}$，钢材为 Q235 钢。试计算此拉杆承受的最大拉力及容许达到的最大计算长度。

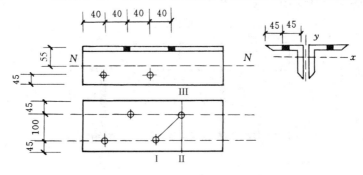

图 11-75

8. 图 11-76 所示为一轴心受压柱的工字形截面，该柱承受轴心压力设计值 $N=4500\text{kN}$，计算长度 $l_{0x}=7\text{m},l_{0y}=3.5\text{m}$，钢材为 Q235BF，$f=205\text{N/mm}^2$。试验算该柱的刚度和整体稳定性。

表 11-15

λ	15	20	25	30	35	40	45
φ	0.983	0.970	0.953	0.936	0.918	0.899	0.878

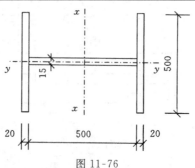

图 11-76

$$A = 27\,500\text{mm}^2, \quad I_x = 1.5089 \times 10^9\text{mm}^4, \quad I_y = 4.1667 \times 10^8\text{mm}^4, \quad [\lambda] = 150.$$

9. 图 11-77 所示为一轴心受压实腹构件,轴力设计值 $N = 2\,000\text{kN}$,钢材为 Q345B,$f = 315\text{N/mm}^2$,$f_y = 345\text{N/mm}^2$,截面无削弱,$I_x = 1.1345 \times 10^8\text{mm}^4$;$I_y = 3.126 \times 10^7\text{mm}^4$;$A = 8\,000\text{mm}^2$。试验算该构件的整体稳定性和局部稳定性是否满足要求。

表 11-16

λ	35	40	45	50	55	60
φ	0.889	0.863	0.835	0.804	0.771	0.734

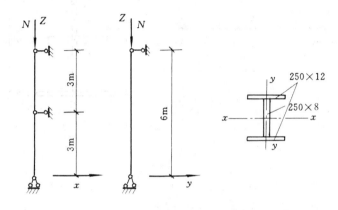

图 11-77

10. 图 11-78 所示构件由 2∟200×125×12 热轧角钢长肢相连组成,垫板厚度 12mm,承受荷载设计值 $N = 400\text{kN}$,$P = 50\text{kN}$,钢材为 Q235BF,$f = 215\text{N/mm}^2$。

$\gamma_{x1} = 1.05$,$\gamma_{x2} = 1.20$,2∟200×125×12 的几何参数:$A = 75.8\text{cm}^2$,$I_x = 3\,142\text{cm}^4$。

试验算构件的强度是否满足要求。

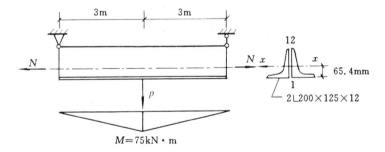

图 11-78

11. 如图 11-79 所示一焊接组合截面板梁,截面尺寸:翼缘板宽度 $b = 340\text{mm}$,厚度 $t = 12\text{mm}$;腹板高度 $h_0 = 450\text{mm}$,厚度 $t_w = 10\text{mm}$,Q235 钢材。梁的两端简支,跨度为 6m,跨中受一集中荷载作用,荷载标准值:恒载 40kN,活载 70kN(静力荷载)。

$$f = 215\text{N/mm}^2, f_v = 125\text{N/mm}^2, \left[\frac{v}{l}\right] = \frac{1}{400}$$

$$\psi_b = \beta_b \frac{4\,320}{\lambda_y^2} \cdot \frac{Ah}{W_x} \sqrt{1 + \left(\frac{\lambda_y t}{4.4h}\right)^2} \cdot \frac{235}{f_y} = 0.81,$$

$$\psi_b' = 1.07 - \frac{0.282}{\varphi_b} \leqslant 1.0$$

构件截面部分几何特性参数:

$$A=126.6\text{cm}^2, \quad I_x=51146\text{cm}^4, \quad I_y=7861\text{cm}^4$$

$$W_x=2158\text{cm}^4, \quad S_x=1196\text{cm}^3 \quad S_x=942\text{cm}^3$$

试对梁的抗弯强度、抗剪强度、折算应力、整体稳定性和挠度进行验算。

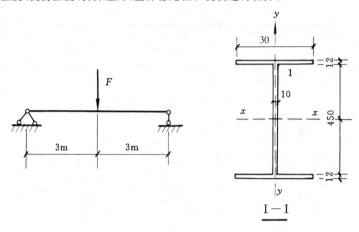

图 11-79

12. 图 11-80 所示的拉弯构件,间接承受动力荷载,轴向拉力的设计值为 800kN,横向均布荷载的设计值为 7kN/m,材料为 Q345 钢。试选择其截面(设截面无削弱)。

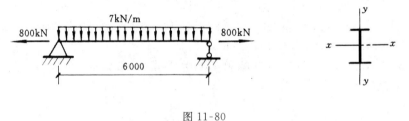

图 11-80

第12章　工程结构抗震设计基本知识

本章重点：

本章介绍地震的常用术语及抗震设计的基本概念，多层砌体房屋和钢筋混凝土框架结构抗震设计的基本规定和基本要求。

学习要求：

(1) 熟悉常用术语，如地震震级、地震烈度、地震源、基本烈度、设防烈度。

(2) 理解抗震设计三水准二阶段的设计方法。

(3) 了解多层砌体房屋和框架结构抗震设计一般规定。

(4) 掌握多层砌体房屋和框架结构的抗震措施的构造要求。

12.1　抗震设计的基本概念和基本要求

12.1.1　地震的初步知识

地震是人类社会面临的一种自然灾害，目前，科学技术还不能控制地震的发生。并且，地震还是一个难以预测的自然灾害，地震对建筑物的破坏作用也没有被人们充分认识，所以，地震往往给人类社会造成不同程度的伤亡事故和经济损失。抗御地震灾害，是人类征服自然的艰巨斗争，实践证明了地震并不可怕，完全可以运用科学技术来减轻和防止地震灾害。为了更有效地与地震灾害进行斗争，在学习建筑本身动力特性和建筑物的抗震设计之前，有必要先扼要地了解关于地震的初步知识。

12.1.1.1　几个常用地震术语

地震的发生主要由于地球的地质构造作用使地壳积累了巨大的变形能，地壳中的岩层产生很大的应力，当这些应力超过某处岩层的强度极限时，岩层突然断裂、错动，从而将积累的变形能化为波动能传播出去，这样就引起了地面的震动。这种由于地质构造作用引起的地面震动叫做构造地震，简称地震。构造地震是一种影响面广、破坏性大、发生频率高的地震。因此，在建筑结构抗震设计中，仅限于讨论在构造地震作用下建筑的设防问题。

图 12-1 为几个常用的地震术语示意图。

在地层构造运动中，由于发生比较剧烈的破坏性变动，并从这里释放大量的能量，从而引起地震的这个区域叫做震源。震源在地面上的投影就是震中，震中与震源之间的距离叫做震源深度，一般把震源深度小于 60km 的称为浅源地震；把震源深度为 60～300km 的称为中源地震；把震源深度大于 300km 的称为深源地震。浅源地震造成的危害最大，我国发生的绝大部分地震都属于浅源地震，例如，唐山大地震的断裂岩层深约 11km。

建筑物与震中的距离叫做震中距，建筑物与震源的距离叫做震源距，震中附近震动最剧烈，一般也就是破坏最严重的地区，叫做极震区或震中区。

在地面，把震级相同的地区用线连起来，这条线叫做等震线。

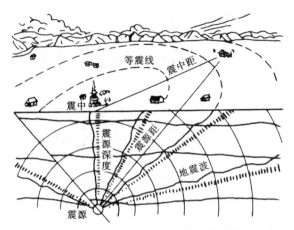

图 12-1　几个常用的地震术语示意图

12.1.1.2　地震波

在地球内部,由于构造运动,当在某一部位所积累的能量达到一定极限时,就在这个部位产生构造上的急剧变化。由于断裂处的地壳或地幔的物质具有相当的刚性,所以,发生断裂或错动时,就以弹性波的形式释放能量,这种波称为地震波。

地震波有体波和面波两种表现形式,体波包含 P 波和 S 波。P 波通常又称为纵波或压缩波,它的传播方向与本身的振动方向一致。S 波又称为横波或剪切波,它的传播方向垂直于振动方向。P 波使建筑物产生上下颠动,S 波使建筑物产生水平方向摇动,而面波则使建筑物既产生上下颠动又水平摇动,一般是在 S 波和面波都达到时振动最为剧烈。过去一般认为主要是 S 波使建筑物产生破坏,但在震后的宏观考查中发现,由 P 波所造成的破坏也是不容忽视的。

12.1.1.3　震级

地震的大小与地震时释放的能量有密切关系。里可特(Richter)于 1935 年提出的震级 M 常被用于表示地震的大小,震级的原始定义是:在离震中 100km 处由伍德－安德生(Wood-Anderson)式标准地震仪所记录到的最大水平位移(单振幅,单位为 μm,即 10^{-3}mm)的常用对数值,震级 M 可用下式表示:

$$M = \lg A$$

式中,A 即是上述标准地震仪在距震中 100km 处记录到的最大振幅。例如,在距震中 100km 处标准地震仪记录到的最大振幅 $A = 100$mm $= 10^{5}\mu$m,则 $M = \lg A = \lg 10^{5} = 5$,即这次地震为 5 级。由于地震发生时地震仪不可能总是放在离震中 100km 的地方,因此,需要根据震中距和使用的仪器对实测的震级进行适当的修正。

对于远震,面波成分通常比体波成分要显著,它们具有不同的阻尼特性,国际上一般远震用面波定震级,近震用体波定震级。我国地震部门为统一起见,规定全用面波定震级上报。

12.1.1.4　地震烈度、基本烈度和地震烈度区划图

1. 地震烈度

地震烈度是指某一地区的地面及房屋建筑等遭受到一次地震影响的强弱程度。对于一次地震,表示地震大小的震级虽只有一个,然而各地区由于距震中远近不同,地质情况和建筑情

况不同,所受到的影响不一样,因而烈度不同,一般地说,震中区烈度最大,离震中愈远,烈度愈小。烈度是地震发生时,根据人的感觉、家具和物品的振动情况以及房屋和构筑物遭受破坏程度等状况而对地震所作的定性描述。所以,可以认为烈度是表示地震影响程度的一个尺度。评定烈度的标准叫做烈度表。由于对烈度影响从轻到重的分段不同,在宏观现象的描述和定量指标方面的差异,以及各国建筑物情况和地表条件都有不同,各国所编制的烈度表也不尽相同。国际上普遍采用的是划分为 12 度的烈度表。目前,我国使用的是 12 度烈度表(表12-1)。在这个烈度表中,给出了房屋和结构在各种烈度下被破坏的情况。

表 12-1　　　　　　　　　　中国地震烈度表(GB/T 17742—1999)

烈度	在地面上人的感觉	房屋震害程度		其他现象	物理参量	
		震害现象	平均震害指数		峰值加速度 $/(m \cdot s^{-2})$	峰值速度 $/(m \cdot s^{-1})$
I	无感					
II	室内个别静止中人有感觉					
III	室内少数静止中人有感觉	门、窗轻微作响		悬挂物微动		
IV	室内多数人、室外少数人有感觉。少数人梦中惊醒	门、窗作响		悬挂物明显摆动,器皿作响		
V	室内人普遍有感觉,室外多数人有感觉,多数人梦中惊醒	门窗、屋顶、屋架颤动作响,灰土掉落,抹灰出现微细裂缝。有檐瓦掉落,个别屋顶烟囱掉砖		不稳定器物摇动或翻倒	0.31 (0.22~0.44)	0.03 (0.02~0.04)
VI	站立不稳,少数人惊逃户外	损坏——墙体出现裂缝,檐瓦掉落,少数屋顶烟囱裂缝、掉落	0~0.1	河岸和松软土出现裂缝,饱和砂层出现喷砂冒水;有的独立砖烟囱轻度裂缝	0.63 (0.45~0.89)	0.06 (0.05~0.09)
VII	大多数人惊逃户外,骑自行车的人有感觉,行驶中的汽车驾驶员有感觉	轻度破坏——局部破坏、开裂,小修或不需要修理可继续使用	0.11~0.30	河岸出现塌方;饱和砂层常见喷砂冒水,松软土地上裂缝较多;大多数独立砖烟囱中等破坏	1.25 (0.90~1.77)	0.13 (0.10~0.18)
VIII	多数人摇晃颠簸,行走困难	中等破坏——结构破坏,需要修复才能使用	0.31~0.50	干硬土上亦有裂缝;大多数独立烟囱严重破坏;树梢折断;房屋破坏,导致人畜伤亡	2.50 (1.78~3.53)	0.25 (0.19~0.35)

续表

烈度	在地面上人的感觉	房屋震害程度		其他现象	物理参量	
		震害现象	平均震害指数		峰值加速度/(m·s^{-2})	峰值速度/(m·s^{-1})
IX	行动的人摔倒	严重破坏——结构严重破坏,局部倒塌,修复困难	0.51~0.70	干硬土上许多地方出现裂缝;基岩可能出现裂缝、错动;滑坡塌方常见;独立砖烟囱出现倒塌	5.00(3.54~7.07)	0.50(0.36~0.71)
X	骑自行车的人会摔倒,处不稳状态的人会摔出,有抛起感	大多数倒塌	0.71~0.90	山崩和地震断裂出现;基岩上拱桥破坏;大多数独立砖烟囱从根部破坏或倒毁	10.00(7.08~14.14)	1.00(0.72~1.41)
XI		普遍倒塌	0.91~1.00	地震断裂延续很长;大量山崩滑坡		
XII				地面剧烈变化,山河改观		

注:① 评定烈度时,Ⅰ~Ⅴ度以地面上人的感觉为主;Ⅵ~Ⅹ度以房屋震害为主,人的感觉仅供参考;Ⅵ,Ⅶ度以地表现象为主。

② 在高楼上人的感觉要比地面上人的感觉明显,应适当降低评定值。

③ 表中房屋为单层或数层、未经抗震设计或未加固的砖混房屋和砖木房屋。对于质量特别差或特别好的房屋,可根据具体情况,对表中各烈度相应的震害程度和震害指数予以提高或降低。

④ 表中的震害指数是从各类房屋的震害调查和统计中得出的,反映破坏程度的数字指标,0表示无震害,1表示倒塌。平均震害指数可以在调查区域内用普查或随机抽查的方法确定。

⑤ 在农村可以自然村为单位,在城镇可以分区进行烈度的评定,面积以1km^{2}左右为宜。

⑥ 凡有地面强度记录资料的地方,表列物理参量可作为综合评定烈度和制定建设工程抗震设防要求的依据。

⑦ 表中数量词说明:个别为10%以下;少数为10%~50%;多数为50%~70%;大多数为70%~90%;普遍为90%以上。

2. 基本烈度和地震烈度区划图

一个地区的基本烈度是指该地区在设计基准期50年内,一般场地条件下,可能遭遇超越概率为10%的地震烈度(图12-2),各个地区的基本烈度是根据当地的地质地形条件和历史地震情况等,采用了地震危险性概率方法,经有关部门确定。作为一个地区抗震设防依据的地震烈度,一般情况下,取基本烈度。

国家地震局于1990年颁布了《中国地震烈度区划图》,该图给出了全国各地的基本烈度的分布,供全国建筑规划和中小型工程设计应用。

3. 小震与大震

从概率意义上,小震应是发生机会较多的地震,因此,可将小震定义为烈度概率密度分布曲线上的峰值所对应的烈度(多遇烈度或称众值烈度)。根据大量数据分析,我国地震烈度概率分布符合极值Ⅲ型(图 12-2)。从图 12-2 中概率密度分布曲线可看出多遇烈度,在设计基准期 50 年内超越概率为 63.2%,基本烈度的超越概率为 10%,大震(即罕遇烈度),超越概率为 2%左右,基本烈度与多遇烈度相差约为 1.55 度,而基本烈度与罕遇烈度相差为 1 度。例如,当基本烈度为 8 度,其多遇烈度为 6.45 度,罕遇烈度为 9 度(图 12-2)。多遇烈度,即小震烈度,称为第一水准烈度;基本烈度即全国地震烈度区划图所规定的烈度,称为第二水准烈度;罕遇烈度,即大震烈度,称为第三水准烈度。

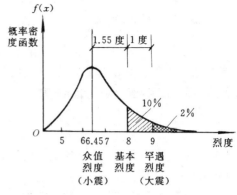

图 12-2 三种烈度关系示意图

12.1.2 地震的破坏现象

地震造成的破坏可归纳为以下三方面。

12.1.2.1 地表破坏

强烈地震发生后,常常在地震区看到地裂缝、冒水喷砂以及滑坡、崩塌、沉陷等地表震害现象。

按地面裂缝形成的原因,可以分为两类:一类是因为地下岩层断裂或断层错动,在地表形成的裂缝。这类裂缝与地下断裂带的走向一致,一般规模较大,形状规则,常成带状裂缝,带宽几米至几十米,带长可达几千米,但一般都不深,多则 1~2m。唐山地震时,穿过唐山市区东南部的地震缝就属于这种类型。另一类是处于故道、河湖堤岸、坡道和田地场院等土质松软潮湿地段,在地震时由于震陷而形成的地裂缝。这类裂缝规模小,形状不一,纵横交错。

地震缝穿过房屋、公路、地下构筑物场地时,会造成墙和基础的断裂或错动,严重时,会造成房屋倒塌(图 12-3),一般情况下,在选择建筑场地时,应充分考虑这一不利因素,尽量避开这些不利影响。

冒水喷砂是由于地震波强烈的震动,在地下水位较高、砂层埋藏较浅地区,使含水层受到挤压,地下水往往从地裂缝或土质松软的地方冒出。而在含有砂层的地方,地下水则夹带砂子喷出。冒水喷砂常导致地面下陷、农田道路淹没、机井毁坏、建筑物下沉、倾斜等危害。

12.1.2.2 建筑结构破坏

地震时,不仅各类建筑物遭到不同程度的破坏,也使人民生命财产受到损失。根据历次大地震的宏观调查,可以把造成各类工程结构破坏的原因归纳为三方面。

1. 主要承重结构的承载力不够

任何承重构件都有它的特定功能,适于承受一定的外力。对于设计时没有考虑地震影响或设防不足的结构,在地震作用下,不仅构件所承受的内力突然加大几倍,而且往往还要改变其受力方式,致使构件因承载力不足而破坏,例如承重砖墙,当地震作用使其主应力超过砌体抗主拉应力强度时,墙面就产生交叉裂缝,钢筋混凝土柱被剪断、压酥等。

2. 结构整体性丧失

房屋建筑或其他构筑物都是由许多不同的构件组成,其结构的整体性好坏,是能否保证房屋在地震作用下不致倒塌的关键。在强烈地震作用下,构件连接不牢,支撑长度不够和支撑失效等,都会使其丧失整体性而破坏。

3. 地基失效

在地震强烈作用下,地基承载力下降,甚至丧失,也可能由于地基饱和砂层液化造成建筑物沉陷、倾倒或破坏(图 12-4)。

图 12-3　断层错动引起的地面破坏　　　　图 12-4　土液化造成的震害

12.1.2.3　地震次生灾害

所谓地震次生灾害,是指地震时间产生的灾害,如火灾、水灾、污染、瘟疫、海啸等。这种由地震引起的次生灾害,有时比地震直接造成的损失还大,因此,这个问题在城市尤其是在大城市,愈来愈引起人们的关注。

例如,1923 年日本关东大地震,根据统计,震倒房屋 13 万栋,由于地震时,适值午饭时刻,许多地方同时起火,加之道路堵塞,自来水管破坏,救火工作受到限制,致使大火蔓延,烧毁房屋达 45 万栋之多。

1960 年发生于智利的大地震,引起海啸灾害,除吞噬了智利中南部沿海的房屋外,海浪又从智利沿海以 60km/h 速度横扫太平洋,22h 后,4m 高的海浪甚至袭击到日本的本州和北海道,使海港设备和码头建筑遭到严重破坏,甚至连巨轮也被掀上陆地。

12.1.3　抗震设计的基本原则

12.1.3.1　建筑物的分类及抗震设防标准

根据建筑物的重要性,《建筑工程抗震设防分类标准》(GB 50223—2008)(以下简称《分类标准》)将建筑分为四类:

(1) 特殊设防类:指使用上有特殊设施,涉及国家公共安全的重大建筑工程和地震时可能发生严重次生灾害等特别重大灾害后果,需要进行特殊设防的建筑。简称甲类。

(2) 重点设防类:指地震时使用功能不能中断或须尽快恢复的生命线相关建筑,以及地震时可能导致大量人员伤亡等重大灾害后果,需要提高设防标准的建筑。简称乙类。

(3) 标准设防类:指大量的除(1)、(2)、(4)款以外按标准要求进行设防的建筑。简称丙类。

(4) 适度设防类:指使用上人员稀少且震损不致产生次生灾害,允许在一定条件下适度降低要求的建筑。简称丁类。

《分类标准》规定,对各类建筑抗震设防标准,应按下列要求考虑:

(1) 标准设防类:应按本地区抗震设防烈度确定其抗震措施和地震作用。达到在遭遇高于当地抗震设防烈度的预估罕遇地震影响时不致倒塌或发生危及生命安全的严重破坏的抗震设防目标。

(2) 重点设防类:应按高于本地区抗震设防烈度一度的要求加强其抗震措施;但抗震设防烈度为9度时应按比9度更高的要求采取抗震措施;地基基础的抗震措施,应符合有关规定。同时,应按本地区抗震设防烈度确定其地震作用。

对于划分为重点设防类而规模很小的工业建筑,当改用抗震性能较好的材料且符合抗震设计规范对结构体系的要求时,允许按标准设防类设防。

(3) 特殊设防类:应按高于本地区抗震设防烈度提高一度采取抗震措施;但抗震设防烈度为9度时应按比9度更高的要求采取抗震措施。同时,应按批准的地震安全性评价的结果且高于本地区抗震设防烈度确定其地震作用。

(4) 适度设防类:允许比本地区抗震设防烈度的要求适当降低其抗震措施,但抗震设防烈度为6度时不应降低。一般情况下,仍应按本地区抗震设防烈度确定其地震作用。

抗震设防烈度为6度时,除《建筑抗震设计规范》(GB 50011—2010)(以下简称《抗震规范》)有具体规定外,对乙、丙、丁类建筑可不进行地震作用计算。

12.1.3.2 地震设防的一般目标

抗震设防烈度是一个地区抗震设防依据的地震烈度,以达到抗震的效果。

抗震设防烈度是一个地区作为抗震设防依据的地震烈度,它是按国家规定权限审批或颁发的文件(图件)确定的,一般情况下,采用基本烈度。

抗震设防的一般目标为三水准设防目标。

(1) 第一水准:当遭到多遇的、低于本地区设防烈度的地震影响时,建筑物一般不受损坏或不需修理仍可继续使用。

(2) 第二水准:当遭受到本地区设防烈度的地震影响时,建筑物可能有一定损坏,经一般修理或不需修理仍可继续使用。

(3) 第三水准:当遭受到高于预估的本地区设防烈度的罕遇地震影响时,建筑物不致倒塌或发生危及人类生命的严重破坏。

抗震设计的指导思想是:建筑物在使用期间,对不同强度的地震应具有不同的抵抗能力。一般小震发生的概率较大,因此,要求做到结构不损坏,这在技术上、经济上是可以做到的。而大震发生的概率较小,如果要求结构遭受大震时不损坏,这在经济上是不合理的,因此,可以允许结构破坏。但是在任何情况下,不应导致建筑物倒塌。概括地说,抗震设防的一般目标就是要做到"小震不坏,设防烈度可修,大震不倒"。

在进行建筑抗震设计时,原则上应满足三水准抗震设防目标要求,在具体做法上,为了简化计算起见,《抗震规范》采用了二阶段设计方法,即

第一阶段设计:按小震作用效应和其他荷载效应的基本组合验算结构构件的承载能力以及在小震作用下验算结构的弹性变形,以满足第一水准抗震设防目标的要求。

第二阶段设计:在大震作用下,验算结构的弹塑性变形,以满足第三水准抗震设防目标的要求。

第二水准抗震设防目标的要求,《抗震规范》是以在满足第一、第三水准抗震设防目标的基础上通过抗震构造措施来加以保证的。

12.1.4 抗震设计的基本要求

12.1.4.1 建筑场地

(1)宜选择对建筑抗震有利地段,如开阔平坦的坚硬场地土或密实均匀的中硬场地土等地段。

(2)宜避开对建筑抗震不利地段,如软弱场地土、易液化土、条状突出的山嘴、高耸孤立的山丘、非岩质的陡坡、采空区、河岸和边坡边缘,场地土在平面分布上的成因、岩性、状态明显不均匀(如故道、断层破碎带、暗埋的塘浜沟谷及半填半挖地基)等地段。当无法避开时,应采取适当的抗震措施。

(3)不应在危险地段建造甲、乙、丙类建筑。对建筑抗震危险地段,一般是指地震时可能发生滑坡、崩塌、地陷、地裂,泥石流等地段以及基本烈度为8度和8度以上的地震断裂带上,地震时,可能发生地表位错的地段。

12.1.4.2 地基和基础设计

(1)同一结构单元不宜设置在性质截然不同的地基上,也不宜部分采用天然地基,部分采用桩基。

(2)地基有软弱黏性土、可液化土、严重不均匀土层时,宜加强基础的整体和刚性。

12.1.4.3 建筑的平面、立面布置

建筑物的平、立面布置宜规则、对称,质量和刚度变化均匀,尽量避免楼盖错层。

对体型复杂的建筑物,应采取以下措施:

(1)不设抗震缝,但应对建筑物进行结构抗震分析,估计其局部应力和变形集中及扭转影响,判明其易损部位,采取加强措施或提高变形能力的措施。

(2)设置抗震缝,将建筑物分隔成规则的结构单元。

12.1.4.4 抗震结构体系

(1)应具有明确的计算简图和合理的地震作用传递途径。

(2)宜有多道抗震设防,一般来说结构体系的超静定次数越高,对抗震越有利,避免因部分结构或构件失效而导致整个体系丧失抗震能力或丧失对重力的承载能力。

(3)应具备必要的承载力,良好变形能力和耗能能力。

(4)宜综合考虑结构体系的实际刚度承载力分布,避免因局部削弱或突变而形成薄弱部

位,或产生过大的应力集中或塑性变形集中,对可能出现的薄弱部位,宜采取措施改善其变形能力。

12.1.4.5 结构构件

抗震结构构件应力求避免脆性破坏。对砌体结构,宜采用钢筋混凝土圈梁和构造柱、芯柱、配筋砌体或钢筋混凝土和砌体组合柱。对钢筋混凝土构件,应通过合理的截面选择及合理的配筋以避免剪切破坏先于弯曲破坏,避免混凝土的受压破坏先于钢筋的屈服,避免钢筋锚固失效先于构件破坏;对钢筋混凝土框架结构,抗震设计中,要尽量遵循强柱弱梁、强剪弱弯、强节点强锚固的设计原则,防止脆性破坏。对钢结构杆件,应防止压屈破坏(杆件失去稳定)或局部失稳。加强结构各构件之间的连接,以保证构件的整体性。对抗震支撑系统,应能保证地震时的结构稳定。

12.1.4.6 非结构构件

对非结构构件,如女儿墙、围护墙、雨篷、门脸、封墙等,应注意其与主体结构有可靠的连接和锚固,避免地震时倒塌伤人。对围护墙和隔墙与主体结构的连接,应避免其不合理的设置而导致主体结构的破坏。应避免吊顶在地震时塌落伤人。应避免贴镶或悬吊较重的装饰物,或采取可靠的防护措施。

12.1.4.7 材料、施工质量

抗震结构对材料、施工质量的要求应在设计文件上注明,并应保证切实执行。对各类材料的强度等级,应符合最低要求。但在施工中,对材料的替换以大代小、以强代弱时,也需慎重考虑。钢筋接头及焊接质量应满足规范要求。构造柱、芯柱及框架的施工,砌体房屋纵墙及横墙的交接等,应保证施工质量。

12.1.5 场地土和场地

目前世界各国建筑抗震设计规范大部分采用反应谱理论,并重视场地条件的影响。由于实际场地千变万化,地震时,不同场地上的震害差异也较大且复杂。历次震害现象表明,在某一相邻地区内,房屋的建筑结构和施工质量都基本相同,但地震破坏程度却差别较大,破坏烈度可相差1~2度,出现所谓"重灾区里有轻灾,轻灾区里有重灾"的烈度异常区。为什么会出现这种现象呢?经震害调查分析表明,这是局部地质条件对工程影响的结果,因此,研究场地条件对建筑震害的影响是建筑结构抗震设计中一个重要课题。

场地是指建筑物所在地,大体相当于厂区、居民区和自然村的区域范围。场地土是指场地范围的地基土,场地土的自振周期称为卓越周期。由于场地土的性质和厚度不同,其卓越周期的长短也不同,一般在0.1s至数秒内变化。震害调查表明,凡结构的自振周期与土的卓越周期相等或接近时,建筑物的震害都有加重的趋势,这是由于类似共振现象所致,因此,在结构抗震设计中,应使结构自振周期避开土的卓越周期。

层状地基由覆盖层厚度不等且坚硬和软弱程度不同的土层构成。宏观震害表明,软弱地基上,柔性结构较易遭受破坏而刚性结构则表现较好,坚硬地基上,柔性结构震害较轻,而刚性结构有时破坏加重,总的说来,在软土地基上的结构破坏比在坚硬地基上严重。房屋破坏率随场地覆盖层厚度增加而升高,覆盖层厚度超过一定范围后,破坏率变化不大。震害表明,地震

时,由于场地土的类型不同及覆盖层厚度不同,将对建筑物的地震作用产生不同影响。因此,《抗震规范》在进行建筑场地类别的划分时,不但考虑场地土类型,而且考虑覆盖层厚度的影响。场地土类型宜根据土层剪切波速来划分(表12-2)。

表 12-2　　　　　　　　　　　　土的类型划分和剪切波速范围

土的类型	岩土名称和性状	土层剪切波速范围/(m·s⁻¹)
岩　石	坚硬、较硬且完整的岩石	$v_s > 800$
较坚硬或软质岩石	破碎和较破碎的岩石或软和较软的岩石,密实的碎石土	$800 \geqslant v_s > 500$
中硬土	中密、稍密的碎石土,密实、中密的砾、粗、中砂,$f_{ak} > 150$ 黏性土和粉土,坚硬黄土	$500 > v_s > 250$
中软土	稍密的砾、粗、中砂,除松散外的细、粉砂,$f_{ak} \leqslant 150$ 的黏性土和粉土,$f_{ak} > 130$ 的填土,可塑新黄土	$250 \geqslant v_s > 150$
软弱土	淤泥和淤泥质土,松散的砂,新近沉积的黏性土和粉土,$f_{ak} \leqslant 130$ 的填土,流塑黄土	$v_s \leqslant 150$

注:f_{ak} 为由载荷试验等方法得到的地基承载力特征值(kPa);v_s 为岩土的剪切波速。

《抗震规范》规定,建筑场地类别根据土层等效剪切波速和场地覆盖层厚度分为四类,见表12-3。

表 12-3　　　　　　　　　　　　建筑场地类别划分

等效剪切波速/(m·s⁻¹)	场地覆盖层厚度 d_{ov}/m					
	$d_{ov} = 0$	$0 < d_{ov} < 3$	$3 \leqslant d_{ov} < 5$	$5 \leqslant d_{ov} \leqslant 15$	$15 < d_{ov} \leqslant 50$	$50 < d_{ov} \leqslant 80$	$d_{ov} > 80$
$v_s > 800$	I₀					
$900 \geqslant v_s > 500$	I₁					
$500 \geqslant v_{se} > 250$		I₁			II		
$250 \geqslant v_{se} > 150$		I₁		II		III	
$v_{se} \leqslant 150$		I₁	II		III		IV

注:表中 v_s 为硬质岩石和坚硬土的剪切波速;v_{se} 为土层的等效剪切波速。

《抗震规范》对建筑场地覆盖层厚度的确定,提出以下要求:

(1)一般情况下,应按地面至剪切波速大于 500m/s 的土层顶面的距离确定。

(2)当地面 5m 以下存在剪切波速大于相邻上层土剪切波速 2.5 倍的土层,且其下卧岩土的剪切波速均不小于 400m/s 时,可按地面至该土层顶面的距离确定。

(3)剪切波速大于 500m/s 的孤石、透镜体,应视同周围土层。

(4)土层中的火山岩硬夹层,应视为刚性,其厚度应从覆盖土层中扣除。

当不得不选择可能液化导致地基失效的地段为建筑场地时,应采取必要措施,包括初步判别液化可能性,进一步判别液化土层深度和厚度,确定地基抗液化措施和加强上部结构等。

12.2　多层砌体房屋抗震设计构造要求

12.2.1　震害及其分析

多层砌体房屋震害有两种情况:一是倒塌;二是出现不同程度的裂缝,使房屋发生损坏。

12.2.1.1 房屋倒塌

1. 全部倒塌

当结构的整体性好而底层墙体又不足以抵抗强震作用下的剪力时,则底层先塌,从而引起上层的倾斜。这时,倒塌后的楼板常逐层相叠。当结构的整体性差而上层墙体又过于减弱时,则往往上层首先散塌,底层被砸,使房屋全部倒塌。这时,由于下层受砸而塌,因而倒塌的楼板常无一定的规则。当砖砌体的强度差而不足以抵抗地震作用时,则往往上、下层同时发生散碎,彻底倒塌,这时,砖墙完全散碎而成为零碎的砖块撒开。

2. 上部倒塌

当房屋的上层自重大、刚度差或当上层砖砌体的强度过弱、整体性又差时,房屋有可能发生上部倒塌的情况。

3. 局部倒塌

引起房屋局部倒塌的原因很多,大致有以下几种:房屋个别部分的整体性特差;纵墙与横墙间联系不好;平面或立面上有显著的局部突出;抗震缝处理不当;等等。

墙体刚度变化和应力集中的部位,如楼梯间、墙体转角处和烟道等削弱的墙体也容易受到破坏产生局部倒塌。

12.2.1.2 墙体开裂

裂缝出现的部位及其形态有以下几种。

1. "X"形缝

凡与主震方向平行的墙体,虽承受不了地震作用,但又尚未倒塌时,则常出现"X"形缝。如果各层的砌体抗主拉应力强度不变,则因地震作用下层大而上层小的缘故,"X"形缝常下宽上窄。在横向,房屋两端的山墙最易出现"X"形缝,这是因为山墙的刚性大而其压应力又比一般的横墙小。另外,在纵向,窗间墙上也常出现"X"形缝。如果主震方向既不与横墙方向相一致,也不与纵墙方向相一致而是成某一角度时,则常在房屋的角落,由于山墙和外纵墙上的斜裂缝相遇而发生房屋的局部倒塌。

2. 水平裂缝

这种裂缝大都在外纵墙的窗口上、下皮处发生。当房屋纵向承重、横墙间距大而房屋的刚度又较弱时,则垂直于纵墙方向的地震力迫使纵墙在刚度小的方向发生横向弯曲,从而在窗口的上、下皮处产生水平裂缝。

3. 竖向裂缝

这种裂缝大都在纵、横墙交接处出现,交接处被拉脱或成马牙状。有时因房屋结构体系的变化、相邻部分的振幅不同而产生竖向裂缝。

12.2.2 多层砌体房屋抗震设计的一般要求

多层砌体房屋的墙体是脆性的,纵、横墙体的连结比较弱,因此,多层砌体房屋的抗震性能比较差。为了使多层砌体房屋做到"小震不坏,设防烈度可修,大震不倒"的抗震目标,特别要注意合理的建筑结构布置。

12.2.2.1 平、立面布置要规则

大量震害表明,房屋为简单的长方体的各部位受力比较均匀,薄弱环节比较少,震害程度要轻一些。因此,房屋的平面最好为矩形、L 形和 Ⅱ 形等平面,由于扭转的影响和变形不协调,容易产生应力集中现象。

复杂的立面造成的附加震害更为严重。比如突出的小建筑,在 6 度区房屋的主体结构无明显破坏的情况下,有不少发生了相当严重的破坏。

12.2.2.2 房屋总高度、层高及层数要限制,高宽比要控制

多层砌体房屋的抗震能力,除依赖于横墙间距、砌体和砂浆强度等级等因素外,还与房屋层数和高度有直接联系。大量震害表明,四、五层砖房在不同烈度区的震害比二、三层的震害严重得多,倒塌的百分比亦高得多,六层及六层以上砖房在地震时震害明显加重。

对房屋总高度、层数进行双控制,是因为楼盖重量占到房屋总重量的 35%～56%,房屋总高度相同,多一层楼板就意味着增加半层楼的地震作用,相当于房屋增高了半层,所以,根据震害经验的总结和对多层砌体结构抗震性能的分析研究,对多层砌体房屋的总高度及层数要给以一定的限值,对于医院、教学楼等横墙较少的砌体房屋,总高度应降低 3m,总层数减少一层,对各横墙间距虽满足最大间距但横墙很少的房屋,应根据具体情况再适当降低总高度和总层数。各类砌体房屋的总高度和层数限值见表 12-4。

砌体房屋的层高不宜超过 3.6m。

表 12-4		房屋的层数和总高度限值											m
墙体类型	最小墙厚	烈度(设计基本地震加速度)											
		6		7				8				9	
		0.05g		0.10g		0.15g		0.20g		0.30g		0.40g	
		高度	层数	高度	层数	高度	层数	高度	层数	高度	层数	高度	层数
普通砖	240mm	21	7	21	7	21	7	18	6	15	5	12	4
多孔砖	240mm	21	7	21	7	18	6	18	6	15	5	9	3
多孔砖	190mm	21	7	18	6	15	5	15	5	12	4	—	—
小砌块	190mm	21	7	21	7	18	6	18	6	15	5	9	3

注:① 房屋的总高度指室外地面到主要屋面板板顶或檐口的高度,半地下室可从地下室室内地面算起,全地下室和嵌固条件好的半地下室应允许从室外地面算起;对带阁楼的坡屋面应算到山尖墙的 1/2 高度处;
② 室内外高差大于 0.6m 时,房屋总高度应允许比表中数据适当增加,但不应大于 1m;
③ 乙类的多层砌体房屋按本地区设防烈度查表时,其层数应减少一层且总高度应降低 3m;
④ 本表小砌块砌体房屋不包括配筋混凝土小型空心砌块砌体房屋。

《抗震规范》对多层砌体房屋不要作整体弯曲的承载力验算,但多层砌体房屋整体弯曲破坏的震害是存在的。为了使多层砌体房屋有足够的稳定性和整体抗弯能力,所以,对房屋高宽

比也应有一定的限值,具体见表 12-5。

表 12-5　　　　　　　　　　　　　　　　房屋最大高宽比

烈度	6	7	8	9
最大高宽比	2.5	2.5	2.0	1.5

注:① 单面走廊房屋的总宽度不包括走廊宽度;

　　② 建筑平面接近正方形时,其高宽比宜适当减小。

12.2.2.3　抗震横墙间距要限制

一般地,纵向长于横向的砌体房屋,其纵向的抗震能力优于横向,横向抗侧力构件主要依靠横墙。因此,横墙间距不能过大。同时,纵墙在平面处需要支撑,一定距离内的横墙就是纵墙的侧向支撑,因此,间距也不能过大,不能超过表 12-6 中所列的要求。

表 12-6　　　　　　　　　　房屋抗震横墙最大间距　　　　　　　　　　　　　　m

房屋类型	烈　度			
	6	7	8	9
现浇或装配整体式钢筋混凝土楼、屋盖	15	15	11	7
装配式钢筋混凝土楼、屋盖	11	11	9	4
木楼盖	9	9	4	—

注:① 多层砌体房屋的顶层,除木屋盖外的最大墙间距允许适当放宽,但应采取相应加强措施;

　　② 多孔砖抗震横墙厚度为 190mm 时,最大横墙间距应比表中数值减少 3m。

12.2.2.4　局部尺寸要控制

房屋局部尺寸的影响,有时仅是造成局部破坏而不妨碍结构的整体安全,但有时某些特别的局部破坏,也能牵动全局,造成整栋结构的破坏或引起局部坍落。控制局部尺寸有三个目的:其一是使各墙体受力分布协调,避免强弱不匀时"各个击破";其二是防止非承重构件失稳;其三是避免附属构件脱落伤人。因此,《抗震规范》对局部尺寸作了必要的限制,具体见表 12-7。

实际设计中,外墙尽端至门窗洞边的最小距离往往不能满足要求,此时,可采用加强的构造配筋或增加横向配筋措施,以适当放宽限制。

表 12-7　　　　　　　　　　房屋局部尺寸限值　　　　　　　　　　　　　　　　m

部　位	烈　度			
	6	7	8	9
承重窗间墙最小宽度	1.0	1.0	1.2	1.5
承重外墙尽端至门窗洞边的最小距离	1.0	1.0	1.2	1.5
非承重外墙尽端至门窗洞边的最小距离	1.0	1.0	1.0	1.0
内墙阳角至门窗洞边的最小距离	1.0	1.0	1.5	2.0
无锚固女儿墙(非出入口处)的最大高度	0.5	0.5	0.5	0.0

注:① 局部尺寸不足时,应采取局部加强措施弥补。

　　② 出入口处的女儿墙应有锚固。

12.2.2.5　结构体系要合理

多层砌体房屋结构体系,应符合下列要求:

（1）应优先采用横墙承重或纵、横墙共同承重的结构体系。

（2）纵、横墙的布置宜均匀对称，沿水平面内宜对齐，沿竖向应上下连续，同一轴线上的窗间墙宜均匀。

（3）房屋有下列情况之一时，宜设置防震缝，缝两侧均应沿房屋全高设置墙体，缝宽可采用 70～100mm：①房屋高差在 6m 以上；②房屋有错层，且楼板高差较大；③各部分结构刚度、质量截然不同。

（4）楼梯间不宜设置在房屋的尽端和转角处。

（5）烟道、风道、垃圾道等不应削弱墙体，当墙体被削弱时，应对墙体采取加强措施，不宜采用无竖向配筋的附墙烟囱及出屋面的烟囱，不宜采用无锚固的钢筋混凝土预制挑檐。

12.2.3 砌体结构构造措施

12.2.3.1 钢筋混凝土构造柱

多层砖房的抗震构造措施对于抵御罕遇大震、防止结构倒塌起有关键作用。钢筋混凝土构造柱可以提高砌体的变形能力和结构的延性，使结构在遭到强烈地震时，虽有严重开裂而不突然倒塌。这种对砌体抗震性能改善的有效措施，已被广泛运用在多层砌体房屋中。

构造柱的做法，通常是先砌内、外墙，在纵、横墙交接处留出马牙槎并在墙内伸出水平锚固钢筋，当一层墙体砌筑完后，再浇注配筋构造柱。这样，墙柱连接成整体，加上柱与层间圈梁或水平钢筋砖带相连，在纵、横两个方向将墙体箍住，从而提高了墙体的延性和结构的整体性(图 12-5)。

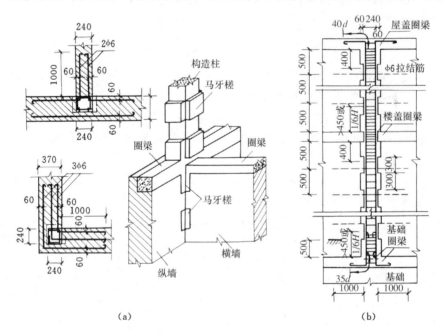

（a）　　　　　　　　　　　　　　　　（b）

图 12-5　构造柱示意图

钢筋混凝土构造柱的设置部位，一般情况下，应符合表 12-8 的要求。有关混凝土小砌块及中砌块房屋芯柱的设置部位及要求，《抗震规范》另有规定。

表 12-8　　　　　　　　多层砖砌体房屋构造柱设计要求

房屋层数				设 置 部 位	
6 度	7 度	8 度	9 度		
四、五	三、四	二、三		楼、电梯间四角,楼梯斜段上下端对应的墙体处; 外墙四角和对应转角; 错层部位横墙与外纵墙交接处; 大房间内外墙交接处; 较大洞口两侧	每隔 12m 或单元横墙与外纵墙交接处; 楼梯间对应的另一侧内横墙与外纵墙交接处
六	五	四	二		隔开间横墙(轴线)与外墙交接处; 山墙与内纵墙交接处
七	≥六	≥五	≥三		内墙(轴线)与外墙交接处; 内墙的局部较小墙垛处; 内纵墙与横墙(轴线)交接处

注:① 外墙式和单面走廊式的多层砖房,应根据房屋增加 1 层后的层数,按表中要求设置,且单面走廊两侧的纵墙均应按外墙处理。

② 教学楼、医院等横墙较少的房屋,应根据房屋增加 1 层后的层数,按表中及注①要求设置构造柱。

③ 各层横墙很少的房屋,应按增加二层的层数设置构造柱。

④ 较大洞口,内墙宽度不小于 2.1m 的洞口,外墙在内外墙交接处已设置构造柱时允许适当放宽,但洞侧墙体应加强。

构造柱应与圈梁连接,为了充分发挥构造柱的作用,构造柱与墙连接处宜砌成马牙槎,墙内伸出的锚固钢筋沿墙高每 500mm 配 2φ6 水平钢筋和 φ4 分布短筋平面内点焊组成的拉结网片或 φ4 点焊钢筋网片,每边伸入墙内不小于 1m。6 度、7 度时底层 1/3 楼层,8 度时 1/2 楼层,9 度时全部楼层上述拉结钢筋网片沿墙体水平通常设置。根据不同设防烈度,柱断面不宜小于 240mm×180mm(墙厚 190mm 时为 180mm×190mm),纵向配筋宜采用 4φ12,箍筋间距不宜大于 250mm,且在柱的上、下端宜加密;6 度、7 度时超过 6 层,8 度时超过 5 层和 9 度时,构造柱纵向钢筋宜采用 4φ14,箍筋间距不应大于 200mm,房屋四周的构造柱可适当加大截面及配筋。构造柱可不单独设置基础,但应伸入室外地面下 500mm,或锚入埋深小于 500mm 的基础圈梁内。

12.2.3.2　圈梁

圈梁是砖墙承重房屋的一种经济有效的抗震措施,圈梁在抗震方面有如下几项功能:

(1)增强房屋的整体性。由于圈梁的约束,大大减小了预制板散开以及砖墙出平面倒塌的危险性,使纵、横墙能保持一个整体的箱形结构,充分发挥各片砖墙在平面内的抗剪强度,有效地抵抗来自任何方向的水平地震作用。

(2)作为楼盖的边缘构件,提高了楼盖的水平刚度,使局部地震作用能够均分给较多的砖墙来承担,也减轻了大房间纵、横墙平面外破坏的危险性。

(3)限制墙体斜裂缝的开展和延伸,使砖墙裂缝仅在两道圈梁之间的墙段内发生,斜裂缝的水平夹角减小,砖墙抗剪承载力得以更充分地发挥和提高。

(4)可以减轻地震时地基不均匀沉降对房屋的影响。各层圈梁特别是屋盖处和基础处的圈梁,能提高房屋的竖向刚度和抗御不均匀沉陷的能力。

(5)可以减轻和防止地震时的地表裂隙将房屋撕裂。

《抗震规范》规定,当采用现浇钢筋混凝土或有配筋现浇层的装配整体式楼(屋)盖与墙体及相应构造柱可靠连接时,可不设圈梁外,横墙承重的装配式钢筋混凝土及木楼(屋)盖的砖房应按表 12-9 的要求适当加密。所设圈梁平面内应呈闭合状,宜与预制板同一标高或紧靠板底设置,遇有洞口,应上下搭接。若遇表 12-9 要求的间距内无横墙时,应利用梁或板缝中配筋替代圈梁。此外,《抗震规范》还对圈梁的截面高度和配筋提出要求:一般情况下,圈梁截面高度不应小于 120mm,配筋应符合表 12-9 的要求,基础圈梁截面高度不小于 180mm,配筋不应少于 4 φ 12。

表 12-9 砖房现浇钢筋混凝土圈梁设置要求

部位及配筋	设 防 烈 度		
	6～7	8	9
沿外墙及沿内纵墙	屋盖处及每层楼盖处	屋盖处及每层楼盖处	屋盖处及每层楼盖处
沿内横墙	屋盖处及每层楼盖处,屋盖处间距不大于 4.5m,楼盖处不大于 7.2m;构造柱对应部位	屋盖处及每层楼盖处;屋盖处沿所以横墙间距不大于 4.5m,楼盖处不大于 4.5m;构造柱对应部位	屋盖处及每层楼盖处;各层所有横墙
最小纵筋	4 φ 10	4 φ 12	4 φ 14
最大箍筋间距/mm	250	200	150

12.2.3.3 墙体间的拉接

多层砌体房屋的墙体,必须加强相互间的拉接,以增强结构墙体的整体性。震害宏观调查结果表明,由于墙间无拉接或虽有拉接但咬接较差,均能加重震害。为了从构造上保证墙间拉接,《分类标准》规定,在设防烈度为 7 度时,层高超过 3.6m 或长度大于 7.2m 的大房间及 8 度和 9 度时外墙砖角及内外墙交接处,当未设构造柱时,应沿墙高每隔 500mm 配置 2 φ 6 拉接筋,并每边伸入墙内不宜小于 1m,构造如图 12-6 所示。后砌非承重砌体隔墙也应沿墙高每 500mm 配置 2 φ 6 拉接筋,每边伸入墙内不宜小于 1m。

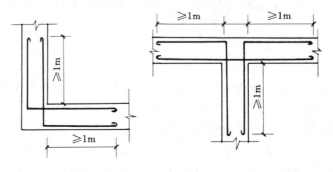

图 12-6 墙体间拉接构造

12.2.3.4 楼(屋)盖的整体性

多层砌体房屋的楼(屋)盖是墙体的水平联系构件。其整体性的好坏直接关系到水平地震作用的有效传递,这种传递是依靠楼板与墙体接触面的摩擦力和粘结力,楼盖整体性差,致使地震作用不能有效地传向承侧力墙,而使非承侧力墙发生出平面外的推力外闪而倾斜;另一方面,楼板的散落,易造成整栋结构的倒塌。在这方面,现浇钢筋混凝土楼(屋)盖较装配式楼面要好,震害会有所减轻。

《抗震规范》中关于加强楼(屋)盖整体性的措施有以下几方面。

1. 保证楼(屋)盖板伸进墙(梁)上的长度

现浇板支承端伸入纵、横墙内长度不宜小于120mm。预制板在梁上的支承长度不宜小于80mm,当圈梁未设在板的同一标高时,板伸入外墙不应小于120mm,搁入内墙长度不宜小于100mm且在梁上不宜小于80mm。板吊装前,应清扫墙顶、洒水,然后边坐浆边安装,不应干摆。预制板在墙、梁上支承要求及构造示意如图12-7所示。

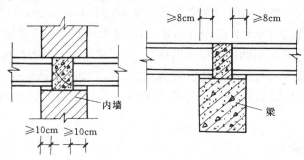

图12-7 装配式板伸进内墙或梁的长度

2. 加强板的整体拉接

与外墙平行的长向板,当跨度大于4.8m时,紧靠外墙的侧边,应与墙或圈梁拉接,其构造参见图12-8。房屋端部大房间的楼盖、6度时房屋的屋盖和7～9度时房屋的楼(屋)盖,圈梁在板底时,钢筋混凝土预制板应相互拉接,并应与梁、墙或圈梁拉接。板底的拉接宜利用板伸出的锚固筋弯起成交叉状,并与板端附加的通长筋、梁或圈梁的预埋锚拉筋绑扎后整浇(图12-9)。

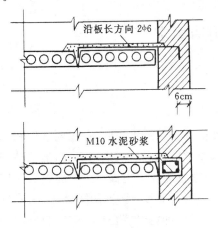

图12-8 长向板侧边与墙的拉接

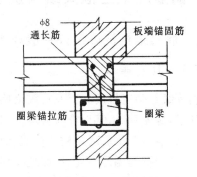

图12-9 板端与板底圈梁的拉接

此外,楼(屋)盖的钢筋混凝土梁或屋架,应与墙、柱(包括构造柱)或圈梁可靠连接,不得采用独立砖柱。跨度不小于6m大梁的支承构件应采用组合砌体等加强措施,并满足承载力要求。坡屋顶房屋的屋架应与顶层圈梁可靠连接,檩条或屋面板应与墙和屋架可靠连接。

12.2.3.5 楼梯间的抗震要求

楼梯间是地震时的疏散要道,历次地震震害现象表明,楼梯间由于空敞,往往破坏较为严重,在9度及9度以下地区,也经常出现过楼梯间的局部倒塌现象。为了加强楼梯间墙体的整体性,在一定程度上限制了墙体裂缝的延伸和扩展,除在平面布局上不宜将楼梯间布设在第一开间外,楼梯间还应符合下列要求:

(1)顶层楼梯间墙体应沿墙高每隔500mm设2φ6通长钢筋和φ4分布短筋平面内点焊组成的钢筋网片或φ4点焊网片;7~9度时其他各层楼梯间墙体应在休息平台或楼层半高处设置60mm厚、纵向钢筋不少于2φ10的钢筋混凝土带或配筋砖带,配筋砖带不少于3皮,每皮的配筋不少于2φ6,砂浆的强度等级不应低于M7.5且不低于同层墙体的砂浆强度等级。

(2)楼梯间及门厅内墙阳角处的大梁支承长度不应小于500mm,并应与圈梁连接。

(3)装配式楼梯段应与平台板的梁可靠连接,8度和9度时不应采用装配式楼梯段;不应采用墙中悬挑式踏步或踏步竖肋插入墙体的楼梯,不应采用无筋砖砌栏板。

(4)突出屋顶的楼、电梯间,构造柱应伸到顶部,并与顶部圈梁连接。所有墙体沿墙高每隔500mm设2φ6通长钢筋和φ4分布短筋平面内点焊组成的拉结网片或φ4点焊钢筋网片。

12.2.3.6 施工质量要求

历次震害调查表明,由于施工质量低劣造成的震害屡见不鲜。如墙体砌筑中,由于气候干燥,砖又未浇水,造成砂浆的严重失水而使强度降低。地震后,可发现砂浆呈粉末状、砖面光滑而与砂浆无粘结的散落砖堆。此外,墙体砌筑中,任留大马牙槎,甚至直槎且接槎处无灰浆也是造成地震时内、外墙脱离,外墙外闪倾倒的原因。所以,在墙体施工时,应注意提高砂浆与砖的粘结力,除保证砖表面清洁外,砌筑前应浇水,砂浆的和易性和保水性要好,优先采用混合砂浆,不使用过期水泥。冬季施工时,必须按冬季施工严格规定的措施,采取提高砌筑时砂浆等级及采取热水拌制、砌体保温等措施。

12.3 钢筋混凝土框架结构抗震设计构造要求

12.3.1 框架结构抗震设计一般要求

12.3.1.1 抗震等级

抗震等级是确定抗震分析及抗震措施的标准,理论分析和震害表明,在相同烈度和相近的场地条件下,房屋越高,其地震反应增大,相应的抗震要求应该有所区别。例如,框架结构的框架抗震要求,应高于抗震墙结构的框架,而框支结构框架抗震要求更高,框架-抗震墙结构的抗震要求,应高于抗震墙。因此,按照地震烈度,房屋高度和结构类型(包括区分主、次要抗侧力构件)不同而采用不同的计算和构造要求,使房屋的抗震设计更经济合理。《抗震规范》将钢筋混凝土多层与高层房屋的抗震等级分为四级,见表12-10,其中一级代表最高要求的抗震等级。

表12-10是按照丙类建筑来划分的抗震等级,对于其他建筑类别,可根据具体情况给予调整。房屋高度指地面以上高度,不包括局部突出部分。

表 12-10　　　　　　　　　　　　　现浇钢筋混凝土房屋的抗震等级

结构类型			设防烈度 6	设防烈度 7	设防烈度 8	设防烈度 9
框架结构	高度		≤24m ／ >24m	≤24m ／ >24m	≤24m ／ >24m	≤24m
	框架		四 ／ 三	三 ／ 二	二 ／ 一	一
	大跨度公共建筑		三	二	一	一
框架-抗震墙结构	高度		≤60m ／ >60m	≤24m ／ >24~60m ／ >60m	≤24m ／ >24~60m ／ >60m	≤24m ／ >24~60m
	框架		四 ／ 三	四 ／ 三 ／ 二	三 ／ 二 ／ 一	二 ／ 一
	抗震墙		三	三 ／ 二	二 ／ 一	一
抗震墙结构	高度		≤80m ／ >80m	≤24m ／ >24~80m ／ >80m	≤24m ／ >24~80m ／ >80m	≤24m ／ >24~60m
	抗震墙		四 ／ 三	三 ／ 二	二 ／ 一	二 ／ 一
部分框支抗震墙结构	高度		≤80m ／ >80m	≤24m ／ >24~80m ／ >80m	≤24m ／ >24~80m	
	抗震墙	一般部位	四 ／ 三	四 ／ 三	三 ／ 二	
		加强部位	三 ／ 二	三 ／ 二	二 ／ 一	
	框支层框架		二	二 ／ 一	一	
筒体结构	框架核心筒	框架	三	二	一	
		核心筒	二	二	一	
	筒中筒	外筒	三	二	一	
		内筒	三	二	一	
板柱-抗震墙结构	高度		≤35m ／ >35m	≤35m ／ >35m	≤35m ／ >35m	
	框架、板柱的柱		三 ／ 二	二 ／ 一	二 ／ 一	
	抗震墙		二 ／ 二	二 ／ 二	二 ／ 一	

注：① 接近或等于高度分界线时，应允许结合房屋不规则程度及场地、地基条件确定抗震等级；

　　② 大距度框架指跨度不小于18m 的框架；

　　③ 高度不超过60m 的框架-核心筒结构按框架-抗震墙的要求设计时，应按表中框架-抗震结构的规定确定其抗震等级。

12.3.1.2 房屋高度及房屋高宽比

《抗震规范》根据各种类型钢筋混凝土结构体系房屋的抗震性能（如承载能力、刚度、稳定性、延性等）和考虑经济效果、使用合理和地基条件等因素以及总结国内外震害的经验，对地震区多层与高层房屋使用的最大高度给出了规定，平面和竖向均不规则的结构，适用的最大高度宜适当降低。详见表12-11。

表 12-11　　　　　　　现浇钢筋混凝土房屋适用的最大高度　　　　　　　　　　　m

结构类型	烈度 6	烈度 7	烈度 8 0.20g	烈度 8 0.30g	烈度 9
框架	60	50	40	35	24
框架-抗震墙	130	120	100	80	50
抗震墙	140	120	100	80	60

续表

结构类型		烈 度				
		6	7	8		9
				0.20g	0.30g	
部分框支抗震墙		120	100	80	50	不应采用
筒体	框架-核心筒	150	130	100	90	70
	筒中筒	180	150	120	100	80
板柱-抗震墙		80	70	55	40	不应采用

注：① 房屋高度指室外地面到主要屋面板板顶高度(不包括局部突出屋顶部分)；
② 框架-核心筒结构指周边稀柱框架与核心筒组成的结构；
③ 部分框支抗震墙结构指首层或底部两层为框支层的结构,不包括仅个别框支墙的情况；
④ 表中框架不含异形柱框架；
⑤ 板柱-抗震墙结构指板柱、框架和抗震墙组成抗侧力体系的结构；
⑥ 乙类建筑可按本地区抗震设防烈度确定其适用的最大高度；
⑦ 甲类建筑,6度、7度、8度时宜按本地区抗震设防烈度提高1度后符合本表的要求,9度时应专门研究；
⑧ 超过表内高度的房屋,应进行专门研究和论证,采取有效的加强措施。

在竖向荷载及地震作用下,为了保证框架结构有较好的整体刚度和稳定性,避免采用细高结构,主体结构高度 H 和宽度 B 比值不宜过大,一般情况下,高宽比(H/B)应满足表 12-12 的要求。

表 12-12　　　　　　　　框架结构高宽比(H/B)限值

结构体系	非抗震设计	6 度、7 度	8 度	9 度
框架	5	4	3	2

12.3.1.3　结构防震缝

在地震过程中,不规则结构将会产生复杂的动力效应。在这种情况下,在平面布置时,应当设置防震缝,将整体结构分为若干个平面形状简单、刚度分布均匀以及沿高度方向质量分布均匀的规则结构,如图 12-10 所示。

已有的震害表明,由于缝宽不足而发生碰撞破坏,或者由于设缝造成部分结构过柔,再加上碰撞而导致失稳破坏。因此,多层与高层建筑的抗震缝应该根据具体情况认真处理设缝位置及宽度,一般框架结构防震缝宽度的最小值:当高度不超过 15m 时,可采用 100mm；超过 15m 时,6 度、7 度、8 度和 9 度分别每增加高度 5m、4m、3m 和 2m,宜加宽 20mm。防震缝沿房全高设置,基础可不分开。一般情况下,伸缩缝、沉降缝和防震缝尽可能合并布置。

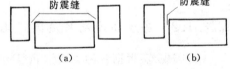

图 12-10　不规则结构的划分

12.3.1.4　材料要求

钢筋混凝土结构的延性与许多因素有关,其中最重要的因素之一是材料的性能。混凝土最低等级按表 12-13 采用。

表 12-13	混凝土最低强度等级	
结构部位	抗震等级	
	一	二,三
梁、柱、框架节点	C30	C20

具体地讲,钢筋混凝土结构的某一特定部位(如框架梁端部),在地震作用下,不发生剪切破坏。允许纵向受力钢筋屈服,形成塑性铰的转动性能。显然,钢筋的级别愈低,其屈服台阶的长度愈长,塑性铰的转角愈大,框架的延性愈好,因此,纵向受力钢筋宜选用 HRB335 级、HRB400 级,箍筋宜选用 HPB300 级、HRB335 级。

12.3.2 混凝土框架结构构造措施

12.3.2.1 框架梁

1. 梁截面尺寸

抗震实验表明,对截面面积相同的梁,当梁的高宽比 h/b 较大时,混凝土能承担的剪力有较大降低,例如,$h/b>4$ 的无箍筋梁,约比方形截面降低 40%,跨高比小于 4 的梁极易发生斜裂缝破坏。在这种梁上,一旦形成主斜裂缝后,构件承载力急剧下降,呈现极差的延性性能。为此,框架梁的截面高度与宽度之比应符合以下要求:

$$\frac{h}{b} \leqslant 4$$

b 不宜小于 200mm,同时应满足跨高比的要求:

$$\frac{l_n}{h} \geqslant 4$$

2. 纵向配筋率

为了提高梁的延性,其纵向钢筋配置应符合下列各项要求:

(1)纵向受拉钢筋配筋率 ρ,不宜小于表 12-14 规定的数值。

表 12-14	梁最小配筋百分率	
抗震等级	支座	跨中
一	$0.40,80f_t/f_y$	$0.30,65f_t/f_y$
二	$0.30,65f_t/f_y$	$0.25,55f_t/f_y$
三、四	$0.25,55f_t/f_y$	$0.20,45f_t/f_y$

(2)梁端纵向钢筋的配筋率不应大于 2.5%,梁端截面的底面与顶面配筋量的比值不宜小于 0.5(一级)和 0.3(二级、三级),且计入受压钢筋的梁端。

(3)梁顶面和底面的通长钢筋,对于一、二级抗震,不应小于 $2\phi14$ 且不应小于梁顶面和底面纵向钢筋中的较大截面面积的 1/4;对于三、四级抗震,不应小于 $2\phi12$。

(4)梁上部贯通中柱的纵向钢筋直径,对于一、二级抗震,不宜大于柱截面高度的 1/20,梁下部纵向钢筋伸入中柱锚固长度不应小于 l_{ae},且伸过中心不应小于 $5d$。

3. 梁的箍筋

框架梁配置箍筋(图 12-13)的构造要求,是按"强剪弱弯"原则确定的,在地震往复作用下，框架梁端部区将出现交叉斜裂缝（图 12-11），随着地震往复次数的增加，剪切变形逐渐加大，这将影响梁的延性。为了保证梁的延性，保证梁在塑性铰区的抗剪能力，提高塑性铰转动能力的有效途径是在塑性铰区长度内加密箍筋；箍筋加密的范围称为箍筋加密区，通过试验，箍筋加密区长度不得小于 $2h$（一级框架）或 $1.5h$（其他），同时不得小于 500mm。

在塑性铰区，主要依靠箍筋的销键作用传递剪力（图 12-11），这是十分不利的，因此，在加密区配筋还要注意：①不能用弯起钢筋抗剪；②箍筋数量不能太少，钢筋的最小直径和最大间距都有一定的要求，如表 12-15；③加密区箍筋肢距，一级不应大于 200mm 和 20 倍箍筋直径的较大值，二、三级不应大于 250mm 和 20 倍箍筋直径的较大值，四级不宜大于 300mm；④钢筋必须做成封闭箍筋，并加工 135°弯钩（图 12-12）；⑤保证施工质量，箍筋和纵向钢筋应粘贴紧，混凝土应密实；⑥做好纵向钢筋的锚固。

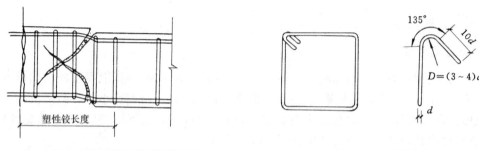

图 12-11　反复荷载作用下塑性铰区　　　　图 12-12　箍筋弯钩

12.3.2.2　框架柱

虽然在框架抗震时强调"强柱弱梁"的设计原则，尽可能使柱子处于弹性阶段，但实际上地震作用具有不确定性，同时也不可能绝对防止在柱中出现塑性铰，为了使柱子具有安全贮备，还是要采取必要的构造措施来保证框架柱有一定的延性。

表 12-15　　　　　　　　梁端箍筋加密区的长度、箍筋最大间距和最小直径

抗震等级	加密区长度（采用最大值）	箍筋最大间距（采用最小值）	箍筋最小直径
一	$2h_b$，500	$h_b/4$，$6d$，100	Φ 10
二	$1.5h_b$，500	$h_b/4$，$8d$，100	Φ 8
三	$1.5h_b$，500	$h_b/4$，$8d$，150	Φ 8
四	$1.5h_b$，500	$h_b/4$，$8d$，150	Φ 6

注：① 箍筋最小直径除符合表中要求外，尚不应小于纵向钢筋直径的 1/4。

　　② 当梁端纵向受拉钢筋率大于 2％时，箍筋最小直径应增加 2mm。

　　③ d 为纵向钢筋直径；h_b 为梁高。

1. 截面尺寸

柱的截面尺寸应符合下列要求：

（1）剪跨比限制。为了避免形成短柱，过早地发生剪切破坏，柱净高与截面高度之比不宜小于 4，即 $h_c \leqslant H_n/4$，柱截面的高度和宽度均不宜小于 300mm，截面长边与短边之比不宜大于 3。

（2）轴压比限制。轴压比是指组合的轴压力设计值与柱的全截面面积和混凝土抗压强

度设计值乘积之比,即 $N/(f_cbh)$,其中,N 为柱组合轴压力设计值;b,h 为柱的短边、长边尺寸;f_c 为混凝土轴心抗压强度设计值。

轴压比是影响柱的延性重要因素之一,实验研究表明,柱的延性随轴压比的增加急剧下降,尤其在高轴压比条件下,箍筋对柱的变形能力影响很小,因此,在框架抗震设计中,必须限制轴压比,以保证柱具有一定的延性。

《抗震规范》规定,柱轴压比不应超过表 12-16 的规定,但柱净高与截面高度(或圆柱直径)之比小于 4,变形能力要求高和Ⅳ类场地上较高的高层建筑的柱轴压比限值适当减小。

2. 柱的纵向钢筋

为了抵抗地震的往复作用,为了使柱有足够的延性,柱的纵向钢筋配置,应符合下列各项要求:

(1) 宜对称配置。

(2) 截面尺寸为 400mm×400mm 的柱,纵向钢筋间距不宜大于 200mm。

表 12-16   框架柱轴压比 $N/(f_cbh)$ 的限值

抗震等级	一	二	三	四
框架柱	0.65	0.75	0.80	0.90

(3) 柱纵向钢筋的最小总配筋率按表12-17采用,对Ⅳ类场地上较高的高层建筑,表中的数值应增加 0.1。

表 12-17   柱最小总配筋百分率

抗震等级	一	二	三	四
中柱、边柱	1.0	0.8	0.7	0.6
角柱	1.1	0.9	0.8	0.7

3. 柱的箍筋

箍筋的配置(图 12-13)较有效地改善柱的延性,约束混凝土以延迟构件破坏的发生,《抗震规范》对框架柱的箍筋构造提出以下要求:

(1) 柱的箍筋加密范围,应按下列规定采用:

① 柱端,取截面高度(或圆柱直径)、柱净高的 1/6 和 500mm 三者的最大值。

② 底层柱,除柱端外尚应取刚性地面上、下各 500mm 以及不小于柱净高 1/3 的范围。

③ 对框支柱、剪跨比不大于 2 的柱和一、二级抗震等级的角柱,均应在柱全高范围内进行加密。

(2) 加密区箍筋的最大间距及最小直径应按表 12-18 规定采用。

表 12-18   柱加密区的箍筋最大间距和最小直径

抗震等级	箍筋最大间距(采用较小值)	箍筋最小直径/mm
一	6d,100mm	10
二	8d,100mm	8
三	8d,150mm(柱根 100mm)	8
四	8d,150mm(柱根 100mm)	6(柱根 8)

(3) 柱箍筋加密区体积配筋率。为保证柱端加密区对混凝土约束作用,柱加密区最小体

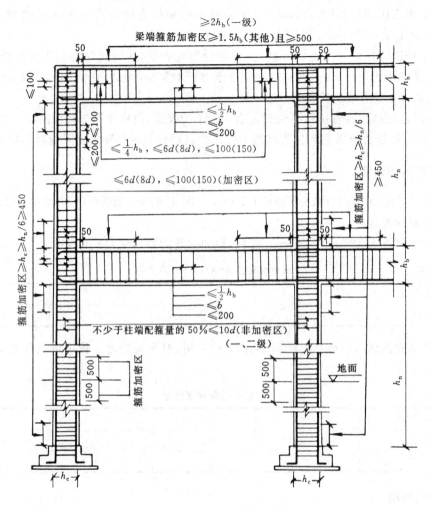

图 12-13　现浇框架箍筋构造

积配筋率应符合下列要求：

$$\rho_v \geqslant \frac{\lambda_v f_c}{f_{yv}}$$

式中　ρ_v——柱箍筋加密区的体积配筋率，一、二、三、四级分别不应小于 0.8%、0.6%、0.4% 和 0.4%；计算复合箍筋的体积配箍率时，应扣除重叠部分的箍筋体积；

f_c——混凝土轴心抗压强度设计值，强度等级低于 C35 时，应按 C35 计算；

f_{yv}——箍筋或拉筋抗拉强度设计值超过 360N/mm² 时，应取 360N/mm² 计算；

λ_v——最小配箍特征值，按表 12-19 采用。

表 12-19　　　　　　　　　柱箍筋加密区的箍筋最小配箍特征值

抗震等级	箍筋形式	柱轴压比								
		≤0.3	0.4	0.5	0.6	0.7	0.8	0.9	1.0	1.05
一	普通箍、复合箍	0.10	0.11	0.13	0.15	0.17	0.20	0.23		
	螺旋箍、复合箍或连续复合矩形螺旋箍	0.08	0.09	0.11	0.13	0.15	0.18	0.21		

抗震等级	箍筋形式	柱轴压比								
		≤0.3	0.4	0.5	0.6	0.7	0.8	0.9	1.0	1.05
二	普通箍、复合箍	0.08	0.09	0.11	0.13	0.15	0.17	0.19	0.22	0.24
	螺旋箍、复合箍或连续复合矩形螺旋箍	0.06	0.07	0.09	0.11	0.13	0.15	0.17	0.20	0.22
三、四	普通箍、复合箍	0.06	0.07	0.09	0.11	0.13	0.15	0.17	0.20	0.22
	螺旋箍、复合箍或连续复合矩形螺旋箍	0.05	0.06	0.07	0.09	0.11	0.13	0.15	0.18	0.20

注：① 普通箍是指单个矩形箍和单个圆形箍；复合箍是指由矩形、多边形、圆形箍或拉筋组成的箍筋；复合螺旋箍是指由螺旋箍与矩形、多边形、圆形箍或拉筋组成的箍筋；连续复合矩形螺旋箍是指全部螺旋箍为同一根钢筋加工而成的箍。

② 剪跨比不大于 2 的柱宜采用复合螺旋箍或井字复合箍，其体积配箍率不应小于 1.2%；9 度时，不应小于 1.5%。

③ 计算复合螺旋箍体积配箍率时，其非螺旋的箍筋的箍筋体积应乘以换算系数 0.8。

考虑到框架柱在层高范围内剪力不变和避免框架柱非加密区的受剪能力突然降低很多，导致柱的破坏，规定非加密区的最小体积配筋率不宜小于加密区的 50%；箍筋间距，一、二级框架柱不应大于 10 倍纵向钢筋直径，三、四级框架柱不应大于 15 倍纵向钢筋直径。

12.3.2.3 框架节点核心区箍筋的最大间距和最小直径

宜按柱箍筋加密区的要求采用。一、二、三级框架节点核心区配箍特征值分别不宜小于 0.12,0.10,0.08，体积配箍率分别不宜小于 0.6%,0.5% 和 0.4%。柱剪跨比不大于 2 的框架节点核心区配箍特征值不宜小于核心区上、下柱端的较大配箍特征值。柱中的纵向受力钢筋不宜在节点中切断。

12.3.2.4 钢筋锚固及搭接

框架抗震设计时，框架中纵向钢筋的搭接及纵向钢筋在柱脚和节点处的锚固都需仔细设计，并注意施工质量，它们往往是容易被忽视而造成事故的部位，这是因为地震是短时间内的反复作用，钢筋和混凝土的粘结力容易退化，另外，因为在梁端和柱端是塑性铰可能出现的部位，由图 12-9 可见，梁的塑性铰区有竖向裂缝，也有斜裂缝，如果纵向钢筋锚固、搭接不好，裂缝宽度便会加大而使混凝土更易碎裂，因此，在抗震设计时，锚固长度要比非抗震设计时加大，抗震设计时，对锚固长度 l_{ae} 要求如下：一、二级，$l_{ae}=1.15l_a$；三级，$l_{ae}=1.05l_a$；四级，$l_{ae}=1.0l_a$。其中，l_a 为纵向钢筋的锚固长度，按《混凝土结构规范》确定。

当钢筋材料长度不够而进行搭接时，宜优先采用焊接或机械连接接头，因为焊接或机械连接接头不仅能保证连接可靠，而且可以减少连接处钢筋的拥挤，节省钢材用量，框架梁、柱和抗震墙底部加强部位宜优先采用焊接或机械连接，其他情况可采用绑扎接头，钢筋搭接长度范围内的箍筋间距不应大于 100mm。钢筋接头位置宜避开梁端、柱端箍筋加密区。但如果有可靠依据及措施时，也可将接头布置在加密区。

当采用搭接接头时，其搭接接头长度不应小于 ζl_{ae}，ζ 为纵向受拉钢筋搭接长度修正系数，其值按表 12-20 采用。

表 12-20

纵向钢筋搭接接头面积百分数率/%	≤25	50	100
ζ	1.2	1.4	1.6

注:纵向钢筋搭接接头面积百分率按《混凝土结构规范》第9.4.3条的规定为在同一连接范围内有搭接接头的受力钢筋面积之比。

框架梁、柱纵筋在节点内锚固要求参见图 12-14。

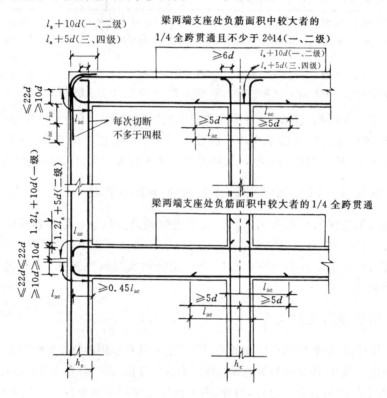

图 12-14 现浇框架纵向钢筋构造

思考题

1. 什么是地震震级、地震烈度、基本烈度和抗震设防烈度?

2. 我国规范依据使用功能重要性将建筑分为几类? 分类作用是什么?

3. 什么是三水准设防目标和二阶段设计方法?

4. 建筑场地类别与场地土类型是否相同? 它们有何区别?

5. 为什么要限制多层砌体房屋高度和层数? 为什么要控制抗震墙间距和房屋最大高宽比的数值?

6. 多层黏土砖房屋现浇钢筋混凝土构造柱和圈梁应符合哪些要求?

7. 框架结构抗震等级根据什么原则划分的? 有何意义?

8. 框架结构构造措施有哪些方面的要求?

习　题

单项选择题

1. 某一钢筋混凝土框架-剪力墙结构为丙类建筑,高度为 60m,设防烈度为 8 度,Ⅱ 类场地,其框架的抗震等级为(　　)。

    A. 一级　　　　　　B. 二级　　　　　　C. 三级　　　　　　D. 四级

2. 我国《建筑抗震设计规范》的抗震设防标准是(　　)。

    A. "二水准",小震不坏,大震不倒

    B. "二水准",中震可修,大震不倒

    C. "三水准",小震不坏,中震可修,大震不倒

    D. "三水准",小震不坏,中震可修,大震不倒且可修

3. 《建筑抗震设计规范》中规定的框架梁截面的宽度和高度均不宜小于(　　)。

    A. 300mm　　　　B. 250mm　　　　C. 350mm　　　　D. 400mm

4. 抗震等级为二级框架结构时,一般情况下,柱的轴压比限值为(　　)。

    A. 0.7　　　　　B. 0.8　　　　　C. 0.75　　　　D. 0.85

5. 高度为 24m 的框架结构,抗震设防烈度为 8 度时,防震缝的最小宽度为(　　)。

    A. 70mm　　　　B. 130mm　　　　C. 100mm　　　　D. 160mm

附录A 《混凝土结构设计规范》(GB 50010—2010)的有关规定

表 A1　混凝土强度标准值　N/mm²

强　　度	混　凝　土　强　度　等　级													
	C15	C20	C25	C30	C35	C40	C45	C50	C55	C60	C65	C70	C75	C80
轴心抗压 f_{ck}	10.0	13.4	16.7	20.1	23.4	26.8	29.6	32.4	35.5	38.5	41.5	44.5	47.4	50.2
轴心抗拉 f_{tk}	1.27	1.54	1.78	2.01	2.20	2.39	2.51	2.64	2.74	2.85	2.93	2.99	3.05	3.11

表 A2　混凝土强度设计值　N/mm²

强　　度	混　凝　土　强　度　等　级													
	C15	C20	C25	C30	C35	C40	C45	C50	C55	C60	C65	C70	C75	C80
轴心抗压 f_c	7.2	9.6	11.9	14.3	16.7	19.1	21.1	23.1	25.3	27.5	29.7	31.8	33.8	35.9
轴心抗拉 f_t	0.91	1.10	1.27	1.43	1.57	1.71	1.80	1.89	1.96	2.04	2.09	2.14	2.18	2.22

表 A3　混凝土的弹性模量　$\times 10^4$ N/mm²

强　　度	混　凝　土　强　度　等　级													
	C15	C20	C25	C30	C35	C40	C45	C50	C55	C60	C65	C70	C75	C80
弹性模量 E_c	2.20	2.55	2.80	3.00	3.15	3.25	3.35	3.45	3.55	3.60	3.65	3.70	3.75	3.80

注：① 当有可靠试验依据时，弹性模量值也可根据实测数据确定；

② 当混凝土中掺有大量矿物掺合料时，弹性模量可按规定龄期根据实测数据确定。

表 A4　普通钢筋强度标准值　N/mm²

牌　　号	符　　号	公称直径 d/mm	屈服强度标准值 f_{yk}	极限强度标准值 f_{stk}
HPB300	φ	6～22	300	420
HRB335 HRBF335	$\underline{\phi}$ $\underline{\phi}^F$	6～50	335	455
HRB400 HRBF400 RRB400	$\underline{\Phi}$ $\underline{\Phi}^F$ $\underline{\Phi}^R$	6～50	400	540
HRB500 HRBF500	$\underline{\Phi}$ $\underline{\Phi}^F$	6～50	500	630

表 A5	普通钢筋强度设计值	N/mm²

牌　　号	抗拉强度设计值 f_y	抗压强度设计值 f'_y
HPB300	270	270
HRB335，HRBF335	300	300
HRB400，HRBF400，RRB400	360	360
HRB500，HRBF500	435	410

表 A6	钢筋的弹性模量	$\times 10^5$ N/mm²

牌号或种类	弹性模量 E_s
HPB300 级钢筋	2.10
HRB335，HRB400，HRB500 级钢筋， HRBF335，HRBF400，HRBF500 钢筋 RRB400 钢筋	2.0

注：必要时可采用实测的弹性模量。

表 A7	受弯构件的挠度限值 $[f]$

构　件　类　别		挠　度　限　值
吊车梁	手动吊车	$l_0/500$
	电动吊车	$l_0/600$
屋盖、楼盖及楼梯构件	当 $l_0 < 7$m 时	$l_0/200(l_0/250)$
	当 7m$\leqslant l_0 \leqslant 9$m 时	$l_0/250(l_0/300)$
	当 $l_0 > 9$m 时	$l_0/300(l_0/400)$

注：① l_0 为构件的计算跨度，计算悬臂构件的挠度限值时，其计算跨度 l_0 按实际悬臂长度的 2 倍取用。

② 表中括号内的数值适用于使用上对挠度有较高要求的构件。

③ 如果构件制作时预先起拱，且使用上也允许，则在验算挠度时，可将计算所得的挠度减去起拱值；对预应力混凝土构件，尚可减去预加应力所产生的反拱值。

④ 构件制作时的起拱值和预加力所产生的反拱值，不宜超过构件在相应荷载组合作用下的计算挠度值。

表 A8	结构构件的裂缝控制等级及最大裂缝宽度限值 w_{lim}			mm

环境类别	钢筋混凝土结构		预应力混凝土结构	
	裂缝控制等级	w_{lim}	裂缝控制等级	w_{lim}
一	三级	0.30(0.40)	三级	0.20
二 a				0.10
二 b		0.20	二级	—
三 a、三 b			一级	—

注：① 对处于年平均相对湿度小于 60% 地区一级环境下的受弯构件，其最大裂缝宽度限值可采用括号内的数值。

② 在一类环境下，对钢筋混凝土屋架、托架及需作疲劳验算的吊车梁，其最大裂缝宽度限值应取为 0.20mm；对钢筋混凝土屋面梁和托梁，其最大裂缝宽度限值应取为 0.30mm。

③ 对于烟囱、筒仓和处于液体压力下的结构构件，其裂缝控制要求应符合专门标准的有关规定。

④ 对于处于四、五类环境下的结构构件，其裂缝控制要求应符合专门标准的有关规定。

⑤ 表中的最大裂缝宽度限值为用于验算荷载作用引起的最大裂缝宽度。

表 A9	混凝土结构的环境类别
环境类别	条 件
一	室内干燥环境； 无侵蚀性水浸没环境
二 a	室内潮湿环境； 非严寒和非寒冷地区的露天环境； 非严寒和非寒冷地区与无侵蚀性的水或土壤直接接触的环境； 严寒和寒冷地区的冰冻线以下与无侵蚀性的水或土壤直接接触的环境
二 b	干湿交替环境； 水位频繁变动环境； 严寒和寒冷地区的露天环境； 严寒和寒冷地区冰冻线以上与无侵蚀性的水或土壤直接接触的环境
三 a	严寒和寒冷地区冬季水位变动区环境； 受除冰盐影响环境； 海风环境
三 b	盐渍土环境； 受除冰盐作用环境； 海岸环境
四	海水环境
五	受人为或自然的侵蚀性物质影响的环境

注：① 室内潮湿环境是指构件表面经常处于结露或湿润状态的环境。
② 严寒和寒冷地区的划分应符合国家现行标准《民用建筑热工设计规范》(GB 50176)的有关规定。
③ 海岸环境和海风环境宜根据当地情况，考虑主导风向及结构所处迎风、背风部位等因素的影响，由调查研究和工程经验确定。
④ 受除冰盐影响环境是指受到除冰盐盐雾影响的环境，受除冰盐作用环境是指被除冰盐溶液溅射的环境以及使用除冰盐地区的洗车房、停车楼等建筑。
⑤ 暴露的环境是指混凝土结构表面所处的环境。

表 A10	混凝土保护层的最小厚度 c		mm
环境离类别	板、墙、壳	梁、柱、杆	
一	15	20	
二 a	20	25	
二 b	25	35	
三 a	30	40	
三 b	40	50	

注：① 混凝土强度等级不大于 C25 时，表中保护层厚度数值应增加 5mm。
② 钢筋混凝土基础宜设置混凝土垫层，基础中钢筋的混凝土保护层厚度应从垫层顶面算起，且不应小于 40mm。

表 A11   纵向受力钢筋的最小配筋百分率 $\rho_{\min}$

受力类型			最小配筋百分率
受压构件	全部纵向钢筋	强度等级 500MPa	0.50%
		强度等级 400MPa	0.55%
		强度等级 300MPa、335MPa	0.60%
	一侧纵向钢筋		0.20%
受弯构件、偏心受拉、轴心受拉构件一侧的受拉钢筋			0.20% 和 $45f_t/f_y$ 中的较大值

注：① 受压构件全部纵向钢筋最小配筋百分率，当采用 C60 及以上强度等级的混凝土时，应按表中规定增加 0.10。

    ② 板类受弯构件(不包括悬臂板)的受拉钢筋，当采用强度等级 400MPa、500MPa 的钢筋时，其最小配筋百分率应允许采用 0.15 和 $45f_t/f_y$ 中的较大值。

    ③ 偏心受拉构件中的受压钢筋，应按受压构件一侧纵向钢筋考虑。

    ④ 受压构件的全部纵向钢筋和一侧纵向钢筋的配筋率以及轴心受拉构件和小偏心受拉构件一侧受拉钢筋的配筋率均应按构件的全截面面积计算。

    ⑤ 受弯构件、大偏心受拉构件一侧受拉钢筋的配筋率应按全截面面积扣除受压翼缘面积 $(b_f'-b)h_f'$ 后的截面面积计算。

    ⑥ 当钢筋沿构件截面周边布置时，"一侧纵向钢筋"系指沿受力方向两个对边中一边布置的纵向钢筋。

表 A12   钢筋的计算截面面积及理论重量表

公称直径 /mm	不同根数钢筋的计算截面面积/mm²									单根钢筋理论重量 /(kg·m⁻¹)
	1	2	3	4	5	6	7	8	9	
6	28.3	57	85	113	142	170	198	226	255	0.222
6.5	33.2	66	100	133	166	199	232	265	299	0.260
8	50.3	101	151	201	252	302	352	402	453	0.395
8.2	52.8	106	158	211	264	317	370	423	475	0.432
10	78.5	157	236	314	393	471	550	628	707	0.617
12	113.1	226	339	452	565	678	791	904	1 017	0.888
14	153.9	308	461	615	769	923	1 077	1 231	1 385	1.21
16	201.1	402	603	804	1 005	1 206	1 407	1 608	1 809	1.58
18	254.5	509	763	1 017	1 272	1 527	1 781	2 036	2 290	2.00
20	314.2	628	942	1 256	1 570	1 884	2 199	2 513	2 827	2.47
22	380.1	760	1 140	1 520	1 900	2 281	2 661	3 041	3 421	2.98
25	490.9	982	1 473	1 964	2 454	2 945	3 436	3 927	4 418	3.85
28	615.8	1 232	1 847	2 463	3 079	3 695	4 310	4 926	5 542	4.83
32	804.2	1 609	2 413	3 217	4 021	4 826	5 630	6 434	7 238	6.31
36	1 017.9	2 036	3 054	4 072	5 089	6 107	7 125	8 143	9 161	7.99
40	1 256.6	2 513	3 770	5 027	6 283	7 540	8 796	10 053	11 310	9.87
50	1 964	3 928	5 892	7 856	9 820	11 784	13 748	15 712	17 676	15.42

钢筋混凝土板每米宽的钢筋截面面积 mm^2

钢筋间距 /mm	钢筋直径 /mm											
	3	4	5	6	6/8	8	8/10	10	10/12	12	12/14	14
70	101.0	180	280	404	561	719	920	1121	1369	1616	1907	2199
75	94.2	168	262	377	524	671	859	1047	1277	1508	1780	2052
80	88.4	157	245	354	491	629	805	981	1198	1414	1669	1924
85	83.2	148	231	333	462	592	758	924	1127	1331	1571	1811
90	78.5	140	218	314	437	559	716	872	1064	1257	1438	1710
95	74.5	132	207	298	414	529	678	826	1008	1190	1405	1620
100	70.6	126	196	283	393	503	644	785	958	1131	1335	1539
110	64.2	114	178	257	357	457	585	714	871	1028	1214	1399
120	58.9	105	163	236	327	419	537	654	798	942	1113	1283
125	56.5	101	157	226	314	402	515	628	766	905	1068	1231
130	54.4	96.6	151	218	302	387	495	604	737	870	1027	1184
140	50.5	89.8	140	202	281	359	460	561	684	808	954	1099
150	47.1	83.8	131	189	262	335	429	523	639	754	890	1026
160	44.1	78.5	123	177	246	314	403	491	599	707	834	962
170	41.5	73.9	115	166	231	296	379	462	564	665	785	905
180	39.2	69.8	109	157	218	279	358	436	532	628	742	855
190	37.2	66.1	103	149	207	265	339	413	504	595	703	810
200	35.3	62.8	98.2	141	196	251	322	393	479	565	668	770
220	32.1	57.1	89.2	129	179	229	293	357	436	514	607	700
240	29.4	52.4	81.8	118	164	210	268	327	399	471	556	641
250	28.3	50.3	78.5	113	157	201	258	314	383	452	534	616
260	27.2	48.3	75.5	109	151	193	248	302	369	435	513	592
280	25.2	44.9	70.1	101	140	180	230	280	342	404	477	550
300	23.6	41.9	65.5	94.2	131	168	215	262	319	377	445	513
320	22.1	39.3	61.4	88.4	123	157	201	245	299	353	417	481

附录 B　等截面等跨连续梁在常用荷载作用下的内力系数

1. 在均布及三角形荷载作用下：

$$M=表中系数\times ql^2$$
$$V=表中系数\times ql$$

2. 在集中荷载作用下：

$$M=表中系数\times Pl$$
$$V=表中系数\times P$$

3. 内力正负号规定：

M——使截面上部受压、下部受拉为正；

V——对邻近截面所产生的力矩沿顺时针方向者为正。

表 B1　　　　　　　　　　　　　　两　跨　梁

荷　载　图	跨内最大弯矩		支座弯矩	剪　力		
	M_1	M_2	M_B	V_A	V_{Bl} V_{Br}	V_C
	0.070	0.070	−0.125	0.375	−0.625 0.625	0.375
	0.096	—	−0.063	0.437	0.563 0.063	0.063
	0.048	0.048	−0.078	0.172	−0.328 0.328	−0.172
	0.064	—	−0.039	0.211	−0.289 0.039	0.039
	0.156	0.156	−0.188	0.312	−0.688 0.688	−0.312
	0.203	—	−0.094	0.406	−0.594 0.094	0.094
	0.222	0.222	−0.333	0.667	−1.333 1.333	−0.667
	0.278	—	−0.167	0.833	−1.167 0.167	0.167

表 B2　　　　　　　　　　　　三　跨　梁

荷载图	跨内最大弯矩		支座弯矩		剪　力			
	M_1	M_2	M_B	M_C	V_A	V_{Bl} V_{Br}	V_{Cl} V_{Cr}	V_D
	0.080	0.025	−0.100	−0.100	0.400	0.600 0.500	0.500 0.600	−0.400
	0.101	—	−0.050	−0.050	0.450	−0.550 0	0 0.550	−0.450
	—	0.075	−0.050	−0.050	−0.050	−0.050 0.500	−0.500 0.050	0.050
	0.073	0.054	−0.117	−0.033	0.383	−0.617 0.583	−0.417 0.033	0.033
	0.094	—	−0.067	0.017	0.433	−0.567 0.083	0.083 −0.017	−0.017
	0.054	0.021	−0.063	−0.063	0.183	−0.313 0.250	−0.250 0.313	−0.188
	0.068	—	−0.031	−0.031	0.219	−0.281 0	0 0.281	−0.219
	—	0.052	−0.031	−0.031	−0.031	−0.031 0.250	−0.250 0.031	0.031
	0.050	0.038	−0.073	−0.021	0.177	−0.323 0.302	−0.198 0.021	0.021
	0.063	—	−0.042	0.010	0.208	−0.292 0.052	0.052 −0.010	−0.010
	0.175	0.100	−0.150	−0.150	0.350	−0.650 0.500	−0.500 0.650	−0.350
	0.213	—	−0.075	−0.075	0.425	−0.575 0	0 0.575	−0.425
	—	0.175	−0.075	−0.075	−0.075	−0.075 0.500	−0.500 0.075	0.075
	0.162	0.137	−0.175	0.050	0.325	−0.675 0.625	−0.375 0.050	0.050

荷 载 图	跨内最大弯矩		支座弯矩		剪 力			
	M_1	M_2	M_B	M_C	V_A	V_{Bl} / V_{Br}	V_{Cl} / V_{Cr}	V_D
P（一集中荷载）	0.200	—	−0.100	0.025	0.400	−0.600 / 0.125	0.125 / −0.025	−0.025
$PP\ PP\ PP$	0.244	0.067	−0.267	−0.267	0.733	−1.267 / 1.000	−1.000 / 1.267	−0.733
$PP\quad PP$	0.289	—	−0.133	−0.133	0.866	−1.134 / 0.00	0 / 1.134	−0.866
PP（中跨）	—	0.200	−0.133	−0.133	−0.133	0.133 / 1.000	−1.000 / 0.133	0.133
$PP\ PP$	0.229	0.170	−0.311	−0.089	0.689	−1.311 / 1.222	−0.778 / 0.089	0.089
PP	0.274	—	−0.178	0.044	0.822	−1.178 / 0.222	0.222 / 0.044	0.044

表 B3

四 跨 梁

荷载图	跨内最大弯矩				支座弯矩			剪力				
	M_1	M_2	M_3	M_4	M_B	M_C	M_D	V_A	V_{Bl} / V_{Br}	V_{Cl} / V_{Cr}	V_{Dl} / V_{Dr}	V_E
（荷载图，A B C D E 各跨满布）	0.077	0.036	0.036	0.077	−0.107	−0.071	−0.107	0.393	−0.607 / 0.536	−0.464 / 0.464	−0.536 / 0.607	−0.393
（荷载图）	0.100	—	0.081	—	−0.054	−0.036	−0.054	0.446	−0.554 / 0.018	0.018 / 0.482	−0.518 / 0.054	0.054
（荷载图）	0.072	0.061	—	0.098	−0.121	−0.018	−0.058	0.380	−0.620 / 0.603	−0.397 / −0.040	−0.040 / 0.558	−0.442
（荷载图）	—	0.056	0.056	—	−0.036	−0.107	−0.036	−0.036	−0.036 / 0.429	−0.571 / 0.571	−0.429 / 0.036	0.036
（荷载图）	0.094	0.071	—	—	−0.067	0.018	−0.004	0.443	−0.567 / 0.085	0.085 / −0.022	−0.022 / 0.004	0.004
（荷载图）	—	—	—	—	−0.049	−0.054	0.013	−0.049	−0.049 / 0.496	−0.504 / 0.067	0.067 / −0.013	−0.013
（荷载图）	0.052	0.028	0.028	0.052	−0.067	−0.045	−0.067	0.183	−0.317 / 0.272	−0.228 / 0.228	−0.272 / 0.317	−0.183
（荷载图）	0.067	—	0.055	—	−0.034	−0.022	−0.034	0.217	−0.284 / 0.011	0.011 / 0.239	−0.261 / 0.034	0.034

续表

荷载图	跨内最大弯矩				支座弯矩			剪力				
	M_1	M_2	M_3	M_4	M_B	M_C	M_D	V_A	V_{Bl} V_{Br}	V_{Cl} V_{Cr}	V_{Dl} V_{Dr}	V_E
	0.049	0.042	—	0.066	-0.075	-0.011	-0.036	0.175	-0.325 0.314	-0.186 -0.025	-0.025 0.286	-0.214
	—	0.040	0.040	—	-0.022	-0.067	-0.022	-0.022	-0.022 0.205	-0.295 0.295	-0.205 0.022	0.022
	0.063	0.051	—	—	-0.042	0.011	-0.003	0.208	-0.292 0.053	0.053 -0.014	-0.014 0.003	0.003
	—	—	—	—	-0.031	-0.034	0.008	-0.031	0.031 0.247	-0.253 0.042	0.042 0.008	-0.008
	0.169	0.116	0.116	0.169	-0.161	-0.107	0.161	0.339	-0.661 0.554	0.446 0.446	-0.554 0.661	-0.339
	0.210	0.146	0.183	0.206	-0.080	-0.054	-0.080	0.420	-0.580 0.027	0.027 0.473	-0.527 0.080	0.080
	0.159	—	—	—	-0.181	-0.027	-0.087	0.319	-0.681 0.654	-0.346 0.060	-0.060 0.587	-0.413
	—	0.142	0.142	—	-0.054	-0.161	-0.054	0.054	-0.054 0.393	-0.607 0.607	-0.393 0.054	0.054

荷载图	跨内最大弯矩				支座弯矩			剪 力				
	M_1	M_2	M_3	M_4	M_B	M_C	M_D	V_A	V_{Bl} / V_{Br}	V_{Cl} / V_{Cr}	V_{D1} / V_{Dr}	V_E
	0.200	—	—	—	−0.100	0.027	−0.007	0.400	−0.600 / 0.127	0.127 / −0.033	−0.033 / 0.007	0.007
	—	0.173	—	—	−0.074	−0.080	0.020	−0.074	−0.074 / 0.493	−0.507 / 0.100	0.100 / −0.020	−0.020
	0.238	0.111	0.111	0.238	−0.286	−0.191	−0.286	0.714	−1.286 / 1.095	−0.905 / 0.905	−1.095 / 1.286	−0.714
	0.286	0.111	0.222	−0.048	−0.143	−0.095	−0.143	0.857	−1.143 / 0.048	0.048 / 0.952	−1.048 / 0.143	0.143
	0.226	0.194	—	0.282	0.321	−0.048	−0.155	0.679	−1.321 / 1.274	−0.726 / −0.107	0.107 / 1.155	−0.845
	—	0.175	0.175	—	−0.095	−0.286	−0.095	0.095	−0.095 / 0.810	−1.190 / 1.190	−0.810 / 0.095	0.095
	0.274	—	—	—	−0.178	0.048	−0.012	−0.822	−1.178 / 0.226	0.226 / 0.060	−0.060 / 0.012	0.012
	—	0.198	—	—	−0.131	0.143	0.036	−0.131	−0.131 / 0.988	−1.012 / 0.178	0.178 / −0.036	−0.036

表 B4

五 跨 梁

荷载图	跨内最大弯矩			支座弯矩				剪力					
	M_1	M_2	M_3	M_B	M_C	M_D	M_E	V_A	V_{Bl} / V_{Br}	V_{Cl} / V_{Cr}	V_{Dl} / V_{Dr}	V_{El} / V_{Er}	V_F
图 A B C D E F; $M_1 M_2 M_3 M_4 M_5$	0.078	0.033	0.046	−0.105	−0.079	−0.079	−0.105	0.394	−0.606 / 0.526	−0.474 / 0.500	−0.500 / 0.474	−0.526 / 0.606	−0.394
图	0.100	—	0.085	−0.053	−0.040	−0.040	−0.053	0.447	−0.533 / 0.013	0.013 / 0.500	−0.500 / −0.013	−0.013 / 0.553	−0.447
图	—	0.079	—	−0.053	−0.040	−0.040	−0.053	−0.053	−0.053 / 0.513	−0.487 / 0	0 / 0.487	−0.513 / 0.053	0.053
图	0.073	②0.059 / 0.078	0.064	−0.119	−0.022	−0.044	−0.051	0.380	−0.620 / 0.598	−0.402 / −0.023	−0.023 / 0.493	−0.507 / 0.052	0.052
图	① — / 0.098	0.055	—	−0.035	−0.111	−0.020	−0.057	−0.035	−0.035 / 0.424	−0.576 / 0.591	−0.409 / −0.037	−0.037 / 0.557	−0.443
图	0.094	—	—	−0.067	0.018	−0.005	0.001	0.433	−0.567 / 0.085	0.085 / −0.023	−0.023 / 0.006	0.006 / −0.001	−0.001
图	—	0.074	—	−0.049	−0.054	0.014	−0.004	0.019	−0.049 / 0.495	−0.505 / 0.068	0.068 / −0.018	−0.018 / 0.004	0.004
图	—	—	0.072	0.013	−0.053	−0.053	0.013	0.013	0.013 / −0.066	−0.066 / 0.500	−0.500 / 0.066	0.066 / −0.013	−0.013

续表

荷载图	跨内最大弯矩			支座弯矩				剪　力					
	M_1	M_2	M_3	M_B	M_C	M_D	M_E	V_A	V_{Bl} / V_{Br}	V_{Cl} / V_{Cr}	V_{Dl} / V_{Dr}	V_{El} / V_{Er}	V_F
（荷载图）	0.053	0.026	0.034	−0.066	−0.049	−0.049	−0.066	0.184	−0.316 / 0.266	−0.234 / 0.250	−0.250 / 0.234	−0.266 / 0.316	−0.184
（荷载图）	0.067	—	0.059	−0.033	−0.025	−0.025	−0.033	0.217	−0.283 / 0.008	0.008 / 0.250	−0.250 / −0.008	−0.008 / 0.283	−0.217
（荷载图）	—	0.055	—	−0.033	−0.025	−0.025	−0.033	0.033	−0.033 / 0.0258	−0.242 / 0	0 / 0.242	−0.258 / 0.033	0.033
（荷载图）	0.049	② $\dfrac{0.041}{0.053}$	—	0.075	−0.014	−0.028	−0.032	0.175	0.325 / 0.311	−0.189 / −0.014	−0.014 / 0.246	−0.255 / 0.032	0.032
（荷载图）	① $\dfrac{-}{0.066}$	0.039	0.044	−0.022	−0.070	−0.013	−0.036	−0.022	−0.022 / −0.202	−0.298 / 0.307	−0.193 / −0.023	−0.023 / 0.286	−0.214
（荷载图）	0.063	—	—	−0.042	0.011	−0.003	0.001	0.208	−0.292 / 0.053	0.053 / −0.014	−0.014 / 0.004	0.004 / −0.001	−0.001
（荷载图）	—	0.051	—	−0.031	−0.034	0.009	−0.002	−0.031	−0.031 / 0.247	−0.253 / 0.043	0.043 / −0.011	−0.011 / 0.002	0.002
（荷载图）	—	—	0.050	0.008	−0.033	−0.033	0.008	0.008	0.008 / −0.041	−0.041 / 0.250	−0.250 / 0.041	0.041 / −0.008	−0.008

续表

荷载图	跨内最大弯矩			支座弯矩				剪力					
	M_1	M_2	M_3	M_B	M_C	M_D	M_E	V_A	V_{Bl} / V_{Br}	V_{Cl} / V_{Cr} (V_G)	V_{Dl} / V_{Dr}	V_{El} / V_{Er}	V_F
（荷载图）	0.171	0.112	0.132	-0.158	-0.118	-0.118	-0.158	0.342	-0.658 / 0.540	-0.460 / 0.500	-0.500 / 0.460	-0.540 / 0.658	-0.342
（荷载图）	0.211	—	0.191	-0.079	-0.059	-0.059	-0.079	0.421	-0.579 / 0.020	0.020 / 0.500	-0.500 / -0.020	-0.020 / 0.579	-0.421
（荷载图）	—	0.181	—	-0.079	-0.059	-0.059	-0.079	-0.079	-0.079 / 0.520	-0.480 / 0	0 / 0.480	-0.520 / 0.079	0.079
（荷载图）	0.160	②0.144 / 0.178	—	-0.179	-0.032	-0.066	-0.077	0.321	-0.679 / 0.647	-0.353 / -0.034	-0.034 / 0.489	-0.511 / 0.077	0.077
（荷载图）	①— / 0.207	0.140	0.151	-0.052	-0.167	-0.031	-0.086	-0.052	-0.052 / 0.385	-0.615 / 0.637	-0.363 / 0.056	-0.056 / 0.586	-0.414
（荷载图）	0.200	—	—	-0.100	0.027	-0.007	0.002	0.400	-0.600 / 0.127	0.127 / -0.031	-0.034 / 0.009	0.009 / -0.002	-0.002
（荷载图）	—	0.173	—	-0.073	-0.081	0.022	-0.005	-0.073	-0.073 / 0.493	-0.507 / 0.102	0.102 / -0.027	-0.027 / 0.005	0.005
（荷载图）	—	—	0.171	0.020	-0.079	-0.079	0.020	0.020	0.020 / -0.099	-0.099 / 0.500	-0.500 / 0.099	0.099 / -0.020	-0.020

续表

荷载图	跨内最大弯矩			支座弯矩				剪力					
	M_1	M_2	M_3	M_B	M_C	M_D	M_E	V_A	V_{Bl} / V_{Br}	V_{Cl} / V_{Gr}	V_{Dl} / V_{Dr}	V_{El} / V_{E-}	V_F
PP PP PP PP PP	0.240	0.100	0.122	−0.281	−0.211	−0.211	−0.281	0.719	−1.281 / 1.070	−0.930 / 1.00	−1.000 / 0.930	−1.070 / 1.281	−0.719
PP PP PP	0.287	—	0.228	−0.140	−0.105	−0.105	−0.140	0.860	−1.140 / 0.035	0.035 / 1.000	−1.000 / −0.035	−0.035 / 1.140	−0.860
PP PP	—	0.216	—	−0.140	−0.105	−0.105	−0.140	−0.140	−0.140 / 1.035	−0.965 / 0	0.000 / 0.965	−1.035 / 0.140	0.140
PP PP PP	0.227	②0.189 / 0.209	0.198	−0.319	−0.057	−0.118	−0.137	0.681	−1.319 / 1.262	−0.738 / −0.061	−0.061 / 0.981	−1.019 / 0.137	0.137
PP PP PP	① / 0.282	0.172	0.198	−0.093	−0.297	−0.054	−0.153	−0.093	−0.093 / 0.796	−1.204 / 1.243	−0.757 / −0.099	−0.099 / 1.153	−0.847
PP PP	0.274	—	—	−0.179	0.048	−0.013	0.003	0.821	−1.179 / 0.227	0.227 / −0.061	−0.061 / 0.016	0.016 / −0.003	−0.003
PP	—	0.198	—	−0.131	−0.144	0.038	−0.010	−0.131	−0.131 / 0.987	−1.013 / 0.182	0.182 / −0.048	−0.048 / 0.010	0.010
PP	—	—	0.193	0.035	−0.140	−0.140	0.035	0.035	0.035 / −0.175	−0.175 / 1.000	−1.000 / 0.175	0.175 / −0.035	−0.035

注：①分子及分母分别为 M_1 及 M_5 的弯矩系数；
②分子及分母分别为 M_2 及 M_4 的弯矩系数。

附录 C 双向板计算系数表

$$刚度 \quad B_c = \frac{Eh^3}{12(1-\nu^2)}$$

式中　E——弹性模量；

　　　h——板厚；

　　　ν——泊松比。

表中　w,w_{max}——板中心点的挠度和最大挠度；

　　　w_{ox},w_{oy}——平行于 l_x 和 l_y 方向自由边的中心挠度；

　　　m_x,m_{xmax}——平行于 l_x 方向板中心点单位板宽内的弯矩和
　　　　　　　　　　板跨内最大弯矩；

　　　m_y,m_{ymax}——平行于 l_y 方向板中心点单位板宽内的变矩和
　　　　　　　　　　板跨内最大弯矩；

　　　m_x'——固定边中点沿 l_x 方向单位板宽内的弯矩；

　　　m_y'——固定边中点沿 l_y 方向单位板宽内的弯矩；

　　　m_{mz}——平行于 l_x 方向自由边上固定端单位板宽内的支座弯矩。

——代表自由边；┈┈┈代表简支边；||||||代表固定边。

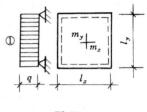

图 C1

正负号的规定：

弯矩——使板的受荷面受压者为正；

挠度——变位方向与荷载方向相同者为正。

$$挠度 = 表中系数 \times \frac{ql^4}{B_c}$$

$\nu=0,弯矩 = 表中系数 \times ql^2$

式中，l 取用 l_x 和 l_y 中较小者。

表 C1

l_x/l_y	w	m_x	m_y	l_x/l_y	w	m_x	m_y
0.50	0.010 13	0.096 5	0.017 4	0.80	0.006 03	0.056 1	0.033 4
0.55	0.009 40	0.089 2	0.021 0	0.85	0.005 47	0.050 6	0.034 8
0.60	0.008 67	0.082 0	0.024 2	0.90	0.004 96	0.045 6	0.035 8
0.65	0.007 96	0.075 0	0.027 1	0.95	0.004 49	0.041 0	0.036 4
0.70	0.007 27	0.068 3	0.029 6	1.00	0.004 05	0.036 8	0.036 8
0.75	0.006 63	0.062 0	0.031 7				

$$挠度 = 表中系数 \times \frac{ql^4}{B_c}$$

$\nu=0,弯矩 = 表中系数 \times ql^2$

式中，l 取用 l_x 和 l_y 中之较小者。

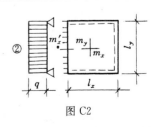

图 C2

l_x/l_y	l_y/l_x	w	w_{max}	m_x	m_{xmax}	m_y	m_{ymax}	m_x'
0.50		0.004 88	0.005 04	0.058 3	0.064 6	0.006 0	0.006 3	−0.121 2
0.55		0.004 71	0.004 92	0.056 3	0.061 8	0.008 4	0.008 7	−0.118 7
0.60		0.004 53	0.004 72	0.053 9	0.058 9	0.010 4	0.011 1	−0.115 8
0.65		0.004 32	0.004 48	0.051 3	0.055 9	0.012 6	0.013 3	−0.112 4
0.70		0.001 40	0.004 22	0.048 5	0.052 9	0.014 8	0.015 4	−0.108 7
0.75		0.003 88	0.003 89	0.045 7	0.049 6	0.016 8	0.017 4	−0.104 8
0.80		0.003 65	0.003 76	0.042 8	0.046 8	0.018 7	0.019 3	−0.100 7
0.85		0.003 43	0.003 52	0.040 0	0.043 1	0.020 4	0.021 1	−0.096 5
0.90		0.003 21	0.003 29	0.037 2	0.040 0	0.021 9	0.022 6	−0.092 2
0.95		0.002 99	0.003 06	0.034 5	0.036 9	0.023 2	0.023 9	−0.088 0
1.00	1.00	0.002 79	0.002 85	0.031 9	0.034 0	0.024 3	0.024 9	−0.083 9
	0.95	0.003 16	0.003 24	0.032 4	0.034 5	0.028 0	0.028 7	−0.088 2
	0.90	0.003 60	0.003 68	0.032 8	0.034 7	0.032 2	0.033 0	−0.092 5
	0.85	0.004 09	0.004 17	0.032 9	0.034 5	0.037 0	0.037 3	−0.097 0
	0.80	0.004 64	0.004 73	0.032 6	0.034 3	0.042 4	0.043 3	−0.101 4
	0.75	0.005 26	0.005 36	0.031 9	0.033 5	0.048 5	0.049 4	−0.105 6
	0.70	0.005 95	0.006 05	0.030 8	0.032 3	0.055 3	0.056 2	−0.103 5
	0.65	0.006 70	0.006 30	0.029 1	0.030 6	0.062 7	0.083 7	−0.113 3
	0.60	0.007 52	0.007 52	0.026 3	0.028 9	0.707	0.071 7	−0.116 6
	0.55	0.008 38	0.008 43	0.023 9	0.027 1	0.079 2	0.080 1	−0.119 3
	0.50	0.009 27	0.009 35	0.020 5	0.024 9	0.088 0	0.088 8	−0.121 5

挠度＝表中系数 $\times \dfrac{ql^4}{B_c}$

$\nu=0$，弯矩＝表中系数 $\times ql^2$

式中，l 取用 l_x 和 l_y 中之较小者。

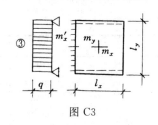

图 C3

表 C3

l_x/l_y	l_y/l_x	w	m_x	m_y	m'_x
0.50		0.00261	0.0416	0.0017	−0.0840
0.55		0.00259	0.0410	0.0028	−0.0840
0.60		0.00255	0.0402	0.0042	−0.0834
0.65		0.00250	0.0692	0.0057	−0.0826
0.70		0.00243	0.0379	0.0072	−0.0814
0.75		0.00235	0.0366	0.0088	−0.0799
0.80		0.00228	0.0351	0.0103	−0.0782
0.85		0.00220	0.0335	0.0118	−0.0763
0.90		0.00211	0.0319	0.0133	−0.0743
0.95		0.00201	0.0302	0.0146	−0.0721
1.00	1.00	0.00192	0.0285	0.0158	−0.0698
	0.95	0.00223	0.0296	0.0189	−0.0746
	0.90	0.00250	0.0306	0.0224	−0.0797
	0.85	0.00303	0.0314	0.0266	−0.0850
	0.80	0.00354	0.0319	0.0316	−0.0904
	0.75	0.00413	0.0321	0.0374	−0.0959
	0.70	0.00482	0.0318	0.0441	−0.1013
	0.65	0.00560	0.0308	0.0518	−0.1066
	0.60	0.00647	0.0292	0.0604	−0.1114
	0.55	0.00743	0.0267	0.0698	−0.1156
	0.50	0.00844	0.0234	0.0793	−0.1191

挠度 $=$ 表中系数 $\times \dfrac{ql^4}{B_c}$

$\nu=0$，弯矩 $=$ 表中系数 $\times ql^2$

式中，l 取用 l_x 和 l_y 中之较小者。

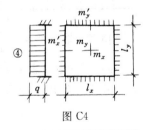

④

图 C4

表 C4

l_x/l_y	w	m_x	m_y	m'_x	m'_y
0.50	0.00253	0.0400	0.0038	−0.0829	−0.0570
0.55	0.00246	0.0385	0.0056	−0.0814	−0.0571
0.60	0.00236	0.0367	0.0076	−0.0793	−0.0571
0.65	0.00224	0.0345	0.0095	−0.0766	−0.0571
0.70	0.00211	0.0321	0.0113	−0.0735	−0.0569
0.75	0.00197	0.0296	0.0130	−0.0701	−0.0565
0.80	0.00182	0.0271	0.0144	−0.0664	−0.0559
0.85	0.00163	0.0246	0.0156	−0.0626	−0.0551

续表

l_x/l_y	w	m_x	m_y	m_x'	m_y'
0.90	0.00153	0.0221	0.0165	−0.0588	−0.0541
0.95	0.00140	0.0198	0.0172	−0.0550	−0.0528
1.00	0.00127	0.0176	0.0176	−0.0513	−0.0513

挠度＝表中系数×$\dfrac{ql^4}{B_c}$

$\nu=0$，弯矩＝表中系数×ql^2

式中，l 取用 l_x 和 l_y 中之较小者。

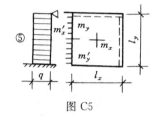

图 C5

表 C5

l_x/l_y	w	w_{max}	m_x	$m_{x max}$	m_y	$m_{y max}$	m_x'	m_y'
0.50	0.00468	0.00471	0.0559	0.0562	0.0079	0.0135	−0.1179	−0.00786
0.55	0.00445	0.00454	0.0529	0.0530	0.0104	0.0153	−0.1140	−0.0735
0.60	0.00419	0.00429	0.0496	0.0468	0.0129	0.0169	−0.1095	−0.0782
0.65	0.00391	0.00399	0.0461	0.0465	0.0151	0.0183	−0.1045	−0.0777
0.70	0.00363	0.00368	0.0426	0.0432	0.0172	0.0195	−0.0992	−0.0770
0.75	0.00335	0.00340	0.0390	0.0396	0.0139	0.0206	−0.0938	−0.0760
0.80	0.00308	0.00313	0.0356	0.0361	0.0204	0.0218	−0.0883	−0.0743
0.85	0.00281	0.00236	0.0322	0.0328	0.0215	0.0229	−0.0829	−0.0733
0.90	0.00256	0.00261	0.0291	0.0297	0.0224	0.0238	−0.0776	−0.0716
0.95	0.00232	0.00237	0.0261	0.0267	0.0230	0.0244	−0.0726	−0.0698
1.00	0.00210	0.00215	0.0234	0.0240	0.0234	0.0249	−0.0677	−0.0677

挠度＝表中系数×$\dfrac{ql^4}{B_c}$

$\nu=0$，弯矩＝表中系数×ql^2

式中，l 取用 l_x 和 l_y 中之较小者。

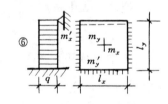

图 C6

表 C6

l_x/l_y	l_y/l_x	w	w_{max}	m_x	$m_{x max}$	m_y	$m_{y max}$	m_x'	x_y'
0.50		0.00257	0.00258	0.0408	0.0409	0.0028	0.0086	−0.0836	−0.0569
0.55		0.00252	0.00256	0.0398	0.0399	0.0042	0.0093	−0.0827	−0.0570
0.60		0.00246	0.00249	0.0384	0.0386	0.0059	0.0105	−0.0814	−0.0571
0.65		0.00237	0.00240	0.0368	0.0371	0.0076	0.0116	−0.0796	−0.0572
0.70		0.00227	0.00229	0.0350	0.0354	0.0093	0.0127	−0.0774	−0.0572
0.75		0.00216	0.00219	0.0331	0.0335	0.0109	0.0137	−0.0750	−0.0572
0.80		0.00205	0.00208	0.0310	0.0314	0.0124	0.0147	−0.0722	−0.0570

l_x/l_y	l_y/l_x	w	w_{max}	m_x	m_{xmax}	m_y	m_{ymax}	m_x'	x_y'
0.85		0.00193	0.00196	0.0289	0.0293	0.0138	0.0155	−0.0693	−0.0567
0.90		0.00181	0.00184	0.0268	0.0273	0.0159	0.0163	−0.0663	−0.0563
0.95		0.00169	0.00172	0.0247	0.0252	0.0160	0.0172	−0.0631	−0.0558
1.00	1.00	0.00157	0.00160	0.0227	0.0231	0.0168	0.0180	−0.0600	−0.0550
	0.95	0.00178	0.00182	0.0220	0.0234	0.0194	0.0207	−0.0629	−0.0599
	0.90	0.00210	0.00206	0.0228	0.0234	0.0223	0.0238	−0.0656	−0.0653
	0.85	0.00227	0.00233	0.0225	0.0231	0.0255	0.0273	−0.0683	−0.0711
	0.80	0.00256	0.00262	0.0210	0.0224	0.0290	0.0311	−0.0707	−0.0772
	0.75	0.00286	0.00294	0.0208	0.0214	0.0320	0.0354	−0.0729	−0.0837
	0.70	0.00319	0.00327	0.0194	0.0200	0.0370	0.0400	−0.0748	−0.0903
	0.65	0.00352	0.00365	0.0175	0.0182	0.0412	0.0446	−0.0762	−0.0970
	0.60	0.00386	0.00403	0.0153	0.0160	0.0454	0.0493	−0.0773	−0.1033
	0.55	0.00419	0.00437	0.0127	0.0133	0.0496	0.0541	−0.0780	−0.1093
	0.50	0.00449	0.00463	0.0099	0.0103	0.0534	0.0588	−0.0784	−0.1146

附录 D 《钢结构设计规范》(GB 50017—2003)的有关规定

表 D1　钢材的强度设计值　　N/mm²

钢材		抗拉、抗压和抗弯 f	抗剪 f_v	端面承压(刨平顶紧)f_{ce}
牌号	厚度和直径/mm			
Q235 钢	≤16	215	125	325
	>16～40	205	120	
	>40～60	200	115	
	>60～100	190	110	
Q345 钢	≤16	310	180	400
	>16～40	295	170	
	>40～60	265	155	
	>60～100	250	145	
Q390 钢	≤16	350	205	415
	>16～40	335	190	
	>40～60	315	180	
	>60～100	295	170	
Q420 钢	≤16	380	220	440
	>16～40	360	210	
	>40～60	340	195	
	>60～100	325	185	

注:附表中厚度是指计算点的钢材厚度,对轴心受拉和轴心受压构件,系指截面中较厚板件的厚度。

表 D2　焊缝的强度设计值　　N/mm²

焊接方式和焊条型号	构件钢材		对接焊缝			角焊缝
	牌号	厚度和直径/mm	抗压 f_c^w	焊缝质量为下列等级时,抗拉 f_t^w	抗剪 f_v^w	抗拉、抗压和抗剪 f_f^w
				一级、二级　三级		
自动焊、半自动焊和 E43 型焊条的手工焊	Q235 钢	≤16	215	215　　185	125	160
		>16～40	205	205　　175	120	
		>40～60	200	200　　170	115	
		>60～100	190	190　　160	110	
自动焊、半自动焊和 E50 型焊条的手工焊	Q345 钢	≤16	310	310　　265	180	200
		>16～35	295	295　　250	170	
		>35～50	265	265　　225	155	
		>50～100	250	250　　210	145	
自动焊、半自动焊和 E55 型焊条的手工焊	Q390 钢	≤16	350	350　　300	205	220
		>16～35	335	335　　285	190	
		>35～50	315	315　　270	180	
		>50～100	295	295　　250	170	
自动焊、半自动焊和 E55 型焊条的手工焊	Q420 钢	≤16	380	380　　320	220	220
		>16～35	360	360　　305	210	
		>35～50	340	340　　290	195	
		>50～100	325	325　　275	185	

表 D3　　　　　　　　　　螺栓连接的强度设计值　　　　　　　　　　N/mm²

螺栓的性能等级、锚栓和构件的钢材编号		普通螺栓						锚栓	承压型连接高强度螺栓		
		C级螺栓			A级、B级螺栓						
		抗拉 f_t^b	抗剪 f_v^b	承压 f_c^b	抗拉 f_t^b	抗剪 f_v^b	承压 f_c^b	抗拉 f_t^b	抗拉 f_t^b	抗剪 f_v^b	承压 f_c^b
普通螺栓	4.6级、4.8级	170	140	—	—	—	—	—	—	—	—
	5.6级	—	—	—	210	190	—	—	—	—	—
	8.8级	—	—	—	400	320	—	—	—	—	—
锚栓	Q235钢	—	—	—	—	—	—	140	—	—	—
	Q345钢	—	—	—	—	—	—	180	—	—	—
承压型连接高强度螺栓	8.8级	—	—	—	—	—	—	—	400	250	
	10.9级	—	—	—	—	—	—	—	500	310	
构件	Q235钢	—	—	305	—	—	405	—	—	—	470
	Q345钢	—	—	385	—	—	510	—	—	—	590
	Q390钢	—	—	400	—	—	530	—	—	—	615
	Q420钢	—	—	425	—	—	560	—	—	—	655

表 D4a　　　　　　　　　　轴心受压构件的稳定系数 φ

$\lambda\sqrt{\dfrac{f_y}{235}}$	0	1	2	3	4	5	6	7	8	9
0	1.000	1.000	1.000	1.000	0.999	0.999	0.998	0.998	0.997	0.996
10	0.995	0.994	0.993	0.992	0.991	0.989	0.988	0.986	0.985	0.983
20	0.981	0.979	0.977	0.976	0.974	0.972	0.970	0.968	0.966	0.964
30	0.963	0.961	0.959	0.957	0.955	0.952	0.950	0.948	0.946	0.944
40	0.941	0.939	0.937	0.934	0.932	0.929	0.927	0.924	0.921	0.919
50	0.916	0.913	0.910	0.907	0.904	0.900	0.897	0.894	0.890	0.886
60	0.883	0.879	0.875	0.871	0.867	0.863	0.858	0.854	0.849	0.844
70	0.839	0.834	0.829	0.824	0.818	0.813	0.807	0.801	0.795	0.789
80	0.783	0.776	0.770	0.763	0.757	0.750	0.743	0.736	0.728	0.721
90	0.714	0.706	0.699	0.691	0.684	0.676	0.668	0.661	0.653	0.645
100	0.638	0.630	0.622	0.615	0.607	0.600	0.592	0.585	0.577	0.570
110	0.563	0.555	0.548	0.541	0.534	0.527	0.520	0.514	0.507	0.500
120	0.494	0.488	0.481	0.475	0.469	0.463	0.457	0.451	0.445	0.440
130	0.434	0.429	0.423	0.418	0.412	0.407	0.402	0.397	0.392	0.387
140	0.383	0.378	0.373	0.369	0.364	0.360	0.356	0.351	0.347	0.343
150	0.339	0.335	0.331	0.327	0.323	0.320	0.316	0.312	0.309	0.305
160	0.302	0.298	0.295	0.292	0.289	0.285	0.282	0.279	0.276	0.273
170	0.270	0.267	0.264	0.262	0.259	0.256	0.253	0.251	0.248	0.246
180	0.243	0.241	0.238	0.236	0.233	0.231	0.229	0.226	0.224	0.222
190	0.220	0.218	0.215	0.213	0.211	0.209	0.207	0.205	0.203	0.201
200	0.199	0.198	0.196	0.194	0.192	0.190	0.189	0.187	0.185	0.183
210	0.182	0.180	0.179	0.177	0.175	0.174	0.172	0.171	0.169	0.168
220	0.166	0.165	0.164	0.162	0.161	0.159	0.158	0.157	0.155	0.154
230	0.153	0.152	0.150	0.149	0.148	0.147	0.146	0.144	0.143	0.142
240	0.141	0.140	0.139	0.138	0.136	0.135	0.134	0.133	0.132	0.131
250	0.130	—	—	—	—	—	—	—	—	—

表 D4b　　　　　　　　　　　　b 类截面轴心受压构件的稳定系数 φ

$\lambda\sqrt{\dfrac{f_y}{235}}$	0	1	2	3	4	5	6	7	8	9
0	1.000	1.000	1.000	0.999	0.999	0.998	0.997	0.996	0.995	0.994
10	0.992	0.991	0.989	0.987	0.985	0.983	0.981	0.978	0.976	0.973
20	0.970	0.967	0.963	0.960	0.957	0.953	0.950	0.946	0.943	0.939
30	0.936	0.932	0.929	0.925	0.922	0.918	0.914	0.910	0.906	0.903
40	0.899	0.895	0.891	0.887	0.882	0.878	0.874	0.870	0.865	0.861
50	0.856	0.852	0.847	0.842	0.838	0.833	0.828	0.823	0.818	0.813
60	0.807	0.802	0.797	0.791	0.786	0.780	0.774	0.769	0.763	0.757
70	0.751	0.745	0.739	0.732	0.726	0.720	0.714	0.707	0.701	0.694
80	0.688	0.681	0.675	0.668	0.661	0.655	0.648	0.641	0.635	0.628
90	0.621	0.614	0.608	0.601	0.594	0.588	0.581	0.575	0.568	0.561
100	0.555	0.549	0.542	0.536	0.529	0.523	0.517	0.511	0.505	0.499
110	0.493	0.487	0.481	0.475	0.470	0.464	0.458	0.453	0.447	0.442
120	0.437	0.432	0.426	0.421	0.416	0.411	0.406	0.402	0.397	0.392
130	0.387	0.383	0.378	0.374	0.370	0.365	0.361	0.357	0.353	0.349
140	0.345	0.341	0.337	0.333	0.329	0.326	0.322	0.318	0.315	0.311
150	0.308	0.304	0.301	0.298	0.295	0.291	0.288	0.285	0.282	0.279
160	0.276	0.273	0.270	0.267	0.265	0.262	0.259	0.256	0.254	0.251
170	0.249	0.246	0.244	0.241	0.239	0.236	0.234	0.232	0.229	0.227
180	0.225	0.223	0.220	0.218	0.216	0.214	0.212	0.210	0.208	0.206
190	0.204	0.202	0.200	0.198	0.197	0.195	0.193	0.191	0.190	0.188
200	0.186	0.184	0.183	0.181	0.180	0.178	0.176	0.175	0.173	0.172
210	0.170	0.169	0.167	0.166	0.165	0.163	0.162	0.160	0.159	0.158
220	0.156	0.155	0.154	0.153	0.151	0.150	0.149	0.148	0.146	0.145
230	0.144	0.143	0.142	0.141	0.140	0.138	0.137	0.136	0.135	0.134
240	0.133	0.132	0.131	0.130	0.129	0.128	0.127	0.126	0.125	0.124
250	0.123	—	—	—	—	—	—	—	—	—

表 D4c   **c 类截面轴心受压构件的稳定系数 φ**

$\lambda\sqrt{\dfrac{f_y}{235}}$	0	1	2	3	4	5	6	7	8	9
0	1.000	1.000	1.000	0.999	0.999	0.998	0.997	0.996	0.995	0.993
10	0.992	0.990	0.988	0.986	0.983	0.981	0.978	0.976	0.973	0.970
20	0.966	0.959	0.953	0.947	0.940	0.934	0.928	0.921	0.915	0.909
30	0.902	0.896	0.890	0.884	0.877	0.871	0.865	0.858	0.852	0.846
40	0.839	0.833	0.826	0.820	0.814	0.807	0.801	0.794	0.788	0.781
50	0.775	0.768	0.762	0.755	0.748	0.742	0.735	0.729	0.722	0.715
60	0.709	0.702	0.695	0.689	0.682	0.676	0.669	0.662	0.656	0.649
70	0.643	0.636	0.629	0.623	0.616	0.610	0.604	0.597	0.591	0.584
80	0.578	0.572	0.566	0.559	0.553	0.547	0.541	0.535	0.529	0.523
90	0.517	0.511	0.505	0.500	0.494	0.488	0.483	0.477	0.472	0.467
100	0.463	0.458	0.454	0.449	0.445	0.441	0.436	0.432	0.428	0.423
110	0.419	0.415	0.411	0.407	0.403	0.399	0.395	0.391	0.387	0.383
120	0.379	0.375	0.371	0.367	0.364	0.360	0.356	0.353	0.349	0.346
130	0.342	0.339	0.335	0.332	0.328	0.325	0.322	0.319	0.315	0.312
140	0.309	0.306	0.303	0.300	0.297	0.249	0.291	0.288	0.285	0.282
150	0.280	0.277	0.274	0.271	0.269	0.266	0.264	0.261	0.258	0.256
160	0.254	0.251	0.249	0.246	0.244	0.242	0.239	0.237	0.235	0.233
170	0.230	0.228	0.226	0.224	0.222	0.220	0.218	0.216	0.214	0.212
180	0.210	0.208	0.206	0.205	0.203	0.201	0.199	0.197	0.196	0.194
190	0.192	0.190	0.189	0.187	0.186	0.184	0.182	0.181	0.179	0.178
200	0.176	0.175	0.173	0.172	0.170	0.169	0.168	0.166	0.165	0.163
210	0.162	0.161	0.159	0.158	0.157	0.156	0.154	0.153	0.152	0.151
220	0.150	0.148	0.147	0.146	0.145	0.144	0.143	0.142	0.140	0.139
230	0.138	0.137	0.136	0.135	0.134	0.133	0.132	0.131	0.130	0.129
240	0.128	0.127	0.126	0.125	0.124	0.124	0.123	0.122	0.121	0.120
250	0.119	—	—	—	—	—	—	—	—	—

d 类截面轴心受压构件的稳定系数 φ

$\lambda\sqrt{\dfrac{f_y}{235}}$	0	1	2	3	4	5	6	7	8	9
0	1.000	1.000	0.999	0.999	0.998	0.996	0.994	0.992	0.990	0.987
10	0.984	0.981	0.978	0.974	0.969	0.965	0.960	0.955	0.949	0.944
20	0.937	0.927	0.918	0.909	0.900	0.891	0.883	0.874	0.865	0.857
30	0.848	0.840	0.831	0.823	0.815	0.807	0.799	0.790	0.782	0.774
40	0.766	0.759	0.751	0.743	0.735	0.728	0.720	0.712	0.705	0.697
50	0.690	0.683	0.675	0.668	0.661	0.654	0.646	0.639	0.632	0.625
60	0.618	0.612	0.605	0.598	0.591	0.585	0.578	0.572	0.565	0.559
70	0.552	0.546	0.540	0.534	0.528	0.522	0.516	0.510	0.504	0.498
80	0.493	0.487	0.481	0.476	0.470	0.465	0.460	0.454	0.449	0.444
90	0.439	0.434	0.429	0.424	0.419	0.414	0.410	0.405	0.401	0.397
100	0.394	0.390	0.387	0.383	0.380	0.376	0.373	0.370	0.366	0.363
110	0.359	0.356	0.353	0.350	0.346	0.343	0.340	0.337	0.334	0.331
120	0.328	0.325	0.322	0.319	0.316	0.313	0.310	0.307	0.304	0.301
130	0.299	0.296	0.293	0.290	0.288	0.285	0.282	0.280	0.277	0.275
140	0.272	0.270	0.267	0.265	0.262	0.260	0.258	0.255	0.253	0.251
150	0.248	0.246	0.244	0.242	0.240	0.237	0.235	0.233	0.231	0.229
160	0.227	0.225	0.223	0.221	0.219	0.217	0.215	0.213	0.212	0.210
170	0.208	0.206	0.204	0.203	0.201	0.199	0.197	0.196	0.194	0.192
180	0.191	0.189	0.188	0.186	0.184	0.183	0.181	0.180	0.178	0.177
190	0.176	0.174	0.173	0.171	0.170	0.168	0.167	0.166	0.164	0.163
200	0.162	—	—	—	—	—	—	—	—	—

表 D5

常用普通工字钢规格及截面特性

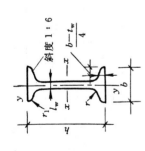

斜度 1:6

$\dfrac{b-t_w}{4}$

I—截面惯性矩；
W—截面抵抗矩；
S—半截面面积矩；
i—截面回转半径。

型号	尺寸/mm						截面面积 A /cm²	每米数量 /(kg·m⁻¹)	截面特性						
									$x-x$轴				$y-y$轴		
	h	b	t_w	t	r	r_1			I_x /cm⁴	W_x /cm³	S_x /cm³	i_x /cm	I_y /cm⁴	W_y /cm³	i_y /cm
I10	100	68	4.5	7.6	6.5	3.3	14.33	11.25	245	49.0	28.2	4.14	32.8	9.6	1.51
I12.6	126	74	5.0	8.4	7.0	3.5	18.10	14.21	488	77.4	44.2	5.19	46.9	12.7	1.61
I14	140	80	5.5	9.1	7.5	3.8	21.50	16.88	712	101.7	58.4	5.75	64.3	16.1	1.73
I16	160	88	6.0	9.9	8.0	4.0	26.11	20.50	1127	140.9	80.8	6.57	93.1	21.1	1.89
I18	180	94	6.5	10.7	8.5	4.3	30.74	24.13	1699	185.4	106.5	7.37	122.9	26.2	2.00
I20a	200	100	7.0	11.4	9.0	4.5	35.55	27.91	2369	236.9	136.1	8.16	157.9	31.6	2.11
I20b	200	102	9.0	11.4	9.0	4.5	39.55	31.05	2502	250.2	146.1	7.95	169.0	33.1	2.07
I22a	220	110	7.5	12.3	9.5	4.8	42.10	33.05	3406	309.6	177.7	8.99	225.9	41.1	2.32
I22b	220	112	9.5	12.3	9.5	4.8	46.50	36.50	3583	325.8	189.8	8.78	240.2	42.9	2.27
I25a	250	116	8.0	13.0	10.0	5.0	48.51	38.08	5017	401.4	230.7	10.17	280.4	48.4	2.40
I25b	250	118	10.0	13.0	10.0	5.0	53.51	42.01	5278	422.2	246.3	9.93	297.3	50.4	2.36
I28a	280	122	8.5	13.7	10.5	5.3	55.37	43.47	7115	508.2	292.7	11.34	344.1	56.4	2.49

续表

型号	尺寸/mm						截面面积 A/cm²	每米数量/(kg·m⁻¹)	截面特性						
									x—x轴				y—y轴		
	h	b	t_w	t	r	r_1			I_x/cm⁴	W_x/cm³	S_x/cm³	i_x/cm	I_y/cm⁴	W_y/cm³	i_y/cm
I28b	280	124	10.5	13.7	10.5	5.3	60.97	47.86	7481	534.4	312.3	11.08	363.8	58.7	2.44
I32a	320	130	9.5	15.0	11.5	5.8	67.12	52.69	11080	692.5	400.5	12.85	459.0	70.6	2.62
I32b	320	132	11.5	15.0	11.5	5.8	73.52	57.71	11626	726.7	426.1	12.58	483.8	73.3	2.57
I32c	320	134	13.5	15.0	11.5	5.8	79.92	62.74	12173	760.8	451.7	12.34	510.1	76.1	2.53
I36a	360	136	10.0	15.8	12.0	6.0	76.44	60.00	15796	877.6	508.8	12.38	554.9	81.6	2.69
I36b	360	138	12.0	15.8	12.0	6.0	83.64	65.66	16574	920.8	541.2	14.08	583.6	84.6	2.64
I36c	360	140	14.0	15.8	12.0	6.0	90.84	71.31	17351	964.0	573.6	13.82	614.0	87.7	2.60
I40a	400	142	10.5	16.5	12.5	6.3	86.07	67.56	21714	1085.7	631.2	15.88	659.9	92.9	2.77
I40b	400	144	12.5	16.5	12.5	6.3	94.07	73.84	22781	1139.0	671.2	15.56	692.8	96.2	2.71
I40c	400	146	14.5	16.5	12.5	6.3	102.07	80.12	23847	1192.4	711.2	15.29	727.5	99.7	2.67
I45a	450	150	11.5	18.0	13.5	6.8	102.40	80.38	32241	1432.9	836.4	17.74	855.0	114.0	2.89
I45b	450	152	13.5	18.0	13.5	6.8	111.40	87.45	33759	1500.4	887.1	17.41	895.4	117.8	2.84
I45c	450	154	15.5	18.0	13.5	6.8	120.40	94.51	35278	1567.9	937.7	17.12	938.0	121.8	2.79
I50a	500	158	12.0	20.0	14.0	7.0	119.25	93.61	46472	1858.9	1084.1	19.74	1121.5	142.0	3.07
I50b	500	160	14.0	20.0	14.0	7.0	129.25	101.46	48556	1942.2	1146.6	19.38	1171.4	146.4	3.01
I50c	500	162	16.0	20.0	14.0	7.0	139.25	109.31	50639	2025.6	1209.1	19.07	1223.9	151.1	2.96
I56a	560	166	12.5	21.0	14.5	7.3	135.38	106.27	65576	2342.0	1368.8	22.01	1365.8	164.6	3.18
I56b	560	168	14.5	21.0	14.5	7.3	146.58	115.06	68503	2446.5	1447.2	21.62	1423.8	169.5	3.12
I56c	560	170	16.5	21.0	14.5	7.3	157.78	123.85	71430	2551.1	1525.6	21.28	1484.8	174.7	3.07
I63a	630	176	13.0	22.0	15.0	7.5	154.59	121.36	94004	2984.3	1747.4	24.66	1702.4	193.5	3.32
I63b	630	178	15.0	22.0	15.0	7.5	167.19	131.35	98171	3116.6	1846.6	24.23	1770.7	199.0	3.25
I63c	630	180	17.0	22.0	15.0	7.5	179.79	141.14	102339	3248.9	1945.9	23.86	1842.4	204.7	3.20

注：普通工字钢的通常长度，I10～I18，为5～19m；I20～I63，为6～19m。

表 D6 锚栓和螺栓规格

公称直径 d/mm	12	14	16	18	20	22	24	27	30
螺距 t/mm	1.75	2.0	2.0	2.5	2.5	2.5	3.0	3.0	3.5
中径 d_2/mm	10.863	12.701	14.701	16.376	18.376	20.376	22.052	25.052	27.727
内径 d_1/mm	10.106	11.835	13.835	15.294	17.294	19.294	20.752	23.752	26.211
计算净截面积 A_n/cm²	0.84	1.15	1.57	1.92	2.45	3.03	3.53	4.59	5.61

注:计算净截面积按下式算得

$$A_n = \frac{\pi}{4} \left(\frac{d_2 + d_3}{2} \right)^2$$

式中,$d_3 = d_1 - 0.1444t$。

习题答案

绪论

一、判断题

1. √   2. √   3. ×

二、单项选择题

1. B   2. A

第1章　钢筋混凝土材料的物理力学性质

一、判断题

1. ×   2. √   3. √   4. √   5. ×   6. √

二、单项选择题

1. A   2. C   3. A   4. C   5. B   6. C   7. C   8. D   9. D

第2章　钢筋混凝土结构的基本计算原理

一、判断题

1. √   2. ×   3. √   4. √   5. √   6. ×

二、单项选择题

1. A   2. C   3. B   4. B   5. C   6. D

第3章　钢筋混凝土受弯构件

一、单项选择题

1. A   2. A   3. C   4. C   5. B   6. D   7. C   8. C   9. A   10. A   11. D   12. C

二、计算题

1. ［解］ (1) 基本参数：由 $h \geqslant \dfrac{l}{35} = 62.3\mathrm{mm}$，取 $h = 70\mathrm{mm}$，$b = 1\,000\mathrm{mm}$，C20 混凝土，$\alpha_1 = 1.0$，$f_c =$

$9.6\mathrm{MPa}$，$f_t = 1.1\mathrm{MPa}$，HPB300 钢筋，$f_y = 270\mathrm{MPa}$，$\xi_b = 0.576$，$a_s = 25\mathrm{mm}$，$h_0 = 45\mathrm{mm}$，$M = \dfrac{(q+g)l_0^2}{8}$

$= 3.86\mathrm{kN \cdot m}$。

(2) $\alpha_s = \dfrac{M}{\alpha_1 f_c b h_0^2} = 0.199$，$\xi = 1 - \sqrt{1 - 2\alpha_s} = 0.224 < \xi_b = 0.576$，满足。

(3) $A_s = \dfrac{\alpha_1 f_c b \xi h_0}{f_y} = 323\text{mm}^2$，$0.45\dfrac{f_t}{f_y} = 0.165\% < 0.2\%$，故 $\rho_{\min} = 0.20\%$，$A_s = 323\text{mm}^2 > \rho_{\min} bh = 140\text{mm}^2$，满足。

(4) 实配 $\phi 8@150$，$A_s = 335\text{mm}^2$。配筋图（略）。

2. ［解］（1）基本参数：C20 混凝土，$\alpha_1 = 1.0$，$f_c = 9.6\text{MPa}$，$f_t = 1.1\text{MPa}$，HPB300 钢筋，$f_y = 270\text{MPa}$，$\xi_b = 0.576$，$\phi 8@200$，$A_s = 251\text{mm}^2$，$a_s = 24\text{mm}$，$h_0 = 46\text{mm}$。

(2) $\xi = \dfrac{f_y A_s}{\alpha_1 f_c b h_0} = 0.170 < \xi_b = 0.576$，满足。$0.45\dfrac{f_t}{f_y} = 0.165\% < 0.2\%$，故 $\rho_{\min} = 0.2\%$，$A_s = 251\text{mm}^2 > \rho_{\min} bh = 140\text{mm}^2$，满足。

(3) $M_u = \alpha_1 f_c b h_0^2 \xi (1 - 0.5\xi) = 3.15\text{kN} \cdot \text{m}$。

3. ［解］（1）基本参数：C20 混凝土，$\alpha_1 = 1.0$，$f_c = 9.6\text{MPa}$，$f_t = 1.1\text{MPa}$，HRB335 钢筋，$f_y = 300\text{MPa}$，$\xi_b = 0.55$，$a_s = 45\text{mm}$，$h_0 = 405\text{mm}$，$A_s = 942\text{mm}^2$。

(2) $\xi = \dfrac{f_y A_s}{\alpha_1 f_c b h_0} = 0.363 < \xi_b = 0.55$，满足。$0.45\dfrac{f_t}{f_y} = 0.165\% < 0.2\%$，故 $\rho_{\min} = 0.2\%$，$A_s = 942\text{mm}^2 > \rho_{\min} bh = 180\text{mm}^2$，满足。

(3) $M_u = \alpha_1 f_c b h_0^2 \xi (1 - 0.5\xi) = 93.5\text{kN} \cdot \text{m} > M = 70\text{kN} \cdot \text{m}$，承载力满足。

4. ［解］（1）基本参数：C20 混凝土，$\alpha_1 = 1.0$，$f_c = 9.6\text{MPa}$，$f_t = 1.1\text{MPa}$，HRB335 钢筋，$f_y = f_y' = 300\text{MPa}$，$\xi_b = 0.55$，受拉钢筋一排布置，$a_s = 45\text{mm}$，$h_0 = 455\text{mm}$，$A_s' = 509\text{mm}^2$，$a_s' = 40\text{mm}$。

(2) $M_2 = f_y' A_s' (h_0 - a_s') = 63.4\text{kN} \cdot \text{m}$，$M_1 = M - M_2 = 146.63\text{kN} \cdot \text{m}$，$\alpha_s = \dfrac{M_1}{\alpha_1 f_c b h_0^2} = 0.295$，$\xi = 1 - \sqrt{1 - 2\alpha_s} = 0.360 < \xi_b = 0.55$，满足；$2a_s' = 80\text{mm} < x = \xi h_0 = 163.8\text{mm}$，受压钢筋屈服。

(3) $A_s = \dfrac{\alpha_1 f_c b \xi h_0}{f_y} + A_s' = 1819\text{mm}^2$，实配 3 Φ 28，$A_s = 1847\text{mm}^2$。

5. ［解］（1）基本参数：C30 混凝土，$\alpha_1 = 1.0$，$f_c = 14.3\text{MPa}$，HRB335 钢筋，$f_y = f_y' = 300\text{MPa}$，$\xi_b = 0.55$，受拉钢筋一排布置，$A_s = 1256\text{mm}^2$，$a_s = 40\text{mm}$，$h_0 = 460\text{mm}$，$A_s' = 509\text{mm}^2$，$a_s' = 35\text{mm}$。

(2) $\xi = \dfrac{f_y A_s - f_y' A_s'}{\alpha_1 f_c b h_0} = 0.136 < \xi_b = 0.55$，满足；$x = \xi h_0 = 62.6\text{mm} < 2a_s' = 70\text{mm}$，受压钢筋未屈服，取 $x = 2a_s'$；$M_u = f_y A_s (h_0 - a_s') = 160.1\text{kN} \cdot \text{m} < M = 200\text{kN} \cdot \text{m}$，正截面承载力不满足。

6. ［解］（1）基本参数：C20 混凝土，$\alpha_1 = 1.0$，$f_c = 9.6\text{MPa}$，$f_t = 1.1\text{MPa}$，HRB335 钢筋，$f_y = 300\text{MPa}$，$\xi_b = 0.55$，受拉钢筋两排布置，$a_s = 70\text{mm}$，$h_0 = 630\text{mm}$。

(2) 判断截面类型：

$\alpha_1 f_c b_f' h_f' (h_0 - 0.5 h_f') = 361.9\text{kN} \cdot \text{m} < M = 500\text{kN} \cdot \text{m}$，为第二类 T 形截面。

(3) $M_2 = \alpha_1 f_c (b_f' - b) h_f' (h_0 - 0.5 h_f') = 222.72\text{kN} \cdot \text{m}$，$M_1 = M - M_2 = 277.28\text{kN} \cdot \text{m}$，$\alpha_s = \dfrac{M_1}{\alpha_1 f_c b h_0^2} = 0.291$，$\xi = 1 - \sqrt{1 - 2\alpha_s} = 0.354 < \xi_b = 0.55$，满足。

(4) $A_s = \dfrac{\alpha_1 f_c (b_f' - b) h_f' + \alpha_1 f_c b \xi h_0}{f_y} = 3064\text{mm}^2$，实配 8 Φ 22，$A_s = 3041\text{mm}^2$，$\dfrac{3064 - 3041}{3041} = 0.76\% < 5\%$

7. ［解］（1）基本参数：C70 混凝土，$\alpha_1 = 0.960$，$f_c = 31.8\text{MPa}$，$f_t = 2.14\text{MPa}$，HRB335 钢筋，$f_y = 300\text{MPa}$，受拉钢筋两排布置，$a_s = 70\text{mm}$，$h_0 = 630\text{mm}$，$A_s = 2945\text{mm}^2$。

(2) 判断截面类型：

$f_y A_s = 883.5\text{kN} < \alpha_1 f_c b_f' h_f' = 1984.32\text{kN}$，为第一类 T 形截面。

(3) $0.45\dfrac{f_t}{f_y} = 0.321\% > 0.2\%$，故 $\rho_{\min} = 0.321\%$，$A_s = 2945\text{mm}^2 > \rho_{\min} bh = 674.1\text{mm}^2$，满足。

(4) $x = \dfrac{f_y A_s}{\alpha_1 f_c b_f'} = 44.5\text{mm}$，故 $M_u = \alpha_1 f_c b_f' x(h_0 - 0.5x) = 536.6\text{kN} \cdot \text{m}$

8. ［解］（1）基本参数：C20 混凝土，$\alpha_1 = 1.0$，$f_c = 9.6\text{MPa}$，$f_t = 1.1\text{MPa}$，HPB300 箍筋，$f_{yv} = 270\text{MPa}$，受拉钢筋一排布置，$a_s = 45\text{mm}$，$h_0 = 555\text{mm}$。

（2）截面最小尺寸：

$\dfrac{h_w}{b} = \dfrac{565}{200} < 4$，$V = 150\text{kN} < 0.25 f_c b h_0 = 268.8\text{kN}$，满足。

（3）$0.7 f_t b h_0 = 87.01\text{kN} < V = 150\text{kN}$，需有计算配箍。

选用 2 φ 6 双肢箍，$A_{sv} = 57\text{mm}^2$，$S = \dfrac{f_{yv} A_{sv} h_0}{V - 0.7 f_t b h_0} = 136\text{mm}$，取 $S = 130\text{mm}$。

（4）$\rho_{sv} = \dfrac{A_{sv}}{bS} = 0.219\% > p_{sv,\min} = 0.24 \dfrac{f_t}{f_{yv}} = 0.098\%$，满足。

即配置 $\phi 6@130$ 的双肢箍。

9. ［解］（1）参数：$V = \dfrac{1}{2} q l_n = 32\text{kN}$，C20 混凝土，$\alpha_1 = 1.0$，$f_c = 9.6\text{MPa}$，$f_t = 1.1\text{MPa}$，HPB235 箍筋，$f_{yv} = 210\text{MPa}$，受拉钢筋一排布置，$a_s = 45\text{mm}$，$h_0 = 455\text{mm}$。

（2）截面最小尺寸：

$\dfrac{h_w}{b} = \dfrac{460}{200} < 4$，$V = 32\text{kN} < 0.25 f_c b h_0 = 218.4\text{kN}$，满足。

（3）$V = 32\text{kN} < 0.7 f_t b h_0 = 70.07\text{kN}$，不需计算配箍，按构造配箍。

实配 φ 6@180 的双肢箍。$S < S_{\max}$。

（4）$\rho_{sv} = \dfrac{A_{sv}}{bS} = 0.158\% > \rho_{sv,\min} = 0.24 \dfrac{f_t}{f_{yv}} = 0.126\%$，满足。

即配置 φ 6@180 的双肢箍。

10. ［解］ $M_q = 58.8\text{kN} \cdot \text{m}$，$A_s = 1017\text{mm}^2$，$C_s = 25\text{cm}$，C25 混凝土，$f_{tk} = 1.78\text{MPa}$，HPB300 钢筋，$E_s = 2.1 \times 10^5 \text{MPa}$，$a_s = 45\text{mm}$，$h_0 = 455\text{mm}$，为受弯构件。

$\sigma_{sq} = \dfrac{M_q}{0.87 A_s h_0} = 146\text{MPa}$，$\rho_{tc} = \dfrac{A_s}{A_{tc}} = 0.02034 > 0.01$，$\psi = 1 - 0.65 \dfrac{f_{tk}}{\rho_{tc} \sigma_{sq}} = 0.610$，$d_{eq} = \dfrac{4 \times 18^2}{4 \times 0.7 \times 18} =$

25.7mm，$\omega_{\max} = \alpha_{cr} \psi \dfrac{\sigma_{sq}}{E_s} \left(1.9 C_s + 0.08 \dfrac{d_{eq}}{\rho_{te}} \right) = 0.120\text{mm} < \omega_{\min} = 0.3\text{mm}$，满足。

11. ［解］（1）计算梁内最大弯矩标准值

① 恒荷载标准值产生的跨中最大弯矩为

$$M_{gk} = g_k l^2 = \dfrac{1}{8} \times 15 \times 5.6^2 = 58.8\text{kN} \cdot \text{m}$$

② 活荷载标准值产生的跨中最大弯矩为

$$M_{gk} = q_k l^2 = \dfrac{1}{8} \times 15 \times 5.6^2 = 39.2\text{kN} \cdot \text{m}$$

③ 按荷载效应准永久组合计算的跨中最大弯矩为

$$M_q = M_{gk} + 0.5 M_{qk} = 78.4\text{kN} \cdot \text{m}$$

$A_s = 1017\text{mm}^2$，$C_s = 25\text{cm}$，C25 混凝土，$f_{tk} = 1.78\text{MPa}$，HPB300 钢筋，$E_s = 2.1 \times 10^5 \text{MPa}$，$a_s = 40\text{mm}$，$h_0 = 460\text{mm}$，为受弯构件。

（2）受拉钢筋应变不均匀系数

① 裂缝截面钢筋应力

$$\sigma_{sq} = M_q / 0.87 A_s h_0 = 192.6\text{N/mm}^2$$

② 按有效受拉混凝土截面面积计算的配筋率为

$$\rho_{te} = \dfrac{A_s}{A_{te}} = 0.02034 > 0.01$$

③ 受拉钢筋应变不均匀系数：

$$\phi = 1 - 0.65 \frac{f_{tk}}{\rho_{te}\sigma_{sq}} = 0.705$$

（3）刚度计算

① 短期刚度 B_s：

$$\alpha_E = \frac{E_s}{E_c} = 7.5, \ \rho = \frac{A_s}{bh_0} = 0.01105, \ B_s = \frac{E_s A_s h_0^2}{1.15\phi + 0.2 + \dfrac{6\alpha_E\rho}{1+3.5\gamma_f'}} = 2.997 \times 10^{13} \text{N} \cdot \text{mm}^2$$

② 挠度增大系数 θ：根据《混凝土结构设计规范》，$\rho' = 0$，故 $\theta = 2.0$。

③ 受弯构件的刚度 B：

$$B = \frac{B_s}{\theta} = 1.498 \times 10^{13} \text{N} \cdot \text{mm}$$

（4）跨中挠度

$$f = \alpha \frac{M_q l^2}{B} = 17.1 \text{mm} < f_{lim} = \frac{l_0}{250} = 22.4 \text{mm}，满足要求。$$

第4章　钢筋混凝土受压构件

一、判断题

1. × 　2. × 　3. √ 　4. √ 　5. ×

二、单项选择题

1. C 　2. D 　3. B 　4. B 　5. A 　6. B 　7. B

三、计算题

1. ［解］ 混凝土强度等级为 C30，查附表 A2，$f_c = 14.3 \text{N/mm}^2$；钢筋采用 HRB400，查附录表 A5，$f_y = f_y' = 360 \text{N/mm}^2$。

（1）确定纵向受力钢筋截面面积 A_s'

框架底层柱，由表 4-2 可得 $l_0 = 1.0, \ H = 5.6 \text{m}, \ l_0/b = 5600/400 = 14$。

由表 4-1 可得 $\varphi = 0.92$，代入公式（4-1）得：

$$A_s' = \frac{1}{f_y'}\left(\frac{N}{0.9\varphi} - f_c A\right) = \frac{1}{360} \times \left(\frac{2400 \times 10^3}{0.9 \times 0.92} - 14.3 \times 400 \times 400\right) = 1696 \text{mm}^2$$

（2）验算最小配筋率 ρ'

$$\rho' = \frac{A_s'}{A} = \frac{1696}{400 \times 400} = 0.0106 = 1.06\% > \rho' = 0.55\%（满足要求）$$

截面每一侧配筋率 $\rho' = 0.5 \times \dfrac{1696}{400 \times 400} = 0.053\% > 0.2\%（满足要求）$

（3）配置纵向钢筋和箍筋

纵向受力钢筋选用 4 ⾦ 25（$A_s' = 1964 \text{mm}^2$）

箍筋选用 ϕ 8 @350（直径 $d > 25/4 = 6.25 \text{mm}$，

间距 $s < 400 \text{mm}$；< 短边 $= 400 \text{mm}$；< $15d = 15 \times 25 = 375 \text{mm}$）。

2. ［解］ 混凝土强度等级为 C30，查附录表 A2，$f_c = 14.3 \text{N/mm}^2$；钢筋采用 HRB400，查附录表 A5，$f_y = f_y' = 360 \text{N/mm}^2$。

1）判断构件是否考虑二阶效应（附加弯矩）

（1）杆端弯矩比 $M_1/M_2 = 1.0 > 0.9$

（2）截面回转半径

$$A = b \times h = 400 \times 450 = 120\,000\,mm^2$$

$$I = \frac{1}{12}bh^3 = \frac{1}{12} \times 400 \times 450^2 = 3\,037.5 \times 10^6\,mm^4$$

$$i = \sqrt{\frac{I}{A}} = \sqrt{\frac{3\,037.5 \times 10^6}{18 \times 10^4}} = 130\,mm$$

$$\frac{l_0}{i} = \frac{5\,500}{130} = 42.31 > 34 - 12\frac{M_1}{M_2} = 34 - 12 \times \frac{400}{400} = 22$$

应考虑构件自身挠曲变形的二阶效应影响。

2）计算构件截面控制弯矩设计值

$$e_a = \frac{h}{30} = \frac{450}{30} = 15\,mm < 20\,mm，取 e_a = 20\,mm$$

$$h_0 = h - a_s = 450 - 40 = 410\,mm$$

按式（4-9）计算：

$$\varsigma_c = \frac{0.5 f_c A}{N} = \frac{0.5 \times 14.3 \times 400 \times 450}{800 \times 10^3} = 16.1 > 1，取 \zeta = 1$$

按式（4-8）计算：

$$\eta_{ns} = 1 + \frac{1}{1\,300(M_2/N + e_a)/h_0}\left(\frac{l_c}{h}\right)^2 \varsigma_c$$

$$= 1 + \frac{1}{\dfrac{1\,300 \times (400 \times 10^6/800 \times 10^3 + 20)}{360}} \times \left(\frac{5\,500}{450}\right)^2 \times 1.0$$

$$= 0.08$$

按式（4-7）计算：

$$C_m = 0.7 + 0.3\frac{M_1}{M_2} = 0.7 + 0.3 \times \frac{400}{400} = 1.0$$

$$C_m \eta_{ns} = 1.0 \times 0.08 = 0.08 < 1，取 C_m \eta_{ns} = 1.0$$

按式（4-6）计算二阶效应后截面的弯矩设计值：

$$M = C_m \eta_{ns} M_2 = 1.0 \times 400 = 400\,kN \cdot m$$

3）判别大、小偏心

按式（4-20）得：

$$x = \frac{N}{\alpha_1 f_c b} = \frac{800 \times 10^3}{1 \times 14.3 \times 400} = 140\,mm < \xi_b h_0 = 0.518 \times 360 = 186.47\,mm$$

$$> 2a_s' = 2 \times 40 = 80\,mm$$

属于大偏心受压构件。

4）计算配筋

按式（4-3）计算：

$$e_0 = \frac{M}{N} = \frac{400 \times 10^6}{800 \times 10^3} = 500\,mm$$

$$e_i = e_o + e_a = 500 + 20 = 500 + 20 = 520\text{mm}$$

按式(4-21)计算：

$$e = e_i + \frac{h}{2} - a_s = 520 + \frac{450}{2} - 40 = 705\text{mm}$$

$$A_s - A'_s = \frac{Ne - \alpha_1 f_c bx \left(h_0 - \dfrac{x}{2} \right)}{f'_y (h_0 - a'_s)}$$

$$= \frac{800 \times 10^3 \times 705 - 1 \times 14.3 \times 400 \times 140 \times \left(360 - \dfrac{140}{2} \right)}{360 \times (360 - 40)} = 2\,878\text{mm}^2$$

截面每侧各配 6 Φ 25（$A_s = A'_s = 2\,945\text{mm}^2$）。

5）验算配筋率

一侧纵向钢筋配筋率：

$$\rho = \rho' = \frac{A_s}{A} = \frac{3\,945}{400 \times 450} = 0.016 = 1.16\% > \rho_{\min} = 0.2\%$$

全部纵向钢筋配筋率：

$$\rho = \frac{A_s + A'_s}{bh} = \frac{2 \times 2\,945}{400 \times 450} = 0.033 = 3.3\% > 0.55\%（满足要求）$$

6）垂直弯矩作用平面的受压承载力的验算（按轴心受压进行验算）

$$\frac{l_0}{b} = \frac{5\,500}{400} = 13.75$$

查表 4-1，得 $\varphi = 0.93$。

由式(4-1)得：

$$N_u = 0.9\varphi(f_c A + f_y A'_s)$$

$$= 0.9 \times 0.93 \times (14.3 \times 400 \times 450 + 360 \times 2 \times 2\,945) = 3\,929 \times 10^3 \text{N}$$

$$= 3\,929\text{kN} > 450\text{kN}（满足要求）$$

3.［解］混凝土强度等级为 C35，查附录表 A2 得 $f_c = 16.7\text{N/mm}^2$；钢筋采用 HRB500，查附录表 A5，$f_y = 435\text{N/mm}^2$，$f'_y = 410\text{N/mm}^2$。

1）判断构件是否考虑二阶效应

（1）端弯矩比 $M_1 / M_2 = 290/300 = 0.97 > 0.9$

（2）轴压比 $\dfrac{N}{A f_c} = \dfrac{195 \times 10^3}{450 \times 500 \times 16.7} = 0.052 < 0.9$

（3）截面回转半径

$$A = b \times h = 450 \times 500 = 225\,000\text{mm}^2$$

$$I = \frac{1}{12} bh^3 = \frac{1}{12} \times 450 \times 500^3 = 4\,687.5 \times 10^6 \text{mm}^4$$

$$i = \sqrt{\frac{I}{A}} = \sqrt{\frac{4\,687.5 \times 10^6}{22.5 \times 10^4}} = 144.34\text{mm}$$

$$\frac{l_0}{i} = \frac{5\,000}{144.34} = 34.64 > 34 - 12 \frac{M_1}{M_2} = 34 - 12 \times \frac{290}{300} = 22.4$$

考虑构件自身挠曲变形的二阶效应影响。

2）计算构件截面控制弯矩设计值

$$e_a = \frac{h}{30} = \frac{500}{30} = 16.67\text{mm} < 20\text{mm}，取 \ e_a = 20\text{mm}$$

$$h_0 = h - a_s = 500 - 40 = 460\text{mm}$$

按式(4-9)计算：

$$\varsigma_c = \frac{0.5 f_c A}{N} = \frac{0.5 \times 16.7 \times 450 \times 500}{195 \times 10^3} = 9.63 > 1，取 \ \zeta = 1$$

按式(4-8)计算：

$$\eta_{ns} = 1 + \frac{1}{1\,300(M_2/N + e_a)/h_0} \left(\frac{l_c}{h}\right)^2 \varsigma_c$$

$$= 1 + \frac{1}{\dfrac{1\,300 \times (300 \times 10^6 / 195 \times 10^3 + 20)}{360}} \times \left(\frac{5\,000}{500}\right)^2 \times 1.0$$

$$= 1.02$$

按式(4-7)计算：

$$C_m = 0.7 + 0.3 \frac{M_1}{M_2} = 0.7 + 0.3 \times \frac{290}{300} = 0.99$$

$$C_m \eta_m = 0.99 \times 1.02 = 1.01 > 1$$

按式(4-6)计算二阶效应后截面的弯矩设计值：

$$M = C_m \eta_{ns} M_2 = 0.99 \times 1.05 \times 300 = 303\text{kN} \cdot \text{m}$$

3) 判别大、小偏心

按式(4-20)得：

$$x = \frac{N}{\alpha_1 f_c b} = \frac{195 \times 10^3}{1 \times 16.6 \times 450} = 25.95\text{mm} < \xi_b h_0 = 0.482 \times 460 = 221.72\text{mm}$$

$$< 2a'_s = 2 \times 40 = 80\text{mm}$$

属于大偏心受构件。

4) 计算配筋

$$e_0 = \frac{M_2}{N} = \frac{303 \times 10^6}{195 \times 10^3} = 1\,554\text{mm}$$

$$e_a = \frac{h}{30} = \frac{500}{30} = 16.67\text{mm} < 20\text{mm}，取 \ e_a = 20\text{mm}$$

$$h_0 = h - a_s = 500 - 40 = 460\text{mm}$$

按式(4-3)计算：

$$e_i = e_0 + e_a = 1\,554 + 20 = 1\,574\text{mm}$$

按式(4-21)计算：

$$e' = e_i - \frac{h}{2} + a'_s = 1\,574 - \frac{500}{2} + 40 = 1\,364\text{mm}$$

$$A_s = A'_s = \frac{Ne'}{f_y(h_0 - a'_s)}$$

$$= \frac{195 \times 10^3 \times 1\,364}{435 \times (460 - 40)} = 1\,456\text{mm}^2$$

截面每侧各配 4 $\underline{\Phi}$ 20($A_s = A'_s = 1\,520\text{mm}^2$)，配筋见图 4-20([例题 4-4]配筋图)。

5) 验算配筋率

一侧纵向钢筋配筋率：

$$\rho = \rho' = \frac{A_s}{A} = \frac{1\,520}{450 \times 500} = 0.006\,8 = 0.68\% > \rho_{min} = 0.2\%$$

全部纵向钢筋配筋率：

$$\rho = \frac{A_s + A'_s}{bh} = \frac{2 \times 1\,520}{450 \times 500} = 0.014 = 1.4\% > 0.55\%（满足要求）$$

6) 垂直弯矩作用平面的受压承载力的验算(按轴心受压进行验算)(略)

4. [解] 混凝土强度等级 C35，查附录表 A2，$f_c=16.7\text{N/mm}^2$；钢筋采用 HRB400，查附录表 A5，$f_y=f_y'$ $=360\text{N/mm}^2$。

1）判断构件是否考虑二阶效应（附加弯矩）

（1）杆端弯矩比 $M_1/M_2=510/550=0.927<0.9$

（2）轴压比 $N/Af_c=3\,100\times10^3/500\times600\times16.7=0.619<0.9$

（3）截面回转半径

$$A=b\times h=500\times600=300\,000\text{mm}^2$$

$$I=\frac{1}{12}bh^3=\frac{1}{12}\times500\times600^3=9\,000\times10^6\text{mm}^4$$

$$i=\sqrt{\frac{I}{A}}=\sqrt{\frac{9\,000\times10^6}{230\times10^4}}=62.55\text{mm}$$

$$\frac{l_0}{i}=\frac{5\,000}{62.55}=79.94>34-12\frac{M_1}{M_2}=34-12\times\frac{510}{550}=22.87$$

应考虑构件自身挠曲变形的二阶效应影响。

2）计算构件截面弯矩设计值

$$e_a=\frac{h}{30}=\frac{600}{30}=20\text{mm}，取\ e_a=20\text{mm}$$

$$h_0=h-a_s=600-40=560\text{mm}$$

按式（4-9）计算：

$$\varsigma_c=\frac{0.5f_cA}{N}=\frac{0.5\times16.7\times500\times600}{3\,800\times10^3}=0.66$$

按式（4-8）计算：

$$\eta_{ns}=1+\frac{1}{1\,300(M_2/N+e_a)/h_0}\left(\frac{l_c}{h}\right)^2\varsigma_c$$

$$=1+\frac{1}{\dfrac{1\,300\times(550\times10^6/3\,800\times10^3+20)}{560}}\times\left(\frac{5\,000}{600}\right)^2\times0.66=1.12$$

按式（4-7）计算：

$$C_m=0.7+0.3\frac{M_1}{M_2}=0.7+0.3\times\frac{510}{550}=0.98$$

$$C_m\eta_m=0.98\times1.12=1.1$$

按式（4-6）计算二阶效应后截面的弯矩设计值：

$$M=C_m\eta_{ns}M_2=1.1\times120=132\text{kN}\cdot\text{m}$$

3）判别大、小偏心

按式（4-20）得：

$$x=\frac{N}{\alpha_1f_cb}=\frac{3\,800\times10^3}{1\times16.7\times500}=455.1\text{mm}>\xi_bh_0=0.518\times560=290.08\text{mm}$$

属于小偏心受压构件。

4）计算相对受压区高度 ξ

$$e_0=\frac{M_2}{N}=\frac{132\times10^6}{3\,800\times10^3}=34.74\text{mm}$$

按式（4-3）计算：

$$e_a=\frac{h}{30}=\frac{600}{30}=20\text{mm}，取\ e_a=20\text{mm}$$

$$e_i=e_0+e_a=34.74+20=54.74\text{mm}$$

按式（4-23）计算：

$$e = e_i + \frac{h}{2} - a_s = 54.74 + \frac{600}{2} - 40 = 314.74\text{mm}$$

$$\xi = \frac{N - \xi_b \alpha_1 f_c b h_0}{\dfrac{Ne - 0.43\alpha_1 f_c b h_0^2}{(\beta_1 - \xi_b)(h_0 - a_s')} + \alpha_1 f_c b h_0} + \xi_b$$

$$= \frac{3\,800 \times 10^3 - 0.518 \times 1.0 \times 16.7 \times 500 \times 560}{\dfrac{3\,800 \times 10^3 \times 314.74 - 0.43 \times 1.0 \times 16.7 \times 500 \times 560^2}{(0.8 - 0.518) \times (560 - 40)} + 1.0 \times 16.7 \times 500 \times 560} + 0.518$$

$$= 0.267 + 0.518 = 0.785$$

$$\sigma_s = \frac{f_y}{\xi_b - \beta_1}(\xi - \beta_1) = \frac{360}{0.518 - 0.8} \times (0.785 - 0.8) = 19.5\text{N/mm}^2 \quad < f_y = 360\text{N/mm}^2$$
$$> -f_y' = 360\text{N/mm}^2$$

4）计算配筋

代入公式(4-24)：

$$A_s = A_s' = \frac{Ne - \alpha_1 f_c b h_0^2 \xi\left(1 - \dfrac{\xi}{2}\right)}{f_y'(h - a_s')}$$

$$= \frac{3\,800 \times 10^3 \times 314.74 - 1.0 \times 16.7 \times 500 \times 560^2 \times 0.785 \times (1 - 0.5 \times 0.785)}{360 \times (560 - 40)} < 0$$

按构造配筋。

一侧纵向钢筋：

$$A_s = A_s' = \rho_{\min} \times b \times h = 0.002 \times 500 \times 600 = 600\text{mm}^2$$

全部纵向钢筋配筋率：

$$\rho = \frac{A_s + A_s'}{bh} = \frac{2 \times 600}{500 \times 600} = 0.04 = 0.4\% < 0.55\%$$

取

$$A_s = A_s' = \frac{0.005\,5 \times 500 \times 600}{2} = 825\text{mm}^2$$

每侧各配置 3 Φ 20($A_s = A_s' = 941\text{mm}^2$)。

由于截面高度 $h = 600\text{m}$，在截面侧面应设置 $d = (10\sim16)\text{mm}$ 纵向构造钢筋，选用 2 ϕ 12。配筋图略。

5）垂直弯矩作用平面的受压承载力的验算（按轴心受压进行验算）

$$\frac{l_0}{b} = \frac{5\,000}{500} = 10$$

查表 4-1，得 $\varphi = 0.98$。

由式(4-1)：

$$N_u = 0.9\varphi(f_c A + f_y A_s')$$

$$= 0.9 \times 0.98 \times (16.7 \times 500 \times 600 + 2 \times 360 \times 941) = 5\,016 \times 10^3\text{N}$$

$$= 5\,016\text{kN} > 3\,100\text{kN}(满足要求)$$

第 5 章　钢筋混凝土受拉构件

一、判断题

1. √　　2. √

二、单项选择题

1. C　　2. C　　3. C　　4. A　　5. A

三、计算题

1. [解] 混凝土强度等级为 C20, 查附录表 A2, $f_t = 1.1\text{N/mm}^2$; 钢筋采用 HRB400, 查附录表 A5, $f_y = 360\text{N/mm}^2$。

$$N = f_y A_s = 360 \times 615 = 221\,400\text{N} = 221.4\text{kN} > 220\text{kN}(满足要求)$$

2. [解] 混凝土强度等级为 C30, 查附录表 A2, $f_t = 1.43\text{N/mm}^2$; 钢筋采用 HRB400, 查附录表 A5, $f_y = f'_y = 360\text{N/mm}^2$。

$$e_0 = \frac{M}{N} = \frac{85 \times 10^6}{710 \times 10^3} = 120\text{mm} < \frac{h}{2} - a_s = \frac{400}{2} - 40 = 160\text{mm}$$

属小偏心受拉构件。

$$e = \frac{h}{2} - a_s - e_0 = \frac{400}{2} - 40 - 120 = 40\text{mm}$$

$$e' = \frac{h}{2} - a_s + e_0 = \frac{400}{2} - 40 + 120 = 280\text{mm}$$

$$A_s = A'_s = \frac{Ne'}{f_y(h'_0 - a_s)} = \frac{710 \times 10^3 \times 280}{360 \times (370 - 40)} = 1\,726\text{mm}$$

验算最小配筋率:

$$0.45\frac{f_t}{f_y} = 0.45 \times \frac{1.43}{360} = 0.002\,1 > 0.002$$

$$\rho = \frac{1\,726}{300 \times 400} = 0.014 > \rho_{\min} = 0.002\,1(满足要求)$$

钢筋选用 4 ⚿ 25 $(A_s = A'_s = 1\,964\text{mm}^2)$。配筋图略。

第6章　楼盖结构

一、单项选择题

1. B　　2. C　　3. C　　4. A　　5. D

第8章　多层与高层

单项选择题

1. A　　2. B　　3. A　　4. B　　5. C　　6. B

第9章　砌体结构

一、单项选择题

1. A　　2. B　　3. D　　4. C　　5. D　　6. B　　7. A　　8. D　　9. A　　10. B　　11. B　　12. C　　13. A　　14. D

二、计算题

1. [解] 查表 MU10 砖及 M5 混合砂浆的砖砌体抗压设计强度为 $f = 1.50\text{N/mm}^2$, $A = b \times h = 0.49 \times 0.62 = 0.303\,8\text{m}^2$, $\beta = \frac{H_0}{h} = \frac{7\,000}{620} = 11.3$。

柱底截面按轴心受压计算, 查表可得: $\varphi = 0.837\,5$, $N_u = \varphi A f = 381.6\text{kN} > N = 220\text{kN}$, 满足要求。

2. [解] 查表 MU10 砖及 M5 混合砂浆的砖砌体抗压设计强度为

$f=1.50\text{N/mm}^2$

$A=3\,600\times240+490\times500=1\,109\,000\text{m}^2$

$y_1=\dfrac{3\,600\times240\times120+490\times500\times(240+250)}{1\,109\,000}=202\text{mm}$

$y_2=740-202=538\text{mm}$。

$I=\dfrac{3\,600\times240^3}{12}+3\,600\times240\times(202-120)^2+\dfrac{490\times500^3}{12}+490\times500\times(538-250)^2$

$\quad=3.538\times10^{10}\text{mm}^4$

$i=\sqrt{\dfrac{I}{A}}=\sqrt{\dfrac{3.538\times10^{10}}{1\,109\,000}}=179.7\text{mm}$

$h_\text{T}=3.5i=3.5\times179.7=629\text{mm}$,$e=120\text{mm}$

$\dfrac{e}{h_\text{T}}=\dfrac{120}{629}=0.191$,$\beta=\dfrac{H_0}{h_\text{T}}=\dfrac{10\,500}{629}=16.693$,查表得 $\varphi=0.37$。

$\dfrac{e}{y_1}=0.594<0.6$,$N_\text{u}=\varphi Af=615.5\text{kN}>N=580\text{kN}$,满足要求。

3. [解]　由表 9-3 查得 $f=1.5\text{N/mm}^2$,梁端有效支承长度为

$$a_0=10\sqrt{\dfrac{h_\text{c}}{f}}=10\times\sqrt{\dfrac{500}{1.5}}=182.6\text{mm}$$

$A_1=a_0b=182.6\times250=45\,650\text{mm}^2$

$A_0=(250+240\times2)\times240=175\,200\text{mm}^2$

$\dfrac{A_0}{A_1}=\dfrac{175\,200}{45\,650}=3.8>3$,取 $\psi=0$

$\gamma=1+0.35\sqrt{\dfrac{A_0}{A_1}-1}=1+0.35\sqrt{3.8-1}=1.59<2.0$

$\eta\gamma A_1f=0.7\times1.59\times0.045\,65\times1.5\times10^3=76.2\text{kN}>\psi N_0+N_1=70\text{kN}$

承载力满足要求。

4. [解]　在梁下设置钢筋混凝土垫块,垫块高度取 180mm,平面尺寸取 500mm×240mm,则垫块自梁边两侧挑出 125mm<180mm,符合刚性垫块的要求。

由表 9-3 查得 $f=1.5\text{N/mm}^2$,垫块面积 $A_\text{b}=a_\text{b}\times b_\text{b}=500\times240=120\,000\text{mm}^2$,$A_0=(500+2\times240)\times240=235\,200\text{mm}^2$。

砌体的局部抗压强度提高系数为

$\gamma=1+0.35\sqrt{\dfrac{A_0}{A_1}-1}=1+0.35\times\sqrt{1.96-1}=1.34<2.0$,$\gamma_1=0.8\gamma=0.8\times1.34=1.072$

$\sigma_0=\dfrac{140\times10^3}{240\times1\,200}=0.486$

$\dfrac{\sigma_0}{f}=\dfrac{0.486}{1.5}=0.3$

查表 9-16 得 $\delta_1=5.85$,则 $a_0=\delta_1\sqrt{\dfrac{h}{f}}=5.85\times\sqrt{\dfrac{500}{1.5}}=107\text{mm}$。

垫块面积上部轴向力设计值为

$N_0=0.486\times120\,000=58.32\text{kN}$,$N_1=90\text{kN}$。

N_1 对垫块形心的偏心距为

$\dfrac{240}{2}-0.4\times112=75.2\text{mm}$

轴向力对垫块形心的偏心距为

$e=\dfrac{N_1\times75.2}{N_1+N_0}=\dfrac{90\times75.2}{148.32}=45.6\text{mm}$

$$\frac{e}{b_b}=\frac{45.6}{240}=0.19$$

查表 9-13 得 $\varphi=0.68$,则

$\varphi\gamma_1 A_b f=0.68\times1.072\times120\,000\times1.5=131.2\text{kN}<N_0+N_1=148.32\text{kN}$

不安全。

5.［解］（1）横墙间距 $S_w=16.8\text{m}$,为刚性方案

$$承重墙\ H=4.6\text{m},h=240\text{mm},[\beta]=24$$
$$非承重墙\ H=3.6\text{m},h=120\text{mm},[\beta]=22$$

（2）纵墙高厚比验算

$S_w>2H$,查表 9-11, $H_0=1.0H=4.6\text{m}$

相邻窗间墙距离 $S=4.2\text{m}$, $b_s=2.1\text{m}$,所以 $\mu_2=1-0.4\dfrac{b_s}{s}=0.8$

纵墙高厚比 $\dfrac{H_0}{h}=\dfrac{4\,600}{240}=19.1<\mu_1\mu_2[\beta]=1.0\times0.8\times24=19.2$

纵墙高厚比满足要求。

（3）横墙高厚比验算

$S=6\text{m}$, $\quad 2H>S>H$

$H_0=0.4S+0.2H=0.4\times6+0.2\times4.6=3.32\text{m}$

横墙高厚比 $\dfrac{H_0}{h}=\dfrac{3\,320}{240}=13.8<[\beta]=24$,满足要求。

（4）非承重墙高厚比验算

隔断墙按顶端为不动铰支座考虑,两侧与纵横墙拉结不好,故应按两侧无拉结考虑。则

$H_0=H=3.6\text{m}$

$\mu_1=1.2+\dfrac{1.5-1.2}{240-90}\times(240-120)=1.44$, $\mu_2=1.0$

$\mu_1\mu_2[\beta]=1.44\times22=31.68$

$\dfrac{H_0}{h}=\dfrac{3\,600}{120}=30<\mu_1\mu_2[\beta]=31.68$

非承重墙高厚比满足要求。

第 10 章　结构施工图识读

一、单项选择题

1. C　　2. A　　3. C　　4. D　　5. C

第 11 章　钢结构

一、单项选择题

1. C　2. B　3. B　4. B　5. D　6. B　7. A　8. C　9. B　10. B　11. D　12. D　13. B　14. A

二、计算题

1.［解］

最小 h_f: $h_f\geqslant1.5\sqrt{t_{max}}=1.5\sqrt{10}=4.7\text{mm}$

角钢肢尖处最大 h_f: $h_f\leqslant t-(1\sim2)=8-(1\sim2)=6\sim7\text{mm}$

角钢肢背处最大 h_f：$h_f \leqslant 1.2t = 1.2 \times 8 = 9.6$mm。

（1）采用两边侧焊缝（图 11-69(a)），则肢背和肢尖所分担的内力分别为

$$N_1 = k_1 N = 0.7 \times 500 = 350\text{kN}, \quad N_2 = k_2 N = 0.3 \times 500 = 150\text{kN}$$

会背焊缝厚度取 $h_{f1} = 8$mm，需要

$$l_{w1} = N_1/(2 \times 0.7 h_{f1} f_f^w) = 350 \times 10^3/(2 \times 0.7 \times 8 \times 160) = 195.3\text{mm}$$

考虑到焊口的影响，采用 $l_{w1} = 210$mm，

肢尖焊缝厚度取 $h_{f2} = 6$mm，需要

$$l_{w2} = N_2/(2 \times 0.7 h_{f2} f_f^w) = 150 \times 10^3/(2 \times 0.7 \times 6 \times 160) = 111.6\text{mm}$$

取 $l_{w2} = 120$mm。

（2）采用三面围焊（图 11-69(b)）。焊缝厚度一律取 $h_f = 6$mm

$$N_3 = 2 \times 1.22 \times 0.7 h_f l_{w3} \times f_f^w = 1 \times 1.22 \times 0.7 \times 6 \times 100 \times 160 = 1\,640\text{kN}$$

$$N_1 = 0.7N - N_3/2 = 0.7 \times 500 \times 10^3 - 163\,968/2 = 268\text{kN}$$

$$N_2 = 0.3N - N_3/2 = 0.3 \times 500 \times 10^3 - 163\,968/2 = 68\text{kN}$$

每面肢背焊缝需要的实际长度为

$$l_{w1} = N_1/(2 \times 0.7 h_f f_f^w) + 6 = 268\,016/(2 \times 0.7 \times 6 \times 160) + 5 = 204.4\text{mm}$$

取 $l_{w1} = 210$mm，每面肢尖焊缝需要的实际长度：

$$l_{w2} = N_2/(2 \times 0.7 h_f f_f^w) + 6 = 68\,016/(2 \times 0.7 \times 6 \times 160) + 5 = 55.6\text{mm}$$

取 $l_{w2} = 60$mm。

2. ［解］焊缝计算长度 $l_w = 500 - 10 = 490$mm，

则 $\sigma = N/l_w t = 1\,400 \times 10^3/490 \times 14 = 204.1\text{N/mm}^2 > f_t^w = 185\text{N/mm}^2$，

可见直焊缝强度不够，故采用斜焊缝，按照 $\tan\theta \leqslant 1.5$ 的要求布置斜焊缝即可，而不必再进行验算。

3. ［解］

$N = 240$kN，$V = 300$kN，$\quad M = 300 \times 120 - 240 \times 150 = 0$

$$\tau^N = \frac{N}{A_e} = \frac{240 \times 10^3}{2 \times 0.7 h_f \times (300 - 10)} = \frac{591}{h_f}$$

$$\tau^V = \frac{V}{A_e} = \frac{300 \times 10^3}{2 \times 0.7 h_f \times (300 - 10)} = \frac{739}{h_f}$$

$$\sqrt{\left(\frac{\tau^N}{1.22}\right)^2 + (\tau^V)^2} = \sqrt{\left(\frac{591}{1.22 h_f}\right)^2 + \left(\frac{793}{h_f}\right)^2} \leqslant f_f^w = 160\text{N/mm}^2$$

$h_f \geqslant 552$mm

$$\begin{cases} h_{f\min} = 1.5 \sqrt{t_1} = 1.5 \sqrt{10} = 4.7\text{mm} \\ h_{f\max} = 1.2 t_2 = 1.2 \times 8 = 9.6\text{mm} \end{cases}$$

取 $h_f = 6$mm。

4. ［解］ 焊缝截面参数：

$$I_N = (250 \times 1\,032^3 - 240 \times 1\,000^3)/12 = 2\,898 \times 10^6\text{mm}^4$$

$$W_N = I_N/(h/2) = 2\,898 \times 10^6/516 = 5.616 \times 10^6\text{mm}^3$$

则 $\sigma = M/w_k = 1\,000 \times 10^6/5.616 \times 10^6 = 178.1\text{N/mm}^2 < f_t^w = 185\text{N/mm}^2$

$\tau = VS/I_k t = 225 \times 10^3 \times 3.282 \times 10^6/(2\,898 \times 10^6 \times 10) = 25.5\text{N/mm}^2 < 125\text{N/mm}^2$

$\sigma_1 = M y_1/I = 1\,000 \times 10^6 \times 500/2\,898 \times 10^6 = 172.5\text{N/mm}^2 < f_t^w = 185\text{N/mm}^2$

$\tau_1 = VS_1/I_k t = 225 \times 10^3 \times 2.03 \times 10^6/(2\,898 \times 10^6 \times 10)$

$\quad = 15.8\text{N/mm}^2 < f_v^w$

$\quad = \sqrt{\sigma_1^2 + 3\tau_1^2}$

$\quad = \sqrt{172.5^2 + 3 \times 15.8^2} = 174.7\text{N/mm}^2 < 1.1 f_t^w$

$$=1.1\times185=203.5\text{N/mm}^2$$

对接焊缝满足强度要求。

5. ［解］ 选用 C 级螺栓 M22，$f_v^b=130\text{N/mm}^2$，承压强度设计值 $f_c^b=305\text{N/mm}^2$。

每只螺栓抗剪和承压承载力设计值分别为

$$N_y^b=n_y\pi d^2 f_v^b/4=2\times3.14\times22^2\times130\times10^{-3}/4=98.8\text{kN}$$

$$N_c^b=d\sum t f_c^b=22\times16\times305\times10^{-3}=107.36\text{kN}$$

连接一侧所需螺栓数：

$$n=N/N_{\min}b=580/98.8=5.9$$

所以，拼接每侧采用 6 只螺栓并列排列。螺栓的间距根据构造要求，排列如图所示。

负板净截面强度验算 $d_0=d+2$

$$\sigma=N/A_n=580\times10^3/[(340-3\times24)\times16]=135.3\text{N/mm}^2<f=215\text{N/mm}^2$$

6. ［解］ 查附录可知 I50a：$A=119\text{cm}^2$，$i_x=19.7\text{cm}$，$i_y=3.07\text{cm}$，因杆件截面无削弱，由稳定控制。

则 $\quad\lambda_x=\dfrac{l_{ox}}{i_x}=100/19.7=20.3$

$$\lambda_y=l_{oy}/i_y=200/3.07=65<[\lambda]=160$$

由于 I50a 的 $b/h=138/500=0.316<0.8$，对 x 轴属 a 类，对 y 轴属 b 类，同时因 $\lambda_y>\lambda_x$ 故 $\varphi_{\min}=\varphi_y=0.780$

$$N_{\max}=\varphi_{\min}Af=0.780\times11\,900\times215=1\,996\times10^3=1\,996\text{kN}$$

7. ［解］ 查型钢表 L100×10 角钢，$i_x=3.05\text{cm}$，$i_y=4.52\text{cm}$，$f=215\text{N/mm}^2$，$t=10\text{mm}$

在确定危险截面前先把它按上图中面展开。

正交净截面的面积：

$$A_n=2\times(4.5+10+4.5-2)\times1.0=34.0\text{cm}^2$$

齿状净截面面积：

$$A_n=2\times(4.5+\sqrt{10^2+4^2}+4.5-2\times2)\times1.0=31.5\text{cm}^2$$

危险截面是齿状截面，此拉杆所能承受的最大拉力为

$$N=A_n f=31.5\times10^2\times215=677\,000\text{N}=677\text{kN}$$

容许最大计算长度为

对 X 轴：$l_{ox}=\lambda i_x=350\times30.5=10\,675\text{mm}$

对 Y 轴：$l_{oy}=\lambda i_y=350\times45.2=15\,820\text{mm}$

8. ［解］

$$i_x=\sqrt{\dfrac{I_x}{A}}=234.2\text{mm},\quad i_y=\sqrt{\dfrac{I_y}{A}}=123.1\text{mm}$$

（1）刚度验算：

$$\lambda_x=\dfrac{l_{ox}}{i_x}=\dfrac{7\,000}{234.2}=29.9,\quad \lambda_y=\dfrac{l_{oy}}{i_y}=\dfrac{3\,500}{123.1}=28.4,\quad \lambda_{\max}=29.9<[\lambda]=150。$$

（2）整体稳定算：当 $\lambda=29.9$ 时，$\varphi=0.936$。

$$\dfrac{N}{\varphi A}=\dfrac{4\,500\times10^3}{0.936\times27\,500}=192.3\text{N/mm}^2<f=205\text{N/mm}^2$$

9. ［解］

$$i_x=\sqrt{\dfrac{I_x}{A}}=119\text{mm},\ i_y=62.5\text{mm},\ \lambda_x=l_{ox}/i_x=50.4,\ \lambda_y=l_{oy}/i_y=48.0$$

整体稳定验算：

$$N/(\varphi A)=\dfrac{2\,000\times10^3}{0.802\times8\,000}=311.7\text{N/mm}^2<315\text{N/mm}^2，满足要求。$$

局部稳定验算：

翼缘：

$b'/t_i = 121/12 = 10.1 < (10+0.1\lambda)\sqrt{\dfrac{235}{f_y}} = (10+0.1\times50.4)\sqrt{\dfrac{235}{345}} = 12.4$，满足要求。

腹板：

$h_0/t_w = 250/8 = 31.25 < (25+0.5\lambda)\sqrt{\dfrac{235}{f_y}} = (25+0.5\times50.4)\sqrt{\dfrac{235}{345}} = 41.43$，满足要求。

10. ［解］ $W_{1x} = \dfrac{l_x}{6.54} = 480.4 \text{cm}^3$。

$\qquad W_{2x} = \dfrac{l_x}{20-6.54} = 233.4 \text{cm}^3$

$\dfrac{N}{A} + \dfrac{M_x}{\gamma_{x1}W_{1x}} = \dfrac{400\times10^3}{75.8\times10^2} + \dfrac{75\times10^6}{1.05\times480.4\times10^3} = 52.8 + 148.7 = 201.5 \text{N/mm}^2 < f$

$\left| \dfrac{N}{A} - \dfrac{M_x}{\gamma_{x2}W_{2x}} \right| = \left| 52.8 - \dfrac{75\times10^6}{1.2\times233.4\times10^3} \right| = |52.8 - 267.8| = 215 \text{N/mm}^2 = f$，满足要求。

11. ［解］ 荷载设计值计算：

$P = 1.2\times40 + 1.4\times70 = 146 \text{kN}$

$M = \dfrac{PL}{4} = \dfrac{146\times6}{4} = 219 \text{kN}\cdot\text{m}$

$V = \dfrac{P}{2} = 73 \text{kN}$

（1）构件截面几何特性计算：

$$i_y = \sqrt{\dfrac{I_y}{A}} = \sqrt{\dfrac{7\,861}{126.6}} = 7.88 \text{cm}$$

$$\lambda_y = \dfrac{l_{oy}}{i_y} = \dfrac{600}{7.88} = 76.1$$

（2）强度验算：

抗弯强度 $\sigma = \dfrac{My_{max}}{I_x} = \dfrac{219\times10^6\times237}{51\,146\times10^4} = 101.5 \text{N/mm}^2 < f$

抗剪强度 $\tau_{max} = \dfrac{VS_x}{I_x t_w} = \dfrac{73\times10^3\times1\,196\times10^3}{51\,446\times10^4\times10} = 17.1 \text{N/mm}^2 < f_v$

折算应力 $\sigma_1 = \sigma_{max}\cdot\dfrac{h_0}{h} = 101.5\times\dfrac{450}{474} = 96.4 \text{N/mm}^2$

$$\tau_1 = \dfrac{VS_{x1}}{I_x t_w} = \dfrac{73\times10^3\times942\times10^3}{51\,146\times10^4\times10} = 13.4 \text{N/mm}^2$$

$$\sqrt{\sigma_1^2 + 3\tau_1^2} = \sqrt{96.4^2 + 3\times13.4^2} = 99.2 \text{N/mm}^2 < 1.1f$$

（3）整体稳定性验算：

因 $\dfrac{l}{b} = \dfrac{600}{34} = 17.6 > 16$，故需要验算整体稳定性。

$$\varphi_b = \beta_b\cdot\dfrac{4\,320}{\lambda_y^2}\cdot\dfrac{Ah}{W_x}\sqrt{1+\left(\dfrac{\lambda_y t}{4.4h}\right)^2}\cdot\dfrac{235}{f_y}$$

$$= 0.81\times\dfrac{4\,320}{76.1^2}\times\dfrac{126.6\times47.4}{2\,158}\sqrt{1+\left(\dfrac{76.1\times1.2}{4.4\times47.4}\right)^2}\times1$$

$$= 1.834 > 0.6$$

$$\varphi_b' = 1.1 - \dfrac{0.464\,6}{\varphi_b} + \dfrac{0.126\,9}{\varphi_b^{3/2}} = 1.1 - \dfrac{0.464\,6}{1.834} + \dfrac{0.126\,9}{1.834^{1.5}} = 0.898$$

$$\dfrac{M}{\varphi_b' W_x} = \dfrac{219\times10^6}{0.898\times2\,158\times10^3} = 113 \text{N/mm}^2 < f$$

（4）挠度验算：

$$\frac{v}{l}=\frac{P_{\mathrm{k}}l^2}{48EI_x}=\frac{(40+70)\times10^3\times6\,000^2}{48\times2.06\times10^5\times51\,146\times10^4}=\frac{1}{1\,277}<\left[\frac{v}{l}\right]$$

故刚度条件能够满足。

12．［解］ 采用普通工字钢 I22a，截面积 $A=42.1\mathrm{cm}^2$，自重重力 0.33kN/m。

验算强度：$M_x=1/8(7+0.33\times1.2)\times6^2=33.3\mathrm{kN\cdot m}$

$$N/A+M_x/r_xW_{nx}=800\times10^3/42.1\times10^3+33.3\times10^6/1.05\times310\times10^3$$
$$=292\mathrm{N/mm}^2<f=310\mathrm{N/mm}^2$$

验算长细比：$\lambda_x=600/8.99=66.7$，$\lambda_y=600/2.32=2.59<[\lambda]=350$。

第 12 章　工程结构抗震设计基本知识

单项选择题

1. B　　2. C　　3. A　　4. C　　5. D

参考文献

[1] 沈蒲生.混凝土结构设计原理[M].4版.北京:高等教育出版社,2012.

[2] 周绥平.钢结构[M].2版.武汉:武汉理工大学出版社,2003.

[3] 袁锦根,余志武.混凝土结构设计基本原理[M].2版.北京:中国铁道出版社,2003.

[4] 余志武,袁锦根.混凝土结构与砌体结构设计[M].2版.北京:中国铁道出版社,2004.

[5] 袁锦根.建筑结构抗震设计[M].长沙:湖南科学技术出版社,1998.

[6] 郭继武.建筑抗震设计[M].北京:中国建筑工业出版社,2002.

[7] 张建勋.砌体结构[M].武汉:武汉理工大学出版社,2001.

[8] 杜太生.砌体结构设计[M].北京:科学出版社,2003.

[9] 中国建筑教育协会.建筑结构[M].北京:中国建筑工业出版社,2003.

[10] 叶国铮.道路与桥梁工程概论[M].北京:人民交通出版社,2004.

[11] 姚祖康.道路路基和路面工程[M].上海:同济大学出版社,1998.

[12] 王穗平.桥梁构造与施工[M].北京:人民交通出版社,2002.

[13] 苏小卒.砌体结构设计[M].上海:同济大学出版社,2002.

[14] 中国建筑标准设计研究院.06G101—6 混凝土结构施工图平面整体表示方法制图规则和构造详图[S].北京:中国计划出版社,2006.

[15] 中华人民共和国住房和城乡建设部.GB 50011—2010 建筑结构抗震设计规范[S].北京:中国建筑工业出版社,2010.

[16] 中华人民共和国住房和城乡建设部.GB 50010—2010 混凝土结构设计规范[S].北京:中国建筑工业出版社,2011.

[17] 中华人民共和国住房和城乡建设部.GB 50003—2011 砌体结构设计规范[S].北京:中国建筑工业出版社,2011.